中国国家标准汇编

583

GB 29858～29909

(2013年制定)

中国标准出版社　编

中国标准出版社

北　京

图书在版编目(CIP)数据

中国国家标准汇编:2013年制定.583:GB 29858～29909/中国标准出版社编.—北京:中国标准出版社,2014.9

ISBN 978-7-5066-7664-9

Ⅰ.①中… Ⅱ.①中… Ⅲ.①国家标准-汇编-中国-2013 Ⅳ.①T-652.1

中国版本图书馆CIP数据核字(2014)第193565号

中国标准出版社出版发行
北京市朝阳区和平里西街甲2号(100029)
北京市西城区三里河北街16号(100045)

网址 www.spc.net.cn
总编室:(010)64275323 发行中心:(010)51780235
读者服务部:(010)68523946

中国标准出版社秦皇岛印刷厂印刷
各地新华书店经销

*

开本 880×1230 1/16 印张 40.5 字数 1 250 千字
2014年9月第一版 2014年9月第一次印刷

*

定价 220.00 元

出 版 说 明

1.《中国国家标准汇编》是一部大型综合性国家标准全集。自1983年起，按国家标准顺序号以精装本、平装本两种装帧形式陆续分册汇编出版。它在一定程度上反映了我国建国以来标准化事业发展的基本情况和主要成就，是各级标准化管理机构，工矿企事业单位，农林牧副渔系统，科研、设计、教学等部门必不可少的工具书。

2.《中国国家标准汇编》收入我国每年正式发布的全部国家标准，分为"制定"卷和"修订"卷两种编辑版本。

"制定"卷收入上一年度我国发布的、新制定的国家标准，顺延前年度标准编号分成若干分册，封面和书脊上注明"20××年制定"字样及分册号，分册号一直连续。各分册中的标准是按照标准编号顺序连续排列的，如有标准顺序号缺号的，除特殊情况注明外，暂为空号。

"修订"卷收入上一年度我国发布的、被修订的国家标准，视篇幅分设若干分册，但与"制定"卷分册号无关联，仅在封面和书脊上注明"20××年修订-1，-2，-3，……"字样。"修订"卷各分册中的标准，仍按标准编号顺序排列(但不连续)；如有遗漏的，均在当年最后一分册中补齐。需提请读者注意的是，个别非顺延前年度标准编号的新制定的国家标准没有收入在"制定"卷中，而是收入在"修订"卷中。

读者配套购买《中国国家标准汇编》"制定"卷和"修订"卷则可收齐由我社出版的上一年度我国制定和修订的全部国家标准。

3.由于读者需求的变化，自1996年起，《中国国家标准汇编》仅出版精装本。

4.2013年我国制修订国家标准共1 979项。本分册为"2013年制定"卷第583分册，收入国家标准GB 29858～29909的最新版本。

中国标准出版社

2014年8月

目　　录

ICS 01.040.17
N 04

中华人民共和国国家标准

GB/T 29858—2013

分子光谱多元校正定量分析通则

Standard guidelines for molecular spectroscopy multivariate calibration quantitative analysis

2013-11-12 发布 2014-04-15 实施

中华人民共和国国家质量监督检验检疫总局
中国国家标准化管理委员会 发布

前　言

本标准按照 GB/T 1.1—2009 给出的规则起草。

本标准使用重新起草法参考美国材料与试验协会标准 ASTM E 1655—05《红外多元定量分析通则》编制，与 ASTM E 1655—05 的一致性程度为非等效。

本标准由中华人民共和国科学技术部提出。

本标准由全国仪器分析测试标准化技术委员会(SAC/TC 481)归口。

本标准负责起草单位：北京化工大学。

本标准参加起草单位：石油化工科学研究院、中国食品药品检定研究院、中国人民解放军总后勤部油料研究所、北京市农林科学院、国家粮食局科学研究院、中国农业大学、浙江大学、中国石油石油化工研究院、中国农业科学院、中国计量科学研究院、红云红河烟草(集团)有限责任公司。

本标准主要起草人：袁洪福、王家俊、田高友、褚小立、戴连奎、王艳斌、宋春风、胡爱琴、尹利辉、王纪华、闵顺耕、薛雅琳、张萍、李红梅。

分子光谱多元校正定量分析通则

1 范围

本标准规定了采用分子光谱多元校正定量测定样品成(组)分浓度(含量)或样品性质的指导原则。

本标准适用于中红外光谱(约 4 000 cm^{-1}～400 cm^{-1})和近红外光谱(约 780 nm ～2 500 nm)范围的分子光谱。

2 规范性引用文件

下列文件对于本文件的应用是必不可少的。凡是注日期的引用文件,仅注日期的版本适用于本文件。凡是不注日期的引用文件,其最新版本(包括所有的修改单)适用于本文件。

GB/T 3358.1 统计学词汇及符号 第1部分:一般统计术语与用于概率的术语

GB/T 6379.2 测量方法与结果的准确度(正确度与精密度) 第2部分:确定标准测量方法重复性与再现性的基本方法

GB/T 8322 分子吸收光谱法 术语

GB/T 27407 实验室质量控制 利用统计质量保证和控制图技术 评价分析测量系统的性能

3 术语和定义

GB/T 3358.1、GB/T 8322 界定的以及下列术语和定义适用于本文件。

3.1

校正 calibration

将一组样品的成分浓度或性质与其光谱进行关联,建立模型的过程。

3.2

校正模型 calibration model

表达一组样品的成分浓度或性质与其光谱之间关联关系的数学表达式。

3.3

校正样品 calibration samples

用来建立校正模型的样品,其成分浓度或性质数据已知。

3.4

预测 estimate

用校正模型和样品的光谱计算样品成分浓度或性质的过程。

3.5

预测值 estimate values

用校正模型和样品光谱计算所得到的样品成分浓度或性质数据。

3.6

验证样品 validation samples

用来验证模型性能的样品,其成分浓度或性质数据已知。

3.7

多元校正　multivariate calibration

用一个以上波长或频率，将一组样品的成分浓度或性质与其光谱进行关联，建立模型的过程。

3.8

参考方法　reference method

用于测定校正样品和验证样品成分浓度或性质数据的分析方法，通常为标准方法或是推荐认可的方法。

3.9

参考值　reference values

参考数据　reference data

用参考方法测定的校正样品或验证样品成分浓度或性质结果。

3.10

模型验证　model validation

用验证样品来检验校正模型预测值与参考值之间一致性的过程。

3.11

异常值　outliers

因含有极端组成，致使其光谱不具代表性，在建模过程中表现为杠杆值较大，对模型结果有强烈影响的高杠杆值样品对应的数据点，或因数据测定误差较大或数据录入错误等原因，模型预测值与参考值具有显著性差异的样品对应的数据点。

3.12

未知样品　unknown samples

其成分浓度或性质数据未知的样品。

3.13

模型内插　model interpolation

对成分浓度或性质数据处于校正模型涵盖范围内的样品进行预测的过程。

3.14

模型外推　model extrapolation

对成分浓度或性质数据处于校正模型涵盖范围外的样品进行预测的过程。

注：包括两种模型外推：

——待测样品的成分与校正样品相同，但浓度超出了所有校正样品涵盖的浓度范围；

——待测样品包含校正样品中不存在的成分。

3.15

校正标准误差　standard error of calibration；SEC

校正均方根误差　root mean square error of calibration；RMSEC

在多元校正中用来评价校正模型的预测能力，采用校正样品参考值和预测值计算的标准误差。

3.16

交互验证标准误差　standard error of cross validation；SECV

交互验证均方根误差　root mean square error of cross validation；RMSECV

在多元校正中用来评价校正模型的预测能力，采用校正样品参考值和使用交互验证的预测值计算的标准误差。

3.17

验证标准误差　standard error of validation;SEV

验证均方根误差　root mean square error of validation;RMSEV

预测标准误差　standard error of prediction;SEP

预测均方根误差　root mean square error of prediction;RMSEP

在多元校正中用来评价校正模型的预测能力，采用验证样品参考值和预测值计算的标准误差。

3.18

预测残差平方和　predictive residual error sum of square;PRESS

在多元校正中用来选择建模最佳主成分数或潜变量数，采用校正样品参考值和使用交互验证的预测值计算的残差平方和。

3.19

模型传递　calibration model transfer

通过控制制造精密度使不同光谱仪器间保持一致性或通过数学方法对光谱或校正模型进行修正，使得在一台光谱仪器上建立的校正模型能够在其他光谱仪器上有效使用的过程。

3.20

模型更新　model updating

当待测样品组成与组成变化范围有别于校正样品，或因仪器老化或配件更换导致光谱产生新变化时，通过加入新样品，增加校正模型适用范围的过程。

3.21

光程　optical path length

在分子光谱测量过程中，测量光束经过样品的距离。

3.22

可行性模型　feasibility calibration model

当不能确定是否可利用分子光谱建立多元校正模型时，进行可行性研究，确认样品分子光谱与其成分浓度或性质间是否存在关联关系而建立的探索模型。

4　方法概述

4.1　本标准方法基于分子光谱信息作为多元校正的因变量信息进行分析。其分析原理是，样品组成变化引起样品属性变化，同样也引起属性之一分子光谱的变化。样品成分浓度或性质变化与对应的分子光谱变化之间存在着相关关系。本标准方法即是基于这一相关关系，通过采用多元校正方法建立校正模型，然后应用校正模型和未知样品光谱实现定量预测未知样品一种或多种成分浓度或性质的一种快速分析方法。

4.2　本标准为校正模型建立、校正模型验证以及用校正模型进行预测提供指导。模型建立、验证过程主要包括：首先，收集一组具有代表性浓度或性质变化范围的校正样品和验证样品，组成校正集和验证集；使用仪器测定校正集和验证集的分子光谱，采用参考方法测定样品的浓度或性质参考值；然后，将测定的光谱数据和浓度或性质参考值进行预处理，选择合适的化学计量学方法将预处理后的校正集光谱数据和浓度或性质参考值进行关联，通过矩阵运算，把光谱矩阵和浓度或性质矩阵联系起来，建立校正模型；使用验证集光谱和校正模型计算验证集预测值，并与验证集浓度或性质参考值比对，评价校正模型的预测能力和模型的有效性；根据评价结果决定校正模型能否使用或更新。

4.3　本标准采用化学计量学中多元校正方法建立校正模型。多元线性回归 MLR、主成分回归 PCR 和偏最小二乘法 PLS 是常用方法，适用于光谱变化与浓度或性质变化呈线性相关关系或接近线性相关关系的体系，具有较强的模型内插或模型外推能力。神经网络等方法适用于光谱变化与浓度或性质变化呈非线性关系的体系,模型内插或模型外推能力较弱。其他多元校正方法也可以用于建立校正模型,但不能检测异常值或异常样品,也不能利用本标准的步骤进行模型验证。采用统计检验方法检测校正模型建立过程中的异常值或异常样品、模型外推得到的预测值、分子光谱多元校正分析方法重复性以及分子光谱多元校正方法与参考方法一致性。

5 仪器

5.1 本标准用来测定分子光谱的仪器包括中红外光谱和近红外光谱仪器。仪器种类包括通用型仪器、专用型仪器、在线仪器和便携式仪器。

5.2 仪器测定的光谱可以是波长或频率连续光谱,也可以是波长或频率离散光谱。提供的光谱数据应包括吸光度数据和波长或频率数据。

5.3 光谱数据利用计算机采集和存储。

5.4 仪器关键技术指标视具体应用要求确定,主要包括波长或频率范围、波长精密度、分辨率、信噪比、光谱测量精密度和同型号仪器之间光谱一致性等指标。

5.5 仪器应配备光谱测量软件和化学计量学软件。化学计量学软件应具有样品光谱及浓度或性质数据录入、存取和数据格式转换、光谱预处理、多元校正建模与验证以及预测未知样品浓度或性质等功能。

5.6 仪器配备的测样附件应视待测样品形态确定,主要包括透射、漫反射、漫透射、积分球、衰减全反射、光纤探头等附件。

5.7 考量仪器能否用于分子光谱多元校正分析的最重要指标是光谱测量重复性。一般在全波长或频率范围内或者建模采用的波长或频率范围内,推荐不经过预处理,多次重复光谱吸光度标准偏差小于设定的光谱偏差最大限值。该限值由用户通过研究建模所用仪器的实际情况和所建模型的精密度要求来设定,以使测量光谱重复性符合模型精密度要求。

5.8 考量仪器能否用于分子光谱多元校正模型传递的最重要指标是仪器间光谱一致性,一般在全波长或频率范围内或者建模采用的波长或频率范围内,推荐不经过预处理,仪器间多次重复光谱吸光度标准偏差小于设定的光谱偏差最大限值。该限值由用户通过研究建模所用仪器的实际情况和所建模型的精密度要求来设定,以使测量光谱重复性符合模型精密度要求。

6 光谱测量

6.1 光谱测量应遵循在光谱测量过程中最大限度避免引入误差的原则,以减少对校正模型预测能力的不利影响。

6.2 多元校正分析依据为比耳定律,即均匀样品中某物质吸收强度与该物质浓度呈线性关系。样品的吸光度定义为透过率 T 倒数的常用对数,如式(1):

$$A=\log_{10}(1/T) \qquad \cdots\cdots(1)$$

透过率 T 定义为光透过样品后的能量与入射光能量的比值。反射方式测量时,使用反射率 R 代替透过率。反射率定义为光经样品反射后的能量与入射光能量的比值。

注:式 $A=\log_{10}(1/R)$ 在用于反射时不属于定义,而是用于描述反射率 R 与吸收物质浓度之间的线性关系。对于一些应用领域,其他线性函数可能更适用,例如,Kubelka-Munk。

6.3 不同的仪器,可能会使用不同的背景信号测量方式。对所有校正样品、验证样品和待测未知样品的光谱测量应使用同一背景信号测量方式。

6.4 对校正样品的光谱测量,宜采用每采集一个样品光谱之前,采集一次背景信号的测量方式,以消除背景或仪器性能随时间漂移对光谱测量精密度带来的不良影响。

6.5 校正样品光谱、验证样品光谱和待测未知样品的光谱,应以同样的方式采集,光谱测量中任何变化未包含在校正模型中都将会带来误差。

6.6 对于不均匀样品如颗粒等，宜采用多次重复测量光谱的平均光谱，使测定的光谱对样品整体具有代表性。

6.7 环境因素对光谱测量精密度影响不可忽视，应注意控制环境对光谱测量精密度的影响。例如，如果样品保存在冰箱或冷藏室内，光谱测量前，应将样品放置在环境中，当其温度和环境温度达成平衡后再测量。

6.8 光谱测量过程中应避免因样品本身发生变化而引起光谱变化。如避免样品光照时间过长造成某些样品成分如水分损失引起光谱变化。

6.9 在正式采集光谱前，宜通过可行性研究实验，计算同一样品多次重复装样测量光谱的偏差，作为确定光谱测量时样品重复测量次数的重要依据。

6.10 注意仪器长期稳定性对光谱测量精密度的影响。

6.11 宜避免样品中待测成分光谱吸收强度过大或饱和产生非线性光谱响应。

7 校正样品的选择

7.1 为建立一个良好的校正模型，校正集中的样品应包含使用该模型预测的未知样品中可能存在的所有化学成分，且校正集的化学成分浓度范围应涵盖使用该模型预测的未知样品中可能遇到的浓度范围，以保证未知样品的预测是通过模型内插进行分析的；校正集浓度或性质范围最好还应大于或等于参考方法的再现性标准偏差即再现性除以 2.77 大小的 5 倍，至少不低于 3 倍。在整个变化范围内，校正集中样品的化学成分浓度是均匀分布的；校正集中的样品数量应足够多，以能统计确定光谱变量与校正成分浓度或性质之间的关系。

7.2 根据待测样品的复杂性，确定建立校正模型所需样品数量。如待测样品含有较少的浓度变化成分，则存在的光谱变量数较少，使用相对数量较少的校正样品便可确定光谱与样品成分浓度或性质之间的关系。如待测样品含有较多的浓度变化成分，则需较多数量的校正样品建立校正模型。对复杂的混合物，获得理想的校正集非常困难。只有通过建立模型初步确定模型所需光谱变量，才能确定校正样品数量是否足够。

7.3 对于应用多元校正方法建模，如果使用 3 个或更少的变量数 k 建立校正模型，剔除异常样品后校正集应至少含有 24 个样品；如果使用大于 3 的变量数 k 建立校正模型，剔除异常样品后校正集应至少含有 $6k$ 个样品，如果建模数据进行了均值中心化预处理，剔除异常样品后校正集应至少含有 $6(k+1)$ 个样品，这样能够保证模型中含有至少 20 个自由度以进行统计检验，同时保证有足够的样品数量确定光谱变量与校正成分浓度或性质之间的关系。上述样品数量要求仅为满足统计学的最低要求，实际中应根据影响建模因素（如环境温度变化等）和可行性，探索确定合适的样品数量。

注：通常，MLR 的变量数为波长或频率数量；PCR 为主成分数；PLS 为主成分数或潜变量数。

7.4 宜使用主成分分析 PCA 方法对校正集光谱进行探索性分析，检查校正集是否有异常的分布或聚类，指导剔除异常样品或相同或极为相近的样品。

注：剔除异常样品时可能会使一部分信息丢失，因此需谨慎剔除异常样品。为提高统计分析的可靠性，建议对每次剔除后的光谱进行检验，并将剔除的数量控制在一定的比例之内。

7.5 不同类型的样品可能会使校正集的空间分布形成多个子集。可根据每个子集建立校正模型，提高模型对未知样品预测的稳健性。

8 验证样品的选择

8.1 验证集中的样品应包含使用模型分析的待测样品中可能存在的所有化学组成。

8.2 验证集化学成分浓度范围应涵盖该模型分析的待测样品中可能遇到的浓度范围。在整个变化范围内，验证集中样品的化学成分浓度是均匀分布的。

8.3 验证集中的样品数量应足够多，以能统计确定光谱变量与待校正的成分浓度或性质之间的关系。对复杂的混合物，获得一个理想的验证集非常困难。验证集中的样品数量取决于模型的复杂性。如待测样品含有较少浓度变化的成分，则光谱变量较少，使用数量较少的验证样品便可确定光谱与浓度或性质之间的关系。如待测样品含有较多浓度变化的成分，验证模型时需较多数量的验证样品。在验证过程中最好使用能通过模型内插进行分析的样品。如果模型使用了5个或更少的光谱变量，内插样品数不能少于20；如果模型使用了大于5的光谱变量 k，则验证集中的内插样品数应不少于 $4k$。另外，验证集还应满足如下要求：涵盖模型建立时的浓度或性质变化范围，即验证集浓度或性质范围和标准偏差至少为模型校正集浓度或性质范围和标准偏差的95%，而且在整个范围内尽可能均匀分布；涵盖模型建立时的光谱变量变化范围，即如果校正集光谱变量的变化范围由 a 到 b，光谱变量的标准偏差是 c，则验证集光谱变量应涵盖至少由 a 到 b 范围的95%，且在整个范围内尽可能均匀分布以保证其标准偏差至少涵盖 c 的95%。只有验证集被模型分析后，确定验证集的光谱变量，才能确定验证集是否满足要求。

8.4 验证集应包含异常样品，用于检验建立模型时异常样品检测方法的有效性，判断遇到异常样品时模型出现的问题以及异常样品对模型的影响程度。

8.5 使用与校正集光谱完全一致的方式采集验证集光谱。

8.6 验证集参考值也应使用与校正集相同的参考方法测定。

9 参考方法和参考值

9.1 只含几个化学成分的简单混合物，可以配制混合物作为分子光谱多元校正分析的标样。由于化学成分吸收光谱之间可能存在相互干扰，因此，即使只分析一种成分，也不能只改变标样中部分成分的浓度，而是应改变所有成分的浓度，其浓度范围涵盖实际待测样品浓度范围。

9.2 对于浓度测量，其浓度单位宜使用体积单位，如体积分数、克每毫升、摩尔每立方厘米等。若使用如质量分数等其他浓度单位的参考值建立多元模型，可能会产生非线性关系，造成浓度预测准确度下降。

9.3 对于复杂体系的混合物，如石油化工产品等，不可能配制标样，应采集实际样品建立分子光谱多元校正模型。此时，使用参考方法测定校正集和验证集的参考值。浓度或性质的模型预测准确度在很大程度上取决于参考值的精密度和准确度。模型预测值与参考值的一致性不可能超过参考方法的重复性，即使模型预测值为真值。了解参考方法的精密度或重复性对分子光谱校正模型的建立十分关键。使用重复多次测定的参考值的平均值建模可有效提高模型精密度。

9.4 如果参考值由一个实验室测定，则需通过合适的质量控制程序监控测量过程确定偏差和精密度，详见GB/T 27407。如果参考方法没有规定偏差和精密度，则可通过多家实验室间的比对试验确定。

9.5 小心妥善采集、保存样品，否则，类似石油炼制烃类等产品可能会随时间而变化。用于光谱采集或参考值测量的样品组成应能够代表取样时样品组成，而且在样品储存运输过程中，组成不能发生变化。应按照样品所属行业的国家标准或行业标准等标准方法取样。例如，石油类样品按照GB/T 4756、GB/T 11147、SH/T 0233、SN/T 0826等国家标准或行业标准取样。储存、运输样品时，保证样品成分不变十分关键。不宜长期储存样品，因为尽管取样时采取了预防措施，但样品仍可能随时间而变化。样品的变化会引起仪器所测光谱的改变，从而影响预测值，同时也会引起参考方法测定的成分浓度或性质的变化。因此，应在较短的时间内同步完成样品参考值和样品光谱的测定。如有困难，应根据具体情况设定完成时限。

9.6 对于成分分布不均匀的样品，取样和制样方式应确保测定的参考值对样品整体具有代表性。

9.7 若参考方法是现行标准方法，且方法中规定了重复性和再现性，此时，只需检查参考值的测量是否符合方法要求，同时用符合质量控制程序的数据，统计检验参考方法的重复性是否在标准方法规定的范围内。如果参考方法没有规定重复性和再现性数据，则至少从校正集中选择3个能涵盖整个模型参考值范围的样品，其中1个样品位于整个参考值范围的下部1/3范围，1个样品则位于中部1/3范围，1个样品位于上部1/3范围。每个样品至少测量6次，计算多次重复测量的标准偏差，并与建模期望的重复性进行比较。

9.8 如果参考方法是现行标准方法，参考值是由多家实验室测定的，则可直接使用该参考值。多家实验室的标准偏差可用作参考方法再现性误差的估计值。

9.9 若参考方法不属于现行标准方法，分析方法重复性和再现性由建模者按照GB/T 6379.2方法确定。

9.10 如果某一校正或验证样品的参考值采用多种参考方法测定，应对上述测定结果进行狄克逊检验，以确定所有参考值是否来自于同一个总体，或者是否存在一个或多个可剔除的置疑数据。

注：狄克逊检验方法参见附录A。

10 可行性模型的建立

10.1 对于一个新的应用领域，当不能确定能否利用分子光谱建立多元校正模型时，应进行可行性研究，以确定样品分子光谱与其成分浓度或性质间是否存在相关关系，是否能够建立满足实际需求的模型。若证明可行，则扩充完善模型并验证模型。

10.2 收集约30个～50个样品，样品基本能涵盖实际样品的成分浓度或性质范围。避免所收集样品主要成分间存在共线性，除非实际样品的确存在共线性。样品成分浓度或性质变化范围在数值上应大于或等于参考方法再现性标准偏差的5倍，至少不小于3倍。

10.3 分子光谱采集条件如样品颗粒大小、样品外观及操作等能够再现。如果在实际分析过程中会使用不同测量条件，则需采集各个测量条件下每个样品的光谱。

10.4 参考值由参考方法测定。如果成分浓度或性质的范围小于参考方法再现性标准偏差的5倍，则应对每个样品进行r次重复测量，使成分浓度或性质变化范围的$\sqrt{r}$倍大于参考方法标准偏差的5倍，至少不小于3倍。

10.5 使用多元校正方法建立可行性模型，过程见第12章。

10.6 建立校正模型时，宜使用交互验证方法的SECV或PRESS对校正模型进行检验。其他统计方法也可全面评价所建模型质量。若交互验证的SECV证明模型能够满足精密度要求，则收集更多的样品完善校正集和验证集，采集分子光谱，测定参考值，建立和验证最终模型。

11 数据预处理

11.1 为消除光谱测量过程中引入的噪声对模型的不利影响，宜在模型建立前采用各种数据预处理方法对光谱数据进行预处理。常用数据预处理方法包括：平滑、微分、多元散射校正MSC、中心化和标准化等。微分可降低光谱基线变化的不利影响，但同时也会降低光谱的信噪比；平滑可提高信噪比，但也会降低分辨率；MSC可降低固体颗粒散射作用的影响。

为减少矩阵逆数学运算带来的误差，宜对参与建模的光谱数据和浓度或性质数据进行中心化处理。中心化处理是将每个光谱减去校正集的平均光谱，或者将每个浓度或性质减去校正集的平均浓度或性质。

如果利用预处理后的光谱数据建立的模型满足实际测量精密度要求并通过有效性检验，则该预处理方法可用。

11.2 对校正集原始光谱数据或预处理后光谱数据进行统计分析，选择随成分含量变化而变化明显的波长或频率建立模型要比采用全波长范围建立的模型效果好。在化学计量学软件中,一般都具备根据样品光谱数据与参考值相关性选择波长或频率的功能。也可根据实际情况采用其他选择方法。在校正之前,宜采用波长或频率选择方法选择校正所需的波长或频率。

11.3　处理校正集光谱、验证集光谱及待测样品光谱时应采用相同的光谱预处理方法和光谱波段或波长选择方法。

12　校正模型的建立

12.1　对于确定能利用分子光谱多元校正方法的应用领域,可直接建立能符合实际需求的校正模型。

12.2　收集足够数量的样品,采集样品光谱,测定样品成分浓度或性质参考值。测定参考值前,宜对样品光谱进行 PCA 分析,指导初步剔除异常样品或相同或极为相近的样品,以避免不必要的参考值测定,降低参考值测定成本。选择合适的校正样品和验证样品分别组成校正集和验证集。

12.3　根据待分析体系的复杂程度和化学计量学可提供的多元校正算法,选择合适的算法。常用的多元校正算法包括多元线性回归 MLR、主成分回归 PCR 和偏最小二乘法 PLS。本标准所指的 PLS 是特定的 PLS-1 算法,它每次仅处理一种参考值。PLS-2 或多模块 PLS 算法可同时处理多种成分浓度或性质参考值,但已证实这些算法不如 PLS-1 效果好。有关原理介绍,可参考相关化学计量学文献。

选择合适的数据预处理方法对数据进行预处理,选择合适的建模波长或频率以及变量数等建模条件,建立校正模型。

对校正模型进行评价和优化,方法见第 13 章。

为提高校正模型的预测能力和稳健性,在建模过程中宜进行异常样品统计与识别,方法见第 14 章。

12.4　利用验证集对校正模型进行验证,方法见第 15 章。

12.5　如果校正模型有效且模型的预测能力满足实际需求,则模型建立完毕;如果模型预测能力不能满足实际需求或模型有效性可疑,则检查模型建立中的每个步骤,选择其他算法或建模条件,重新建立模型,直至模型符合要求。

13　校正模型的评价与优化方法

13.1　校正标准误差

如果 $\hat{y}$ 是 n 个校正样品的预测值,y 为对应的参考值,则校正误差 e 按式(2)进行计算:

$$e=\hat{y}-y \qquad \cdots\cdots(2)$$

校正标准误差 SEC 按式(3)进行计算:

$$\mathrm{SEC}=\sqrt{\frac{e^{\mathrm{t}}e}{d}}=\sqrt{\frac{\sum_{i=1}^{n}(\hat{y}_i-y_i)^2}{d}} \qquad \cdots\cdots(3)$$

式中:

d ——本校正模型的自由度,d 等于 $n-k$,其中 k 为模型变量数,n 为校正样品数量;

$\hat{y}_i$——由第 i 个校正样品的光谱得到的预测值;

y_i——第 i 个校正样品对应的参考值。

SEC 是评估校正集所有样品的模型预测值与参考值之间差异的标准偏差,代表模型的整个残余误差。通常,随着模型变量数 k 的增加,SEC 会下降。

注:均值中心化处理在计算平均值时会用去一个自由度。若在建立校正模型前对光谱数据和参考值进行了均值中心化处理,则 $d = n-k-1$。

13.2 决定系数

决定系数 R^2 是指校正模型可解释的变异占总变异的比重，是评价模型拟合程度的一项指标，是相关系数 R 的平方。如果 $\hat{y}_i$ 是校正样品的预测值，$\hat{y}_1,\hat{y}_2,\cdots,\hat{y}_n$ 的均值为 $\bar{y}$，y_i 为对应的参考值，则决定系数按式(4)进行计算：

$$R^2=\frac{S_{\mathrm{SSR}}}{S_{\mathrm{SST}}}=\frac{S_{\mathrm{SST}}-S_{\mathrm{SSE}}}{S_{\mathrm{SST}}}=\frac{\sum_{i=1}^{n}(\hat{y}_i-\bar{y})^2}{\sum_{i=1}^{n}(y_i-\bar{y})^2}=1-\frac{\sum_{i=1}^{n}(\hat{y}_i-y_i)^2}{\sum_{i=1}^{n}(y_i-\bar{y})^2} \quad \cdots\cdots\cdots\cdots(4)$$

式中：

S_{SST}——总离差平方和，即参考值 y_i 的总变异平方和，等于 $\sum_{i=1}^{n}(y_i-\bar{y})^2$；

S_{SSR}——回归平方和，即校正模型可解释的变异平方和，等于 $\sum_{i=1}^{n}(\hat{y}_i-\bar{y})^2$；

S_{SSE}——残差平方和，等于 $\sum_{i=1}^{n}(\hat{y}_i-y_i)^2$。

由 R^2 定义可知，残差 S_{SSE} 越小，R^2 越大，校正模型对参考值解释得越好，模型拟合也就越好。R^2 取值范围为 0～1。当残差 $S_{\mathrm{SSE}}\to 0$ 时，$R^2\to 1$，在建立模型时，R^2 越接近于 1 越好。

注：决定系数也称判定系数。

13.3 优化模型变量数

13.3.1 在建立校正模型时，选取多少个变量数 k 用于校正模型是关键的一步。没有一个严格快速的规则用于变量数的选取。通常，若所用的变量数过少，则可能未充分利用信息，模型会欠拟合，导致模型预测准确度下降。若所用的变量数过多，则可能会引入噪声，模型会过拟合，导致模型不稳健，即使小的光谱噪声变化也可能会导致预测值产生显著性变化。

13.3.2 用于建立多元校正模型的最大变量数 k 与校正集中存在的、可检测的、光谱可辨识的成分数量有关。若在校正样品中某些成分彼此之间吸光度变化不是线性相关的，且吸光度变化远远大于光谱噪声，则这些成分是光谱可辨识的。若在校正样品中某些成分彼此之间浓度变化是线性相关的，则这些成分产生的吸光度变化也将是线性相关的，即使这些成分有独立的特征吸收，对于多元校正而言它们也是光谱不可辨识的，它们对多元校正模型的贡献至多只有一个变量，这种现象在统计上称之为“共线性”。对含量十分少的成分，其吸光度及变化数值若在光谱噪声以下，则该成分为光谱不可检测的，对多元校正模型无贡献。很明显，对于复杂的化学体系，可检测到的、光谱可辨识的成分数量往往小于实际的化学成分数量。

13.3.3 估算校正集中可检测的、光谱可辨识的最大成分数量需知道光谱噪声水平。重复测量一个样品的光谱可估算出光谱噪声水平。

13.3.4 宜使用交互验证方法来评估用于校正模型的最佳变量数。交互验证基本过程为：在多元校正过程中，从校正集剔除一个样品或一组样品后，使用校正集中剩余的样品建立多元校正模型，利用所建校正模型对被剔除的样品进行预测，并计算其参考值和预测值之间的偏差。将剔除的样品重新放回校正集，然后再从校正集中剔除另外一个或一组样品，重复以上过程，使校正集中每个样品当且仅当被剔除一次。所计算的偏差数据用于选择建模的最佳主成分数或潜变量数以及计算交互验证预测标准误差 SECV。

在交互验证中，从光谱阵中剔除一个或多个样品的光谱，对应的参考值也从相应的参考值向量中剔除。用剩余的样品建立模型，并用来计算被剔除样品的预测值。重复循环以上过程直至所有样品都被剔除过。则交互验证的误差 e_{cv} 按式(5)进行计算：

$$e_{cv} = \hat{y}_{cv} - y \qquad (5)$$

式中：

$\hat{y}_{cv}$——交互验证中的预测值；

y ——参考值。

13.3.5 校正模型的预测残差平方和 PRESS 按式(6)进行计算：

$$\text{PRESS} = e_{cv}^{t} e_{cv} = \sum_{i=1}^{n} (\hat{y}_{cvi} - y_i)^2 \qquad (6)$$

13.3.6 交互验证标准误差 SECV 按式(7)进行计算：

$$\text{SECV} = \sqrt{\frac{\text{PRESS}}{n}} \qquad (7)$$

式中：

n——校正样品数量。

13.3.7 PRESS 或 SECV 值可作为模型所用变量数的因变量进行计算。通常从使用第一个变量或主成分开始，从校正集中剔除一个或多个样品，用剩余样品建立的模型预测被剔除的样品，记录其参考值与预测值之间的差异。然后将被剔除样品放回校正集，对其他样品重复迭代此过程，直至所有样品被剔除一遍，计算 PRESS 或 SECV 值。依次增加变量建模，重复以上过程，计算使用不同变量数建模的 PRESS 或 SECV 值，直至预设的变量数才停止。

通常，以 PRESS 或 SECV 值为 y 轴，变量数为 x 轴，将 PRESS 或 SECV 值与变量数作图来确定最小的 PRESS 值，以选取最佳变量数。图中 PRESS 或 SECV 最小值对应的变量数即为选用的最大变量数。如果没有最小值，PRESS 或 SECV 值接近阈值的第一个点对应的变量数可作为最大变量数。一般复杂体系样品的最佳变量数较大，但应审慎选取较大的变量数，以避免过拟合现象发生。

PRESS 和 SECV 的实际计算值依赖每轮交互验证过程中剔除的样品数。每轮剔除的样品数大于 1 的交互验证，其程序运行效率要比只剔除一个样品，即"去一法"的程序运行效率高，但其结果的可靠性比"去一法"结果的可靠性差。

13.3.8 以上统计方法仅作为评估模型所用变量数 k 的指导原则，没有一种方法能够永远提供稳健的模型。变量数的最终检验标准是所建立的模型是否能通过模型有效性检验。通常，如果用所选的变量数建立的最终模型具有期望的精密度，并能通过有效性验证，便可用该变量数建立校正模型。

14 异常样品的统计与识别

14.1 马氏距离与杠杆值

马氏距离 D^2 或杠杆值 h 是用来检测校正过程中的异常样品、评估模型预测值的不确定性以及检测分析过程中模型外推的标量。设 x 是从均值为 $\bar{x}$ 和协方差阵为 V 的校正集光谱矩阵 X 中抽出的任意样品光谱，则该 x 与 $\bar{x}$ 的马氏距离定义为式(8)：

$$D^2 = (x - \bar{x})^t V^{-1} (x - \bar{x}) \qquad (8)$$

马氏距离和杠杆值之间的关系表示为式(9)：

$$D^2 = (n-1)\left(h - \frac{1}{n}\right) \qquad (9)$$

式中：

n——校正样品数量。

实际应用中，x 常为样品光谱的主成分得分向量，V 则为校正集光谱主成分得分矩阵的协方差矩阵。

14.2 异常样品的识别

14.2.1 在校正过程中可能会检测出两类异常样品。第一类异常样品是高杠杆值样品，与校正集中其他样品相比，含有极端组成，光谱不具代表性，远离模型整体样品的平均光谱，在建模过程中表现为杠杆值较大，其光谱对用于建模的一个或多个光谱变量具有显著性贡献，对回归结果有强烈的影响，或者对至少一个回归系数起着相当重要的决定作用，对模型的稳健性有强烈的扰动作用。一般可采用马氏距离 D^2 或杠杆值 h 等统计指标诊断。第二类异常样品是预测值与参考值具有显著性差异的样品，由参考值测定误差较大、光谱测量误差较大、参考值录入错误或模型不适用等原因所致。该类样品对回归分析影响明显，一般可采用学生化残差等方法诊断，并通过剔除、重新测定误差较大的相关数据、重新录入等方法进行修正。

14.2.2 基于统计指标杠杆值可对高杠杆值样品进行识别。对线性校正方法，每个样品平均贡献了光谱变量的 k/n，k 为变量数，n 为校正样品数量。对于杠杆值大于 $3k/n$ 的样品，其光谱对其中一个光谱变量的确定及该变量对应的回归系数具有显著性贡献。该类样品在建立校正模型时应该从校正集中剔除，但剔除时应经过仔细评价并慎重考虑。

注：如果对 h 除以 n 进行归一化(如是均值化，则除以 $n-1$)，则得到与校正样品数量无关的统计量。若此归一化统计量进一步乘以 $(n-k-1)/nk$，则得到具有 F 分布的统计量。如果 h 做了归一化处理，则可用 F 检验来检测异常值。F 检验临界值可根据表 A.4 查出。

14.2.3 从校正集中剔除杠杆值大于 $3k/n$ 的样品并重建模型，对新模型仍识别出杠杆值大于 $3k/n$ 的新样品是常见情况。这种情况的发生最可能的原因是样品的剔除引起 k 值变化，也可能是由于 n 的改变引起多元空间的改变。当重复应用 $3k/n$ 规则持续识别异常样品时，该检测称为“滚雪球”。如果“滚雪球”现象发生了，表明校正集光谱数据结构可能出现了一些问题，应检查模型的变量空间是否有异常的分布或聚类。

14.2.4 在建模过程中，如果用初始校正集建立第一个模型，从校正集中剔除杠杆值大于 $3k/n$ 的样品，用余下的校正样品光谱和相同变量数 k 建立第二个模型，对第二个模型仍检测出杠杆值大于 $3k/n$ 的样品，在这种情况下，可放宽执行 $3k/n$ 检测规则，若校正样品的杠杆值都小于 0.5，则可以使用第二个模型。如果用初始的校正集建立第一个模型，从校正集中剔除杠杆值大于 $3k/n$ 的样品，用余下的校正样品光谱和小于 k 的变量数建立第二个模型，则 $3k/n$ 检测规则不应放宽。

14.2.5 第二类异常样品是其参考值 y 与预测值 $\hat{y}$ 有显著性差异。这类异常样品可使用学生化残差 t 检测。若 e_i 为校正集中第 i 个样品的预测值 $\hat{y}_i$ 与参考值 y_i 的差值，h_i 为该样品的杠杆值，则第 i 个样品的学生化残差 t_i 按式(10)进行计算：

$$t_i = \frac{e_i}{\mathrm{SEC}\sqrt{1-h_i}} \qquad \cdots\cdots(10)$$

学生化残差 t 应为等方差均匀分布。可将学生化残差 t 与自由度为 $n-k$（均值中心化自由度为 $n-k-1$）的 t 分布值进行比较，确定估计误差是否符合预期分布的概率。若不符合，该样品可认为是异常样品。

15 校正模型的验证

15.1 验证标准误差

如果 $\hat{v}$ 是 v 个验证样品的预测值，v 为对应的参考值，则验证误差 e_v 按式(11)进行计算：

$$e_v = \hat{v} - v \qquad \cdots\cdots(11)$$

验证标准误差 SEV 按式(12)进行计算：

$$\mathrm{SEV}=\sqrt{\frac{e_v{}^{\mathrm{t}}e_v}{d_v}}=\sqrt{\frac{\sum_{i=1}^{v}(\hat{v}_i-v_i)^2}{d_v}} \quad \cdots\cdots(12)$$

式中：

d_v ——所有 v 个验证样品用到的参考值的总数；

$\hat{v}_i$ ——由第 i 个验证样品光谱得到的预测值；

v_i ——第 i 个验证样品对应的参考值。

SEV 是用于评估验证集所有样品的模型预测值与参考值之间差异的标准偏差。SEV 越小，表明模型的预测能力就越强。通常，SEV 大于 SEC。

验证平均误差 $\bar{e}_v$ 按式(13)进行计算：

$$\bar{e}_v=\frac{\sum_{i=1}^{v}e_i}{d_v}=\frac{\sum_{i=1}^{v}(\hat{v}_i-v_i)}{d_v} \quad \cdots\cdots(13)$$

验证误差的标准偏差 SDV 按式(14)进行计算：

$$\mathrm{SDV}=\sqrt{\frac{\sum_{i=1}^{v}(e_i-\bar{e}_v)^2}{d_v-1}} \quad \cdots\cdots(14)$$

15.2 验证偏差的显著性

采用 t 检验方法确定验证集的预测值是否有显著性偏差。t 值按式(15)进行计算：

$$t=\frac{|\bar{e}_v|\sqrt{d_v}}{\mathrm{SDV}} \quad \cdots\cdots(15)$$

将 t 值与自由度为 d_v 的临界 t 值进行比较。如果 t 值小于临界 t 值，当预测来自模型内插，校正模型的预测值与参考值则基本相同；如果 t 值大于临界 t 值，校正模型的预测值与参考值不同的概率达到95%，则校正模型有效性可疑，需对模型进行进一步研究，以解决可能存在的偏差。

注：从表 A.5 查出自由度为 d_v 的临界 t 值。

15.3 模型和参考方法一致性的验证

计算验证样品预测值的置信范围，确定是否每个参考值都落在式(16)的范围内：

$$\hat{y}-t\times\mathrm{SEC}\times\sqrt{1+D^2}\sim\hat{y}+t\times\mathrm{SEC}\times\sqrt{1+D^2} \quad \cdots\cdots(16)$$

式中：

D^2——马氏距离；

t ——模型自由度下的学生分布值，t 值从表 A.5 中查出。

如果5%以上的参考值不在该范围内，则基于 SEC 的预测值置信范围可疑，需对校正模型和参考方法一致性进一步验证。

16 预测值的精密度

校正模型的预测精密度是通过重复测量光谱计算的。用于重复测量的样品数应不小于模型中使用的变量数，但不能小于 3。用于光谱重复测量的样品要涵盖模型中样品成分浓度或性质范围的 95%。如可能，应保证所选的样品能反映光谱变量的变化。每个样品至少重复装样测量 6 次，然后，采用校正模型和这些光谱得到预测值。通过计算每个样品预测值的平均值、标准偏差或相对标准偏差来表示预测值的精密度。如果 $\hat{y}_{ij}$ 代表第 i 个样品 r_i 个重复光谱的第 j 个光谱的预测值，则该样品的平均预测值 $\bar{\hat{y}}_i$ 按式(17)进行计算：

$$\bar{\hat{y}}_i = \frac{\sum_{j=1}^{r_i} \hat{y}_{ij}}{r_i} \qquad \cdots\cdots(17)$$

预测值重复性的标准偏差 σ_i 按式(18)进行计算：

$$\sigma_i = \sqrt{\frac{\sum_{j=1}^{r_i} (\hat{y}_{ij} - \bar{\hat{y}}_i)^2}{r_i - 1}} \qquad \cdots\cdots(18)$$

预测值重复性的相对标准偏差 RSD_i 按式(19)进行计算：

$$\mathrm{RSD}_i = \frac{\sigma_i}{\bar{\hat{y}}_i} \times 100\% \qquad \cdots\cdots(19)$$

影响校正模型预测精密度的因素比较多，主要包括仪器类型、仪器性能、操作稳定性、样品均匀性和样品化学成分含量高低等。在其他影响因素稳定的条件下，校正模型预测样品中高浓度成分要比预测低浓度成分稳定。

17 未知样品的预测

17.1 校正模型的有效性验证完成后，就可把未知样品光谱输入校正模型计算，预测其成分浓度或性质。

17.2 在预测未知样品成分浓度或性质之前，宜先确认预测未知样品成分浓度或性质是否是由模型内插进行，可采用校正集建立一个主成分分类模型，用于判断未知样品光谱与校正集中样品光谱的相似性。未知样品光谱在校正集光谱的空间范围之内，与校正集中样品光谱属于同类样品的预测由模型内插进行。

17.3 在对未知样品光谱进行测量和预测时，应使用与采集校正样品光谱完全一样的方式采集未知样品的光谱。

18 校正和预测误差的主要来源

在校正和预测过程中，校正和预测误差类型、来源、影响因素及解决途径见表1。

表1 校正和预测误差的主要来源

误差类型	误差来源	可能的解决方法(途径)
光谱误差	仪器性能差	定期测试仪器性能，监测仪器性能的变化 测定质量控制样品，监测仪器性能变化是否会影响预测结果
	吸光度值超出检测器的线性响应范围[a]	确定仪器的线性响应范围 选择合适的光程，使吸收值在线性响应范围内
	光的极化影响	使用去极化元件
	光谱采集条件不稳定	改进采集方法 使用商品化的光谱采集设备
	光谱仪部件被污染	检查光路窗口等，并做必要的清洁

表 1（续）

误差类型	误差来源	可能的解决方法(途径)
样品误差	固体样品不均匀	改善混合方法和粉碎工序，提高混合均匀程度 将样品磨成粒径均匀的颗粒[粒径小于 40 μm(近红外)或 20 μm(中红外)] 使用旋转样品池 多次重复装样测量并将测量光谱平均
	样品的化学成分随时间改变	样品制备后立即进行测定分析或是对样品冻干储藏 建模时，剔除成分改变快速的光谱区域
	液体样品中有气泡	对单相样品检查所需压力 检查进样时比色皿的流体特性
校正误差	光谱对建模成分或性质不灵敏	尝试其他光谱区域
	校正样品不适当	依据校正样品的选择方法筛选校正样品
	校正集中有异常样品	依据异常样品诊断统计规则剔除异常样品
	参考值错误	剔除或重新测定参考值
	非比耳定律关系[b]	改善校正程序，重选建模算法 在更小的浓度范围内，分段建立模型 检查仪器动态范围，试用较短光程
	对基线漂移敏感	对数据进行预处理，使基线的影响最小化
	数据录入错误	重新核对数据
预测误差	校正模型差	使用有代表性的验证集验证模型
	仪器性能差	使用质量控制样品检验仪器性能 按仪器使用手册，诊断仪器性能
	模型传递差	验证模型传递和仪器标定过程
	样品在模型范围以外	检测样品是否由模型内插分析

[a] 在透射分析中比较常见。

[b] 这种非线性常由成分间相互影响或是检测仪器响应所致。

19 校正模型的维护

19.1 校正模型验证有效之后，为保证模型预测性能，应对模型的准确性和精密度以及仪器的性能进行连续的监测，以当产生预测误差时判断是模型性能变差还是仪器性能下降所致。为满足这样的检测，通常需要一个或多个质量控制样品。选择的质量控制样品的光谱应与模型相匹配，尽可能与校正样品的光谱相似，符合模型内插分析要求。

19.2 质量控制样品光谱测量条件应与校正样品光谱测量条件完全一致。质量控制样品参考值测定方法应与校正样品参考值测定方法相同。

19.3 每次检测应使用不同的质量控制样品，并最少采集 20 条光谱。如果 $\hat{y}_i$ 代表质量控制样品 q 个重复光谱的第 i 个光谱的预测值，则该质量控制样品的平均预测值 $\bar{\hat{y}}_{qc}$ 按式(20)进行计算：

$$\bar{\hat{y}}_{qc} = \frac{\sum_{i=1}^{q} \hat{y}_i}{q} \qquad (20)$$

预测值的标准偏差 σ_{qc} 按式(21)进行计算：

$$\sigma_{qc}=\sqrt{\frac{\sum_{i=1}^{q}(\hat{y}_i-\bar{\hat{y}}_{qc})^2}{q-1}} \qquad \cdots\cdots(21)$$

19.4 如果质量控制样品是通过模型内插进行分析的，则 σ_{qc} 与第16章定义的重复性是一致的。如果质量控制样品分析是通过模型外推进行分析的，则 σ_{qc} 可能略大。

19.5 对校正模型，不宜通过对斜率和偏差的调整来提高校正或预测的准确度。如果在使用质量控制样品进行监测过程中，模型失效，则需要对仪器性能进行检测和评价，任何检测出来的仪器问题都应被校正。

19.6 如果仪器进行了维修，如更换光学元器件、检测器等，应当进行模型传递或仪器标定，以重新建立模型。

20 校正模型的更新

20.1 对现有模型增加新的校正样品可以增加模型的适用范围。新的校正样品可能含有与原来校正样品相同的成分但有更极端的参考值，也可能含有原来校正样品中不存在的新成分。新的校正样品可能会填补原校正空间的空白区域。当模型更新后，含有原来校正样品光谱的矩阵 X 被新添加的校正样品光谱扩充，含有原来成分浓度或性质数据的矢量 Y 也被新添加的校正样品参考值扩充。

20.2 异常样品的统计与识别方法适用于更新的模型。如果添加的样品扩大了原有模型的涵盖范围，则需加入多个该新类型的样品，以防止添加的样品被当做异常样品剔除。

20.3 如果补充更多的新类型样品后，新样品在原有模型校正集空间形成异常分布或聚类，则这些新类型样品不适合用于更新原有模型。建议将新类型样品另行建立校正模型。

20.4 模型更新后，应重新对其进行验证。对验证更新模型的样品要求同原有模型的样品。验证原有模型的光谱可用于更新模型的验证。对更新的模型，加入验证集的新样品的百分比不低于加入校正集的新样品的百分比。

21 模型传递及仪器标定

21.1 模型传递可能需要在两台仪器上同时测量一些共同样品的光谱，建立用于光谱或模型的转换函数。有关模型传递方法的介绍，可参考相关化学计量学文献。

21.2 仪器标定是实现模型传递的一种手段。仪器标定是在其他光谱仪上采集光谱，然后对光谱进行数学调整，使其尽量与在模型建立所用仪器上采集的光谱一致的过程。仪器标定也涉及为达到仪器的一致性而进行的仪器硬件的调整。

21.3 若仪器维修对光谱响应产生较大的影响，导致模型预测值的改变，就可能需要模型传递或仪器标定。维修前仪器可看作一台仪器，维修后仪器可看作另一台仪器。这种校正可被看做是一台仪器向另一台仪器的传递。

21.4 为确定经模型传递或仪器标定后模型预测性能有无显著性降低，应对传递后的模型进行验证。一旦确定特定的模型传递或仪器标定对特定类型仪器是可行的，则可以进一步使用质量控制样品评价传递后的模型。

22 分析报告

22.1 光谱仪运行报告

光谱仪运行报告内容包括但不限于：

a) 仪器及相关附件的制造商、名称和型号；
b) 仪器及相关附件的序列号、仪器安装日期；
c) 仪器及相关附件维修维护记录；
d) 仪器及相关附件性能测试报告；
e) 仪器运行软件更新记录。

22.2 校正模型建立和验证报告

校正模型建立和验证报告内容包括但不限于：

a) 校正模型名称、编号、建立人员、时间和地点；
b) 校正集、验证集中样品的采集时间、属性和数量；
c) 校正集、验证集中样品的采集、制备和保存方法；
d) 校正集、验证集、待测未知样品光谱、背景光谱的测量条件和测量方法；
e) 校正集、验证集参考值测定方法；
f) 化学计量学软件、数据统计处理软件的开发商、名称和版本号；
g) 数据预处理的方法、建立校正模型的方法；
h) 异常样品的统计、识别与处理方法；
i) 校正模型的有关统计结果及可视化：校正样品数量、决定系数或相关系数、建模变量数、校正标准误差、交互验证标准误差和预测范围；参考值与校正模型预测值的散点图、残差分布图及校正模型的预测残差平方和或交互验证标准误差随主成分数或潜变量的变化图；
j) 校正模型的验证方法及验证结果；
k) 校正模型的应用范围；
l) 本标准未规定的，可能会影响预测结果的全部细节。

22.3 待测样品检测报告

待测样品检测报告内容包括但不限于：

a) 待测样品类型；
b) 待测样品名称；
c) 送样时间；
d) 检测时间；
e) 检测结果。

23 校正模型建立和验证流程

在校正模型建立和验证过程中，主要步骤及相应要求参见附录 B。

24 校正模型建立和验证及模型传递范例

24.1 傅立叶变换近红外透射光谱测定汽油质量的建模与验证实施例，参见附录 C。

24.2 傅立叶变换近红外漫反射光谱测定烟草成分建模与验证实施例，参见附录 D。

24.3 傅立叶变换中红外光谱测定柴油十六烷值的建模与验证实施例，参见附录 E。

24.4 柴油十六烷值近红外光谱校正模型传递实施例，参见附录 F。

附 录 A
（资料性附录）
统计学处理

A.1 删除异常值的狄克逊检验

A.1.1 该检验简单高效，能够确定所有数据是否来自同一总体（平均偏差与标准偏差未知），并确定是否存一个或多个可删除的置疑数据。

A.1.2 将 n 次测量获得的 n 个数据按由小到大顺序排列成表，并命名为 $X_1,X_2,X_3,\cdots,X_n$。

A.1.3 按照数据列表中的数据数量 n，依次对极值 X_1 和 X_n 进行检测。

A.2 检验最大值和最小值

根据数据数量 n，在表 A.1 中选择正确的公式，对数据列中的最小值 X_1 和最大值 X_n 进行检验。

表 A.1 检验表达式

n	X_1	X_n
3～7	$r=\dfrac{(X_2-X_1)}{(X_n-X_1)}$	$r=\dfrac{(X_n-X_{(n-1)})}{(X_n-X_1)}$
8～10	$r=\dfrac{(X_2-X_1)}{(X_{(n-1)}-X_1)}$	$r=\dfrac{(X_n-X_{(n-1)})}{(X_n-X_2)}$
11～13	$r=\dfrac{(X_3-X_1)}{(X_{(n-1)}-X_1)}$	$r=\dfrac{(X_n-X_{(n-2)})}{(X_n-X_1)}$
14～30	$r=\dfrac{(X_3-X_1)}{(X_{(n-2)}-X_1)}$	$r=\dfrac{(X_n-X_{(n-2)})}{(X_n-X_3)}$

A.3 计算“r”并比较

代入正确的数据于所选的公式中，计算统计值“r”。将计算得到的 r 值与表 A.2 中与样本数（n）所对应的 r 值进行比较。

A.4 数据删除

如果计算的“r”值比表 A.2 中与样本数对应的 r 值大，则该数据应被删除。

A.5 测试方法标准偏差

图 A.1 测试方法标准偏差为多个实验室测定多个样品的标准偏差的平均值。样品应涵盖测试方法有效的范围。如果不同组成的样品对再现性结果有较大影响,样品还应涵盖不同组成。

表 A.2 不一致测量数据删除临界值

统计值	n	$\alpha=0.05$	$\alpha=0.01$
r_{10}	3	0.941	0.988
	4	0.765	0.889
	5	0.642	0.780
	6	0.560	0.698
	7	0.507	0.637
r_{11}	8	0.554	0.683
	9	0.512	0.635
	10	0.477	0.597
r_{21}	11	0.576	0.679
	12	0.546	0.642
	13	0.521	0.615
r_{22}	14	0.546	0.641
	15	0.525	0.616
	16	0.507	0.595
	17	0.490	0.577
	18	0.475	0.561
	19	0.462	0.547
	20	0.450	0.535
	21	0.440	0.524
	22	0.430	0.514
	23	0.421	0.505
	24	0.413	0.497
	25	0.406	0.489

A.6 样品标准偏差

样品的标准偏差为多个实验室用同一测试方法测定同一样品结果的标准偏差。它可能比测试方法标准偏差低或者高。因此,在确定几个测定结果的平均值的置信范围时,样品的标准偏差由于随机波动可能没有测试方法标准偏差可靠。

如果测试方法标准偏差未知,在使用列线图时,可用样品的标准偏差代替,然后将 95% CL 标尺上的值乘以表 A.3 按测定结果个数查到的因子,得到可信度 95%的置信范围。

表 A.3 计算测定结果平均值所用测定结果的数量对应的因子

测定结果数量	3	4	5	6	7
因子	2.20	1.62	1.42	1.31	1.25
测定结果数量	8	10	15	25	35
因子	1.21	1.15	1.09	1.05	1.04

A.7 给定置信范围查找计算平均值所需的测量次数

在列线图 A.1 中，用直线连接右边标准偏差标尺上相应的标准偏差点和置信范围标尺上测量者所期望的置信偏差点，然后读取直线穿过左边测量次数标尺所对应的测量次数点，即为所需的测量次数。

A.8 查找平均值的置信范围

在列线图中，用直线连接左边测量次数标尺对应的测量次数点和右边标准偏差标尺对应的标准偏差点，然后读取直线穿过置信范围标尺所对应的置信范围数据点，即为平均值的置信范围。

表 A.4 $F_{0.95}(n_1, n_2)$的 F-分布分位数表

n_2	n_1												
	1	2	3	4	5	6	7	8	9	10	12	15	20
1	161	200	216	225	230	234	237	239	241	242	244	246	248
2	18.5	19.0	19.2	19.2	19.3	19.3	19.4	19.4	19.4	19.4	19.4	19.4	19.4
3	10.1	9.55	9.28	9.12	9.01	8.94	8.87	8.85	8.81	8.79	8.74	8.70	8.66
4	7.71	6.94	6.59	6.39	6.26	6.16	6.09	6.04	6.00	5.96	5.91	5.86	5.80
5	6.61	5.79	5.41	5.19	5.06	4.95	4.88	4.81	4.77	4.74	4.68	4.62	4.56
6	5.99	5.14	4.76	4.53	4.39	4.28	4.21	4.15	4.10	4.06	4.00	3.94	3.87
7	5.59	4.74	4.35	4.12	3.97	3.87	3.79	3.73	3.68	3.64	3.57	3.51	3.44
8	5.32	4.46	4.07	3.54	3.69	3.58	3.50	3.44	3.39	3.35	3.28	3.22	3.15
9	5.12	4.26	3.86	3.63	3.48	3.37	3.29	3.23	3.18	3.14	3.07	3.01	2.94
10	4.96	4.10	3.70	3.48	3.33	3.22	3.14	3.07	3.02	2.98	2.91	2.85	2.77
11	4.84	3.98	3.59	3.36	3.20	3.09	3.01	2.95	2.90	2.85	2.79	2.72	2.55
12	4.75	3.89	3.49	3.26	3.11	3.00	2.91	2.85	2.80	2.75	2.69	2.62	2.54
13	4.67	3.81	3.41	3.18	3.03	2.92	2.83	2.77	2.71	2.67	2.60	2.53	2.46
14	4.60	3.74	3.34	3.11	2.96	2.85	2.76	2.70	2.65	2.60	2.53	2.46	2.39
15	4.54	3.68	3.29	3.06	2.90	2.79	2.71	2.64	2.59	2.54	2.48	2.40	2.33
16	4.49	3.63	3.24	3.01	2.85	2.74	2.66	2.59	2.54	2.49	2.42	2.35	2.28
17	4.45	3.59	3.20	2.96	2.81	2.70	2.61	2.55	2.49	2.45	2.38	2.31	2.23
18	4.41	3.55	3.16	2.93	2.77	2.66	2.58	2.51	2.46	2.41	2.34	2.27	2.19
19	4.38	3.52	3.13	2.90	2.74	2.63	2.54	2.48	2.42	2.38	2.31	2.23	2.16
20	4.35	3.49	3.10	2.87	2.71	2.60	2.51	2.45	2.39	2.35	2.28	2.20	2.12
∞	3.84	3.00	2.50	2.37	2.21	2.10	2.01	1.94	1.88	1.83	1.75	1.67	1.57

表 A.5　5%概率的 t

自由度	t
1	12.706
2	4.303
3	3.182
4	2.776
5	2.571
6	2.447
7	2.365
8	2.306
9	2.262
10	2.228
11	2.201
12	2.179
13	2.160
14	2.145
15	2.131
16	2.120
17	2.110
18	2.101
19	2.093
20	2.086

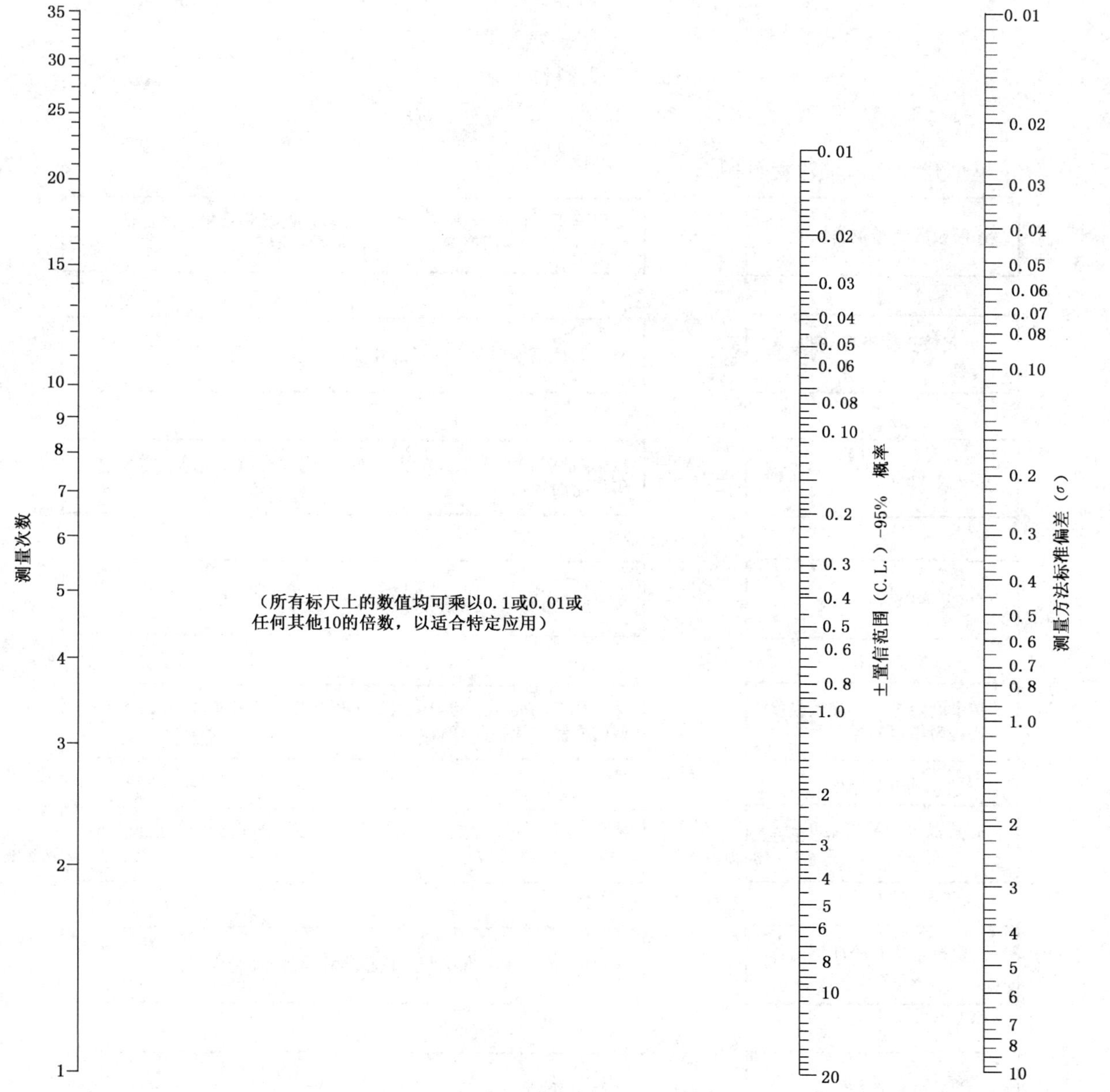

图 A.1 根据测量次数确定置信范围的列线图

附 录 B
（资料性附录）
校正模型建立和验证流程

校正模型建立和验证流程见图 B.1。

图 B.1 校正模型建立和验证流程图

附　录　C
（资料性附录）
傅立叶变换近红外透射光谱测定汽油质量的建模与验证实施例

C.1　样品收集

根据校正集应能涵盖待测样品化学组成变化范围原则，样品收集考虑因素包括车用汽油牌号、生产汽油的原油来源、炼制工艺、调合工艺和季节等因素。从我国相关炼油厂收集了 224 个样品，其中 90 号汽油 43 个、93[1] 号汽油 142 个、97[1] 号汽油 39 个。按照 GB/T 4756 方法人工采集汽油样品，并将样品置于带聚四氟乙烯盖的棕色玻璃瓶中，低温避光储存，以避免轻组分挥发，防止氧化反应使油品变质。

C.2　参考值测定

按照 GB 17930 规定的标准方法作为参考方法测定车用汽油样品的研究法辛烷值 RON、50%馏出温度、饱和烃含量、烯烃含量、芳烃含量和氧含量等质量指标，每个样品重复测定 2 次，取其平均值作为最终测定结果，即为参考值。尽可能缩短从采样到参考值测量时间，降低汽油样品存放时间过长使组成发生改变。

各质量指标的标准测试方法、再现性和重复性要求见表 C.1。

表 C.1　汽油各质量指标的参考方法、再现性和重复性要求

性质	单位	方法	再现性	重复性
50%馏出温度	℃	GB/T 6536	9.5	1.5
RON	—	GB/T 5487	0.7	0.2
芳烃含量	体积分数%	GB/T 11132	3.7	1.3
烯烃含量	体积分数%	GB/T 11132	$0.818\,5X^{0.6}$	$0.257\,8X^{0.6}$
饱和烃含量	体积分数%	GB/T 11132	4.2	1.5
氧含量	质量分数%	SH/T 0663	$0.09X^{1.27}$	$0.02X^{1.26}$

C.3　近红外光谱采集

C.3.1　样品的准备

将车用汽油样品从低温处取出后在常温放置至少 1 h，让样品温度达到测量环境温度，避免测量过程中因温度变化引起的光谱变动。

C.3.2　仪器的准备

采用傅立叶变换(FT-NIR)近红外光谱仪采集样品光谱。按照仪器使用说明书，启动仪器，检查仪

1）做实验时的 93 号汽油和 97 号汽油，现在分别改为 92 号汽油和 95 号汽油。

器的性能是否正常。若正常，则预热至少 30 min。

C.3.3 采集参数设置

光谱范围：12 500 cm^{-1}～4 000 cm^{-1}；分辨率 4 cm^{-1}；扫描次数：32 次。

C.3.4 进样池的清洗

用玻璃滴管吸取少量的分析纯石油醚（90 ℃～120 ℃），放入 10 mm 石英比色皿中，盖上盖，上下晃动数次进行清洗，将石油醚倒入贴有标签的废液瓶中，重复清洗数次，直到无油渍为止。用玻璃滴管吸取少量的石油醚，冲洗比色皿外部，直到无油渍为止。用吸耳球吹扫石油醚，使其完全挥发。

注：石油醚易燃，需远离火源，在防爆通风橱作业；清洗时戴上耐油手套。用镜头纸握住比色皿。如果比色皿无法用石油醚清洗干净，可以先用饱和重铬酸钾浓硫酸玻璃洗液清洗，然后依次用自来水、蒸馏水清洗，晾干。

C.3.5 背景光谱的采集

将清洗干净的石英比色皿置于进样舱中，盖上舱盖，采集背景光谱，并保存。

C.3.6 装样

从进样舱中取出石英比色皿，用洁净的玻璃滴管吸取少量的待测汽油样品，润洗 2 次，将废汽油倒入贴有标签的废液瓶中。再用玻璃滴管吸取汽油样品置于比色皿中，装满为止，盖上盖。用镜头纸将比色皿外部擦净后，立即放入进样舱中，关闭进样舱，避免杂散光干扰。

C.3.7 汽油样品光谱的采集

输入样品名称，按照设定参数采集汽油的吸收光谱并保存到指定位置。从进样舱取出装有汽油的比色皿，将汽油倒入废液瓶中。先用干净的玻璃滴管吸取石油醚清洗比色皿外部和内部，然后再用干净的玻璃滴管吸取下一个待测样品润洗。清洗完毕后，装样，进行样品吸收光谱采集。注意，玻璃滴管应清洗干净，避免污染汽油样品。通常会使用多个玻璃滴管，其中一支专门吸取石油醚清洗用。

图 C.1 为样品集的 FT-NIR 吸收光谱叠加图。其中位于 5 000 cm^{-1}～6 000 cm^{-1} 范围的谱峰为 C-H 伸缩振动吸收谱带，吸光度远大于 2，偏离了仪器检测器线性响应范围，不能用于建模。在 12 500 cm^{-1}～6 000 cm^{-1} 范围，吸光度变化均在仪器线性响应范围内，可以用于模型建立。

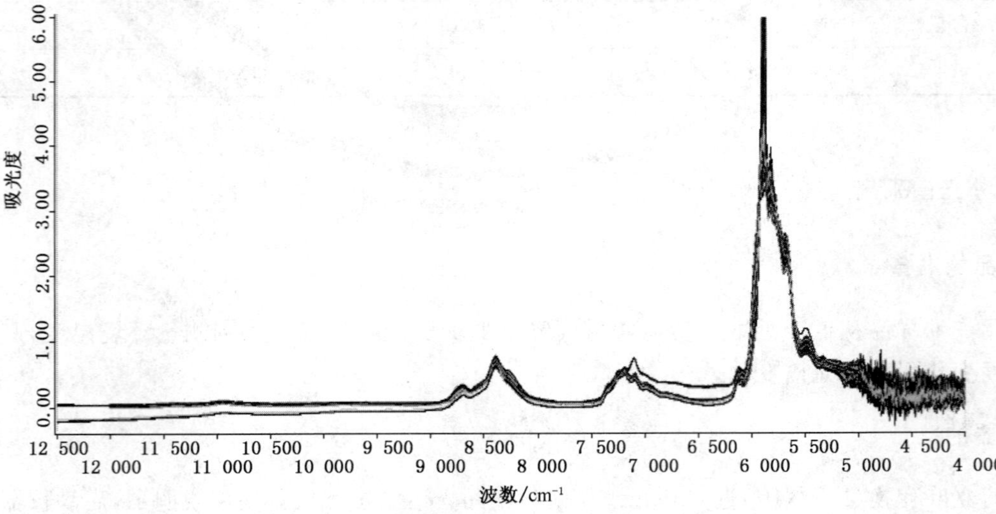

图 C.1 样品 FT-NIR 吸收光谱图

C.4 校正样品和验证样品的选择

对样品集光谱进行一阶微分和归一化处理，选择 12 000 cm^{-1}～6 080 cm^{-1}的吸光度数据，进行主成分分析。根据样品集在得分空间的分布，按照校正样品数量/验证样品数量为 6/4 的比例选择校正样品和验证样品，组成校正集和验证集。

图 C.2 显示了校正样品和验证样品在第一得分和第二得分的空间分布图。从图 C.2 可知，校正样品和验证样品在光谱空间分布基本均匀且一致。

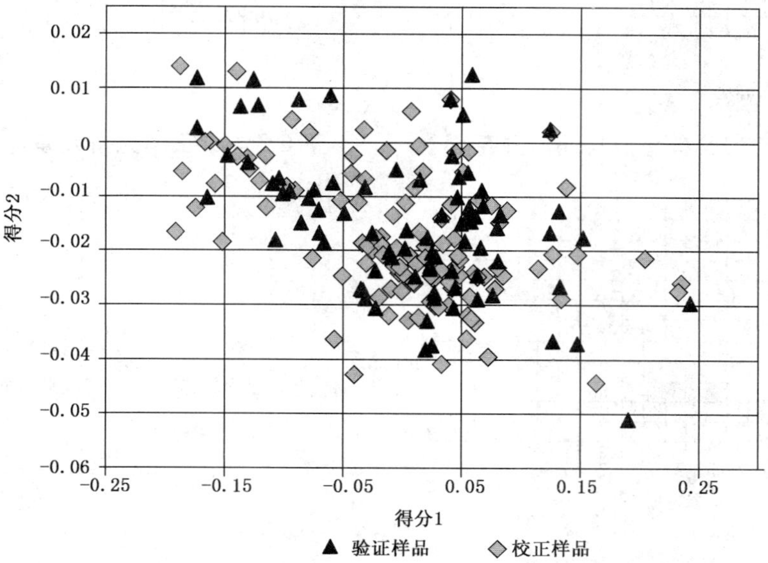

图 C.2 校正样品和验证样品在得分 1 和得分 2 空间分布图

C.5 RON 模型建立和验证

C.5.1 异常样品的剔除

剔除的异常样品有两种类型。一种是与样品集中其他样品的化学组成有明显差异；另一种是预测值与参考值有显著性差异。第一种异常样品可以通过马氏距离与光谱残差关系图进行筛选，明显离群的样品为异常样品。第二种异常样品可以通过参考值与预测值关系图进行筛选，明显离群的样品为异常样品。

将校正集的近红外光谱数据和 RON 参考值导入化学计量学软件中，经 17 点一阶微分和中心化处理，光谱范围为 9 000 cm^{-1}～6 000 cm^{-1}，利用 PLS 采用交互验证方法建立模型。然后使用模型预测验证集的 RON，并与参考值进行比较。

图 C.3 为校正集 RON 参考值和偏差之间的关系图。

图 C.4 为校正集光谱残差与马氏距离关系图。

图 C.5 为验证集 RON 参考值与偏差关系图。

图 C.6 为验证集光谱残差与马氏距离关系图。

从图 C.3～图 C.6 可以明显看出在样品集中少数样品比其余样品离群。为减少这些离群样品对建模的影响，将这些样品视为异常样品，从校正集和验证集中删除。图中圆形标识为异常样品。

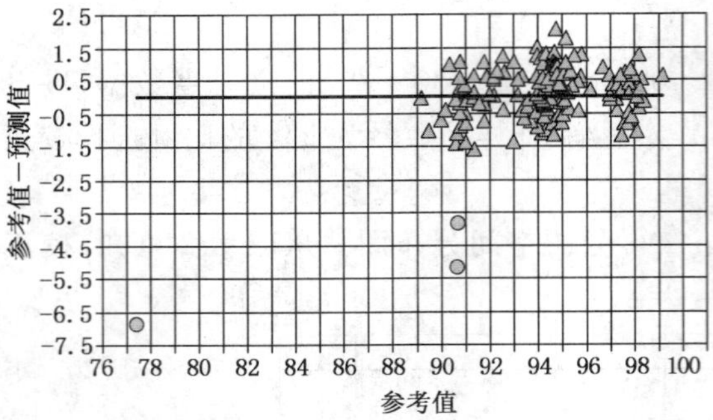

图 C.3　校正集 RON 参考值与偏差关系图

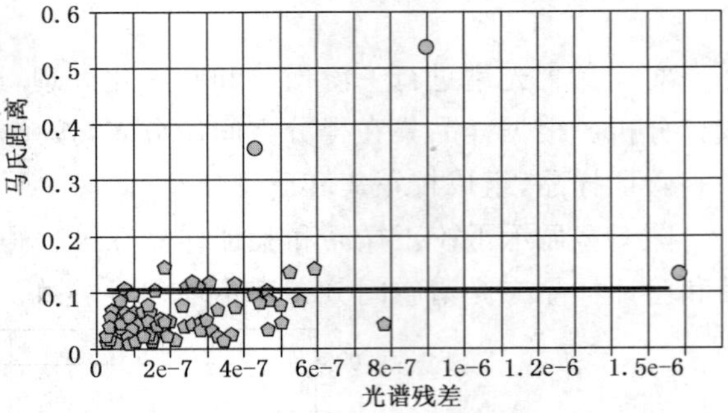

图 C.4　校正集光谱残差与马氏距离关系图

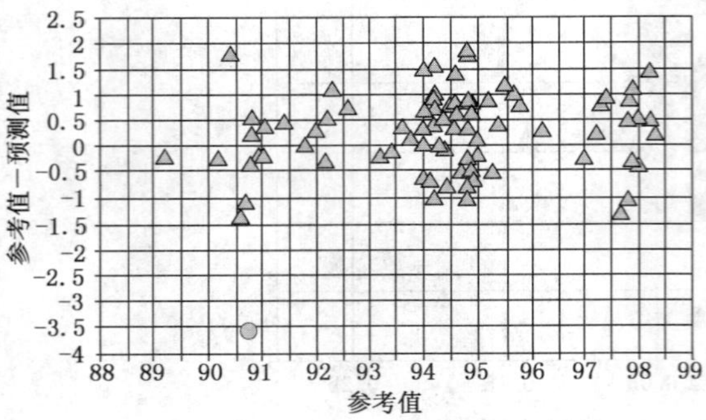

图 C.5　验证集 RON 参考值与偏差关系图

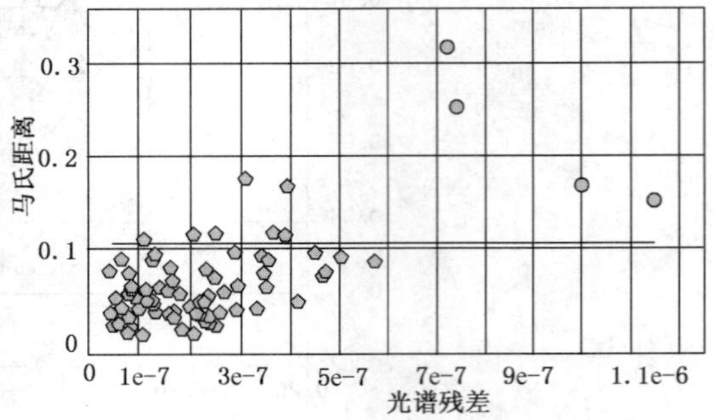

图 C.6　验证集光谱残差与马氏距离关系图

C.5.2　模型的建立

利用剔除异常样品后的校正集，采用 PLS 算法重新建立模型。采用交互验证标准偏差 SECV 指标来优化模型参数。

图 C.7 图示了 RON 的 SECV 与主成分数关系。利用该图可以确定最佳主成分数为 7。

表 C.2 列出了 RON 的建模参数和建模结果。

图 C.8 图示了校正集 RON 参考值与预测值关系。

图 C.9 图示了校正集 RON 参考值与偏差的关系。

从表 C.2 的建模结果来看，该模型预测值与 GB/T 5487 方法测定参考值的一致性好，二者决定系数 R^2 高达 0.97，SECV 远远低于 GB/T 5487 方法再现性 0.7，能够满足实际汽油质量快速检测要求。

该模型主因子数 k 为 7，校正集的样品数量为 131，为主成分数的 18.7 倍，符合 7.3 规定的“如果使用大于 3 的变量数 k 建立校正模型，剔除异常样品后校正集应至少含有 $6k$ 个样品”，即 42 个样品的要求。校正集 RON 变化范围为 9.0 辛烷值单位，为参考方法再现性 0.7 的 12.8 倍，符合 7.1 规定的“校正集浓度或性质范围大于或等于参考方法的再现性标准偏差即再现性除以 2.77 大小的 5 倍，至少不低于 3 倍”的要求。因此，可以利用验证集进一步考察该模型的性能。

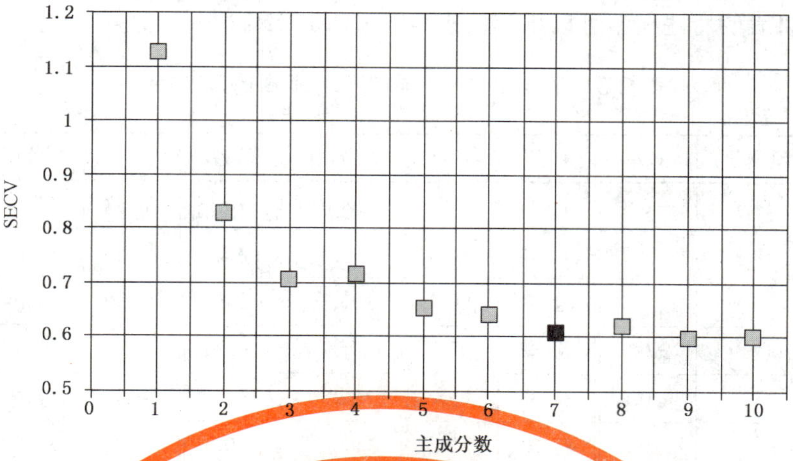

图 C.7 RON 的 SECV 与主成分数图

表 C.2 RON 的建模参数和建模结果

预处理	波数范围	主成分数	校正集样品数量	范围	R^2	SECV
一阶导数+中心化	12 000.8 cm^{-1}～11 310.5 cm^{-1} 10 623.9 cm^{-1}～9 933.5 cm^{-1} 8 556.6 cm^{-1}～7 866.2 cm^{-1}	7	131	89.5～98.4	0.97	0.51

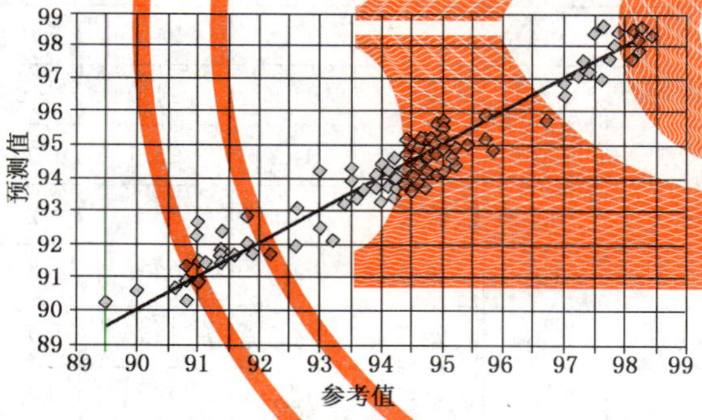

图 C.8 校正集 RON 参考值与预测值关系图

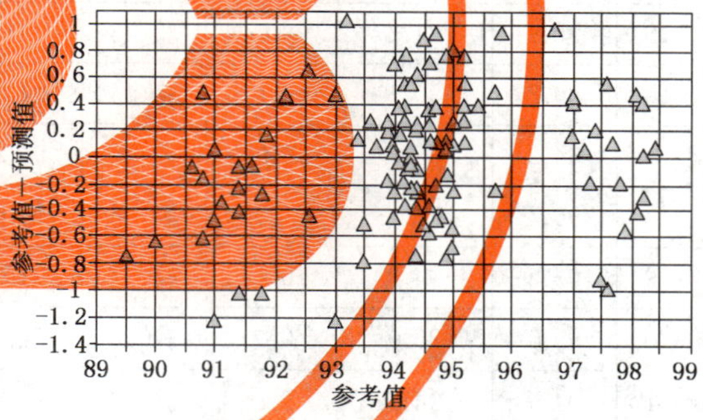

图 C.9 校正集 RON 参考值与偏差关系图

C.5.3 模型的验证

利用建立的 PLS 模型预测验证集 RON,并与参考值进行比较,见表 C.3。对表 C.3 进行统计分析,计算 SEP、R^2,偏差超过参考方法再现性的概率 p,结果见表 C.4。

图 C.10 为验证集 RON 预测值和参考值关系图。

图 C.11 为验证集 RON 参考值和偏差关系图。

模型验证结果表明,该模型预测值与 GB/T 5487 方法测定参考值一致性好,二者决定系数 R^2 高达 0.97;SEP 远远低于 GB/T 5487 方法再现性 0.7;模型分析误差在±1.4 以内,其中 82%的分析误差在±0.7 之内。该分析准确度已经能够满足快速鉴别汽油牌号,正确指导用油,避免错误用油的使用要求。验证集的样品数量为 82,为主成分数的 11.7 倍,符合 8.3 规定的"如果模型使用了大于 5 的光谱变量 k,则验证集中的内插样品数应不少于 $4k$",即 28 个样品数的要求。另外验证集 RON 变化范围和标准偏差,符合第 8 章规定的要求。

随机选择一个验证样品,采用模型重复测定 10 次 RON,测定结果见表 C.5。结果表明,该模型重复性好,重复测定 10 次的 RON 的最大偏差为 0.1,符合参考方法重复性要求。

总之，验证结果表明所建模型可以用于快速测定汽油 RON。

表 C.3 验证集 RON 参考值、预测值及其偏差

样品	参考值	预测值	偏差	样品	参考值	预测值	偏差	样品	参考值	预测值	偏差
验-1	93.2	93.6	−0.4	验-29	93.8	94.0	−0.1	验-57	97.8	97.1	0.8
验-2	90.8	91.1	−0.2	验-30	96.2	95.9	0.3	验-58	93.8	93.7	0.1
验-3	90.6	91.9	−1.3	验-31	97.0	96.7	0.3	验-59	97.9	97.6	0.3
验-4	94.6	94.8	−0.2	验-32	98.3	97.7	0.6	验-60	97.3	97.1	0.2
验-5	94.8	95.2	−0.4	验-33	89.2	89.3	−0.1	验-61	97.4	97.0	0.4
验-6	95.3	95.6	−0.3	验-34	92.2	93.0	−0.8	验-62	90.8	91.8	−1.0
验-7	94.0	94.5	−0.5	验-35	95.5	94.6	0.9	验-63	94.1	94.1	0.0
验-8	94.0	93.2	0.8	验-36	95.0	94.5	0.5	验-64	97.9	98.1	−0.2
验-9	95.7	95.8	−0.1	验-37	95.0	94.5	0.5	验-65	92.3	91.7	0.6
验-10	95.4	95.4	0.0	验-38	91.4	91.6	−0.2	验-66	91.8	91.8	0.0
验-11	95.8	95.2	0.6	验-39	94.0	93.6	0.4	验-67	91.0	91.6	−0.6
验-12	97.7	98.1	−0.4	验-40	97.8	97.8	0.0	验-68	92.0	91.5	0.5
验-13	98.0	97.8	0.2	验-41	98.2	97.9	0.3	验-69	90.8	91.1	−0.3
验-14	92.2	92.0	0.2	验-42	98.2	97.2	1.0	验-70	91.0	91.2	−0.2
验-15	90.9	91.3	−0.4	验-43	94.9	94.5	0.4	验-71	94.4	94.8	−0.4
验-16	90.2	90.1	0.1	验-44	94.0	94.1	−0.1	验-72	94.2	94.5	−0.3
验-17	94.2	93.3	0.9	验-45	94.2	95.1	−0.9	验-73	94.2	93.6	0.6
验-18	90.7	92.1	−1.4	验-46	94.6	94.5	0.1	验-74	94.9	93.9	1.0
验-19	95.2	94.3	0.9	验-47	94.0	92.9	1.1	验-75	94.0	93.9	0.1
验-20	95.0	95.0	0.0	验-48	94.0	93.7	0.3	验-76	94.3	94.2	0.1
验-21	94.9	94.1	0.8	验-49	94.8	94.4	0.4	验-77	94.7	95.0	−0.3
验-22	94.2	93.7	0.5	验-50	94.6	93.9	0.7	验-78	94.9	94.9	0.0
验-23	94.4	94.2	0.2	验-51	94.8	93.6	1.2	验-79	94.8	94.8	0.0
验-24	94.6	94.1	0.6	验-52	93.6	93.7	−0.1	验-80	94.8	95.3	−0.5
验-25	97.8	97.8	0.0	验-53	94.5	94.0	0.5	验-81	94.1	94.3	−0.2
验-26	97.2	96.9	0.3	验-54	95.0	94.7	0.3	验-82	93.4	93.4	0.0
验-27	98.0	98.3	−0.3	验-55	94.8	95.3	−0.5				
验-28	94.2	94.0	0.2	验-56	94.4	95.2	−0.8				

表 C.4 验证集 RON 的范围、R^2、SEP 和 p

范围	验证集样品数量	R^2	SEP	p
89.5～98.4	82	0.97	0.53	82%

表 C.5　RON 重复 10 次预测结果

次数	RON
第 1 次	94.8
第 2 次	94.7
第 3 次	94.8
第 4 次	94.7
第 5 次	94.8
第 6 次	94.7
第 7 次	94.7
第 8 次	94.7
第 9 次	94.7
第 10 次	94.7
最大值－最小值	0.1
重复性要求	0.2

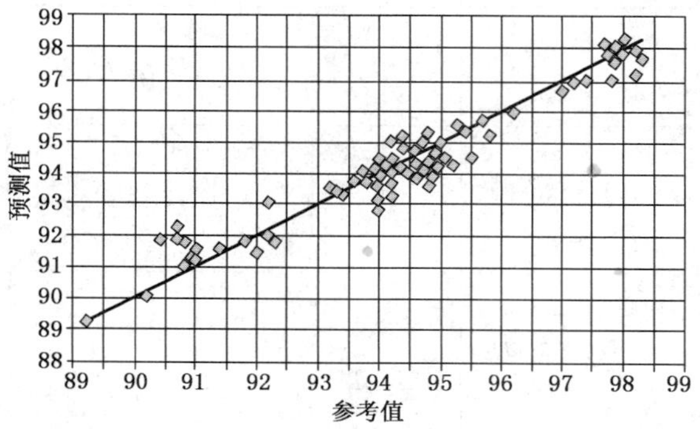

图 C.10　验证集 RON 参考值与预测值关系图

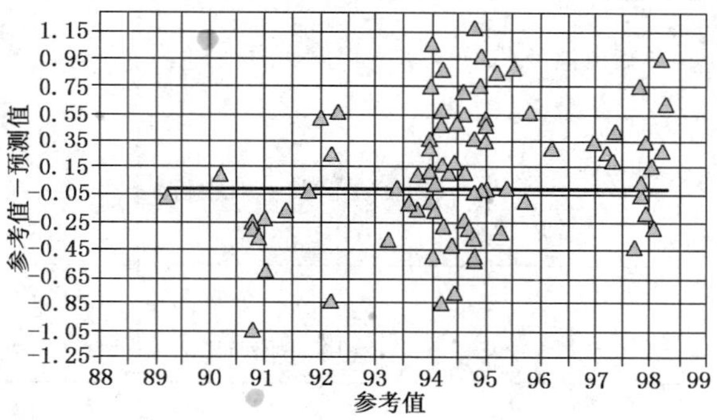

图 C.11　验证集 RON 参考值与偏差关系图

C.6　其他质量指标模型的建立和验证

按照 RON 模型建立和验证步骤，建立车用汽油其他质量指标的模型。

表 C.6 列出了各质量指标的建模参数。

表 C.7 列出了各质量指标的建模结果。

表 C.8 列出了车用汽油样品各质量指标重复 10 次的预测结果。

图 C.12 为校正集 50％馏出温度参考值与预测值关系图。

图 C.13 为验证集 50％馏出温度参考值与预测值关系图。

图 C.14 为校正集 50％馏出温度参考值与偏差关系图。

图 C.15 为验证集 50％馏出温度参考值与偏差关系图。

图 C.16 为校正集饱和烃含量参考值与预测值关系图。

图 C.17 为验证集饱和烃含量参考值与预测值关系图。

图 C.18 为校正集饱和烃的参考值与偏差关系图。

图 C.19 为验证集饱和烃的参考值与偏差关系图。

图 C.20 为校正集芳烃含量参考值与预测值关系图。

图 C.21 为验证集芳烃含量参考值与预测值关系图。

图 C.22 为校正集芳烃的参考值与偏差关系图。

图 C.23 为验证集芳烃的参考值与偏差关系图。

图 C.24 为校正集烯烃含量参考值与预测值关系图。

图 C.25 为验证集烯烃含量参考值与预测值关系图。

图 C.26 为校正集烯烃的参考值与偏差关系图。

图 C.27 为验证集烯烃的参考值与偏差关系图。

图 C.28 为校正集氧含量参考值与预测值关系图。

图 C.29 为验证集氧含量参考值与预测值关系图。

图 C.30 为校正集氧含量参考值与偏差关系图。

图 C.31 为验证集氧含量参考值与偏差关系图。

建模结果表明，车用汽油 50%馏出温度、芳烃含量、烯烃含量、饱和烃含量以及氧含量等质量指标的预测值与参考值一致性好，R^2 大于 0.9，SEC 和 SEP 均远远低于参考方法的再现性，重复性符合参考方法的重复性要求；校正集和验证集样品数量、范围均符合本标准范围。

总之，可以利用近红外光谱技术准确测定车用汽油上述指标。

表 C.6 车用汽油其他质量指标的建模参数

性质	预处理	波数范围	主成分数	校正集/验证集样品数量
50%馏出温度/℃	二阶导数+中心化	10 623.9 cm^{-1}～9 245.1 cm^{-1} 8 556.6 cm^{-1}～7 177.8 cm^{-1}	10	123/77
饱和烃含量 (体积分数)/%	二阶导数+中心化	11 312.4 cm^{-1}～10 622 cm^{-1} 9 935.5 cm^{-1}～8 556.6 cm^{-1} 7 179.7 cm^{-1}～6 489.3 cm^{-1}	10	123/80
芳烃含量 (体积分数)/%	一阶导数+矢量归一化+中心化	7 179.7 cm^{-1}～6 489.3 cm^{-1} 5 802.8 cm^{-1}～5 112.4 cm^{-1}	10	132/88
烯烃含量 (体积分数)/%	二阶导数+中心化	12 000.8 cm^{-1}～11 310.5 cm^{-1} 10 623.9 cm^{-1}～9 245.1 cm^{-1} 8 556.6 cm^{-1}～7 177.8 cm^{-1}	10	125/85
氧含量 (质量分数)/%	二阶导数+中心化	10 623.9 cm^{-1}～9 245.1 cm^{-1} 7 868.1 cm^{-1}～6 489.3 cm^{-1}	10	122/82

表 C.7 车用汽油其他质量指标的建模结果

性质	校正集			验证集		
	范围	R^2	SEC	范围	R^2	SEP
50%馏出温度/℃	66.7～109	0.92	3.4	64.7～107.8	0.93	3.8
饱和烃含量(体积分数)/%	34.6～61.5	0.93	2.2	29.7～63.4	0.92	2.5
芳烃含量(体积分数)/%	11.8～41.8	0.97	1.6	10.3～39.5	0.96	1.8
烯烃含量(体积分数)/%	8.7～37	0.98	1.1	8.7～37	0.98	1.4
氧含量(质量分数)/%	0～2.53	0.997	0.07	0～2.48	0.997	0.07

表 C.8 车用汽油其他质量指标重复 10 次预测结果

次数	50%馏出温度/℃	饱和烃含量(体积分数)/%	芳烃含量(体积分数)/%	烯烃含量(体积分数)/%	氧含量(质量分数)/%
第 1 次	95.8	46.4	21	32.6	1.58
第 2 次	95.9	45.9	21.1	33.0	1.59
第 3 次	95.6	46.1	21.2	32.7	1.58
第 4 次	95.7	46.0	21.5	32.5	1.57
第 5 次	96.0	46.0	21.3	32.7	1.57
第 6 次	96.1	45.8	21.3	32.9	1.57
第 7 次	96.7	45.9	21.3	32.8	1.57
第 8 次	95.7	45.9	21.3	32.8	1.57
第 9 次	95.7	45.9	21.3	32.8	1.57
第 10 次	95.7	45.9	21.3	32.8	1.57
最大值－最小值	1.1	0.6	0.5	0.5	0.02
参考方法重复性	1.5	1.3	1.6	1.5	0.03

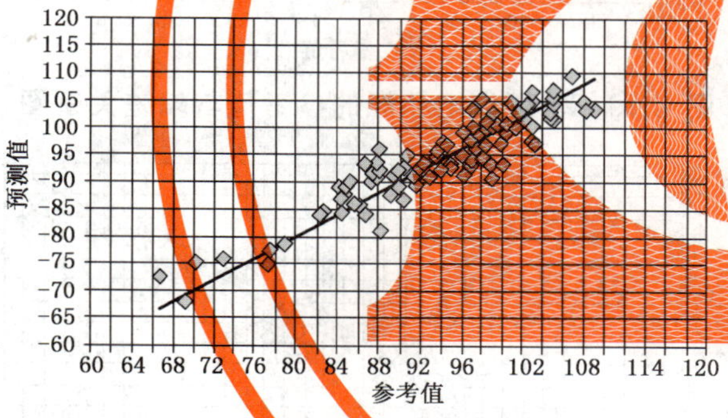

图 C.12 校正集 50%馏出温度参考值与预测值关系图

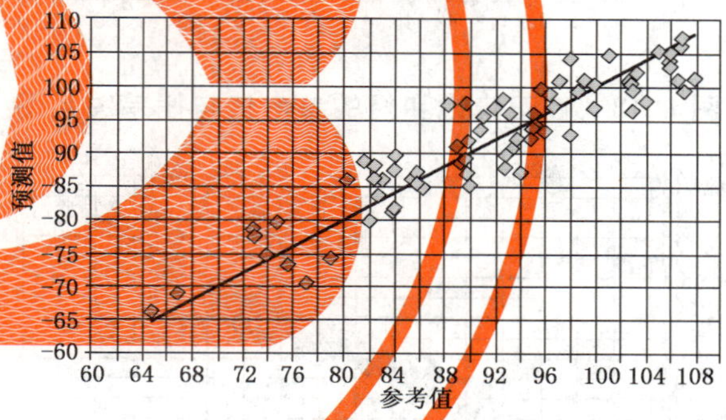

图 C.13 验证集 50%馏出温度参考值与预测值关系图

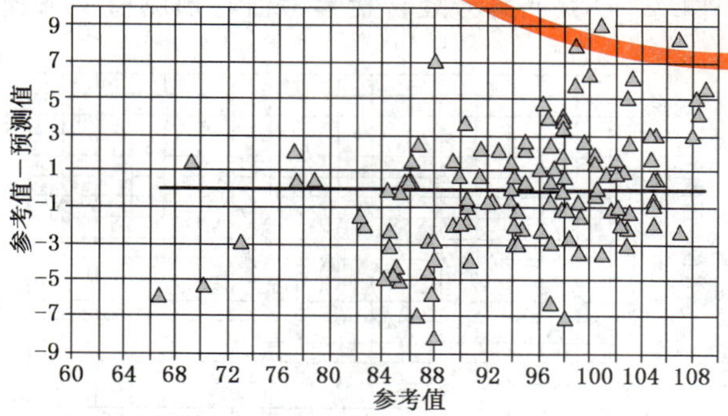

图 C.14 校正集 50%馏出温度参考值与偏差关系图

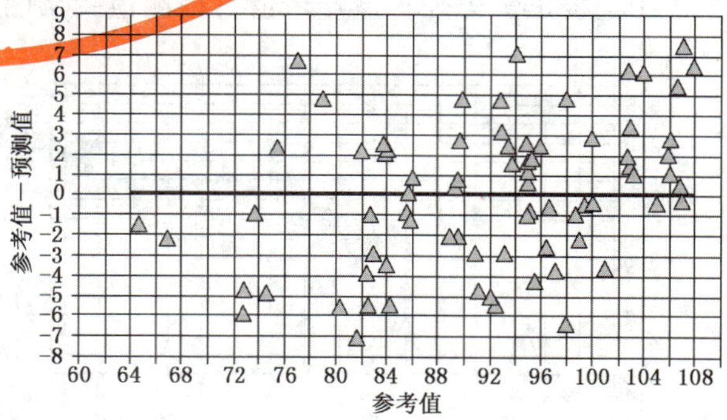

图 C.15 验证集 50%馏出温度参考值与偏差关系图

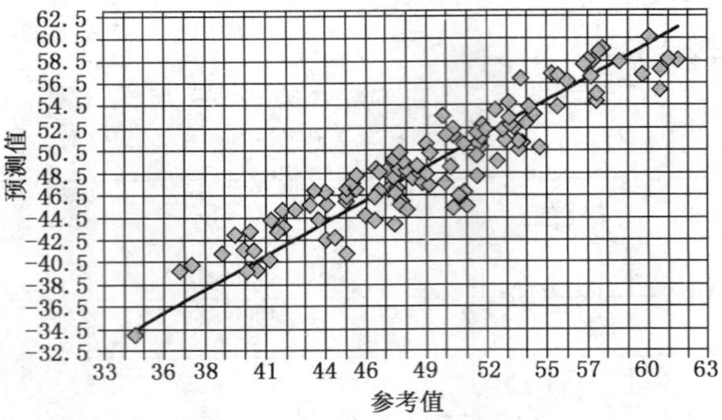

图 C.16　校正集饱和烃含量参考值与预测值关系图

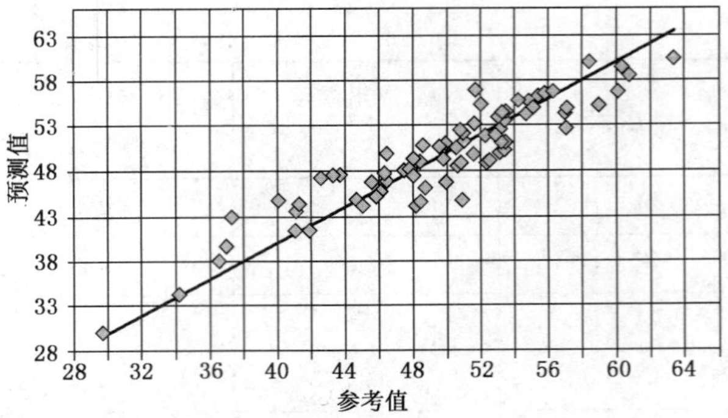

图 C.17　验证集饱和烃含量参考值与预测值关系图

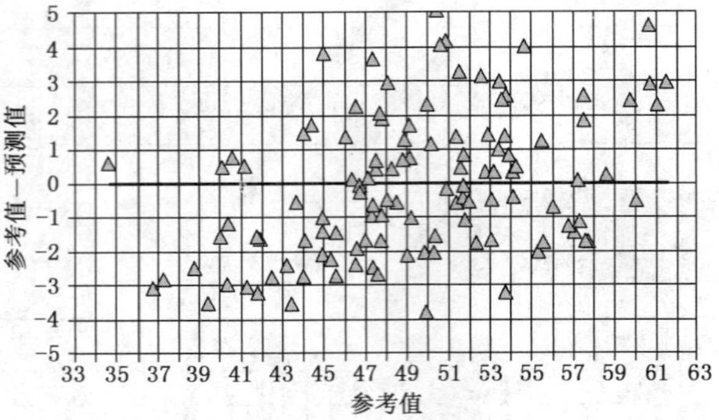

图 C.18　校正集饱和烃的参考值与偏差关系图

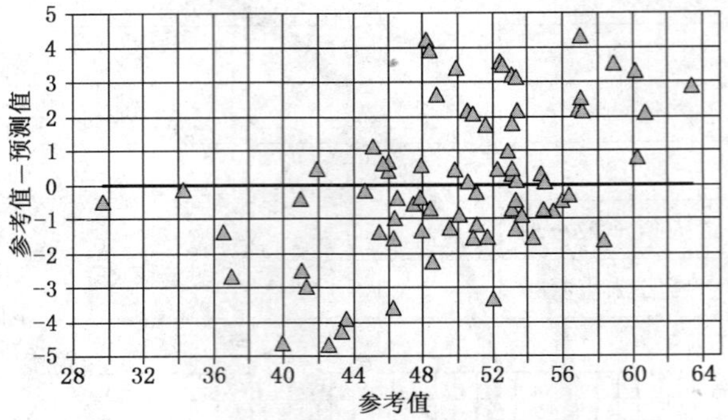

图 C.19　验证集饱和烃的参考值与偏差关系图

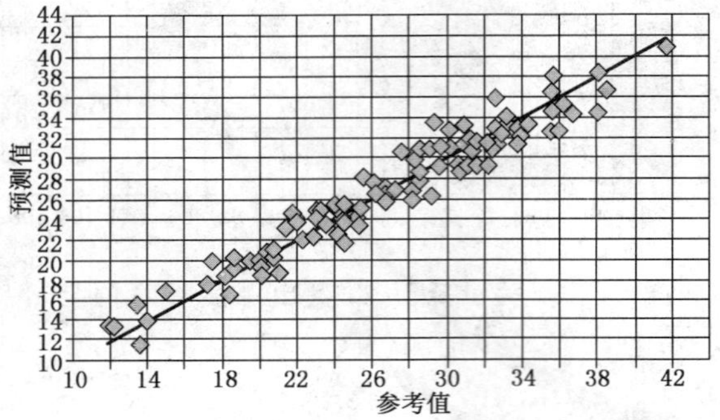

图 C.20　校正集芳烃含量参考值与预测值关系图

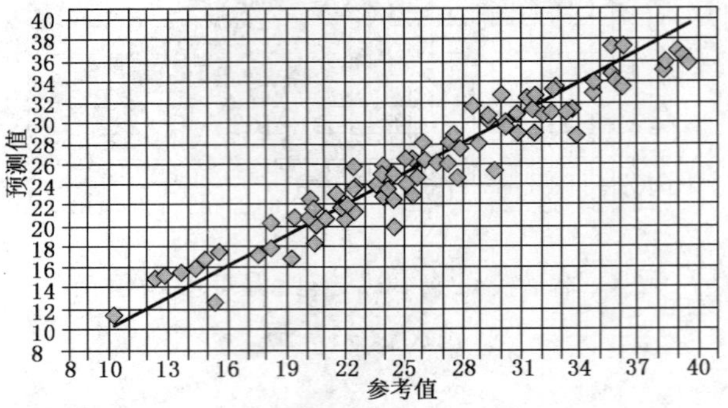

图 C.21　验证集芳烃含量参考值与预测值关系图

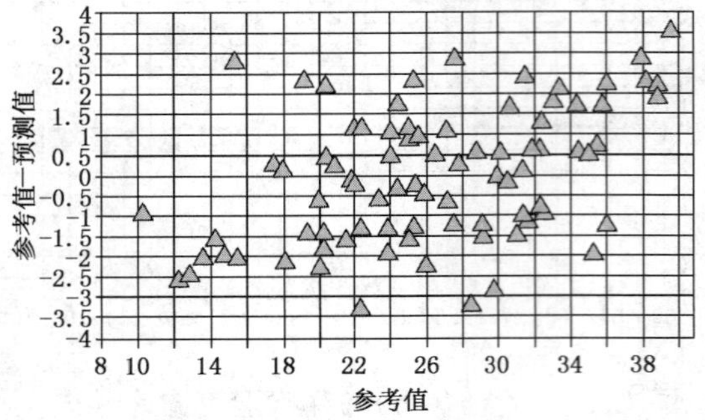

图 C.22　校正集芳烃的参考值与偏差关系图

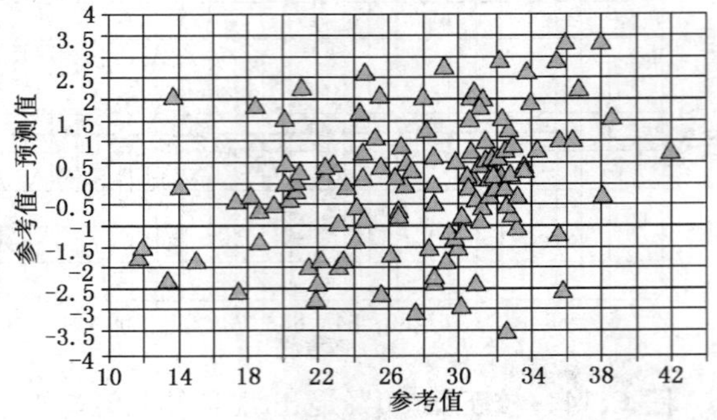

图 C.23　验证集芳烃的参考值与偏差关系图

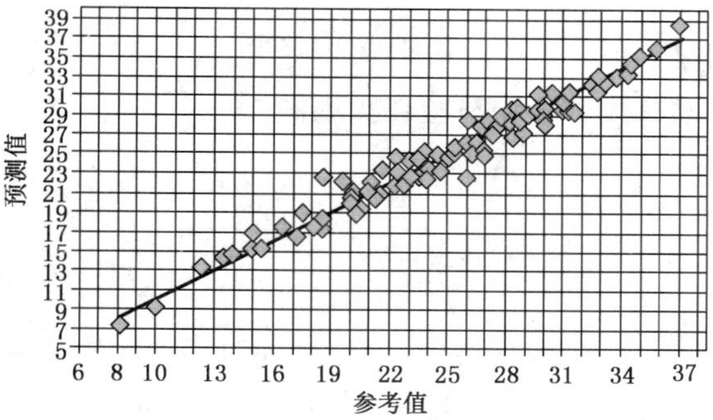

图 C.24 校正集烯烃含量参考值与预测值关系图

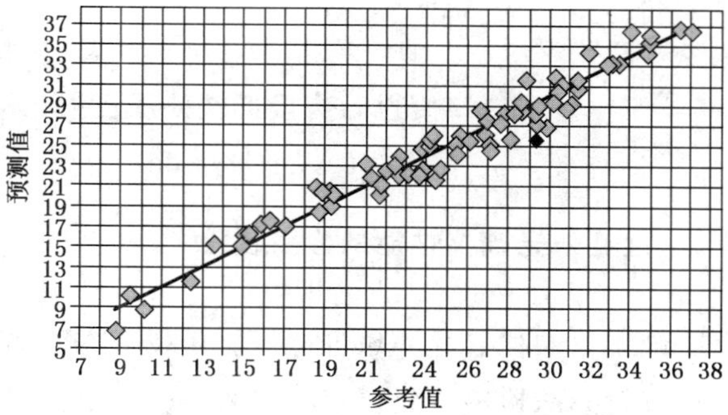

图 C.25 验证集烯烃含量参考值与预测值关系图

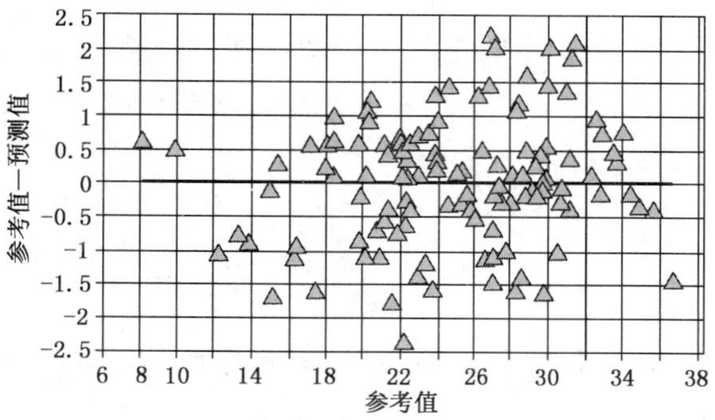

图 C.26 校正集烯烃的参考值与偏差关系图

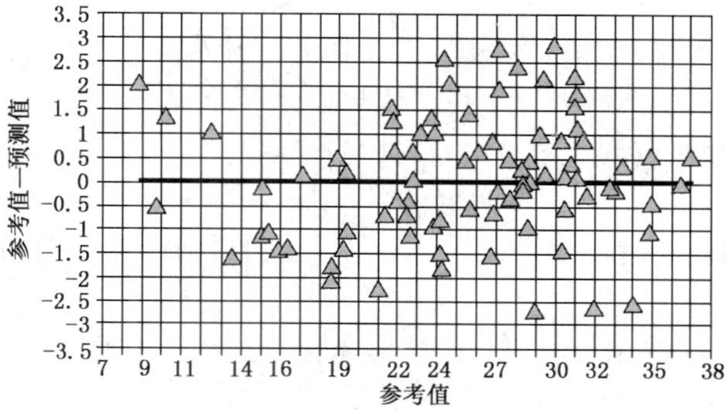

图 C.27 验证集烯烃的参考值与偏差关系图

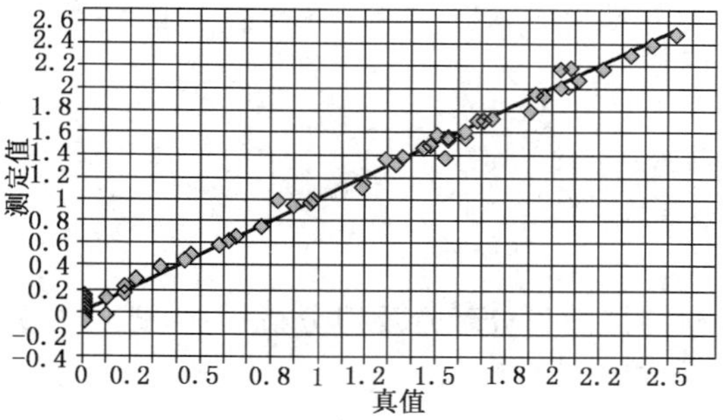

图 C.28 校正集氧含量参考值与预测值关系图

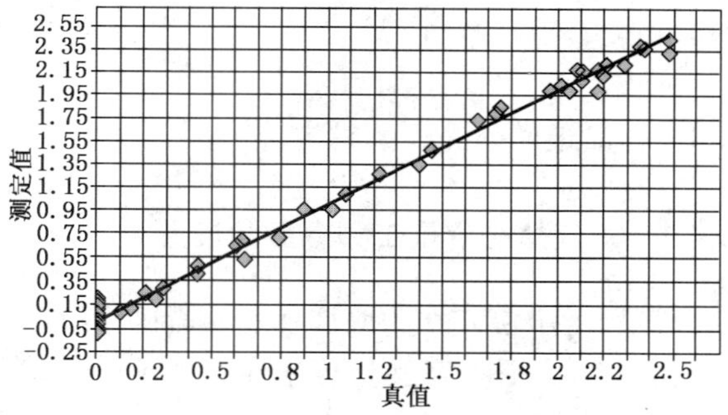

图 C.29 验证集氧含量参考值与预测值关系图

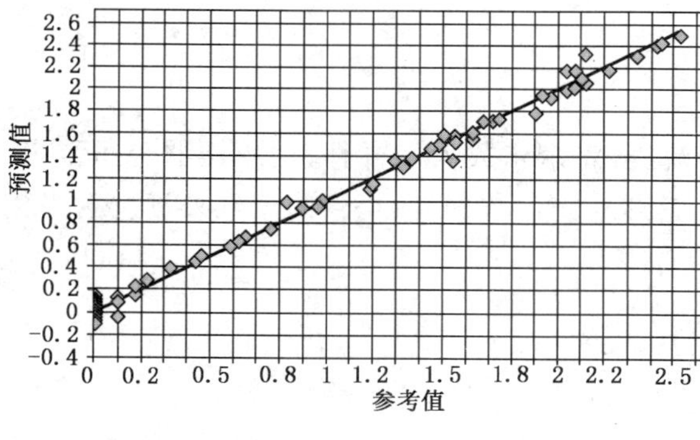

图 C.30 校正集氧含量参考值与偏差关系图

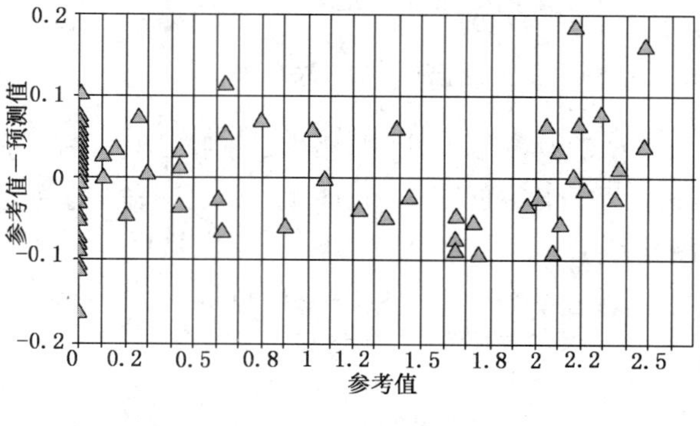

图 C.31 验证集氧含量参考值与偏差关系图

附 录 D
（资料性附录）
傅立叶变换近红外漫反射光谱测定烟草成分建模与验证实施例

D.1 近红外光谱仪性能的诊断校验

本例采用傅立叶变换近红外光谱仪进行实验。在实验之前，按仪器操作手册规定的要求，对仪器的性能进行诊断检验。建议定期，如一周一次对仪器的性能进行监测，保证整个光谱仪运行正常。

D.2 校正模型建立的目的与适用范围

应用傅立叶变换近红外漫反射光谱法快速检测被检原料库内各种等级烤烟的总氮、总植物碱、水溶性总糖、钾和氯等主要化学成分，为原料的使用适时提供数据支持。为了保证检测结果的准确度，校正模型仅限于对被检原料库内烤烟的主要化学成分进行检测。

D.3 样品制备

参考 GB/T 19616 烟草成批取样的一般原则，采集被检原料库内不同等级、不同品种、不同产地的烤烟样品 1 096 个（此处未列出样品的有关信息）。清除烟叶样品表面上的异物，如细土和沙粒，抽去主脉，将其切成片或切成丝，控制烟叶的含水率在 10%～12%之间。将烟叶用旋风磨粉碎，制成不低于 380 μm(40 目)的粒径大小、均匀程度一致的粉末。取约 50 g 烟末置入密封袋，在常温下避光保存。

D.4 样品近红外光谱的采集

D.4.1 近红外光谱仪工作参数的设置

本例采用傅立叶变换近红外光谱仪，包括带 InGaAs 检测器的积分球漫反射分析模块，直径为 5 cm 石英底的样品杯和旋转器等采样附件，以及仪器自带的化学计量学软件。

采用仪器自带的集成软件设置仪器工作参数，同时编写采集光谱数据的工作流程。仪器的主要工作参数为：光谱扫描范围为 10 000 cm^{-1}～4 000 cm^{-1}；分辨率为 8 cm^{-1}；光谱扫描次数为 72。近红外漫反射光谱吸收强度设定为 $\log_{10}(1/R)$。

D.4.2 近红外光谱数据的采集

在常温条件下，开机预热 2 h 后，调用编写好的工作流程，将烟末放入采样杯，用压样器轻压至平，样品厚度不得低于 10 mm，即可采集样品的傅立叶变换近红外光谱数据，所得到的近红外漫反射光谱图见图 D.1。

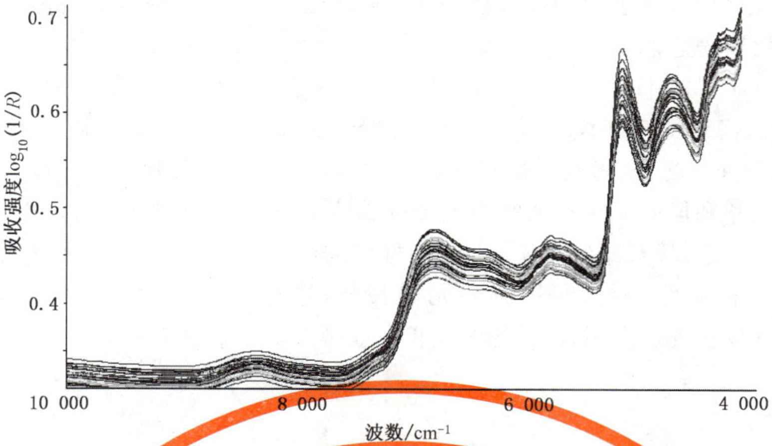

图 D.1 样品的傅立叶变换近红外漫反射光谱图

D.5 校正样品和验证样品的选择

采用主成分分析法对 1 096 个样品光谱进行探索性分析，初步剔除样品光谱 X 空间中的异常样品或极为相似的样品共 96 个，使之分布均匀。剔除前样品光谱的 PCA 投影示意图见图 D.2，剔除后余下样品光谱的 PCA 投影示意图见图 D.3。抽取余下的 1 000 个样品中的 44 个作为验证样品组成验证集，其余的 956 个作为校正样品组成校正集。

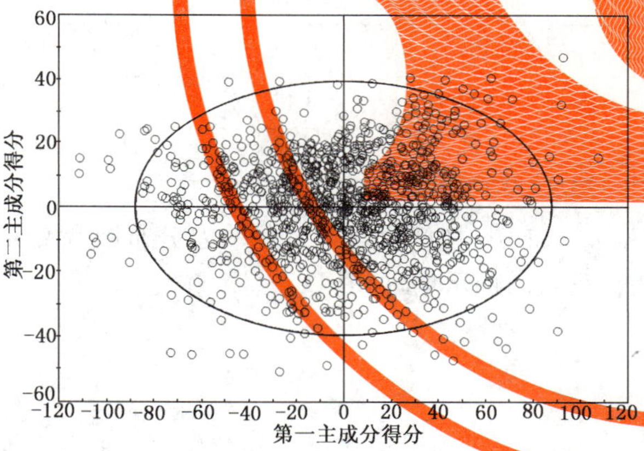

图 D.2 剔除前 1 096 个样品光谱的 PCA 投影示意图

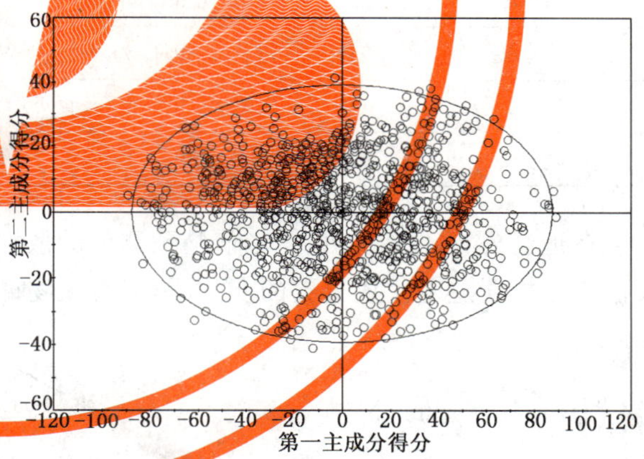

图 D.3 剔除后 1 000 个样品光谱的 PCA 投影示意图

D.6 校正集和验证集的参考值测定

按 YC/T 159～YC/T 162、YC/T 173 等烟草行业标准测定方法，测定 1 000 个烤烟样品的总氮、总植物碱、水溶性总糖、钾和氯等主要化学成分(此处未列出样品的有关测定值)。

D.7 数据预处理

在建模过程中，对数据进行预处理，改善数据质量，可获得更好的建模效果。本例对均值中心化、标准化等常用的数学预处理方法进行比较，结果表明，在所建的校正模型中，采用标准化结合多元散射信号校正的处理效果比较理想。

对光谱数据进行必要的平滑和求导等数学预处理，可过滤噪声，消除基线飘移的干扰。通过比较，Karl Norris 导数平滑滤波优于 Savitzky-Golay 平滑滤波，二阶求导优于一阶求导。应用二阶导数与 Karl Norris 滤波结合处理光谱，可获得理想的建模效果。但是，采用 Karl Norris 导数滤波时，应面向建模对象慎重选择段长和段间距。较大的段长会造成信号失真、灵敏度下降，较小的段间距，滤噪效果不佳。通过建模对比表明，段长不宜大于 13，较为理想的段间距在 4～6 之间比较合适。

通过对光谱进行相关性分析，利用方差光谱表征，选择随成分含量变化明显的 7 700 cm^{-1}～4 100 cm^{-1}波长范围建立校正模型，比采用全波长建立模型效果好。

D.8 校正模型的建立

应用化学计量学软件中 PLS 把采集到的校正集近红外光谱数据与相应的总氮、总植物碱、水溶性总糖、钾和氯等参考值进行关联建模，剔除异常样品，逐步优化模型，使其达到最优状态。所建立校正模型的有关建模参数和建模结果见表 D.1。

表 D.1 所建立的五种化学成分的近红外校正模型的有关建模参数和建模结果

模型名称	校正集样品数量	决定系数	最优主成分数	校正标准误差(SEC)/%	交互验证标准误差(SECV)/%	预测范围/%
总氮	936	0.963 5	8	0.079 8	0.088 8	1.50～2.70
总植物碱	951	0.995 4	13	0.063 8	0.080 2	1.20～3.90
水溶性总糖	946	0.979 3	10	0.786 0	0.944 2	16.0～34.0
钾	940	0.985 6	25	0.073 2	0.100 0	1.40～3.10
氯	923	0.995 1	31	0.015 0	0.022 1	0.20～0.80

在近红外校正模型中，参考值与预测值的散点图、残差分布图、杠杆值与学生化残差分布图和交互验证均方根误差随主成分数的变化图，以总植物碱校正模型为图例示意，见图 D.4～图 D.7。

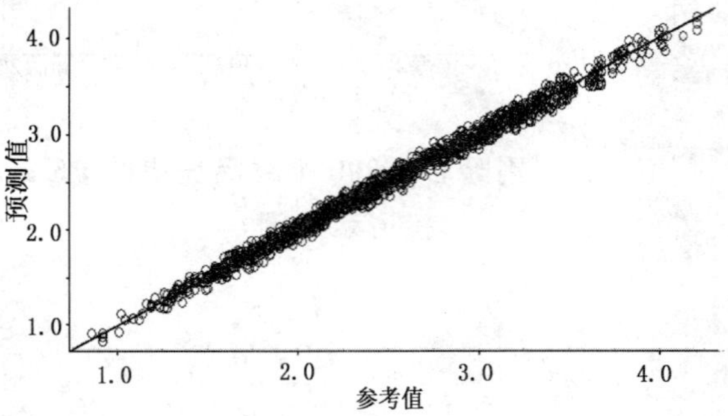

图 D.4 总植物碱模型参考值与预测值的散点图

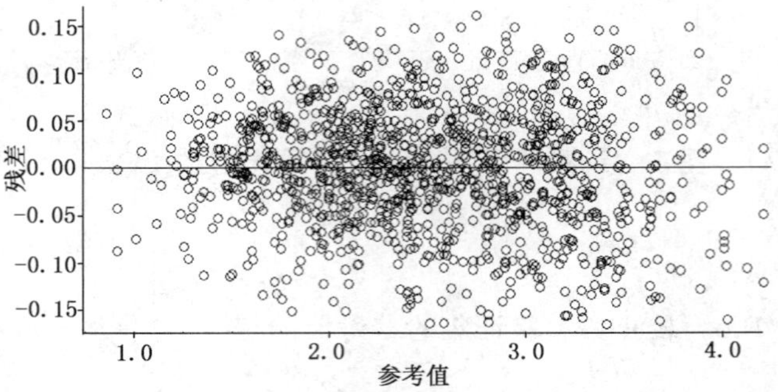

图 D.5 总植物碱模型参考值与残差的分布图

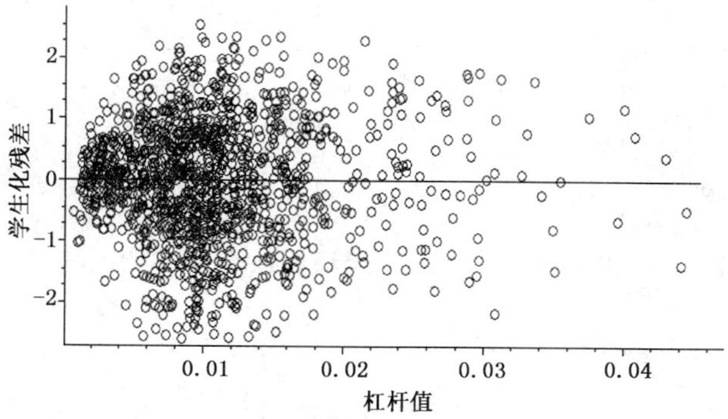

图 D.6　总植物碱模型杠杆值与学生化残差的分布图

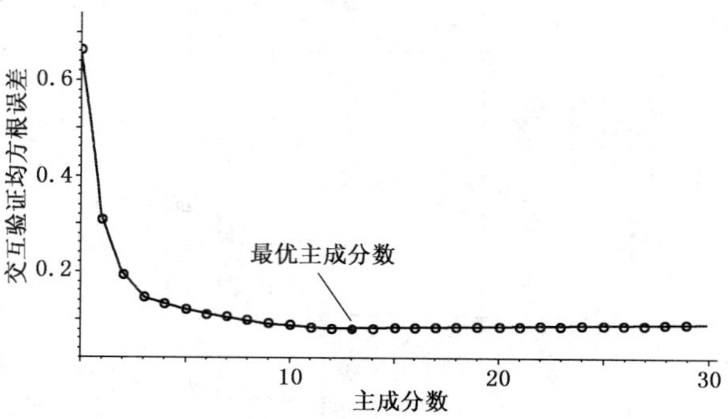

图 D.7　总植物碱模型交互验证均方根误差随主成分数的变化图

D.9　校正模型的优化

检测样品中的异常样品并将其剔除，采用“去一法”交互验证确定最优主成分数，重复计算建模，直到获得具有最佳建模结果的模型。最佳校正模型结果见表 D.1

D.10　校正模型的验证

校正模型建好后，对校正模型进行验证，计算验证标准误差 SEV，并通过 t 检验确定验证集的预测值是否有统计以上的偏差。结果见表 D.2。结果表明，SEV 较小，说明模型具有较强的预测能力；t 的绝对值均小于其相关的临界值 $t_{0.05,43}=2.02$，说明模型预测值与参考值基本相同，校正模型有效。

D.11　预测值的精密度

选择上中下部位的烤烟样品各一个，每一个分别进行 20 次重复性检测，通过计算每个样品预测值的平均值、标准偏差和相对标准偏差来表示预测值的精密度。统计结果说明，模型在测定不同含量的成分时具有良好的精密度，见表 D.3。

D.12　近红外校正模型的应用

校正模型的有效性验证完成后，可通过仪器自带的集成软件将建好的模型与原来采集光谱数据的工作流程进行整合编写。在进行未知样品测定时，通过分析系统的操作软件调出相应的分析流程。一旦光谱采集完成，未知样品的相关成分含量就可同时被预测出来。在正常情况下，一小时可测定约 60 个样品，整个分析过程操作简单、快捷。

在预测未知样品成分含量之前，为了保证预测未知样品是通过模型内插进行分析的，建议采用校正集来建立一个主成分分类模型，评估未知样品光谱与校正集中样品光谱的相似性，保证未知样品光谱在校正样品光谱的范围之内。

表 D.2　验证集预测值与参考值(n=44)

%

序　　号	总氮			总植物碱			水溶性总糖			钾			氯		
	参考值	预测值	验证误差	参考值	预测值	验证误差	参考值	预测值	验证误差	参考值	预测值	验证误差	参考值	预测值	验证误差
Sam01	2.45	2.30	−0.15	3.20	3.11	−0.09	22.71	21.65	−1.06	1.81	1.88	0.07	0.42	0.47	0.05
Sam02	2.03	1.86	−0.17	2.39	2.35	−0.04	27.74	26.03	−1.71	2.11	2.18	0.07	0.36	0.41	0.05
Sam03	1.92	2.08	0.16	2.39	2.21	−0.18	24.54	22.87	−1.67	2.36	2.40	0.04	0.41	0.39	−0.02
Sam04	2.31	2.17	−0.14	2.81	2.72	−0.09	23.63	23.52	−0.11	2.16	2.19	0.03	0.43	0.41	−0.02
Sam05	2.49	2.36	−0.13	3.18	3.11	−0.07	21.34	22.40	1.06	2.02	2.10	0.08	0.47	0.43	−0.04
Sam06	2.00	1.86	−0.14	2.05	2.05	0.00	26.07	26.89	0.82	2.36	2.27	−0.09	0.33	0.35	0.02
Sam07	1.77	1.86	0.09	2.16	2.09	−0.07	30.52	29.18	−1.34	2.16	2.14	−0.02	0.47	0.45	−0.02
Sam08	2.07	2.08	0.01	2.92	2.85	−0.07	23.96	23.60	−0.36	1.65	1.76	0.11	0.45	0.44	−0.01
Sam09	1.67	1.60	−0.07	1.77	1.81	0.04	30.41	30.33	−0.08	2.13	2.14	0.01	0.49	0.46	−0.03
Sam10	1.90	1.88	−0.02	2.07	2.10	0.03	28.97	28.88	−0.09	1.98	1.84	−0.14	0.45	0.45	0.00
Sam11	1.71	1.87	0.16	1.31	1.31	0.00	28.15	29.07	0.92	1.45	1.43	−0.02	0.58	0.59	0.01
Sam12	2.00	1.87	−0.13	1.93	2.02	0.09	26.93	27.11	0.18	2.10	2.17	0.07	0.33	0.31	−0.02
Sam13	2.15	2.13	−0.02	2.27	2.28	0.01	25.77	27.42	1.65	1.95	2.06	0.11	0.61	0.57	−0.04
Sam14	2.15	2.03	−0.12	2.21	2.26	0.05	26.76	27.81	1.05	2.05	2.01	−0.04	0.58	0.57	−0.01
Sam15	2.04	1.93	−0.12	1.88	1.82	−0.06	24.10	25.12	1.02	2.35	2.53	0.18	0.54	0.56	0.02
Sam16	2.02	2.12	0.10	2.06	2.05	−0.01	23.30	23.07	−0.23	2.23	2.37	0.14	0.56	0.53	−0.03
Sam17	1.56	1.71	0.15	1.59	1.52	−0.07	28.72	27.73	−0.99	2.69	2.82	0.13	0.26	0.24	−0.02
Sam18	1.94	1.88	−0.06	2.94	2.88	−0.06	26.31	27.12	0.81	2.49	2.51	0.02	0.28	0.26	−0.02
Sam19	2.33	2.25	−0.08	2.77	2.79	0.02	22.88	22.27	−0.61	2.13	2.13	0.00	0.31	0.31	0.00
Sam20	2.30	2.11	−0.19	2.90	2.90	0.00	25.14	24.24	−0.90	2.08	2.13	0.05	0.33	0.33	0.00
Sam21	1.76	1.58	−0.18	2.28	2.30	0.02	31.69	30.27	−1.42	2.10	1.98	−0.12	0.49	0.52	0.03
Sam22	2.03	2.07	0.04	2.52	2.57	0.05	27.12	27.16	0.04	1.89	1.99	0.10	0.37	0.38	0.01
Sam23	1.54	1.64	0.10	1.56	1.54	−0.02	29.41	29.15	−0.26	2.33	2.41	0.08	0.54	0.55	0.01
Sam24	2.18	2.23	0.05	2.62	2.68	0.06	22.16	21.51	−0.65	1.82	1.79	−0.03	0.43	0.47	0.04

表 D.2（续）

%

序号	总氮			总植物碱			水溶性总糖			钾			氯		
	参考值	预测值	验证误差	参考值	预测值	验证误差	参考值	预测值	验证误差	参考值	预测值	验证误差	参考值	预测值	验证误差
Sam25	1.75	1.79	0.04	2.34	2.34	0.00	30.80	30.41	−0.39	1.92	1.86	−0.06	0.30	0.30	0.00
Sam26	1.79	1.65	−0.14	1.02	1.13	0.11	27.40	27.65	0.25	2.52	2.70	0.18	0.29	0.30	0.01
Sam27	1.72	1.82	0.10	2.63	2.67	0.04	30.59	29.60	−0.99	2.45	2.37	−0.08	0.18	0.19	0.01
Sam28	1.79	1.79	0.00	1.79	1.72	−0.07	30.60	29.48	−1.12	2.53	2.62	0.09	0.16	0.19	0.03
Sam29	1.85	1.76	−0.09	1.71	1.72	0.01	33.26	32.51	−0.75	1.81	1.73	−0.08	0.27	0.28	0.01
Sam30	2.26	2.23	−0.03	2.45	2.52	0.07	24.54	25.22	0.68	1.96	2.01	0.05	0.52	0.50	−0.02
Sam31	2.54	2.41	−0.13	3.80	3.78	−0.02	22.63	22.83	0.20	2.17	2.13	−0.04	0.40	0.41	0.01
Sam32	1.65	1.57	−0.08	1.76	1.60	−0.16	32.52	31.15	−1.37	2.71	2.62	−0.09	0.39	0.38	−0.01
Sam33	2.14	2.10	−0.04	3.03	3.16	0.13	20.29	21.16	0.87	2.14	1.96	−0.18	0.53	0.55	0.02
Sam34	1.95	2.11	0.16	2.20	2.19	−0.01	29.94	29.63	−0.31	1.82	1.82	0.00	0.48	0.45	−0.03
Sam35	2.14	2.02	−0.12	2.19	2.17	−0.02	25.47	25.82	0.35	2.22	2.14	−0.08	0.44	0.45	0.01
Sam36	2.41	2.45	0.04	3.40	3.26	−0.14	21.72	22.35	0.63	1.82	1.78	−0.04	0.39	0.36	−0.03
Sam37	1.73	1.82	0.09	1.72	1.79	0.07	24.91	25.10	0.19	2.34	2.39	0.05	0.37	0.38	0.01
Sam38	1.76	1.64	−0.12	1.19	1.20	0.01	29.84	31.06	1.22	1.55	1.57	0.02	0.63	0.67	0.04
Sam39	1.91	2.00	0.09	1.57	1.57	0.00	23.74	24.93	1.19	2.30	2.41	0.11	0.58	0.57	−0.01
Sam40	2.44	2.43	−0.01	2.30	2.22	−0.08	24.13	24.35	0.22	2.07	2.16	0.09	0.62	0.64	0.02
Sam41	2.15	2.18	0.03	2.42	2.42	0.00	25.64	26.49	0.85	1.99	1.97	−0.02	0.44	0.44	0.00
Sam42	1.98	2.01	0.03	2.08	2.01	−0.07	25.06	24.86	−0.20	2.28	2.25	−0.03	0.51	0.54	0.03
Sam43	2.09	1.98	−0.11	1.55	1.56	0.01	27.41	28.19	0.78	2.24	2.26	0.02	0.49	0.50	0.01
Sam44	2.08	2.09	0.01	1.78	1.77	−0.01	27.63	27.28	−0.35	2.10	2.13	0.03	0.61	0.59	−0.02
验证标准误差	0.106 0			0.067 5			0.865 4			0.084 79			0.023 3		
t 分布值	1.641			1.328			0.341			−1.382			−0.320		
显著性水平	0.108			0.191			0.734			0.174			0.750		

表 D.3 五种化学成分的近红外校正模型的精密度(n=20)

%

测量次数	上部位烤烟					中部位烤烟					下部位烤烟				
	总氮	总植物碱	水溶性总糖	钾	氯	总氮	总植物碱	水溶性总糖	钾	氯	总氮	总植物碱	水溶性总糖	钾	氯
01	2.70	3.48	22.29	1.77	0.48	1.99	2.09	27.43	2.17	0.31	1.79	1.44	29.92	2.63	0.44
02	2.71	3.49	21.99	1.63	0.51	1.95	2.13	27.13	2.24	0.31	1.78	1.46	30.41	2.63	0.44
03	2.74	3.55	21.90	1.61	0.48	1.99	2.08	27.22	2.28	0.35	1.77	1.40	30.49	2.59	0.45
04	2.73	3.52	22.40	1.61	0.50	1.95	2.13	27.30	2.34	0.32	1.77	1.44	29.85	2.55	0.42
05	2.74	3.62	21.77	1.61	0.48	1.99	2.15	27.48	2.27	0.33	1.78	1.43	30.35	2.60	0.45
06	2.68	3.46	22.43	1.74	0.48	1.98	2.11	27.27	2.35	0.29	1.78	1.44	30.24	2.58	0.41
07	2.67	3.50	22.03	1.76	0.45	1.97	2.11	27.46	2.34	0.32	1.75	1.43	30.38	2.69	0.46
08	2.76	3.51	22.13	1.70	0.52	1.99	2.06	27.52	2.29	0.30	1.77	1.45	30.33	2.57	0.44
09	2.72	3.54	22.17	1.82	0.49	1.99	2.13	27.47	2.32	0.32	1.75	1.39	30.74	2.50	0.43
10	2.73	3.53	21.77	1.67	0.52	1.96	2.08	26.98	2.30	0.30	1.79	1.47	30.29	2.46	0.43
11	2.74	3.59	22.05	1.68	0.50	2.01	2.10	27.34	2.34	0.35	1.77	1.45	30.27	2.48	0.46
12	2.71	3.47	22.21	1.64	0.52	1.99	2.10	27.52	2.34	0.33	1.74	1.42	30.12	2.42	0.42
13	2.72	3.50	22.48	1.70	0.51	2.00	2.04	27.45	2.31	0.36	1.74	1.50	30.53	2.54	0.41
14	2.73	3.48	21.98	1.62	0.51	2.01	2.11	27.09	2.39	0.31	1.77	1.50	30.49	2.54	0.44
15	2.71	3.48	22.15	1.63	0.50	2.00	2.08	27.71	2.39	0.33	1.81	1.44	30.24	2.44	0.46
16	2.75	3.54	21.99	1.72	0.51	2.01	2.17	27.37	2.37	0.31	1.75	1.44	30.63	2.46	0.44
17	2.75	3.47	21.87	1.77	0.52	1.99	2.12	27.46	2.44	0.30	1.77	1.44	30.19	2.37	0.42
18	2.70	3.49	21.47	1.72	0.51	1.96	2.10	27.34	2.32	0.32	1.73	1.45	30.54	2.42	0.42
19	2.72	3.49	22.07	1.64	0.52	1.98	2.11	27.34	2.32	0.33	1.75	1.47	30.40	2.47	0.45
20	2.75	3.54	21.57	1.73	0.47	1.98	2.09	27.35	2.31	0.33	1.73	1.42	30.49	2.48	0.46
平均值	2.723 0	3.512 5	22.036 0	1.688 5	0.499 0	1.984 5	2.104 5	27.361 5	2.321 5	0.321 0	1.764 5	1.444 0	30.345 0	2.521 0	0.437 5
标准偏差	0.023 9	0.041 7	0.266 9	0.063 9	0.020 0	0.018 5	0.030 0	0.168 0	0.057 9	0.018 3	0.021 4	0.027 6	0.219 1	0.084 1	0.016 8
相对标准偏差	0.88	1.19	1.21	3.78	4.00	0.93	1.43	0.61	2.49	5.71	1.21	1.91	0.72	3.34	3.84

附 录 E
(资料性附录)
傅立叶变换中红外光谱测定柴油十六烷值的建模与验证实施例

E.1 样品收集

根据校正集应能涵盖待测样品化学组成变化范围原则,样品收集考虑因素包括柴油牌号、生产柴油的原油来源、炼制工艺、调合工艺和季节等因素。从我国相关炼油厂收集了161个样品,其中0号柴油77个、－10号柴油60个、－35号柴油24个。按照GB/T 4756方法人工采集柴油样品,并将样品置于带聚四氟乙烯盖的棕色玻璃瓶中,低温避光储存,以避免轻组分挥发,防止氧化反应使油品变质。

E.2 参考值测定

按照GB/T 386方法作为参考方法测定样品的十六烷值,每个样品重复测定2次,取其平均值作为最终测定结果,即为参考值。尽可能缩短从采样到参考值测量时间,降低柴油样品存放时间过长使组成发生改变。GB/T 386的再现性和重复性要求见表E.1。

表E.1 测定十六烷值参考方法的再现性和重复性要求

十六烷值水平	再现性	重复性
40	2.5	0.6
44	2.6	0.7
48	2.9	0.7
52	3.1	0.8
56	3.3	0.9

E.3 傅立叶变换中红外光谱采集

E.3.1 样品的准备

将柴油样品从低温处取出后在常温放置至少1 h,让样品温度达到测量环境温度,避免测量过程中因温度变化引起的光谱变动。

E.3.2 仪器的准备

采用傅立叶变换中红外光谱仪采集光谱。该仪器分束器和窗片均由ZnSe材料制作。按照仪器使用说明书,启动仪器,检查仪器的性能是否正常。若正常,则预热至少30 min。

E.3.3 采集参数设置

光谱范围:4 000 cm^{-1}～600 cm^{-1};分辨率:4 cm^{-1};扫描次数:32次。

E.3.4 自动进样系统的清洗

连接好自动进样系统，将进口端软管放入干净的盛有分析纯石油醚(90 ℃～120 ℃)的锥形瓶，将出口端软管放入废液瓶中，开启泵电源，将石油醚泵入光程为 0.1 mm 的 ZnSe 透射池中，清洗 2 min。将进口端从石油醚锥形瓶中取出，放置在空气中，继续泵送空气吹扫透射池 5 min～10 min，直到石油醚吹扫干净为止，关掉泵电源。

注：如果透射池无法用石油醚清洗干净，可以先用环己酮清洗，然后再用石油醚清洗。

E.3.5 背景光谱的采集

将清洗干净的透射池置入进样舱中，盖上舱盖，采集背景光谱，并保存。

E.3.6 装样

将进样系统的进口端软管插入盛有待测样品的锥形瓶中，开启泵电源，将待测样品泵入透射池中进行润洗。1 min 后，关掉泵电源。静止 1 min 后，关闭进样舱，以避免杂散光干扰。

E.3.7 样品光谱的采集

输入样品名称，按照设定参数采集柴油吸收光谱并保存到指定位置。将进样系统的进样口从样品中取出，开启泵电源，将残留的样品泵入废液瓶中，然后将进样口插入干净石油醚中清洗 2 min。将进口端从石油醚锥形瓶中取出，放置在空气中，继续泵送空气吹扫透射池 5 min～10 min，直到石油醚吹扫干净为止。随后将进样口放入下一个待测样品的锥形瓶中，将待测样品泵入透射池中进行润洗。1 min 后，关掉泵电源。静止 1 min 后，关闭进样舱，准备采集下一个样品的中红外光谱。

图 E.1 为样品集的 FT-IR 吸收光谱叠加图。其中位于 3 000 cm^{-1}～2 800 cm^{-1} 范围的谱峰为 C-H 伸缩振动吸收谱带，吸光度远大于 3，偏离了仪器检测器线性响应范围，不能用于建模。在指纹区 1 400 cm^{-1}～600 cm^{-1} 范围内吸光度变化均在仪器线性响应范围内，可以用于模型建立。

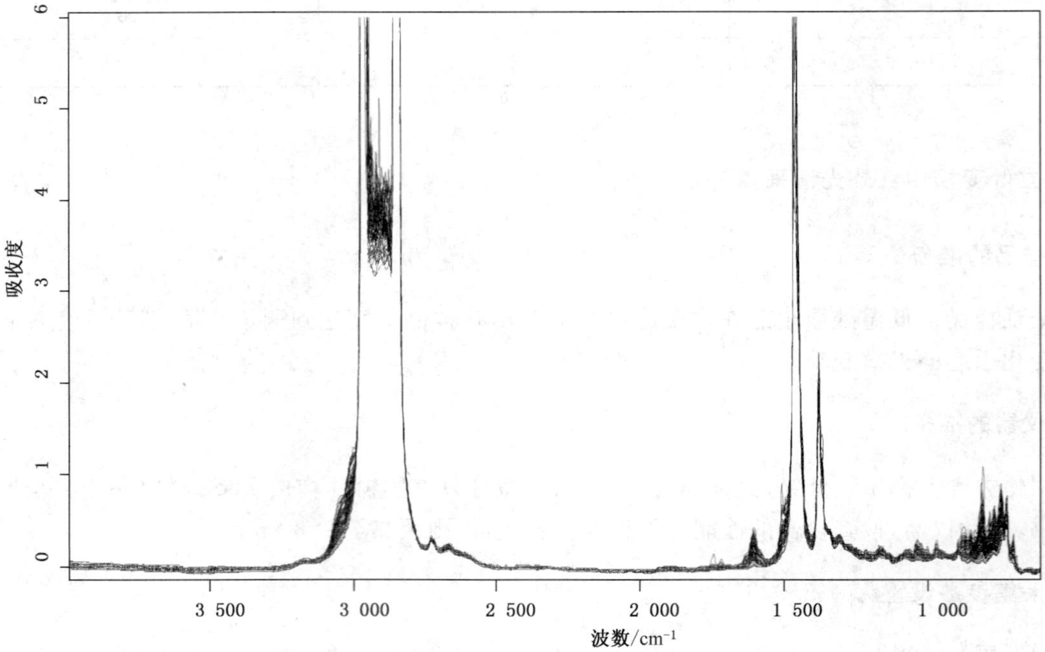

图 E.1 样品集 FT-IR 吸收光谱图

E.4 校正样品和验证样品的选择

对样品集光谱进行中心化和归一化处理，选择指纹区 1 400 cm^{-1}～700 cm^{-1} 范围的吸光度数据，进行主成分分析。根据样品在得分空间分布情况，按照校正集/验证集样品数量为 6/4 的比例选择校正和验证样品。

图 E.2 为校正样品和验证样品在第一得分和第二得分的空间分布图。从图 E.2 可知，校正样品和验证样品在光谱空间分布基本均匀且一致。

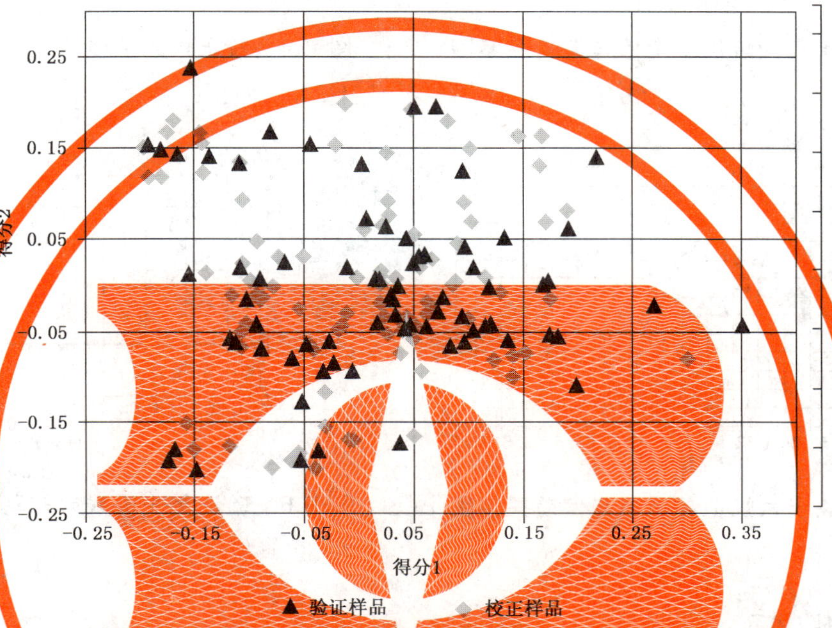

图 E.2 校正样品和验证样品在得分 1 和得分 2 空间分布图

E.5 校正模型建立和验证

E.5.1 异常样品的剔除

剔除的异常样品有两种类型。一种是与样品集中其他样品的化学组成有明显差异，另一种是预测值与参考值有显著性差异。第一种异常样品通过马氏距离与光谱残差关系进行识别，明显离群的样品为异常样品。第二种异常样品通过参考值与预测值关系进行识别，明显离群的样品为异常样品。

将校正集的红外光谱数据和十六烷值参考值导入化学计量学软件中，经微分中心化等预处理，建模波长范围为指纹区 1 400 cm^{-1}～700 cm^{-1}，利用 PLS 采用交互验证方法建立模型。然后使用模型预测验证集的十六烷值，并与参考值进行比较。

图 E.3 为校正集十六烷值参考值与偏差关系图。

图 E.4 为校正集光谱残差与马氏距离关系图。

图 E.5 为验证集十六烷值参考值与偏差关系图。

图 E.6 为验证集光谱残差对马氏距离关系图。

从图 E.3～图 E.6 可以明显看出少数样品比其余样品离群，为减少这些离群样品对建模的影响，将这些离群样品视为异常样品，从校正集和验证集中删除。图中圆形标识为异常样品。

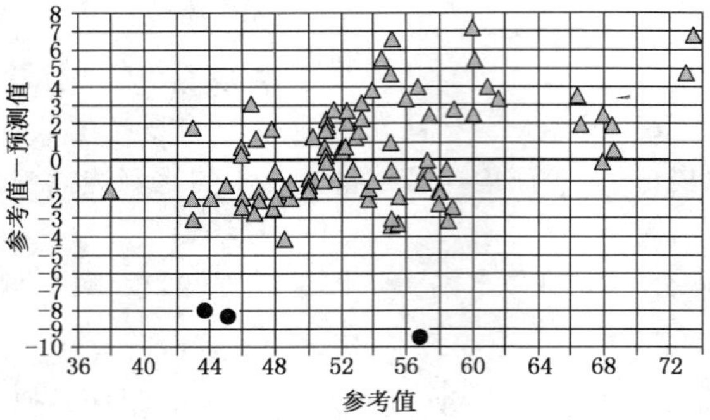

图 E.3　校正集十六烷值参考值与偏差关系图

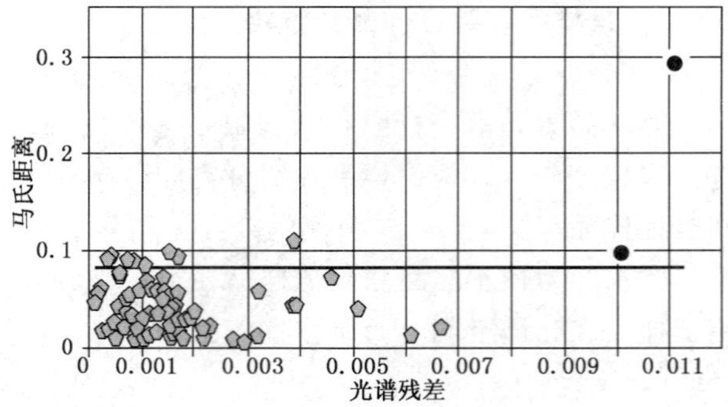

图 E.4　校正集光谱残差与马氏距离关系图

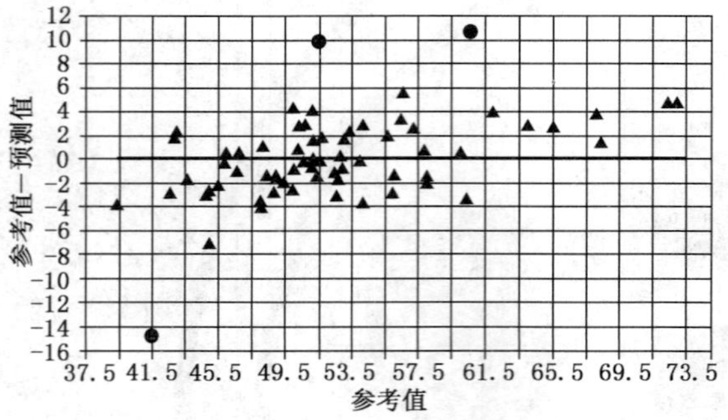

图 E.5　验证集十六烷值参考值与偏差关系图

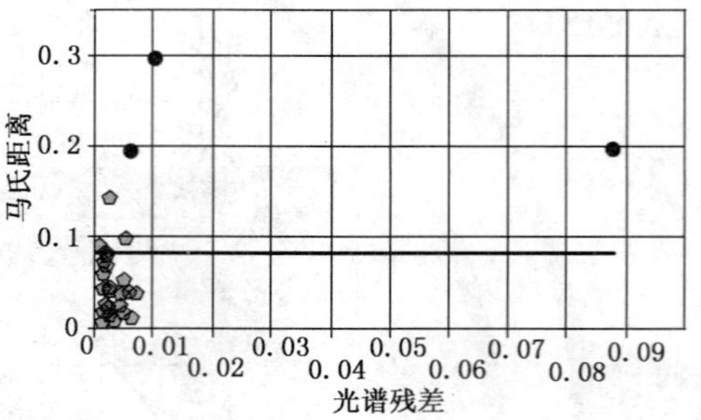

图 E.6　验证集光谱残差与马氏距离关系图

E.5.2　校正模型的建立

利用剔除异常样品后的校正集，采用 PLS 算法重新建立模型。采用交互验证分析偏差 SECV 指标来优化模型参数。

图 E.7 表示十六烷值 SECV 与主成分数关系。利用该图确定最佳主成分数为 7。

表 E.2 列出了十六烷值的建模参数和建模结果。

图 E.8 表示校正集十六烷值参考值和预测值的关系。

图 E.9 表示校正集十六烷值参考值和偏差的关系。

从表 E.2 的建模结果来看，该模型预测值与 GB/T 386 方法测定参考值一致性很好，二者决定系数高达 0.95，SECV 低于 GB/T 386 方法再现性 2.5～3.3 的要求，能够满足实际柴油质量快速检测要求。该模型主成分数 k 为 7，校正集样品数量为 93，为主成分数的 13.2 倍，符合 7.3 规定的“如果使用大于 3 的变量数 k 建立校正模型，剔除异常样品后校正集应至少含有 $6k$ 个样品”，即 42 个样品的要求。校正集十六烷值变化范围为 35.6，为参考方法再现性 2.5～3.3 的 14.2～10.8 倍，符合 7.1 规定的“校正集浓度或性质范围大于或等于参考方法的再现性偏差即再现性除以 2.77 大小的 5 倍，至少不低于3 倍”的要求。因此，可以利用验证集进一步考察该模型的性能。

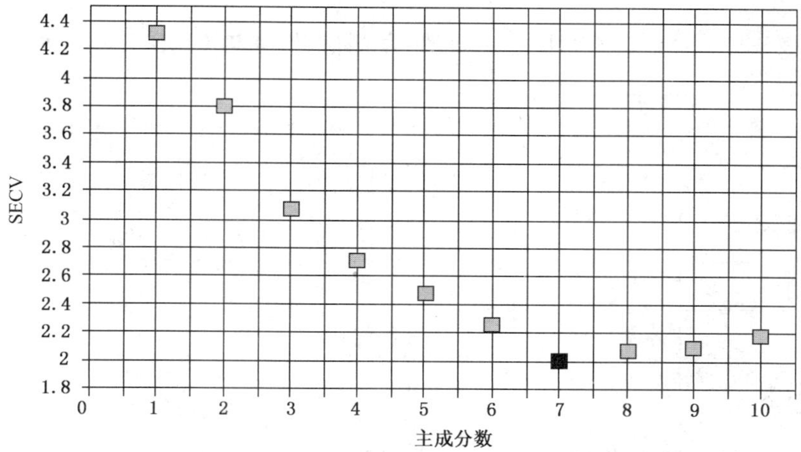

图 E.7 十六烷值的 SECV 与主成分数图

表 E.2 十六烷值的建模参数和建模结果

预处理	波数范围	主成分数	校正集样品数量	范围	R^2	SECV
归一化+中心化	3 656.9 cm^{-1}～3 315.5 cm^{-1} 2 638.5 cm^{-1}～2 297.1 cm^{-1} 1 280.7 cm^{-1}～939.3 cm^{-1}	7	93	37.9～73.5	0.95	2.0

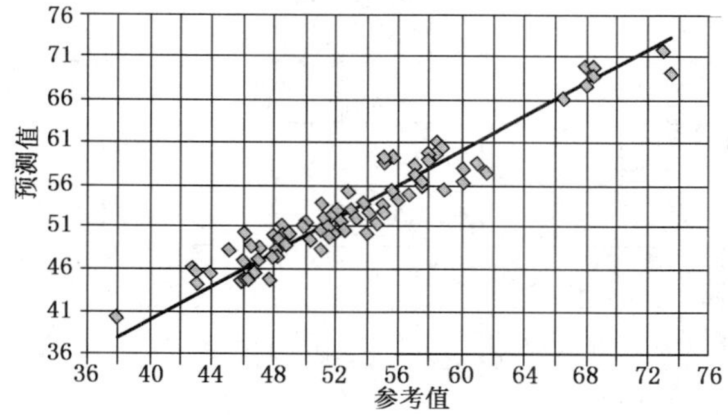

图 E.8 校正集十六烷值参考值与预测值关系图

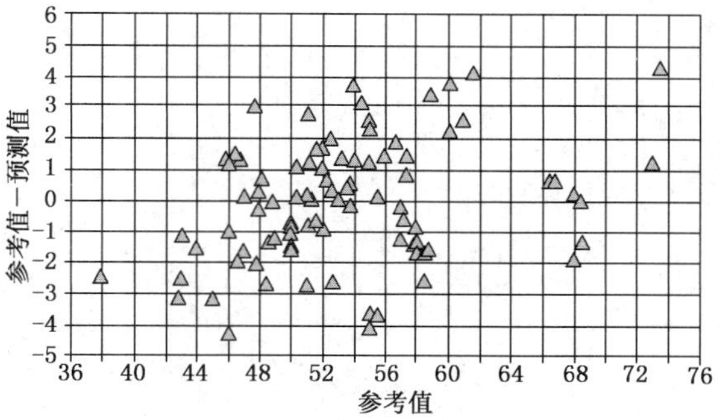

图 E.9 校正集十六烷值参考值与偏差关系图

E.5.3 校正模型的验证

利用建立的 PLS 模型预测剔除异常样品后的验证集的十六烷值，并与参考值进行比较，见表 E.3。对表 E.3 进行统计分析，计算 SEP、R^2，偏差超过参考方法再现性的概率 p，结果见表 E.4。

图 E.10 为验证集十六烷值参考值和预测值关系图。

图 E.11 为验证集十六烷值参考值和偏差关系图。

模型验证结果表明，该模型预测值与 GB/T 386 方法测定参考值一致性好，二者决定系数高达 0.95；SEP 低于 GB/T 386 方法再现性 2.5～3.3；参考值与预测值偏差最大为 4.3，其中 82%的偏差低于再现性，该分析准确度能够满足外场快速检测柴油质量的要求。验证样品数量为 68，为主成分数的 9.7 倍，符合 8.3 规定的“如果模型使用了大于 5 的光谱变量 k，则验证集中的内插样品数应不少于 $4k$”，即 28 个样品数的要求。另外验证集十六烷值变化范围和标准偏差符合第 8 章规定的要求。

随机选择一个验证样品，采用所建模型重复 10 次测定十六烷值，测定结果见表 E.5。结果表明，该模型重复性好，重复测定 10 次的十六烷值的偏差最大为 0.1，满足参考方法重复性要求。

总之，验证结果表明所建模型可以用于快速测定柴油十六烷值。

表 E.3　验证集十六烷值参考值、预测值、偏差与 GB/T 386 再现性

样品	参考值	预测值	偏差	GB/T 386 再现性	样品	参考值	预测值	偏差	GB/T 386 再现性
验-1	65.6	65.8	−0.2	3.3	验-35	51.1	49.6	1.5	2.9
验-2	68.1	65.8	2.3	3.3	验-36	53.3	49.9	3.4	3.1
验-3	54.2	52.5	1.7	3.1	验-37	50.3	48.3	2.0	2.9
验-4	73.0	72.1	1.0	3.3	验-38	39.4	42.2	−2.8	2.5
验-5	68.5	69.0	−0.5	3.3	验-39	45.4	46.3	−0.9	2.6
验-6	72.5	69.4	3.1	3.3	验-40	46.8	47.2	−0.4	2.6
验-7	54.2	58.5	−4.3	3.1	验-41	46.0	45.4	0.6	2.6
验-8	64.1	63.3	0.8	3.3	验-42	46.6	46.9	−0.2	2.6
验-9	55.6	54.1	1.5	3.1	验-43	53.0	53.0	0.0	3.1
验-10	56.0	59.7	−3.7	3.3	验-44	53.0	53.1	−0.1	3.1
验-11	60.3	63.7	−3.4	3.3	验-45	52.7	55.5	−2.8	3.1
验-12	58.0	59.4	−1.4	3.3	验-46	51.1	50.9	0.2	2.9
验-13	56.0	56.9	−0.9	3.3	验-47	60.1	58.4	1.7	3.3
验-14	50.0	50.7	−0.7	2.9	验-48	48.2	47.7	0.5	2.9
验-15	45.0	48.9	−3.9	2.6	验-49	52.9	55.4	−2.5	3.1
验-16	43.0	44.3	−1.3	2.5	验-50	51.6	51.5	0.2	2.9
验-17	53.3	51.1	2.2	3.1	验-51	45.8	47.3	−1.5	2.6
验-18	50.4	48.8	1.6	2.9	验-52	51.5	53.6	−2.1	2.9
验-19	50.4	48.1	2.3	2.9	验-53	52.9	53.0	−0.1	3.1
验-20	50.0	48.1	1.9	2.9	验-54	54.0	56.4	−2.4	3.1
验-21	52.4	51.4	1.0	3.1	验-55	56.6	52.4	4.2	3.3
验-22	43.7	43.8	−0.1	2.6	验-56	56.4	55.0	1.4	3.3
验-23	52.6	53.5	−0.9	3.1	验-57	50.7	49.5	1.2	2.9
验-24	42.6	43.2	−0.6	2.5	验-58	49.0	52.3	−3.3	2.9
验-25	44.8	45.8	−1.0	2.6	验-59	42.9	43.6	−0.7	2.5
验-26	48.4	46.5	1.9	2.9	验-60	57.2	57.9	−0.7	3.3
验-27	49.2	47.6	1.6	2.9	验-61	49.8	51.4	−1.6	2.9
验-28	57.9	56.9	1.0	3.3	验-62	50.5	51.6	−1.1	2.9
验-29	51.5	50.3	1.2	2.9	验-63	51.1	47.1	4.1	2.9
验-30	58.0	59.5	−1.5	3.3	验-64	48.0	52.1	−4.1	2.9
验-31	49.0	50.4	−1.4	2.9	验-65	48.0	51.3	−3.3	2.9
验-32	51.0	51.4	−0.4	2.9	验-66	45.0	47.8	−2.8	2.6
验-33	49.0	50.6	−1.6	2.9	验-67	62.0	59.4	2.6	3.3
验-34	51.0	51.6	−0.6	2.9	验-68	48.8	49.7	−0.9	2.9

表 E.4 验证集十六烷值的范围、R^2、SEP 和 p

范围	验证样品数量	R^2	SEP	p
39.4～73	68	0.95	2.0	82%

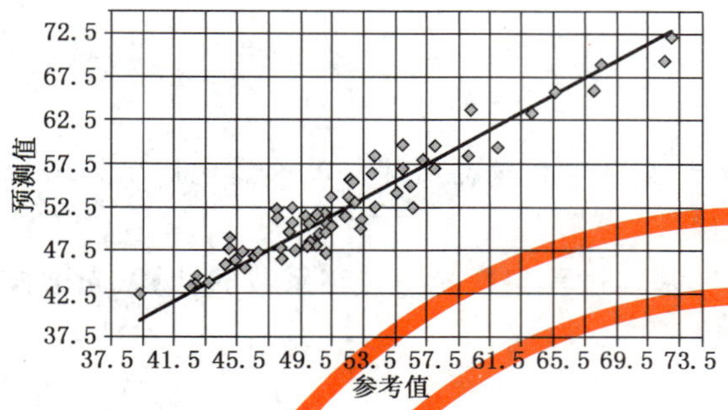

图 E.10 验证样品十六烷值参考值与预测值关系图

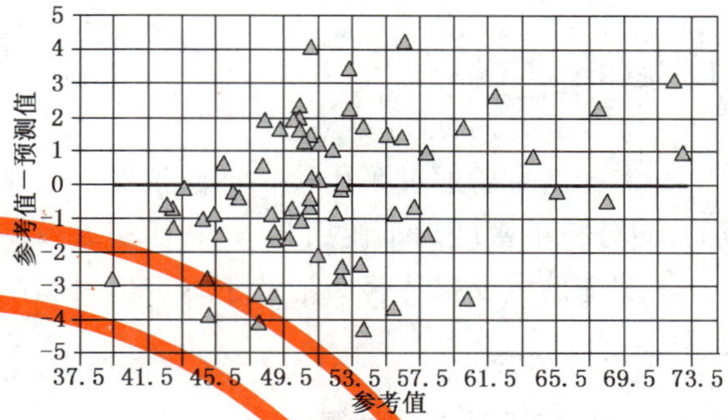

图 E.11 验证样品十六烷值的参考值与偏差关系图

表 E.5 十六烷值重复测定 10 次结果

次数	十六烷值
第 1 次	65.7
第 2 次	65.7
第 3 次	65.8
第 4 次	65.8
第 5 次	65.7
第 6 次	65.7
第 7 次	65.7
第 8 次	65.7
第 9 次	65.8
第 10 次	65.8
最大值－最小值	0.1
重复性要求	>0.9

附　录　F
（资料性附录）
柴油十六烷值近红外光谱校正模型传递实施例

F.1　基本过程

本实施例主要通过采用校正不同仪器之间光谱差异来实现一台仪器所建立的模型应用于另一台仪器上，使分析精密度满足使用要求，从而实现模型传递过程。

本实施例主要描述轻柴油的十六烷值模型的传递，其基本过程包括光谱校正系数的计算、光谱校正及模型应用。

F.1.1　光谱校正系数的计算

选取少数有代表性轻柴油样品作为传递标样，分别在两台仪器上测定近红外光谱，然后利用合适的数学方法，计算子机光谱向主机光谱校正的校正系数 F，使二者光谱一致。

注：建立模型的光谱仪器称为主机，待传递的其他光谱仪器称为子机。

F.1.2　光谱校正

子机光谱乘上校正系数 F，向主机光谱校正的过程。

F.1.3　模型应用

直接利用主机所建立十六烷值模型，然后利用子机校正后的光谱，测定柴油十六烷值。

F.2　主机和子机

F.2.1　仪器

主机型号为 zh21002，2001 年生产；子机型号为 zh21038，2007 年生产。

F.2.2　仪器参数

采用溴钨灯光源，2 048 个象元 CCD 检测器，波长范围为 700 nm～1 100 nm，间隔 0.2 nm，共 2 002 个数据，仪器恒温范围为 20 ℃～45 ℃，样品池恒温范围为 15 ℃～45 ℃。

F.3　样品的收集

F.3.1　样品集

从全国 25 个炼油厂收集 90 个柴油样品，根据样品的近红外光谱空间分布，选择其中有代表性的 24 个样品组成验证集，其余 66 个样品组成校正集。校正集和验证集用于主机模型的建立和验证。

F.3.2　传递标样集

根据样品在近红外光谱空间分布，从校正集中选择有代表性的 9 个柴油样品组成传递标样集，用于主机和子机仪器光谱校正因子 F 的计算。

F.3.3 传递验证集

用于验证模型传递性能,选用主机验证集作为传递验证集。

F.4 光谱的测量

F.4.1 设定仪器参数

仪器温度为 37 ℃,样品温度为 25 ℃,阈值参数为 0.000 4。

F.4.2 光谱采集

将柴油样品置于室温 1 h 以上,然后用玻璃滴管吸取柴油样品,置入 5 cm 的比色皿中。待仪器达到设定参数时,将带样品的比色皿置于仪器中,扫描光谱。在相同条件下,同时采集主机校正集、主机验证集、传递标样集和传递验证集的光谱。

F.5 光谱校正系数的确定

首先,选择 9 个有代表性柴油样品作为传递标样,然后分别在子机和主机上测定其近红外光谱,分别记为 X_{ss} 和 X_{sm},利用校正系数矩阵 F 使 X_{ss} 向 X_{sm} 校正,即存在如式(F.1)关系。

$$X_{sm}=F\times X_{ss} \qquad \text{(F.1)}$$

F 可以通过式(F.2)计算:

$$F=X_{sm}\times X_{ss}^{+} \qquad \text{(F.2)}$$

式中,X_{ss}^{+} 为 X_{ss} 的逆矩阵。

对于未知待测样品,首先在子机上测定其近红外光谱 X_{un},然后利用式(F.2)计算的 F 按照式(F.3)进行校正,得到光谱 X_{un}'。

$$X_{un}'=F\times X_{un} \qquad \text{(F.3)}$$

本实施例采用经典的分段直接校正 PDS 算法校正传递标样子机和主机之间的光谱。

在 PDS 算法中,也是利用式(F.2)来计算 F。在传统算法中,采用所有波长的数据引入式(F.2)中计算 F,而 PDS 算法则用 i 波长点附近一窗口为 $j+k+1$ 大小的光谱段 $X_{ss,j+k+1}$[从第 $(i-j)$ 到第 $(i+k)$ 个波长]代替所有波长数据 $X_{ss,all}$ 来计算 F。

其具体步骤如下:

a) 对应于主机标样光谱矩阵第 i 个波长的吸光度 $X_{sm,i}$,在子机标样光谱阵 X_{ss} 选取窗口为 $(k+j+1)$ 大小的光谱段 $X_{ss,j+k+1}$,组成矩阵 $X_{ss,i}=[X_{ss,i-j},X_{ss,i-j+1},\cdots,X_{ss,i+k-1},X_{ss,i+k}]$;
b) 将 $X_{sm,i}$ 与 $X_{ss,i}$ 进行关联,$X_{sm,i}=X_{ss,i}\times F_i$,转换系数 F_i 可由主成分分析 PCR 或偏最小二乘法 PLS 方法求出。
c) 循环 i,求出所有的 F_i,$i=1,2,\cdots,m$;
d) 对未知样品子机光谱 $X_{ss,un}$,经固定窗口分段,由转换系数 F_i 计算得到与未知样品主机光谱 $X_{sm,un}$ 相一致的光谱 $X^{p}_{s,um}$。对于 $X_{i,un}$ 两端,窗口大小的波长范围 $1\sim j$ 和 $m-k\sim m$ 不能转换,一般舍去,也可通过外推法获得。

采用光谱平均差异 ARMS 和光谱校正率 $Pr_{corrected}$ 来评价光谱校正性能。ARMS 反映了不同仪器之间光谱的差异,ARMS 越大,仪器光谱差异越明显。$Pr_{corrected}$ 主要评价光谱校正性能,数值越大,校正效果越明显。ARMS 按式(F.4)计算,$Pr_{corrected}$ 按式(F.5)计算。

$$\text{ARMS}=\frac{1}{M}\sum_{i=1}^{M}\sqrt{\frac{1}{n}\sum_{\lambda=1}^{n}(S^{i}_{s,\lambda}-S^{i}_{m,\lambda})} \qquad \text{(F.4)}$$

$$Pr_{corrected}=\frac{ARMS^2_{uncorrected}-ARMS^2_{corrected}}{ARMS^2_{uncorrected}}\times 100\% \quad \cdots\cdots(F.5)$$

式中：

n ——光谱数据总数量；

$S^i_{s,\lambda}$ ——第 i 个标准样品在子机上测定的第 λ 波长的光谱数据；

$S^i_{m,\lambda}$ ——第 i 个标准样品在主机上测定的第 λ 波长的光谱数据；

M ——标样数量；

$ARMS_{uncorrected}$ ——校正前的 ARMS；

$ARMS_{corrected}$ ——校正后的 ARMS。

表 F.1 列出了传递标样集的原始光谱和二阶微分光谱校正性能指标计算结果。

图 F.1 为传递标样集的主机、子机传递前以及子机传递后的原始光谱。

图 F.2 为传递标样集的主机、子机传递前以及子机传递后的二阶微分光谱图。

结果表明，同一样品在主机和子机上测定的光谱差异非常明显，吸光度和波长均发生漂移；光谱校正能够扣除 90％以上的谱图差异；子机光谱校正后与主机光谱近似。

表 F.1 传递标样集的原始光谱和二阶微分光谱校正性能指标计算结果

校正性能		光谱数据	
		原始光谱	二阶微分光谱
$ARMS/\times 10^{-6}$	传递前	0.039 9	2.98
	传递后	0.012 7	0.777
$Pr_{corrected}$		90％	93％

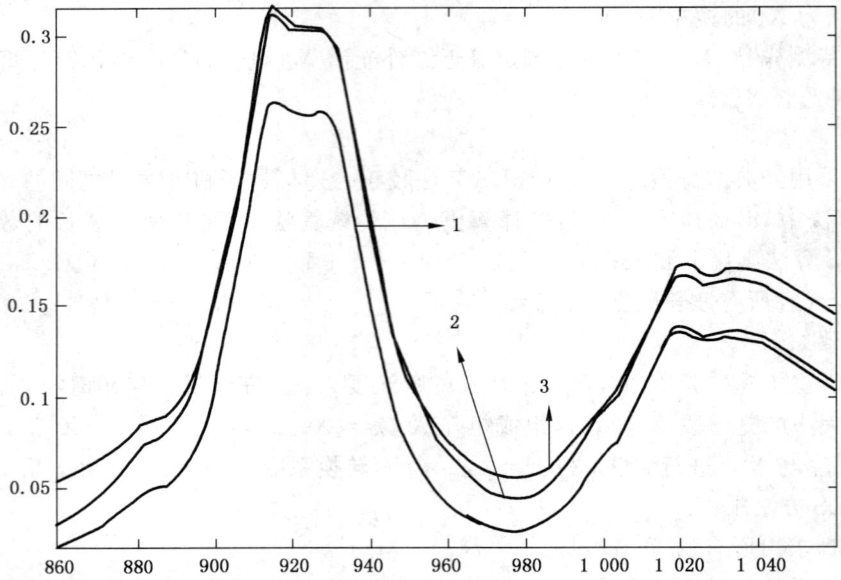

说明：

1——子机传递前光谱；

2——子机传递后光谱；

3——主机光谱。

图 F.1 主机、子机传递前以及子机传递后的传递标样集原始光谱

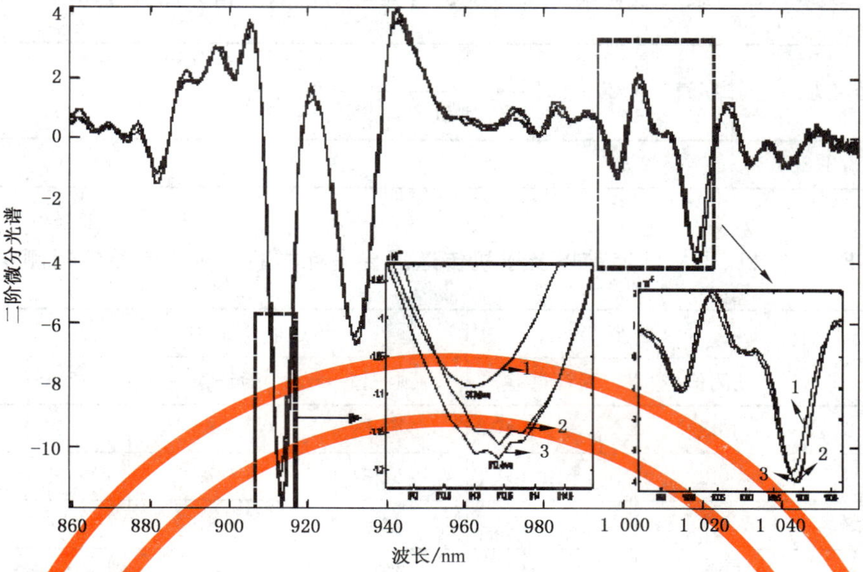

说明：
1——子机传递前光谱；
2——子机传递后光谱；
3——主机光谱。

图 F.2　主机、子机传递前以及子机传递后的传递标样集二阶微分光谱

F.6　主机模型建立

使用主机校正集的近红外光谱，采用偏最小二乘法建立十六烷值模型。

预处理采用 21 点二阶微分；建模区间为 850 nm～1 050 nm；主成分数为 6。

利用模型结合验证集光谱，测定十六烷值，并与参考值比较，计算主机分析标准偏差 SEP，结果见表 F.2。结果表明，十六烷值分析标准偏差为 1.7，远远低于参考方法再现性 2.3 的分析要求，该模型可以使用。

F.7　模型传递

在子机上测定传递标样验证集近红外光谱，然后进行光谱校正。将未校正的光谱，利用主机模型预测其十六烷值，与参考值比较，计算传递前的标准偏差 SEP；将校正后的光谱，利用主机模型预测十六烷值，与参考值比较，计算传递后标准偏差 SEP。

表 F.3 列出了主机、子机传递前以及子机传递后传递标样验证集十六烷值预测结果，其参考值与验证误差关系图如图 F.3 所示。

结果表明，采用主机模型直接预测子机未校正的光谱，预测结果整体偏低，分析准确度急剧下降，标准偏差为 6.1，远远高于再现性 2.3 的要求，无法满足使用要求。子机光谱经过校正后，分析准确度提高，预测结果和分析准确度与主机接近，分析准确度满足使用要求，实现了模型传递。

表 F.2 柴油验证集主机和子机传递前后十六烷值分析偏差 SEP

范围	参考方法	再现性要求	SEP		
			主机	子机传递前	子机传递后
46～51	GB/T 386	2.3	1.7	6.1	1.8

表 F.3 主机、子机传递前以及子机传递后传递标样验证集十六烷值预测结果

样品编号	参考值	主机		传递前		传递后	
		预测值	验证误差	预测值	验证误差	预测值	验证误差
1#	51.6	49.8	−1.8	43.6	−8.0	50.9	−0.7
2#	58.8	59.8	1.0	51.3	−7.5	62.1	3.3
3#	48.8	50.1	1.3	43.9	−4.9	50.1	1.3
4#	51.6	50.6	−1.0	45.1	−6.5	50.5	−1.1
5#	53.6	54.0	0.4	47.9	−5.7	53.6	0.0
6#	52.4	51.4	−1.0	45.5	−6.9	50.9	−1.5
7#	53.7	54.5	0.8	48.0	−5.7	53.6	−0.1
8#	51.5	51.0	−0.5	44.3	−7.2	51.2	−0.3
9#	60.0	60.0	0	53.3	−6.7	60.3	0.3
10#	54.0	53.5	−0.5	47.4	−6.6	55.0	1.0
11#	46.0	47.7	1.7	41.9	−4.1	46.7	0.7
12#	49.6	45.6	−4.0	40.0	−9.6	44.6	−5.0
13#	50.0	46.9	−3.1	41.8	−8.2	46.2	−3.8
14#	46.0	42.8	−3.2	38.3	−7.7	43.7	−2.3
15#	49.0	50.9	1.9	44.8	−4.2	50.2	1.2
16#	51.0	51.7	0.7	45.7	−5.3	52.7	1.7
17#	50.0	51.9	1.9	45.4	−4.6	50.3	0.3
18#	51.0	50.6	−0.4	45.1	−5.9	51.0	0
19#	49.0	50.3	1.3	45.6	−3.4	50.5	1.5
20#	50.0	50.9	0.9	44.6	−5.4	50.4	0.4
21#	49.0	51.3	2.3	45.6	−3.4	50.7	1.7
22#	50.0	50.7	0.7	44.9	−5.1	50.2	0.2
23#	48.0	50.4	2.4	45.2	−2.8	50.6	2.6
24#	51.0	50.6	−0.4	45.2	−5.8	50.7	−0.3
SEP			1.7		6.1		1.8
最大值	60.0	60.0	2.4	53.3	−2.8	62.1	3.3
最小值	46.0	42.8	−4.0	38.3	−9.6	43.7	−5.0

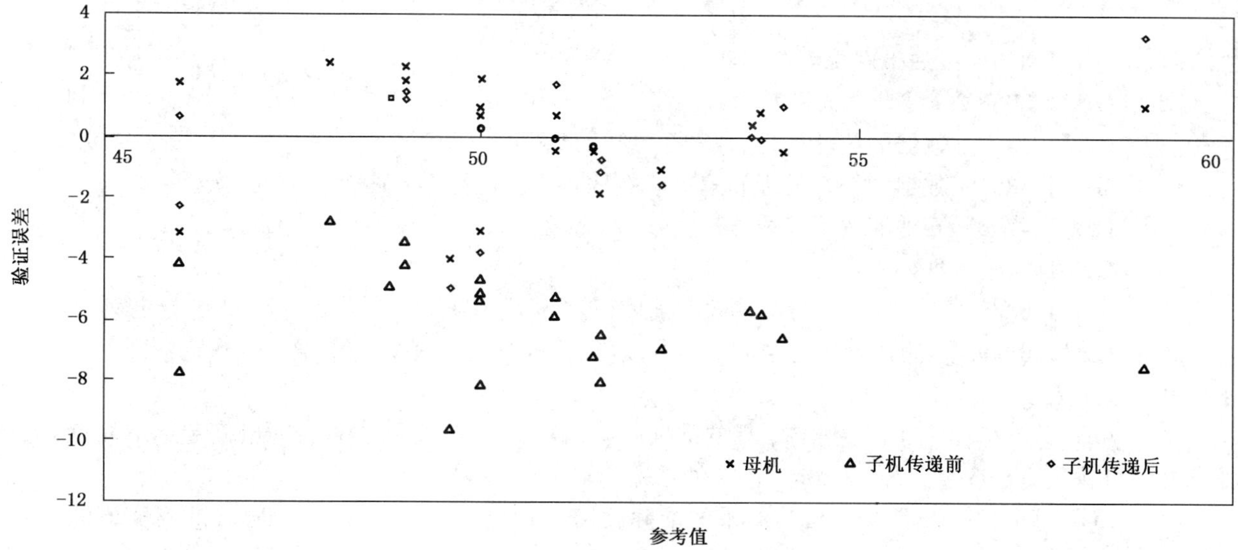

图 F.3 传递标样验证集主机、子机传递前和子机传递后的参考值与验证误差关系图

参 考 文 献

［1］ GB/T 386 柴油十六烷值测定法

［2］ GB/T 3358.2 统计学词汇及符号 第2部分:应用统计

［3］ GB/T 3359 数据的统计处理和解释 统计容忍区间的确定

［4］ GB/T 3361 数据的统计处理和解释 在成对观测值情形下两个均值的比较

［5］ GB/T 4756 石油液体手工取样法

［6］ GB/T 6040 红外光谱分析方法通则

［7］ GB/T 6379.1 测量方法与结果的准确度(正确度与精密度) 第1部分:总则与定义

［8］ GB/T 6379.4 测量方法与结果的准确度(正确度与精密度) 第4部分:确定标准测量方法正确度的基本方法

［9］ GB/T 6379.5 测量方法与结果的准确度(正确度与精密度) 第5部分:确定标准测量方法精密度的可替代方法

［10］ GB/T 6379.6 测量方法与结果的准确度(正确度与精密度) 第6部分:准确度值的实际应用

［11］ GB/T 11147 沥青取样法

［12］ GB 17930 车用汽油

［13］ GB/T 19616 烟草成批原料取样的一般原则

［14］ GB/T 21186 傅立叶变换红外光谱仪

［15］ GB/T 28043 利用实验室间比对进行能力验证的统计方法

［16］ GJB/J 5127 傅立叶变换红外光谱仪检定规程

［17］ JJF 1319 傅立叶变换红外光谱仪校准规范

［18］ JJG 001 傅立叶变换红外光谱仪检定规程

［19］ JJG 178 紫外、可见、近红外分光光度计检定规程

［20］ SH/T 0233 液化石油气采样法

［21］ SN/T 0826 进出口石油及液体石油产品取样法(手工取样)

［22］ YC/T 159 烟草及烟草制品 水溶性糖的测定 连续流动法

［23］ YC/T 160 烟草及烟草制品 总植物碱的测定 连续流动法

［24］ YC/T 161 烟草及烟草制品 总氮的测定 连续流动法

［25］ YC/T 162 烟草及烟草制品 氯的测定 连续流动法

［26］ YC/T 173 烟草及烟草制品 钾的测定 火焰光度法

［27］ 梁逸曾,俞汝勤.分析化学手册:化学计量学(第十分册,第二版).北京:化学工业出版社,2005.

［28］ 梁逸曾,许青松.复杂体系仪器分析——白、灰、黑分析体系及其多变量解析方法.北京:化学工业出版社,2012.

［29］ 许禄,邵学广.化学计量学方法(第二版).北京:科学出版社,2004.

［30］ 陆婉珍,袁洪福等.现代近红外光谱分析技术(第二版).北京:中国石化出版社,2006.

［31］ 严衍禄.近红外光谱分析基础与应用.北京:中国轻工业出版社,2005

［32］ ISO 15063 Plastics—Polyols for use in the production of polyurethanes—Determination of hydroxyl number by NIR spectroscopy

［33］ ISO 21543 Milk products—Guidelines for the application of near infrared spectrometry

［34］ ASTM E 168 Standard practices for general techniques of infrared quantitative analysis

[35] ASTM E 334 Standard practice for general techniques of infrared microanalysis

[36] ASTM E 1252 Standard practice for general techniques for obtaining infrared spectra for qualitative Analysis

[37] ASTM E 1790 Standard practice for near infrared qualitative analysis

[38] ASTM E 1866 Standard guide for establishing spectrophotometer performance tests

[39] ASTM E 2617 Standard practice for validation of empirically derived multivariate calibrations

[40] Burns D. A., Ciurczak E. W.. Handbook of near-infrared analysis (Third edition). CRC Press, Boca Raton, Florida , 2007.

[41] Williams P., and Norris K., Eds..Near infrared technology in the agricultural and food industries(Second edition).American Association of Cereal Chemists, St.Paul, Minnesota, USA, 2001.

[42] Wang Y.D., Veltkamp D.J., Kowalski B.R.Multivariate instrument standardization. Anal. Chem, 1991, 63:2750-2756.

[43] Wang Y.D., Kowalski B.R.Calibration transfer and measurement stability of near-infrared spectrometers.Appl.Spectrosc, 1992, 46:764-771.

[44] Wang Y. D., Lysaght M. J., Kowalski B. R.. Improvement of multivariate calibration through instrument standardization.Anal.Chem, 1992, 64: 562-564.

[45] Wang Y. D., Kowalski B. R.. Temperature-compensating calibration transfer for near-infrared filter instruments.Anal.Chem, 1993, 65:1301-1303.

ICS 01.040.01
A 22

中华人民共和国国家标准

GB/T 29859—2013

生物信息学术语

Bioinformatics terms

2013-11-12 发布

2014-04-15 实施

中华人民共和国国家质量监督检验检疫总局
中国国家标准化管理委员会 发布

前　言

本标准按照 GB/T 1.1—2009 给出的规则起草。

本标准由中国标准化研究院提出并归口。

本标准起草单位:中国标准化研究院、深圳华大基因研究院、天津华大基因科技有限公司。

本标准主要起草人:戚菲、孙广芝、张育润、江洲、任冠华、张蕊、王俊、李英睿、杨玲。

生物信息学术语

1 范围

本标准规定了生物信息学领域的基本术语及其定义。

本标准适用于生物信息学领域相关概念的统一、协调，以及学术交流和知识传播。

2 术语和定义

2.1 生物信息学

2.1.1

生物信息学 bioinformatics

应用信息科学及相关学科的方法和技术，研究和分析生物体系和生物过程中信息存储、处理和传递的一门交叉学科。

2.2 生物序列比对

2.2.1

序列比对 sequence alignment

比较两个或两个以上核苷酸或者氨基酸序列间的相似性的过程。

2.2.2

结构比对 structural alignment

比较两个或两个以上蛋白质或核酸分子空间结构的相似性的过程。

2.2.3

基本局部比对搜索工具 basic local alignment search tool；BLAST

基于局部比对的序列数据库搜索工具。

2.2.4

核酸序列 nucleic acid sequence

核酸分子中的(脱氧)核苷酸的排列顺序，常用IUPAC的核苷酸字符集进行描述。

2.2.5

结构域 structural domain

蛋白质或核酸分子中具有特定折叠结构和功能的单元。

2.2.6

非翻译区 untranslated region；UTR

在信使核糖核酸中位于编码序列两侧的未被翻译成蛋白质的序列。

2.2.7

保守序列 conserved sequence

在进化过程中基本上不变的核苷酸序列或氨基酸序列。

2.2.8

外显子 exon

真核生物基因的一部分，在剪接后会被保留在成熟核糖核酸分子中的序列。

2.2.9

表达序列标签　expressed sequence tag;EST

特定条件下基因表达序列的片段。

2.2.10

序列标记位点　sequenced tagged site;STS

在绘制基因组物理图谱时基因组中特定的基因座,可用作染色体定位的标记。

2.2.11

串联重复序列　tandem repeat sequence

染色体上首尾相连的多次重复的序列片段。

2.2.12

基因家族　gene family

存在于多个物种、来源于共同祖先的一组基因,或同一物种中结构与功能相似、进化起源上密切相关的一组基因。

2.2.13

基因作图　gene mapping

对脱氧核糖核酸染色体或染色质中基因的相对位置和距离进行确定的过程。

2.2.14

遗传连锁图谱　genetic linkage map

显示基因组内基因以及专一的多态性脱氧核糖核酸在基因组中的相对位置的图谱。

2.2.15

物理图谱　physical map

显示脱氧核糖核酸在基因组中精确位置的图谱。

2.2.16

限制酶图谱　restriction map

描述限制性内切酶的特异识别序列在脱氧核糖核酸链上的出现频率和它们之间的相对位置的图谱。

2.2.17

基因预测　gene prediction

利用算法探索脱氧核糖核酸序列中特异的区域,如基因的起始区域和终止区域,对潜在基因作出预测或根据与已知基因之间的相似性来预测新基因的过程。

2.2.18

转录　transcription

脱氧核糖核酸的遗传信息被拷贝成核糖核酸遗传信息的过程。

2.2.19

转录因子　transcription factor

参与识别脱氧核糖核酸序列中启动子、增强子或特定序列且调控基因表达的蛋白质。

2.2.20

内含子　intron

真核生物基因的一部分,在剪接后未被保留在成熟核糖核酸分子中的序列。

2.2.21

密码子　codon

由三个相邻核苷酸组成的信使核糖核酸(mRNA)基本编码单位,由它们决定在翻译中生成的氨基酸链的一级结构以及翻译的起始和终止。

2.2.22

转座子　transposon

能在基因组中移动位置的脱氧核糖核酸片段。

2.2.23

开放阅读框　open reading frame;ORF

一段从起始密码子到终止密码子的核苷酸序列,可编码一条完整的氨基酸序列链,其间不存在使翻译中断的终止密码子。

2.2.24

操纵子　operon

原核生物中由调节基因、启动子和结构基因组成的一个转录功能单位。

2.2.25

启动子　promoter

脱氧核糖核酸分子上能与核糖核酸聚合酶结合并形成转录起始复合体的序列。

2.2.26

终止子　terminator

位于基因或操纵子末端,在转录过程中能够终止核糖核酸聚合酶转录,使核糖核酸合成终止的脱氧核糖核酸序列。

2.2.27

非编码 RNA　noncoding RNA

能被转录但不能编码蛋白质的核糖核酸序列。

2.2.28

同源　homology

两种或多种生物起源于共同祖先的生物特征。

2.2.29

同源基因　homologous gene

具有同源特征的基因。

2.2.30

同源序列　homologs

具有同源特征的序列。

2.2.31

旁系同源基因　paralogous gene

在同一物种内由基因复制产生的具有共同起源的基因。

2.2.32

直系同源基因　orthologous gene

在不同物种中具有共同起源的基因。

2.2.33

单核苷酸多态性　single nucleotide polymorphism;SNP

在基因组水平上,由单个核苷酸位点的变异(替代、插入或缺失)所引起的脱氧核糖核酸序列多态性。

2.2.34

保守结构域　conserved domain

在进化过程中基本保持不变的结构域。

2.2.35

同线性　synteny

两个或多个基因组(片段)中基因座的排列相同的特征。

2.2.36

基因座　gene locus

基因在染色体上所处的特定位置。

2.2.37

Needleman-Wunsch 算法　Needleman-Wunsch algorithm

使用动态规划对序列进行全局比对的算法。

2.2.38

Smith-Waterman 算法　Smith-Waterman algorithm

使用动态规划对序列进行局部比对的算法。

2.2.39

序列相似性　sequence similarity

序列比对过程中,用来描述检测序列和目标序列之间相同脱氧核糖核酸碱基或氨基酸残基序列所占比例高低的性质。

2.2.40

全局比对　global alignment

比对结果中包含所比较序列全长范围内所有位点的比对。

2.2.41

局部比对　local alignment

对相似性水平较高的局部片段的比对。

2.2.42

沉默子　silencer

调控真核生物基因转录的负调控元件。

2.2.43

增强子　enhancer

调控真核生物基因转录的正调控元件。

2.2.44

供体位点　donor site

核糖核酸剪接加工过程内含子 5'-端接头序列。

2.2.45

受体位点　acceptor site

核糖核酸剪接加工过程内含子 3'-端接头序列。

2.3　分子系统发生

2.3.1

邻接法　neighbour-joining method;NJ

一种利用距离作分子系统分析的方法。

2.3.2

系统发育分类　phylogenetic taxonomy

按不同物种进化过程中的亲缘关系进行分类的方法。

2.3.3

系统发育图　phylogram

用枝长表示进化时间的系统树的示意图。

2.3.4

系统发生树　phylogenetic tree

用以表示系统发生过程的示意图。

2.3.5

进化支　clade

生物进化过程中进化树上的分支。

2.3.6

遗传漂移　genetic drift

与选择压力无关的基因的随机漂移。

2.3.7

进化分支图　cladogram

进化树中代表每个节点分支的最近共同祖先的树枝状图。

2.3.8

自举检验　bootstrap test

对置信程度进行的量化检验。

2.3.9

同义替代　synonymous substitution

在脱氧核糖核酸编码序列水平上不使所表达的氨基酸序列发生改变的核苷酸替换。

2.3.10

非同义替代　non synonymous substitution

在脱氧核糖核酸编码序列水平上使所表达的氨基酸序列发生改变的核苷酸替换。

2.3.11

正向选择　positive selection

物种或生物分子在环境特定的选择压力下，使得某种突变被固定下来的概率明显升高的现象。

2.3.12

负向选择　negative selection

纯化选择　purifying selection

物种或生物分子在环境特定的选择压力下，使得突变被固定下来的概率明显降低的现象。

2.3.13

替代比率　Ka/Ks；dN/dS

非同义替代率(Ka 或 dN)和同义替代率(Ks 或 dS)之间的比例，用于判断是否有选择压力作用于基因。

2.4　组学类相关

2.4.1

比较基因组学　comparative genomics

用计算机和实验室的高通量筛选方法，对各种各样的生物体的基因组信息进行比较研究，以达到对生物过程和现象在基因组水平上的理解的学科。

2.4.2

转录组学　transcriptomics

在整体水平上研究细胞中基因转录的情况及转录调控规律的学科。

2.4.3

转录组测序技术　RNA-Seq

用高通量测序技术对细胞内转录组进行测序的方法。

2.4.4

生物芯片　biochips

采用生物技术制备或应用于生物技术的微处理器。

2.4.5

微阵列　microarray

在一个固体基片上的已知位置固定了DNA探针或蛋白质探针的有序阵列。

2.4.6

功能基因组学　functional genomics

研究基因组中各基因的功能，包括基因的表达及其调控模式的学科。

2.4.7

蛋白质组学　proteomics

从整体的角度分析细胞内动态变化的蛋白质组成成分、表达水平与修饰状态，了解蛋白质之间的相互作用与联系，揭示蛋白质功能与细胞生命活动规律的学科。

2.4.8

基因表达系列分析　serial analysis of gene expression；SAGE

通过构建较短的表达序列标签规模化地检测基因表达种类及其丰度的实验技术。

2.4.9

基因组学　genomics

用全基因组序列信息和高通量基因技术，在基因组水平上研究生物系统的结构、功能和进化的分子机制的学科。

2.4.10

结构基因组学　strutural genomics

以基因组图谱、测序、组成以及基因组水平的蛋白结构鉴定为方法，对基因和蛋白的基因组水平的结构进行研究的学科。

2.4.11

基因组注释　genome annotation

鉴别和标记基因组序列的功能单位和基因组上特殊信号的过程。

2.4.12

基因本体论　gene ontology；GO

对基因和蛋白质功能进行限定和描述的语义词汇集合。

2.4.13

测序　sequencing

测定氨基酸或者核苷酸序列的过程。

2.4.14

叠连群　contig

测序得到的DNA片段，根据相互间的重叠性，构成的一个长的无缺失的DNA片段。

2.4.15

鸟枪法测序　shotgun sequencing

将基因组打断为DNA片段并进行测序的方法。

2.4.16

表观遗传组学　epigenomics

研究表观遗传变异的基因组学分支学科。

2.4.17

组蛋白修饰　histone modification

发生在染色体组成成分组蛋白上的化学修饰。

2.4.18

染色质免疫共沉淀-芯片技术　Chromatin Immunoprecipitation-chip;ChIP-chip

结合染色质免疫共沉淀技术(ChIP)与芯片技术,能够快速在目标基因组的染色体中确定特异DNA结合蛋白的准确结合区段的技术方法。

2.4.19

染色质免疫共沉淀技术　Chromatin Immunoprecipitation;ChIP

研究体内蛋白质与DNA相互作用的技术方法。

2.4.20

染色质免疫沉淀-测序　Chromatin Immunoprecipitation-Sequencing;ChIP-Seq

结合染色质免疫共沉淀技术(ChIP)与高通量测序技术,能够快速在目标基因组的染色体中确定特异DNA结合蛋白的准确结合区段的技术方法。

2.4.21

系统生物学　systems biology

整合不同层次组学数据以理解生物系统如何行使功能的学科。

2.4.22

药物基因组学　pharmacogenomics

在基因组水平上研究不同个体及人群对药物反应的差异,并探讨用药个性化和以特殊人群为对象的新药开发的学科。

2.4.23

基因调控网络　gene regulation network

由细胞中参与基因表达调控的DNA、RNA、蛋白质以及代谢中间体所形成的相互作用的网络。

2.5　生物大分子的结构及其预测

2.5.1

结构生物学　structural biology

以生物物理学和生物化学手段研究生物大分子的三维结构,以及结构与对应功能的关系的学科。

2.5.2

模体　motif

在蛋白质或核酸序列中涉及相互作用的较小且高度保守的区域。

2.5.3

蛋白质二级结构预测　protein secondary structure prediction

预测氨基酸序列形成可能的二级结构的方法。

2.5.4

蛋白质三级结构预测　protein tertiary structure prediction

预测氨基酸序列形成可能的三级结构的方法。

2.5.5

同源模建法 homology modeling method

通过同源分析找到一个已知结构的同源蛋白质,然后以该蛋白质的结构为模板为未知结构的蛋白质建立结构模型的方法。

2.5.6

分子对接 molecular docking

模拟两个或多个分子之间的识别过程的方法。

2.6 生物数据库挖掘

2.6.1

生物数据挖掘 biological data mining

从生物数据库的大量数据中揭示出隐含的、先前未知的并有潜在价值的信息的过程。

2.6.2

隐马尔可夫模型 Hidden Markov Model;HMM

一种用参数表示的用于描述随机过程统计特性的概率模型,由马尔可夫链和一般随机过程组成。

注:在生物信息学中常用于模体搜索和识别。

2.6.3

支持向量机 Support Vector Machines;SVM

一种在数据点支撑起的高维空间中用超平面把点分隔开的办法。

注:在生物信息学中常用于模式识别和分类。

2.6.4

期望最大化算法 expectation maximization algorithm;EM

在不完全数据情况下,计算极大似然估计或者后验分布的迭代算法。

注:在生物信息学中常用于模型参数的估计。

2.6.5

主成分分析 principle component analysis;PCA

将分散在一组变量上的信息,集中到某几个综合指标(主成分)上的一种统计分析方法。

注:在生物信息学中常用于多维度聚类。

索 引

中文索引

英文索引

C

D

E

F

G

U

参 考 文 献

［1］ 郝柏林.生物信息学手册(第二版).上海:上海科学技术出版社,2002.

［2］ (美)坎贝尔,(美)海尔.探索(基因组学、蛋白质组学和生物信息学).孙之荣,译.北京:科学出版社,2007.

［3］ 王禄山,高培基.生物信息学应用技术.北京:化学工业出版社,2008.

［4］ 许忠能.生物信息学.北京:清华大学出版社,2008.

［5］ 陶士珩.生物信息学.北京:科学出版社,2007.

［6］ 张阳德.生物信息学(第二版).北京:科学出版社,2009.

［7］ (美)周集中.微生物功能基因组学.张洪勋,赵立平,译.北京:化学工业出版社,2007.

［8］ 姜远英.药物基因组学.北京:人民卫生出版社,2006.

［9］ (美)P.E.波恩,(美)H.魏西希.结构生物信息学.刘振明,刘海燕,译.北京:化学工业出版社,2009.

［10］ 薛庆中.DNA和蛋白质序列数据分析工具.北京:科学出版社,2009.

［11］ 胡松年.基因表达序列标签(EST)数据分析手册.杭州:浙江大学出版社,2005.

ICS 43.040
M 42

中华人民共和国国家标准

GB/T 29860—2013

通信钢管铁塔制造技术条件

Manufacturing technical requirements for communication steel pole tower

2013-11-12 发布　　　　2014-02-01 实施

中华人民共和国国家质量监督检验检疫总局
中国国家标准化管理委员会　发布

前　言

本标准按照 GB/T 1.1—2009 给出的规则起草。

本标准由中华人民共和国工业和信息化部提出。

本标准由中国通信标准化协会归口。

本标准起草单位：泰州市金牛电信器材有限公司、北京梅泰诺通信技术股份有限公司、河北中原铁塔制造有限公司、北京电信规划设计院有限公司。

本标准主要起草人：戴兆宁、杨爱军、杨存锦、邢海东、王 程、郝兰军、金振鹏。

通信钢管铁塔制造技术条件

1 范围

本标准规定了通信钢管铁塔的术语定义符号、产品分类、要求、试验方法、检验规则、标志、包装、运输和贮存。

本标准适用于主材为钢管、采用热浸镀锌防腐涂装、结构型式为单管或多管的通信钢管铁塔的制造及检验。

2 规范性引用文件

下列文件对于本文件的应用是必不可少的。凡是注日期的引用文件，仅注日期的版本适用于本文件。凡是不注日期的引用文件，其最新版本(包括所有的修改单)适用于本文件。

GB/T 41　六角螺母　C级

GB/T 95　平垫圈　C级

GB/T 230.1　金属材料　洛氏硬度试验　第1部分:试验方法(A、B、C、D、E、F、G、H、K、N、T标尺)

GB/T 231.1　金属材料　布氏硬度试验　第1部分:试验方法

GB/T 470　锌锭

GB/T 700　碳素结构钢

GB/T 702　热轧钢棒尺寸、外形、重量及允许偏差

GB/T 706　热轧型钢

GB/T 709　热轧钢板和钢带的尺寸、外形、重量及允许偏差

GB/T 985.1　气焊、焊条电弧焊、气体保护焊和高能束焊的推荐坡口

GB/T 985.2　埋弧焊的推荐坡口

GB/T 1228　钢结构用高强度大六角头螺栓

GB/T 1229　钢结构用高强度大六角螺母

GB/T 1230　钢结构用高强度垫圈

GB/T 1231　钢结构用高强度大六角螺栓、大六角螺母、垫圈技术条件

GB/T 1591　低合金高强度结构钢

GB/T 3098.1　紧固件机械性能　螺栓、螺钉和螺柱

GB/T 3098.2　紧固件机械性能　螺母　粗牙螺纹

GB/T 3323　金属熔化焊焊接接头射线照相

GB/T 4340.1　金属材料　维氏硬度试验　第1部分:试验方法

GB/T 5117　碳钢焊条

GB/T 5118　低合金钢焊条

GB/T 5780　六角头螺栓　C级

GB/T 9793　热喷涂　金属和其他无机覆盖层　锌铝及其合金

GB/T 11345　钢焊缝手工超声波探伤方法和探伤结果分级

GB/T 13793　直缝电焊钢管

GB/T 13912　金属覆盖层　钢铁制件热浸镀锌层技术要求及试验方法

GB 50205—2001　钢结构工程施工质量验收规范

JGJ 81－2002　建筑钢结构焊接技术规程

3　术语、定义和符号

下列术语和定义适用于本文件。

3.1　术语和定义

3.1.1

零件　part

组成部件或构件的最小单元。

注：如法兰盘、加劲肋板等。

3.1.2

构件　member

由零件或由零件和部件组成的钢结构基本单元。

注：如钢管和法兰组成的焊接件。

3.1.3

装配　assembling

按照一定的精度和技术要求，将零部件连接或固定在一起使之成为构件的过程。

3.1.4

试组装　trial assembling

为检验构件是否满足安装质量要求进行的组装。

3.1.5

热浸镀锌　hot dip galvanizing

将经过前处理的钢铁制件浸入熔融的锌液中，在其表面形成锌和(或)锌-铁合金层的工艺过程和方法。

3.1.6

单管塔　monopole

由单根大直径钢管和平台组成的自立式高耸钢结构。

3.1.7

多管塔　multi-tubular tower

主材用钢管构件，辅材用钢管或圆钢、型钢构件和平台组成的自立式高耸钢结构。

3.1.8

相贯连接　directly-welded connection

主材与斜材或横材直接相贯切割后焊接。

3.2　符号

a——间距、间隙；

B——焊缝宽度；

b——宽度；

C——焊缝余高；

D——直径；

d——孔径；

e——偏心、移位、错边；

f——挠度、弯曲矢高、直线度、平面度；

g——坡口宽度；

h——高度；

h_f——焊脚尺寸；

L——轮廓尺寸、长度；

P——倾斜、垂直度；

s——孔间距离；

S_g——孔边距；

t——板、壁的厚度；

α——角度；

δ——增量。

4 产品分类

4.1 按结构型式分为单管塔和多管塔。

4.2 按截面型式分为圆形和多边形。

4.3 按连接型式分为法兰螺栓连接、插接和焊接连接。

5 要求

5.1 总则

5.1.1 通信钢管铁塔的制造单位应具有相应的资质。

5.1.2 通信钢管铁塔应按照具有国家相应设计资质单位提供的设计图纸和本标准的要求组织生产。

5.1.3 当需要修改设计时，应取得原设计单位的同意，并签署设计变更文件。

5.2 材料

5.2.1 钢材应符合 GB/T 700、GB/T 702、GB/T 706、GB/T 709、GB/T 1591、GB/T 13793 和设计图纸要求，且应具有出厂合格证明书。

5.2.2 钢材的表面质量不得有裂纹、折叠、结疤、夹杂和重皮，表面有锈蚀、麻点和划痕时，其深度不应大于该钢材负允许偏差值的 1/2，且累计误差在负允许偏差内。

5.2.3 钢材应经力学性能试验、化学成分分析合格，并具有试验报告书。

5.2.4 焊接材料的质量要求应符合 GB/T 5117、GB/T 5118 和设计要求。

5.2.5 表面防腐处理材料的质量要求应符合 GB/T 470 的规定。

5.2.6 紧固件原材料的质量要求应符合 GB/T 41、GB/T 95、GB/T 1228、GB/T 1229、GB/T 1230、GB/T 1231、GB/T 5780 和设计要求。

5.3 放样

5.3.1 需按样板加工的零部件在加工前应制作样板。

5.3.2 放样和样板的允许偏差应符合表 1 规定。

表 1　放样和样板的允许偏差

项　目	允许偏差
平行线距离和分段尺寸	±0.5 mm
对角线差	1.0 mm
宽度、长度	±0.5 mm
孔距	±0.5 mm
加工样板的角度	±20′

5.4　下料

5.4.1　钢材下料切割面或剪切面应无裂纹、分层和大于 1.0 mm 的边缘缺棱，切割面平面度为 $0.05t$（t 为厚度），且不大于 2.0 mm，割纹深度不大于 0.3 mm，局部缺口深度不大于 1.0 mm。

5.4.2　切割的允许偏差应符合表 2 规定。

表 2　切割的允许偏差　　单位为毫米

序号	项目	允许偏差		示意图
1	零件基本尺寸	长度 L	±3.0	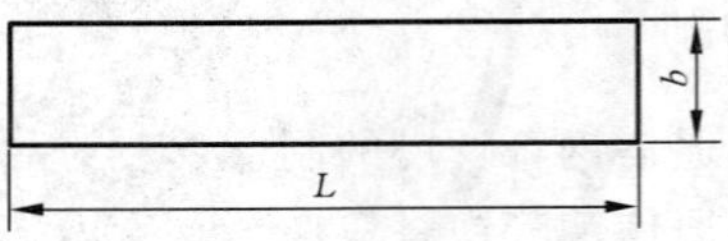
		宽度 b	±2.0	
2	圆盘	$D/100$ 且不大于 5.0		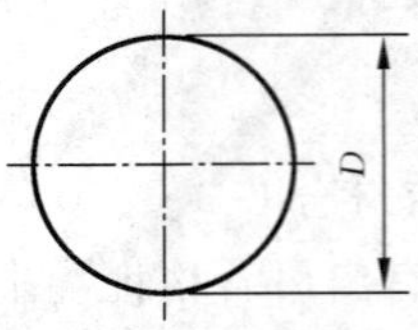

5.4.3　钢板切割的端面倾斜允许偏差应符合表 3 规定。

表 3　钢板切割的端面倾斜允许偏差　　单位为毫米

序号	钢板厚度	允许偏差	示意图
1	$t \leqslant 20$	1.0	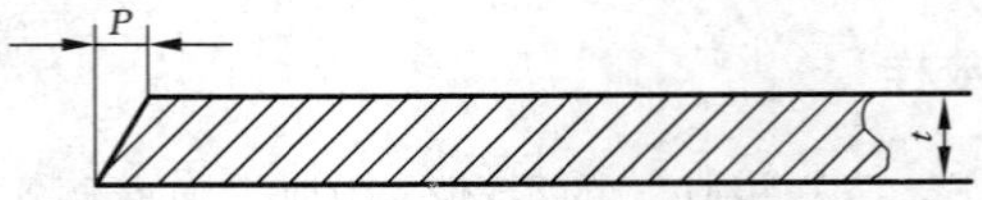
2	$36 \geqslant t > 20$	1.5	
3	$t > 36$	2.0	

5.4.4　钢管下料的端面斜度允许偏差应符合表 4 规定。

表 4　钢管下料的端面斜度允许偏差

单位为毫米

序号	钢管外径 D	允许偏差 P	示意图
1	$D \leqslant 95$	1.0	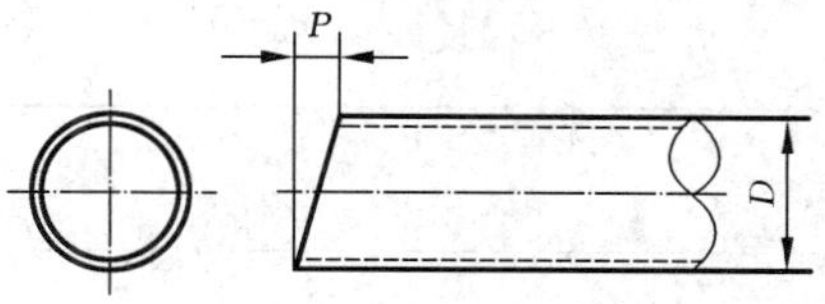
2	$180 \geqslant D > 95$	1.5	
3	$400 \geqslant D > 180$	2.0	
4	$D > 400$	2.5	

5.4.5　角钢切割的允许偏差应符合表 5 规定。

表 5　角钢切割的允许偏差

单位为毫米

项　目	允许偏差	示意图
角钢肢缘斜度 P	$\leqslant t/8$	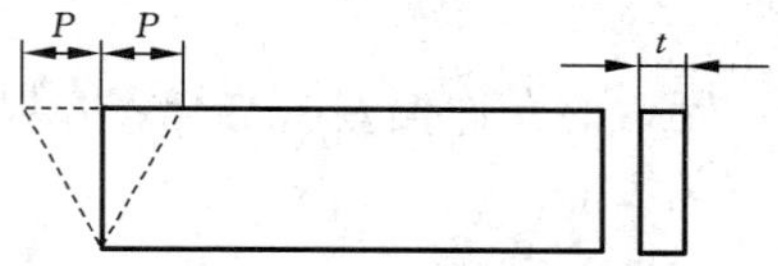
角钢端部垂直度 P	$\leqslant 3b/100$ 且不大于 3.0	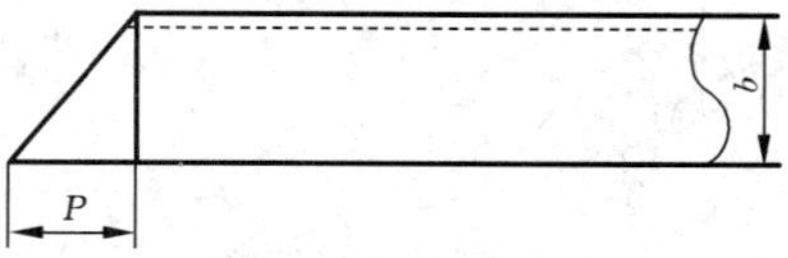
角钢顶端及边端剪切拉角 P	$\leqslant 1.0$	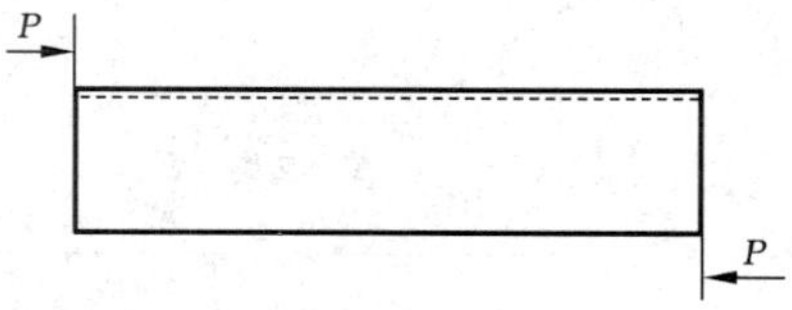

5.4.6　圆钢、钢管及各类型钢下料长度的允许偏差应符合表 6 规定。

表 6　圆钢、钢管及各类型钢下料长度的允许偏差

单位为毫米

下料长度	允许偏差
<1 000	±1.0
1 000～5 000	±2.0
>5 000	±3.0

5.4.7 钢板下料长度或宽度的允许偏差应符合表 7 规定。

表 7 钢板下料长度或宽度的允许偏差

单位为毫米

板材下料长度或宽度 L	允许偏差
<600	±1.0
600～1 500	±2.0
>1 500	±3.0

5.5 制弯

5.5.1 零件制弯后，其边缘应圆滑过渡，表面不应有明显的折皱、凹面和损伤，划痕深度不应大于0.5 mm。

5.5.2 制弯的允许偏差应符合表 8 规定。

表 8 制弯的允许偏差

单位为毫米

<table>
<tr><th>序号</th><th colspan="3">项目</th><th>允许偏差</th><th>示意图</th></tr>
<tr><td>1</td><td colspan="3">曲点(线)位移 e</td><td>2.0</td><td>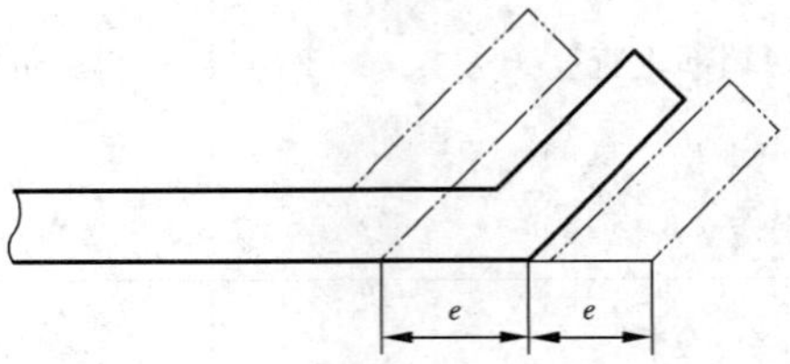
</td></tr>
<tr><td rowspan="5">2</td><td rowspan="5">制弯 f</td><td colspan="2">钢板</td><td>5L/1 000</td><td rowspan="5">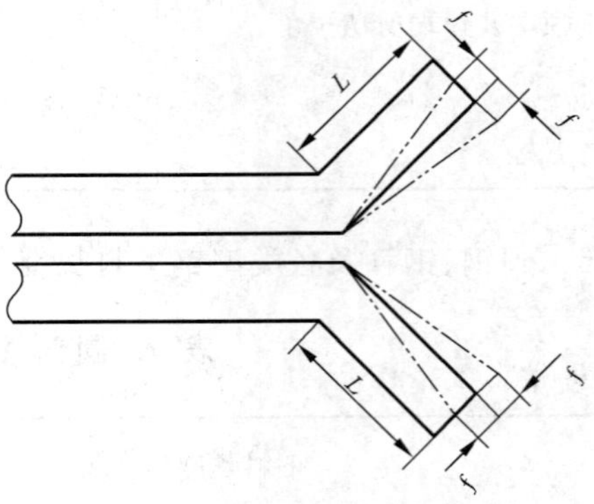
</td></tr>
<tr><td colspan="2">接头角钢，不论肢宽大小</td><td>1.5L/1 000</td></tr>
<tr><td rowspan="3">非接头角钢</td><td>$b \leqslant 50$</td><td>7L/1 000</td></tr>
<tr><td>$50 < b \leqslant 100$</td><td>5L/1 000</td></tr>
<tr><td>$100 < b \leqslant 200$</td><td>3L/1 000</td></tr>
<tr><td colspan="6">b——角钢肢宽。</td></tr>
<tr><td colspan="6">注：零件制弯后，角钢边厚最薄处不应小于原厚度的 70%。</td></tr>
</table>

5.6 制孔

制孔表面不应有明显的凹面缺陷，大于 0.2 mm 的毛刺应清除，制孔的允许偏差应符合表 9 的规定。

表 9　制孔的允许偏差

单位为毫米

序号	项　目	允许偏差值		示意图
1	公称直径 d（上、下偏差）	镀锌前	+0.8 0	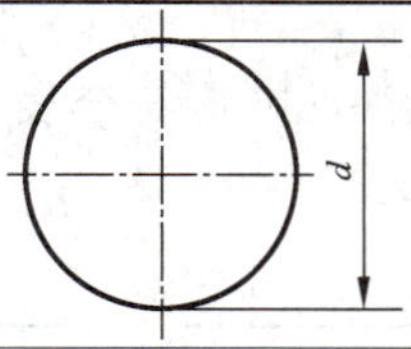
		镀锌后	+0.5 −0.3	
2	圆度 $d_{max}-d_{min}$	≤1.2		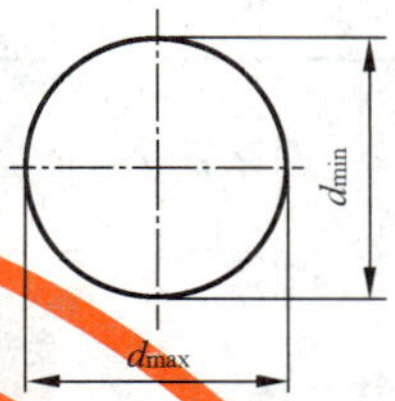
3	孔上下直径差 d_1-d	≤0.12t		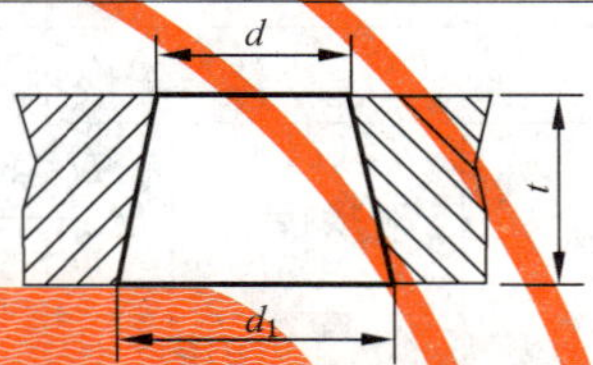
4	孔垂直度 P	≤0.03t 且不大于 2.0		
5	同组内不相邻两孔距离 S_1	±0.7		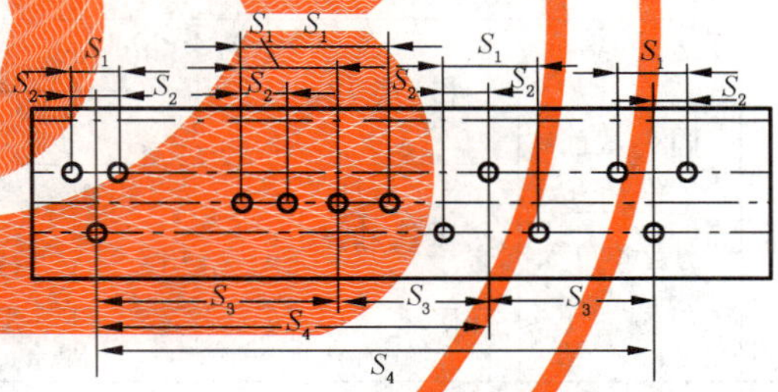
	同组内相邻两孔距离 S_2	±0.5		
	相邻组两孔距离 S_3	±1.0		
	不相邻组两孔距离 S_4	±1.5		
6	连接法兰孔间距离 S	±0.5		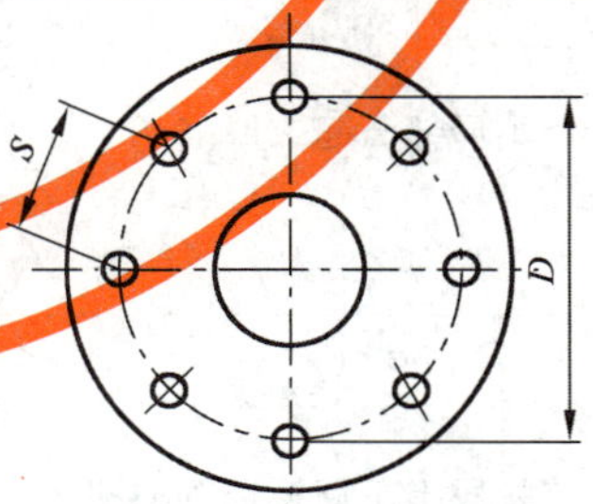
	连接法兰孔中心直径 D	±1.0		
7	地脚法兰孔间距离 S	D≤1 500	±1.5	
		D>1 500	±2.0	
	地脚法兰孔中心直径 D	±2.0		
8	边距 S_g	±1.5		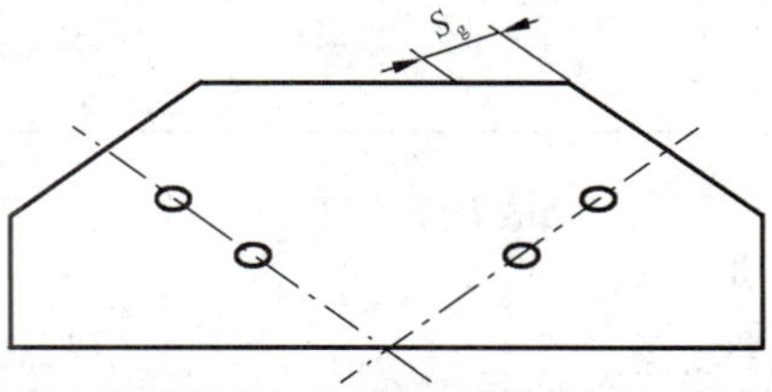

注 1：序号 1、2 偏差不应同时存在。

注 2：冲制孔的位置测量应在其小径所在的平面进行。

注 3：当钢板厚度大于孔径或者材质为碳素钢板且厚度大于 16 mm、材质为低合金钢板且厚度大于 14 mm 时，不宜采用冲孔，宜采用钻孔。

5.7 制管

5.7.1 钢板制弯后其边缘应圆滑过渡，表面不应有明显的折皱、凹面和损伤，划痕深度不应大于0.5 mm。

5.7.2 制管的允许偏差应符合表10规定。

表 10 制管的允许偏差

单位为毫米

序号	项目			允许偏差	示意图
1	钢板制管直径 D	对接接头	$D \leqslant 500$	±1.0	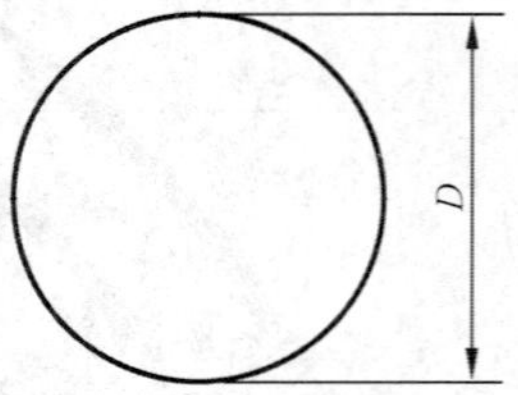
			$D>500$	±2.0	
		插接接头		$\pm D/100$ 且不大于5.0	
		法兰连接		±5.0	
2	钢板制管圆度 $D_{max}-D_{min}$	对接接头	$D \leqslant 500$	1.0	
			$D>500$	2.0	
		插接接头		$D/100$ 且不大于5.0	
		法兰连接		5.0	
3	棱边宽度 b			±2.0	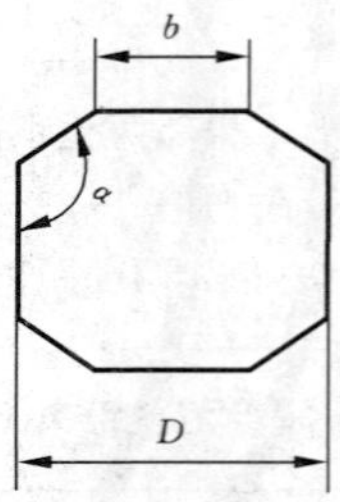
	多边形钢管制弯角度 α			$\leqslant 1°$	
4	同一截面上的对边尺寸 D	对接接头	$D \leqslant 500$	±1.0	
			$D>500$	±2.0	
		插接接头		$\pm D/100$ 且不大于±5.0	
		其他处		±5.0	
5	局部凸起或凹陷 f			$\leqslant 3.0$	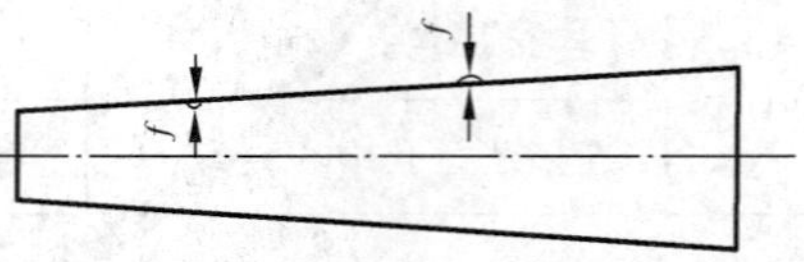
6	单节杆段上下两截面轴向扭转 α			$\alpha \leqslant 4°$	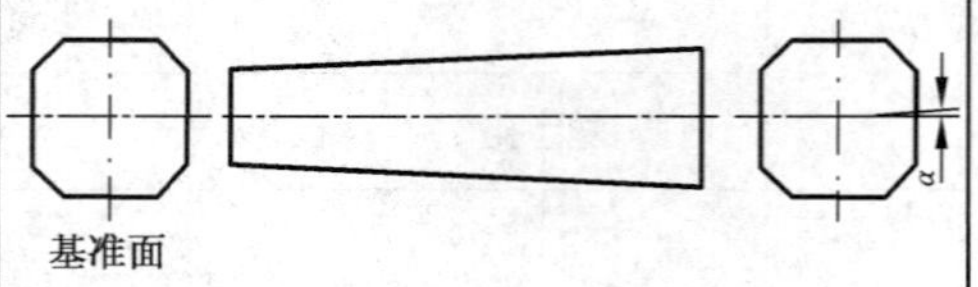

5.8 焊接

5.8.1 焊接工艺评定

制造单位焊接施工前应按照JGJ 81—2002中第5章的规定进行焊接工艺评定，并编制焊接工艺规程。

5.8.2 焊工资格

5.8.2.1 焊工必须经过专门的基本理论和操作技能培训，并考试合格取得合格证书。

5.8.2.2 焊工焊接的钢材种类、焊接方法和焊接位置等均应与焊工本人考试合格的项目相符。

5.8.3 焊缝的基本规定

5.8.3.1 焊缝质量分级：

——一级焊缝：插接塔管套接部位和向上加长 200 mm 范围的纵向焊缝。超声波无损探伤比例 100%。

——二级焊缝：塔管纵、环焊缝宜满足二级焊缝要求，并应采用超声波探伤对其进行无损检测，探伤比例 20%；设计图纸要求应符合二级质量标准的其他焊缝。

——三级焊缝：角焊缝及设计图纸无特殊要求的其余焊缝。

5.8.3.2 塔管环焊缝及设计要求二级及以上等级纵向焊缝的焊接应采用全焊透接头形式。

5.8.3.3 定位焊的质量要求及工艺措施与正式焊缝相同，对一、二级焊缝的定位焊点，应由持有效合格证书的焊工施焊。

5.8.3.4 应采取有效防护措施使得施工现场环境达到焊接环境要求。

5.8.3.5 需进行焊前预热的焊缝，其预热温度应符合国家有关标准的规定。

5.8.3.6 不应在焊缝间隙内嵌入金属材料。

5.8.3.7 焊接完毕，在距焊趾 50 mm 显眼处打上焊工钢印号，且在防腐处理后清晰可见。

5.8.4 焊缝坡口

5.8.4.1 一般焊缝坡口型式和尺寸，应符合 GB/T 985.1、GB/T 985.2 的有关规定，对于图纸有特殊要求的焊缝坡口型式和尺寸，应依据图纸并结合焊接工艺评定来确定。

5.8.4.2 坡口加工优先采用机械加工，也可选用自动或半自动气割或等离子切割方法制备，难以用机械加工和自动、半自动气割、等离子切割加工的坡口可选用手工气割，焊缝坡口应保持平整无毛刺，不应有裂纹、气割熔瘤、夹层等缺陷。

5.8.5 焊接件装配

焊接件装配的允许偏差应符合表 11 规定。

表 11　焊接件装配的允许偏差

单位为毫米

序号	项目		允许偏差	示意图
1	法兰面对轴线倾斜 P	$D<1\ 000$	1.5	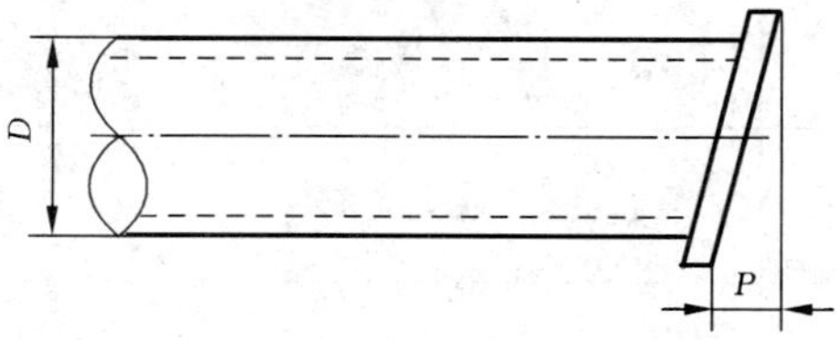
		$1\ 000 \leqslant D \leqslant 2\ 000$	$1.5D/1\ 000$	
		$D>2\ 000$	3.0	
2	连接板位移 e	有孔	1.0	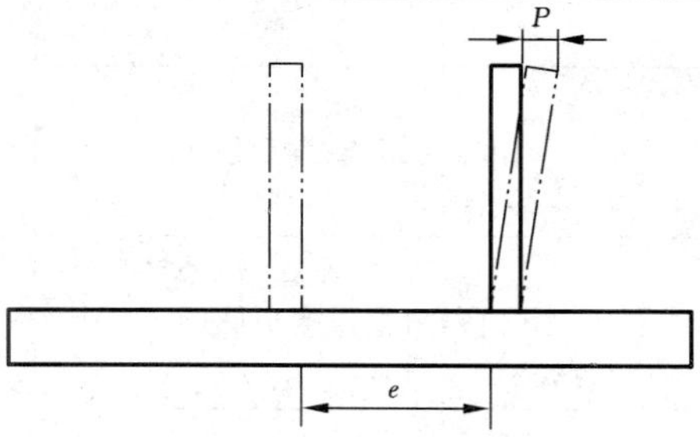
		无孔	5.0	
3	连接板倾斜 P	有孔	1.0	
		无孔	5.0	

表 11（续）

单位为毫米

序号	项 目		允许偏差	示意图
4	钢管纵焊缝纵向位移 e		3.0	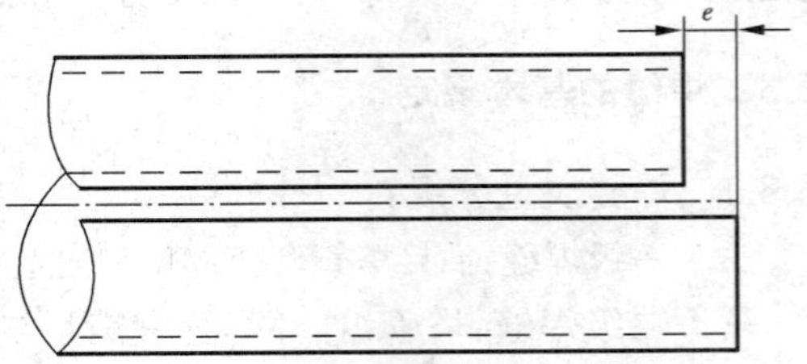
5	对接接头错口 δ		$t/10$ 且≤2.0	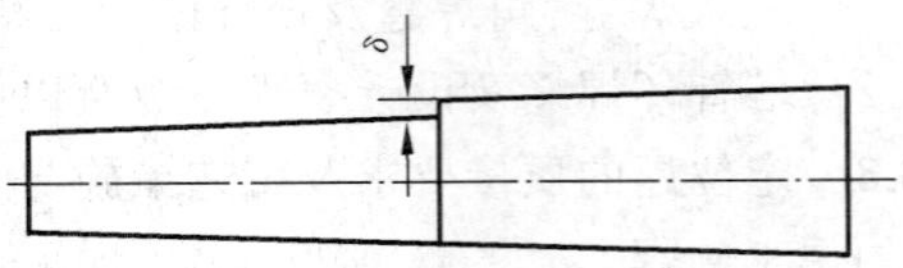
6	间隙 a		1.0	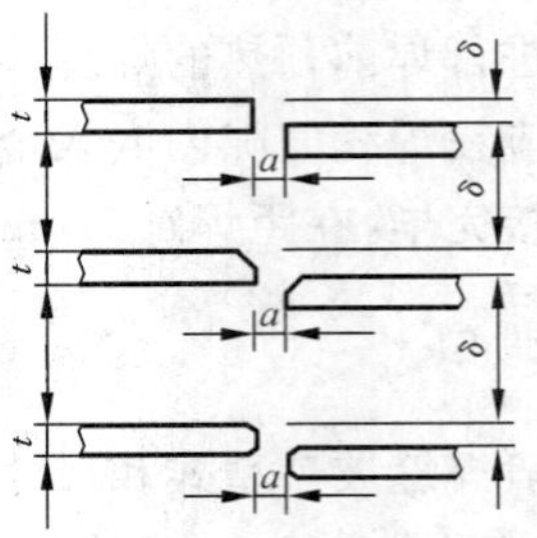
7	直线度 f		$L/1\ 500$ 且≤5.0	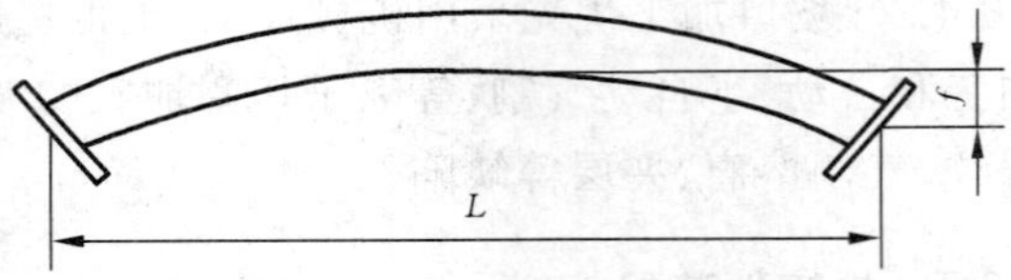
8	构件长度 L	单管塔	$+L/1\ 000$ 0	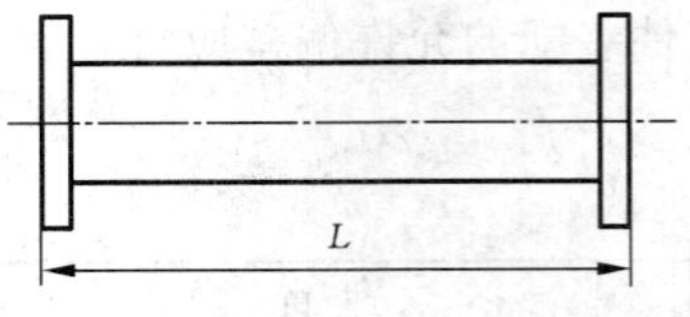
		多管塔	±3.0	
9	高度 h		±2.0	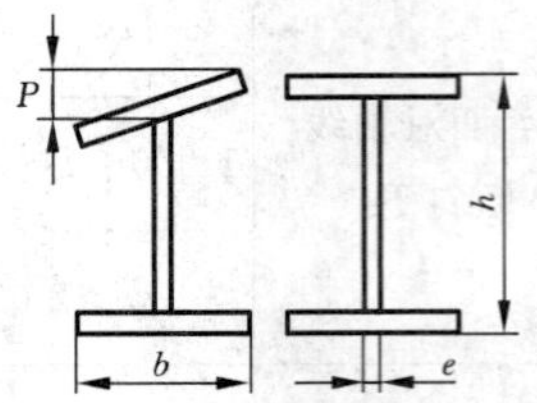
10	垂直度 P		$b/100$ 且≤2.0	
11	中心偏移 e		±2.0	
12	相邻两组连接板间距 a		±2.0	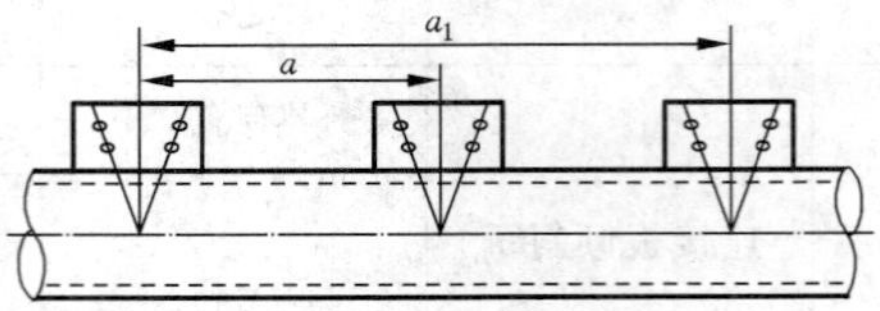
13	不相邻两组连接板间距 a_1		±4.0	

表 11（续）

单位为毫米

序号	项目		允许偏差	示意图
14	相贯连接	主管与支管之间角度 α	0.5°	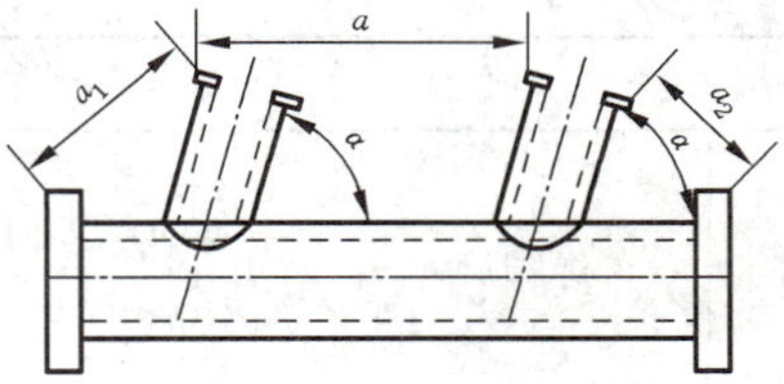
15		主管与支管法兰距离 a_1、a_2	±2	
16		主管纵中心线方向上支管法兰距离 a	±2	
17		变坡部位主管与支管法兰距离(同侧距离要求同时加大或减小)a、a_1	±3	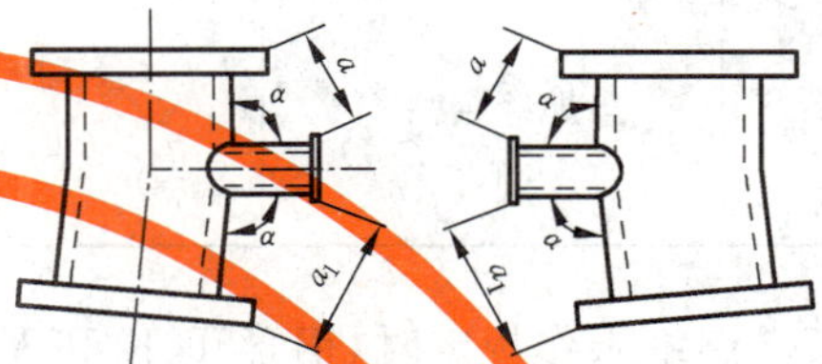
18		主管左右两侧支管法兰距离 a	±2	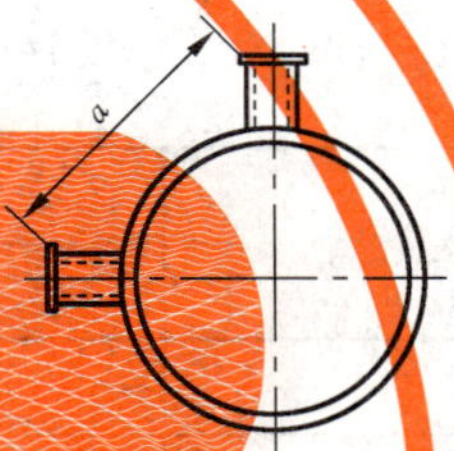
19		支管法兰偏移 e	±2	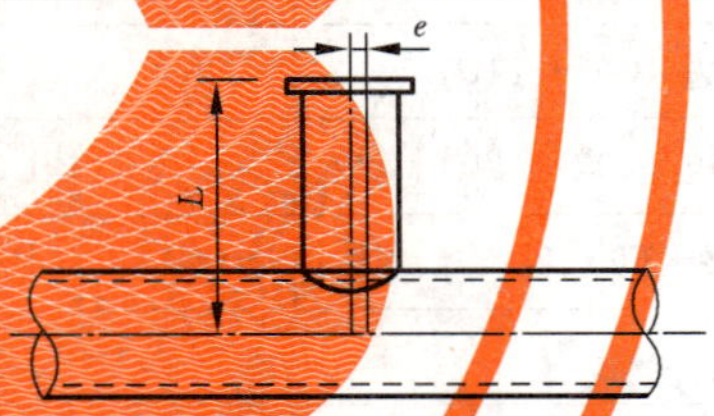
20		支管长度 L	±1.5	
21	平台托架	位置 L	±3	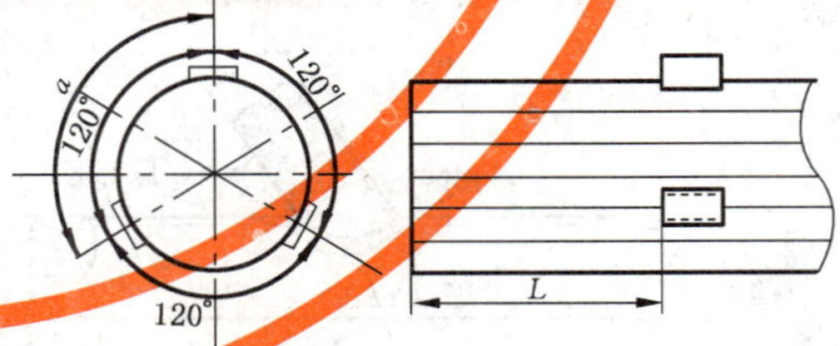
		周向角度 120°	±1°	
		周向弧长 a	±2	

5.8.6 焊接质量要求

5.8.6.1 对接焊缝尺寸允许偏差应符合表 12 的规定。

表 12 对接焊缝尺寸允许偏差

单位为毫米

项 目	允许偏差		示意图
	一级、二级	三级	
对接焊缝余高 C	$B<20$ 时 0～3.0； $B\geqslant20$ 时 0～4.0	$B<20$ 时 0～3.5； $B\geqslant20$ 时 0～5.0	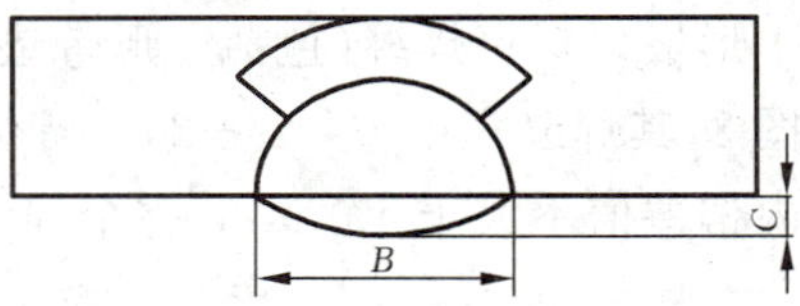

5.8.6.2 角焊缝焊脚尺寸 h_f 由设计或有关技术文件注明，部分焊透组合焊缝和角焊缝外形尺寸允许偏差应符合表 13 的规定。

表 13 角焊缝外形尺寸允许偏差

单位为毫米

序号	项 目	允许偏差	示意图
1	焊脚尺寸 h_f	$h_f \leqslant 6$ 时 0～1.5； $h_f > 6$ 时 0～3.0	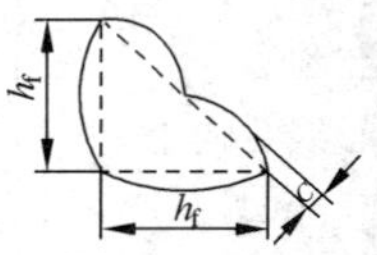
2	角焊缝余高 C	$h_f \leqslant 6$ 时 0～1.5； $h_f > 6$ 时 0～3.0	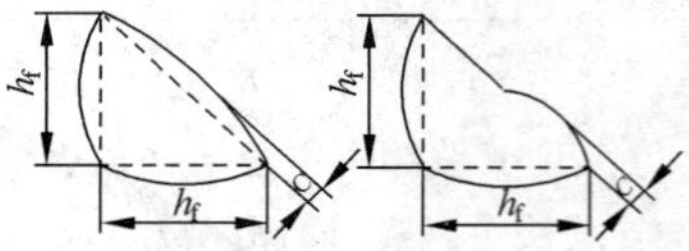

5.8.6.3 图纸未作规定时，钢管 T、K 和 Y 形节点的角焊缝焊脚尺寸按表 14 执行。

表 14 圆管 T、K 和 Y 形节点的角焊缝焊脚尺寸

单位为毫米

ϕ	最小焊脚尺寸 h_f		
	$E=0.7t$	$E=t$	$E=1.07t$
跟部＜60°	$1.5t$	$1.5t$	取 $1.5t$ 和 $1.4t+Z$ 中较大值
侧边≤100°	t	$1.4t$	$1.5t$
侧边 100°～110°	$1.1t$	$1.6t$	$1.75t$
侧边 110°～120°	$1.2t$	$1.8t$	$2.0t$
趾部＞120°	t（切边）	$1.4t$（切边）	开坡口 60°～90°（焊透）

示意图

当 $\phi > 120°$ 时边缘应切掉以便增加焊喉厚度

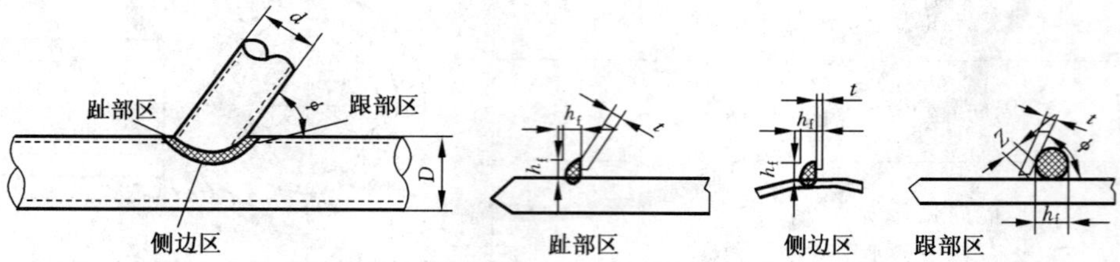

注 1：t 为薄件厚度，E 为角焊缝有效厚度，即焊缝根部至焊缝表面的最小距离，Z 为根部角焊缝未焊透尺寸，Z 由工艺评定确定。

注 2：根部间隙为 0 mm～5 mm，当根部间隙大于 1.6 mm 时，适当增加 h_f 值。

注 3：本表适用 $d/D \leqslant 1/3$；$\phi \geqslant 30°$。

5.8.6.4 焊缝的宽度尺寸

Ⅰ形坡口对接焊缝（包括Ⅰ形带垫板对接焊缝）见图 1，其焊缝宽度 $B=b+2a$。非Ⅰ形坡口对接焊缝见图 2，其焊缝宽度 $B=g+2a$。焊缝最大宽度 B_{max} 和最小宽度 B_{min} 的差值，在任意 50 mm 焊缝长度范围内偏差值不大于 4.0 mm，整个焊缝长度范围内偏差值不大于 5.0 mm。焊缝宽度应符合表 15 的规定。

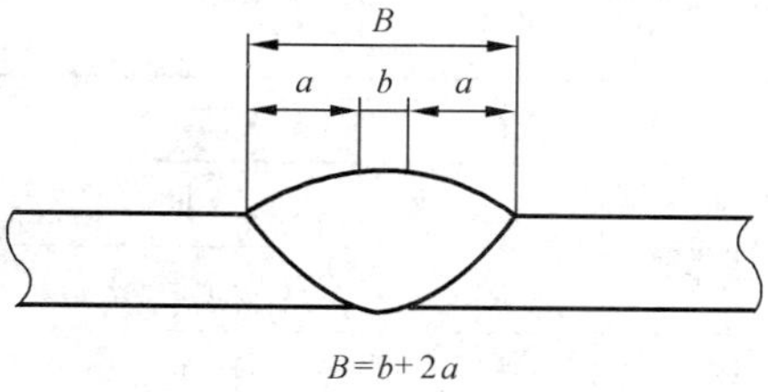

图 1 Ⅰ形坡口对接焊缝

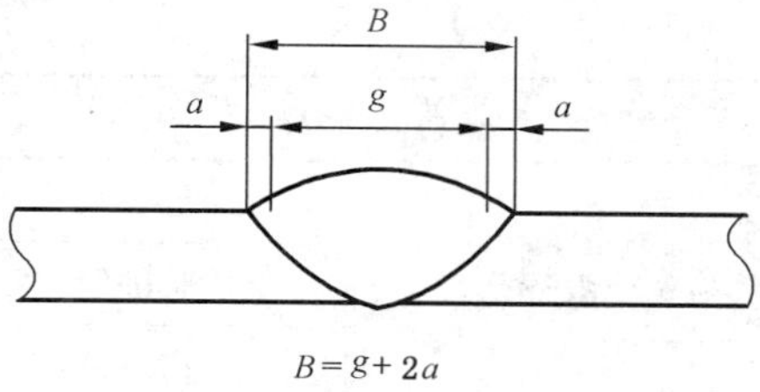

图 2 非Ⅰ形坡口对接焊缝

表 15 焊缝宽度

单位为毫米

焊接方法	焊缝形式	焊缝宽度 B	
		B_{min}	B_{max}
埋弧焊	Ⅰ形焊缝	$b+8$	$b+28$
	非Ⅰ形焊缝	$g+4$	$g+14$
手工电弧焊及气体保护焊	Ⅰ形焊缝	$b+4$	$b+8$
	非Ⅰ形焊缝	$g+4$	$g+8$
注：表中 b 值为符合 GB/T 985.1、GB/T 985.2 要求的实际装配值。			

5.8.6.5 焊缝边缘直线度 f，在任意 300 mm 连续焊缝长度内，焊缝边缘沿焊缝轴向的直线度 f 见图 3，其值应符合表 16 的规定。

5.8.6.6 焊缝表面凹凸，在焊缝任意 25 mm 长度范围内，焊缝余高 C_{max}～C_{min} 的允许偏差值不大于 2.0 mm，见图 4。

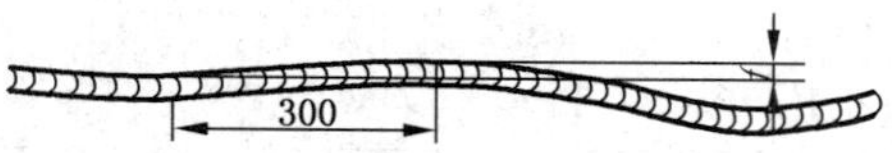

图 3 焊缝边缘直线度示意图

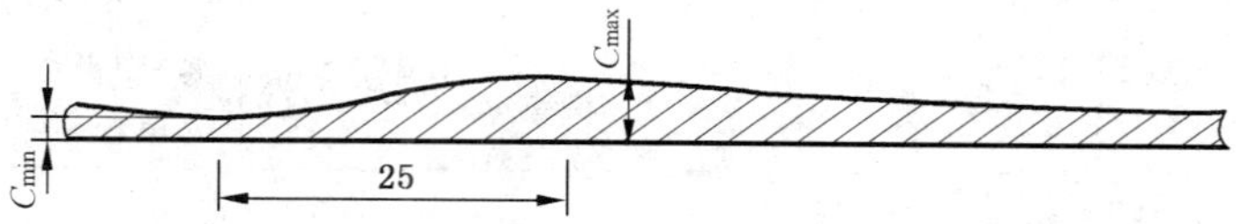

图 4 焊缝表面凹凸度示意图

表 16 焊缝边缘直线度偏差

单位为毫米

焊接方法	焊缝边缘直线度偏差值 f
埋弧焊	4.0
手工电弧焊及气体保护焊	3.0

5.8.6.7 焊缝内部质量检查要求

5.8.6.7.1 焊缝内部质量检验应在焊接完成 24 h 后进行。

5.8.6.7.2 一、二级焊缝的质量等级及内部缺陷分级应符合表 17 的规定。设计未注明焊缝质量等级的，按三级焊缝质量检验。

表 17　焊缝质量等级及内部缺陷分级　　　单位为毫米

<table>
<tr><td colspan="2">焊缝质量等级</td><td>一级</td><td>二级</td></tr>
<tr><td rowspan="3">内部缺陷超声波探伤</td><td>评定等级</td><td>Ⅱ</td><td>Ⅲ</td></tr>
<tr><td>检验等级</td><td>B 级</td><td>B 级</td></tr>
<tr><td>探伤比例</td><td>100%</td><td>20%</td></tr>
<tr><td rowspan="3">内部缺陷射线探伤</td><td>评定等级</td><td>Ⅱ</td><td>Ⅲ</td></tr>
<tr><td>检验等级</td><td>AB 级</td><td>AB 级</td></tr>
<tr><td>探伤比例</td><td>100%</td><td>20%</td></tr>
<tr><td colspan="4">注 1：探伤比例的计算方法应按每条焊缝计算百分比，且探伤长度应不小于 200 mm，当焊缝长度不足 200 mm 时，应对整条焊缝进行探伤。
注 2：二级焊缝钢管的环向对接焊缝及钢板的拼接焊缝内部质量应施行 100%无损探伤。</td></tr>
</table>

5.8.6.8　焊缝外观缺陷检查要求

一级、二级、三级焊缝外观质量标准应符合表 18 规定。

表 18　焊缝质量等级及外观缺陷分级　　　单位为毫米

<table>
<tr><td colspan="2">项　目</td><td colspan="3">允许偏差</td></tr>
<tr><td colspan="2">焊缝质量等级</td><td>一级</td><td>二级</td><td>三级</td></tr>
<tr><td rowspan="15">外观缺陷</td><td rowspan="2">未焊满(指不足设计要求)</td><td rowspan="2">不允许</td><td>≤0.2+0.02t 且≤1.0</td><td>≤0.2+0.04t 且≤2.0</td></tr>
<tr><td colspan="2">每 100.0 焊缝内缺陷总长小于或等于 25.0</td></tr>
<tr><td rowspan="2">根部收缩</td><td rowspan="2">不允许</td><td>≤0.2+0.02t 且≤1.0</td><td>≤0.2+0.04t 且≤2.0</td></tr>
<tr><td colspan="2">长度不限</td></tr>
<tr><td>咬边</td><td>不允许</td><td>≤0.05t 且≤0.5；连续长度≤100.0 且焊缝两侧咬边总长≤10%焊缝全长</td><td>≤0.1t 且≤1.0，长度不限</td></tr>
<tr><td>裂纹</td><td colspan="3">不允许</td></tr>
<tr><td>弧坑裂纹</td><td colspan="3">不允许</td></tr>
<tr><td>电弧擦伤</td><td colspan="2">不允许</td><td>允许存在个别电弧擦伤</td></tr>
<tr><td>飞溅</td><td colspan="3">清除干净</td></tr>
<tr><td rowspan="2">接头不良</td><td rowspan="2">不允许</td><td>缺口深度≤0.05t 且≤0.5</td><td>缺口深度≤0.1t 且≤1.0</td></tr>
<tr><td colspan="2">每 1 000.0 焊缝不得超过 1 处</td></tr>
<tr><td>焊瘤</td><td colspan="3">不允许</td></tr>
<tr><td>表面夹渣</td><td colspan="3">不允许</td></tr>
<tr><td>表面气孔</td><td colspan="3">不允许</td></tr>
<tr><td>角焊缝厚度不足
(按设计焊缝厚度计)</td><td colspan="2">—</td><td>≤0.3+0.05t 且≤2.0 每 100.0 焊缝内缺陷总长≤25.0</td></tr>
<tr><td colspan="5">注 1：除注明角焊缝缺陷外，其余均为对接，角接焊缝按三级焊缝作外观检查。
注 2：咬边如经磨削修整并平滑过渡，则只按焊缝最小允许厚度值评定。
注 3：t 为连接处较薄的板厚。</td></tr>
</table>

5.8.6.9　影响镀锌质量的焊缝缺陷应进行修磨或补焊，且补焊的焊缝应与原焊缝间保持圆滑过渡。

5.8.6.10　焊缝感观应达到外形均匀、成型较好，焊道与焊道、焊缝与基体金属间过渡较圆滑，焊渣和飞溅物清除干净。

5.8.6.11　焊后清除应力处理

应根据母材的化学成分、焊接类型、厚度和焊接接头的拘束度以及结构的使用条件等因素，确定焊后消除应力措施。

5.9　矫正

5.9.1　碳素结构钢在环境温度低于－16 ℃、低合金结构钢在环境温度低于－12 ℃时，不应进行冷矫正和冷弯曲。碳素结构钢和低合金结构钢加热温度不应超过 900 ℃。低合金结构钢在加热矫正后应自然冷却。

5.9.2　矫正后的钢材表面，不应有明显的凹面或损伤，划痕深度不应大于 0.5 mm，且不应大于该钢材厚度负允许偏差的 1/2。

5.9.3　矫正的允许偏差应符合表 19 规定。

表 19　矫正的允许偏差

单位为毫米

<table>
<tr><th>序号</th><th colspan="3">项　目</th><th>允许偏差</th><th>示意图</th></tr>
<tr><td rowspan="2">1</td><td rowspan="2">型钢及钢板平面内挠曲 f</td><td colspan="2">$b \leq 80$</td><td>$1.3L/1\,000$</td><td rowspan="2"></td></tr>
<tr><td colspan="2">$b > 80$</td><td>$L/1\,000$</td></tr>
<tr><td rowspan="2">2</td><td rowspan="2">钢板的局部平面度 f</td><td colspan="2">在 1 000 范围内 $t \leq 14$</td><td>≤ 1.5</td><td rowspan="2"></td></tr>
<tr><td colspan="2">在 1 000 范围内 $t > 14$</td><td>≤ 1.0</td></tr>
<tr><td rowspan="3">3</td><td rowspan="3">焊接构件平面内挠曲 f</td><td rowspan="2">节点间</td><td>主材</td><td>$1.3L/1\,000$</td><td rowspan="2">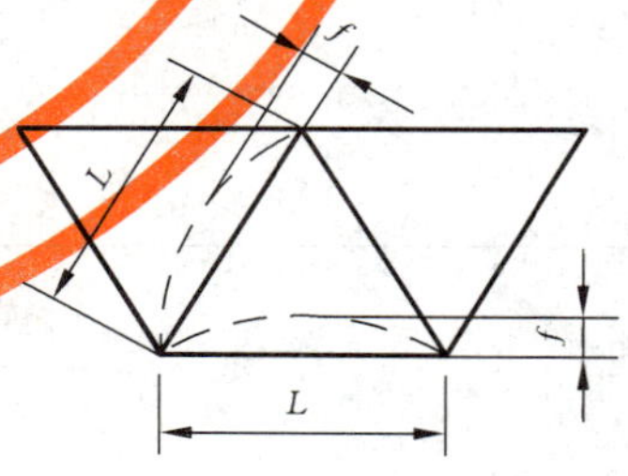</td></tr>
<tr><td>腹材</td><td>$1.5L/1\,000$</td></tr>
<tr><td colspan="2">整个平面</td><td>$L/1\,000$</td><td>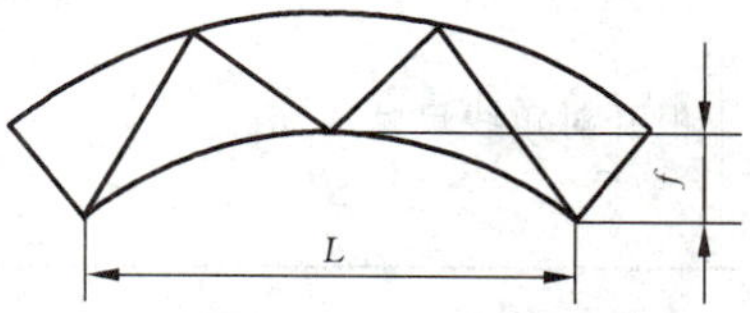</td></tr>
</table>

5.10　试组装

5.10.1　单管塔和多管塔试组装可采用卧式或立式，构件应经过试组装。

5.10.2　试组装时所用的螺栓规格(直径和长度)应和实际所用螺栓规格相同。

5.10.3 试组装时各构件应处于自由状态，不应强行组装，所使用螺栓数目应能保证构件的定位需要且每组孔不少于该组螺栓孔总数的30%，还应用试孔器检查板叠孔的通孔率，当采用螺栓公称直径大0.3 mm的试孔器检查时，每组孔的通孔率为100%。

5.10.4 试组装后，应符合设计图纸要求，允许偏差应符合表20规定。

表20 试组装允许偏差

单位为毫米

序号	项目		允许偏差	示意图
1	法兰连接钢管杆总长度 L		$+L/1\ 000$ 0	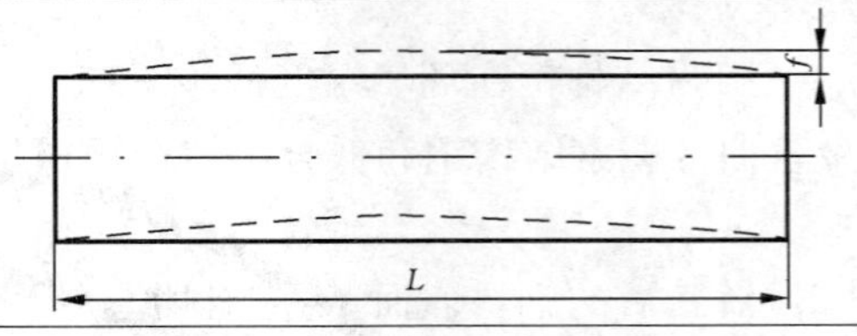
2	钢管杆(多节柱)直线度 f		$L/1\ 000$	
3	钢管杆插接长度 L		$+L/50$ 且≤20 mm	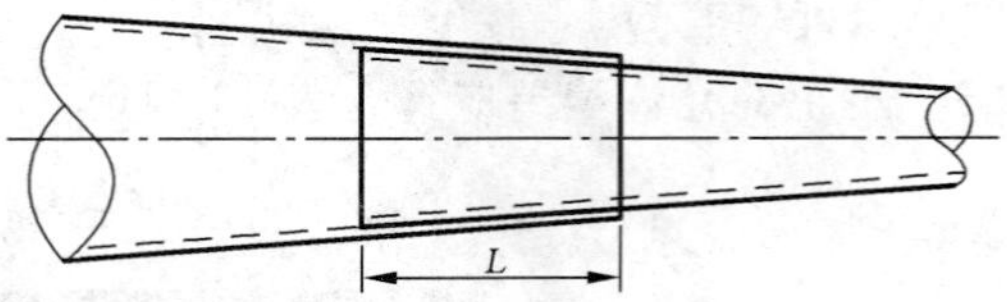
4	插接式钢管杆插接面贴合率		≥75%周长且棱边间局部间隙≤5.0	
5	法兰连接的局部间隙 a	单管塔	≤1.0	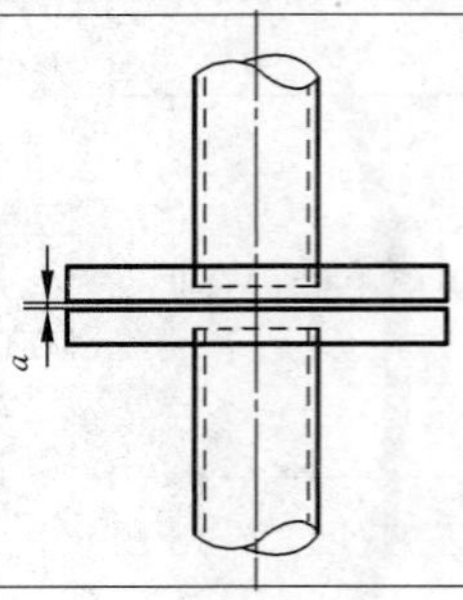
		多管塔	≤2.0	
6	法兰面贴合率		≥75%	
7	法兰对口错边 e		≤2.0	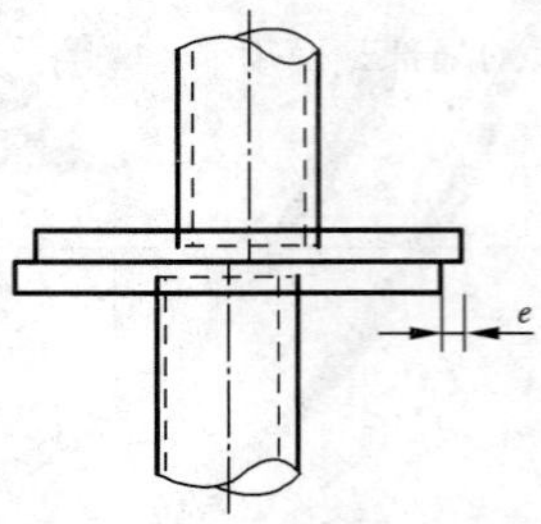
8	根开尺寸 L		$\leqslant L/2\ 000$	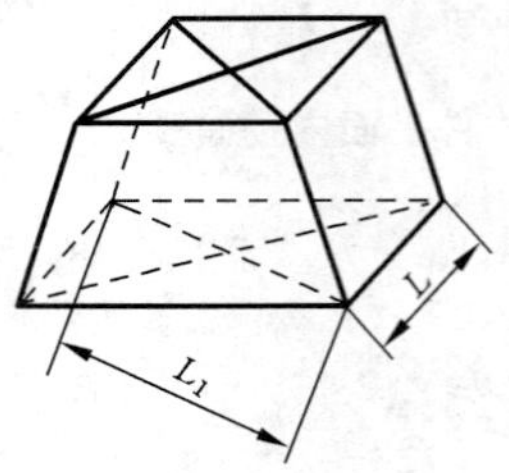
9	根开对角线尺寸 L_1		$\leqslant L_1/2\ 000$	

5.10.5 试组装应满足如下要求：

5.10.5.1 整塔能顺利安装。

5.10.5.2 单元塔节整体倾斜不应大于节间高的1/1 000。

5.10.5.3 整塔倾斜不应大于全塔垂高的1/1 500。

5.11 热浸镀锌

5.11.1 用于热浸镀锌的锌浴主要应由熔融锌液构成。熔融锌中的杂质总含量(铁、锡除外)不应超过总质量的1.5%,所指杂质符合GB/T 470的规定。

5.11.2 热浸镀锌应根据各厂的设备制定酸洗、浸锌的温度、时间、钝化、清洗等工序的工艺。

5.11.3 镀锌层外观:镀锌层表面应连续、完整,并且具有实用性光滑,不得有过酸洗、漏镀、结瘤、积锌、毛刺等缺陷。镀锌颜色一般呈灰色或暗灰色。

5.11.4 镀锌层厚度和镀锌层附着量应符合表21规定。

表21 镀锌层厚度和镀锌层附着量

镀件厚度 mm	最小平均厚度 μm	最小平均附着量 g/m^2
$t \geqslant 5$	86	610
$t < 5$	65	460

5.11.5 镀锌层均匀性:镀锌层应均匀,作硫酸铜试验,耐浸蚀次数不少于4次,且不露铁。

5.11.6 镀锌层附着性:镀锌层应与金属基体结合牢固,应保证在无外力作用下没有剥落或起皮现象。经落锤试验,镀锌层不凸起、不剥离。

5.11.7 严格控制浸锌过程的构件热变形,弯曲变形不大于$L/1\ 500$(L指构件长度,单位为毫米)。

5.11.8 修复:修复的总漏镀面积不应超过每个镀件总表面积的0.5%,每个修复漏镀面不应超过10 cm^2,若漏镀面积较大,应进行返镀。修复的方法可以采用热喷涂镀锌或涂富锌涂层进行修补,修复层的厚度应比镀锌层要求的最小厚度厚30 μm以上。

5.11.9 钢管构件的防腐处理宜采用热浸镀锌。当构件较大,采用热浸镀锌有困难时,可采用热喷涂进行防腐处理时,其技术要求见表22。

表22 热喷涂防腐处理技术要求

项次	项 目	技术要求
1	锌层厚度	≥100 μm
2	表面清理	进行喷丸处理。喷丸后工件表面应干燥、无灰尘、无油污、无氧化皮、无锈迹,喷丸后应立即进行喷涂处理,放置时间不应超过2 h
3	表面粗糙度	应达到RZ40 μm~80 μm之间的粗糙度的要求
4	涂层的封闭处理	构件热喷锌结束后的6 h内应进行封闭处理
5	涂层外观	涂层表面均匀,不允许起皮、鼓泡、大溶滴、裂纹、掉块及其他影响涂层使用的缺陷,接头处不允许有高出平面0.2 mm的刺锌、滴瘤、结块

5.12 紧固件

5.12.1 通信钢管铁塔配套用的紧固件应采用热浸镀锌,机械性能应满足GB/T 3098.1和GB/T 3098.2的规定。

5.12.2 8.8级及以上的高强度螺栓应有强度和塑性试验的合格证明。

5.12.3 紧固件的镀锌层应满足 GB/T 13912 的规定。

5.12.4 紧固件的其他要求按国家相关标准执行。

6 试验方法与检验规则

6.1 产品出厂前应经制造方检验合格并签发产品质量合格证书,证书上应标明产品生产许可证编号。

6.2 试验设备和量具的规格及精度应能满足所测项目精度要求,并经计量检定合格。

6.3 检验项目和试验方法

6.3.1 原材料质量检验

原材料外观质量可采用目测检查,规格尺寸可用卡尺、钢卷尺、超声波测厚仪等检测,力学性能可用力学试验机等试验,化学成分可用分析天平、碳硫分析仪、锰磷硅分析仪、光栅分光光度计等分析试验。

6.3.2 零部件尺寸检验

零部件尺寸、法兰面对轴线倾斜、直线度、平面度可用钢卷尺、角尺、钢板尺、卡尺等检验。

6.3.3 焊接件焊缝质量检验

6.3.3.1 焊缝表面质量用放大镜和焊缝检验尺检测,需要时可采用表面探伤方法检验。

6.3.3.2 设计要求全焊透的一、二级焊缝的内部质量检验一般采用超声波探伤的方法检测,超声波不能对缺陷作出判断时,应采用射线探伤方法检测焊缝内部质量。采用超声波探伤时,应符合GB/T 11345 的规定,采用射线探伤时,应符合 GB/T 3323 的规定。

6.3.4 试组装检验

6.3.4.1 零部件就位情况对照图纸用目测检验。

6.3.4.2 螺栓就位情况及通孔率用目测及试孔器检测。整体的长度(宽度)、距离尺寸用钢卷尺检测。

6.3.4.3 法兰连接间隙及贴合率用塞尺测量,插接式钢管的插接贴合率采用 0.3 mm 塞尺测量。

6.3.4.4 采用立式试组装时整塔及单元塔倾斜度用经纬仪检测。

6.3.4.5 结构面平面扭曲及构件直线度用线绳和钢板尺检测。

6.3.4.6 法兰错边用卡尺测量。

6.3.5 镀锌层质量检验

6.3.5.1 镀锌层外观质量用目测检查;镀锌层均匀性用硫酸铜试验方法检测(见附录 A);镀锌层附着性用落锤试验方法检测(见附录 B);镀锌层厚度用金属涂层测厚仪试验方法检测,钢管构件在两端(离边缘距离不小于 100 mm)和中间任意位置各环向均匀测量 4 点,共 12 点的算术平均值作为该构件的锌层厚度。

6.3.5.2 热喷锌的锌层外观质量用目测;热喷锌结合性采用切割实验方法检测;热喷锌锌层厚度采用十点法用金属涂层测厚仪测试方法检测(按 GB/T 9793 执行)。

6.3.6 紧固件检验

6.3.6.1 紧固件外观质量采用目测检查。

6.3.6.2 螺栓、螺母的硬度用布洛维硬度计检验,按 GB/T 230.1、GB/T 231.1、GB/T 4340.1 规定进行。

6.3.6.3 螺母的保证载荷和螺栓的楔负荷检测,用万能材料试验机试验,螺母的保证载荷按 GB/T 3098.2、螺栓的楔负荷按 GB/T 3098.1 规定进行。

6.4 检验规则

质量验收时,可按 GB 50205—2001 相关规定进行抽样检验和判定。

7 标志、包装、运输和贮存

7.1 标志

7.1.1 通信钢管铁塔零部件标记的钢印，宜排列整齐，字形不应有残缺，钢印的深度根据钢材的厚度可在 0.8 mm～1.2 mm 之间。

7.1.2 除满足客户合同要求外，还应在通信钢管铁塔主要部位的明显部位设置牢固的铭牌，铭牌的内容应包括：

a) 产品名称；
b) 铁塔高度；
c) 生产许可证编号及标识；
d) 制造单位名称及厂址；
e) 出厂日期及出厂编号等。

7.2 包装

7.2.1 通信钢管铁塔构件应分类包装牢固，保证在运输过程中包捆不松动，避免构件之间、构件与包装物之间相互碰撞、摩擦，损坏镀锌层。

7.2.2 钢管管体的突出部分，如法兰、节点板等应采用有效地防止涂层受损的措施。

7.3 运输和贮存

7.3.1 通信钢管铁塔的运输应保证在运输过程中具有可靠的稳定性，构件之间或构件与车体之间应有防止构件损坏、锌层磨损和防止产品变形的措施。

7.3.2 通信钢管铁塔构件储存场所，应选择地面平整坚实无积水的场区。

7.3.3 通信钢管铁塔构件在存放时，应有防止部件变形的措施。

附 录 A
（规范性附录）
热浸镀锌层均匀性试验 硫酸铜试验方法

A.1 硫酸铜溶液的制备和用量

A.1.1 硫酸铜溶液的制备：将36 g硫酸铜（$CuSO_4 \cdot 5H_2O$）加入100 mL的蒸馏水中，加热溶解后再冷却至室温，每公斤溶液加1 g氢氧化铜或碱式碳酸铜[$Cu(OH)_2$ 或 $CuCO_3(OH)_2$]搅拌均匀，静置24 h以上，过滤或吸出上面澄清的溶液备用。

硫酸铜溶液在温度18 ℃时的密度应为1.18 g/cm^3，否则应以硫酸铜溶液或蒸馏水进行调整。

A.1.2 硫酸铜溶液的用量：按试样表面积不少于8 mL/cm^2。

A.1.3 配置的硫酸铜溶液可以用于多次试验，但最多不应超过15次。

A.2 试样的制备

A.2.1 应按材质、材料规格、产品形状选取有代表性的试样。

A.2.2 试样切成适当大小后，应与产品在同一工艺条件下镀锌。

A.2.3 试样测试面积不小于100 cm^2。钢板试样尺寸为100 mm×100 mm。

A.2.4 螺栓、螺母取原件做硫酸铜试验。

A.3 试验条件

A.3.1 用于试验的容器不应与硫酸铜溶液发生化学反应，并应有足够容积使试样在溶液中浸没，试样外缘距容器壁应不小于25 mm。

A.3.2 试验时硫酸铜溶液的温度应为（18±2）℃。

A.4 试验程序

A.4.1 试样表面处理：将准备好的试样用四氯化碳、苯等有机溶剂擦拭，用流水冲洗、净布擦干，将试件露出的基本金属处涂以油漆或石蜡，方可进行试验。

A.4.2 浸蚀试验：将表面处理好的试样浸入硫酸铜溶液中，此时不得搅动溶液，也不得移动容器。1 min后取出试样，用毛刷除掉试样表面或孔眼处的沉淀物，用流水冲洗、净布擦干，立即进行下一次浸蚀，直至试验浸蚀终点为止。

A.5 浸蚀终点及耐浸蚀试验次数的确定

经上述试验，试样的基本金属上产生红色金属铜时应作为试验浸蚀终点。但下列情况不作为浸蚀终点：

a） 距试样端部25 mm内有金属铜附着；

b） 试样棱角处有金属铜附着；

c) 试样由于镀锌后划、擦伤的部位及周围有金属铜附着的；

d) 试样在用无锋刃的器具将附着的金属铜刮掉后下面仍有金属锌的。

确定耐浸蚀试验次数时，作为试验浸蚀终点的那次不应计入。

A.6 化学纯试剂

所用试剂为化学纯试剂。

附 录 B
（规范性附录）
热浸镀锌层附着性试验 落锤试验方法

B.1 试验装置

试验装置如图 B.1 所示。试验用的锤子应安装在固定的木制试台上，试验面应保持与锤子底座同样高度。

B.2 试验程序

试件置于水平，调整试样，使打击点距试样边、角、端部不小于 10 mm，锤头面向台架中心，锤柄与底座平面垂直后自由落下，以 4 mm 的间隔平行打击 5 点。检查锌层表面状态，打击处不得重复打击。

单位为毫米

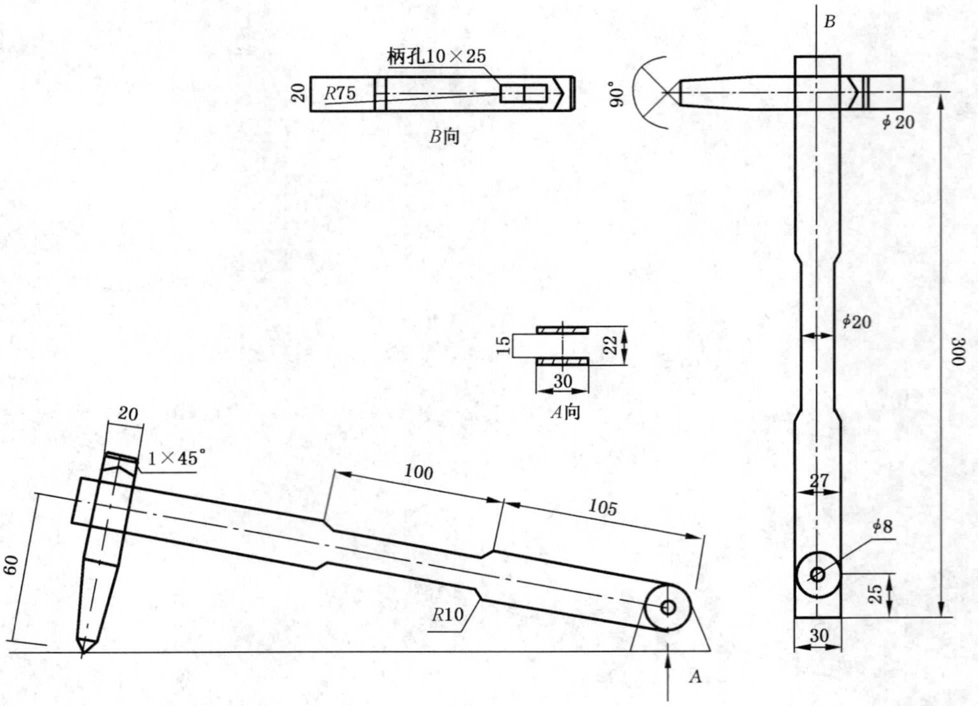

图 B.1 锤击试验装置

试验程序中对器材要求如下：

1） 锤头用 45 号钢；重量 210 g，锤刃硬度（肖氏）40 以上。

2） 锤柄用橡木；重量约 70 g。

3） 底座钢板厚度 15 mm，长宽 250 mm×250 mm，材质 Q235-B。

ICS 33.030
M 32

中华人民共和国国家标准

GB/T 29861—2013

IPTV 安全体系架构

The architecture of IPTV security

2013-11-12 发布

2014-02-01 实施

中华人民共和国国家质量监督检验检疫总局
中国国家标准化管理委员会
发布

前　言

本标准依据 GB/T 1.1—2009 给出的规则起草。

本标准由中华人民共和国工业和信息化部提出。

本标准由中国通信标准化协会归口。

本标准起草单位：工业和信息化部电信研究院、UT 斯达康(中国)有限公司。

本标准主要起草人：谢玮、魏亮、凌太明、田慧蓉、江浩洁、封莎、柳青。

IPTV 安全体系架构

1 范围

本标准规定了 IPTV 业务的安全目标和各层面的安全需求，在此基础上构建了 IPTV 安全体系架构，描述了 IPTV 业务的安全评估指标参数。

本标准适用于 IPTV 终端、用于 IPTV 业务的 IP 承载网设备、IPTV 业务的相关服务器和控制处理设备、IPTV 用户管理设备，以及与 IPTV 网络对接的其他网络实体如 ICP、增值业务平台等。

2 规范性引用文件

下列文件对于本文件的应用是必不可少的。凡是注日期的引用文件，仅注日期的版本适用于本文件。凡是不注日期的引用文件，其最新版本(包括所有的修改单)适用于本文件。

YD/T 1823—2008 IPTV 业务系统总体技术要求

ITU-T X.1191 IPTV 安全需求和架构(Functional requirements and architecture for IPTV security aspects)

ITU-T X.805 端到端通信系统的安全架构(Security architecture for systems providing end-to-end communications)

3 术语、定义和缩略语

下列术语和定义适用于本文件。

3.1 术语和定义

3.1.1

内容提供者 content provider

拥有或被授权销售内容或内容资产的实体。

3.1.2

网络提供者 network provider

拥有并运营网络单元为 IPTV 业务提供网络承载服务的机构实体。

注：网络提供者也可以同时承担业务提供者的角色。

3.1.3

业务提供者 service provider

为付费用户以及其他用户提供 IPTV 业务的运营实体。

注：通常 IPTV 业务提供者从内容提供者处获得或者被授权获得 IPTV 内容，将其封装在 IPTV 业务服务中提供给 IPTV 用户。

3.1.4

播控 broadcast control

为了保障 IPTV 节目播出不被干扰、且播出的内容符合国家对内容的监管要求所采取的控制措施。

3.1.5

IP 电视　Internet Protocol television

在 IP 网络上传送包含电视、视频、文本、图形和数据等，提供 QoS/QoE、安全、交互性和可靠性的可管理的多媒体业务。

3.1.6

电子节目单　electronic program guide

用于提供用户可访问的、IPTV 有效节目内容的结构化数组。

3.1.7

直播电视　linear TV

IPTV 业务提供者将连续的电视节目流按照不同的频道实时推送给 IPTV 终端设备，用户根据频道直接选择并收看，且不能对收看的内容的顺序进行控制。

3.1.8

时移电视　time shifting TV

能够提供时间回溯功能的直播电视，用户可通过交互操作对已播放的直播电视节目重新回放观看。

3.1.9

视频点播　video on demand

用户可根据需求选择并观看视频内容，且用户能够进行播放控制，例如改变视频内容的播放顺序、暂停、快进、后退等。

3.1.10

个人视频录像　personal video recorder

允许用户将视频节目内容录制、存储并回放的功能。

注：其包括两种方式：网络个人录像和客户端个人录像。

3.1.11

IPTV 客户端　IPTV client function

业务系统在用户侧执行业务能力的功能集合，包括接收用户操作命令并向系统传递、接收并响应会话建立、维护和结束等网络控制消息，以及接收来自网络的媒体内容，并将内容解密和解码及播放等功能。

3.1.12

IPTV 终端设备　IPTV terminal device

具有 IPTV 客户端功能的终端设备。

注：例如，机顶盒(STB)、PC 等。

3.1.13

元数据　metadata

描述承载信息实体的特性的、结构化的、已编码的数据，该数据可用于帮助标识、发现、评估和管理所描述的实体。

注：EPG 元数据有很多应用，且深度不一。其中典型的用例是：通过标识节目内容或信息的名称以构成 EPG；提供电影不同片段(scenes)的完整的索引；或者提供节目内容播放、拷贝或售卖相关的商务规则描述等。

3.1.14

拒绝服务攻击　denial of service

造成拒绝服务的攻击行为被称为 DoS 攻击，其目的是使计算机或网络无法提供正常的服务。

3.1.15

分布式拒绝服务攻击　distributed denial of service

借助客户/服务器技术，将多个计算机联合起来作为攻击平台，对一个或多个服务器执行拒绝服务攻击，最终使它无法再正常使用。

3.1.16

数字水印　digital water marking

将代表著作权人身份的特定信息，按照某种方式植入被保护的信息中，在产生版权纠纷时，通过相应的算法提取出该特定信息，从而验证版权的归属，确保著作权人的合法利益。

3.1.17

垫片　contingency programs

插入直播电视频道的、24 h应急备用的、临时性的文字、静态图片或活动画面。

注：垫片通常在直播信号中断、画面质量不符合要求时进行画面插入。

3.1.18

接入控制表　access control lists

应用在路由器接口的指令列表。

注：这些指令列表用来告诉路由器哪些数据包可以收、哪些数据包需要拒绝。数据包是被接收还是拒绝，可以由类似于源地址、目的地址、端口号等的特定指示条件来决定。

3.2　缩略语

下列缩略语适用于本文件。

AAA：　授权、认证和计费(Authorization，Authentication，Accouting)
ACL：　接入控制表(Access control lists)
CDN：　内容交付网络(Content Deliver Network)
DRM：　数字版权管理(Digtal Right Management)
DoS：　拒绝服务攻击(Denial of Service)
DDoS：　分布式拒绝服务攻击(Distributed Denial of Service)
EPG：　电子节目单(Electric Program Guide)
FTP：　文件传输协议(File Transfer Protocol)
HTTP：超文本传输协议(Hyper Text Transport Protocol)
ICP：　互联网内容提供商(Internet Content Provider)
IP：　互联网协议(Internet Protocol)
IPTV：　互联网协议电视(Internet Protocol Television)
PKI：　公钥基础设施(Public Key Infrastructure)
PVR：　个人视频录像(Personal Video Recorder)
RTSP：实时流媒体协议(Real Time Streaming Protocol)
SP：　服务提供商(Service Provider)
SSL：　安全套接字层(Secure Socket Layer)
TCP：　传输控制协议(Transfer Contro in Protocol)
UI：　用户接口(User Interface)
VoD：　视频点播(Video on Demand)
WAN：　广域网(Wide Area Network)

4　IPTV业务的安全目标

4.1　概述

IPTV的安全体系应能够保障IPTV业务参与各方，即IPTV最终用户、网络运营商、业务运营商、内容提供商的资产安全、网络接入安全、业务访问安全和设备运行安全；同时保护整个业务网络运行免受攻击、篡改、盗取以及威胁业务网络中信息内容安全的恶意行为的危害。IPTV 业务可能面临的安全威胁类型和方式的具体描述，参见附录 A。鉴于以上需求，IPTV 安全体系应至少涵盖 IPTV 承载网络安全、IPTV 业务及业务平台系统安全、IPTV 终端及用户安全、IPTV 内容播控安全等多个层面的安全。

4.2 需要被保护的 IPTV 业务资产

IPTV 业务中可能受到安全威胁的资产包括：

a) 音视频内容：包括直播电视内容、VoD 内容、为时移电视而录制的内容，这些内容可能在被发送到用户的途中被篡改、插入、截断；在最终用户侧，这些内容可能未经许可被非法录制，或超越权限使用。
b) 业务数据：包括 IPTV 业务运营相关各类信息，例如业务日志、系统设备配置信息、计费信息、报表等，这些信息可能被非法登录用户或后门软件所盗取、篡改或删除。
c) 用户数据：认证信息、用户资料、业务访问记录，这些信息可能在用户登录通信过程中被截获，或入侵到主机后，被盗取并被非法使用。
d) 承载网络设备和资源：包括用户接入和核心网路由设备以及相配套的网络资源（IP 地址、域名、带宽等），这些设备和资源可能受到本地合法用户或其他非法用户的攻击和入侵。
e) IPTV 业务服务器：IPTV 业务使用的各类服务器（如媒体服务器、资源管理服务器、EPG 服务器、AAA 服务器、DRM 服务器等），这些服务设备承载于 IP 网络之上，面临各种可能攻击和入侵。
f) IPTV 分发网络设备：IPTV 内容分发网络使用的网络设备，如 CDN 服务器等，这些网络设备暴露于 IP 网络，面临各种可能攻击和入侵。
g) 用户资产：用户终端（设备、系统、软件）、用户认证信息、计费信息、以及其他涉及用户隐私权信息，其面临被非法使用、盗取、篡改等可能的攻击和破坏。

4.3 安全目标

IPTV 业务是通过宽带 IP 网络为用户提供可交互的视听节目为主的业务，其总体安全目标是保护 IPTV 业务资产不受损害，IPTV 业务正常运营，具体如下：

a) 保证通过业务网络传播的视频内容的版权受到保护。
b) 保障内容在送达用户的过程中不被非法插入、篡改、盗取。
c) 保证只有被认证并授权的用户才能够接入并使用相应的 IPTV 业务。
d) 保障用户到网络，和网络间通信过程的安全可靠。
e) 保证 IPTV 业务网所提供业务的连续性和有效性，尽可能减小外来攻击和干扰的可能；另一方面业务网络如果受到外来攻击，则应尽可能减轻其所产生的影响。
f) 确保 IPTV 网络中用户信息、计费、媒体资产，以及任何其他运营数据，未经授权不能登录并察看、拷贝。

5 IPTV 业务的安全需求

5.1 用户接入安全

5.1.1 IPTV 终端设备安全

——IPTV 终端设备应保证其操作系统、应用系统的安全，防止由于其自身的安全漏洞对 IPTV 业务系统和网络带来冲击。

——IPTV 终端设备应具备相应的物理安全保护能力，例如对物理攻击或破坏行为的监测告警功能、关键信息保护和恢复功能等。

——IPTV 终端应支持其与 IPTV 业务服务器之间的双向认证功能。

——IPTV 架构可以支持在用户被授权的情况下，IPTV 内容在不同 IPTV 终端之间安全传递。

5.1.2 用户的接入控制、认证与业务授权

——在用户接入网络时，应进行访问控制和授权，防止非法用户使用网络资源。

——在认证授权过程中，应保护用户信息的机密性和用户权限分配的流程的可靠性。

——在用户认证过程中，建议使用双向认证机制(例如，基于 PKI 的认证)以保护用户不受伪装业务提供者的攻击。

——对于已经认证通过的用户设备，业务系统应能够根据其安全能力，在流程和通信中使用与其匹配的安全措施，保证业务访问的安全。

——对于业务接入或内容访问的认证未通过的用户，IPTV 业务系统应能够返回相应的通知/指示。

5.2 内容提供商接入安全

——在业务运营上需要建立内容服务提供商以及运营商的审核机制，保证内容服务提供商、运营商之间是可信任的，存放在用户端的数据不可篡改、不可泄漏、不包括用户敏感信息。

——IPTV 业务系统应能够提供技术手段(业务提供源的认证等)保证 IPTV 内容提供商的真实性。

——IPTV 业务系统应提供相应机制防止内容提供者对 IPTV 业务的滥用，例如发布垃圾消息等。

5.3 内容访问安全

内容访问安全应保证 IPTV 业务内容只被授权的使用者在规定期限内以规定的方式使用，为达到上述要求，下列内容安全能力应该被实现：

——防止内容被任意分发：要求对内容进行访问限制，如内容加密。内容只有在客户端被判断为合法使用时，才能被临时解密使用。

——防止解密后的内容被任意复制或修改：要求使用终端可靠计算平台，如保密运算处理器。对于视频输出，要使用防视频拷贝功能，或使用显式或隐式数字水印等防拷贝技术。

——防止内容被任意使用：该特性要求客户端通过可靠途径获取内容的使用方式(如使用次数和使用时间)，并被强制执行。

——IPTV 架构应对内容保护和内容管理相关的元数据(包括使用权限元数据)的存储和传递提供有效的安全保障。

——IPTV 架构应能够对所有 IPTV 业务应用类型中的内容数据提供内容安全保护，包括：直播电视、组播、点播、时移电视、PVR 等。

——IPTV 业务提供的业务内容安全保护机制应与特定的内容格式无关。

5.4 业务访问安全

——业务访问的认证授权：IPTV 业务应提供安全的端用户认证和授权机制。

——组播安全保护：IPTV 承载网所使用的 IP 组播协议应具备一定的安全保护功能：例如，组播源的认证、对组成员控制等。

——保证在发生紧急情况的时候，保持业务的有效性：如启动应急防 DoS 攻击和业务模块备用倒

换功能。

——IPTV 终端和服务器间通信安全：要求支持通信的可用性、完整性、可鉴别性、机密性和不可抵赖性。

——视频广播监控：要求对广播视频内容进行实时监控，在必要时（如频道中断、出现非法内容时）应可以对内容进行切换。

——EPG UI 安全：要求对 UI 页面生成服务器中的相关数据进行实时监控，如果有非法入侵或非法修改页面，系统能够立即告警。

——业务数据安全：IPTV 业务应提供有效措施保护敏感业务数据（例如元数据、用户数据、业务日志等）的存储和传送安全（例如机密性、完整性、有效性等）。

——IPTV 业务内容安全保护客户端的更新下载：IPTV 系统可以支持远程更新和下载业务内容安全保护客户端软件，如果提供该功能，IPTV 系统应提供有效的安全保护措施保证更新和下载过程中相关信息和设备安全。

5.5 业务溯源

a) 对使用 IPTV 业务行为的溯源

IPTV 业务应能够纪录用户使用业务的操作信息日志，在出现故障或者有审查需求时，能够根据时间、用户、特定操作来查询和定位。

b) 对管理 IPTV 内容行为的溯源

IPTV 业务应能够支持统计和查询对 IPTV 内容进行的操作，包括发布、修改、删除等行为都应记录日志，并且可以按时间、操作方式、操作人员等方式实时查询。

5.6 安全审计

IPTV 安全审计用来验证和测试现有的安全要求在实际 IPTV 网络上呈现的一致性。IPTV 系统需要在接入控制安全、内容安全和业务安全等方面提供可审计的手段。为达到以上要求，IPTV 业务系统应能够提供以下审计所需日志素材：

a) 文件备份控制日志；
b) 系统和交易控制日志；
c) 数据库访问体制；
d) 用户访问日志；
e) 安全事件日志。

IPTV 系统设备运行、业务操作等需要提供日志用于第三方或外部审计人员进行审计，审计日志要求至少涵盖以下内容：

a) 时间和日期；
b) 处理人、负责人；
c) 处理业务的终端；
d) 与业务相关的各种安全事件；
e) 业务的修改；
f) 操作的描述；
g) 操作的安全级别；
h) 操作影响的对象和操作源；
i) 操作成功或失败信息。

需要保证审计日志使用方面的安全，确保：

a) 审计介质的保存、保护和备份；

b) 防止审计或业务日志的修改；

c) 防止在一个事件发生期间审计介质不可用。

5.7 其他安全要求

a) 根据信任等级构建安全层，划分不同安全等级；

b) 建立安全风险的评估，定期进行风险评估，对新增的风险按照体系架构的要求实施相应保护措施；

c) 满足公共服务对 IPTV 的需求，即 IPTV 需要承担紧急事件发布功能。

6 IPTV 安全体系架构

6.1 IPTV 业务架构中的安全要求

图 1 是 IPTV 业务功能模型，参见 YD/T 1823—2008。

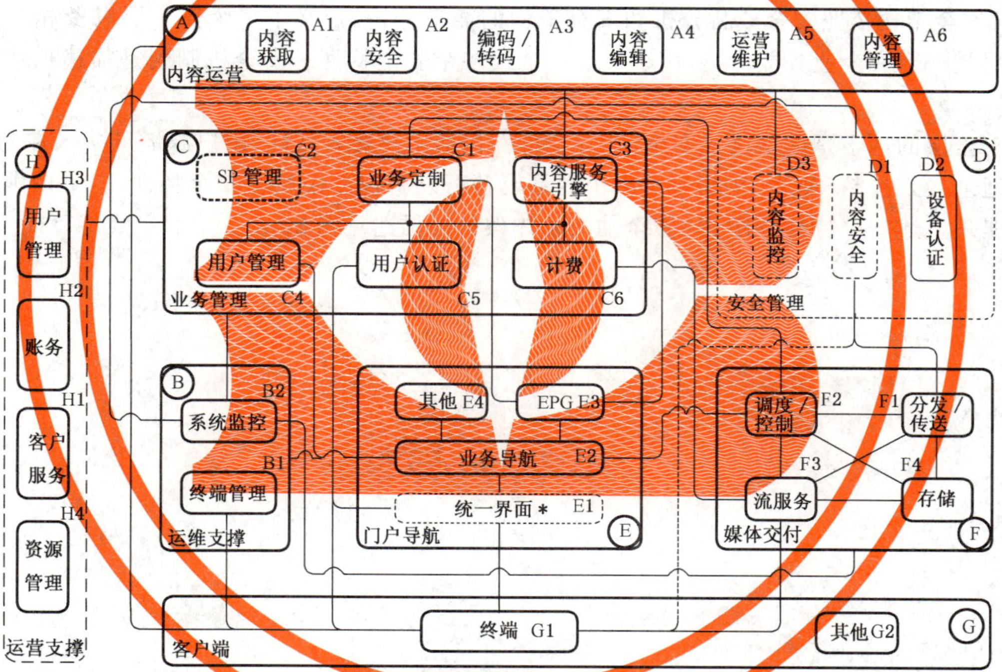

图 1 IPTV 业务功能模型

IPTV 系统功能涉及 8 个功能集，其中由内容运营(A)、运维支撑(B)、业务管理 (C)、安全管理(D)、门户导航 (E)、媒体交付(F)和客户端(G)7 个功能集组成 IPTV 端到端业务系统。运营支撑(H)功能集是与 IPTV 业务开展相关的通用外部系统。

注：图 1 中用一个大写字母对功能集的编号，功能集中的功能模块用所属功能集的编号加一个数字表示。

内容运营功能集(A)为 IPTV 业务提供电视节目源，包括内容获取、内容安全、内容编码/转码、内容编辑、运营维护和内容管理等功能。内容运营功能集的内部结构不属于本标准规定的范围。

网络管理功能集(B)负责对 IPTV 业务系统的各个组成部分进行监测和管理，提供有效的业务质量监测手段和故障检测和定位手段，保障 IPTV 业务的顺利运行。包括网络管理功能和系统中设备的监控、管理和配置功能和终端的管理功能。

业务管理功能集(C)负责 IPTV 业务系统中与业务密切相关的管理工作，包括策略管理、用户管理、业务定制、内容服务引擎、用户认证、SP管理和计费等功能模块。

安全管理功能集(D)负责整个业务系统的安全管理工作，包括内容安全、设备认证和内容监控三个功能模块。

门户导航功能集(E)为用户提供访问业务的界面，包括统一界面、业务导航和节目导航(EPG)等功能模块。

媒体交付功能集(F)负责内容从节目源到客户端的传送，包括分发/传送、存储、调度控制和流服务等功能模块。

客户端功能集(G)完成用户侧的用户信息管理，终端管理、业务管理、安全管理，编解码等功能模块。

运营支撑功能集(H)完成非IPTV业务特定的用户信息管理、SP管理、结算以及客户服务等功能。

在该业务模型中定义了三方面的安全要求：内容安全、业务安全、和接入安全。本标准除对以上三个方面进行详细定义外，还考虑了内容监控、ICP的接入安全、设备和信息安全、以及安全管理。

6.2 IPTV安全总体架构

IPTV安全架构依照安全威胁分析和安全架构的需求分析，定义了多个安全层以及相应的安全机制。安全层是一个安全业务能力集，用于实现一个或多个安全特性。安全机制则是描述这些安全特性的实现。

一个安全层的例子是网络接入安全，其安全特性包括用户接入认证、用户源地址接入控制(ACL功能)、目的地址接入控制(ACL功能)等。一个网络设备可以实现其中所有安全特性，也可以由多个设备的配合来实现上述安全特性。IPTV安全功能总体架构的描述见图2。

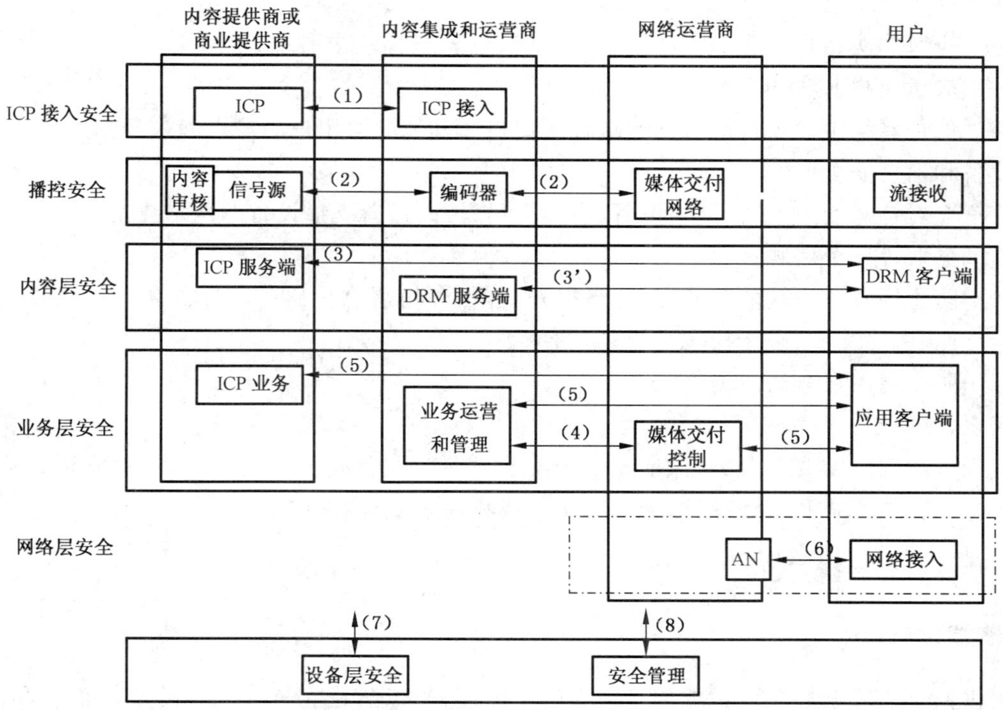

说明：

(1)——ICP 访问安全；
(2)——内容播控安全；
(3)、(3′)——DRM 安全；
(4)——网络域访问安全；
(5)——业务接入安全；
(6)——网络接入安全；
(7)——设备安全；
(8)——安全管理。

图 2　IPTV 安全功能总体架构

架构中定义了 8 个安全层，分别应对于不同的安全威胁，实现相应安全目标：

a) 内容提供商接入安全层

建立内容提供商的准入管理机制，内容审核机制，保证内容是可信的、合法的，以及应对音视频内容引入过程可能的安全威胁。

b) 内容播控安全层

内容播控安全层主要应对视频交付过程中的质量和安全威胁，如视频传输中断、非法视频等。可在 ICP 内容提供、集成播控出口设置监控点，监看卫星或地面接收的视音频信号、进入交互网络的视音频信号中的内容。

c) 内容安全层

内容安全层主要应对针对内容的安全威胁，保护音视频内容的版权和交付的安全。

d) 业务网域内通信安全层

防止网络设备未经许可接入 IPTV 网络，网络设备和设备认证中心可进行双向的安全认证，并保证网络设备间通信过程是完整性、可用性、可鉴别、机密性和不可抵赖的。

e) 业务接入安全层

——应对针对业务运行的安全威胁；

——应对针对 IPTV 交付网络的安全威胁；

——防止 IP 用户未经许可接入 IPTV 网络，防止口令攻击，并保证整个通信过程是完整性、可用性、可鉴别、机密性和不可抵赖的。

f) 网络接入安全层

——应对非法用户接入 IP 网络，阻止 DoS 攻击、扫描攻击等；

——应对用户非法加入组播；

——保护网络中设备可能受到本地合法用户或其他非法用户的攻击和入侵。

g) 设备和信息安全

——应对针对用户设备、网络设备、内容交付设备、运营支撑设备的网络攻击、非法接入和信息盗取等安全威胁；

——防止用户非法获取服务器权限，提升权限，种植恶意代码与程序。防止非法篡改 EPG 页面、删除文件、破坏操作系统；

——防止终端被非法攻击。

h) 安全管理

实现管理部门的要求，从而保证各个子系统、设备、网元的正常运行条件，对安全设置、安全日志进行日常检查和审计，跟踪最新的安全威胁并采取应对措施。

6.3 IPTV 安全机制概述

6.3.1 内容提供商接入安全层

内容提供商接入安全层主要考虑的是内容的审核流程管理，建立一套完整的审核机制和事后追究机制。

内容提供商接入安全层还需要考虑审核通过后的内容的安全存储和传送。

6.3.2 内容播控安全层

内容播控安全是为了保障播出不间断、内容质量符合规范要求、播出不被干扰、播出的内容符合国家对内容的监管要求。

为保障播控安全，除了在技术上保证播出的实时节目的安全和服务质量外，还应在 IPTV 系统中部署相应的播出主观监控设备，在出现问题时及时告警。播出内容的主观审查系统主要负责审查节目到 IPTV 平台的输入不间断、内容质量负责要求、内容本身符合国家监管要求等。主观审查系统除了直播节目在播出时应当有延时功能外，还应能够对播出的内容进行控制，必要时中断节目播出，切换片源、插播垫片等操作。

为保障 IPTV 平台的头端到用户的播出通道不中断和不被干扰，IP 网络层设备应有相应的安全措施，尤其是广播频道在 IPTV 网络中组播安全控制。

内容播控系统还负责 VoD 内容的节目审查，内容质量监测，播出安全等。

内容播控安全要求实现以下特性：

a) 防止未经过许可、不合法信号、或攻击信号进入流服务系统

该特性要求对进入 IPTV 流服务系统之前的实时频道信号能够进行可视监控，并能够在必要时对频道的信息进行播出关闭、切换片源、插播垫片等操作。

为减少暴露攻击路径，要求内容监控平台尽量靠近视频编码器。

具体执行实时监控点的部署可以包括：

1) 视音频信号进入内容集成和运营商之前的监控；

2) 视音频信号进入内容交付网络之前的监控。

b) 支持 VoD 内容引入的人工审核

内容在引入到系统之前必须经过人工审核流程，确保引入的节目符合国家、地方的法律法规、知识产权和版权要求，要求：

1） 审查上载节目的内容质量、定级；
2） 审查上载节目的题材、版权；
3） 审查上载节目符合国家、地方法律法规要求；
4） 在完成审核过程之后才能进行节目发布。

6.3.3 内容安全层(DRM)

下列内容安全相关安全机制应该被实现：

a） 内容访问控制：只有认证通过的用户能够被授权使用数字内容。相应的授权内容可以包括：接收设备(一台或一组)、使用该数字内容的时间段、可以使用的次数、输出格式等。未经授权的用户不能接收媒体流，即便收到了也不能解码使用该数字内容。

b） 数字内容的完整性和有效性：IPTV 业务应能够提供相应技术手段(完整性校验、分布式存储等)保障在业务网络中存储、传输的数字内容的完整性和有效性。

c） 版权保护：必须能够保护在 IPTV 业务网络中传输/存贮数字内容的版权不受侵害(例如非法复制)。数字版权管理(DRM)应包含以下四类功能：

1） 内容加密
服务器端的 DRM 构件加密需要发布的媒体内容，并记录相关的加密信息。

2） 密钥管理
产生和记录密钥，并为内容加密构件提供分配密钥的服务。

3） 授权服务
服务器端的 DRM 构件检验用户的访问权限，并以安全的方式向授权用户提供加密内容的解密信息。

4） 内容解密
用户端的 DRM 构件利用收到解密信息解密加密内容，并将明文送往解码组件。

对于不能使用 DRM 进行保护的内容，需要提供对应的安全机制确保内容在存储、传输和配置的过程中的完整性、机密性和可用性。

d） 追踪/不可否认性：数字内容的拥有者应能够利用技术手段(例如数字水印)追溯非法使用数字内容的行为。

6.3.4 业务网域内通信安全层

下列网络内通信安全特性应该被实现：

a） 网络内部通信封闭
该要求的实现可以通过对网络的通信地址进行规划，并对边界的路由器或防火墙设置相应的安全访问控制策略的方式，在保证业务正常访问的前提下，从网络层面保证网络系统的相对封闭性和安全性。

b） 通信数据保密性
——加密算法协商；
——加密键值协商；
——通信数据加密和解密。

c） 通信数据完整性
——完整性算法协商；
——完整性键值协商；
——通信数据一致性运算和校验。

数据加密和完整性保护所需的加密密钥和加密算法在网络设备认证过程中获取。

6.3.5 业务接入安全层

下列业务接入安全机制应该被实现：

a) 用户身份安全

用户的ID在通信过程不可被伪造、不可被盗用。

为实现用户的身份安全特性，系统通常对身份认证请求进行加密，并且在认证成功后分配一个临时的用户ID用于后续周期性注册、去注册、业务请求的用户识别。

b) 双向认证

——用户认证：网络确认用户是合法的，并且认证是最近的；

——网络认证：用户确认网络与用户归属服务设备有正确的连接，并能获取正确用户认证信息，并且认证是最近的。

为实现这个目标，要求用户与网络建立业务之前必须进行认证，认证要求用户必须提供正确的用户识别码和提供正确认证响应，而网络必须能够正确解开加密的认证请求。

c) 数据保密性

——加密算法协商；

——加密密钥协商；

——通信数据加密和解密。

d) 数据完整性

——完整性算法协商；

——完整性密钥协商；

——通信数据一致性运算和校验。

数据加密和完整性保护所需的加密密钥和加密算法在认证过程中获取，并且允许定期更换加密的密钥。

e) 通信过程安全性

——一个已经发生的通信过程消息不能被同一个地址的设备重放；

——一个已经发生的通信过程消息不能被不同地址的设备重放。

为实现上述特性，建议通信消息中携带时间戳，并进行完整性保护，服务器对消息的时间范围进行判断，超出时间范围的消息应该被丢弃。

在通信消息还应该携带消息源IP地址，并完整性保护，服务器应消息中携带的源地址和实际的源地址进行判断，不一致的消息应该被丢弃。

6.3.6 网络接入安全层

IPTV网络接入安全包括IP接入网安全和组播安全。其中IP接入网安全包括下列安全措施：

a) 对IPTV终端接入IP网络实行严格的认证和授权；

b) 对于IPTV终端访问的网络设备实行严格的ACL控制，如设置哪些IP地址段的哪些端口能够访哪些IPTV平台设备；

c) 对IPTV平台中非用户直接访问的设备应实施严格的IP访问保护；

d) 在每个IPTV用户认证过程中和认证通过后，接入网应对用户的身份标识、IP地址、MAC地址和物理线路（信道）号进行绑定，减少业务网络中IP地址假冒现象的出现；

e) IPTV接入网应记录用户每一次业务访问的日志，日志至少应包含访问时间、用户标识、IP地址（如果使用地址转换技术，还应记录相应的地址转换信息）、访问内容标识等，以实现用户行为的可溯源性；

f) 对用户的不同类型的数据流量应进行虚电路级别的隔离，保证用户使用IPTV业务的带宽，控制每个用户的 IPTV 业务流量；

g) 为网络的管理平面设置安全的传输通道，包括用物理专网或逻辑专网来传输网管数据，并启用安全的加密认证机制；

h) 为网络控制平面（如网络接入单元到 AAA 服务器的控制通路）设置安全的传输通道，包括用物理专网或逻辑专网来传输控制数据，并启用安全的加密认证机制；

i) 日常执行严格的安全维护措施，包括关闭所有无关的服务端口，及时安装软件补丁，定期进行病毒扫描和系统安全漏洞扫描，定期做入侵检测和防火墙的规则更新，详细记录安全日志，并定期作安全审计，定期更改密码等。

对 IPTV 组播，IP 承载网应实施以下组播接入安全措施：

a) 在标准的组播中，没有考虑到用户授权，组播树的加入是不可控的，接收者可以加入任意的组播组。尽管在 IPTV 业务系统，可以通过 DRM 实现端到端的内容访问控制，只有授权的用户才能对接收的 IPTV 视音频进行解码，但在组播接入层仍需要对于用户的加入组播进行控制，防止用户访问哪些未经 DRM 加密的公共视音频资源。

b) IPTV 平台设备应对组播用户进行管理，并授权组播功能只对经过授权的组播用户开放组播业务的接入，控制哪些用户能够访问哪些组播地址。

6.3.7 设备和信息安全

设备和信息安全层包括用户设备安全、网络设备安全、操作系统安全和信息安全。

下列设备安全机制应该被实现：

a) IPTV 终端设备自身应确保操作系统和管理程序的安全性，主要包括以下方面：
   - ——确保操作系统没有漏洞；
   - ——关闭不使用的服务和端口；
   - ——禁止或替换有潜在安全漏洞的程序；
   - ——关闭 WAN 侧的服务，包括 telnet、HTTP、FTP 等远程访问服务，在必要时候，可通过本地配置界面或者网管打开需要的服务；
   - ——提供软件防火墙，基于 IP 地址和 MAC 地址过滤，支持 IP 地址的黑、白名单；
   - ——确保使用安全的网管协议，所有终端网管功能都是通过认证和加密的；
   - ——提供抗 DoS 攻击能力。

b) 操作系统安全

   操作系统安全需求主要表现在防止非法用户入侵，防病毒，防止数据丢失等，需要从以下几个方面保障系统的安全性：
   - ——系统设置硬件防火墙，所有需要保护的主机设置在防火墙内部，物理上防止恶意用户发起的非法攻击和侵入；
   - ——为业务管理人员建立起身份识别的机制，不同级别的业务管理人员，拥有不同级别的对象和数据访问权限；
   - ——及时更新系统补丁；
   - ——建立安全传输体系；
   - ——系统具备完善的日志功能，登记所有对系统的访问记录；
   - ——系统通过实时监控服务器，监控和管理各组件的运行状况；
   - ——通过黑客跟踪与管理系统，能够快速地追踪到黑客，并实施有效的管理；
   - ——通过安全的数据备份策略，有效地保障系统数据安全性。

c) 数据存储安全

   服务器端的数据都存贮在数据库中，利用数据库的安全机制保证数据不受非法的访问。对于数据库中的敏感数据，例如账户的密码等。在数据库的安全机制之上还需要进行多一层的加密来保护，即使是数据库管理员也不能获取这些敏感信息字段的明文，从而保证了用户的隐私和数据的安全。

建立数据定期在线备份机制，并通过冗余的磁盘盘片保证数据存储的安全。

d) EPG 安全

EPG 在用户侧的呈现同样可能受到攻击，最典型的攻击行为是篡改页面。

下列 EPG 的安全性机制可以选择被实现：

——内置防页面篡改的监控模块，实时监控页面文件；

——如果发现被监控服务器的页面被篡改，应在短时间内进行修复，并立即告警；

——能够重放攻击行为，为追溯攻击行为提供必要的数据。

6.3.8 安全管理

下列设备安全管理要求应该被实现：

a) 设备的安全状态是可见的

尽管很多安全特性对用户是完全透明的，但有些情况下可以允许用户知道通信过程或内容是被有效保护的。如对于内容的保护，用户可以看到内容已经加密的标示(如水印)和警告信息出现在屏幕上。

b) 设备的安全措施的启用是可配置的

尽管很多安全措施被强制要求，但有些安全要求仍然可以任选配置，包括：

——是否启动 IP 网络接入的 ACL 和防火墙配置；

——是否对内容启用 DRM 加密；

——是否设定更安全的操作系统的访问控制措施；

——是否进行频道监控等。

c) 设备的安全措施是可审计的

该特性要求记录使用系统的各类人员的用户行为，系统中的数据和用户行为都可鉴别，并可对用户行为进行审计。

7 IPTV 安全评估

安全评估围绕对安全需求和目标的理解，通过对安全影响因素的全面分析、评估和度量来客观地评价系统的安全性能，并结合安全技术和安全工程，最终将 IPTV 安全引入一个可测和可控的范畴。

7.1 IPTV 安全评估架构

图 3 给出了 IPTV 安全评估架构图。

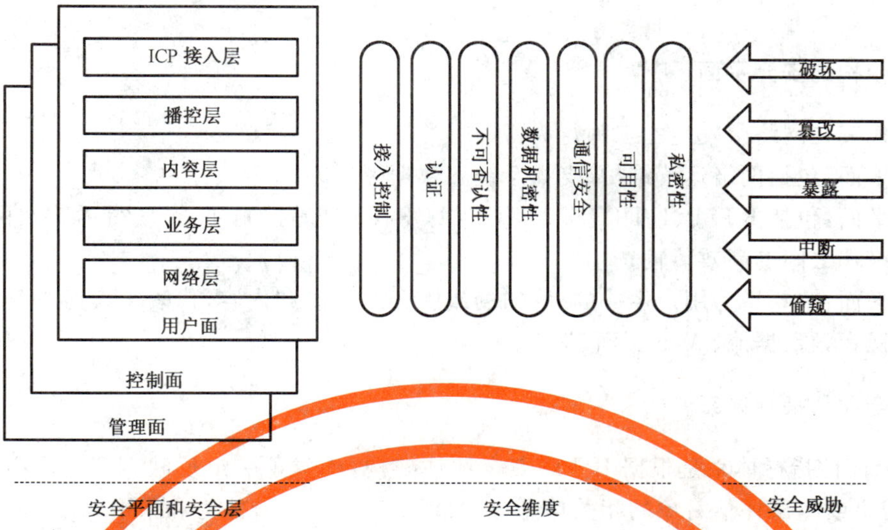

图 3　安全评估架构

7.1.1　基本安全威胁

参考 ITU-T X.805,安全威胁主要包括:

——信息资源的破坏;

——信息的讹误或篡改;

——信息的去除、偷窃或丢失;

——信息的暴露;

——业务的中断等。

7.1.2　通用安全维度

共有 8 种基本的安全维度,这些维度适用于所有的层(网络层、业务层、内容层、播控层、ICP 接入层)面(管理面、控制面、用户面),它们是:

——接入控制,用来阻止对网络资源的未授权使用;

——认证,用来确认通信实体的身份;

——不可否认性,为数据的始发、事件或动作的原因提供证据;

——数据机密性,保护数据不进行未授权的暴露;

——通信安全,确保信息流只在授权节点间流动;

——数据完整性,确保数据的正确性和精确性,防止未授权的修改、删除、创建和复制;

——可用性,确保各网元、存储信息、信息流、业务及应用等在影响网络的事件发生时授权接入不被拒绝;

——私密性,对可能来自于网络行为监测的信息给予保护。

7.1.3　IPTV 架构的安全层

根据 6.2 定义,IPTV 架构安全层主要包括:

——网络接入层安全;

——业务接入层安全;

——内容层安全;

——播控层安全;

——ICP 接入安全。

7.1.4 IPTV 架构的安全平面

安全平面代表在网络中发生的三种行为：

——管理平面：包括网络运营维护、支撑系统和数据中心等；

——控制平面：包括 RTSP、HTTP、RADIUS、TCP/UDP 等控制通道，使得内容在网络之间，或网络和终端之间的高效传输；

——用户平面：主要指为用户生成的、感知的或中介的信息和内容，代表了实际的终端用户产生和使用视音频数据流、Web 页面、消息。

7.2 IPTV 安全评估指标体系

IPTV 安全评估指标体系是根据 IPTV 安全评估架构，构建了一组反映 IPTV 网络安全水平的指标体系，据以搜集或测试评估对象的相关信息，反映评估对象的安全能力和水平。

表 1 反映了不同 IPTV 各层(网络层、业务层、内容层、播控层、ICP 接入层)面(管理面、控制面、用户面)所对应的指标体系。具体方法是根据第 4 章所定义的安全目标，结合安全纬度和安全威胁，生成各种的主要安全指标。

表 1 IPTV 安全评估指标参数

安全层	安全面	主要安全指标
网络接入层	管理面	认证与访问控制指标 ● IP 网络设备的管理登录、认证、访问控制指标。 管理数据不可否认性指标 ● IP 网络设备的管理登录、认证、访问控制日志记录指标； ● 系统对管理维护日志记录指标。 管理数据完整性指标 管理数据保密性指标
	控制面	认证与访问控制指标 ● PPPoE 认证和访问控制指标； ● DHCP+认证和访问控制指标。 控制数据不可否认性指标 ● 对用户 IP 登录[身份标识、IP 地址、MAC 地址和物理线路(信道)号]进行日志记录指标。 控制数据完整性指标 控制数据保密性指标
	用户面	用户通信安全指标 ● 防 IP 地址欺骗指标。 用户面可用性指标 ● 防 DoS、DDoS 攻击能力指标
业务层	管理面	认证与访问接入指标 ● IPTV 业务设备的管理登录、认证、访问控制指标。 管理数据不可否认性指标

表 1（续）

安全层	安全面	主要安全指标
业务层	管理面	● IPTV 业务设备的管理登录、认证、访问控制日志记录指标； ● 系统对管理维护日志纪录指标。 管理数据完整性指标 管理数据保密性指标
	控制面	认证与访问控制指标 ● 业务层用户登录、认证、访问控制指标。 控制数据不可否认性指标 ● 业务层用户的登录、认证、访问过程进行日志记录的指标。 控制数据完整性指标 控制数据保密性指标 控制面可用性指标 ● 防控制包重放攻击
	用户面	用户可用性指标 ● 业务失败频率； ● 业务平均中断时间； ● 提供业务支持的时间； ● 业务支持响应能力等
内容层	管理面	认证与访问接入指标 ● 内容安全设备的管理登录、认证、访问控制指标。 管理数据不可否认性指标 ● 内容安全设备的管理登录、认证、访问控制日志记录指标； ● 系统对管理维护日志纪录指标。 管理数据完整性指标 管理数据保密性指标
	控制面	认证与访问控制指标 ● 内容安全用户登录、认证、访问控制指标。 控制数据不可否认性 ● 内容安全用户的登录、认证、访问过程进行日志记录的指标。 控制数据完整性指标 控制数据保密性指标 控制面可用性指标 ● 防控制包重放攻击
	用户面	内容数据不可否认性 内容数据完整性指标 内容数据保密性指标 内容数据可用性指标 ● 业务失败频率； ● 业务平均中断时间； ● 提供业务支持的时间； ● 业务支持响应能力等。 内容数据私密性指标 ● 未经授权的复制； ● 未经授权的转发； ● 未经授权的呈现等

表 1（续）

安全层	安全面	主要安全指标
播控层	管理面	认证与访问控制指标 管理数据不可否认性指标 管理数据完整性指标 管理数据保密性指标
	控制面	认证与访问控制指标 控制数据不可否认性指标 控制数据完整性指标 控制数据保密性指标
	用户面	内容数据可用性指标 ● 直播信号中断频率指标； ● 直播信号平均中断时间指标； ● 画面质量指标； ● 播出内容合法性指标； ● 错播指标； ● 垫片平均使用时间指标等
ICP 接入层	管理面	认证与访问控制指标 管理数据不可否认性指标 管理数据完整性指标 管理数据保密性指标
	控制面	认证与访问控制指标 控制数据不可否认性指标 控制数据完整性指标 控制数据保密性指标
	用户面	内容数据可用性指标 ● 画面质量指标； ● 上载内容 MetaData 质量指标； ● 上载内容合法性指标

附 录 A
（资料性附录）
IPTV 业务安全威胁

A.1 概述

附录A从内容、业务、网络、用户等几个方面对IPTV业务可能面临的安全威胁进行分析。本附录中的IPTV业务安全威胁模型以及业务网络用户安全威胁分析的相关信息，参照了ITU-T 建议X.1191中的描述。

A.2 IPTV 业务的安全威胁模型

IPTV业务面临的安全威胁可以划分为以下几种类型：内容安全威胁、业务安全威胁、网络安全威胁、终端和用户安全威胁等。图A.1参考了ITU-T X.1191中的描述，给出了IPTV安全威胁的模型以及各类安全威胁之间的关联。

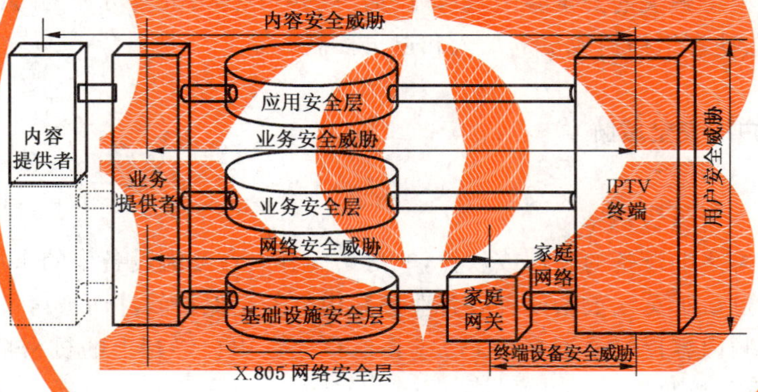

图 A.1 IPTV 安全威胁模型

A.3 针对内容的安全威胁

针对IPTV业务数字内容的安全威胁可能包括：

a） 非授权的观看和使用；

b） 非授权的拷贝；

c） 非法截获，即通过非法监听业务网络获得数字内容；

d） 丢失或者损坏，即破坏数字内容完整性的行为，包括非法删除、插入、修改等行为；

e） 其他针对内容的安全威胁。

A.4 针对业务运行的安全威胁

在业务运行环节可能面临的安全威胁包括：

a） 未经授权的业务访问；

b) 假冒IPTV业务提供者的行为；
c) 针对IPTV服务器(AAA服务器、媒体服务器等)的恶意攻击：例如利用服务器应用软件或者通信协议的安全漏洞的攻击，拒绝服务攻击等；
d) 针对业务敏感信息的盗窃、篡改行为，这一类行为通常通过恶意程序在窃取敏感的业务信息(例如计费信息等)；
e) 业务系统自身的安全漏洞；
f) 业务系统的关键流程的安全漏洞。

A.5 针对IPTV承载网(IP网)和交付网(CDN)的安全威胁

IPTV的IP承载网网络主要存在拒绝服务、侦听、伪装、修改数据、非授权接入、事后否认等六类主要的安全威胁等。常见的安全攻击行为有IP欺骗、重放攻击、反射攻击、中间人攻击、拒绝服务攻击、分片攻击、网络侦听、应用层攻击等。

IPTV交付网络所面临的安全威胁可包括：

a) 突发事件(自然灾害、电力问题、人为破坏等)造成的网络设备/传输线路故障；
b) 针对网络设备或隐形资产(带宽)的恶意攻击；
c) 针对内容交付系统节点的恶意攻击；
d) 组播技术中亟待解决的安全隐患，基本组播协议中并没有安全方面的考虑，例如没有对组播源的认证机制、动态组播树成员的加入和退出控制机制等。

A.6 针对终端和用户的安全威胁

针对用户的安全威胁可包括：

a) 通过暴力破解终端设备的硬件或软件，非法访问存放在终端设备中的未加密内容，例如未加密内容可以通过窃听总线数据或者破解业务和内容安全保护软件而被拷贝；
b) 非法盗取视频内容授权关键字(Key)或其他存放在用户终端上的机密信息，例如利用恶意软件，或者监听分析数据流；
c) 对终端设备硬件功能的损害，例如通过控制设备时钟系统破坏业务和内容安全保护系统的业务功能；
d) 用户接收设备系统，由于受到来自网络的恶意攻击或者大量的垃圾流量而造成失效；
e) 未经授权的终端设备连接到家庭网络；
f) 终端设备被未经授权的用户非法使用等。

ICS 59.080.01
W 04

中华人民共和国国家标准

GB/T 29862—2013

纺织品　纤维含量的标识

Textiles—Identification of fiber content

2013-11-12 发布　　2014-05-01 实施

中华人民共和国国家质量监督检验检疫总局
中国国家标准化管理委员会　发布

前　言

本标准按照 GB/T 1.1—2009 给出的规则起草。

本标准由中国纺织工业联合会提出。

本标准由全国纺织品标准化技术委员会基础标准分技术委员会(SAC/TC 209/SC 1)归口。

本标准主要起草单位:纺织工业标准化研究所、国家纺织制品质量监督检验中心。

本标准主要起草人:郑宇英、窦茹真、王宝军、徐路、斯颖。

纺织品　纤维含量的标识

1　范围

本标准规定了纺织产品纤维含量的标签要求、标注原则、表示方法、允差以及标识符合性的判定，并给出了纺织纤维含量的标识示例。

本标准适用于在国内销售的纺织产品。附录A中列举的产品不属于本标准的范围，国家另有规定的除外。

2　规范性引用文件

下列文件对于本文件的应用是必不可少的。凡是注日期的引用文件，仅注日期的版本适用于本文件。凡是不注日期的引用文件，其最新版本(包括所有的修改单)适用于本文件。

GB/T 4146.1　纺织品　化学纤维　第1部分：属名

GB/T 11951　纺织品　天然纤维　术语

GB/T 17685　羽绒羽毛

3　术语和定义

下列术语和定义适用于本文件。

3.1

纺织产品　textile products

以天然纤维和化学纤维为主要原料，经纺、织、染等加工工艺或再经缝制、复合等工艺而制成的产品，如纱线、织物及其制成品。

[GB 18401—2010，定义3.1]

3.2

耐久性标签　permanent label

永久附着在产品上，并能在产品的使用过程中保持清晰易读的标签。

[GB 5296.4—2012，定义3.5]

4　纤维含量标签要求

4.1　每件产品应附着纤维含量标签，标明产品中所含各组分纤维的名称及其含量。

4.2　每件制成品应附着纤维含量的耐久性标签。

4.3　对采用耐久性标签影响产品的使用或不适宜附着耐久性标签的产品(例如，面料、绒线、手套和袜子等)，可以采用吊牌等其他形式的标签。

4.4　整盒或整袋出售且不适宜采用耐久性标签的产品，当每件产品的纤维成分相同时，可以以销售单元为单位提供纤维含量标签。

4.5　当被包装的产品销售时，如果不能清楚地看到纺织产品(符合4.4的产品除外)上的纤维含量信息，则还需在包装上或产品说明上标明产品的纤维含量。

4.6 含有两个及以上且纤维含量不同的制品组成的成套产品；或纤维含量相同，但每个制品作为单独产品销售的成套产品，则每个制品上应有各自独立的纤维含量标签。

4.7 纤维含量相同的成套产品，并且成套交付给最终消费者时，可将纤维含量的信息仅标注在产品中的一个制品上。

4.8 如果不是用于交付给最终消费者的产品，其纤维含量标签的内容可采用商业文件替代。

4.9 耐久性纤维含量标签的材料应对人体无刺激；应附着在产品合适的位置，并保证标签上的信息不被遮盖或隐藏。

4.10 纤维含量标签上的字迹应清晰、醒目，文字应使用国家规定的规范汉字，也可同时使用其他语种的文字，但应以中文标识为准。

4.11 纤维含量可与使用说明的其他内容标注在同一标签上。当一件纺织产品上有不同形式的纤维含量标签时，应保持其标注内容的一致性。

5 纤维含量和纤维名称标注原则

5.1 纤维含量以该纤维的量占产品或产品某部分的纤维总量的百分率表示，宜标注至整数位。

5.2 纤维含量应采用净干质量结合公定回潮率计算的公定质量百分率表示。

注：采用显微镜方法的纤维含量以方法标准的结果表示；未知公定回潮率的纤维参照同类纤维的公定回潮率或标准回潮率。如果采用净干质量百分率表示纤维含量，需明示为净干含量。

5.3 纤维名称应使用规范名称，天然纤维名称采用 GB/T 11951 中规定的名称，化学纤维名称采用 GB/T 4146.1中规定的名称，羽绒羽毛名称采用 GB/T 17685 中规定的名称。化学纤维有简称的宜采用简称。

5.4 对没有规范名称的纤维或材料，可参照附录 B 标注。

5.5 在纤维名称的后面可以添加如实描述纤维形态特点的术语，例如，涤纶(七孔)、棉(丝光)。

注：必要时，相关方需提供描述纤维形态特点的证明或验证方法。

6 纤维含量表示方法及示例

6.1 仅有一种纤维组分的产品，在纤维名称的前面或后面加“100%”，或在纤维名称的前面加“纯”或“全”表示(见示例 1)。

示例 1　a) 棉 100%　　b) 纯棉　　c) 全棉

6.2 两种及以上纤维组分的产品，一般按纤维含量递减顺序列出每种纤维的名称，并在名称的前面或后面列出该纤维含量的百分比(见示例 2)。当产品的各种纤维含量相同时，纤维名称的顺序可任意排列(见示例 3)。

示例 2

a)

60% 棉
30% 聚酯纤维
10% 锦纶

b)

棉 60%
聚酯纤维 30%
锦纶 10%

示例 3

a)

50% 棉
50% 粘纤

b)

50% 粘纤
50% 棉

6.3 如果采用提前印好的非耐久性标签，标签上的纤维名称按一定顺序列出，且留有空白处用于填写纤维含量百分比，这种情况不需按含量递减的顺序排列。

6.4 含量≤5%的纤维，可列出该纤维的具体名称，也可用“其他纤维”来表示(见示例 4)；当产品中有两种及以上含量各≤5%的纤维且其总量≤15%时，可集中标为“其他纤维”(见示例5)。

示例4 a)

棉 60%
涤纶 36%
粘纤 4%

b)

60% 棉
36% 涤纶
4% 其他纤维

示例5 a)

90% 棉
5% 聚酯纤维
3% 粘纤
2% 氨纶

b)

90% 棉
10% 其他纤维

6.5 含有两种及以上化学性质相似且难以定量分析的纤维，列出每种纤维的名称，也可列出其大类纤维名称，合并表示其总的含量(见示例6和示例7)。

示例6：

70% 棉
30% 莱赛尔+粘纤

示例7：

再生纤维素纤维 100%

6.6 带有里料的产品应分别标明面料和里料的纤维名称及其含量(见示例8)。如果面料和里料采用同一种织物可合并标注(见示例9)。

示例8：

面料：80% 羊毛/20%涤纶
里料：100% 涤纶

6.7 含有填充物的产品应分别标明面料、里料和填充物的纤维名称及其含量(见示例9)。羽绒填充物应标明羽绒的品名和含绒量(或绒子含量)(见示例10)。

示例9：

面/里料：65% 棉/35% 涤纶
填充物：100% 羊毛

示例10：

面料：80% 棉/20% 锦纶
里料：100% 涤纶
填充物：灰鸭绒(含绒量 80%)

6.8 由两种及以上不同织物拼接构成的产品应分别标明每种织物的纤维名称及其含量(见示例11～示例14)，单个织物面积或多个织物总面积不超过产品表面积15%的织物可不标。面料(或里料)的拼接织物纤维成分及含量相同时，面料(或里料)可合并标注。

示例11：

前片：羊毛 65%/腈纶 35%
其余：羊毛 100%

示例12：

身：100% 棉
袖：100% 聚酯纤维

示例13：

方格：70% 羊毛/30% 涤纶
条形：60% 涤纶/40% 粘纤

示例14：

红色：100% 山羊绒
黑色：100% 羊毛

6.9 含有两种及以上明显可分的纱线种类、图案或结构的产品，可分别标明各类纱线、图案或结构的纤维成分含量；也可作为一个整体，标明每一种纤维含量(见示例15、示例16和示例17)。对纱线种类、图案或结构变化较多的产品可仅标注面积较大部分的纤维含量。

示例15： a)

绒毛：90% 棉/10% 锦纶
地布：100% 聚酯纤维

b)

63% 棉
30% 涤纶
7% 锦纶

示例16：

白色纱：100% 涤纶
绿色纱：100% 粘纤
灰色纱：100% 棉

示例17：

烂花：涤纶 100%
底布：涤纶 60%/棉 40%

6.10 由两层及以上材料构成的多层产品，可以分别标明各层的纤维含量；也可作为一个整体，标明每种纤维含量（见示例18）。

示例18： a)

外层：50% 棉/50% 粘纤 内层：100% 棉 中间层：100% 涤纶

b)

60% 棉 20% 涤纶 20% 粘纤

6.11 当产品的某个部位上添加有起加固作用的纤维时，应标出产品主要纤维的名称及其含量，可说明包含添加纤维的部位以及添加的纤维名称（见示例19）。

示例19：

100% 棉 袜头及袜跟部位含锦纶

6.12 在产品中含有能够判断为特性纤维（例如，弹性纤维、金属纤维等），或存在易于识别的花纹/图案的装饰线（若拆除装饰线会破坏产品的结构），当其含量≤5%时，可表示为"××除外"，也可单独将其含量标出。如果需要，可以标明特性纤维或装饰线的纤维成分及其占总量的百分比（见示例20和示例21）。

示例20： a)

80% 羊毛 20% 涤纶 装饰线除外

b)

羊毛 80% 涤纶 20% 装饰线 100%聚酯薄膜纤维

c)

77% 羊毛 19% 涤纶 4% 聚酯薄膜纤维

示例21： a)

65% 棉 35% 聚酯纤维 弹性纤维除外

b)

63% 棉 34% 聚酯纤维 3% 氨纶

6.13 在产品中起装饰作用的部件、非外露部件以及某些小部件，例如：花边、褶边、滚边、贴边、腰带、饰带、衣领、袖口、下摆罗口、松紧口、衬布、衬垫、口袋、内胆布、商标、局部绣花、贴花、连接线和局部填充物等，其纤维成分可以不标。除衬布、衬垫、内胆布等非外露部件外，若单个部件的面积或同种织物多个部件的总面积超过产品表面积的15%时，则应标注该部件的纤维含量。

6.14 含有涂层、胶（黏合剂）和薄膜等难以去除的非纤维物质的产品，可仅标明产品中每种纤维的名称。如果需要，说明是否包含涂层或胶等（见示例22、示例23和示例24）。

示例22：

涤纶 100%

示例23：

涤纶 75%（含胶） 羊毛 25%

示例24： a)

基布：涤纶/棉

b)

涤纶/棉（涂层除外）

6.15 结构复杂的产品可仅标注主要部分或贴身部分的纤维含量，对于因不完整或不规则花型等造成的纤维含量变化较多的织物，可仅标注纤维名称（见示例25和示例26）。

示例25：

脚面：棉/涤纶/锦纶/ 氨纶

示例26：
（文胸）

里料：棉 100% 侧翼：锦纶/涤纶/氨纶

7 纤维含量允差

7.1 产品或产品的某一部分完全由一种纤维组成时，用“100％”、“纯”或“全”表示纤维含量，纤维含量允差为0。含微量其他纤维的产品见7.5。

注：由于山羊绒纤维的形态变异，山羊绒会出现“疑似羊毛”的现象。山羊绒含量达95％及以上、疑似羊毛≤5％的产品标注为“100％山羊绒”、“纯山羊绒”或“全山羊绒”；山羊绒混纺产品中疑似羊毛不超过山羊绒标称值的5％；羊毛产品中可含有山羊绒。

7.2 产品或产品的某一部分中含有能够判断为是装饰线或特性纤维(例如，弹性纤维、金属纤维等)，且其总含量≤5％(纯毛粗纺产品≤7％)时，可使用“100％”、“纯”或“全”表示纤维含量，并说明“××纤维除外”(见示例27和示例28)，标明的纤维含量允差为0。

示例27：

纯羊毛 弹性纤维除外

示例28：

100％ 棉 装饰线除外

7.3 产品或产品的某一部分含有两种及以上的纤维时，除了本标准许可不标注的纤维外，在标签上标明的每种纤维含量允差为5％(例如：标签含量：40％棉 / 40％涤纶 / 20％锦纶，允许含量：35％～45％棉 / 35％～45％涤纶 / 15％～25％锦纶)，填充物的纤维含量允差为10％。

7.4 当标签上的某种纤维含量≤10％时，纤维含量允差为3％；当某种纤维含量≤3％时，实际含量不得为0。当标签上的某种填充物的纤维含量≤20％时，纤维含量允差为5％；当某种填充物纤维含量≤5％时，实际含量不得为0。

7.5 当产品中某种纤维含量或两种及以上纤维总量≤0.5％时，可不计入总量。如果适用，可标为“含微量××”，或“含微量其他纤维”(见示例29和示例30)。

示例29：

100％ 棉(含微量其他纤维)

示例30：

80％ 羊毛(含微量兔毛) 20％ 锦纶

8 纤维含量标识符合性的判定

如有下列款项之一存在(本标准规定的特例除外)，则判定为纤维含量标识不符合。

a) 没有提供纤维含量标签；
b) 没有提供纤维含量耐久性标签；
c) 没有采用纤维的规范名称；
d) 没有标明产品中应标识的各纤维的含量；
e) 纤维名称与产品中所含的纤维不符；
f) 纤维含量偏差超出规定允差范围；
g) 同件产品的不同形式标签上纤维含量不一致。

附　录　A
（规范性附录）
不属于本标准范围的纺织产品

含有纺织纤维的以下制品不属于本标准范围:纺织产品仅作为产品的部分或附件;没有必要表明纺织纤维含量的产品。例如:

——一次性使用的制品;
——座椅、沙发、床垫等软垫家具用填充物和包布;
——鞋、鞋垫;
——装饰画、装饰挂布;
——饰品、工艺品等小件装饰物;
——雨伞、遮阳伞;
——箱包、背提包、包装布和包装绳带;
——裤子的吊带、臂章和吊袜带;
——尿布衬垫;
——婴儿床护栏和婴儿车;
——玩具;
——绷带、手术服等医用纺织制品;
——宠物用品;
——清洁布;
——墙布、屏风等;
——旗帜;
——人造花;
——产业用纺织品。

附 录 B
（资料性附录）
其他纤维或材料的标注示例

B.1 包括两种或两种以上聚合物组分的复合纤维，用以下方法标明纤维名称：采用GB/T 4146.1中规定的名称，列出每种组分名称＋复合纤维，组分之间用“／”分开。见示例1和示例2。

示例1：

100% 丙纶/涤纶复合纤维

示例2：

60% 棉 40% 涤纶/锦纶复合纤维

B.2 通过添加成分改变原化学纤维性能的改性纤维，用以下方法标明纤维名称：添加成分的名称＋改性＋原化学纤维的名称。见示例3和示例4。

示例3：

100% 蛋白改性聚乙烯醇纤维

示例4：

70% 羊毛 30% 蛋白改性聚丙烯腈纤维

B.3 由分子链中至少含有50%但不到85%（质量）的丙烯腈的线性大分子构成的纤维，标注为“改性腈纶”（modacrylic）。

B.4 由两种或多种化学性质不同的线型大分子（质量均不超过85%）构成，含有至少85%酯基官能团，多次拉伸50%后能快速地回复到原长的纤维，标注为“弹性聚酯复合纤维”（elastomultiester或relasterell-p）。

B.5 对于尚未统一名称的其他化学纤维，可标注为“新型××纤维”。必要时，相关方需提供“新型××纤维”的证明或验证方法。

B.6 对于尚没有成熟方法定性鉴别的特种动物毛纤维，可标注为“其他特种动物毛”。

B.7 对于纺织产品上的其他材料，如果需要，建议的标注名称为：

——纸型纱：如果是纤维素材料，可标注为“纤维素材料”；

——植物材料：可直接标注材料的名称，例如：玉米皮、稻草；也可标注为“植物材料”；

——禽鸟羽毛：可直接标注材料的名称，例如：孔雀羽毛、鸵鸟毛；也可标注为“禽鸟羽毛”；

——薄膜：可标注为“薄膜除外”；也可对薄膜定性标注，例如“聚乙烯薄膜除外”；

——金银线、闪光线：如果不能确定为金属镀膜，按其材料标注，例如：“亮丝：聚酯薄膜纤维”；

——革类、毛皮：按相关标准中规定的名称标注。

ICS 61.020
Y 75

中华人民共和国国家标准

GB/T 29863—2013

服装制图

Pattern-making

2013-11-12 发布 2014-05-01 实施

中华人民共和国国家质量监督检验检疫总局
中国国家标准化管理委员会 发布

前言

本标准按照 GB/T 1.1—2009 给出的规则起草。

本标准由中国纺织工业联合会提出。

本标准由全国服装标准化技术委员会(SAC/TC 219)归口。

本标准主要起草单位:东华大学、上海市服装研究所、恒源祥(集团)有限公司。

本标准主要起草人:张文斌、朱洁、富巍、朱冬、施琴、邱洪生、杜岩冰、蔡云峰、赵佳璐。

服 装 制 图

1 范围

本标准规定了服装制图的要求、尺寸标注规则和制图符号等技术特征。

本标准适用于服装设计、生产、技术、教学和贸易以及与其相关的领域。

2 规范性引用文件

下列文件对于本文件的应用是必不可少的。凡是注日期的引用文件，仅注日期的版本适用于本文件。凡是不注日期的引用文件，其最新版本(包括所有的修改单)适用于本文件。

GB/T 10609.3 技术制图 复制图的折叠方法

GB/T 14689 技术制图 图纸幅面和格式

GB/T 14691 技术制图 字体

GB/T 15557 服装术语

GB/T 16160 服装用人体测量的部位与方法

3 要求

3.1 基本要求

本标准中技术制图的基本要求按 GB/T 10609.3、GB/T 14689 和 GB/T 14691 规定。

3.2 图纸幅面

3.2.1 图纸常用幅面

图纸常用幅面规格见表 1。

表 1 单位为毫米

幅面代号	A0	A1	A2	A3	A4
$B\times L$	841×1 189	594×841	420×594	297×420	210×297
c	10	10	10	5	5
a	25	25	25	25	25
注：B 为图纸的宽；L 为图纸的长；c 为图纸的边框；a 为图纸的装订边。					

3.2.2 图纸特殊幅面

服装图纸在特殊情况下，绘图常用幅面规格不够使用时，可将表 1 中 A0 或 A1 幅面的两边或单边加长，其加长量应按 A3 幅面相应边的尺寸成整倍增加，见图 1。

注：相应边是指 A3 幅面的长边或短边，若加长长边应是 420 mm；若加长短边应是 297 mm。

单位为毫米

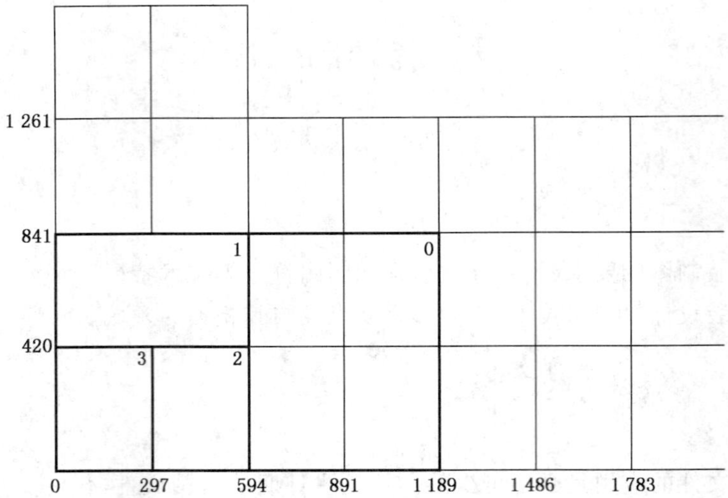

图 1

3.2.3 图纸装订

3.2.3.1 图纸左边框为装订边,见图 2、图 3。

3.2.3.2 图纸规格一般采用 210 mm×297 mm 的幅面(即 A4 图纸的幅面)。在装订时,应将一件或一套服装的全部图纸,按顺序装订在一起。

3.3 图纸布局

3.3.1 图纸标题栏位置,应在图纸的右下角。

3.3.2 服装款式图位置,应在标题栏的上面。

3.3.3 服装及其零部件的制图位置,应在款式图左边。

3.3.4 横向的图纸布局见图 2。

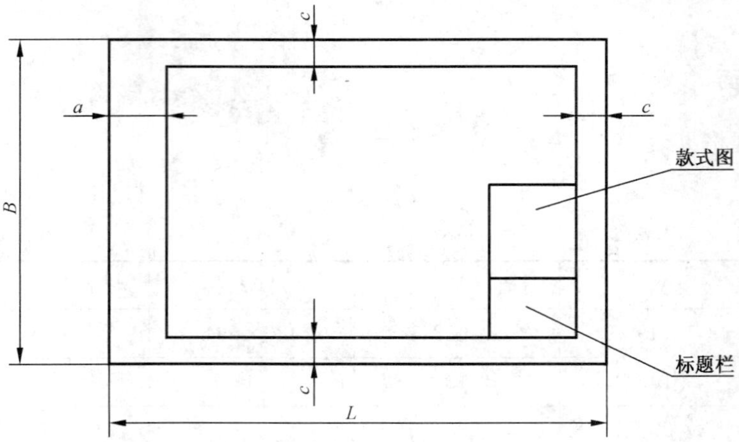

说明：

B ——图纸的宽；

L ——图纸的长；

a ——图纸的装订边；

c ——图纸的边框。

图 2

3.3.5 纵向的图纸布局见图 3。

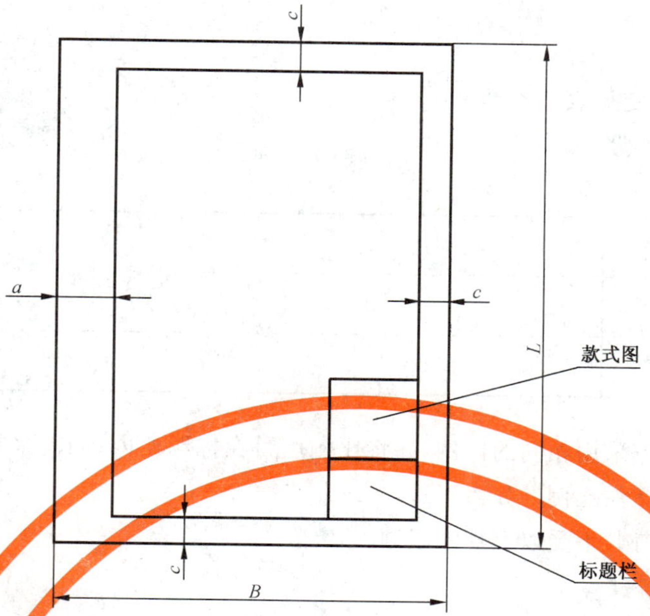

说明：

B ——图纸的宽；

L ——图纸的长；

a ——图纸的装订边；

c ——图纸的边框。

图 3

3.3.6 图纸标题栏的格式及行高、列宽的尺寸要求见图 4。

单位为毫米

单位				产品			图纸代号			7
图名				号型		成 品 规 格				7
				体型		部位	尺寸	部位	尺寸	7
设计		日期		比例						7
制图		日期		面料						7
描图		日期		辅料						7
校对		日期								7
审定		日期								7
										7
										7
10	15	10	10	10	15	15	15	15	15	

图 4

3.4 制图比例

3.4.1 制图比例分档规定见表 2。

表 2

原值比例	1∶1
缩小比例	1∶2　1∶3　1∶4　1∶5　1∶6　1∶10
放大比例	2∶1　4∶1

3.4.2 在同一图纸上，应采用相同的比例，并将比例填写在标题栏内；如需采用不同的比例时，必须在每一零部件的左上角处标注比例。如：1∶1，1∶2 等。

3.4.3 服装款式图的比例，不受以上规定限制。

3.5 图线及画法

3.5.1 服装裁剪用线形式及用途按表 3 规定。

表 3　　单位为毫米

序号	图线名称	图线形式	图线宽度	图线用途
1	粗实线	━━━━	0.9 左右	1)服装和零部件轮廓线； 2)部位轮廓线
2	细实线	————	0.3 左右	1)图样结构的基本线； 2)尺寸线和尺寸界线； 3)引出线
3	粗虚线	▬▬▬▬▬	0.9 左右	背面轮廓影示线
4	细虚线	- - - - - -	0.3 左右	缝纫明线
5	点划线	—·—·—	0.3 左右	对折线
6	双点划线	—··—··—	0.3 左右	折转线

3.5.2 同一图纸中同类图线的宽度应一致。虚线、点划线及双点划线的线段长短和间隔应各自相同。

3.5.3 点划线和双点划线的两端应是线段而不是点。

3.5.4 服装款式图的形式，不受以上规定限制。

3.5.5 图纸画法示意图参见附录 A。

3.6 字体

3.6.1 所用文字应为国家规定的规范汉字。

3.6.2 图纸中的文字、数字、字母都必须做到：字体工整，笔画清楚，间隔均匀，排列整齐，见图 5。

1号

字体工整笔画清楚间隔均匀排列整齐

2号

写仿宋字的四要领满锋匀劲满是充满方格必须勤学苦练方有成效

4号

衬布缩水率和缝纫锁眼线的性能色泽应与面料相适应

图5

3.6.3 字体高度(用 h 表示)的公称尺寸系列为:1.8 mm、2.5 mm、3.5 mm、5 mm、7 mm、10 mm、14 mm、20 mm,如需要书写更大的字,其字体高度应按$\sqrt{2}$的比率递增,字体高度代表字体的号数。

3.6.4 汉字应使用仿宋体字,高度不应小于 1.8 mm,其字宽一般为 $h/\sqrt{2}$ 。

3.6.5 字母和数字可使用斜体或直体。斜体字字头应向右倾斜,与水平基准线成 75°,见图6。

3.6.6 用作分数、偏差、注脚等的数字及字母,一般应采用小一号字体,见图6。

斜体：

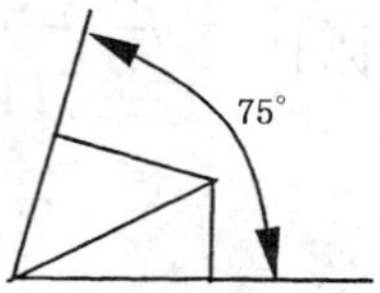

R3　34-0.05　18±0.1　180°

GB159-59　M1:1　M1:10　45～56

2×45　A3　$\frac{45}{70}$

数字示例

I II III IV V VI VII VIII IX X　　*1 2 3 4 5 6 7 8 9 0*

字母示例

A B C D E F G H I J K L M N O P Q R S T U V W X Y Z

直体：

R3　34-0.05　18±0.1　180°

GB159-59　M1:1　M1:10　45～56

2×45　A3　$\frac{45}{70}$

数字示例

I II III IV V VI VII VIII IX X　　1 2 3 4 5 6 7 8 9 0

字母示例

A B C D E F G H I J K L M N O P Q R S T U V W X Y Z

图 6

4　尺寸标注规则

4.1　基本规则

4.1.1　服装各部位及零部件的实际尺寸按图样上所注的尺寸数值执行。

4.1.2　图纸中所标注(包括技术要求和其他说明)的尺寸，应以厘米(cm)为单位。

4.1.3　服装制图部位、部件的每一尺寸，一般只标注一次，并应标注在该结构最清晰的图形上。

4.2 标注尺寸线的画法

4.2.1 尺寸线用细实线绘制,其两端箭头应触及尺寸界线。

4.2.2 制图结构线不能代替标注尺寸线,一般也不得与其他图线重合或画在其延长线上,见图 7。

图 7

4.2.3 标注尺寸线及尺寸数字的位置如下:

a) 需要标明直距离的尺寸时,尺寸数字一般应标在尺寸线的左面中间,见图 8。如直距位置小,应将轮廓线的一端延长,另一端用对折线引出,在上下箭头的延长线上标注尺寸数字,见图 9。

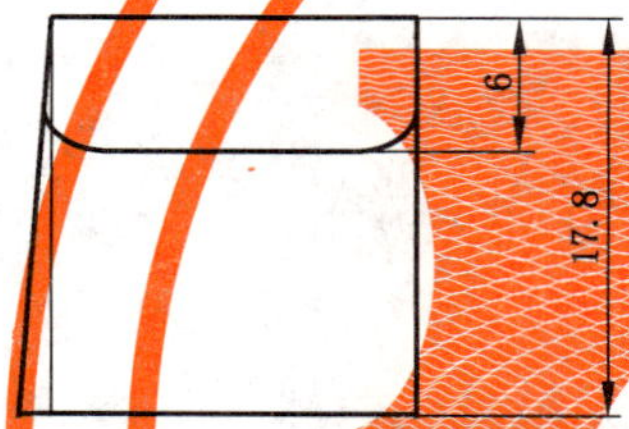

图 8

图 9

b) 需要标明横距离的尺寸时,尺寸数字一般应标在尺寸线的上方中间,如横距尺寸位置小,需用细实线引出使之成为一个三角形,并在角的一端绘制一条横线,尺寸数字就标在该横线上,见图 10。

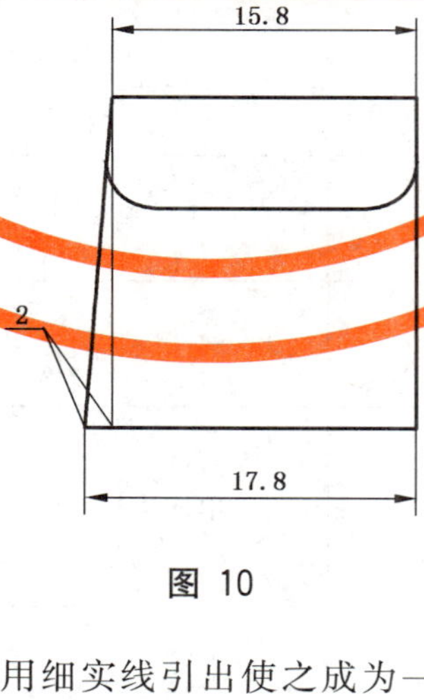

图 10

c) 需要标明斜距离的尺寸时,需用细实线引出使之成为一个三角形,并在角的一端绘制一条横线,尺寸数字就标在该横线上,见图 11。

d) 尺寸数字不可被任何尺寸线所通过,当无法避免时,应将该尺寸线断开,并用弧线表示,尺寸数字就标在弧线断开中间,见图 12。

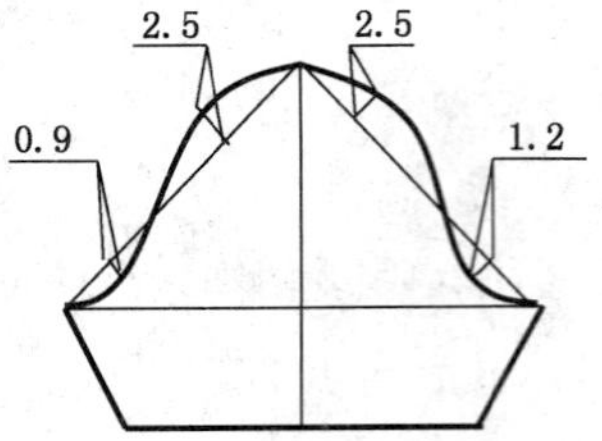

图 11

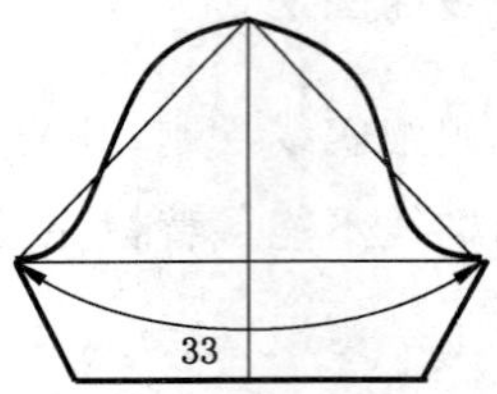

图 12

4.3 尺寸界线的画法

4.3.1 尺寸界线用细实线绘制，可以利用轮廓线，引出作为尺寸界线，见图 13。

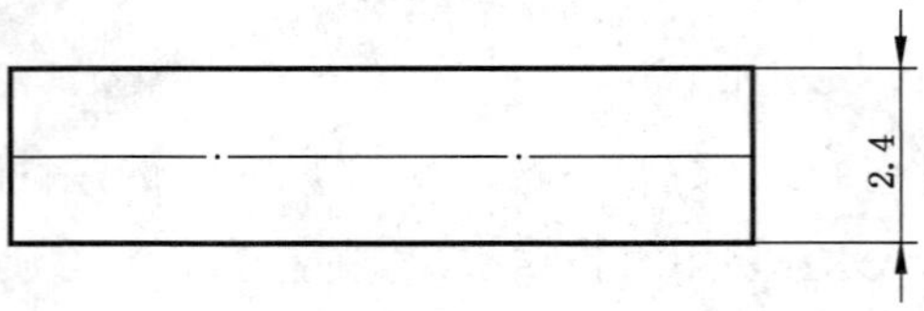

图 13

4.3.2 尺寸界线一般应与尺寸线垂直（弧线、三角形和尖形尺寸除外）。

5 服装制图符号

5.1 服装制图符号的名称按 GB/T 15557 规定，制图符号见表 4。

表 4

序 号	符号形式	名 称	说 明
1	○ △ □ …	等 量 号	尺寸大小相同的标记符号
2	△ 2	特殊放缝	与一般缝份不同的缝份量
3	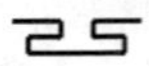	阴 裥	裥底在下的折裥
4	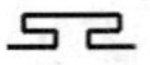	扑 裥	裥底在上的折裥
5		单向折裥	表示顺向折裥自高向低的折倒方向
6	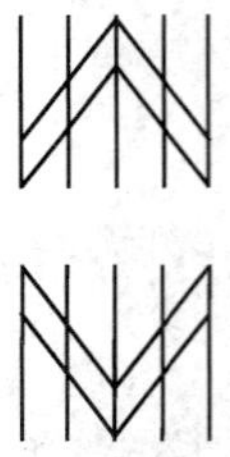	对合折裥	表示对合折裥自高向低的折倒方向

表 4（续）

序　号	符号形式	名　称	说　明
7		等分线	表示分成若干个相同的小段
8	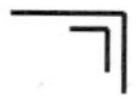	直　角	表示两条直线垂直相交
9		重　叠	两部件交叉重叠及长度相等
10		斜　料	有箭头的直线表示布料的经纱方向
11	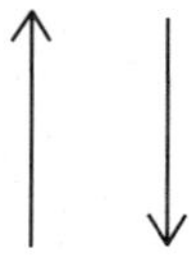	经　向	有箭头的直线表示布料的经纱方向，单箭头表示布料经向排放有方向性，双箭头表示布料经向排放无方向性
12	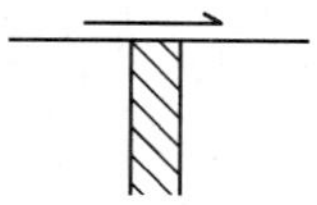	顺　向	表示折裥、省道折倒方向，意为线尾的布料应压在线头的布料之上
13	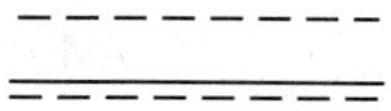	缉止口	表示布边缉缝双道止口线，单道虚线表示缉单道止口线，双道虚线表示缉双道止口线
14	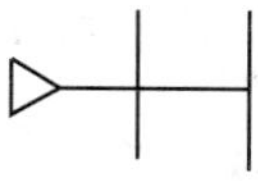	拉链安装止点	表示拉链安装的止点位置
15	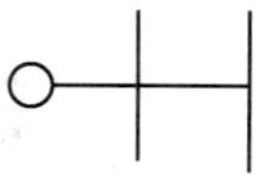	缝合止点	除缝合止点外，亦表示缝合开始的位置，附加物安装的位置
16		按　扣	图内部有叉表示门襟上用扣，图内部有圈表示里襟上用扣
17	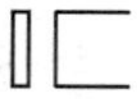	钩　扣	长方形表示里襟用扣，两者成钩合固定
18	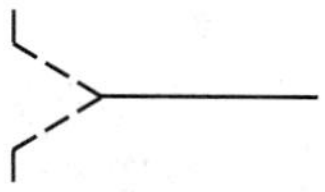	开　省	省道的部分需剪去

表 4（续）

序　号	符号形式	名　称	说　明
19	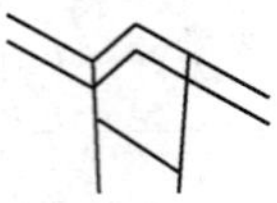	折倒的省道	斜向表示省道的折倒方向
20		分开的省道	表示省道的实际缉缝形状
21	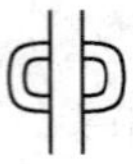	拼　合	表示相关布料拼合一致
22	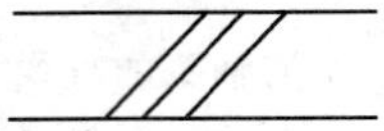	敷　衬	表示敷衬,斜线不分方向
23		缩　缝	用于布料缝合时收缩
24		归　拢	用于需熨烫归拢的部位
25	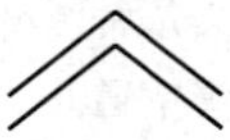	拔　开	用于需熨烫抻开的部位
26	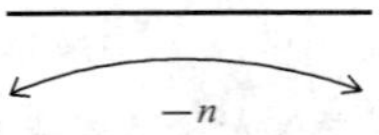	拉　伸	用于长度需要拉长的部位,n 为拉伸量
27	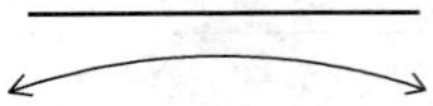	收　缩	用于长度需要缩短的部位,n 为收缩量
28	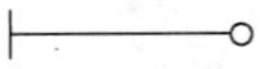	圆头扣眼	扣眼前端为圆形,短线与圆头中间距离表示扣眼大小
29		平头扣眼	扣眼前端为短直线,二短直线间距表示扣眼大小
30		钉　扣	表示钉扣的位置
31	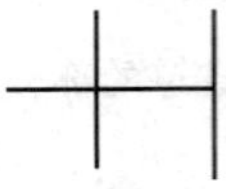	合　位	表示缝合时应对准的部位

表 4（续）

序　号	符号形式	名　称	说　明
32	 (前)　(后)	对位记号	表示相关衣片的两侧作对位记号
33	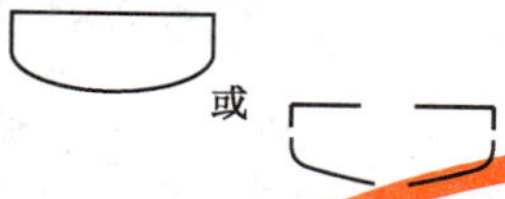	部件安装的部位	表示部件安装的位置
34		串带安装位置	装串带的位置
35	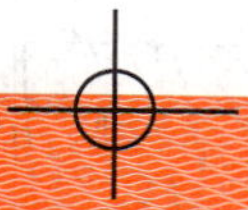	钻眼位置	表示裁剪时需钻眼的位置

5.2　服装制图主要部位代号见附录 B。

5.3　服装纸样标准记号的使用示例参见附录 C。

5.4　在制图中，若使用其他制图符号或非标准符号，应在图纸中用图和文字加以说明。

附 录 A
(资料性附录)
图纸画法示意图

A.1 西服的裁剪图及尺寸标法示例见图 A.1。

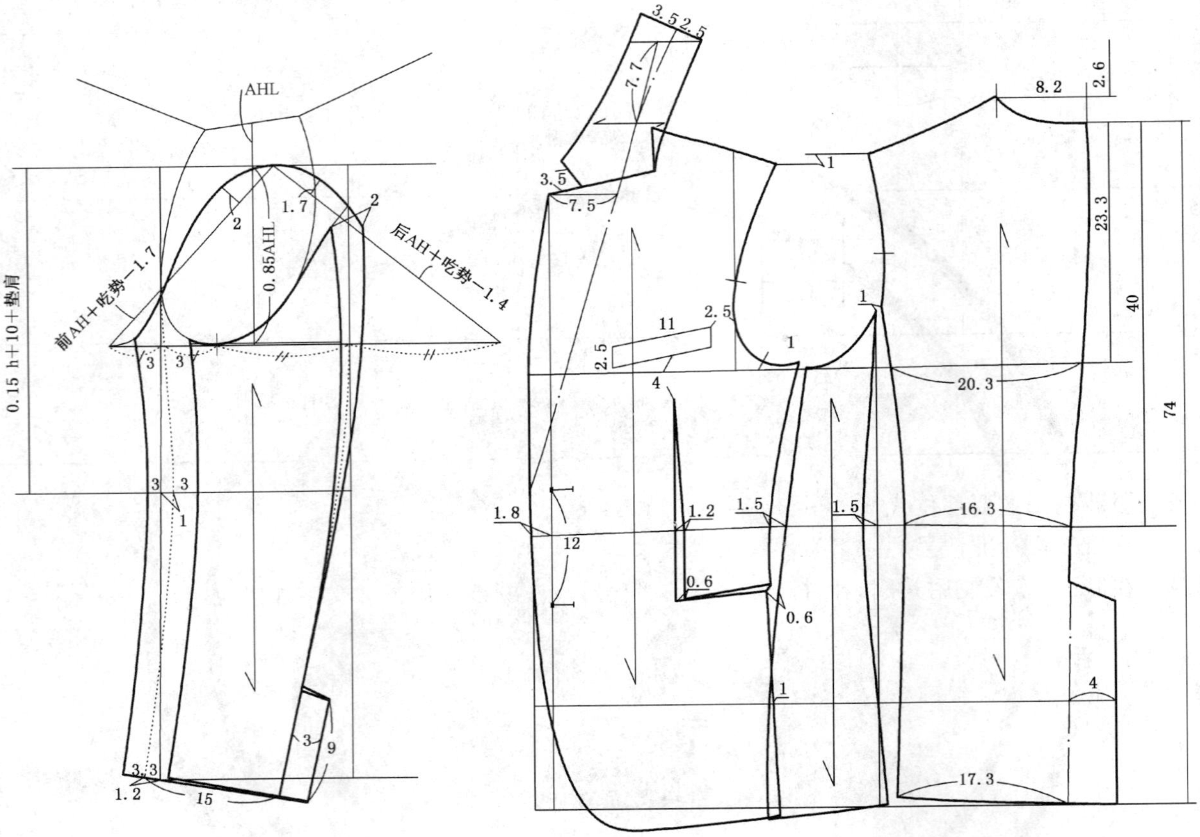

单位				产品			图纸代号		
图名	男西服裁剪图			号型	170/88A	成品规格			
				体型		部位	单位(cm)	部位	单位(cm)
设计		日期		比例	1:4	后衣长	74		
制图		日期		面料		袖长	58.5		
描图		日期		辅料		胸围	104		
校对		日期				总肩宽	45		
审定		日期				背长	40		
						腰臀差	18		
						袖口	15		

图 A.1

A.2 男长裤的裁剪图及尺寸标法示例见图 A.2。

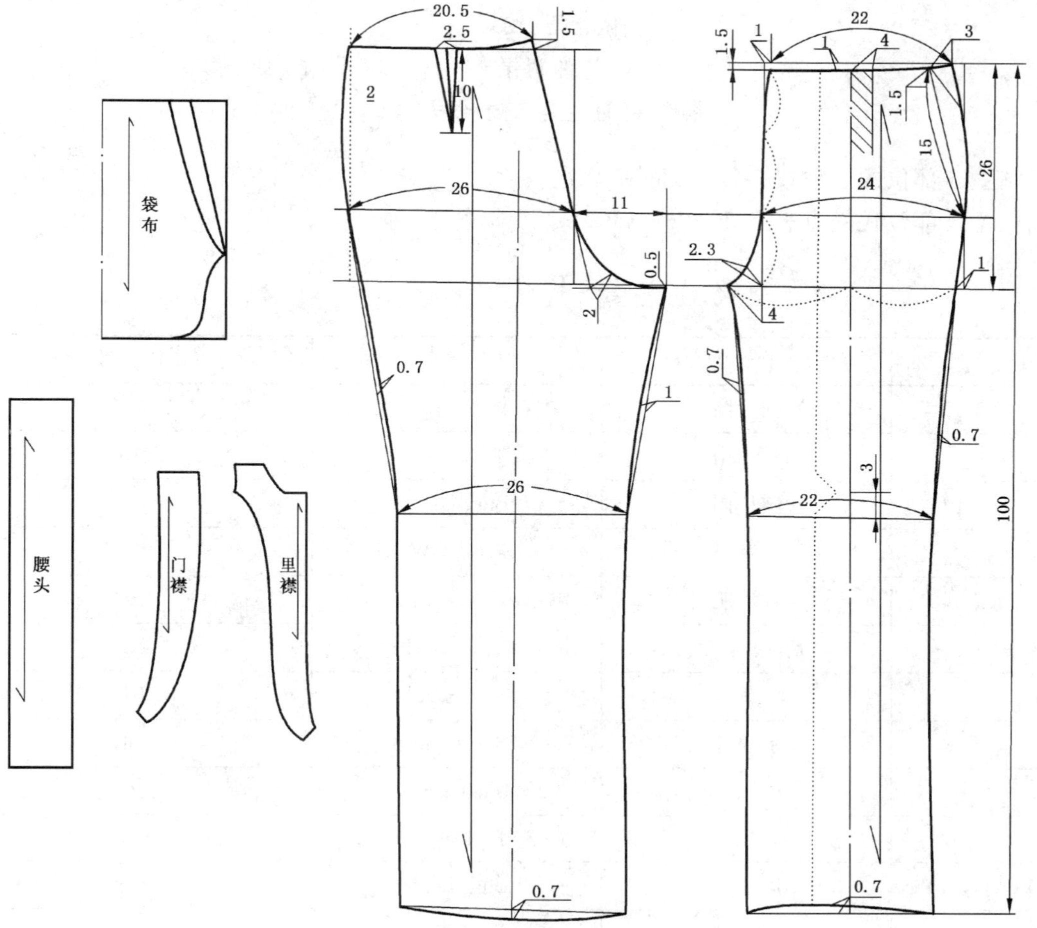

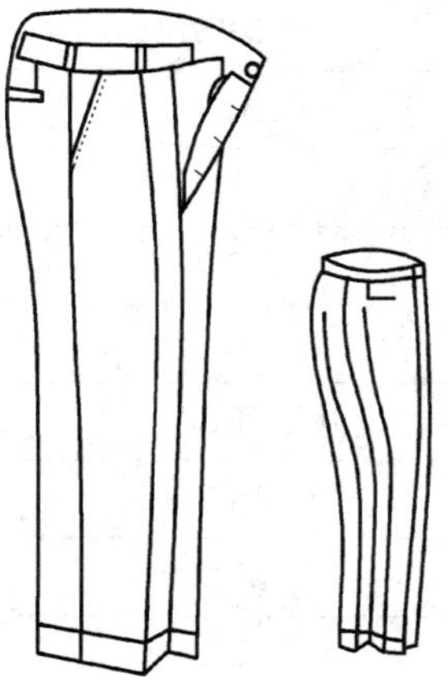

单位				产品			图纸代号		
图名	男西裤裁剪图			号型	170/74A	成品规格			
				体型		部位	单位(cm)	部位	单位(cm)
设计		日期		比例	1:4	裤长	103		
制图		日期		面料		腰围	72		
描图		日期		辅料		臀围	100		
校对		日期				直裆	29		
审定		日期							

图 A.2

附 录 B
（规范性附录）
服装制图主要部位代号

B.1 服装制图主要部位的名称按 GB/T 15557 规定。

B.2 服装制图主要部位代号见表 B.1。

表 B.1

序号	中 文	英 文	代 号
1	袖 窿	Arm Hole	AH
2	袖 山	Arm Top	AT
3	胸 围	Bust Girth	B
4	后背宽	Back Bust Width	BBW
5	袖 肥	Bicpes Circumference	BC
6	后中心线	Back Center Line	BCL
7	底领高	Band Height	BH
8	后衣长	Back Length	BL
9	胸围线	Bust Line	BL
10	颈后点	Back Neck Point	BNP
11	胸 点	Bust Point	BP
12	后 裆	Back Rise	BR
13	后腰节长	Back Waist Length	BWL
14	上裆(股上)长	Crotch Depth	CD
15	上胸围线	Chest Line	CL
16	袖 口	Cuff Width	CW
17	肘 长	Elbow Length	EL
18	肘 线	Elbow Line	EL
19	前胸宽	Front Bust Width	FBW
20	前中心线	Front Center Line	FCL
21	前衣长	Front Length	FL
22	颈前点	Front Neck Point	FNP
23	前 裆	Front Rise	FR
24	前腰节长	Front Waist Length	FWL
25	臀 围	Hip Girth	H
26	臀围线	Hip Line	HL
27	头 围	Head Size	HS
28	股下长	Inside Length	IL

表 B.1（续）

序号	中　文	英　文	代　号
29	膝盖线	Knee Line	KL
30	长　度	Length	L
31	中臀围线	Middle Hip Line	MHL
32	领　围	Neck Girth	N
33	领围线	Neck Line	NL
34	横肩宽	Shoulder	S
35	脚　口	Slacks Bottom	SB
36	裙　摆	Skirt Hem	SH
37	袖　长	Sleeve Length	SL
38	颈肩点	Side Neck Point	SNP
39	肩端点	Shoulder Point	SP
40	翻领宽	Top Collar Width	TCW
41	下胸围线	Under Burst Line	UBL
42	腰　围	Waist Girth	W
43	腰围线	Waist Line	WL

B.3　服装制图其他部位代号见 GB/T 16160。

附 录 C
（资料性附录）
服装纸样标准记号的使用示例

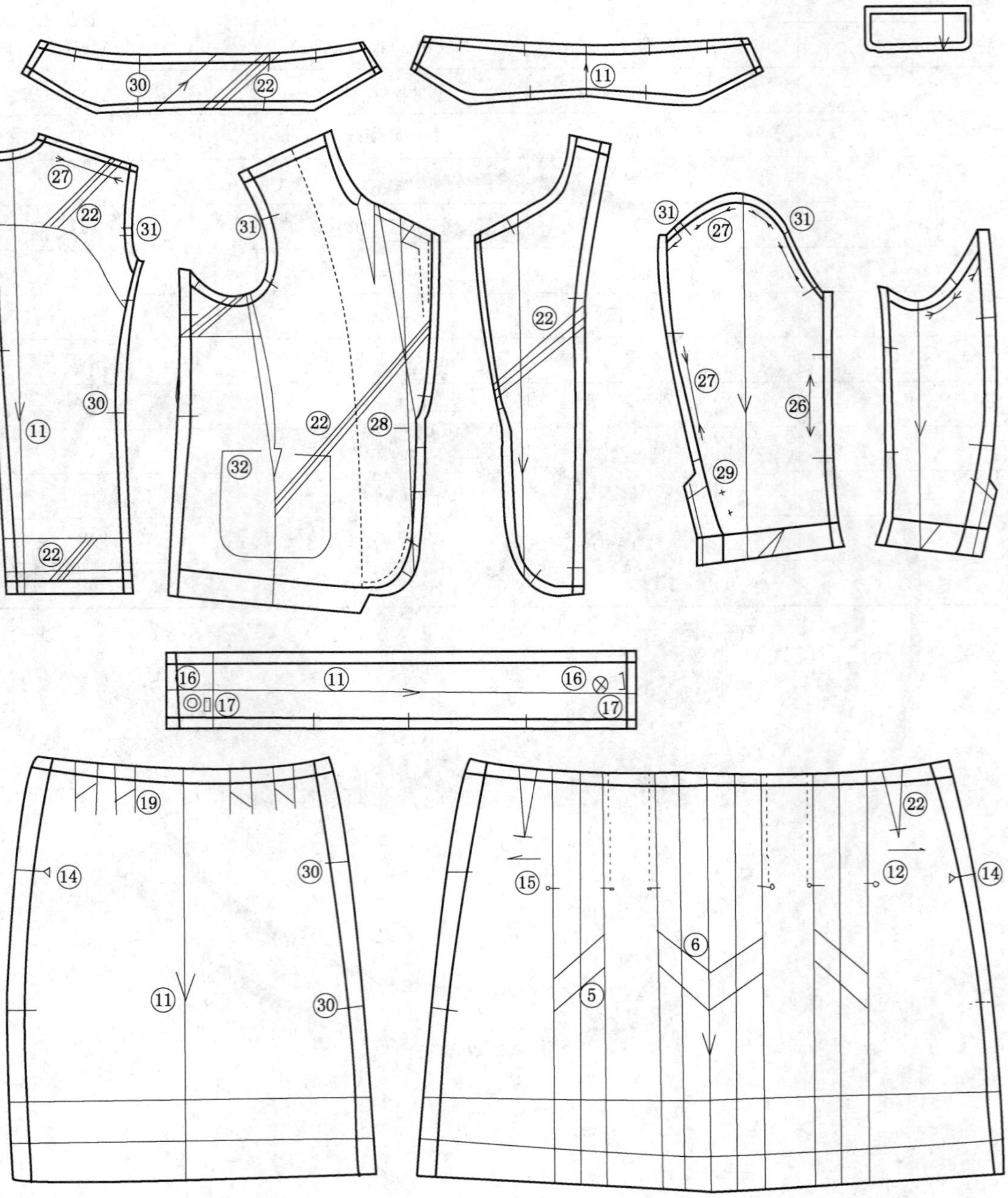

图 C.1

ICS 59.080.30
W 04

中华人民共和国国家标准

GB/T 29864—2013

纺织品　防花粉性能试验方法　气流法

Textiles—Test method for pollenproof property—Air suction

2013-11-12 发布　　2014-05-01 实施

中华人民共和国国家质量监督检验检疫总局
中国国家标准化管理委员会　发布

前 言

本标准按照 GB/T 1.1—2009 给出的规则起草。

本标准由中国纺织工业联合会提出。

本标准由全国纺织品标准化技术委员会基础标准分技术委员会(SAC/TC 209/SC 1)归口。

本标准起草单位:上海出入境检验检疫局、上海爱丽服装检验修理有限公司。

本标准主要起草人:陆维民、何秀玲、费静、刘敏华、梁国斌。

纺织品　防花粉性能试验方法　气流法

1　范围

本标准规定了采用气流吸引法测定纺织品防花粉性能的方法。

本标准适用于口罩织物及其制品。

2　规范性引用文件

下列文件对于本文件的应用是必不可少的。凡是注日期的引用文件，仅注日期的版本适用于本文件。凡是不注日期的引用文件，其最新版本(包括所有的修改单)适用于本文件。

GB/T 6529　纺织品　调湿和试验用标准大气

GB/T 8170　数值修约规则与极限数值的表示和判定

3　术语和定义

下列术语和定义适用于本文件。

3.1

防花粉性能　pollenproof property

口罩织物及其制品防止花粉颗粒透过的性能，以花粉透过百分率表示。

4　原理

对织物施加气流吸引作用使花粉透过织物落在滤纸上，根据气流吸引前后滤纸的质量变化计算花粉透过率，以此表征织物的防花粉性能。

5　设备和材料

5.1　花粉透过率试验仪，由吸气泵、流量计和螺丝型过滤器组成(参见图1)，应符合下列要求：

——吸气泵最大吸引压力为27 kPa；

——流量计范围为3 L/min～30 L/min；

——螺丝型过滤器由塑料漏斗、过滤片和无底玻璃瓶组成，漏斗直径25 mm，上端侧壁有一约5 mm宽的纵向切口。过滤片放在漏斗内底部，直径约23 mm，可有效阻止粒径小于10 μm的微粒通过，但不妨碍气流流通。无底玻璃瓶可倒置旋紧在漏斗内。为防止气体泄漏，可在漏斗内部放入橡胶密封垫圈。

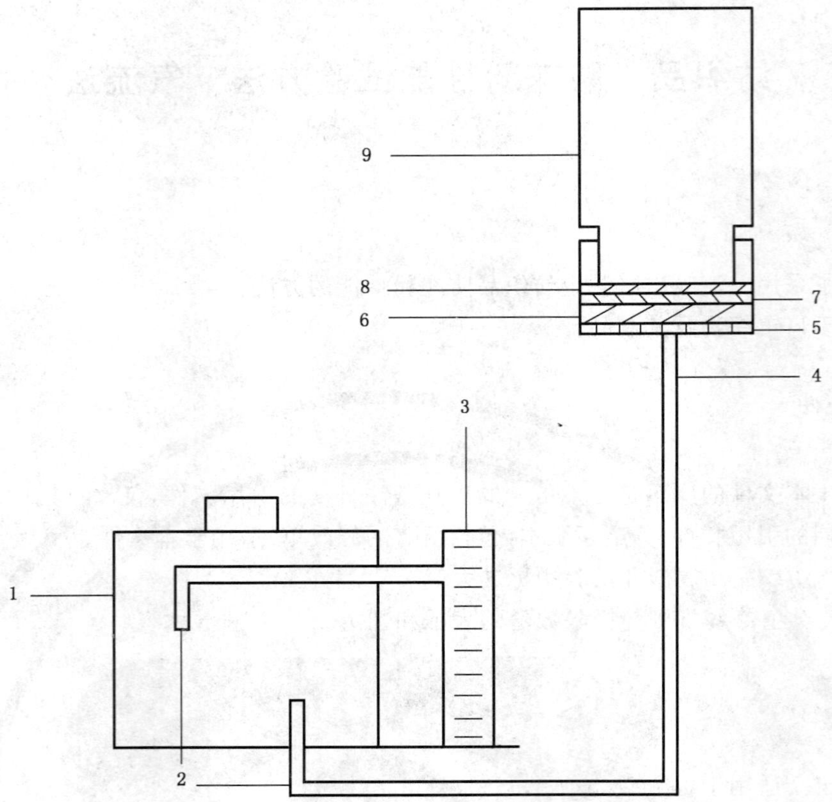

说明：

1——吸气泵；

2——橡胶管；

3——流量计；

4——漏斗；

5——密封垫圈；

6——过滤片；

7——滤纸；

8——试样；

9——无底玻璃瓶。

图 1 花粉透过率试验仪示例图

5.2 定量分析滤纸：孔径应小于试验用花粉的粒径，使得花粉不能透过滤纸，但不妨碍气流流通。

5.3 分析天平：精度 0.000 1 g 或以上。

5.4 不锈钢镊子。

5.5 试验用花粉：使用花粉成分分析标准物质(CRM Pollen)，编号 GBW10026(GSB-17)，使用前需烘干。烘干温度和时间参照花粉标准物质要求，推荐温度为 60 ℃，时间一般为 4 h。可按照实际需求采用其他花粉进行试验，但需在报告中注明。

6 试样准备和调湿

6.1 样品应具有代表性。从每个样品上至少剪取三块试样，每块试样直径为 25 mm，同时准备三块与试样尺寸相同的滤纸。试样可以是单层或多层，可根据相关产品标准规定或客户要求协商确定，但需在报告中注明。

6.2 试样和滤纸按照 GB/T 6529 规定进行调湿。

6.3 试验在 GB/T 6529 规定的标准大气条件下进行。

7 程序

7.1 准确称量滤纸(5.2)质量 m_1,精确到 0.000 1 g 或以上。

7.2 将试样正面朝上放在滤纸上后,称取试验用花粉(5.5)(0.050±0.001) g,精确到 0.000 1 g 或以上,将其均匀洒在试样表面,形成组合试样。采用筛网可获得花粉均匀的效果。操作时实验人员应戴上防护口罩。

7.3 打开花粉试验机吸气泵,调节吸气流量为 20 L/min,稳定运行 30 s 后关闭。

7.4 用镊子将组合试样通过漏斗侧壁切口放在过滤片上,然后将无底玻璃瓶倒置旋紧在漏斗内,将试样压紧。

7.5 打开吸气泵,对组合试样连续施加气流吸引 1 min 后,关闭吸气泵。

7.6 用镊子通过漏斗侧壁切口将组合试样从过滤片上取下,轻轻地将试样和滤纸分离开,再次称量吸气后的滤纸质量 m_2,精确到 0.000 1 g 或以上。

8 结果计算

按式(1)计算试样的花粉透过率,结果按 GB/T 8170 修约至小数点后一位数字,以三块试样花粉透过率的平均值作为试验结果。

$$T=\frac{(m_2-m_1)}{m_0}\times 100\% \qquad \cdots\cdots(1)$$

式中:

T ——花粉透过率,%;

m_0 ——花粉质量,单位为克(g);

m_1 ——滤纸质量,单位为克(g);

m_2 ——滤纸及其上花粉的总质量,单位为克(g)。

9 试验报告

试验报告应包括以下内容:

a) 本标准的编号;

b) 样品的描述;

c) 试验用花粉的描述;

d) 试样数量和层数;

e) 样品的花粉透过率;

f) 试验人员和实验日期;

g) 任何偏离本标准的细节。

ICS 59.080.01
W 04

中华人民共和国国家标准

GB/T 29865—2013

纺织品 色牢度试验 耐摩擦色牢度 小面积法

Textiles—Tests for colour fastness—Colour fastness to rubbing—Small areas

(ISO 105-X16:2001,Textiles—Tests for colour fastness—Part X16:Colour fastness to rubbing—Small areas,MOD)

2013-11-12 发布 2014-05-01 实施

中华人民共和国国家质量监督检验检疫总局
中国国家标准化管理委员会 发布

前　言

本标准按照 GB/T 1.1—2009 给出的规则起草。

本标准使用重新起草法修改采用 ISO 105-X16:2001《纺织品　色牢度试验　第 X16 部分:耐摩擦色牢度　小面积法》。本标准与 ISO 105-X16:2001 的主要差异如下:

——删除了国际标准中的前言;

——规范性引用文件中的国际标准替换为相应的国家标准,其中 GB/T 7568.2 替代了 ISO 105-F09;

——修改了 4.2 摩擦布的要求;

——在 4.3 的注中增加了砂纸规格;

——在 6.1 中增加了夹持试样的描述;

——将 6.2 中“取下摩擦布并调湿”修改为“取下摩擦布”;

——增加了 6.3 的注 2;

——第 8 章试验报告中增加了 e)项和 f)项要求。

本标准由中国纺织工业联合会提出。

本标准由全国纺织品标准化技术委员会基础标准分技术委员会(SAC/TC 209/SC 1)归口。

本标准主要起草单位:福建省纤维检验局、中纺标(北京)检验认证中心有限公司、福建华冠针纺织有限公司、冠宏股份有限公司。

本标准主要起草人:斯颖、杨瑜榕、龚时伟、陈新民。

纺织品　色牢度试验
耐摩擦色牢度　小面积法

1　范围

本标准规定了纺织品耐摩擦色牢度的试验方法，其被测试面积小于 GB/T 3920 的试验面积。

本标准包括两种试验，一种使用干摩擦布，另一种使用湿摩擦布。

2　规范性引用文件

下列文件对于本文件的应用是必不可少的。凡是注日期的引用文件，仅注日期的版本适用于本文件。凡是不注日期的引用文件，其最新版本(包括所有的修改单)适用于本文件。

GB/T 251　纺织品　色牢度试验　评定沾色用灰色样卡(GB/T 251—2008，ISO 105-A03：1993，IDT)

GB/T 6151　纺织品　色牢度试验　试验通则(GB/T 6151—1997，eqv ISO 105-A01：1994)

GB/T 6529　纺织品　调湿和试验用标准大气(GB/T 6529—2008，ISO 139：2005，MOD)

GB/T 7568.2　纺织品　色牢度试验　标准贴衬织物　第 2 部分：棉和粘胶纤维

3　原理

将纺织试样分别与一块干摩擦布和一块湿摩擦布作旋转式摩擦，用沾色用灰色样卡评定摩擦布沾色程度。该方法专用于小面积印花或染色的纺织品耐摩擦色牢度试验，其被测试面积小于 GB/T 3920 的试验面积。

4　设备和材料

4.1　耐摩擦色牢度试验仪，有一直径为(25±0.1)mm 的摩擦头，作正反方向交替旋转运动。摩擦头安装在可垂直加压的杆上，向下施加的压力为(11.1±0.5)N，旋转角度为(405±3)°。摩擦头的另一可选直径为(16±0.1)mm，具有同样的压力。

注：也可使用与 4.1 中仪器测得结果相同的其他仪器。本方法与 GB/T 3920 结果之间的相关性是未知的。

4.2　摩擦布，符合 GB/T 7568.2 中规定的棉标准贴衬织物，剪取边长为(50±2)mm 的正方形，用于 4.1 规定的摩擦头。

4.3　耐水细砂纸，或不锈钢丝直径为 1 mm、网孔宽约为 20 mm 的金属网。

注：宜注意到使用的金属网或砂纸的特性，在其上放置纺织试样试验时，可能会在试样上留下印迹，这会造成错误评级。对纺织织物优先选用砂纸进行试验，可参考使用 600 目氧化铝耐水细砂纸。

4.4　评定沾色用灰色样卡，符合 GB/T 251。

注：需定期对试验操作和设备进行核查，并作好记录。一般使用内部已知试样，做 3 次干摩擦试验。

5　试样

5.1　对于织物样品，需准备尺寸不小于 25 mm×25 mm 的试样。若试验精度要求更高，可增加试样数量。

5.2 对于纱线样品，将其编织成织物，所取试样尺寸不小于25 mm×25 mm，或将纱线平行缠绕在适宜尺寸的纸板上，并使纱线在纸板上均匀地铺成一层。

5.3 在试验前，将试样和摩擦布(4.2)放置在GB/T 6529规定的标准大气下进行调湿。

5.4 为得到最佳的试验结果，宜在GB/T 6529规定的标准大气下进行试验。

6 程序

6.1 通则

移开试验仪(4.1)的垂直加压杆，将试样夹持在试验仪的底板上，在底板和试样之间放一块金属网或耐水细砂纸(4.3)，以减少试样在摩擦过程中发生移动。摩擦布(4.2)被固定在垂直加压杆末端的摩擦头上，将垂直加压杆复原到操作位置上，使试样的摩擦区域与摩擦头上的摩擦布相接触，垂直加压杆向下的压力为(11.1±0.5)N。

取2块试样，分别用于干摩擦试验和湿摩擦试验。

6.2 干摩擦

将调湿后的摩擦布(见4.2和5.3)平整地固定在摩擦头上，使垂直加压杆作正向和反向转动摩擦共40次，摩擦20个循环，转速为每秒1个循环。取下摩擦布。

6.3 湿摩擦

称量调湿后的摩擦布，将其完全浸入蒸馏水中，取出并去除多余水分后，重新称量，以确保摩擦布的带液率为95%～100%，然后按6.2操作。

注1：当摩擦布的带液率会严重影响评级时，可以采用其他带液率。例如常采用的带液率为(65±5)%。

注2：用可调节的轧液装置或其他适宜装置调节摩擦布的带液率。

6.4 干燥

将湿摩擦布晾干。

7 评定

7.1 去除摩擦布表面上可能影响评级的多余纤维。

7.2 评定时，在每个被评摩擦布的背面放置三层摩擦布。

7.3 在适宜的光源下，用评定沾色用灰色样卡(4.4)评定摩擦布的沾色级数(见GB/T 6151)。

注：旋转摩擦试验仪通常会使摩擦布沾色部位的边缘附近比中心部位沾色严重，可能会使评定摩擦布沾色级数较为困难。

8 试验报告

试验报告应包括下列内容：

a) 本标准的编号；

b) 试验是干摩擦还是湿摩擦，如为湿摩擦，则说明带液率；

c) 每个试样的沾色级数；

d) 对试样和摩擦布的调湿时间，以及试验大气条件；

e) 试验所用摩擦头、金属网或耐水细砂纸及其规格；

f) 任何与本标准的偏离。

参 考 文 献

[1] GB/T 3920 纺织品 色牢度试验 耐摩擦色牢度

ICS 59.080.30
W 04

中华人民共和国国家标准

GB/T 29866—2013

纺织品 吸湿发热性能试验方法

Textiles—Test method for heat generating by moisture absorption properties

2013-11-12 发布 2014-05-01 实施

中华人民共和国国家质量监督检验检疫总局
中国国家标准化管理委员会 发布

前　言

本标准按照 GB/T 1.1—2009 给出的规则起草。

本标准由中国纺织工业联合会提出。

本标准由全国纺织品标准化技术委员会基础标准分技术委员会(SAC/TC 209/SC 1)归口。

本标准起草单位:上海出入境检验检疫局、国家针织产品质量监督检验中心、上海爱丽服装检验修理有限公司。

本标准主要起草人:陆维民、袁志磊、刘芳、梁国斌、刘凤荣、单丽娟。

纺织品　吸湿发热性能试验方法

1　范围

本标准规定了纺织品吸湿发热性能的试验方法。

本标准适用于各类纺织品及其制品。

2　规范性引用文件

下列文件对于本文件的应用是必不可少的。凡是注日期的引用文件，仅注日期的版本适用于本文件。凡是不注日期的引用文件，其最新版本(包括所有的修改单)适用于本文件。

GB/T 6529　纺织品　调湿和试验用标准大气

GB/T 8170　数值修约规则与极限数值的表示和判定

GB/T 9995　纺织材料含水率和回潮率的测定　烘箱干燥法

3　术语和定义

下列术语和定义适用于本文件。

3.1

吸湿发热性能　heat generating by moisture absorption property

纤维大分子的极性基团吸引环境中的水分子并与之结合，水分子的动能转化为热能，使试样温度升高的性能。

4　原理

干燥试样置于一定温湿度的试验箱中，试样因吸湿致温度发生变化，记录一定时间内试样随时间的温度变化，以最大温度变化值和平均温度变化值表征吸湿发热性能。

5　仪器设备

5.1　恒温恒湿试验箱

5.1.1　试验箱内配备温湿度传感器和测量装置，箱内温度为(20±0.5)℃，相对湿度为(90±3)%。

5.1.2　试验箱内具有稳定的循环气流速度为 0.3 m/s～0.5 m/s。

5.1.3　试验箱放置在 GB/T 6529 规定的标准大气环境中。

5.2　温度传感器及温度记录仪

传感器精度为 0.1 ℃，其表面应能与试样充分接触，但避免使试样拉伸。

5.3　密闭容器

大小应适合放置试样。

5.4 烘箱

能保持温度为(105±2)℃。

5.5 干燥器

装有变色硅胶,放置在GB/T 6529规定的标准大气环境中。

6 试样的准备

6.1 每个样品至少剪取0.5 m以上的全幅织物,取样时避开布端2 m以上,如为制品,至少取一个单元。

6.2 试样的剪取应具有代表性,应避开疵点、褶皱,距布边至少1/10幅宽,保证试样均匀分布在样品上。每块试样不应包含相同的经(直向)纱和纬(横向)纱。

6.3 每个样品制备3个组合试样,每个组合试样由两块60 mm×100 mm的试样组成,试样反面相贴合,沿三边缝合成一袋状插入口,形成一个组合试样,缝合线应与织物的长度或宽度方向平行,采用涤纶缝纫线平缝,针迹密度为8针/2 cm~9针/2 cm。如图1所示。

单位为毫米

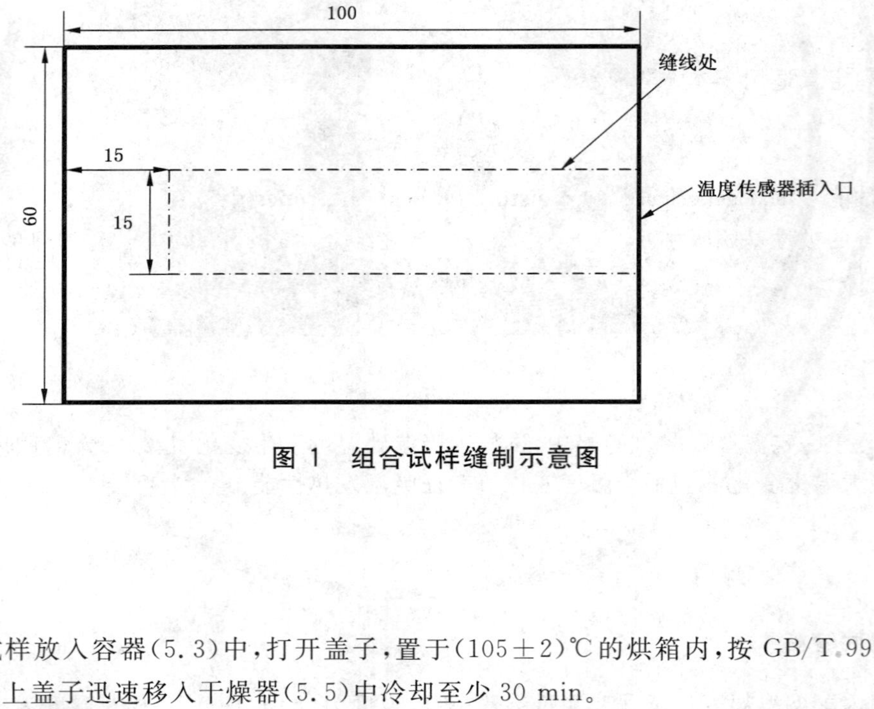

图1 组合试样缝制示意图

7 试验步骤

7.1 将组合试样放入容器(5.3)中,打开盖子,置于(105±2)℃的烘箱内,按GB/T 9995规定烘至恒重。干燥后,盖上盖子迅速移入干燥器(5.5)中冷却至少30 min。

7.2 将冷却后装有试样的密闭容器(7.1)置于已达到规定试验条件的试验箱(5.1)内,平衡至少30 min。

7.3 开启温度记录仪,在20 s内,从密闭容器内取出3个组合试样,分别插入三个传感器,测试三个试样的温度,另一个未插试样的传感器测试箱内温度,作为空白值。传感器应垂直于水平面放置,试样之间避免重叠,试样的摆放距离箱内壁至少100 mm。

7.4 记录30 min内,间隔1 min试样的温度和空白温度。

8 结果的计算和表示

8.1 时间点温度变化值按式(1)计算。

$$\Delta T_i = T_i - T_{i0} \quad \cdots\cdots(1)$$

式中：

T_i ——某个时间点的试样温度值，单位为摄氏度(℃)；

T_{i0}——某个时间点的空白温度值，单位为摄氏度(℃)。

8.2 单个试样平均温度升高值按式(2)计算。

$$\overline{\Delta T} = \frac{\sum_{i=1}^{30} \Delta T_i}{30} \quad \cdots\cdots(2)$$

式中：

$\overline{\Delta T}$ ——30 min 内试样平均温度升高值，单位为摄氏度(℃)；

ΔT_i ——某个时间点的温度升高值，单位为摄氏度(℃)。

8.3 试验结果以三块试样的平均值表示，结果按 GB/T 8170 修约至一位小数。

9 试验报告

试验报告应包括以下内容：

a) 本标准的编号和试验的日期；

b) 样品描述；

c) 试验结果最大温度升高值、平均温度升高值；

d) 如果需要，绘制温度-时间曲线；

e) 任何偏离本标准的细节。

ICS 59.080.30
W 04

中华人民共和国国家标准

GB/T 29867—2013

纺织品 针织物 结构表示方法

Textiles—Knitted fabrics—Representation and pattern design

(ISO 23606:2009,MOD)

2013-11-12 发布

2014-05-01 实施

中华人民共和国国家质量监督检验检疫总局
中国国家标准化管理委员会 发布

前　言

本标准按照 GB/T 1.1—2009 给出的规则起草。

本标准使用重新起草法修改采用 ISO 23606:2009《纺织品　针织物　结构表示方法》。本标准与 ISO 23606:2009 相比有如下差异:

——在 3.3.2 编织图的定义及示例中,增加了符号"|"形成的线阵表示。

——在 3.4 符号说明的编织图中,增加了"线阵"一列。

——对 3.4.14 的意匠图和 3.4.15 的线圈结构图、编织图和意匠图进行了修改。

本标准由中国纺织工业联合会提出。

本标准由全国纺织品标准化技术委员会基础标准分技术委员会(SAC/TC 209/SC 1)归口。

本标准起草单位:天津工业大学、浪莎针织有限公司、坚持我的服饰(杭州)有限公司、常熟市金龙机械有限公司、北京铜牛集团有限公司、吉林省东北袜业纺织工业园发展有限公司、天津开发区金衫包装制品有限公司、纺织工业标准化研究所。

本标准主要起草人:李津、宋广礼、王晓云、刘爱莲、李锡伯、漆小瑾、金永良、田中君、廖忠华、王欢。

纺织品　针织物　结构表示方法

1　范围

本标准规定了采用不同类型符号或图形表示针织物结构的方法。

本标准规定的表示方法并不是唯一的表示方法。

2　术语和定义

下列术语和定义适用于本文件。

2.1

针织物　knitted fabrics

至少一组纱线系统形成线圈，且彼此相互串套形成的一类织物的总称。

[GB/T 5708—2001，定义 2.1]

注：针织机分类参见 GB/T 6002.9。

2.2

纬编针织物　weft-knitted fabrics

纱线沿纬向喂入编织形成线圈的针织物。

[GB/T 5708—2001，定义 2.2]

注 1：纬编针织物的特点是，喂入的每根纬向纱线基本与织物生产的方向垂直。

注 2：纬编针织物在平型或圆型纬编针织机上进行编织，纬编机分类参见 GB/T 6002.9。

2.3

经编针织物　warp-knitted fabrics

纱线沿经向喂入编织形成线圈的针织物。

[GB/T 5708—2001，定义 2.3]

注 1：经编针织物的特点是，喂入的每根经向纱线基本与织物生产方向平行。

注 2：经编针织物在平型或圆型经编针织机上进行编织，经编机分类参见 GB/T 6002.9。

注 3：缝编织物属于特殊变化的经编针织物，可在配置缝编复合针的平型经编机上进行编织，平型经编机参见 ISO 8640-4。

3　纬编针织物

3.1　表示方法

编号	术语	定义和示例
3.1.1	线圈结构图	用二维线条表示针织物结构中的纱线路径图。 示例：单面织物（工艺反面） 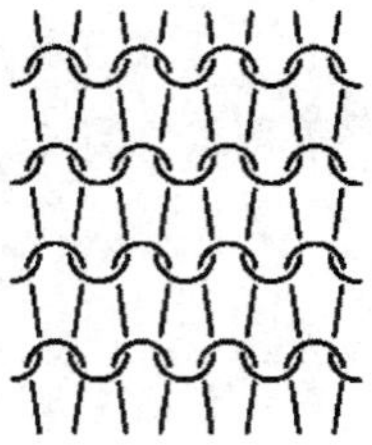

编号	术语	定义和示例
3.1.2	织物结构示意图	用特定的图示或符号在意匠纸上表示针织物的一种图示法。 注：它可分为意匠图(3.1.2.1)和工艺图(3.1.2.2)。
3.1.2.1	意匠图	用图形表示针织物结构和花型的一种方法。
3.1.2.2	工艺图	针织物组织的符号表示方法，按照从下到上的编织顺序绘制。 注1：工艺图可以是在意匠纸上的二维表示方法，也可以是在点纸上的线型表示方法。 注2：工艺图又可分为结构图(3.1.2.2.1)和编织图(3.1.2.2.2)。
3.1.2.2.1	结构图	用符号表示针织物结构的方法。
3.1.2.2.2	编织图	用符号表示针织物编织过程的方法。

3.2 表示方法的基本原则

3.2.1 针织物的表示方法可以同时或分别使用。其织物结构可根据针织物组织或生产方法用结构图或编织图来表示。

3.2.2 根据织物自下到上的纱线编织顺序绘制织物结构示意图。编织图可从前针床的左边织针开始到后针床的右边织针结束。对于带有长短针的针织机，由前针床或下针的第一枚长针开始。

3.2.3 工艺图为每种组织及其变化提供了表示方法。通过将基本花型单元放在意匠图区域的左下角，在意匠图的其他区域只画上由基本花型变化而来的组织，可以简化意匠图(即简略表示方法)。如果这样不能确定，则应采用完整表示方法。

3.2.4 工艺图的每一横行等同于织物的一个横列。

3.2.5 有些织物，如衬垫织物的编织图需要多行来表示织物的一个横列。

3.2.6 在移圈组织的意匠图中，在移圈线圈的旁边用一个相应的符号来表示织物的工艺正面和工艺反面。

3.2.7 织物结构示意图中，某一横列的辅助说明应标在右边；某一纵行的辅助说明应该标在下面。某个符号的辅助说明应标注在图中该符号的下面。

3.2.8 织物结构示意图中至少应包含一个完整花宽和花高的花型单元，且这个花型单元需标注出来。

3.3 织物结构示意图

3.3.1 意匠图网格的表示方法

编号	术语	定义和示例[a]
3.3.1.1	正方形网格	规则的正方形网格。 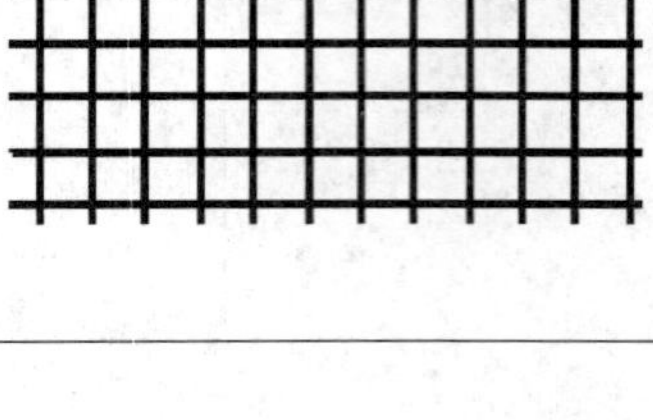

编号	术语	定义和示例[a]
3.3.1.2	横向网格	用长短矩形表示，长短矩形沿横向交替排列，沿纵向平行排列，适用于罗纹类织物。 注：长的矩形用来表示前针床的编织单元或编织过程，短的矩形用来表示后针床的编织单元或编织过程。 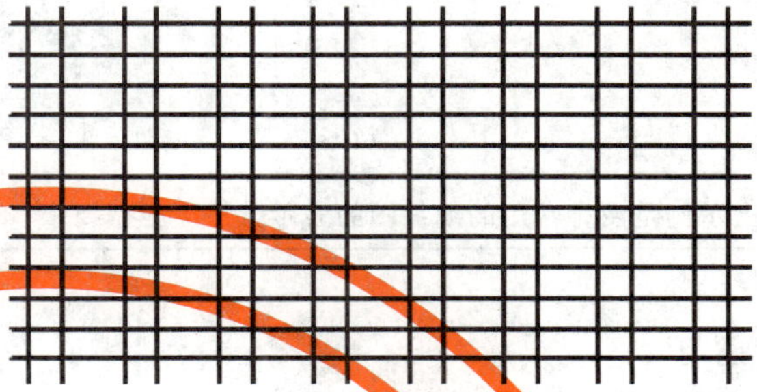
3.3.1.3	纵向网格	同3.3.1.2，但将其旋转90°。用于双罗纹类织物的表示。 注：长的矩形用来表示前针床的编织单元或编织过程，短的矩形用来表示后针床的编织单元或编织过程。 

[a] 以上列举的是三种常用的意匠图网格。根据要求，不同意匠图的线段长度也可不同。

3.3.2 编织图织针的表示方法

编号	术语	定义及示例[a]
3.3.2.1	直线排针图	根据针床上织针的配置情况用平行的符号“·”形成的点阵或平行的符号“|”形成的线阵表示。适用于单面织物、双反面织物和双罗纹类织物。 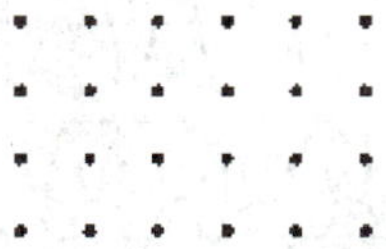 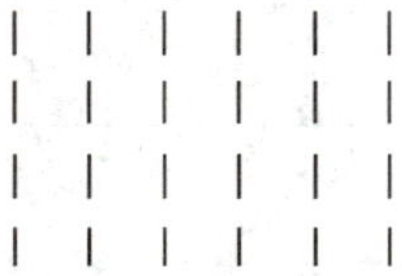

编号	术语	定义及示例[a]
3.3.2.2	交错排针图	根据针床上织针的配置情况用在横向交错的符号“·”形成的点阵或横向交错的符号“|”形成的线阵表示。适用于罗纹类织物。  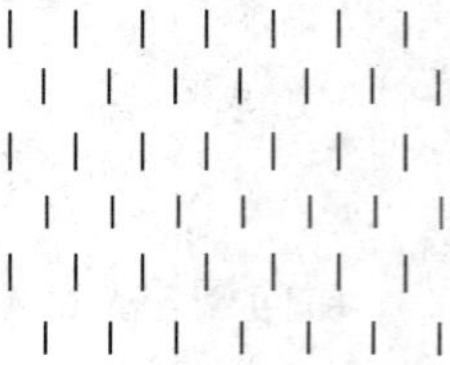
[a] 以上示例是两种常用的编织图的表示方法。根据要求,不同编织图的点距或线距也不同。		

3.4 符号说明

编号	术语	线圈结构图	编织图		意匠图
			点阵	线阵	
3.4.1	空针或休止状态的织针	—	×	×	
3.4.2	成圈 —工艺正面 —工艺反面		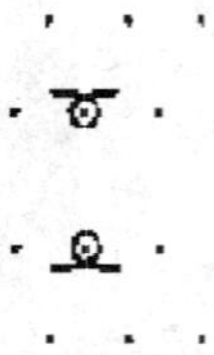	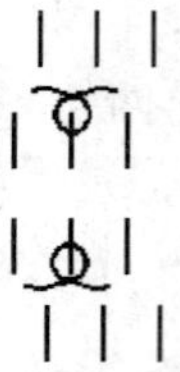	
3.4.3	集圈 —工艺正面 —工艺反面		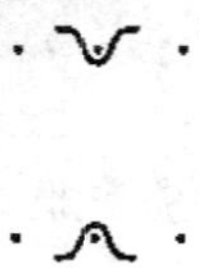	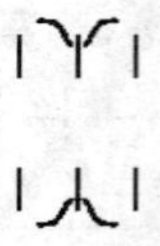	
3.4.4	浮线	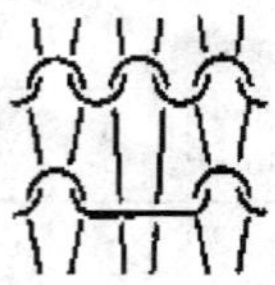			
3.4.5	衬纬	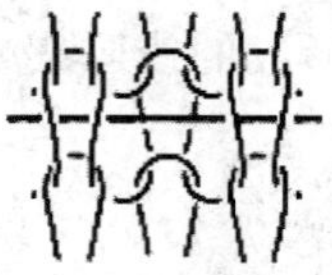	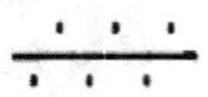	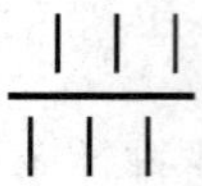	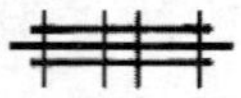
3.4.6	衬经	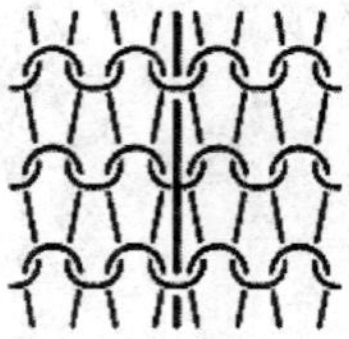			

编号	术语	线圈结构图	编织图		意匠图
			点阵	线阵	
3.4.7	移圈	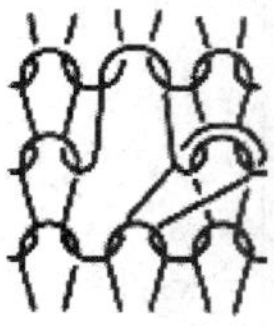	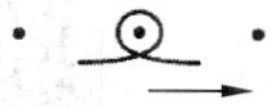	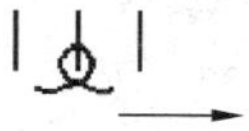	
3.4.8	分针移圈	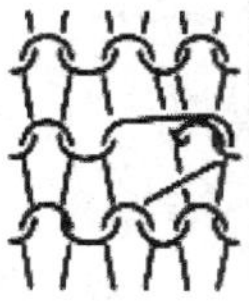	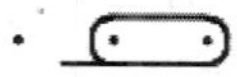	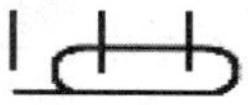	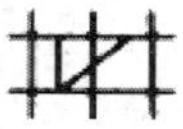
3.4.9	扩圈组织	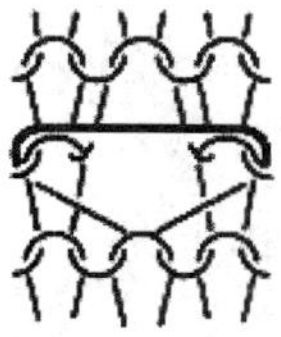	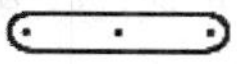	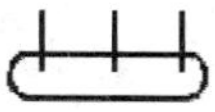	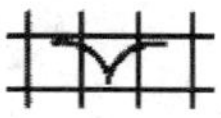
3.4.10	菠萝组织	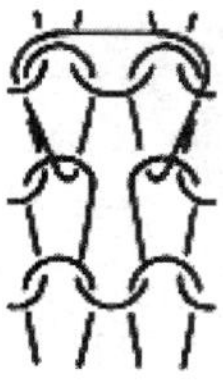			
3.4.11	添纱组织				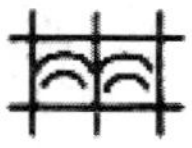
3.4.12	闭口毛圈		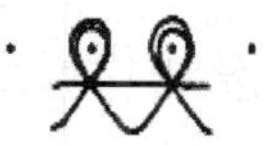		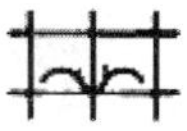
3.4.13	长线圈 —工艺正面 —工艺反面	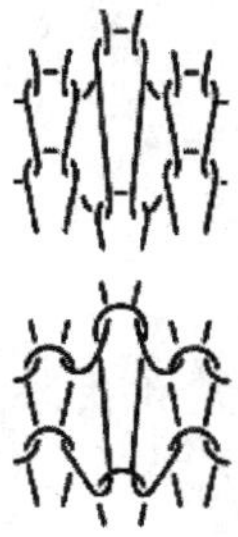	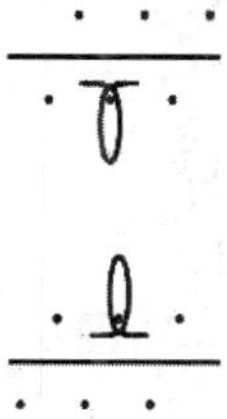		

编号	术语	线圈结构图	编织图		意匠图
			点阵	线阵	
3.4.14	罗纹 1+1				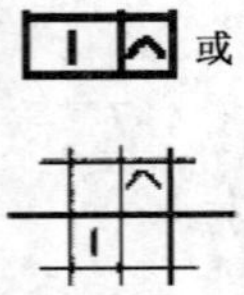
3.4.15	双罗纹		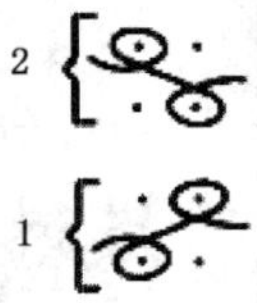	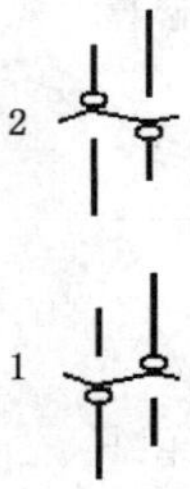	

3.5 辅助符号

3.5.1 针床横移

在交错排针图中,用一个带箭头的线段表示,箭头指向针床横移的方向。线段长度所跨过的针距数表示针床移动所跨过的针距数。垂线表示所移线圈与横移针床的关系(见图 1)。

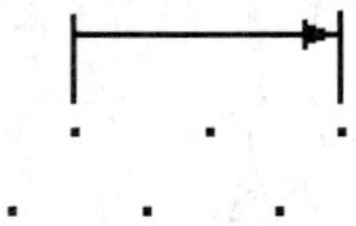

图 1 后针床向右横移 2 个针距

3.5.2 织针位置和状态

竖线代表工作状态的织针。交叉线代表空针或休止状态的织针(见图 2)。

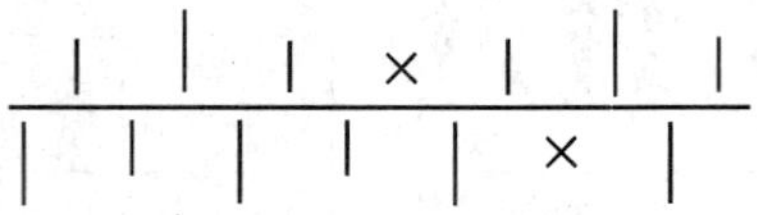

其中:| 长针

| 短针

× 空针或休止状态的织针

图 2 织针位置和状态

4 经编针织物

4.1 表示方法

编号	术语	定义和示例
4.1.1	线圈结构图	用二维线条表示针织物结构中的纱线路径图。 示例：单面经平绒(闭口组织，反向垫纱)。 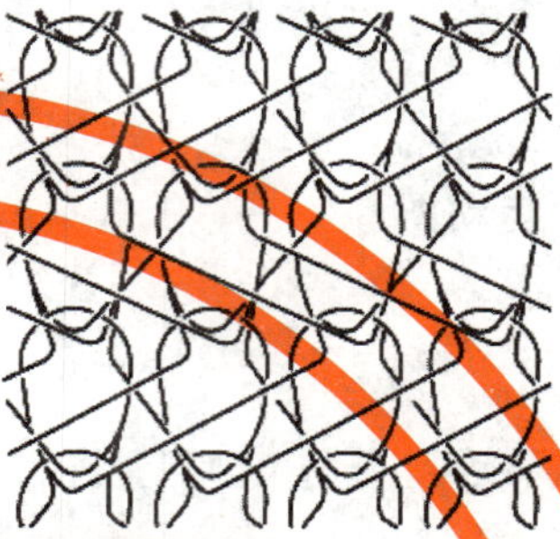
4.1.2	意匠图	经编织物组织的二维表示方法。通常是在规则的方格上用标记(颜色、符号)表示，特别适用于提花组织。 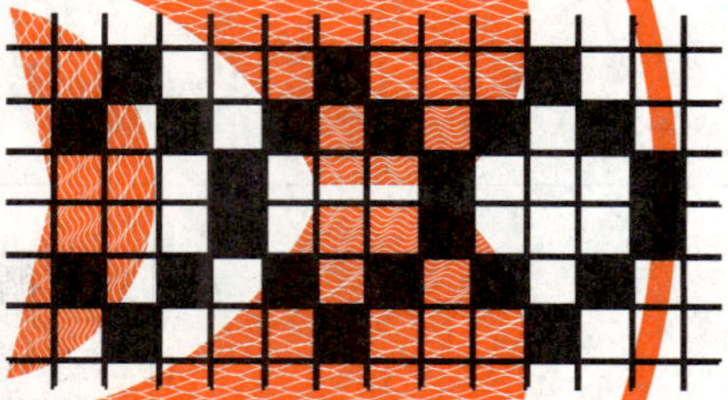
4.1.3	垫纱意匠图	自下而上表示花梳纱线的垫纱运动，地组织多为网眼结构。 注：意匠格只能粗略地表示地组织的结构。 示例 1：四角网眼的垫纱意匠图(如窗帘)。 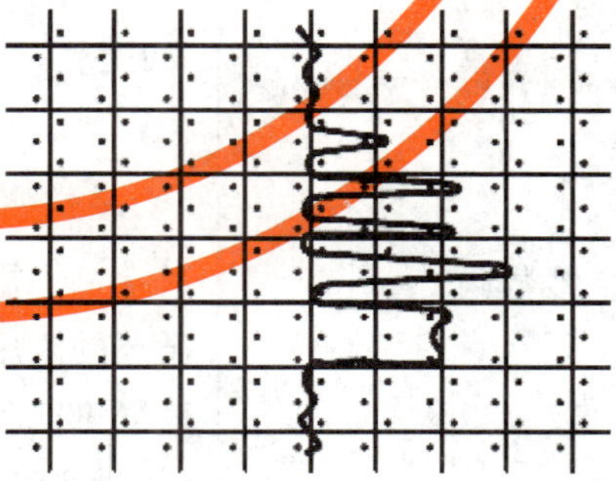 示例 2：六角网眼的垫纱意匠图(如绢网)。 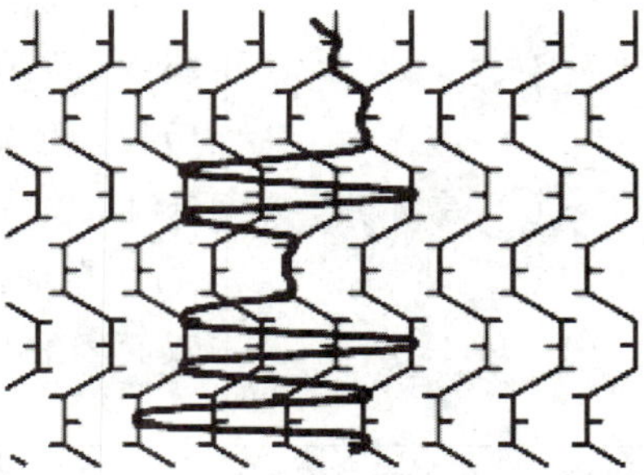

编号	术语	定义和示例
4.1.4	垫纱运动图	在平行点阵排针图上，根据导纱针的垫纱运动规律自下而上画出逐个横列的垫纱运动轨迹。 示例： 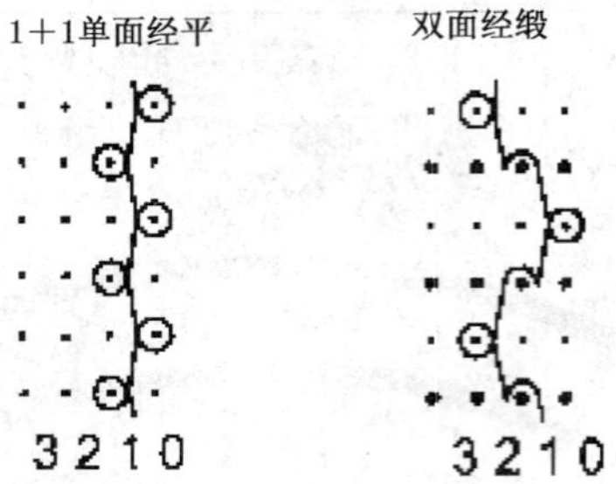 其中：· 前针床(F) · 后针床(B) 注 1：通常是在点阵垫纱图下面的间隙(相当于针间)编号。编号的类型由用于生产的机器决定。按 ISO 8640-3 中的说明，根据梳栉横移机构的位置来决定从左还是从右开始编号。 注 2：对于很多单面结构，当从织物工艺反面观察时，这种表示方法与纱线的运动轨迹大体一致。
4.1.5	垫纱数码	表示一个循环中导纱针围绕织针运动的一列数字，从上往下看，当表示连续运动时，从左向右看。 注：平型经编机的导纱梳栉编号在 FZ/T 90101 中有规定。 示例 1：导纱梳栉 GB1 的垫纱记录 单面经平 GB1: 1 / <u>2</u> / 1 / 0 / = 双面经缎 GB1: F 1 F 2 / 2 1 / B 2 B 1 / <u>3</u> 0 / = 通常每一横列用两个数字表示，在每一横列后有一单横线，每个循环的末尾有一双横线。 根据机器和垫纱情况，垫纱数码可以每横列只用一个数字表示(如衬垫组织结构)，也可以用两个以上的数字表示(如花盘的工作模式为多行程时)。 垫纱数码同样可以从左到右横向书写。在这种情况下，每横列后加一个斜线，每个循环的末尾加双斜线。 示例 2：横向表示的垫纱数码。 1+1 单面经平　　GB1：1—2/1—0// 双面经缎　　GB2：F 1—2—B 2—3/F 2—1—B 1—0//

编号	术语	定义和示例
4.1.6	穿纱图	每把梳栉导纱针中是否穿纱的示意图。 注 1：根据穿纱的不同，穿纱图可以从右或从左开始。 注 2：在每次穿纱动作变换后加斜线，在每次穿纱循环后加双斜线。 示例 1：从右边开始的满穿与空穿示意图。 GB1：满穿　　| | | | | | | | GB2：3空/3穿/1空/1穿//　　| • | | | • • • 其中：|　穿纱 •　空穿 示例 2：使用三种不同的纱线 A B C，从左边开始表示穿纱形式。 GB1：10A/28B/18C//

4.2　表示方法和命名的基本原则

4.2.1　根据结构和加工方法，应选择能够清晰表示织物组织结构的方式。为此，几种表示方法可单独或同时使用。

4.2.2　对于多梳栉结构，最好采用垫纱运动图、垫纱数码和穿纱图表示。每把梳栉的垫纱运动图(至少一根纱线)应从下向上画。

4.2.3　组织的命名或缩写应以基本结构-组织结构的顺序。

对于复合组织织物，从织物工艺反面观察时，表示方法应按从上层结构到下层结构的顺序。

示例：

单面经平(1+1)

单面经绒(2+1)-经平(1+1)

单面衬纬编链织物

单面四针经平(4+1)-经平(1+1)-两针经平(2+1)

4.2.4　关于含有针背垫纱的方向(同向/反向垫纱)、开口或闭口组织(开/闭)、经缎或变化编链组织(n行)以及网孔结构(网眼)这些结构的组织，可按照结构进行命名。

4.2.5　命名仅给出了基本的组织结构特征，可使用 4.1 中的表示方法作为补充。

参 考 文 献

[1] GB/T 5708 纺织品 针织物 术语
[2] GB/T 6002.9 纺织机械术语 第9部分:针织机分类和术语
[3] FZ/T 90101 平型经编机 梳栉编号
[4] ISO 8640-3 纺织机械与附附 平型经编机 第3部分:提花装置词汇
[5] ISO 8640-4 纺织机械与附附 平型经编机 词汇 第4部分:缝编机和缝编设备

ICS 59.080.30
W 63

中华人民共和国国家标准

GB/T 29868—2013

运动防护用品　针织类基本技术要求

General technical criterion for knitted sports protection article

2013-11-12 发布　　2014-05-01 实施

中华人民共和国国家质量监督检验检疫总局
中国国家标准化管理委员会　发布

前　言

本标准按照 GB/T 1.1—2009 给出的规则起草。

本标准由中国纺织工业联合会提出。

本标准由全国体育用品标准化技术委员会运动服装分技术委员会(SAC/TC 291/SC 1)归口。

本标准主要起草单位:安踏(中国)有限公司、李宁(中国)体育用品有限公司、特步(中国)有限公司、海宁耐尔袜业有限公司、国辉(中国)有限公司、国家针织产品质量监督检验中心。

本标准主要起草人:李苏、徐明明、张宝春、史吉刚、胡浩、丁国斯、谭万昌。

运动防护用品　针织类基本技术要求

1　范围

本标准规定了运动防护用品的基本性能要求、检验(测试)方法、抽样规则。运动防护用品的其他要求按相关标准执行。

本标准适用于纺织纤维采用针织加工工艺生产的运动防护用品,包括护腕、护臂、护肘、护腰、护膝、护腿、护踝、头套等产品。

2　规范性引用文件

下列文件对于本文件的应用是必不可少的。凡是注日期的引用文件,仅注日期的版本适用于本文件。凡是不注日期的引用文件,其最新版本(包括所有的修改单)适用于本文件。

GB/T 2912.1　纺织品　甲醛的测定　第1部分:游离和水解的甲醛(水萃取法)

GB/T 3920　纺织品　色牢度试验　耐摩擦色牢度

GB/T 3922　纺织品耐汗渍色牢度试验方法

GB/T 5713　纺织品　色牢度试验　耐水色牢度

GB/T 7573　纺织品　水萃取液 pH 值的测定

GB/T 8170　数值修约规则与极限数值的表示和判定

GB/T 17592　纺织品　禁用偶氮染料的测定

GB/T 17593.1　纺织品　重金属的测定　第1部分:原子吸收分光光度法

GB/T 17593.2　纺织品　重金属的测定　第2部分:电感耦合等离子体原子发射光谱法

GB/T 17593.4　纺织品　重金属的测定　第4部分:砷、汞原子荧光分光光度法

GB 18401　国家纺织产品基本安全技术规范

GB/T 23344　纺织品　4-氨基偶氮苯的测定

GB/T 24121　纺织制品　断针类残留物的检测方法

GB/T 24153　橡胶及弹性体材料　*N*-亚硝基胺的测定

FZ/T 70006　针织物拉伸弹性回复率试验方法

3　基本性能要求

3.1　基本性能技术要求按表1规定。

表1　基本性能技术要求

项目		技术要求
耐汗渍色牢度/级　≥	变色	3
	沾色	3
耐水色牢度/级　≥	变色	3
	沾色	3

表 1（续）

项目		技术要求
耐摩擦色牢度/级 ≥	干摩	3
甲醛含量/(mg/kg)		按 GB 18401 规定执行
pH 值		
异味		
可分解致癌芳香胺染料/(mg/kg)		
拉伸弹性回复率/% ≥	横向	85
可萃取的重金属/(mg/kg) ≤	铅(Pb)	1.0
	镉(Cd)	0.1
	砷(As)	1.0
金属危害物		不得检出
N-亚硝基胺		禁用

3.2 *N*-亚硝基胺项目仅对护具使用的橡筋进行测试。不得检出的 *N*-亚硝基胺清单见附录 A，限量值≤0.5 mg/kg。

3.3 拉伸弹性回复率只考核含氨纶、橡筋等弹性材料的筒状产品。

4 检验(测试)方法

4.1 耐汗渍色牢度试验

按 GB/T 3922 规定执行。

4.2 耐水色牢度试验

按 GB/T 5713 规定执行。

4.3 耐摩擦色牢度试验

按 GB/T 3920 规定执行。一般做直向，当直向长度无法满足试验时可做横向。

4.4 甲醛含量试验

按 GB/T 2912.1 规定执行。

4.5 pH 值试验

按 GB/T 7573 规定执行。

4.6 可分解致癌芳香胺染料试验

按 GB/T 17592 和 GB/T 23344 规定执行。一般先按 GB/T 17592 检测，当检出苯胺和/或 1,4-苯二胺时，再按 GB/T 23344 检测。

4.7 异味试验

按 GB18401 规定执行。

4.8 拉伸弹性回复率试验

4.8.1 按 FZ/T 70006 中"定力反复拉伸时弹性回复率和塑性形变率的测定"规定执行。夹持器移动的恒定速度为 300 mm/min，回程速度为 50 mm/min，预加张力为 0.1 N，定力为 35 N，反复拉伸次数为 3 次，试验只做横向。结果取 3 块试样的平均值，结果按 GB/T 8170 修约至整数。

4.8.2 根据产品的大小选择 50 mm、100 mm 两种夹距。

4.9 可萃取重金属铅(Pb)、镉(Cd)、砷(As)

可萃取重金属铅(Pb)、镉(Cd)的试验按 GB/T 17593.1 规定执行，重金属砷(As)的试验按 GB/T 17593.4 规定执行。或按 GB/T 17593.2 测重金属铅(Pb)、镉(Cd)、砷(As)。

4.10 金属危害物试验

按 GB/T 24121 规定执行。

4.11 *N*-亚硝基胺的测定

按 GB/T 24153 规定执行。

5 抽样规则

按交货批随机抽样，数量应能保证每项试验做一次。

附 录 A
（规范性附录）
防护用品使用的橡筋中不应检出的 *N*-亚硝基胺清单

A.1 防护用品使用的橡筋中不应检出的 *N*-亚硝基胺见表 A.1。

表 A.1 防护用品使用的橡筋中不应检出的 *N*-亚硝基胺清单

序号	中文名称	英文名称	化学文摘编号	化学分子式
1	*N*-亚硝基二甲胺	*N*-nitrosodimethylamine	62-75-9	$C_2H_6N_2O$
2	*N*-亚硝基二乙胺	*N*-nitrosodiethylamine	55-18-5	$C_4H_{10}N_2O$
3	*N*-亚硝基二丙基胺	*N*-nitrosodipropylamine	621-64-7	$C_6H_{14}N_2O$
4	*N*-亚硝基二丁基胺	*N*-nitrosodibutylamine	924-16-3	$C_8H_{18}N_2O$
5	*N*-亚硝基哌啶	*N*-nitrosopiperidine	100-75-4	$C_5H_{10}N_2O$
6	*N*-亚硝基吡咯烷	*N*-nitrosopyrrolidine	930-55-2	$C_4H_8N_2O$
7	*N*-亚硝基吗啉	*N*-nitrosomorpholine	59-89-2	$C_4H_8N_2O_2$
8	*N*-亚硝基-*N*-甲基苯胺	*N*-nitroso-*N*-methylaniline	614-00-6	$C_7H_8N_2O$
9	*N*-亚硝基-*N*-乙基苯胺	*N*-nitroso-*N*-ethylaniline	612-64-6	$C_8H_{10}N_2O$

ICS 59.080.30
W 63

中华人民共和国国家标准

GB/T 29869—2013

针织专业运动服装通用技术要求

General technical requirements for professional knitted sportswear

2013-11-12 发布 2014-05-01 实施

中华人民共和国国家质量监督检验检疫总局
中国国家标准化管理委员会 发布

前　言

本标准按照 GB/T 1.1—2009 给出的规则起草。

本标准由中国纺织工业联合会提出。

本标准由全国体育用品标准化技术委员会运动服装分技术委员会(SAC/TC 291/SC 1)归口。

本标准主要起草单位：李宁(中国)体育用品有限公司、安踏(厦门)体育用品有限公司、特步(中国)有限公司、北京探路者户外用品股份有限公司、国家针织产品质量监督检验中心、耐克体育(中国)有限公司、福建泉州匹克体育用品有限公司、福建哥仑步户外用品有限公司、武汉爱帝高级服饰有限公司。

本标准主要起草人：徐明明、李苏、张宝春、陈百顺、于建军、高志方、戴建辉、吴迁平、胡萍。

针织专业运动服装通用技术要求

1 范围

本标准规定了针织专业运动服装通用的技术要求、试验方法、检验规则。

本标准适用于以纺织针织物为主要面料生产的针织专业运动服装。其他专业运动服装可参照执行。

2 规范性引用文件

下列文件对于本文件的应用是必不可少的。凡是注日期的引用文件，仅注日期的版本适用于本文件。凡是不注日期的引用文件，其最新版本(包括所有的修改单)适用于本文件。

GB/T 251 纺织品 色牢度试验 评定沾色用灰色样卡

GB/T 2910(所有部分) 纺织品 定量化学分析

GB/T 2912.1 纺织品 甲醛的测定 第1部分：游离和水解的甲醛(水萃取法)

GB/T 3920 纺织品 色牢度试验 耐摩擦色牢度

GB/T 3921—2008 纺织品 色牢度试验 耐皂洗色牢度

GB/T 3922 纺织品 耐汗渍色牢度试验方法

GB/T 4744 纺织织物 抗渗水性测定 静水压试验

GB/T 4802.1—2008 纺织品 织物起毛起球性能的测定 第一部分：圆轨迹法

GB/T 5453 纺织品 织物透气性的测定

GB/T 5713 纺织品 色牢度试验 耐水色牢度

GB/T 5714 纺织品 色牢度试验 耐海水色牢度

GB/T 7573 纺织品 水萃取液 pH 值的测定

GB/T 8170 数值修约规则与极限数值的表示与判定

GB/T 8427—2008 纺织品 色牢度试验 耐人造光色牢度：氙弧

GB/T 8433 纺织品 色牢度试验 耐氯化水色牢度(游泳池水)

GB/T 8629—2001 纺织品 试验用家庭洗涤和干燥程序

GB/T 11047 纺织品 织物勾丝性能评定 钉锤法

GB/T 12703.3 纺织品 静电性能的评定 第3部分：电荷量

GB/T 12704.2—2009 纺织品 织物透湿性试验方法 第2部分：蒸发法

GB/T 14576 纺织品 色牢度试验 耐光、汗复合色牢度

GB/T 17592 纺织品 禁用偶氮染料的测定

GB 18401 国家纺织产品基本安全技术规范

GB/T 18830 纺织品 防紫外线性能的评定

GB/T 19976—2005 纺织品 顶破强力的测定 钢球法

GB/T 21655.1 纺织品 吸湿速干性的评定 第1部分：单项组合试验法

GB/T 23344 纺织品 4-氨基偶氮苯的测定

FZ/T 01026 纺织品 定量化学分析 四组分纤维混合物

FZ/T 01031 针织物和弹性机织物接缝强力和伸长率的测定 抓样拉伸法

GB/T 29862 纺织品 纤维含量的标识
FZ/T 01057(所有部分) 纺织纤维鉴别试验方法
FZ/T 01095 纺织品 氨纶产品纤维含量的试验方法
FZ/T 70006 针织物拉伸弹性回复率试验方法
FZ/T 73023 抗菌针织品
GSB 16—1523 针织物起毛起球样照
GSB 16—2159 针织产品标准深度样卡(1/12)

3 要求

3.1 专业运动服装理化性能要求见表1。

表1 理化性能要求

项目		技术要求
甲醛含量/(mg/kg)		按 GB 18401 规定执行
pH 值		
异味		
可分解致癌芳香胺染料/(mg/kg)		
纤维含量(净干含量)/%		按 GB/T 29862 规定执行
顶破强力[a]/N ≥	上衣	280
	裤子	300
接缝强力/N ≥	裤后裆缝	140
水洗尺寸变化率[b]/%	直向	±4.0
	横向	±4.0
水洗后互染程度[c]/级 ≥	沾色	4
起球/级 ≥		3-4
勾丝[d]/级 ≥	直向	3-4
	横向	3-4
耐皂洗色牢度[e]/级 ≥	变色	4
	沾色	3-4
耐水色牢度/级 ≥	变色	4
	沾色	3-4
耐汗渍色牢度/级 ≥	变色	4
	沾色	3-4
耐摩擦色牢度/级 ≥	干摩	3-4
	湿摩	3(深色 2-3)
耐光色牢度[d]/级 ≥	变色	4(浅色 3)
耐光、汗复合色牢度(碱性)[d,f]/级 ≥		3

表 1（续）

项目	技术要求
色别分档按 GSB 16-2159，>1/12 标准深度为深色，≤1/12 标准深度为浅色。	
[a] 镂空织物、含弹性纤维织物不考核顶破强力。 [b] 短裤和罗纹织物不考核横向水洗尺寸变化率，含弹性纤维织物不考核弹性方向的水洗尺寸变化率。 [c] 水洗后互染程度仅考核深色与浅色相拼的产品。 [d] 里料不考核勾丝、耐光色牢度和耐光、汗复合色牢度。 [e] 印(烫)花部位的耐皂洗色牢度可降低半级。 [f] 泳装产品不考核耐光、汗复合色牢度。	

3.2 水上运动产品特殊要求见表 2。

表 2 水上运动产品特殊要求

项目		技术要求
耐海水色牢度[a]/级 ≥	变色	4
	沾色	3—4
耐氯化水(游泳池水)色牢度[b]/级 ≥	变色	4
拉伸弹性伸长率[c]/% ≥	直向	120
	横向	100
耐氯化水(游泳池水)拉伸弹性回复率[b,c]/% ≥	直向	70
	横向	70
[a] 耐海水色牢度仅考核与海水有接触的运动项目专业服装。 [b] 耐氯化水(游泳池水)色牢度和耐氯化水(游泳池水)拉伸弹性回复率仅考核泳装。 [c] 分体式泳装不考核直向拉伸弹性伸长率和耐氯化水(游泳池水)拉伸弹性回复率。		

3.3 专业运动服装功能性要求见表 3。

表 3 专业运动服装功能性要求

性能		项目			技术要求
吸湿速干性能	吸湿性	吸水率/%	≥	洗前/洗后	200
		滴水扩散时间/s	≤	洗前/洗后	3
		芯吸高度[a]/mm	≥	洗前/洗后	100
	速干性	蒸发速率/(g/h)	≥	洗前/洗后	0.18
防风透湿性能		透气率/(mm/s)	≤	洗前/洗后	50
		透湿率/[g/(m² · d)]	≥	洗前/洗后	3 500
防水透湿性能		抗渗水性/ kPa	≥	洗前/洗后	10
		透湿率/[g/(m² · d)]	≥	洗前/洗后	5 000
防紫外线性能		紫外线防护系数 UPF	≥	洗前/洗后	40
		透射比平均值 T(UVA)AV/%	<	洗前/洗后	5

表 3（续）

性能	项目			技术要求
抗静电性能	带电电荷量/(uC/件)	<	洗前/洗后	0.6
抗菌性能	抑菌率/%	≥	按 FZ/T 73023 规定执行	
洗涤方法按 GB/T 8629—2001 中的 5A 程序，连续洗涤 10 次后取出，悬挂晾干。				
[a] 芯吸高度仅考核纵向或横向中较大者。				

4 试验方法

4.1 甲醛含量试验

按 GB/T 2912.1 规定执行。

4.2 pH 值试验

按 GB/T 7573 规定执行。

4.3 异味试验

按 GB 18401 规定执行。

4.4 可分解致癌芳香胺染料试验

按 GB/T 17592 及 GB/T 23344 规定执行。一般先按 GB/T 17592 检测，当检出苯胺和/或 1,4-苯二胺时，再按 GB/T 23344 检测。

4.5 纤维含量试验

按 FZ/T 01057（所有部分）、GB/T 2910（所有部分）、FZ/T 01026、FZ/T 01095 规定执行。

4.6 顶破强力试验

按 GB/T 19976—2005 规定执行。钢球直径采用为(38±0.02)mm。

4.7 接缝强力试验

按 FZ/T 01031 规定执行，取样部位按本标准附录 A 规定，取样一条。

4.8 水洗尺寸变化率试验

4.8.1 测量部位：上衣取衣长与胸围作为直向和横向的测量部位，衣长以前后左右 4 处的平均值作为计算依据，胸围以腋下 5cm 处作为测量部位。裤子取裤长与横裆线向下 10 cm 处横量作为直向和横向的测量部位，直向以左右侧裤长的平均值作为计算依据，横向以左右裆宽的平均值作为计算依据。在测量时做出标记，以便水洗后测量。

4.8.2 洗涤程序：按 GB/T 8629—2001 中 5A 规定执行，洗涤件数为 3 件。

4.8.3 干燥方法：采用悬挂晾干。上衣采用竿穿过两袖。使胸围挂肩处保持平直，并从下端用手将前后身分开理平。裤子采用对折搭晾，使横裆部位在晾竿上，并轻轻理平。将晾干后的试样放置在温度为(20±2)℃，相对湿度为(65±4)%环境的平台上。停放 4 h 后，轻轻拍平折痕，再进行测量。

4.8.4 结果计算：按式(1)分别计算直向和横向的水洗尺寸变化率，以负号(—)表示尺寸收缩，以正号(+)表示尺寸伸长。按3件试样的算术平均值作为检验结果，若同时存在收缩与倒涨的试验结果，以收缩(或倒涨)的两件试样的算术平均值作为检验结果。最终结果按GB/T 8170修约到0.1。

$$A = \frac{L_1 - L_0}{L_0} \times 100\% \quad \cdots\cdots(1)$$

式中：

A——直向或横向水洗尺寸变化率，%；

L_1——直向或横向水洗后尺寸的平均值，单位为厘米(cm)；

L_0——直向或横向水洗前尺寸的平均值，单位为厘米(cm)。

4.9 水洗后互染程度试验

按GB/T 8629—2001中5A规定执行，洗涤程序中最后一次漂洗后不进行脱水直接悬挂滴干，按GB/T 251评定试样中浅色面料与原样的沾色程度，试验件数1件。

4.10 起球试验

按GB/T 4802.1—2008中E法规定执行，评级按GSB 16-1523针织物起毛起球样照评定。

4.11 勾丝试验

按GB/T 11047规定执行，其中转动次数设定为100 r。

4.12 耐皂洗色牢度试验

按GB/T 3921—2008试验方法A(1)规定执行。

4.13 耐水色牢度试验

按GB/T 5713规定执行。

4.14 耐汗渍色牢度试验

按GB/T 3922规定执行。

4.15 耐摩擦色牢度试验

按GB/T 3920规定执行，只做直向。

4.16 耐光色牢度试验

按GB/T 8427—2008方法3规定执行。

4.17 耐光、汗复合色牢度试验

按GB/T 14576规定执行。

4.18 耐海水色牢度试验

按GB/T 5714规定执行。

4.19 耐氯化水(游泳池水)色牢度试验

按GB/T 8433规定执行。有效氯浓度为50 mg/L。

4.20 拉伸弹性伸长率试验

按 FZ/T 70006 中“定力伸长率的测定”执行，夹持器移动的恒定速度为 300 mm/min，回程速度为 50 mm/min，预加张力为 0.1 N，定力为 15 N。随机取直向、横向各 3 块试样，试样的有效工作尺寸为 100 mm×50 mm。第一次拉伸到定力为破坏织物表面整理剂，第二次拉伸到定力时的伸长率即为测试值。

4.21 耐氯化水（游泳池水）拉伸弹性回复率试验

4.21.1 试样的准备：随机取直向、横向各 3 块试样，试样的有效工作尺寸为 100 mm×50 mm，试样处理按 GB/T 8433 执行，其中有效氯浓度采用 50 mg/L，在容器中搅拌 4 h。

4.21.2 试样的检测：将处理后的试样按 FZ/T 70006 中“定力反复拉伸时弹性回复和塑性变形率的测定”执行，夹持器移动的恒定速度为 300 mm/min，回程速度为 50 mm/min，预加张力为 0.1 N，定力为 15 N。反复拉伸次数为 3 次。

4.22 吸水率、滴水扩散时间、芯吸高度、蒸发速率试验

按 GB/T 21655.1 规定执行。

4.23 透气率试验

按 GB/T 5453 规定执行，试样两侧压降为 100 Pa，试验面积为 20 mm^2。

4.24 抗渗水性试验

按 GB/T 4744 规定执行。

4.25 透湿性试验

按 GB/T 12704.2—2009 方法 A 规定执行。

4.26 紫外线防护系数 UPF、透射比平均值 T(UVA)AV 试验

按 GB/T 18830 规定执行。

4.27 带电电荷量试验

按 GB/T 12703.3 规定执行。

4.28 抑菌率试验

按 FZ/T 73023 规定执行。

5 检验规则

5.1 抽样

按批分品种、色别、规格尺寸随机抽样 6 件，如果检验用量不够可以增加件数。

5.2 判定

检验结果应符合表 1 要求，水上运动产品或功能性运动产品还需符合表 2 或表 3 中相对应的要求。检验合格者判定该批产品合格，有一项不合格者则判定该批产品不合格。

附 录 A
(规范性附录)
裤子后裆接缝强力试验取样部位示意图

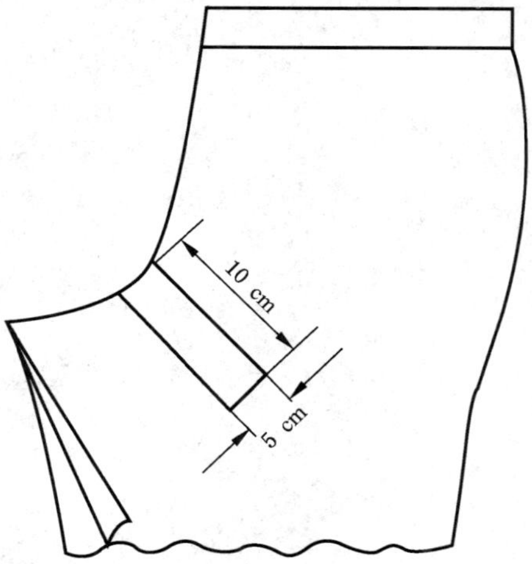

横向取样

图 A.1

ICS 35.040.27.010
A 24

中华人民共和国国家标准

GB/T 29870—2013

能源分类与代码

Classification and code of energy sources

2013-11-12 发布　　2014-04-15 实施

中华人民共和国国家质量监督检验检疫总局
中国国家标准化管理委员会　发布

前　言

本标准按照 GB/T 1.1—2009 的规则起草。

本标准由全国信息分类与编码标准化技术委员会提出。

本标准由全国信息分类与编码标准化技术委员会(SAC/TC 353)和全国能源基础与管理标准化技术委员会(SAC/TC 20)归口。

本标准起草单位:上海市标准化研究院、中国标准化研究院、上海市能效中心、上海市节能减排中心有限公司。

本标准主要起草人:杨洁明、张明兰、潘柯良、岳高峰、秦宏波、薛恒荣、蔡冠华、霍哲珺、金扬。

能源分类与代码

1 范围

本标准规定了能源的分类编码方法、分类体系和代码。
本标准适用于能源分类数据的获取、管理、交换、共享和服务。

2 规范性引用文件

下列文件对于本文件的应用是必不可少的。凡是注日期的引用文件,仅注日期的版本适用于本文件。凡是不注日期的引用文件,其最新版本(包括所有的修改单)适用于本文件。

ISO/IEC CD 13273-1.2 能源效率和可再生能源 第1部分 能源效率(Energy efficiency and renewable energy sources—Part 1—Energy efficiency)

3 术语和定义

下列术语和定义适用于本文件。

3.1

能源 energy source

可以直接或通过能量转换方式从原材料、自然资源及技术系统中提取或回收能量的资源。

[ISO/IEC CD 13273-1.2,定义 3.1.6]

3.2

可再生能源 renewable energy source

在人类时间尺度中可以自然补充的用之不竭的能源。

[ISO/IEC CD 13273-1.2,定义 3.1.6.1]

4 分类

4.1 分类对象

分类对象为存在于自然界中对社会产生直接影响的能源,包括自然界中原始性状存在的能源和经加工或转换得到的能源产品。

4.2 分类依据

能源的分类以"物理性质"和"可加工形式"为主要分类依据。

4.3 分类方法

能源的分类采用线分类法,分为大类、中类和小类。

5 编码方法

5.1 代码结构

能源代码为层次码结构,分为三层,代码结构如图1所示。其中,第一层代码用于标识主要能源种类，由两位阿拉伯数字组成，从10开始，升序排列，中间留有空位，以保证新出现的能源代码就近扩展；第二层代码用于对第一层的细分，从01开始，升序排列；第三层代码用于对第二层的再分，从01开始，升序排列，所有的数字99表示收容类。

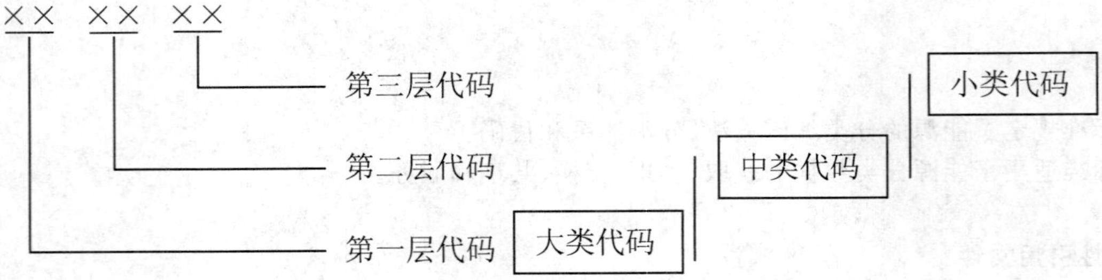

图1　能源代码结构图

5.2　能源的大类代码由两位阿拉伯数字组成，即为第一层代码。

5.3　能源的中类代码由四位阿拉伯数字组成，即为大类代码加上第二层代码。

5.4　能源的小类代码由六位阿拉伯数字组成，即为中类代码加上第三层代码。

6　能源分类代码表

能源分类代码表见表1。

表1　能源分类代码表

能源代码	能源种类	说明
10	**煤炭及煤制品**	
1001	无烟煤	
1002	烟煤	
100201	贫煤	
100202	贫瘦煤	
100203	瘦煤	
100204	焦煤	
100205	肥煤	
100206	1/3焦煤	
100207	气肥煤	
100208	气煤	
100209	1/2中黏煤	
100210	弱黏煤	
100211	不黏煤	
100212	长焰煤	

表 1（续）

能源代码	能源种类	说明
100299	其他烟煤	
1003	褐煤	
1004	煤制品	指除煤制油以外的煤炭制品。
100401	焦炭	包括焦炉焦炭、煤气焦炭、焦炭渣和半焦炭等。
100402	型煤	包括煤球、煤砖、煤棒、蜂窝煤等。
100403	煤制二甲醚	
100404	炼焦油	
100405	焦炉气	
100406	炼厂煤气	
100407	再利用煤气	包括高炉煤气、氧化煤气等。
100408	煤制天然气	
100499	其他煤制品	
1005	煤制油	
100501	煤制石脑油	
100502	煤制汽油	
100503	煤制柴油	
100504	煤制航空燃料	
100505	煤制石腊	
100599	其他煤制油	
1099	其他煤炭及煤制品	
15	**泥炭及泥炭产物**	又名“泥煤”“草煤”“草炭”，包括泥炭片、碾碎泥炭、泥炭产物等。
20	**油页岩/油砂**	
2001	页岩气	指主体上以吸附或游离状态存在于泥岩、高碳泥岩、页岩及粉砂质岩类夹层中的天然气。
2099	其他油页岩/油砂	
25	**天然气**	
2501	常规天然气	指由常规油气藏开发出的天然气。
250101	纯气田天然气	指气藏中以气相存在的天然气，通过气井开采出来的非伴生气。
250102	凝析气田天然气	指天然气从地层流出井口后，随着压力和温度的下降，分离生成的气相非伴生气。
250103	伴生天然气	指与石油伴生的天然气。
250199	其他常规天然气	
2502	非常规天然气	指难于用传统油气生成理论解释，在地下的赋存状态和聚集方式与常规天然气藏具有明显差异的天然气聚集。
250201	煤成气	指含煤岩系中有机质在成煤过程中所生成的天然气。

表 1（续）

能源代码	能源种类	说明
250202	煤层气	又名“煤层甲烷”“瓦斯”，指赋存在煤层中以甲烷为主要成分、以吸附在煤基质颗粒表面为主、部分游离于煤孔隙中或溶解于煤层水中的烃类气体。
250203	深层气	指深埋层位生成与储集的天然气，即地球沉积层深部层位形成或赋存的天然气。
250204	天然气水合物	又名“可燃冰”。
250299	其他非常规天然气	
2503	天然气加工制品	
250301	液化天然气	
250302	压缩天然气	
250399	其他天然气加工制品	
2599	其他天然气	
30	**石油及石油制品**	
3001	原油	
3002	天然气凝析液	
3003	石油制品	
300301	汽油	包括航空汽油和车用汽油等。
300302	煤油	包括航空煤油和灯用煤油等。
300303	柴油	
300304	燃料油	包括船用燃料油和工业用燃料油等。
300305	燃料气	包括液化石油气、炼厂干气和甲烷氢等。
300306	石蜡	
300307	沥青	包括煤焦沥青和石油沥青等。
300308	石油焦	
300399	其他石油制品	
3099	其他石油及石油制品	
35	**生物质能**	
3501	固态生物燃料	
350101	薪材、木材残渣和副产品	包括树皮、薪柴、锯末刨花等。
350102	动物废料	
350103	植物材料和剩余物	包括玉米棒、稻壳、木素、麻等。
350104	木炭	
350199	其他固态生物燃料	
3502	液态生物燃料	
350201	生物汽油	

表 1（续）

能源代码	能源种类	说明
350202	生物柴油	
350203	生物航空煤油	
350299	其他液体生物燃料	
3503	生物气	
350301	沼气	
350302	热处理过程中生物气	
350399	其他生物气	
3599	其他生物质能	
40	**废料能**	
45	**电能**	
4501	火力发电	指利用煤、石油、天然气等固体、液体、气体燃料燃烧时产生的热能，通过发电动力装置转换成电能的一种发电方式。
450101	燃煤发电	
450102	燃油发电	
450103	燃气发电	
450199	其他火力发电	
4502	水力发电	指将河流、湖泊或海洋等水体所蕴藏的水能转变为电能的发电方式。
450201	大型水电站发电	指装机容量在 300 000 kW 以上的水电站。
450202	中型水电站发电	指装机容量在 50 000 kW～300 000 kW 的水电站。
450203	抽水蓄能	
450299	其他水力发电	
4503	核能发电	
450301	大、中型商用核电	指用于电网基荷电源点的核电。
450302	小型模块式核电	指用于偏远地区、岛屿及专用用户供电的核电。
450303	电热联供核电	
450304	空间核反应堆电源	指航天器与空间站用专用电源。
450305	同位素电池	
450399	其他核能发电	
4504	可再生能源发电	
450401	风力发电	
450402	太阳能发电	包括太阳能光伏发电、太阳能热发电等。
450403	小型水电站发电	指装机容量在 50 000 kW 以下的小水电站。
450404	生物质能发电	

表 1（续）

能源代码	能源种类	说明
450405	地热能发电	
450406	海洋能发电	包括海洋温差能发电、潮汐能发电和波浪能发电等。
450499	其他可再生能源发电	
4505	垃圾发电	指通过特殊的焚烧锅炉燃烧城市固体垃圾，再通过蒸汽轮机发电机组发电。
4506	余热余压发电	指利用企业生产过程中释放出来多余的副产热能、压差能来发电。
4599	其他电能	
50	**热能**	
5001	太阳能供热	
5002	生物质能供热	包括秸秆、薪柴、粪便燃烧取热等。
5003	地热能产热	
5004	化石燃烧供热	
5005	核能直接供热	
500501	高温核供热	指供热温度高于 550 ℃的冶金、化工工艺热。
500502	低温核供热	
500503	热电联供核电厂供热	
500599	其他核能直接供热	
5006	废料燃烧供热	
5007	电热锅炉供热	
5008	热泵供热	包括地源、空气源和水源热泵产热。
5009	余热余压供热	
5099	其他热能	
55	**核能**	
5501	天然铀矿藏	
550101	砂岩型矿石	
550102	碳硅泥岩型矿石	
550103	花岗岩型矿石	
550104	火山岩型矿石	
550105	岩浆岩型矿石	
550199	其他天然铀矿藏	
5502	钍矿藏	
5503	铀生产的中间产品	指从天然铀到核燃料生产过程中可供销售的产品。
550301	黄饼（U_3O_8）	

表 1（续）

能源代码	能源种类	说明
550302	四氟化铀	
550303	六氟化铀	
550304	铀金属及铀合金	
550305	低富集铀	指铀－235 富集度＜20％的富集铀产品。
550306	高富集铀	指铀－235 富集度≥20％的富集铀产品。
550307	二氧化铀	
550308	钚	
550309	回收铀	
550310	铀钚混合氧化物	
550311	贫铀	
550312	铀钍混合氧化物	
550313	碳铀化物及氮铀化物	
550399	其他铀生产的中间产品	
5504	核聚变反应材料或其原材料	
550401	氘	
550402	氚	
550403	锂	
550499	其他核聚变反应材料或其原材料	
5599	其他核能	
60	**氢能**	
99	**其他**	

参 考 文 献

[1] GB/T 498—1987 石油产品及润滑剂的总分类
[2] GB/T 5751—2009 中国煤炭分类
[3] GB 50201 防洪标准
[4] SL 252-2000 水利水电工程等级划分及洪水标准
[5] 可再生能源法.中华人民共和国第十届全国人民代表大会常务委员会通过.
[6] 能源统计报表制度.国家统计局发布.
[7] 统计用产品分类目录.国家统计局发布.
[8] 能源统计手册2007年版本.国际能源署发布.
[9] 能源统计国际规范(草案)2011年版本.联合国发布.

ICS 27.010
F 01

中华人民共和国国家标准

GB/T 29871—2013

能源计量仪表通用数据接口技术协议

General data interface technology protocol of energy metering instrument

2013-11-12 发布　　2014-04-15 实施

中华人民共和国国家质量监督检验检疫总局
中国国家标准化管理委员会　发布

前　言

本标准按照GB/T 1.1—2009给出的规则起草。

本标准由全国计量器具管理标准化技术委员会(SAC/TC 525)提出并归口。

本标准起草单位:福建省计量科学研究院、国家城市能源计量中心(福建)、福建海峡计量科技开发中心、福建省能源计量重点实验室、福州上润精密仪器有限公司、福建东辉智能仪表有限公司、福州海华星测控技术有限公司、内蒙古自治区计量测试研究院、江苏省计量科学研究院。

本标准主要起草人:方辉、魏鹏、方仁桂、高廷金、林军、朱炜琳、肖振光、梁宏霞、马宇明。

能源计量仪表通用数据接口技术协议

1 范围

本标准规定了能源计量仪表的通讯协议、类型及寄存器的要求。

本标准适用于基于 Modbus 通信协议的能源计量仪表。

2 规范性引用文件

下列文件对于本文件的应用是必不可少的。凡是注日期的引用文件，仅注日期的版本适用于本文件。凡是不注日期的引用文件，其最新版本(包括所有的修改单)适用于本文件。

GB 17167　用能单位能源计量器具配备和管理通则

GB/T 19582.2—2008　基于 Modbus 协议的工业自动化网络规范　第 2 部分：Modbus 协议在串行链路上的实现指南

GB/T 29873—2013　能源计量数据公共平台数据传输协议

3 术语和定义

GB 17167、GB/T 19582.2—2008 和 GB/T 29873—2013 界定的术语和定义适用于本文件。

4 通讯协议

4.1 传输模式

传输模式采用 Modbus RTU 模式，符合 GB/T 19582.2—2008 中 6.5.1 的规定。

4.2 消息帧格式

消息帧格式应符合图 1 的规定。

起始符	地址域	功能域	数据域	校验域	结束符
≥3.5字符	8 bit	8 bit	N×8 bit	16 bit	≥3.5字符

(地址域、功能域、数据域、校验域：Modbus消息帧)

图 1　消息帧格式

4.2.1 起始符

标识一个消息帧的开始，一个消息帧至少要以发送 3.5 个字符时间的停顿间隔开始。

4.2.2 地址域

地址域用 8 bit 表示能源计量仪表的数据交换地址，最多支持 247 个设备，可能的能源计量仪表地址是1—247(十进制),248—255为保留。地址0是用作广播地址,如用于广播校时等。能源计量仪表计量单位代码见附录A。

4.2.3 功能域

功能域的规定如下：

a) 功能域的长度为8 bit,格式如图2所示,其中D7为应答标志;

b) 当消息从数据集中采集终端发往能源计量仪表时,功能码将告之能源计量仪表需要执行哪些行为,应答标志D7=0;

c) 当能源计量仪表回应时,它使用应答标志D7来指示是正常回应还是有某种错误发生。对正常回应,能源计量仪表回应相应的功能码。对异常回应相应的功能码但D7=1。详细功能码见附录B。

D7	D6	D5	D4	D3	D2	D1	D0

说明:

D7=0 正常应答

D7=1 异常应答

图2 功能域格式

4.2.4 数据域

数据域指定了起始地址和要读写的寄存器数量等信息。

4.2.5 校验域

校验域长度为16 bit,采用循环冗余校验(CRC)校验码,见附录C。校验域附加在消息的最后,低字节在前,高字节在后。

4.2.6 结束符

标识一帧信息的结束,一个消息帧至少要发送3.5个字符时间的停顿间隔表示帧结束。

4.2.7 通讯示例

通讯示例参照附录D。

5 能源计量仪表类型及寄存器

5.1 能源计量仪表类型

常用的能源计量仪表类型和仪表代码见表1。

表1 计量仪表类型和代码

能源计量仪表类型	代码
流量表	0x0001
热能表	0x0002

表 1（续）

能源计量仪表类型	代码
电能表	0x0003
称重仪表	0x0004
压力表	0x0005
温度表	0x0006
其他	0x0007—0xFFFF

5.2 能源计量仪表寄存器

能源计量仪表寄存器地址从 0x1000 开始，寄存器地址 0x1000，存储仪表类型；寄存器地址 0x1001—0x1003，存储日期时间，6 字节 BCD 数分别表示秒分时日月年，低位在前；寄存器地址 0x1004，存储能源计量仪表通道数；寄存器地址 0x1005，存储每个通道数据占用寄存器数量。若是多通道能源计量仪表，根据地址 0x1004 和 0x1005 的内容决定每个通道所存数据的寄存器地址，每个通道的首地址的偏移量按每个通道数量占用的寄存器数量递增(例如在表 2 中，第 1 通道的起始数据寄存器地址为 0x1006，第 2 通道的起始数据寄存器地址为 0x1029，依此类推)。具体详见表 2～表 7。

表 2　流量表寄存器说明

寄存器	变量名称	数据类型	说　明
0x1000	能源计量仪表类型		详见表 1
0x1001—0x1003	日期时间	BCD	6 字节 BCD 数分别表示秒分时日月年，低位在前
0x1004	能源计量仪表通道数	INT	2 字节整型数，采用小端模式
0x1005	每个通道数据占用寄存器数量	INT	
0x1006—1007	瞬时流量	REAL4	REAL4 是标准 IEEE-754 格式单精度浮点数，一般也称为 FLOAT 格式，采用小端模式
0x1008	瞬时流量单位		见附录 A
0x1009—100A	瞬时热流量	REAL4	
0x100B	瞬时热流量单位		见附录 A
0x100C—100D	流体速度	REAL4	
0x100E	流体速度单位		见附录 A
0x100F—1012	正累积流量	DOUBLE	DOUBLE 是标准 IEEE-754 格式双精确度浮点数
0x1013—1016	负累积流量	DOUBLE	
0x1017	累积流量单位		见附录 A
0x1018—101B	正累积热量	DOUBLE	
0x101C—101F	负累积热量	DOUBLE	

表 2（续）

寄存器	变量名称	数据类型	说明
0x1020	累积热量单位		见附录 A
0x1021—1022	温度 1/进水温度	REAL4	
0x1023—1024	温度 2/回水温度	REAL4	
0x1025	温度单位		见附录 A
0x1026—1027	压力过程值	REAL4	
0x1028	压力单位		
其他	通道扩展		

表 3　热能表寄存器说明

寄存器	变量名称	数据类型	说明
0x1000	能源计量仪表类型		详见表 1
0x1001—0x1003	日期时间	BCD	6 字节 BCD 数分别表示秒分时日月年，低位在前
0x1004	能源计量仪表通道数	INT	2 字节整型数，采用小端模式
0x1005	每个通道数据占用寄存器数量	INT	
0x1006—1007	瞬时流量	REAL4	
0x1008	瞬时流量单位		见附录 A
0x1009—100A	瞬时热流量	REAL4	
0x100B	瞬时热流量单位		见附录 A
0x100C—100D	累积流量	REAL4	
0x100E	累积流量单位		见附录 A
0x100F—1010	累积热量	REAL4	
0x1011	累积热量单位		见附录 A
0x1012—1013	进水温度	REAL4	
0x1014—1015	回水温度	REAL4	
0x1016	温度单位		
其他	通道扩展		

表 4　电能表寄存器说明

寄存器	变量名称	数据类型	说明
0x1000	能源计量仪表类型		详见表 1
0x1001—0x1003	日期时间	BCD	6 字节 BCD 数分别表示秒分时日月年，低位在前

表 4（续）

寄存器	变量名称	数据类型	说　明
0x1004	能源计量仪表通道数	INT	2 字节整型数，采用小端模式
0x1005	每个通道数据占用寄存器数量	INT	
0x1006—1007	当前总电能	REAL4	
0x1008—1009	当前有功电能	REAL4	
0x100A—100B	当前无功电能	REAL4	
0x100C—100D	A 相有功电能	REAL4	
0x100E—100F	A 相无功电能	REAL4	
0x1010—1011	B 相有功电能	REAL4	
0x1012—1013	B 相无功电能	REAL4	
0x1014—1015	C 相有功电能	REAL4	
0x1016—1017	C 相无功电能	REAL4	
0x1018—1019	功率因数		
0x101A—101B	前一天电能	REAL4	
0x101C—101D	前一月电能	REAL4	
0x101E	电能单位		
0x101F	无功电能单位		见附录 A
其他	通道扩展		

表 5　称重仪表寄存器说明

寄存器	变量名称	数据类型	说　明
0x1000	能源计量仪表类型		详见表 1
0x1001—0x1003	日期时间	BCD	6 字节 BCD 数分别表示秒分时日月年，低位在前
0x1004	能源计量仪表通道数	INT	2 字节整型数，采用小端模式
0x1005	每个通道数据占用寄存器数量	INT	
0x1006—1007	当前测量值	REAL4	
0x1008	单位		
0x1009—100A	累积值	REAL4	
0x100B—100C	累积次数	INT	
0x100D	累积单位		见附录 A
其他	通道扩展		

表 6 压力表寄存器说明

寄存器	变量名称	数据类型	说 明
0x1000	能源计量仪表类型		详见表 1
0x1001—0x1003	日期时间	BCD	6 字节 BCD 数分别表示秒分时日月年，低位在前
0x1004	能源计量仪表通道数	INT	2 字节整型数，采用小端模式
0x1005	每个通道数据占用寄存器数量	INT	
0x1006—1007	压力	REAL4	
0x1008	压力单位		见附录 A
其他	通道扩展		

表 7 温度表寄存器说明

寄存器	变量名称	数据类型	说 明
0x1000	能源计量仪表类型		详见表 1
0x1001—0x1003	日期时间	BCD	6 字节 BCD 数分别表示秒分时日月年，低位在前
0x1004	能源计量仪表通道数	INT	2 字节整型数，采用小端模式
0x1005	每个通道数据占用寄存器数量	INT	
0x1006—1007	温度	REAL4	
0x1008	温度单位		见附录 A
其他	通道扩展		

附 录 A
（规范性附录）
计量单位代码表

表 A.1 规定了常用的计量单位代码。

表 A.1 计量单位代码表

名称	单位	代号
电能	kWh	0x0001
电能	MWh	0x0002
无功电能	kvarh	0x0003
无功电能	Mvarh	0x0004
热能	kJ	0x0005
热能	MJ	0x0006
热能	GJ	0x0007
热流量	kJ/h	0x0008
热流量	kJ/min	0x0009
热流量	GJ/h	0x000A
热流量	GJ/d	0x000B
体积流量	m^3/min	0x000C
体积流量	m^3/h	0x000D
体积流量	L/min	0x000E
体积流量	L/h	0x000F
质量流量	t/h	0x0010
质量流量	kg/h	0x0011
质量流量	kg/min	0x0012
流速	m/s	0x0013
体积	m^3	0x0014
重量	t	0x0015
温度	℃	0x0016
压力	kPa	0x0017
压力	MPa	0x0018
电流	mA	0x0019
电流	A	0x001A
电压	mV	0x001B
电压	V	0x001C

附 录 B
（规范性附录）
功 能 码

表 B.1 规定了协议的功能码。

表 B.1 功能码

<table>
<tr><th colspan="3">功能分类</th><th>功能名称</th><th>功能码</th></tr>
<tr><td rowspan="13">数据访问</td><td rowspan="4">比特访问</td><td>物理离散量输入</td><td>读离散量输入</td><td>0x02</td></tr>
<tr><td rowspan="3">内部比特或物理线圈</td><td>读线圈</td><td>0x01</td></tr>
<tr><td>写单个线圈</td><td>0x05</td></tr>
<tr><td>写多个线圈</td><td>0x0F</td></tr>
<tr><td rowspan="7">16 比特访问</td><td>物理输入寄存器</td><td>读输入寄存器</td><td>0x04</td></tr>
<tr><td rowspan="6">内部寄存器或物理输出器寄存器</td><td>读保持寄存器</td><td>0x03</td></tr>
<tr><td>写单个寄存器</td><td>0x06</td></tr>
<tr><td>写多个寄存器</td><td>0x10</td></tr>
<tr><td>读/写多个寄存器</td><td>0x17</td></tr>
<tr><td>屏蔽写寄存器</td><td>0x16</td></tr>
<tr><td>读 FIFO 队列</td><td>0x18</td></tr>
<tr><td colspan="2" rowspan="2">文件记录访问</td><td>读文件记录</td><td>0x14</td></tr>
<tr><td>写文件记录</td><td>0x15</td></tr>
<tr><td colspan="3" rowspan="6">诊断</td><td>读异常状态</td><td>0x07</td></tr>
<tr><td>诊断</td><td>0x08</td></tr>
<tr><td>获得事件计数器</td><td>0x0B</td></tr>
<tr><td>获得事件记录</td><td>0x0C</td></tr>
<tr><td>报告从站 ID</td><td>0x11</td></tr>
<tr><td>读设备标识码</td><td>0x2B</td></tr>
</table>

附　录　C
（规范性附录）
循环冗余校验（CRC）算法

C.1　循环冗余校验（CRC）算法说明

C.1.1　CRC 说明

CRC(Cyclic Redundancy Check)是一种数据传输错误检查方法，CRC 码两个字节，包含一 16 位的二进制值。它由传输设备计算后加入到数据包中。接收设备重新计算收到消息的 CRC，并与接收到的 CRC 域中的值比较，如果两值不同，则有误。

C.1.2　CRC 具体算法

CRC 是先调入一值是全"1"的 16 位寄存器，然后调用一过程将消息中连续的 8 位字节时当前寄存器中的值进行处理。仅每个字符中的 8 bit 数据对 CRC 有效，起始位和停止位以及奇偶校验位均无效。

C.2　CRC 校验字节的生成步骤

CRC 校验字节的生成步骤如下：

1)　装一个 16 位寄存器，所有数位均为 1；
2)　取被校验串的一个字节与 16 位寄存器的高位字节进行"异或"运算。运算结果放入这个 16 位寄存器；
3)　把这个 16 位寄存器向右移一位；
4)　若向右(标记位)移出的数位是 1，则生成多项式 1010 0000 0000 0001 和这个寄存器进行"异或"运算；若向右移出的数位是 0，则返回 3)；
5)　重复 3)和 4)，直至移出 8 位；
6)　取被校验串的下一个字节；
7)　重复 3)～6)，直至被校验串的所有字节均与 16 位寄存器进行"异或"运算，并移位 8 次；
8)　这个 16 位寄存器的内容即 2 字节 CRC 错误校验码。校验码按照先高字节后低字节的顺序存放。

附 录 D
(资料性附录)
通 讯 示 例

例如读取流量表的瞬时流量值,设地址为 0x01 的流量表瞬时流量值为 10.25 m^3/h。

D.1 数据集中采集终端请求帧

数据集中采集终端请求帧示例见表 D.1。

表 D.1 数据集中采集终端请求帧

数据集中采集终端请求						
地址	功能码	起始地址高位	起始地址低位	寄存器数量的高位	寄存器数量的低位	CRC
01	03	10	06	00	03	xxxx

D.2 能源计量仪表正常应答帧

能源计量仪表正常应答帧示例见表 D.2。

表 D.2 能源计量仪表正常应答帧

能源计量仪表正常应答									
地址	功能码	字节数	数据 1 高位	数据 1 低位	数据 2 高位	数据 2 低位	数据 3 高位	数据 3 低位	CRC
01	03	06	41	24	00	01	00	0D	xxxx
十六进制数 41240001 表示的十进制 10.25,数据 3 表示单位									

D.3 能源计量仪表错误应答帧

能源计量仪表错误应答帧示例见表 D.3。

表 D.3 能源计量仪表错误应答帧

能源计量仪表错误应答			
地址	功能码	异常码	CRC
01	83	xx	xxxx

ICS 27.010
F 01

中华人民共和国国家标准

GB/T 29872—2013

工业企业能源计量数据集中采集终端通用技术条件

Generic specification of energy metrology data concentrated collection terminal of industrial enterprise

2013-11-12 发布　　2014-04-15 实施

中华人民共和国国家质量监督检验检疫总局
中国国家标准化管理委员会　发布

前　言

本标准按照 GB/T 1.1—2009 给出的规则起草。

本标准由全国计量器具管理标准化技术委员会(SAC/TC 525)提出并归口。

本标准起草单位:福建省计量科学研究院、国家城市能源计量中心(福建)、福建省标准化研究院、福建海峡计量科技开发中心、福州华拓自动化技术有限公司、福建省能源计量重点实验室、安徽省计量科学研究院、黑龙江省计量检定测试院、广西壮族自治区计量检测研究院。

本标准主要起草人:方辉、郑平、吴孟辉、夏玉雄、吴宏、金美峰、宋健康、薛天龙、刘荣光、张灯灿。

工业企业能源计量数据
集中采集终端通用技术条件

1 范围

本标准规定了工业企业能源计量数据集中采集终端(以下简称“数据集中采集终端”)的技术要求、验收方法和验收规则。

本标准适用于安装在工业企业,通过内部网络与能源计量仪表连接,获取各种能源的计量数据,完成数据累计、存储,并与能源计量数据公共平台中的能源数据中心进行数据交换的数据集中采集终端。

2 规范性引用文件

下列文件对于本文件的应用是必不可少的。凡是注日期的引用文件,仅注日期的版本适用于本文件。凡是不注日期的引用文件,其最新版本(包括所有的修改单)适用于本文件。

GB 17167 用能单位能源计量器具配备与管理通则

GB/T 29873—2013 能源计量数据公共平台数据传输协议

3 术语和定义

GB 17167 和 GB/T 29873—2013 界定的术语和定义适用于本文件。

4 技术要求

4.1 平台结构

符合 GB/T 29873—2013 中第 4 章的规定。

4.2 数据集中采集终端功能要求

4.2.1 设置功能

数据集中采集终端设置功能应包括:

a) 设置工业能源计量仪表的基本信息,包括:设备通信地址、设备名称、设备编号、倍率、计量单位、串口参数等;

b) 设置数据集中采集终端的必要配置信息,包括:设备唯一编号、能源数据中心服务器的 IP 和端口、转存数据间隔、数据采样间隔、上报延时、转存开始时间等;

c) 查看和设置系统时间;

d) 设置班次的起止时间;

e) 设置加密用的公钥。

4.2.2 数据采集功能

应具有对能源计量仪表的实时数据或累计数据进行远程采集的功能,至少具备一个空闲的串行通信口作为扩展用。

4.2.3 上传采集数据功能

上传采集数据功能包括：

a) 应通过有线或无线网络，按照 GB/T 29873—2013 中第 6 章规定的通讯协议要求，将采集到的数据定时上传到能源数据中心，上传数据的最小时间间隔不大于 1 h；
b) 应具有上传班组数据功能；
c) 定时上传的数据应是间隔时间内的累计消耗值或总消耗值，上传的数据应是实际采集的真实数据；
d) 上传数据的计量单位应符合 GB/T 29873—2013 附录 C 的要求。

4.2.4 验证码功能

每个通讯包带有数据安全传输的验证码，数据集中采集终端应有接收、更新和存储验证码的功能。

4.2.5 提取离线数据功能

应按提取离线数据命令，把所有离线数据上传到能源数据中心。

4.2.6 提取实时数据

应按提取实时计量仪表数据命令，把能源计量仪表的实时数据上传到能源数据中心。

4.2.7 上传和设置参数功能

应根据 GB/T 29873—2013 中第 6 章的要求，与能源数据中心进行交互，具体包括：接收能源数据中心发出的提取命令，设置系统时间、验证码、公钥及公钥参数等命令，并作出回应。

4.2.8 存储功能

数据集中采集终端应具备数据存储功能，且存储的实时采样数据应不少于 1 个月，转存的上传数据不少于 3 个月，班组、日累计数据、月累计数据不少于 3 年。

4.2.9 数据查询功能

数据集中采集终端应具备各个能源计量仪表的采样数据查看功能，按设备、时间段、班组等信息进行查询。

4.3 采集数据一致性

4.3.1 数据集中采集终端采集数据的有效位数应与能源计量仪表数据的有效位数一致。

4.3.2 数据集中采集终端采集数据应与能源计量仪表的实际读数一致。

4.4 传输安全性

4.4.1 系统应按照 GB/T 29873—2013 中第 6 章的规定，采用 RSA 加密算法，用设置好的公钥加密数据后上传。

4.4.2 需要加密的数据应包括上传能源计量累计数据、上传能源计量班组数据、上传能源计量离线数据、上传实时表头数据，加密时只加密数据段中的验证码和指令部分，其余的命令不加密。

5 验收方法

5.1 数据集中采集终端功能试验

5.1.1 设置功能

在数据集中采集终端上操作，对能源计量仪表基本参数、数据集中采集终端数据信息、系统时间等进行设置，应符合 4.2.1 的规定。试验需在数据集中采集终端所在现场进行。

5.1.2 数据采集功能

在数据集中采集终端上查看采集到的实时量、累计量等数据，应符合 4.2.2 的规定。试验需在数据集中采集终端所在现场进行。

5.1.3 上传采集数据

在能源数据中心上操作，查看已上传的采集数据，应符合 4.2.3 的规定。

5.1.4 验证码功能

在能源数据中心下传一条修改验证码指令，而后在能源数据中心通讯日志上查看数据集中采集终端是否以新的验证码进行了回应，应符合 4.2.4 的规定。

5.1.5 提取离线数据

在能源数据中心先删除部分数据，再下传一条提取离线数据命令，而后在能源数据中心上查看数据集中采集终端是否按指令上传离线数据，应符合 4.2.5 的规定。

5.1.6 提取实时数据

在能源数据中心下传一条提取实时能源计量仪表数据的命令，而后在能源数据中心上查看数据集中采集终端是否按指令上传实时能源计量仪表数据，应符合 4.2.6 的规定。

5.1.7 上传和设置参数

在能源数据中心下传相应的交互命令，而后在能源数据中心查看数据集中采集终端是否按指令上传相应参数或在数据集中采集终端上查看是否进行了相应的参数设置，应符合 4.2.7 的规定。

5.1.8 存储功能

在数据集中采集终端查看是否具有转存数据、班组、日累计数据存储功能，并已存储了相应的数据，应符合 4.2.8 的规定。月累计数据少于 3 年的，可由厂家提供该型号样机，用模拟数据进行检验。

5.1.9 数据查询功能

在数据集中采集终端上，查看各个能源计量仪表的采样数据，按设备、时间段、班组等信息进行查询操作，应符合 4.2.9 的规定。试验需在数据集中采集终端所在现场进行。

5.2 采集数据一致性

在数据集中采集终端上操作，查看数据集中采集终端显示的采集数据与现场对应能源计量仪表的实际读数是否相符，应符合 4.3 的规定。试验需在数据集中采集终端所在现场进行。

5.3 传输安全性

数据集中采集终端采用加密方式上传加密数据，而后在能源数据中心通讯日志上查看通讯包是否为加密形式，并在能源数据中心查看解密后的数据是否与数据集中采集终端加密前的数据保持一致，应符合 4.4 的规定。

6 验收规则

数据集中采集终端验收项目按表 1 的规定执行，所有条款均应满足要求。

表 1 验收项目

序号	验收项目	验收要求	验收方法
1	设置功能	4.2.1	5.1.1
2	数据采集功能	4.2.2	5.1.2
3	上传采集数据	4.2.3	5.1.3
4	验证码功能	4.2.4	5.1.4
5	提取离线数据	4.2.5	5.1.5
6	提取实时数据	4.2.6	5.1.6
7	上传和设置参数	4.2.7	5.1.7
8	存储功能	4.2.8	5.1.8
9	数据查询功能	4.2.9	5.1.9
10	采集数据一致性	4.3	5.2
11	传输安全性	4.4	5.3

ICS 27.010
F 01

中华人民共和国国家标准

GB/T 29873—2013

能源计量数据公共平台数据传输协议

Protocol for data communication of energy metrology data public platform

2013-11-12 发布 2014-04-15 实施

中华人民共和国国家质量监督检验检疫总局
中国国家标准化管理委员会 发布

前 言

本标准按照 GB/T 1.1—2009 给出的规则起草。

本标准由全国计量器具管理标准化技术委员会(SAC/TC 525)提出并归口。

本标准起草单位:福建省计量科学研究院、福建海峡计量科技开发中心、国家城市能源计量中心(福建)、福州大学、福建省能源计量重点实验室、福建华拓自动化技术有限公司、安徽省计量科学研究院、黑龙江省计量检定测试院、内蒙古自治区计量测试研究院、广西壮族自治区计量检测研究院。

本标准主要起草人:许航、方辉、宋健康、吴孟辉、池辉、阮学斌、夏玉雄、金美峰、薛天龙、岳远朋、刘荣光。

能源计量数据公共平台数据传输协议

1 范围

本标准规定了能源计量数据公共平台数据传输协议的公共平台结构、协议层次和通讯协议。

本标准适用于能源计量数据公共平台中的能源数据中心和用能单位能源计量数据集中采集终端之间的数据交换传输。

2 规范性引用文件

下列文件对于本文件的应用是必不可少的。凡是注日期的引用文件,仅注日期的版本适用于本文件。凡是不注日期的引用文件,其最新版本(包括所有的修改单)适用于本文件。

GB 17167 用能单位能源计量器具配备与管理通则

HJ/T 212—2005 污染源在线自动监控(监测)系统数据传输标准

3 术语、定义和缩略语

3.1 术语和定义

GB 17167 和 HJ/T 212—2005 界定的以及下列术语和定义适用于本文件。

3.1.1

能源计量仪表 energy metering instrument

安装在用能单位的能源计量器具,测量各种能源计量数据,并具有网络通信功能。

3.1.2

数据集中采集终端 data concentrated collection terminal

安装在用能单位(工业企业),通过内部网络与能源计量仪表连接,获取各种能源的计量数据,完成数据累计、存储,并具有通过互联网进行数据远程传输功能的数据设备。

3.1.3

能源数据中心 energy metrology data center

由计算机信息终端设备及计算机软件等组成,通过通信网络与数据集中采集终端连接,交换数据;发起和应答指令,进行数据存储、处理、分析和应用的系统。

3.1.4

能源计量数据公共平台 public platform of energy metrology data

由能源数据中心、用能单位能源计量数据集中采集终端及能源计量仪表组成,应用于政府的能源计量数据在线采集、实时监测等公共服务。

3.1.5

离线数据 the offline data

因断电或网络故障等原因,导致数据集中采集终端与能源数据中心通信中断产生的尚未传输到能源数据中心的数据。

3.2 缩略语

下列缩略语适用于本文件。

GPRS 通用无线分组交换服务(General Packet Radio Service)
ASCII 美国信息交换标准代码(American Standard Code for Information Interchange)
CRC 循环冗余校验(Cyclical Redundancy Check)
PSTN 公共交换电话网路(Public Switched Telephone Network)
CDMA 码分多址无线通信技术(Code Division Multiple Access)
ADSL 非对称数字用户环路(Asymmetric Digital Subscriber Line)
RSA 以三位开发者英文名字命名的一种非对称密码算法(Ron Rivest,Adi Shamirh,Len Adleman)

4 平台结构

能源计量数据公共平台从底层逐级向上可分为能源计量仪表、用能单位(工业企业)数据集中采集终端和能源数据中心三个层次。能源数据中心通过通信网络与数据集中采集终端交换数据,发起和应答指令。平台结构如图1所示。安装在工业企业的能源计量仪表具有模拟或数字输出接口或通信接口,连接到数据集中采集终端,能源数据中心通过数据集中采集终端的数据交换,实现能源计量仪表的计量数据在线采集、实时监测。

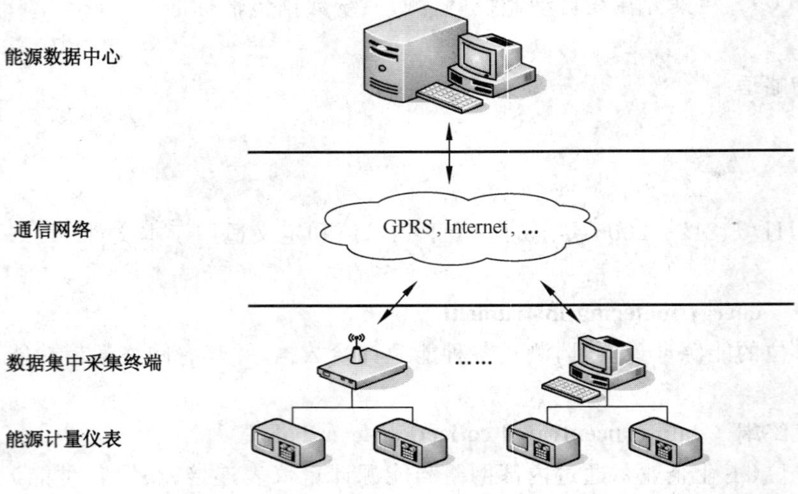

图1 能源计量数据公共平台结构图

5 协议层次

数据集中采集终端与能源数据中心通信接口应满足选定的通信网络的要求。本标准规定的数据传输协议在基于不同通信网络的数据集中采集终端与能源数据中心之间提供交互通信。协议层次结构如图2所示。

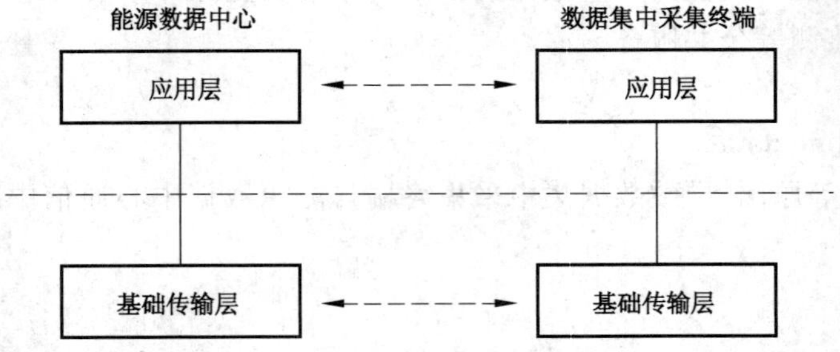

图2 协议层次图

6 通信协议

6.1 通信流程

6.1.1 数据请求

能源数据中心向数据集中采集终端下传数据请求。数据集中采集终端执行该请求后，向能源数据中心回应请求结果。数据请求过程如图3所示。

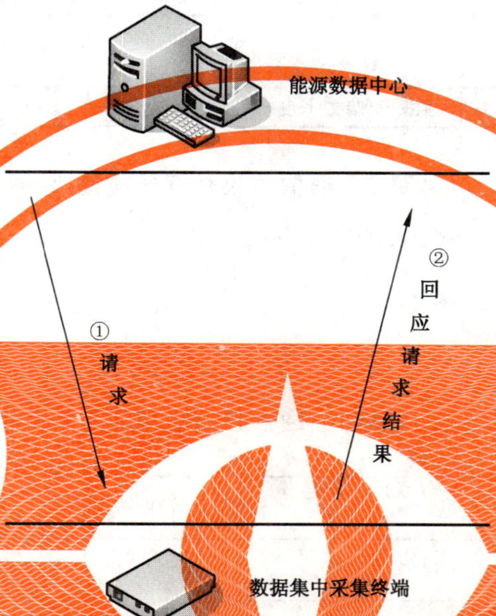

图3 数据请求过程图

6.1.2 数据上传

数据集中采集终端向能源数据中心上传数据。能源数据中心根据上传的数据，向数据集中采集终端回应上传。数据上传过程如图4所示。

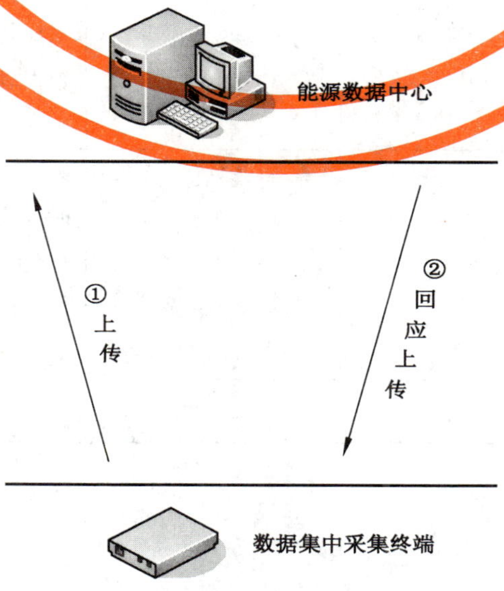

图4 数据上传过程图

6.2 通信协议数据结构

所有的通信包都是由 ASCII 码字符组成，其结构如图 5 所示。

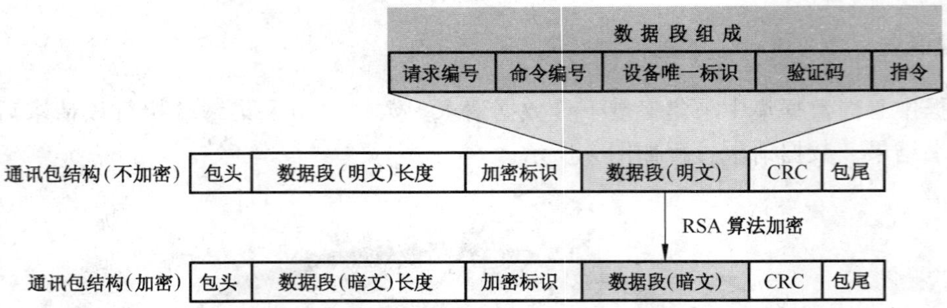

图 5 通信协议数据结构图

6.2.1 通信包结构组成

通信包结构组成如表 1 所示。

表 1 通信包结构组成

名称	类型	长度(字节)	描述
包头	字符	2	固定为＃＃
数据段长度	十进制整数	4	数据段的 ASCII 字符数。例如：长 255，则写为“0255”
加密标识	字符	1	是否对数据段进行加密，0 为不加密，1 为加密
数据段(见 6.2.2)	字符	$0 \leqslant n \leqslant 1\,024$	变长的数据(短信最大为 140 字节)。通信包不加密时，为加密前的数据段(明文)对应的字符；通信包加密时，为加密后的数据段(暗文)对应的字符。RSA 加密算法见附录 B
CRC 校验	十六进制整数	4	数据段的校验结果，如 CRC 错，即执行超时。数据段不加密时，对加密前的数据段(明文)进行校验。数据段加密时，对加密后的数据段(暗文)进行校验。循环冗余校验(CRC)算法见附录 A
包尾	字符	2	固定为＜CR＞＜LF＞(回车、换行)

6.2.2 数据段结构组成

数据段结构组成如表 2 所示。

表 2 数据段结构组成

名称	类型	长度(字节)	描述
请求编号 QN	字符	20	精确到毫秒的时间戳:QN=YYYYMMDDHHMMSSZZZ(见 6.2.3.2.2),用来唯一标识一个命令请求
命令编号 CN	字符	7	CN=命令编号,命令编号见 6.3 中命令列表
设备唯一标识 MN	字符	17	MN=数据集中采集终端设备编号,这个编号下端设备需固化到相应存储器中,用作身份识别。编码规则:前 3 位是各省份行政区划代码,中间 9 位是企业组织机构代码,最后 2 位是设备编号
验证码 PW	字符	9	PW=验证码,由用能单位申请,系统中心自动生成验证码
指令 CP	字符	$0 \leqslant n \leqslant 960$	CP=&& 数据区,&&,数据区定义见 6.2.3

6.2.3 数据区

6.2.3.1 结构定义

字段与其值用“=”连接;在数据区中,同一项目的不同分类值间用“,”来分隔,不同项目之间用“;”来分隔。

6.2.3.2 字段定义

6.2.3.2.1 字段名

字段名要区分大小写。

6.2.3.2.2 数据类型

数据类型表示方法及示例如下:

a) C4:表示最多 4 位的字符型字串,不足 4 位按实际位数;
b) N5:表示最多 5 位的数字型字串,不足 5 位按实际位数;
c) N14.2:用可变长字符串形式表达的数字型,表示 14 位整数和 2 位小数,带小数点,带符号,最大长度为 18;
d) YYYY:年,如 2005 表示 2005 年;
e) MM:月,如 09 表示 9 月;
f) DD:日,如 23 表示 23 日;
g) HH:时间,小时;
h) MM:时间,分钟;
i) SS:时间,秒;
j) ZZZ:时间,毫秒。

6.2.3.2.3 字段对照表

字段对照表如表3所示。

表3 字段对照表

字段名	描述	字符集	长度	取值及描述
SystemTime	系统时间	0—9	N14	YYYYMMDDHHMMSS(见6.2.3.2.2)
QN	请求编号,见6.2.2			
ExeRtn	执行结果回应代码,见6.3	0—9	N3	
DataTime	数据时间信息	0—9	N14	YYYYMMDDHHMMSS
xxxx-Rtd	能源计量点用量实时表头数据	0—9	N14.2	“xxxx”是能源计量点代码,前2位为能源品种及计量单位代码,其编码规则见附录C,后2位为能源计量点序号,如:A001-Rtd=12.34
xxxx-Cou	能源计量点用量累计采样数据	0—9	N14.2	如:A001-Cou=12.34
Group	班组	0—9	C1	如:1
PW	验证码	0—9,a—z,A—Z	C6	如:123456
PublicKey	数据段加密公钥	0—9,A—F	C32	16进制字符串,位数不固定,最多32位,如:0123456789ABCDEF。见附录B
SaveBeginTime	累计数据转存开始时间	0—9	N4	如:0101
SaveInterval	累计数据转存间隔	0—9	N4	如:30,单位为分钟(30 min的倍数)
ReportDelay	累计数据上传延迟时间	0—9	N4	如:5,单位为分钟
SampInterval	累计数据采集时间间隔	0—9	N4	数据集中采集终端从能源计量仪表中采集数据的时间间隔。如:5,单位为分钟(5 min的倍数)
Standing	实时表头数据上传持续时间	0—9	N4	如:5,单位为分钟
TransInterval	实时表头数据上传时间间隔	0—9	N4	如:30,单位为秒(30 s的倍数)
OverTime	超时时间	0—9	N5	单位为秒
ReCount	重发次数	0—9	N2	取值范围为0~99

注1:表中累计数据转存开始时间是数据集中采集终端开始把原始记录转存成累计数据的时间。

注2:表中累计数据转存间隔是数据集中采集终端转存累计数据的时间间隔。

注3:表中累计数据上报延迟时间是数据集中采集终端按累计数据转存开始时间向能源数据中心发送数据的延迟时间。

注4:例如,以用能单位的数据集中采集终端从0点0分(累计数据转存开始时间)开始,每1 h(累计数据转存间隔)把原始记录转存成1 h的累计数据,并在累计数据转存开始时间后延迟一段时间(累计数据上报延迟时间)向能源数据中心发送数据。

6.3 代码定义

执行结果定义如表 4 所示，命令列表如表 5 所示。

表 4 执行结果定义

编号	描述	备注
1	执行成功	无
2	执行失败，但不知道原因	无
100	没有数据	无

表 5 命令列表

命令名称	命令编号		命令类型	描　述
	中心向终端	终端向中心		
初始化命令				
提取超时时间与重发次数	1001		请求命令	用于提取数据集中采集终端的超时时间与重发次数
上传超时时间与重发次数		1001	上传命令	用于上传数据集中采集终端的超时时间与重发次数
设置超时时间与重发次数	1000		请求命令	用于设置数据集中采集终端发送指令的超时时间与重发次数
预留初始化命令				预留命令范围 1002～1010
参数命令				
提取数据集中采集终端系统时间	1011		请求命令	用于提取数据集中采集终端的系统时间
上传数据集中采集终端系统时间		1011	上传命令	用于上传数据集中采集终端的系统时间
设置数据集中采集终端系统时间	1012		请求命令	用于同步能源数据中心和数据集中采集终端的系统时间
提取数据集中采集终端验证码	1021		请求命令	用于提取数据集中采集终端验证码
上传数据集中采集终端验证码		1021	上传命令	用于上传数据集中采集终端验证码
设置数据集中采集终端验证码	1022		请求命令	用于设置数据集中采集终端验证码
提取数据集中采集终端公钥和公钥参数	1031		请求命令	用于提取数据集中采集终端公钥和公钥参数
上传数据集中采集终端公钥和公钥参数		1031	上传命令	用于上传数据集中采集终端公钥和公钥参数
设置数据集中采集终端公钥和公钥参数	1032		请求命令	设置数据集中采集终端公钥和公钥参数
提取数据转存开始时间、转存间隔及上报延迟时间	1041		请求命令	用于提取数据转存开始时间、转存间隔及上报延迟时间

表 5（续）

命令名称	命令编号		命令类型	描　　述
	中心向终端	终端向中心		
参数命令				
上传数据转存开始时间、转存间隔及上报延迟时间		1041	上传命令	用于上传数据转存开始时间、转存间隔及上报延迟时间
设置数据转存开始时间、转存间隔及上报延迟时间	1042		请求命令	用于设置数据转存开始时间、转存间隔及上报延迟时间
提取采集时间间隔	1051		请求命令	提取采集时间间隔
上传采集时间间隔		1051	上传命令	上传采集时间间隔
交互命令				
设置采集时间间隔	1052		请求命令	设置采集时间间隔
回应上传		9011		用于能源数据中心回应数据集中采集终端上传的执行结果
回应请求结果		9012		用于数据集中采集终端回应能源数据中心请求的执行结果
通知应答	9013	9013		回应通知命令
数据应答	9014	9014		数据应答命令
数据命令				
累计数据				
上传能源计量累计数据	2011		上传命令	
班组数据				
上传能源计量班组数据	2021		上传命令	
离线数据				
取能源计量离线数据	2031		请求命令	
上传能源计量离线数据		2031	上传命令	
实时数据				
取能源计量仪表实时数据	2041		请求命令	
上传能源计量仪表实时数据		2041	上传命令	
控制命令				
数据集中采集终端连接命令		3015	请求命令	
数据集中采集终端心跳包发送		9999	请求命令	
预留控制命令				预留命令范围 3016～3099

各条指令通信过程参照附录D示例。

6.4 超时重发机制

一个请求或上传命令发出后在规定的时间内未收到回应，认为超时。超时后重发，重发规定次数后仍未收到回应认为通信不可用，通信结束。超时时间根据具体的通信方式和任务性质可自定义。超时重发次数根据具体的通信方式和任务性质可自定义。默认超时时间表(可扩充)如表6所示。

表6 默认超时时间表

	默认超时时间/s	重发次数
GPRS	10	3
PSTN	5	3
CDMA	10	3
ADSL	5	3
短信	30	3

附 录 A
(规范性附录)
循环冗余校验(CRC)算法

A.1 循环冗余校验(CRC)算法说明

A.1.1 CRC 说明

CRC(Cyclic Redundancy Check)是一种数据传输错误检查方法,CRC 码两个字节,包含一 16 位的二进制值。它由传输设备计算后加入到数据包中。接收设备重新计算收到消息的 CRC,并与接收到的 CRC 域中的值比较,如果两值不同,则有误。

A.1.2 CRC 具体算法

CRC 是先调入一值是全“1”的 16 位寄存器,然后调用一过程将消息中连续的 8 位字节对当前寄存器中的值进行处理。仅每个字符中的 8 bit 数据对 CRC 有效,起始位和停止位以及奇偶校验位均无效。

A.2 CRC 校验字节的生成步骤

CRC 校验字节的生成步骤如下:

1) 装一个 16 位寄存器,所有数位均为 1;
2) 取被校验串的一个字节与 16 位寄存器的高位字节进行“异或”运算。运算结果放入这个 16 位寄存器;
3) 把这个 16 位寄存器向右移一位;
4) 若向右(标记位)移出的数位是 1,则生成多项式 1010 0000 0000 0001 和这个寄存器进行“异或”运算;若向右移出的数位是 0,则返回 3);
5) 重复 3)和 4),直至移出 8 位;
6) 取被校验串的下一个字节;
7) 重复 3)~6),直至被校验串的所有字节均与 16 位寄存器进行“异或”运算,并移位 8 次;
8) 这个 16 位寄存器的内容即 2 字节 CRC 错误校验码。校验码按照先高字节后低字节的顺序存放。

附 录 B
（规范性附录）
RSA 加密算法

B.1 RSA 加密算法密钥产生算法

密钥产生算法遵循以下程序：

a) 随机产生两个大素数 p 和 q。要求 p 和 q 尺寸大约是要求位长的一半。这样其积 $n=pq$ 就是要求的位长。

b) 计算 $n=p\times q$ 和 $phi=(p-1)\times(q-1)$。

c) 随机选择加密密钥 e，$1<e<phi$。要求 e 和 phi 互质。

d) 计算解密密钥 d，$1<d<phi$，满足 $e\times d=1(\mathrm{bmod}\,phi)$。其中 n 和 d 也要互质。公钥是 (n,e)，私钥是 (n,d)。p 和 q 不再需要，应该丢弃，不要让任何人知道。

B.2 加密

加密按如下程序：

a) 获取公钥 (n,e)；

b) 将明文按照约定好的格式转换成小于 n 的正整数 m；

c) 计算密文 $c=m^e(\mathrm{bmod}\,n)$。

B.3 解密

解密按如下程序：

a) 用私钥 (n,d) 计算 $m=c^d(\mathrm{bmod}\,n)$；

b) 从 m 中提取出明文。

B.4 RSA 加解密约定

本协议约定加密位长为 128 位。将明文中每个字符转换成 ASCII 码，中文转成 GB 2312 码，组成 m。对于较长的字符串采取分组加密的方法，每组 15 个字节。每组分别加密，将每组密文连接起来就是最终的密文。每组密文为 16 进制字符串，共 32 字节，不足 32 字节的在字符串前面用‘0’字符补齐。

附　录　C
（规范性附录）
常用能源计量单位及代码定义

传输时的能源计量数据的计量单位(参考《国家统计局能源统计报表制度》)及代码,用于定义采集监测点的能源品种及计量单位,如表C.1所示。

表C.1　常用能源计量单位及代码定义表

能源名称	能源代码	统计计量单位
原煤	A0	吨
无烟煤	A1	吨
炼焦烟煤	A2	吨
一般烟煤	A3	吨
褐煤	A4	吨
洗精煤	B0	吨
其他洗煤	C0	吨
煤制品	D0	吨
＃型煤	D1	吨
水煤浆	D2	吨
煤粉	D3	吨
焦炭	E0	吨
其他焦化产品	F0	吨
焦炉煤气	G0	万立方米
高炉煤气	H0	万立方米
其他煤气	I0	万立方米
转炉煤气	I1	万立方米
发生炉煤气	I2	万立方米
煤层气(煤田)	I3	万立方米
天然气	J0	万立方米
液化天然气	K0	吨
原油	L0	吨
汽油	M0	吨
煤油	N0	吨
柴油	O0	吨
燃料油	P0	吨
液化石油气	Q0	吨
炼厂干气	R0	吨

表 C.1（续）

能源名称	能源代码	统计计量单位
其他石油制品	S0	吨
石脑油	S1	吨
润滑油	S2	吨
石蜡	S3	吨
溶剂油	S4	吨
石油焦	S5	吨
石油沥青	S6	吨
热力	T0	百万千焦
蒸汽	T1	吨
热媒	T2	吨
温度	T3	摄氏度
压力	T4	兆帕斯卡
余热余压	T5	百万千焦
电力	U0	万千瓦时
其他燃料	V0	吨标准煤
煤矸石用于燃料	V1	吨
生物质废料用于燃料	V2	吨
其他工业废料用于燃料	V3	吨
城市生活垃圾用于燃料	V4	吨
能源合计	W0	吨标准煤

附　录　D
（资料性附录）
各条指令通信过程示例

表 D.1～表 D.18 给出了 QN 是在 2009 年 5 月 16 日 1 点 1 分 1 秒 1 毫秒时建立连接，即 20090516010101001，设备唯一标识号是 35012345678901，前 3 位 350 是福建的行政区划代码，中间 9 位是企业组织机构代码，最后 2 位是设备序号，验证码是 123456 的指令通信过程示例。

表 D.1　提取数据集中采集终端验证码示例

类别	项目		示例/说明
使用命令	能源数据中心	提取数据集中采集终端验证码	QN=20090516010101001;CN=1021;MN = 35012345678901; PW = 123456;CP=&&&&
	数据集中采集终端	上传数据集中采集终端验证码	CN=1021;MN=35012345678901;PW=123456;CP=&& PW=123456&&
使用字段	QN		请求编号
	PW		数据集中采集终端上传的验证码
执行过程	能源数据中心发送提取数据集中采集终端验证码命令后，数据集中采集终端执行请求并回应上传请求结果。例子中返回数据集中采集终端验证码为 123456		

表 D.2　设置数据集中采集终端验证码示例

类别	项目		示例/说明
使用命令	能源数据中心	设置数据集中采集终端验证码	QN=20090516010101001;CN=1001;MN=35012345678901;PW=123456;CP=&&PW=654321&&
	数据集中采集终端	回应执行结果	CN= 9012; MN = 35012345678901; PW = 123456(应该为 654321); CP = &&QN = 20090516010101001;ExeRtn=1&&
使用字段	QN		请求编号
	PW		能源数据中心要设置的数据集中采集终端验证码
	ExeRtn		回应请求结果
执行过程	能源数据中心发送设置数据集中采集终端验证码命令后，数据集中采集终端执行设置验证码请求，返回执行结束命令，请求执行完毕。命令执行正确后，使用新的验证码进行通信，否则仍使用原来的验证码		

表 D.3　提取数据集中采集终端公钥和公钥参数示例

类别	项目		示例/说明
使用命令	能源数据中心	提取数据集中采集终端公钥和公钥参数	QN=20090516010101001;CN=1031;MN=35012345678901;PW=123456;CP=&&&&
	数据集中采集终端	上传数据集中采集终端公钥和公钥参数	CN=1031;MN=35012345678901;PW=123456;CP=&& PublicKey=0123456789ABCDEF;KeyParam=FEDCBA9876543210&&
使用字段	QN		请求编号
	PublicKey		能源数据集中采集终端上传的公钥
	KeyParam		能源数据集中采集终端上传的公钥参数
执行过程	能源数据中心发送提取数据集中采集终端公钥和公钥参数码命令后,数据集中采集终端执行请求并回应上传请求结果。例子中返回数据集中采集终端公钥为 0123456789ABCDEF,公钥参数为 FEDCBA9876543210		

表 D.4　设置数据集中采集终端公钥和公钥参数示例

类别	项目		示例/说明
使用命令	能源数据中心	设置数据集中采集终端公钥和公钥参数	QN=20090516010101001;CN=1032;MN=35012345678901;PW=123456;CP=&&PublicKey=0123456789ABCDEF;KeyParam=FEDCBA9876543210&&
	数据集中采集终端	回应执行结果	CN=9012;MN=35012345678901;PW=123456;CP=&&QN=20090516010101001;ExeRtn=1&&
使用字段	QN		请求编号
	PublicKey		能源数据中心要设置的数据集中采集终端公钥
	KeyParam		能源数据中心要设置的数据集中采集终端公钥参数
	ExeRtn		回应请求结果
执行过程	能源数据中心发送设置数据集中采集终端公钥和公钥参数命令后,数据集中采集终端执行设置公钥和公钥参数请求,返回执行结束命令,请求执行完毕。命令执行正确后,以后将使用新的公钥和公钥参数进行通信,否则仍使用原来的公钥和公钥参数		

表 D.5 提取数据集中采集终端系统时间示例

类别	项目		示例/说明
使用命令	能源数据中心	提取数据集中采集终端系统时间	QN=20090516010101001;CN=1011;MN=35012345678901; PW=123456;CP=&&&&
	数据集中采集终端	上传数据集中采集终端系统时间	CN=1011;MN=35012345678901;PW=123456; CP = &&QN = 20090516010101001; SystemTime=20090516010102&&
使用字段	QN		请求编号
	SystemTime		数据集中采集终端上传的系统时间
执行过程	能源数据中心发送提取数据集中采集终端系统时间命令后，数据集中采集终端执行请求并回应上传请求结果。例子中返回数据集中采集终端系统时间 2009 年 5 月 16 日 1 点 1 分 2 秒		

表 D.6 设置数据集中采集终端系统时间示例

类别	项目		示例/说明
使用命令	能源数据中心	设置数据集中采集终端系统时间	QN=20090516010101001;CN=1012;MN=35012345678901; PW=123456;CP=&&SystemTime=20090516010101&&
	数据集中采集终端	回应执行结果	CN=9012;MN=35012345678901;PW=123456; CP=&&QN=20090516010101001;ExeRtn=1&&
使用字段	QN		请求编号
	SystemTime		能源数据中心要设置的系统时间
	ExeRtn		回应请求结果
执行过程	能源数据中心发送设置数据集中采集终端系统时间命令后，数据集中采集终端执行设置时钟请求，返回执行结束命令，请求执行完毕		

表 D.7 数据集中采集终端连接能源数据中心示例

<table>
<tr><th>类别</th><th colspan="2">项目</th><th>示例/说明</th></tr>
<tr><td rowspan="2">使用命令</td><td>数据集中采集终端</td><td>上传连接事件通知命令</td><td>QN=20090516010101001;CN=3015;MN=35012345678901;
PW=123456;CP=&&&&</td></tr>
<tr><td>能源数据中心</td><td>通知应答</td><td>CN=9013;MN=35012345678901;PW=123456;
CP=&&QN=20090516010101001&&</td></tr>
<tr><td>使用字段</td><td colspan="2">QN</td><td>请求编号</td></tr>
<tr><td>执行过程</td><td colspan="3">当数据集中采集终端监测到能源数据中心开启后，向能源数据中心发送连接事件通知，能源数据中心收到后返回通知应答，告诉数据集中采集终端已收到通知，交互结束</td></tr>
</table>

表 D.8 累计数据采集示例

<table>
<tr><th>类别</th><th colspan="2">项目</th><th>示例/说明</th></tr>
<tr><td rowspan="2">使用命令</td><td>数据集中采集终端</td><td>上传累计数据</td><td>QN=20090516010101001;CN=2011;MN=35012345678901;
PW = 123456; CP = &&DataTime = 20090516020111;A001-Cou=4.00;
A002-Cou=4.00;A003-Cou=4.00;A004-Cou=4.00;A005-Cou=4.00&&</td></tr>
<tr><td>能源数据中心</td><td>回应上传</td><td>CN=9011;MN=35012345678901;PW=123456;
CP=&&QN=20090516010101001;ExeRtn=1&&</td></tr>
<tr><td rowspan="3">使用字段</td><td colspan="2">A001-Cou</td><td>第一路煤采集点(A001)的累计数据</td></tr>
<tr><td colspan="2">DataTime</td><td>数据时间，精确到秒</td></tr>
<tr><td colspan="2">ExeRtn</td><td>回应上传</td></tr>
<tr><td>执行过程</td><td colspan="3">当数据集中采集终端监测到能源数据中心一直连接后，向能源数据中心以设置的上传间隔不断发送累计数据，能源数据中心回应上传</td></tr>
</table>

表 D.9 班组数据采集示例

类别	项目		示例/说明
使用命令	数据集中采集终端	上传班组数据	QN=20090516010101001;CN=2021;MN=35012345678901; PW = 123456; CP = &&DataTime = 20090516000000; Group = 1;A001-Cou=4.00; A002-Cou= 4. 00;A003-Cou = 4. 00;A004-Cou=4.00;A005-Cou=4.00&&
	能源数据中心	回应上传	CN=9011;MN=35012345678901;PW=123456; CP=&&QN=20090516010101001;ExeRtn=1&&
使用字段	A001-Cou		第一路煤采集点(A001)的累计数据
	DataTime		数据日期,精确到日,指班组的日期
	Group		数据班组
	ExeRtn		回应上传
执行过程	当数据集中采集终端监测到能源数据中心一直连接后,向能源数据中心在设置的班组结束时间和上传延迟时间相加的时间发送班组数据,能源数据中心回应上传		

表 D.10 取离线数据示例

类别	项目		示例/说明
使用命令	能源数据中心	提取离线数据	QN=20090516010101001;CN=2031;MN=35012345678901; PW=123456;CP=&&DataTime=20090516020111&&
	数据集中采集终端	上传离线数据	CN=2031;MN=35012345678901;PW=123456; CP=&&QN=20090516010101001;DataTime=20090516020111;A01-Cou=4.00; A02-Cou=4.00;A03-Cou=4.00;A04-Cou=4.00;A05-Cou=4.00&&
使用字段	QN		请求编号
	A01-Cou		第一路煤采集点(A01)的离线累计数据
	DataTime		数据时间,精确到秒
执行过程	能源数据中心发送提取离线数据命令后,数据集中采集终端执行请求,并上传数据		

表 D.11　提取实时表头数据示例

类别	项目		示例/说明
使用命令	能源数据中心	提取能源计量仪表实时数据	QN=20090516010101001;CN=2041;PW=123456; MN=35012345678901;CP=&&Standing=10;TransInterval=60&&
	数据集中采集终端	上传能源计量仪表实时数据	CN=2041;QN=20090516010101001;MN=35012345678901; PW = 123456; CP = &&DataTime = 20090516020111;A01-Rtd=4.00;A02-Rtd=4.00;A03-Rtd=4.00;A04-Rtd=4.00;A05-Rtd=4.00&&
使用字段	QN		请求编号
	Standing		数据上传持续时间,精确到分钟
	TransInterval		数据上传间隔,精确到秒
	A01-Rtd		第一路煤采集点(A01)的实时表头数据
	DataTime		数据时间,精确到秒
执行过程	能源数据中心下传提取能源计量仪表实时数据命令后,数据集中采集终端将对应采集点的能源计量仪表实时数据按设定的上传间隔上传数据,直到上传持续时间结束		

表 D.12　设置数据转存开始时间、转存间隔及上报延迟时间示例

类别	项目		示例/说明
使用命令	能源数据中心	设置数据转存开始时间、转存间隔及上报延迟时间	QN=20090516010101001;CN=1042;MN=35012345678901; PW = 123456; CP = &&SaveBeginTime = 0101;SaveInterval=60; ReportDelay=5&&
	数据集中采集终端	回应请求结果	CN=9012;MN=35012345678901;PW=123456; CP=&&QN=20090516010101001; ExeRtn=1&&
使用字段	QN		请求编号
	SaveBeginTime		数据转存开始时间,前两位标识小时,后两位标识分钟
	SaveInterval		数据转存间隔,精确到分钟(30 min 的倍数)
	ReportDelay		数据上报延迟时间,精确到分钟
	ExeRtn		回应请求结果
执行过程	能源数据中心下传设置数据转存开始时间、转存间隔及上报延迟时间命令后,数据集中采集终端执行设置请求,返回执行结束命令,请求执行完毕。例子中数据转存开始时间为 1 点 1 分,数据转存间隔为 60 min,数据上报延迟时间为 5 min		

表 D.13　提取数据转存开始时间、转存间隔及上报延迟时间示例

类别	项目		示例/说明
使用命令	能源数据中心	提取数据转存开始时间、转存间隔及上报延迟时间	QN=20090516010101001;CN=1041;MN=35012345678901;PW=123456;CP=&&&&
	数据集中采集终端	上传数据转存开始时间、转存间隔及上报延迟时间	CN=1041;MN=35012345678901;PW=123456;CP=&&QN=20090516010101001;SaveBeginTime=0101;SaveInterval=60;ReportDelay=5&&
使用字段	QN		请求编号
	SaveBeginTime		数据转存开始时间,前两位标识小时,后两位标识分钟
	SaveInterval		数据转存间隔,精确到分钟(30 min 的倍数)
	ReportDelay		数据上报延迟时间,精确到分钟
执行过程	能源数据中心下传数据转存开始时间、转存间隔及上报延迟时间命令后,数据集中采集终端执行请求,并上传数据。例子中返回数据转存开始时间为 1 点 1 分,数据转存间隔为 60 min,数据上报延迟时间为 5 min		

表 D.14　设置采集时间间隔示例

类别	项目		示例/说明
使用命令	能源数据中心	设置采集时间间隔	QN=20090516010101001;CN=1052;MN=35012345678901;PW=123456;CP=&&SampInterval=5&&
	数据集中采集终端	回应请求结果	CN=9012;MN=35012345678901;PW=123456;CP=&&QN=20090516010101001;ExeRtn=1&&
使用字段	QN		请求编号
	SampInterval		采集时间间隔,精确到分钟(5 min 的倍数)
	ExeRtn		回应请求结果
执行过程	能源数据中心发送设置采集时间间隔命令后,数据集中采集终端执行设置请求,返回执行结束命令,请求执行完毕。例子中采集时间间隔为 5 min		

表 D.15 提取采集时间间隔示例

类别	项目		示例/说明
使用命令	能源数据中心	提取采集时间间隔	QN=20090516010101001;CN=1051;MN=35012345678901; PW=123456;CP=&&&&
	数据集中采集终端	上传采集时间间隔	CN=1051;MN=35012345678901;PW=123456; CP=&&QN=20090516010101001; SampInterval=5&&
使用字段	QN		请求编号
	SampInterval		采集时间间隔,精确到分钟(5 min 的倍数)
执行过程	能源数据中心下传提取采集时间间隔命令后,数据集中采集终端执行请求,并上传数据。例子中返回采集时间间隔为 5 min		

表 D.16 提取超时时间和重发次数示例

类别	项目		示例/说明
使用命令	能源数据中心	提取超时时间和重发次数	QN=20090516010101001;CN=1001;MN=35012345678901; PW=123456;CP=&&&&
	数据集中采集终端	上传超时时间和重发次数	CN=1001;MN=35012345678901;PW=123456; CP=&&QN=20090516010101001;OverTime=5;ReCount=3&&
使用字段	QN		请求编号
	OverTime		超时时间
	ReCount		重发次数
执行过程	能源数据中心下传提取超时时间和重发次数命令后,数据集中采集终端执行请求,并上传数据。例子中返回超时时间是 5 s,重发次数为 3 次		

表 D.17 初始化超时时间和重发次数示例

类别	项目		示例/说明
使用命令	能源数据中心	设置现场采集设备超时时间和重发次数	QN=20090516010101001;CN=1000;MN=35012345678901; CP=&&OverTime=5;ReCount=3&&
	数据集中采集终端	回应请求结果	CN=9012;MN=35012345678901;CP=&&QN=20090516010101001; ExeRtn=1&&

表 D.17（续）

<table>
<tr><th>类别</th><th colspan="2">项目</th><th>示例/说明</th></tr>
<tr><td rowspan="4">使用字段</td><td colspan="2">QN</td><td>请求编号</td></tr>
<tr><td colspan="2">Overtime</td><td>超时时间</td></tr>
<tr><td colspan="2">ReCount</td><td>重发次数</td></tr>
<tr><td colspan="2">ExeRtn</td><td>回应请求结果</td></tr>
<tr><td>执行过程</td><td colspan="3">能源数据中心下传设置数据集中采集终端超时时间和重发次数命令后，数据集中采集终端执行设置时钟请求，返回执行结束命令，请求执行完毕</td></tr>
</table>

表 D.18　数据集中采集终端心跳包发送示例

<table>
<tr><th>类别</th><th colspan="2">项目</th><th>示例/说明</th></tr>
<tr><td rowspan="2">使用命令</td><td>数据集中采集终端</td><td>上传心跳包事件通知命令</td><td>QN=20090516010101001;CN=9999;MN=35012345678901;
PW=123456;CP=&&&&</td></tr>
<tr><td>能源数据中心</td><td>通知应答</td><td>CN=9013;MN=35012345678901;PW=123456;
CP=&&QN=20090516010101001&&</td></tr>
<tr><td>使用字段</td><td colspan="2">QN</td><td>请求编号</td></tr>
<tr><td>执行过程</td><td colspan="3">当数据集中采集终端监测到能源数据中心通讯网络没有断开后，向能源数据中心上传心跳包事件通知，能源数据中心收到后返回通知应答，告诉现场及已收到通知，交互结束</td></tr>
</table>

ICS 83.080.20
G 32

中华人民共和国国家标准

GB/T 29874—2013

塑料 氯乙烯均聚和共聚树脂 气相色谱法对干粉中残留氯乙烯单体的测定

Plastics—Homopolymer and copolymer resins of vinyl chloride—Determination of residual vinyl chloride monomer by gas-chromatographic analysis of dry powder

(ISO 24538:2008,MOD)

2013-11-12 发布　　2014-05-01 实施

中华人民共和国国家质量监督检验检疫总局
中国国家标准化管理委员会　发布

前　言

本标准按照 GB/T 1.1—2009 给出的规则起草。

本标准使用重新起草法修改采用 ISO 24538:2008《塑料　氯乙烯均聚和共聚树脂　气相色谱法对干粉中残留氯乙烯单体的测定》。

本标准与 ISO 24538:2008 相比存在结构变化，附录 B 中列出了本标准与 ISO 24538:2008 章条编号变化对照一览表。

本标准与 ISO 24538:2008 的技术性差异及其原因如下：

——删除了"范围"章中的"注"及其内容；

——为适应我国的技术条件，以等同采用国际标准的 GB/T 2035 代替 ISO 472；

——增加了"5.3 恒温器"，规定了控温精度，保证检测的准确性；

——增加了精度为 0.01 g 的天平要求；

——在"方法"章中增加了"以方法 A 为仲裁方法"的规定，提高检测结果判定的操作性，避免纠纷。

为便于使用，本标准做了下列编辑性修改：

——以"μg/g"代替"mg/kg"作为干粉树脂中残留氯乙烯含量的单位；

——增加了附录 B(资料性附录)。

本标准由中国石油和化学工业联合会提出。

本标准由全国塑料标准化技术委员会聚氯乙烯树脂产品分会(SAC/TC 15/SC 7)归口。

本标准起草单位：杭州电化集团有限公司、新疆中泰化学股份有限公司、锦西化工研究院有限公司、唐山三友氯碱有限责任公司。

本标准主要起草人：谭琛、王建英、石阳秋、梁斌、庞素芳、陈沛云。

塑料　氯乙烯均聚和共聚树脂 气相色谱法对干粉中 残留氯乙烯单体的测定

警告：使用本标准的人员应具有正规实验室工作的实践经验。本标准并未指出所有可能的安全问题。使用者有责任采取适当的安全和健康措施，并保证符合国家有关法规规定的条件。

1　范围

本标准规定了氯乙烯均聚和共聚树脂中残留氯乙烯单体的测定方法。

本方法基于静态顶空气相色谱技术(即分析恒定温度下与固相平衡的气相)，适用于各种粉末状氯乙烯均聚和共聚树脂。

复合材料、粒料、挤出物、薄膜中的残留氯乙烯单体使用GB/T 4615进行测定。

2　规范性引用文件

下列文件对于本文件的应用是必不可少的。凡是注日期的引用文件，仅注日期的版本适用于本文件。凡是不注日期的引用文件，其最新版本(包括所有的修改单)适用于本文件。

GB/T 2035　塑料术语及其定义(GB/T 2035—2008，ISO 472：1999，IDT)

3　术语和定义

GB/T 2035中界定的术语和定义适用于本文件。

4　原理

将已称量的试样密封于玻璃管形瓶中，加热一定时间，使氯乙烯单体(VCM)在粉末和气相间达到平衡。从顶空中取得气态试料注入气相色谱仪，例如通过自动注射。组分在柱中分离并由火焰离子化检测器测定。

5　仪器和材料

5.1　气相色谱仪，具有固定的顶空进样器或手动注射装置。应选定能使VCM和杂质完全分离的色谱柱和条件。

注：适宜的色谱柱参见附录A。

5.2　火焰离子化检测器(FID)。

5.3　恒温器，可控制在(120±2)℃。

5.4　玻璃管形瓶，方法A常用的容积为(22±0.5)mL，方法B为(10±0.2)mL，具衬PTFE的硅橡胶或丁基胶垫及铝帽，垫中不应产生能够干扰VCM测定的峰。

5.5　卷压及脱帽工具，用于密封和重启玻璃管形瓶。

5.6 气密注射器，容积不大于 5 mL，依据 VCM 的浓度选择适宜的注射器。

5.7 天平，分度值 0.1 mg。

5.8 天平，分度值 0.01 g。

5.9 数据处理系统或相当的系统（自动电位计或积分仪），用于获取和评估气相色谱仪的数据。

5.10 氯乙烯气体标准物，通过连续稀释纯 VCM（体积浓度大于 99.5%）制得，校正用。

对于氦气、氮气或空气，推荐使用商用标准物，气体充装于具有毛细管出口或注射器接头的钢瓶中。

安全预警——氯乙烯在常温下是有害气体。制备校正样时必须在通风良好的通风橱中进行。

5.11 FID 气体和载气，纯度满足气相色谱分析要求，使用前需净化处理。所用的其他气体应具有相似的高纯度。

6 取样

贮存过程中，由于试样表层释放残留 VCM 较快，在所取聚氯乙烯树脂（PVC）中可能存在浓度梯度，可将样品冷却，但应避免湿气冷凝。尽可能快地制备试样，使残留单体的损失最小。样品于实验室间交换或贮存时，应完全充满于管形瓶中并密封。

7 方法

叙述了两种不同的方法。

方法 A 适用于测定残留 VCM 含量在 0.01 μg/g 以上的氯乙烯均聚和共聚树脂。通过向完全无 VCM 的 PVC 试样中加入已知量的 VCM 进行校正。

方法 B 与方法 A 类似，只是试样量较少及使用 VCM 外标物而非将 VCM 加入 PVC 中进行校正。

方法 A 应使用与待测试样类型相同且取样量相等的 PVC 进行校正，同时在校正及分析中，应在同一条件下建立气固相的平衡并考虑管形瓶中 PVC 引起的顶空体积减小。

两种方法中，以方法 A 为仲裁方法。

8 方法 A

8.1 试样制备和分析

取样前，宜以氮气吹扫玻璃管形瓶，尽量除去痕量的 VCM。

称取 2 g～4 g 待测 PVC 树脂（校正取样量与之相同），精确至 0.01 g，置于洁净的玻璃管形瓶（5.4）中，立即以隔垫和铝帽密封。将其置于气相色谱仪的顶空进样器（或恒温器）中，在 120 ℃下平衡15 min 后取顶空气体进样分析。每个样品测定两次。

8.2 校正

通过向玻璃管形瓶中完全无 VCM 的 PVC 试样中加入已知量的 VCM 进行校正。

为保证校正与分析过程中建立一致的气固平衡及考虑到管形瓶中 PVC 试样引起的顶空体积减小，校正与分析中使用相同质量（例如 2 g）和类型的 PVC。

注：制备校正标准样及试样时所取的 PVC 质量将影响方法的灵敏度。

为获得无 VCM 的 PVC，将 PVC 在 100 ℃下加热，直至色谱仪不再检测到 PVC 中的 VCM 峰。

以稀释或纯的 VCM 气体进行校正。

取 5 个玻璃管形瓶（5.4），每个瓶中称取 2 g～4 g 无 VCM 的 PVC 树脂，精确至 0.01 g。若使用稀释的 VCM 气体（例如 0.4%）制备校正标准样，可以气密注射器移取例如 0 mL，0.2 mL，0.5 mL，1 mL

和 2 mL 的 VCM 气至各玻璃管形瓶中；若使用纯 VCM 气体，也可以气密注射器移取例如 0 μL，2.5 μL，5 μL，10 μL 和 20 μL 的 VCM 气至各玻璃管形瓶中。

将玻璃管形瓶置于室温下至少半小时，使 VCM 在 PVC 与顶空间达到平衡。将含有校正标准样的玻璃管形瓶置于固定的顶空进样器(或恒温器)中，在 120 ℃平衡 15 min 后进样分析。

8.3 计算

8.3.1 总则

计算结果修约至一位小数。

8.3.2 校正操作的评估

通过评估峰面积进行结果计算。

8.3.3 玻璃管形瓶中 VCM 校正标准样质量的计算

使用气体钢瓶中稀释的商用 VCM 气体进行校正时，若 VCM 气体的浓度以 mL/m^3 表示，需将此浓度转化为 mg/m^3，如式(1)：

$$c_{w/v}=\frac{c_{v/v}\times M_{VCM}}{V} \qquad (1)$$

式中：

$c_{w/v}$ ——气体钢瓶中 VCM 浓度的数值，单位为毫克每立方米(mg/m^3)；

$c_{v/v}$ ——气体钢瓶中 VCM 浓度的数值，单位为毫升每立方米(mL/m^3)；

M_{VCM}——氯乙烯摩尔质量的数值(=62.5)；

V ——20 ℃，101.3 kPa 时的摩尔体积(=24.1L)。

按式(2)计算各顶空瓶中 VCM 的质量：

$$c_{st}=c_{w/v}\times V_D \qquad (2)$$

式中：

c_{st} ——玻璃管形瓶中 VCM 质量的数值，单位为微克(μg)；

$c_{w/v}$ ——气体钢瓶中 VCM 浓度的数值，单位为毫克每立方米(mg/m^3)；

V_D ——向玻璃管形瓶中加入的 VCM 气体体积的数值，单位为升(L)；

若以纯 VCM 进行校正，按相同的公式计算 c_{st}，但 $c_{v/v}$ 的数值为 1。

考虑到所加入的 VCM 校正标准样的体积不可忽略，应按式(3)修正上式的 c_{st} 值：

$$c_{stcorr}=\frac{c_{st}\times(V_V-m/\rho)}{(V_V+V_D-m/\rho)} \qquad (3)$$

式中：

c_{stcorr}——VCM 校正标准样进行体积修正后 c_{st} 的数值，单位为微克(μg)；

V_V ——玻璃管形瓶体积的数值，单位为毫升(mL)；

m ——玻璃管形瓶中 PVC 树脂质量的数值，单位为克(g)；

V_D ——加入玻璃管形瓶的 VCM 气体体积的数值，单位为毫升(mL)；

ρ ——PVC 树脂密度的数值，单位为克每毫升(g/mL)(通常为 1.4)。

8.3.4 响应因子的测定

由式(4)计算各校正标准样的检测器响应因子 RF：

$$RF=\frac{c_{stcorr}}{A_{st}} \qquad (4)$$

式中：

c_{stcorr}——对加入的 VCM 标准样进行体积修正后的 c_{st} 的数值，单位为微克(μg)；

A_{st} ——标准样中 VCM 峰面积的数值。

计算各校正标准样的 RF 值的算数平均值。

8.3.5 样品中 VCM 含量的计算

由式(5)计算试样中 VCM 的含量：

$$c_{sample}=\frac{(A_s \times RF_m)}{m} \quad \cdots\cdots\cdots\cdots (5)$$

式中：

c_{sample}——试样中 VCM 含量的数值，单位为微克每克(μg/g)；

A_s ——试样中 VCM 的峰面积的数值；

RF_m ——8.3.4 中的平均响应因子；

m ——试样质量的数值，单位为克(g)。

9 方法 B

9.1 试样制备及分析

称取(0.20±0.001)g 的试样置于洁净 10 mL 的玻璃管形瓶(5.4)中(若使用其他规格的玻璃管形瓶，调整试样量，使试样体积和顶空体积的比例与 0.2 g 试样与 10 mL 玻璃管形瓶的比例大致相同)，立即以隔垫和铝帽密封。将其置于气相色谱仪的顶空进样器或恒温器(5.3)中，在 120 ℃下放置 15 min，使试样达到温度平衡，然后开始分析操作。每个样品测定两次。

9.2 校正

以外标物校正为基础，至少使用两个浓度的标准样进行校正。通过每次的校正操作，测定检测器的响应因子。使用平均响应因子，计算试样的 VCM 含量。

以气密注射器从气体钢瓶中取得 VCM 气体(抽动柱塞几次，有效排除注射器中的所有空气)。

从 VCM 钢瓶的毛细管出口处通畅的层流气中平缓地取得例如 1 mL 的 VCM 气体(在一次连续的过程中)并移至空的密封的玻璃管形瓶中。以至少一个玻璃管形瓶重复上述过程，向各玻璃管形瓶中加入不同体积的 VCM。

将含有校正标准样的玻璃管形瓶置于气相色谱仪的顶空进样器或恒温器中。分析前在 120 ℃下平衡 15 min。通过顶空进样器自动注射或手动注射进样分析。

9.3 计算

9.3.1 总则

计算结果修约至一位小数。

9.3.2 校正操作的评估

通过评估峰面积进行结果计算。

9.3.3 玻璃管形瓶中 VCM 校正标准样质量的计算

使用气体钢瓶中稀释的商用 VCM 气体进行校正，若 VCM 气体浓度以 mL/m³ 表示，需将此浓度转化为 mg/m³，如式(6)：

$$c_{w/v}=\frac{c_{v/v}\times M_{VCM}}{V} \qquad \cdots\cdots(6)$$

式中：

$c_{w/v}$ ——气体钢瓶中 VCM 浓度的数值，单位为毫克每立方米（mg/m³）；

$c_{v/v}$ ——气体钢瓶中 VCM 浓度的数值，单位为毫升每立方米（mL/m³）；

M_{VCM} ——VCM 的摩尔质量的数值（=62.5）；

V ——20 ℃，101.3 kPa 时的摩尔体积（=24.1 L）。

按式(7)计算各玻璃管形瓶中 VCM 的质量：

$$c_{st}=c_{w/v}\times V_D \qquad \cdots\cdots(7)$$

式中：

c_{st} ——玻璃管形瓶中 VCM 质量的数值，单位为微克（μg）；

$c_{w/v}$ ——气体钢瓶中 VCM 浓度的数值，单位为毫克每立方米（mg/m³）；

V_D ——向玻璃管形瓶中加入的 VCM 气体的体积，单位为升（L）；

若以纯 VCM 校正，以相同的公式计算 c_{st}，但 $c_{v/v}$ 的值为 1。

9.3.4 响应因子的测定

由式(8)计算各校正标准样的检测器响应因子 RF：

$$RF=\frac{c_{st}}{A_{st}} \qquad \cdots\cdots(8)$$

式中：

c_{st} ——玻璃管形瓶中 VCM 质量的数值，单位为微克（μg）；

A_{st} ——校正操作中 VCM 峰面积的数值。

计算各校正标准样 RF 值的算术平均值。

9.3.5 样品中 VCM 含量的计算

由式(9)计算试样中 VCM 的含量：

$$c_{sample}=\frac{(A_s\times RF_m)}{m} \qquad \cdots\cdots(9)$$

式中：

c_{sample} ——试样中 VCM 含量的数值，单位为微克每克（μg/g）；

A_s ——试样中 VCM 的峰面积的数值；

RF_m ——9.3.4 中的平均响应因子；

m ——试样质量的数值，单位为克（g）。

10 精密度

由于未获得足够的实验室数据，本方法的精密度是未知的。若获得足够的有效实验室数据，将在下一版本中增加精密度的说明。

11 试验报告

试验报告中至少应包含下列信息：

a) 采用本标准及使用的方法(A 或 B);

b) 鉴定待测样品所需的所有信息(包括生产商,等级和型号等);

c) 所用色谱柱的说明;

d) 所用检测器的类型;

e) 校正操作的结果;

f) 单次测定的结果及其算术平均值;

g) 与本标准的差异;

h) 试验日期。

附 录 A
（资料性附录）
适宜色谱柱的样例

表 A.1 适宜色谱柱的样例

柱子	长度 m	直径 mm	固定相	担体	操作温度 ℃
1	2.00	2	聚乙二醇 1 500 20%(质量分数)	Carbopack B 180 μm～150 μm	50～70
2[a]	1.00	2	Porapak Q 或 QS 180 μm～150 μm		120～140
3	3.00	2	邻苯二甲酸二异癸酯 25%(质量分数)	Chromosorb WHP 180 μm～150 μm	50～70
4	3.00	3	1,2,3-三(2-氰乙氧基)丙烷 20%(质量分数)	Chromosorb WAW-DMCS 180 μm～150 μm	35～55
5	3.60	2	聚丙烯-乙二醇 3 000 15%(质量分数)	Kieseiguhr 250 μm～180 μm	40～60
6	2.00	3.175	苦味酸 0.19%(质量分数)	Carbopack C 80/100 目	40
7	5.00	2	癸二酸二(2-乙基己基)酯 15%(质量分数)	Chromosorb WAW-DMCS 180 μm～150 μm	75
8[b]	10.00	0.53	Poraplot Q (二乙烯基苯/苯乙烯)		60
9	2.00	3	Ucon oil LB 550X 20%	60/80 目	40
10	10.00	0.53	PoraplotU (二乙烯苯-乙二醇-二甲基 丙烯酸酯共聚物)	—	60
11	2～3	3～4	填充柱(β,β'-氧二丙腈-硅油Ⅲ)	6201 釉化担体 180 μm～150 μm	50

[a] 2 号柱可能不适用于氯乙烯和醋酸乙烯酯共聚物的测定。

[b] 8 号柱(毛细管),分流比为 10∶1。

附 录 B
（资料性附录）
本标准与 ISO 24538:2008 章条编号变化对照一览表

本标准与 ISO 24538:2008 相比，章条编号发生了变化，具体对照情况见表 B.1。

表 B.1 本标准与 ISO 24538:2008 的章条编号对照情况

本标准章条编号	对应 ISO 标准章条编号
5.3	—
5.4	5.3
5.5	5.4
5.6	5.5
5.7	5.6
5.8	—
5.9	5.7
5.10	5.8
5.11	5.9
附录 B	—

ICS 73.080
D 51

中华人民共和国国家标准

GB/T 29875—2013

磷矿石和磷精矿中铅、砷、汞含量的测定

Determination of lead, arsenic, mercury in phosphate rock and concentrate

2013-11-12 发布 2014-05-01 实施

中华人民共和国国家质量监督检验检疫总局
中国国家标准化管理委员会 发布

前　言

本标准按照 GB/T 1.1—2009 给出的规则编写。

本标准由中国石油和化学工业联合会提出。

本标准由化学工业化学矿标准化技术委员会归口。

本标准主要起草单位：中蓝连海设计研究院、云南磷化集团有限公司、中国蓝星（集团）股份有限公司、瓮福（集团）有限责任公司、四川宏达股份有限公司、连云港出入境检验检疫局。

本标准主要起草人：张晓梅、张文学、周建军、张仁忠、欧运凤、夏新媛。

磷矿石和磷精矿中铅、砷、汞含量的测定

1 范围

本标准规定了磷矿石和磷精矿中铅、砷、汞含量的测定方法。

本标准适用于磷矿石和磷精矿中铅含量大于 0.001 0%、砷含量大于 0.000 2%、汞含量大于 0.000 01% 的测定。

2 规范性引用文件

下列文件对于本文件的应用是必不可少的。凡是注日期的引用文件，仅注日期的版本适用于本文件。凡是不注日期的引用文件，其最新版本(包括所有的修改单)适用于本文件。

GB/T 602 化学试剂 杂质测定用标准溶液的制备

GB/T 603 化学试剂 试验方法中所用制剂及制品的制备

GB/T 6003.1 试验筛 技术要求和检验 第1部分:金属丝编织网试验筛

GB/T 6682 分析实验室用水规格和试验方法

GB/T 9723 化学试剂 火焰原子吸收光谱法通则

3 试样

试样通过符合 GB/T 6003.1 规定的 125 μm 试验筛，于 105 ℃～110 ℃干燥 2 h 以上，置于干燥器中冷却至室温。

4 试验方法

4.1 总则

除非另有说明，分析中仅使用确认为分析纯或分析纯以上级别的试剂，所用水需满足 GB/T 6682 要求的二级水。标准中所用试剂和溶液的配制，在未注明配制方法时，均应按 GB/T 602、GB/T 603 的规定。

4.2 铅含量的测定 原子吸收光谱法

4.2.1 方法提要

试样用盐酸-硝酸溶解，在稀硝酸介质中，使用乙炔-空气火焰，于原子吸收光谱仪波长 283.3 nm 处测量试样溶液的吸光度，同时扣除背景干扰，以工作曲线法求出磷矿样品中铅的含量。

4.2.2 试剂和溶液

4.2.2.1 盐酸(优级纯)。

4.2.2.2 硝酸(优级纯)。

4.2.2.3 硝酸溶液:1+1。

4.2.2.4 铅标准溶液:1 000 μg/mL。

4.2.2.5 铅标准溶液:100 μg/mL。吸取 10 mL 铅标准溶液(4.2.2.4)于 100 mL 容量瓶中,加 10 mL 硝酸溶液(4.2.2.3),用水稀释至刻度。此溶液 1 mL 含 100 μg 铅。

4.2.3 仪器

原子吸收光谱仪,配有铅空心阴极灯,符合 GB/T 9723 的规定。

4.2.4 分析步骤

4.2.4.1 称取 1 g 试样,精确至 0.000 1 g,置于 150 mL 烧杯中。同时做空白试验。

4.2.4.2 用少量水润湿试样,小心加入 15 mL 盐酸(4.2.2.1)、5 mL 硝酸(4.2.2.2),盖上表面皿,在电热板上低温加热,蒸至近干,取下,冷却。

4.2.4.3 加入 10 mL 硝酸溶液(4.2.2.3)和少量水,加热溶解可溶性盐类,冷至室温,移入 100 mL 容量瓶中,用水稀释至刻度。摇匀后干过滤。弃去最初少量滤液,收集滤液备用。

4.2.4.4 参照仪器使用说明书,将原子吸收光谱仪工作参数调至最佳,使用乙炔-空气火焰,铅空心阴级灯,于波长 283.3 nm 处,以水调零,用扣背景吸光度方式,测量试样溶液和空白试验溶液的吸光度。从工作曲线上求出相应的铅质量浓度的数值。

4.2.5 工作曲线的绘制

4.2.5.1 移取 0.0 mL、1.0 mL、3.0 mL、5.0 mL、7.0 mL、10.0 mL 铅标准溶液(4.2.2.5),分别置于一组 100 mL 容量瓶中,加入 10 mL 硝酸溶液(4.2.2.3),用水稀释至刻度,摇匀。此标准系列中铅的浓度为 0.0 μg/mL、1.0 μg/mL、3.0 μg/mL、5.0 μg/mL、7.0 μg/mL、10.0 μg/mL。

4.2.5.2 用扣背景吸光度方式,与试样溶液相同条件下测量铅标准系列溶液的吸光度,减去试剂空白溶液的吸光度。以铅质量浓度为横坐标,相应的吸光度为纵坐标绘制工作曲线。

4.2.6 结果计算

以质量分数 w_1 表示的铅(Pb)的含量,按式(1)计算:

$$w_1 = \frac{\rho_1 \times 100 \times 10^{-6}}{m_1} \times 100\% \qquad \cdots\cdots(1)$$

式中:

ρ_1 —— 从工作曲线上查得的铅质量浓度的数值,单位为微克每毫升(μg/mL);

m_1 ——试样质量的数值,单位为克(g)。

取平行测定结果的算术平均值为最终测定结果。

4.2.7 允许差

平行分析结果的相对偏差应不大于表 1 所列允许差。

表 1 允许相对偏差

铅(Pb)含量/%	允许相对偏差/%
<0.002 0	30
0.002 0~0.010	20
>0.010	10

4.3 砷含量的测定

4.3.1 砷含量的测定 原子荧光光谱法(仲裁法)

4.3.1.1 方法提要

试样用盐酸-硝酸溶解，在酸性条件下，三价砷与硼氢化钾反应生成砷化氢，由载气(氩气)带入石英原子化器，砷化氢分解为原子态砷。在特制的砷空心阴极灯的照射下，基态砷原子被激发至高能态，去活化回到基态时，发射出特征波长的荧光，在一定浓度的范围内，其荧光强度与砷的含量成正比，以工作曲线法求出磷矿样品中砷的含量。

4.3.1.2 试剂和溶液

4.3.1.2.1 盐酸(优级纯)。

4.3.1.2.2 硝酸(优级纯)。

4.3.1.2.3 盐酸溶液：1+1。

4.3.1.2.4 盐酸溶液：5+95。

4.3.1.2.5 氢氧化钾溶液：5 g/L。

4.3.1.2.6 硼氢化钾溶液：10 g/L。称取 1 g 硼氢化钾，溶于 100 mL 氢氧化钾溶液(4.3.1.2.5)中。现用现配。

4.3.1.2.7 抗坏血酸溶液：50 g/L。现用现配。

4.3.1.2.8 硫脲溶液：50 g/L。

4.3.1.2.9 砷标准溶液：1 000 μg/mL。

4.3.1.2.10 砷标准溶液：50 μg/mL。吸取 10.0 mL 砷标准溶液(4.3.1.2.9)于 200 mL 容量瓶中，用水稀释至刻度。此溶液 1 mL 含 50 μg 砷。

4.3.1.2.11 砷标准溶液：1 μg/mL。吸取 10.0 mL 砷标准溶液(4.3.1.2.10)于 500 mL 容量瓶中，用水稀释至刻度。此溶液 1 mL 含 1 μg 砷。

4.3.1.2.12 砷标准溶液：100 ng/mL。吸取 10.0 mL 砷标准溶液(4.3.1.2.11)于 100 mL 容量瓶中，用水稀释至刻度。此溶液 1 mL 含 100 ng 砷。

4.3.1.3 仪器

原子荧光光谱仪，配有砷空心阴极灯。

4.3.1.4 分析步骤

4.3.1.4.1 按表 2 称取试样，精确至 0.000 1 g，置于 150 mL 烧杯中。同时做空白试验。

4.3.1.4.2 用少量水润湿试样，小心加入 15 mL 盐酸(4.3.1.2.1)、5 mL 硝酸(4.3.1.2.2)，盖上表面皿，在电热板上低温加热，蒸至 1 mL～2 mL，取下，冷却至室温。

注：样液不能蒸干，否则结果会偏低。

表 2 称样量

砷(As)含量/%	称样量/g
0.000 2～0.001 0	0.2～0.5
0.001 0～0.002 0	0.1～0.2
>0.002 0	0.05～0.1

4.3.1.4.3 加入 10 mL 盐酸溶液(4.3.1.2.3)和少量水,加热溶解可溶性盐类,冷至室温,移入 100 mL 容量瓶,加入 10 mL 抗坏血酸溶液(4.3.1.2.7)和 10 mL 硫脲溶液(4.3.1.2.8),用水稀释至刻度,摇匀,静置 30 min。干过滤,弃去最初少量滤液,收集滤液备用。

4.3.1.4.4 参照仪器使用说明书,将原子荧光光谱仪各参数调至最佳状态,用盐酸溶液(4.3.1.2.4)作载液,硼氢化钾溶液(4.3.1.2.6)作还原剂,依次测量试样溶液、空白试验溶液的荧光值,其荧光值即相应浓度值。

4.3.1.5 工作曲线的绘制

4.3.1.5.1 移取 0.0 mL、1.0 mL、2.0 mL、5.0 mL、10.0 mL、20.0 mL 砷标准溶液(4.3.1.2.12),分别置于一组 100 mL 容量瓶中,加入 10 mL 盐酸溶液(4.3.1.2.3),加入 10 mL 抗坏血酸溶液(4.3.1.2.7)和 10 mL 硫脲溶液(4.3.1.2.8),用水稀释至刻度,摇匀,静置 30 min。此标准系列中砷的浓度为 0.0 ng/mL、1.0 ng/mL、2.0 ng/mL、5.0 ng/mL、10.0 ng/mL、20.0 ng/mL。

4.3.1.5.2 与试样溶液相同条件下测量砷标准系列溶液的荧光值,减去试剂空白溶液的荧光值。以砷质量浓度为横坐标,相应的荧光值为纵坐标绘制工作曲线。

4.3.1.6 结果计算

以质量分数 w_2 表示的砷(As)的含量,按式(2)计算:

$$w_2 = \frac{\rho_2 \times 100 \times 10^{-9}}{m_2} \times 100\% \qquad \cdots\cdots(2)$$

式中:

ρ_2 ——从工作曲线上查得的砷质量浓度的数值,单位为纳克每毫升(ng/mL);

m_2 ——试样质量的数值,单位为克(g)。

取平行测定结果的算术平均值为最终测定结果。

4.3.1.7 允许差

平行测定结果的相对偏差应不大于表 3 所列允许差:

表 3 允许相对偏差

砷(As)含量/%	允许相对偏差/%
<0.000 5	30
0.000 5~0.002 0	20
>0.002 0	10

4.3.2 砷含量的测定 Ag-DDTC 分光光度法

4.3.2.1 方法提要

试样用硝酸、高氯酸溶解,在盐酸介质中,以二氯化锡和碘化钾将砷酸还原为亚砷酸,再用金属锌将亚砷酸还原为砷化氢气体,用二乙基二硫代氨基甲酸银的三乙醇胺-氯仿溶液吸收,生成红色胶体银,于波长 530 nm 处测量其吸光度,以工作曲线法求出磷矿样品中砷的含量。

4.3.2.2 试剂和溶液

4.3.2.2.1 硝酸(优级纯)。

4.3.2.2.2 盐酸(优级纯)。

4.3.2.2.3 盐酸溶液:1+1。

4.3.2.2.4 高氯酸(优级纯)。

4.3.2.2.5 无砷金属锌粒。

4.3.2.2.6 碘化钾溶液:300 g/L。

4.3.2.2.7 柠檬酸溶液:500 g/L。

4.3.2.2.8 二氯化锡溶液:400 g/L。称取二氯化锡 40 g,加入 50 mL 盐酸(4.3.2.2.2),稍加热使其溶解,用水稀释至 100 mL,摇匀。贮于棕色试剂瓶中。

4.3.2.2.9 二乙基二硫代氨基甲酸银(Ag-DDTC)溶液:称取 0.3 g 粉状 Ag-DDTC,溶于 100 mL 三氯甲烷中,加入 3 mL 三乙醇胺,摇匀,放置后用脱脂棉过滤,备用(此溶液可保存 1 周)。

4.3.2.2.10 乙酸铅脱脂棉:称取 11.8 g 乙酸铅,溶于 100 mL 水中,加入几滴冰乙酸,将脱脂棉浸入此溶液中,2 h 后取出,挤净溶液,晾干,备用。

4.3.2.2.11 砷标准溶液:1 000 μg/mL。

4.3.2.2.12 砷标准溶液:50 μg/mL。吸取 10.0 mL 砷标准溶液(4.3.2.2.11)于 200 mL 容量瓶中,用水稀释至刻度。此溶液 1 mL 含 50 μg 砷。

4.3.2.2.13 砷标准溶液:2.5 μg/mL。吸取 10.0 mL 砷标准溶液(4.3.2.2.12)于 200 mL 容量瓶中,用水稀释至刻度。此溶液 1 mL 含 2.5 μg 砷。

4.3.2.3 仪器

4.3.2.3.1 分光光度计。

4.3.2.3.2 砷化氢气体的发生、吸收装置,如图 1。

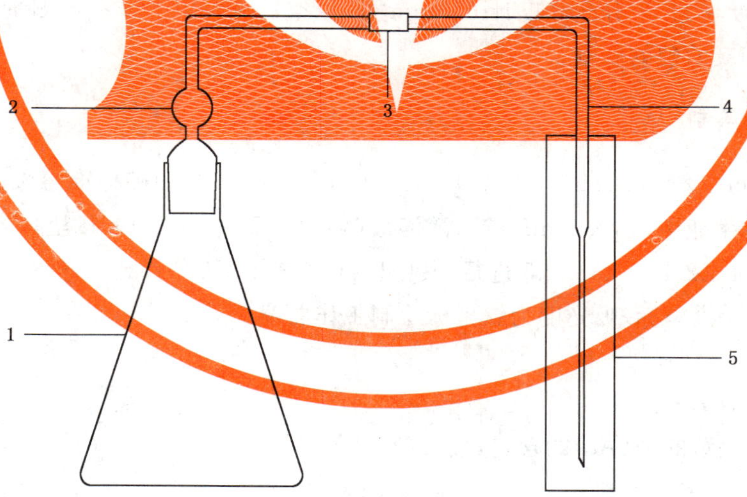

说明:

1——化氢气体发生器(100 mL 磨口锥形瓶);

2——连接气体导管的磨口塞,并带有直径 20 mm 硫化氢吸收瓶,内装乙酸铅棉花;

3——连接两个玻璃导气管的乳胶管;

4——气体导管,出口处内径<1 mm ;

5——砷化氢气体吸收管(10 mL 具塞比色管)。

图 1 砷化氢气体的发生、吸收装置

4.3.2.4 分析步骤

4.3.2.4.1 按表4称取试样，精确至0.000 1 g，置于150 mL烧杯中。同时做空白试验。

4.3.2.4.2 用少量水润湿试样，加入硝酸(4.3.2.2.1)5 mL，高氯酸(4.3.2.2.4)5 mL，摇匀。盖上表面皿，加热，待试样溶解后再蒸至冒白烟(勿蒸干)，取下，稍冷后用水冲洗杯壁一次，再加热至冒白烟，取下冷却后加入20 mL水，继续加热至盐类溶解，冷却后移入100 mL磨口锥形瓶中，摇匀。

注：样液不能蒸干，冒浓白烟即可取下。

表4 称样量

砷(As)含量/%	称样量/g
0.000 2～0.002 5	1.0
0.002 5～0.010	0.2～0.5
>0.010	0.1

4.3.2.4.3 加入5 mL柠檬酸溶液(4.3.2.2.7)，加入10 mL盐酸溶液(4.3.2.2.3)，加水至体积约45 mL。

4.3.2.4.4 加入3 mL碘化钾溶液(4.3.2.2.6)，2 mL二氯化锡溶液(4.3.2.2.8)，摇匀，放置15 min，加入5 g锌粒(4.3.2.2.5)，迅速塞紧塞子，将气体导管立即插入盛有10.0 mL的砷化氢吸收液的吸收管中。吸收40 min。取出导管，以少量三氯甲烷冲洗导管，洗液并入吸收管中，滴加三氯甲烷补足体积至10.0 mL。加塞，摇匀。

注1：砷化氢气体吸收管和气体导管每次使用后应洗涤干净、烘干、备用。

注2：砷化氢发生和吸收装置中各接头处，必须接合严密、使用前应进行检查，防止砷化氢气体逸失。

4.3.2.4.5 用1 cm吸收池，于分光光度计530 nm处，以空白试验溶液作参比测量试样溶液的吸光度，从工作曲线上求出相应的砷的质量。

4.3.2.5 工作曲线的绘制

4.3.2.5.1 吸取0.0 mL、2.0 mL、4.0 mL、6.0 mL、8.0 mL、10.0 mL的砷标准溶液(4.3.2.2.13)，分别置于一组砷化氢气体发生瓶中，加入5 mL柠檬酸溶液(4.3.2.2.7)，加入10 mL盐酸溶液(4.3.2.2.3)，加水至约45 mL，以下按4.3.2.4.4、4.3.2.4.5进行，其中以试剂空白溶液作参比。

4.3.2.5.2 以砷浓度为横坐标，吸光度为纵坐标绘制工作曲线。

4.3.2.6 结果计算

以质量分数w_3表示的砷(As)的含量，按式(3)计算：

$$w_3 = \frac{\rho_3 \times 10^{-6}}{m_3} \times 100\% \qquad \cdots\cdots(3)$$

式中：

ρ_3——从工作曲线上查得的砷质量浓度的数值，单位为微克(μg)；

m_3——试样质量的数值，单位为克(g)。

取平行测定结果的算术平均值为最终测定结果。

4.3.2.7 允许差

平行测定结果的相对偏差应不大于表5所列允许差。

表 5 允许相对偏差

砷(As)含量/%	允许相对偏差/%
<0.001 0	50
0.001 0～0.002 0	20
>0.002 0	10

4.4 汞含量的测定

4.4.1 汞含量的测定 原子荧光光谱法(仲裁法)

4.4.1.1 方法提要

试样用盐酸-硝酸溶解,在酸性条件下,试样中汞被硼氢化钾还原成原子态汞,由载气(氩气)带入石英原子化器中,在特制汞空心阴极灯照射下,基态汞原子被激发至高能态;去活化回到基态时,发射出特征波长的荧光,在一定浓度的范围内,其荧光强度与汞含量成正比,以工作曲线法求出磷矿样品中汞的含量。

4.4.1.2 试剂和溶液

4.4.1.2.1 盐酸(优级纯)。
4.4.1.2.2 硝酸(优级纯)。
4.4.1.2.3 硝酸溶液:1+1。
4.4.1.2.4 硝酸溶液:5+95。
4.4.1.2.5 氢氧化钾溶液:5 g/L。
4.4.1.2.6 硼氢化钾溶液:1 g/L。称取 0.1 g 硼氢化钾,溶于 100 mL 氢氧化钾溶液(4.4.1.2.5)中。现用现配。
4.4.1.2.7 汞标准溶液:1 000 μg/mL。
4.4.1.2.8 汞标准溶液:50 μg/mL。吸取 10.0 mL 汞标准溶液(4.4.1.2.7)于 200 mL 容量瓶中,用水稀释至刻度。此溶液 1 mL 含 50 μg 汞。
4.4.1.2.9 汞标准溶液:1 μg/mL。吸取 10.0 mL 汞标准溶液(4.4.1.2.8)于 500 mL 容量瓶中,用水稀释至刻度。此溶液 1 mL 含 1 μg 汞。
4.4.1.2.10 汞标准溶液:100 ng/mL。吸取 10.0 mL 汞标准溶液(4.4.1.2.9)于 100 mL 容量瓶中,用水稀释至刻度。此溶液 1 mL 含 100 ng 汞。

4.4.1.3 仪器

原子荧光光谱仪,配有汞空心阴极灯。

4.4.1.4 分析步骤

4.4.1.4.1 称取 1 g 左右试样,精确至 0.000 1 g,置于 150 mL 烧杯中。同时做空白试验。
4.4.1.4.2 用少量水润湿试样,小心加入 15 mL 盐酸(4.4.1.2.1)、5 mL 硝酸(4.4.1.2.2),盖上表面皿,在电热板上低温加热,蒸至 1 mL～2 mL,取下,冷却。
4.4.1.4.3 加入 10 mL 硝酸溶液(4.4.1.2.3)和少量水,加热溶解可溶性盐类,冷至室温,移入 100 mL 容量瓶,用水稀释至刻度,摇匀,干过滤。弃去最初少量滤液,收集滤液备用。

注 1：样液不能蒸干，否则结果会偏低。

注 2：若试样中汞含量较高，可减少称样量或稀释处理后按以下步骤进行。

4.4.1.4.4 参照仪器使用说明书，将原子荧光光谱仪各参数调至最佳状态，用硝酸溶液（4.4.1.2.4）作载液，硼氢化钾溶液（4.4.1.2.6）作还原剂，依次测量试样溶液、空白试验溶液的荧光值，其荧光值即相应浓度值。

4.4.1.5 工作曲线的绘制

4.4.1.5.1 吸取 0.0 mL、1.0 mL、2.0 mL、3.0 mL、4.0 mL、5.0 mL 的汞标准溶液（4.4.1.2.10），分别置于一组 100 mL 容量瓶中，加入 10 mL 硝酸溶液（4.4.1.2.3），用水稀释至刻度，摇匀。此标准系列中汞的浓度为 0.0 ng/mL、1.0 ng/mL、2.0 ng/mL、3.0 ng/mL、4.0 ng/mL、5.0 ng/mL。

4.4.1.5.2 与试样溶液相同条件下测量汞标准系列溶液的荧光值，减去试剂空白溶液的荧光值。以汞质量浓度为横坐标，相应的荧光值为纵坐标绘制工作曲线。

4.4.1.6 结果计算

以质量分数 w_4 表示的汞（Hg）的含量，按式（4）计算：

$$w_4 = \frac{\rho_4 \times 100 \times 10^{-9}}{m_4} \times 100\% \qquad \cdots\cdots(4)$$

式中：

ρ_4 ——从工作曲线上查得的汞质量浓度的数值，单位为纳克每毫升（ng/mL）；

m_4——试样质量的数值，单位为克（g）。

取平行测定结果的算术平均值为最终测定结果。

4.4.1.7 允许差

平行测定结果的相对偏差应不大于表 6 所列允许差。

表 6 允许相对偏差

汞（Hg）含量/%	允许相对偏差/%
＜0.000 1	100
0.000 1～0.001 0	50
＞0.001 0	20

4.4.2 汞含量的测定 氢化物发生-原子吸收光谱法

4.4.2.1 方法提要

试样用盐酸-硝酸溶解，在酸性条件下，试样中汞被硼氢化钾还原成原子态汞，由载气（氩气）将汞蒸汽载入原子吸收光谱仪，汞原子蒸汽对波长 253.7 nm 的紫外光具有强烈的吸收作用。在一定浓度的范围内，其吸光度的大小与汞蒸汽浓度成正比，以工作曲线法求出磷矿样品中汞的含量。

4.4.2.2 试剂和溶液

4.4.2.2.1 盐酸（优级纯）。

4.4.2.2.2 硝酸（优级纯）。

4.4.2.2.3 硝酸溶液：1＋1。

4.4.2.2.4 硝酸溶液：1+100。

4.4.2.2.5 氢氧化钾溶液：10 g/L。

4.4.2.2.6 硼氢化钾溶液：10 g/L。称取 1g 硼氢化钾，溶于 100 mL 氢氧化钾溶液(4.4.2.2.5)中。现用现配。

4.4.2.2.7 硫酸溶液：4+100。将 4 mL 硫酸(优级纯)沿玻棒缓慢倒入 100 mL 水中。

4.4.2.2.8 汞标准溶液：1 000 μg/mL。

4.4.2.2.9 汞标准溶液：50 μg/mL。吸取 10.0 mL 汞标准溶液(4.4.2.2.8)于 200 mL 容量瓶中，用水稀释至刻度。此溶液 1 mL 含 50 μg 汞。

4.4.2.2.10 汞标准溶液：1 μg/mL。吸取 10.0 mL 汞标准溶液(4.4.2.2.9)于 500 mL 容量瓶中，用水稀释至刻度。此溶液 1 mL 含 1 μg 汞。

4.4.2.2.11 汞标准溶液：100 ng/mL。吸取 10.0 mL 汞标准溶液(4.4.2.2.10)于 100 mL 容量瓶中，用水稀释至刻度。此溶液 1 mL 含 100 ng 汞。

4.4.2.3 仪器

4.4.2.3.1 原子吸收光谱仪，配有汞空心阴极灯。

4.4.2.3.2 氢化物发生器。

4.4.2.4 分析步骤

4.4.2.4.1 称取 0.5 g ～1 g 试样，精确至 0.000 1 g，置于 150 mL 烧杯中。同时做空白试验。

4.4.2.4.2 用少量水润湿试样，小心加入 15 mL 盐酸(4.4.2.2.1)、5 mL 硝酸(4.4.2.2.2)，盖上表面皿，在电热板上低温加热，蒸至 1 mL～2 mL，取下，冷却。

注：样液不能蒸干，否则结果会偏低。

4.4.2.4.3 加入 10 mL 硝酸溶液(4.4.2.2.3)和少量水，加热溶解可溶性盐类，冷至室温，移入 100 mL 容量瓶，用水稀释至刻度，摇匀，干过滤。弃去最初少量滤液，收集滤液备用。

4.4.2.4.4 参照仪器使用说明书，选择最佳工作条件，以硼氢化钾溶液(4.4.2.2.6)作为还原剂，硝酸溶液(4.4.2.2.4)作载液，硫酸溶液(4.4.2.2.7)作参比溶液，于波长 253.7 nm 处测量试样溶液、空白试验溶液的吸光度，从工作曲线上求出相应的汞质量浓度的数值。

4.4.2.5 标准曲线

4.4.2.5.1 吸取 0.0 mL、5.0 mL、8.0 mL、10.0 mL、20.0 mL、30.0 mL 的汞标准溶液(4.4.2.2.11)，分别置于一组 100 mL 容量瓶中，加入 10 mL 硝酸溶液(4.4.2.2.3)，用水稀释至刻度，摇匀。此标准系列中汞的浓度为 0.0 ng/mL、5.0 ng/mL、8.0 ng/mL、10.0 ng/mL、20.0 ng/mL、30.0ng/mL。

4.4.2.5.2 与试样溶液相同条件下测量汞标准系列溶液的吸光度，减去试剂空白吸光度。以汞质量浓度为横坐标，相应的吸光度为纵坐标绘制工作曲线。

4.4.2.6 结果计算

以质量分数 w_5 表示的汞的含量，按式(5)计算：

$$w_5 = \frac{\rho_5 \times 100 \times 10^{-9}}{m_5} \times 100\% \quad \cdots\cdots(5)$$

式中：

ρ_5 ——从工作曲线上查得的汞质量浓度的数值，单位为纳克每毫升(ng/mL)；

m_5——试样质量的数值，单位为克(g)。

取平行测定结果的算术平均值为最终测定结果。

4.4.2.7 允许差

平行测定结果的相对偏差应不大于表7所列允许差。

表7 允许相对偏差

汞(Hg)含量/%	允许相对偏差/%
<0.000 1	100
0.000 1~0.001 0	50
>0.001 0	20

参考文献

[1] Method of analysis for phosphate rock (Tenth edition 2010).AFPC

ICS 67.040
X 00

中华人民共和国国家标准

GB/T 29876—2013

非发酵豆制品生产管理规范

Criterion of producing management for non-fermented bean products

2013-11-12 发布

2014-04-30 实施

中华人民共和国国家质量监督检验检疫总局
中国国家标准化管理委员会 发布

前　言

本标准按照GB/T 1.1—2009给出的规则起草。

本标准由中国商业联合会提出并归口。

本标准起草单位:深圳市福荫食品有限公司、杭州华源豆制品有限公司、上海清美绿色食品有限公司、南京雨润食品有限公司、杭州豆制食品有限公司、中国商业联合会、北京市豆制品协会。

本标准主要起草人:林榆生、戚亚江、张美玲、田英刚、汪生建、徐康、刘振宇。

非发酵豆制品生产管理规范

1 范围

本标准规定了非发酵豆制品生产管理的术语和定义、总则、文件要求、原辅料要求、厂房与设施、生产设备、人员的要求及管理、卫生管理、生产过程管理、质量管理和标识等要求。

本标准适用于非发酵豆制品生产企业的生产管理。

2 规范性引用文件

下列文件对于本文件的应用是必不可少的。凡是注日期的引用文件,仅注日期的版本适用于本文件。凡是不注日期的引用文件,其最新版本(包括所有的修改单)适用于本文件。

GB 1352 大豆

GB 2760 食品安全国家标准 食品添加剂使用标准

GB 5749 生活饮用水卫生标准

GB 7718 食品安全国家标准 预包装食品标签通则

GB 14881 食品企业通用卫生规范

GB/T 19001—2008 质量管理体系 要求

食品召回管理规定(国家质量监督检验检疫总局第98号令)

3 术语和定义

下列术语和定义适用于本文件。

3.1

非发酵豆制品 non-fermented bean products

以大豆和水为主要原料,经过制浆工艺,凝固(或不凝固),调味或不调味等加工工艺制成的产品。

[GB/T 22106—2008,定义3.1]

4 总则

4.1 企业应建立有效的质量管理体系,并形成文件,加以实施和保持,并予以持续改进。

4.2 企业应确定非发酵豆制品质量管理体系的范围。该范围应规定所涉及的产品或产品类别、生产过程和生产场所。

4.3 企业应:

a) 识别、评估、预防及控制产品对消费者健康有可能产生的特定危害;

b) 监视、评价、防范在已放行产品中有可能产生的特定危害;

c) 在保障产品食用安全所需的全过程范围内,做好与危害预防、控制、防范过程有效性相关的信息在企业内外的沟通;

d) 实施必要的措施,以验证并保证特定危害的预防、控制和防范过程的持续有效性。

4.4 企业应确保对任何影响产品符合非发酵豆制品生产要求的外包过程实施控制,并在质量管理体系中加以识别和验证。

5 文件要求

5.1 原则

企业应建立下列文件：

a) 非发酵豆制品生产管理体系的方针和目标应形成文件；

b) 企业为确保非发酵豆制品生产管理体系有效建立、实施和更新所需的文件；

c) 非发酵豆制品生产的程序文件；

d) 非发酵豆制品生产过程所需的记录。

5.2 质量管理手册

企业应编制和保持质量管理手册，质量管理手册包括：

a) 质量管理体系的范围，包括任何删减的细节和正当的理由；

b) 为质量管理体系编制的形成文件的程序或对其引用；

c) 质量管理体系过程之间的相互作用的表述。

5.3 文件控制

非发酵豆制品加工质量管理体系所要求的文件应予以控制。记录是一种特殊类型的文件，应依据5.4的要求进行控制。

应编制形成文件的程序，以规定以下方面所需的控制：

a) 文件需经企业负责人批准后发布、实施，以确保文件的准确、完善及可操作性；

b) 必要时对其进行评审与更新，并再次批准、发布；

c) 记录文件更改的原因和证据；

d) 确保文件的更改和现行修订状态得到识别；

e) 确保在使用时可获得适用文件的有关版本；

f) 确保文件保持清晰、易于识别；

g) 确保与非发酵豆制品质量管理体系相关的外来文件得到识别，并控制其分发；

h) 防止作废文件的使用，对需保留的作废文件进行适当的标识。

5.4 记录控制和管理

5.4.1 应建立并保持记录，以提供符合要求和非发酵豆制品加工质量管理体系有效运行的证据。记录应保持清晰、全面、准确、易于识别和检索。应编制形成文件的程序，以规定记录的标识、贮存、保护、检索、保存期限和处置所需的控制。

5.4.2 工厂所有记录管理应由执行人和负责人签名。记录应以真实、及时、填写规范为原则，不得随意更改，确需更改时应由更改人签名确认。

5.4.3 所有生产和质量管理记录应由生产和质量管理部门进行审核，以确定该作业是否符合规范；检查中发现异常应及时处理。

5.4.4 质量管理记录应以提供正确的判断或可追溯为依据。所有记录按有关规定进行保存。

6 原辅料要求

6.1 原料

6.1.1 大豆应符合 GB 1352 的规定。

6.1.2 水应符合 GB 5749 的规定。

6.2 辅料

应符合相关的国家标准或行业标准的规定。

6.3 食品添加剂

6.3.1 食品添加剂的质量应符合相关的国家标准或行业标准的规定。

6.3.2 食品添加剂的使用范围和使用量应符合 GB 2760 的规定。

7 厂房与设施

应符合 GB 14881 的规定。

8 生产设备

8.1 配置

根据加工各类非发酵豆制品的生产工艺要求,应配备相应的生产加工设备。

8.2 检验、检测和计量设备

根据非发酵豆制品生产检验的需要,应配置相关的检验、检测和计量仪器设备。

8.3 安全与卫生

所有的机械设备、工具、管道等与物料接触面的材质应符合食品卫生要求,并易于检查,便于拆卸和清洁消毒。

9 人员的要求及管理

9.1 人员的要求

9.1.1 应有生产、质量及卫生的专职(或兼职)管理人员。

9.1.2 质量管理负责人应有独立行使职权。

9.1.3 生产管理、质量管理负责人和卫生专职管理人员应具备相关专业学历或经过相关专业培训。

9.1.4 检验人员应具备专业检验资格和相应的检测技能。

9.2 人员管理

9.2.1 人员的能力

9.2.1.1 生产操作人员应具有从事非发酵豆制品生产的基本知识和加工工艺的技能。

9.2.1.2 生产管理人员应熟悉非发酵豆制品生产过程,具备生产管理能力。

9.2.2 人员的健康和卫生要求

应按 GB 14881 的有关规定执行。

9.2.3 人员培训

9.2.3.1 企业应制定年度业务培训计划，组织各部门负责人和从业人员参加各种岗前和在职培训及有关专业知识的学习，并建立培训档案。

9.2.3.2 从事非发酵豆制品生产的操作人员应经岗前从业培训，生产监管的人员应在非发酵豆制品加工技术及其相关的专业知识领域受到过适当培训。

10 卫生管理

10.1 应符合 GB 14881 的规定。

10.2 应有污水处理系统。

10.3 废弃物应委托有资质的专业单位(或符合相关条件的组织)妥善处理。

11 生产过程管理

11.1 总体要求

11.1.1 产品生产前应确认或制定产品加工工艺(含关键控制环节)、操作规程、产品配方、产品质量标准和检验规则，并形成文件加以控制。

11.1.2 根据加工工艺要求，确定关键控制环节，对生产过程实施控制，并有过程控制记录。

11.1.3 产品应预包装，根据产品特性，需要冷藏的产品应实行冷链化配送。

11.2 生产工艺流程和关键控制环节

11.2.1 豆浆类

11.2.1.1 生产工艺流程

大豆除杂→浸泡→磨制→分离→煮浆→调制→杀菌→冷却→灌装。

11.2.1.2 关键控制环节

关键控制环节如下：

a) 原料除杂(霉豆和杂质等)；
b) 煮浆(控制脲酶)；
c) 杀菌。

11.2.2 豆腐类

11.2.2.1 生产工艺流程

制浆→点浆→压制成型(注或装盒)→杀菌→冷却→冷藏。

11.2.2.2 关键控制环节

关键控制环节如下：

a) 杀菌；
b) 冷藏。

11.2.3 豆腐干类

11.2.3.1 生产工艺流程

制浆→点浆→压制脱水→切制→ 再加工(白货除外)→包装→灭菌→冷却→冷藏或不冷藏。

11.2.3.2 关键控制环节

关键控制环节如下：

a) 制浆；

b) 灭菌；

c) 冷藏(需冷藏的产品)。

11.2.4 腐竹类

11.2.4.1 生产工艺流程

制浆→保温→揭膜→干燥或不干燥→包装→冷藏或不冷藏。

11.2.4.2 关键控制环节

关键控制环节如下：

a) 制浆；

b) 未经干燥产品冷藏。

11.3 设备的保养和维修

11.3.1 严格执行设备操作规程,出现故障及时排除。

11.3.2 做好设备的日常维修和保养工作。

11.3.3 设备应有使用维护和保养记录。

12 质量管理

12.1 原辅料的采购

12.1.1 应制定原辅料、食品添加剂、包装材料等的采购标准,制定过磅、取样、检验、判定、审核、领用等作业程序,并切实执行。

12.1.2 应选择有资质的原辅料供应商。采购的原辅料、食品添加剂应符合相关国家标准或行业标准或经备案的企业标准。对供应商和外包方的选择应符合 GB/T 19001—2008 中 7.4 的要求。

12.1.3 应根据采购合同规定进行原料接收,验证供方有效资质及货物的检验报告,进行必要的验证。

12.2 加工过程

12.2.1 生产企业应依据产品生产流程中的危害性分析与危害性评估结果,确定质量关键控制点,并制定控制标准与控制措施。

12.2.2 详细制定质量关键控制点的检验项目、检验标准、检验频次、抽样及检验方法等,严格执行并记录。

12.3 产品

12.3.1 详细制定产品的规格、检验项目、检验标准、抽样及检验方法。

12.3.2 产品应逐批抽取代表性样品实施检验分析，检验项目应不低于产品的出厂检验要求。检验结果应填写"检验报告"单，不合格品应按照质量管理手册中的相关事项处理。

12.4 贮存

12.4.1 原辅料、半成品和成品储存应防霉、防虫、防鼠，并分类明码存放，容量应与生产能力相适应；原辅料的储存应防潮。

12.4.2 应按照产品的储藏温度要求设置常温或低温库，并对温度进行监控和记录。

12.4.3 存放的物品应定期检查，发现异常应及时处理。

12.4.4 仓库出货顺序应按“先进先出”的原则，并对外观品质进行检查。包装破损的产品，应重新检验合格后方可出货。

12.4.5 有毒、有害物品或其他易腐、易燃品以及可能引起串味等的物品应单独存放，专人管理。

12.5 运输

12.5.1 成品装运前应对进出货用的容器、车辆等运输工具进行卫生检查。运输工具应无污染、无虫害、无异味。禁止其他物品与半成品或成品一起运输。

12.5.2 应避免日光直射、雨淋和撞击，根据产品的特性，应采用冷藏车配送。

12.6 售后服务

12.6.1 应建立产品售后管理制度，对顾客提出的书面或口头意见、投诉，企业应立即追查原因，妥善处理。

12.6.2 应按《食品召回管理规定》制定并执行产品的召回制度。

13 标识

13.1 预包装定量食品的标签应符合 GB 7718 和国家相关规定的要求。

13.2 批号管理：应在外包装上以明码或暗码表示生产批号，以利仓储管理及成品可追溯作业。

ICS 13.300
A 80

中华人民共和国国家标准

GB/T 29877—2013

硝化甘油类物质危险特性分类方法

Test method for hazard classification of nitroglycerine

2013-11-12 发布

2014-05-01 实施

中华人民共和国国家质量监督检验检疫总局
中国国家标准化管理委员会 发布

前　言

本标准按照GB/T 1.1—2009给出的规则起草。

本标准与联合国《关于危险货物运输的建议书　规章范本》(第十六修订版)和联合国《关于危险货物运输的建议书　试验和标准手册》(第五修订版)中与硝化甘油类物质相关技术内容一致。

本标准由全国危险化学品管理标准技术委员会(SAC/TC 251)提出并归口。

本标准起草单位:湖南出入境检验检疫局检验检疫技术中心、天津出入境检验检疫局、江南大学。

本标准主要起草人:王利兵、于艳军、李晶、赵好力宝、赵琢、张园。

硝化甘油类物质危险特性分类方法

1 范围

本标准规定了液态、固态退敏后的硝化甘油类混合物危险性分类方法的术语和定义、原理、试剂、仪器、硝化甘油含量测定及分类。

本标准适用于液态、固态退敏后的硝化甘油类混合物危险性的分类。

2 规范性引用文件

下列文件对于本文件的应用是必不可少的。凡是注日期的引用文件,仅注日期的版本适用于本文件。凡是不注日期的引用文件,其最新版本(包括所有的修改单)适用于本文件。

GB/T 622 化学试剂 盐酸

GB/T 6682 分析实验室用水规格和试验方法

GJB 770.308 火药分析试验方法 硝化棉含氮量测定 亚铁-氯化亚钛法

GJB 770A 火药试验方法

联合国《关于危险货物运输的建议书 规章范本》(第十六修订版)

联合国《关于危险货物运输的建议书 试验和标准手册》(第五修订版)

3 术语和定义

下列术语和定义适用于本文件。

3.1

液态退敏爆炸品 liquid desensitized explosives

溶解或悬浮在水中或其他液态物质中形成一种均匀的液态混合物以抑制其爆炸性质的爆炸性物质。

3.2

固态退敏爆炸品 solid desensitized explosives

用水或酒精湿润或用其他物质稀释形成的一种均匀固态混合物以抑制其爆炸性质的爆性物质。

3.3

易燃液体 flammable liquids

在通常称为闪点的温度(闭杯试验不高于 60 ℃,或开杯试验不高于 65.6 ℃)时放出易燃蒸气的液体。

3.4

易燃固体 flammable solids

易燃固体是易于燃烧的固体和摩擦可能起火的固体。

3.5

硝化甘油类物质 nitroglycerine

以丙三醇硝酸酯或甘油三硝酸酯为基本结构特征的化学品。

4 原理

试样在惰性气体保护下与硫酸亚铁铵溶液进行氧化还原反应后，用氯化亚钛标准滴定溶液滴定，计算其中硝化甘油的含量，按照联合国《关于危险货物运输的建议书　规章范本》(第十六修订版)和《关于危险货物运输的建议书　试验和标准手册》(第五修订版)对液态、固态硝化甘油退敏爆炸品混合物危险性进行分类。

5 试剂

除另有规定外，所用试剂均为分析纯，水为 GB/T 6682 规定的二级水。

5.1　乙醚。

5.2　冰乙酸。

5.3　乙酸丁酯。

5.4　惰性气体，CO_2。

5.5　硫酸亚铁铵溶液，符合 GJB 770.308 规定。

5.6　盐酸，符合 GB/T 622 规定。

5.7　乙酸，68%～70%(质量分数)。

5.8　氯化亚钛标准滴定溶液，符合 GJB 770.308 规定。

5.9　硫氰酸铵溶液，20%(质量分数)。

6 仪器

6.1　分析天平，精确至 0.000 1 g。

6.2　滤杯：孔径 20 μm～30 μm。

6.3　提取器：T-4 型。

6.4　三通滴定管：50 mL。

6.5　洗气瓶：500 mL。

6.6　棕色贮液瓶。

6.7　滴定瓶。

6.8　加热回流装置：满足 GJB 770.308 规定。

6.9　滴定装置：满足 GJB 770.308 规定。

7 硝化甘油含量测定

警告：本试验具有潜在爆炸危险性，试验场地应满足相关爆炸性物品试验要求，试验人员应具备必要的安全知识及其安全防护。为确保试验人员的安全，试样用量应在满足试验精度和准确度的前提下进行最小秤样量试验。

7.1 试验准备

按照 GJB 770A 的方法进行。

7.2 分析步骤

7.2.1　在恒量的称量瓶内，称取约 1 g 干燥样品(精确至 0.000 1 g)于滤杯中。

7.2.2 在T-4提取器中，用乙醚(5.1)在55 ℃～60 ℃温度下提取样品3 h。在40 ℃～50 ℃水浴上将乙醚挥发干，以60 mL冰乙酸(5.2)转移至滴定瓶中，再加入20 mL乙酸丁酯(5.3)、玻璃珠。

7.2.3 将滴定瓶连接上回流装置，以80 mL/min流速通惰性气体CO_2(5.4)15 min～20 min，开始加热，使滴定瓶中溶液微沸5 min～10 min。

7.2.4 从冷凝管顶部加入25 mL硫酸亚铁铵溶液(5.5)、10 mL盐酸(5.6)，继续加热使溶液在20 min～30 min内变成亮黄色，再沸腾5 min。加热过程中每5 min摇动滴定瓶一次，整个过程连续通惰性气体CO_2(5.4)。

7.2.5 反应结束后停止加热，升高惰性气体CO_2(5.4)流速至160 mL/min并将滴定瓶放入冷水浴中冷却。

7.2.6 用30 mL乙酸溶液(5.7)冲洗冷凝管接头，洗涤液合并入滴定瓶中。

7.2.7 连接好滴定装置，在搅拌下用氯化亚钛标准滴定溶液(5.8)滴定，溶液变成浅黄色时，加入5 mL硫氰酸铵溶液(5.9)，以0.1滴/s速率滴定至红色消失。

7.2.8 采用相同方法进行空白样品滴定。

7.3 结果

试样中硝化甘油的含量按照式(1)进行计算：

$$w=\frac{25.233\times(V-V_0)\times c}{1\,000\times m}\times 100\% \quad\cdots\cdots(1)$$

式中：

w ——样品中硝化甘油含量，质量分数(%)；

V ——试样消耗的氯化亚钛滴定溶液的体积，单位为毫升(mL)；

V_0 ——空白试样消耗的氯化亚钛滴定溶液的体积，单位为毫升(mL)；

c ——氯化亚钛滴定溶液的浓度，单位为摩尔每升(mol/L)；

m ——试样质量，单位为克(g)。

8 分类

按照联合国《关于危险货物运输的建议书 规章范本》(第十六修订版)和《关于危险货物运输的建议书 试验和标准手册》(第五修订版)，硝化甘油退敏物质的爆炸性、易燃液体、易燃固体物质危险特性的分类应符合表1规定。

表1 分类方法

UN编号	类别或项别	次要危险性	包装类别	指标	
				硝化甘油含量 w/%	物理状态(20 ℃)
0143	1.1D	6.1	—	<60	固态，退敏
0144	1.1D	—	—	1～10	酒精溶液
1204	3	—	Ⅱ	≤1	酒精溶液
3064	3	—	Ⅱ	1～5	酒精溶液
3319	4.1	—	Ⅱ	2～10	固态，退敏[a]
3343	3	—	—	≤30	液态[b]

[a] 这种物质除非得到特别批准，不得按4.1项(易燃固体)的规定运输。

[b] 这种物质除非得到特别批准，不得按3项(易燃液体)的规定运输。

ICS 13.300
A 80

中华人民共和国国家标准

GB/T 29878—2013

硝化纤维素类物质危险特性分类方法

Test method for hazard classification of cellulose nitrate

2013-11-12 发布　　　　2014-05-01 实施

中华人民共和国国家质量监督检验检疫总局
中国国家标准化管理委员会　发布

前　言

本标准按照 GB/T 1.1—2009 给出的规则起草。

本标准与联合国《关于危险货物运输的建议书　规章范本》(第十六修订版)和联合国《关于危险货物运输的建议书　试验和标准手册》(第五修订版)中与硝化纤维素类物质相关技术内容一致。

本标准由全国危险化学品管理标准技术委员会(SAC/TC 251)提出并归口。

本标准起草单位:湖南出入境检验检疫局检验检疫技术中心、天津出入境检验检疫局、江南大学。

本标准主要起草人:王利兵、韩伟、于艳军、胥传来、周磊、赵黎华。

硝化纤维素类物质危险特性分类方法

1 范围

本标准规定了固态退敏爆炸品中用水或酒精湿润稀释硝化纤维素后所形成的均匀混合物危险性分类试验的原理、仪器、测定、结果计算、分类。

本标准适用于固态退敏爆炸品中用水或酒精湿润稀释的硝化纤维素混合物的危险特性分类。

2 规范性引用文件

下列文件对于本文件的应用是必不可少的。凡是注日期的引用文件，仅注日期的版本适用于本文件。凡是不注日期的引用文件，其最新版本(包括所有的修改单)适用于本文件。

联合国《关于危险货物运输的建议书　规章范本》(第十六修订版)

联合国《关于危险货物运输的建议书　试验和标准手册》(第五修订版)

3 术语和定义

下列术语和定义适用于本文件。

3.1

固态退敏爆炸品　solid desensitized explosives

用水或酒精湿润或用其他物质稀释形成的一种均匀固态混合物以抑制其爆炸性质的爆性物质。

3.2

爆炸性物质　explosive substances

自身能够通过化学反应产生气体，其温度、压力和速度高到能对周围造成破坏的物质。烟火物质即使不放出气体也包括在内。

3.3

硝化纤维素　cellulose nitrate

纤维素的硝酸酯，分子式以 $C_6H_7O_2(ONO_2)_m(OH)_{3-m}$ $(m=1\sim3)$ 为特征的化学品。

4 原理

用差重法对样品中的稀释剂水或乙醇含量进行测定，确定硝化纤维素固态退敏爆炸品中稀释剂的含量，按照联合国《关于危险货物运输的建议书　规章范本》(第十六修订版)和联合国《关于危险货物运输的建议书　试验和标准手册》(第五修订版)对硝化纤维退敏爆炸品混合物危险性进行分类。

5 仪器

5.1　分析天平，精确至 0.000 1 g。

5.2　铝皿。

5.3　密闭蒸气浴设备。

5.4 烘箱,控温范围常温至 250 ℃,控温精度±1 ℃。

6 测定

警告:本试验具有潜在爆炸危险性,试验场地应满足相关爆炸性物品试验要求,试验人员应具备必要的安全知识及其安全防护。为确保试验人员的安全,试样用量应在满足试验精度和准确度的前提下进行最小秤样量试验。

准确称取 5 g～15 g(精确到 0.000 2 g)硝化纤维素-水混合物或硝化纤维素-乙醇混合物,置入干燥并处理干净的铝皿(5.2)中。将含样品的铝皿放入到密闭蒸气浴(5.3)上 2 h,之后放入温度恒定在 100 ℃～105 ℃的烘箱(5.4)中 1 h。将铝皿(5.2)从烘箱(5.4)中取出以后放入干燥器中冷却,待质量恒定后称量。

7 结果计算

样品中水分、乙醇或其他溶剂的含量按照式(1)进行计算:

$$w=\frac{m_A-m_B}{m_A}\times 100\% \qquad \cdots\cdots(1)$$

式中:

w ——试样中水分、乙醇或其他类型熔剂的含量,质量分数(%);

m_A——干燥之前的称量质量,单位为克(g);

m_B——干燥以后质量恒定的称量质量,单位为克(g)。

8 分类

按照联合国《关于危险货物运输的建议书 规章范本》(第十六修订版)和联合国《关于危险货物运输的建议书 试验和标准手册》(第五修订版),硝化纤维素退敏爆炸品类物质危险特性的分类应符合表 1 规定。

表 1 分类方法

UN 编号	类别或项别	包装类别	指标	
			含量/%	20 ℃物理状态
2555	4.1	Ⅱ	$w_{水}\geqslant 25$	固态,退敏
2556	4.1	Ⅱ	$w_{酒精}\geqslant 25$	固态,退敏

ICS 13.300
A 80

中华人民共和国国家标准

GB/T 29879—2013

硝酸铵类物质危险特性分类方法

Test method for hazard classification of ammonium nitrate

2013-11-12 发布

2014-05-01 实施

中华人民共和国国家质量监督检验检疫总局
中国国家标准化管理委员会
发布

前言

本标准按照 GB/T 1.1—2009 给出的规则起草。

本标准与联合国《关于危险货物运输的建议书　规章范本》(第十六修订版)和联合国《关于危险货物运输的建议书　试验和标准手册》(第五修订版)中与硝酸铵类物质相关技术内容一致。

本标准由全国危险化学品管理标准技术委员会(SAC/TC 251)提出并归口。

本标准起草单位:湖南出入境检验检疫局检验检疫技术中心、天津出入境检验检疫局、江南大学。

本标准主要起草人:王利兵、熊中强、胥传来、于艳军、李宁涛、周磊。

硝酸铵类物质危险特性分类方法

1 范围

本标准规定了硝酸铵类物质危险特性分类试验的术语和定义、原理、试剂、仪器、硝酸铵含量测定、可燃物含量测定和分类。

本标准适用于硝酸铵类物质危险特性分类。

2 规范性引用文件

下列文件对于本文件的应用是必不可少的。凡是注日期的引用文件，仅注日期的版本适用于本文件。凡是不注日期的引用文件，其最新版本(包括所有的修改单)适用于本文件。

GB/T 601 化学试剂 标准滴定溶液的制备

GB/T 6682 分析实验室用水规格和试验方法

联合国《关于危险货物运输的建议书 规章范本》(第十六修订版)

联合国《关于危险货物运输的建议书 试验和标准手册》(第五修订版)

3 术语和定义

下列术语和定义适用于本文件。

3.1

爆炸性物质 explosive substances

自身能够通过化学反应产生气体，其温度、压力和速度高到能对周围造成破坏(烟火物质即使不放出气体也包括在内)的固体或液体物质，且有整体爆炸危险的物质和物品。

3.2

整体爆炸 mass explosion

瞬间影响到几乎全部载荷的爆炸。

3.3

氧化性物质 oxidizing substances

本身未必燃烧，但通常因放出氧可能引起或促使其他物质燃烧的物质。

3.4

危害环境物质 environmentally hazardous substances

污染水生环境的液体或固体物质，以及这类物质的混合物(如制剂和废物)。

3.5

硝酸铵类物质 ammonium nitrate substances

分子式以 NH_4NO_3 为特征的物质，被有机物料污染的情况下，或在高温状态时，将剧烈分解而导致爆炸。

4 原理

对试样混合物中硝酸铵和可燃物质进行测定并确定含量后，按照联合国《关于危险货物运输的建议

书　规章范本》(第十六修订版)和联合国《关于危险货物运输的建议书　试验和标准手册》(第五修订版)对硝酸铵类物质危险性进行分类。

4.1　硝酸铵含量测定

在中性溶液中,铵盐与甲醛作用生成六次甲基四胺和相当于铵盐含量的酸,在指示剂存在下,用氢氧化钠标准滴定溶液滴定,计算硝酸铵含量。

4.2　可燃物质含量测定

在规定的条件下,使干燥试样置于 625 ℃ ± 20 ℃下灼烧后称取质量,计算可燃物含量。

5　试剂

除非另有说明,所用试剂均为分析纯,水为 GB/T 6682 规定的二级水。

5.1　硼酸。

5.2　氯化钾。

5.3　硼酸-氯化钾溶液:称取 6.138 g 硼酸、7.455 g 氯化钾,以蒸馏水溶解定容至 500 mL。

5.4　0.1 mol/L 硫酸标准滴定溶液:依照 GB/T 601 规定步骤量取浓硫酸,稀释、定容后标定溶液浓度。

5.5　氢氧化钠溶液:称取 110 g 氢氧化钠,溶于 100 mL 无二氧化碳的水中,摇匀,置于聚乙烯容器中,密闭放置至溶液澄清透明。

5.5.1　0.1 mol/L 氢氧化钠标准滴定溶液:量取氢氧化钠溶液(5.5)上层清液 5.4 mL,用无二氧化碳的水稀释定容至 1 000 mL,摇匀。依照 GB/T 601 规定的步骤标定溶液浓度。

5.5.2　0.5 mol/L 氢氧化钠标准滴定溶液:量取氢氧化钠溶液(5.5)上层清液 27 mL,用无二氧化碳的水稀释定容至 1 000 mL,摇匀。依照 GB/T 601 规定的步骤标定溶液浓度。

5.6　250 g/L 甲醛溶液:取甲醛溶液(38%～40%)约 62.5 mL,置于 100 mL 容量瓶中,蒸馏水稀释定容。

5.7　95%乙醇。

5.8　甲基红指示液。

5.9　酚酞指示液。

5.10　pH 值为 8.5 颜色参比溶液:在 250 mL 锥形瓶中加入 15.15 mL 0.1 mol/L 氢氧化钠溶液(5.5.1)和 37.50 mL 硼酸-氯化钾溶液(5.3),再加入 1 滴甲基红指示液(5.8)、3 滴酚酞指示剂溶液(5.9),稀释至 150 mL。

6　仪器

普通实验室器具和:

6.1　pH 计。

6.2　马弗炉。

6.3　陶土坩埚。

6.4　电子天平:准确至 0.001 g。

6.5　精密天平:准确至 0.000 1 g。

7 硝酸铵含量测定

警告：本试验具有潜在爆炸危险性，试验场地应满足相关爆炸性物品试验要求，试验人员应具备必要的安全知识及其安全防护。为确保试验人员的安全，试样用量应在满足试验精度和准确度的前提下进行最小秤样量试验。

7.1 试样溶液的制备

7.1.1 调节 pH 值

称取 1 g 试样，精确至 0.001 g，置于 250 mL 锥形瓶中，加 100 mL 蒸馏水溶解，再加 1 滴甲基红指示液(5.8)，用 0.1 mol/L 氢氧化钠标准滴定溶液(5.5.1)或 0.1 mol/L 硫酸标准滴定溶液(5.4)调节溶液至橙色。

7.1.2 稀释

样品中硝酸铵含量超过标准曲线最高浓度的样品，稀释后再进行测定稀释因子 d。

7.2 测定

加入 15 mL 甲醛溶液(5.6)至试样溶液(7.1)中，再加入 3 滴酚酞指示液(5.9)，混匀、静置 5 min，用 0.5 mol/L 氢氧化钠标准滴定溶液(5.5.2)滴定至 pH 等于 8.5 的颜色参比溶液(5.10)所呈的颜色或滴定至 pH 计指示为 8.5，经 1 min 不消失，即可判断为终点。同时完成试剂空白的测定。

7.3 结果计算

硝酸铵质量分数(w)按式(1)计算：

$$w=\frac{(V_2-V_1)\times c\times 0.014\ 01}{m}\times 100\times d \qquad \cdots\cdots(1)$$

式中：

w ——硝酸铵的质量分数，%；

V_1 ——测定试样所消耗氢氧化钠标准滴定溶液的体积，单位为毫升(mL)；

V_2 ——测定空白所消耗氢氧化钠标准滴定溶液的体积，单位为毫升(mL)；

c ——氢氧化钠标准滴定溶液的浓度，单位为摩尔每毫升(mol/L)；

0.014 01 ——与 1.00 mL 氢氧化钠标准滴定溶液相当的以克表示的氮的质量；

m ——试样的质量，单位为克(g)；

d ——稀释因子。

7.4 精密度

在重复性条件下获得的两次独立测定结果的绝对差值不超过算术平均值的 10%。

8 可燃物含量测定

警告：本试验具有潜在爆炸危险性，试验场地应满足相关爆炸性物品试验要求，试验人员应具备必要的安全知识及其安全防护。为确保试验人员的安全，试样用量应在满足试验精度和准确度的前提下进行最小秤样量试验。

8.1 测定

8.1.1 坩埚在 105 ℃±2 ℃通风烘箱内烘干、恒量,精确至 0.000 1 g。称取 1 g(精确至 0.000 1 g)样品于已恒量坩埚内,在 105 ℃±2 ℃通风烘箱内烘干、恒量,称量坩埚、样品总重,精确至 0.000 1 g。

8.1.2 恒量后样品及坩埚移入 625 ℃± 20 ℃的马弗炉中,关炉门加热时间应至少增加 1 h。先开启炉门,使试样燃烧 5 min,再关上炉门加热 30 min。灼烧过的试样和坩埚再次进行恒量,两次称量间的质量差应小于 0.000 2 g。

8.2 结果计算

可燃物质含量 w_c(%)按式(2)计算:

$$w_c = \frac{m_1 - m_2}{m_1 - m_0} \times 100\% \qquad \cdots\cdots(2)$$

式中:

w_c ——可燃物质量分数,%;

m_0 ——坩埚质量,单位为克(g);

m_1 ——干燥试样加坩埚质量,单位为克(g);

m_2 ——灼烧后试样加坩埚质量,单位为克(g)。

8.3 精密度

在重复性条件下获得的两次独立测定结果的绝对差值不超过算术平均值的 10%。

9 分类

按照联合国《关于危险货物运输的建议书 规章范本》(第十六修订版)和联合国《关于危险货物运输的建议书 试验和标准手册》(第五修订版),硝酸铵类物质的爆炸性、氧化性物质和环境危害物质的危险特性的分类,应符合表 1 规定。

表 1 分类方法

UN 编号	类别或项别	包装类别	指标		
			物理状态(20 ℃)	硝酸铵含量 w/%	可燃物质含量 w_c/%
0222	1.1D	—	固体	—	>0.2
1942	5.1	Ⅲ	固态硝酸铵	—	≤0.2
2067	5.1	Ⅲ	固态硝酸铵	≥90	≤0.2
2067	5.1	Ⅲ	固态硝酸铵	70~90	—
2067	5.1	Ⅲ	固态硝酸铵	80~90	≤0.4
2067	5.1	Ⅲ	硝酸铵与硫酸氨混合固态化肥	45~70	≤0.4
2071	9	Ⅲ	固态化肥	≤70	≤0.4
2071	9	Ⅲ	固态化肥	≤45	—
2426	5.1	—	热浓溶液	>80	>0.2

表 1（续）

UN 编号	类别或项别	包装类别	指标		
			物理状态(20 ℃)	硝酸铵含量 w/%	可燃物质含量 w_c/%
3375	5.1	Ⅱ	退敏乳液爆破炸药的中间体	60～85	2～8
3375	5.1	Ⅱ	退敏悬浮体、凝胶爆破炸药的中间体	60～85	2～15
注：在确定硝酸铵含量时，所有硝酸离子，只要混合物中存在等效分子的铵离子，都算作硝酸铵。					

ICS 13.300
A 80

中华人民共和国国家标准

GB/T 29880—2013

乙胺水溶液物质危险特性分类方法

Test method for hazard classification of ethylamine aqueous solution

2013-11-12 发布 2014-05-01 实施

中华人民共和国国家质量监督检验检疫总局
中国国家标准化管理委员会 发布

前　言

本标准按照 GB/T 1.1—2009 给出的规则起草。

本标准与联合国《关于危险货物运输的建议书　规章范本》(第十六修订版)和联合国《关于危险货物运输的建议书　试验和标准手册》(第五修订版)中与乙胺水溶液相关技术内容一致。

本标准由全国危险化学品管理标准技术委员会(SAC/TC 251)提出并归口。

本标准起草单位:湖南出入境检验检疫局检验检疫技术中心、天津出入境检验检疫局、江南大学。

本标准主要起草人:王利兵、于艳军、韩伟、张园、周磊、李学洋。

乙胺水溶液物质危险特性分类方法

1 范围

本标准规定了乙胺水溶液危险特性分类试验的术语和定义、原理、乙胺含量测定和分类。

本标准适用于乙胺水溶液危险特性分类试验。

2 规范性引用文件

下列文件对于本文件的应用是必不可少的。凡是注日期的引用文件，仅注日期的版本适用于本文件。凡是不注日期的引用文件，其最新版本(包括所有的修改单)适用于本文件。

GB/T 23962 工业用一乙胺

GB/T 23963 工业用二乙胺

GB/T 23964 工业用三乙胺

联合国《关于危险货物运输的建议书 规章范本》(第十六修订版)

联合国《关于危险货物运输的建议书 试验和标准手册》(第五修订版)

3 术语和定义

下列术语和定义适用于本文件。

3.1

易燃气体 flammable gases

在 20 ℃和 101.3 kPa 标准压力下，与空气混合后按体积占 13%或更少时可点燃的气体。

3.2

易燃液体 flammable liquids

在通常称为闪点的温度(闭杯试验不高于 60 ℃，或开杯试验不高于 65.6 ℃)时放出易燃蒸气的液体或液体混合物。

3.3

腐蚀性物质 corrosive substances

在接触生物组织时会造成严重损伤、或在渗漏时会严重损害甚至毁坏其他货物或运输工具的物质。

3.4

乙胺水溶液 ethylamine aqueous solution

以分子式$(C_2H_5)_m-NH_{3-m}$($m=1\sim3$)为特征的物质溶解于水中形成的溶液。

4 原理

采用气相色谱法对乙胺类混合溶液中的一乙胺、二乙胺和三乙胺进行测定，一乙胺、二乙胺和三乙胺的总合即为样品溶液中乙胺的含量，按照联合国《关于危险货物运输的建议书 规章范本》(第十六修订版)和联合国《关于危险货物运输的建议书 试验和标准手册》(第五修订版)对乙胺类物质危险性进行分类。

5 乙胺含量测定

5.1 一乙胺含量测定

一乙胺含量测定按照 GB/T 23962 进行,结果以 w_1 计。

5.2 二乙胺含量测定

二乙胺含量测定按照 GB/T 23963 进行,结果以 w_2 计。

5.3 三乙胺含量测定

三乙胺含量测定按照 GB/T 23964 进行,结果以 w_3 计。

5.4 结果计算

样品中乙胺含量按照式(1)进行计算:

$$w_{乙胺} = w_1 + w_2 + w_3 \qquad \cdots\cdots(1)$$

6 分类

按照联合国《关于危险货物运输的建议书 规章范本》(第十六修订版)和联合国《关于危险货物运输的建议书 试验和标准手册》(第五修订版),乙胺及水溶液的易燃气体、易燃液体及腐蚀性物质危险特性的分类应符合表 1 规定。

表 1 分类方法

UN 编号	类别或项别	次要危险性	包装类别	指标	
				20 ℃物理状态	乙胺含量 w/%
1036	2.1	—	—	气态	—
1154	3	8	Ⅱ	液态	—
1296	3	8	Ⅱ	液态	—
2270	3	8	Ⅱ	液态	50～70

ICS 13.300
A 80

中华人民共和国国家标准

GB/T 29881—2013

杂项危险物质和物品分类试验方法 水生生物毒性试验

Test method for classification of hazardous materials—Hydrobiology toxicity test

2013-11-12 发布　　2014-05-01 实施

中华人民共和国国家质量监督检验检疫总局
中国国家标准化管理委员会　发布

前　言

本标准按照 GB/T 1.1—2009 给出的规则起草。

本标准与联合国《全球化学品统一分类和标签制度》(第三修订版)附件 A9.3《水生环境危害指导 水生生物毒性》的第 A9.3.1～A9.3.4 的内容基本一致。

本标准与联合国《全球化学品统一分类和标签制度》中相关内容相比,存在以下差异:

——第 4 章试验方法直接采用我国国家标准,删除可选性的美国标准;

——计量单位改成法定计量单位;

——增加了前言部分;

——将《全球化学品统一分类和标签制度》(第三修订版)的"A9.3.1 导言"部分作为引言。

本标准由全国危险化学品管理标准化技术委员会(SAC/TC 251)提出并归口。

本标准起草单位:湖南出入境检验检疫局检验检疫技术中心、天津出入境检验检疫局、江南大学、环境保护部化学品登记中心。

本标准起草人:王利兵、刘纯新、张园、王华、李学洋、周磊、赵琢、黄星、高桂华、殷雅丹、于丽娜。

引　言

某种物质的水生生物毒性是鉴别这种物质对水生环境的危害的基础。分类是根据物质对鱼类、甲壳纲动物和藻类/水生植物的现有毒性数据进行的。通常认为这些物种对水生动物和水生植物中的危害鉴别具有代表性。有关这些特定物种的数据可能会比较容易找到,因为它们通常被管理机构和化工行业所接受。有关降解性和生物累积行为的其他信息,能助于更好地描述水生环境危害。本标准介绍了生态毒性的有关试验,提出了用于评价数据和使用组合试验结果进行分类的一些基本概念。

杂项危险物质和物品分类试验方法 水生生物毒性试验

1 范围

本标准规定了危险货物运输中杂项危险物质和物品分类方法的水生生物毒性试验的说明、概念和证据权重。

本标准适用于杂项危险物质和物品的分类。

2 规范性引用文件

下列文件对于本文件的应用是必不可少的。凡是注日期的引用文件，仅注日期的版本适用于本文件。凡是不注日期的引用文件，其最新版本(包括所有的修改单)适用于本文件。

GB/T 21281 危险化学品鱼类急性毒性分级试验方法

GB/T 21805 化学品 藻类生长抑制试验

GB/T 21828 化学品 大型溞繁殖试验

GB/T 21830 化学品 溞类急性活动抑制试验

GB/T 21854 化学品 鱼类早期生活阶段毒性试验

美国环保局 850.4400 水生植物毒性，浮萍[US EPA OPPTS 850.4400 Acute Toxicity of {TAI or EUP} to Aquatic Vascular Plants]

联合国《全球化学品统一分类和标签制度》(第三修订版)

3 缩略语

下列缩略语适用于本文件。

3.1

LD_{50}

引起一组受试生物50%(半数)死亡的剂量。

3.2

LC_{50}

引起一组受试生物50%(半数)死亡的浓度。

3.3

EC_x

引起一组受试生物中的x%生物出现某种观察效应的浓度。

3.4

EC_{50}

引起一组受试生物中的50%生物出现某种观察效应的浓度。

3.5

$L(E)C_{50}$

LC_{50}或EC_{50}。

3.6

NOEC no observable effect concentration

无可观察效应浓度。

3.7

QSAR quantitative structure-activity relationship

定量结构-活性关系。

4 试验说明

4.1 在进行物质分类时,可将淡水和海洋物种毒性数据视为同等有效的数据。但是,某些类型的物质,如可电离的有机化学物质或有机金属物质,在淡水和海水环境中可能会表现出不同的毒性。由于分类的目的是确定水生环境中的危害特性,因此,应选用表现出最大毒性的结果。

4.2 用于确定健康和环境危害的标准允许使用不同的方法。这些方法应是根据现行体系中所指的关于人们关切的重点指标的国际程序和标准,在科学上是完善和有效地,并能够产生可互认的数据。

4.2.1 急性毒性通常利用下列方法确定:鱼类 96 h 的 LC_{50}(GB/T 21281),甲壳纲动物 48 h 的 EC_{50}(GB/T 21830 或相当试验)和/或藻类 72 h 或 96 h 的 EC_{50}(GB/T 21805 或同等导则)。这些物种被认为是所有水生生物的代表者。如果试验方法得当的话,有关其他物种,如浮萍属植物的数据,也可考虑。

4.2.2 慢性试验涉及一个持续时间很长的暴露期,时间长短根据水生生物的繁殖周期确定。慢性试验可用于评估与生长、存活、繁殖和发育有关的某些终点指标。

4.2.2.1 慢性毒性可接受根据 GB/T 21854、GB/T 21830 或 GB/T 21828 和 GB/T 21805 得出的数据。其他有效的和在国际上认可的试验,也可使用。应使用 NOECs 或其他等效 $L(E)C_x$。

4.2.2.2 有一个描述标准生态毒性试验数据的主要统计学方法的 OECD 文件(OECD 2006)。

4.3 关于鱼类、甲壳纲动物和藻类的试验方法,有许多可接受的方法(包括 OECD 的化学品测试导则、美国环保局的测试导则、美国试验与材料协会的测试导则、国际标准化组织的测试标准,欧盟的测试导则和中国国家标准等),如 OECD 专著中《关于工业化学品和杀虫剂的水生生物毒性试验的详细回顾》,提供了许多适当的试验方法。

4.4 鱼类试验

4.4.1 急性毒性

鱼类急性毒性试验通常用质量在 0.1 g～5 g 的鱼进行,试验时间为 96 h。这些试验的观察指标是死亡率。应使用符合 GB/T 21281 或同等导则的试验所得数据进行分类。

4.4.2 慢性毒性

用鱼类进行慢性或长期试验,可从受精卵、胚胎、幼鱼或具有繁殖活力的成年鱼开始。符合 GB/T 21854 或同等导则的试验,可用于分类。试验时间可按试验目的的不同而存在很大差别(从7 d～200 d 均可)。观察终点指标可包括孵化成功率、生长(身长和质量变化)、产卵成功率和存活率。

4.5 甲壳纲动物试验

4.5.1 急性试验

利用甲壳纲动物进行的急性试验通常始于第一龄期幼虫。对溞类使用的试验时间为 48 h。对于其他甲壳纲动物,比如糠虾或其他动物,典型的试验时间为 96 h。观察终点指标是死亡率,或者用僵化不动作为死亡率的代替指标。符合 GB/T 21830 或其他同等导则的试验均可用于分类。

4.5.2 慢性试验

利用甲壳纲动物进行慢性试验通常也是从第一龄期幼虫开始,然后经历发育成熟和繁殖阶段。对于溞类来说,21 d 即可达到成熟,并孵卵 3 次。对于糠虾来说,则需要 28 d。观察终点指标包括第一次产卵的时间、每只雌虫产下的后代数量、成长和存活情况。建议用 GB/T 21828 或其他同等导则的试验进行分类。

4.6 藻类/植物试验

4.6.1 藻类试验

4.6.1.1 藻类在营养丰富的基质中培养并暴露于受试物质。应采用与GB/T 21805一致的试验。标准试验方法采用接种体中的细胞密度,以确保在整个试验阶段(通常为3 d~4 d)的指数增长。

4.6.1.2 藻类试验是一种短期试验。在此项研究中,首选的观察终点指标是藻类生长率抑制。

4.6.2 水生大型植物试验

在水生生物毒性试验中最常使用的维管植物是浮萍(*Lemna gibba* 和 *Lemna minor*)。浮萍试验是一种短期试验;可提供急性和亚慢性终点指标值。试验时间最长14 d,可在类似于藻类试验所用的营养丰富的基质中进行,但可增强强度。应使用符合美国环保局850.4400(水生植物毒性,浮萍)的试验。

5 水生生物毒性概念

5.1 急性毒性

5.1.1 用于分类目的急性毒性,是指物质会对短期暴露的生物体产生有害作用的物质的固有特性。急性毒性通常用半数致死浓度(LC_{50})、对50%的受试生物体产生可测量的有害效应(如溞类的活动抑制)来表示;或者使受试生物体(经过处理)比对照组(未处理)生物体的反应(如藻类生长率)降低50%。

5.1.2 确定的急性毒性小于1 mg/L (1 ppm)的物质,通常被认为是具有很大的毒性。接触、使用这些物质或将其排放到周围环境中,具有很大的危险性;可将它们列入慢性和/或急性1类。高于这一类的急性毒性,采用以十为倍数进行分类。测得的急性毒性值在1 mg/ L~10 mg/L (1 ppm~10 ppm)的物质,划为急性毒性2类;急性毒性值在10 mg/L~100 mg/L (10 ppm~100 ppm)的物质,划为急性毒性3类;急性毒性值在大于100mg/L (100 ppm以上)的物质,被认为是实际上无毒性物质。

5.2 慢性毒性

5.2.1 用于分类目的慢性毒性,是指物质对水生生物体在相对于其生命周期确定的暴露期间内产生有害效应的物质的固有特性。这种慢性效应通常包括一系列的亚致死终点指标,一般用无可观察效应浓度(NOEC),或相应的EC_x来表示。典型的观察终点指标包括存活、生长和/或繁殖。慢性毒性暴露时间随检测的试验终点指标和所用的受试物种不同,变化范围很大。

5.2.2 可快速降解和非可快速降解物质的慢性毒性的分类是不同的。可快速降解物质,在慢性毒性≤0.01 mg/L时被划分为慢性1类。高于这一类的慢性毒性,采用以十为倍数进行分类。可快速降解物质,慢性毒性在0.01 mg/L~0.1 mg/L之间的,划分为慢性毒性2类;0.1 mg/L~1.0 mg/L之间的,划分为慢性毒性3类;大于1.0 mg/L的,被认为基本无毒。非可快速降解或没有快速降解信息的物质可用两类慢性分类:慢性毒性小于等于0.1 mg/L的,划分为慢性1类;慢性毒性在0.1 mg/L~1.0 mg/L之间的,划分为慢性2类。

5.2.3 由于慢性毒性数据通常比急性毒性数据少,因此在分类计划中,对于慢性毒性可能会没有水生生物慢性毒性数据,此种情况可适当综合考虑急性毒性、不易降解性和/或潜在的或实际的生物累积的特性,确定慢性毒性的潜力。但是,只要有慢性毒性数据,就应使用这些数据,而不采用结合急性毒性、降解性和/或生物累积情况的办法。应使用下面的方法:

a) 如果能得到所有3个营养级的充分的慢性毒性数据,那么可直接用于进行适当的慢性危害分级;

b) 如果能得到1个或2个营养级的充分的慢性毒性数据,应当考察其他营养级的急性毒性数据。比较用慢性毒性数据做慢性分级和用其他营养级的急性毒性数据分级的结果,根据其中最严结果进行最终的分类;

c) 如果使用慢性毒性数据取消或降低慢性毒性的分类,应证明所采用的NOEC(或相当的EC_x),对根据急性数据结合降解性和/或生物累积进行的分类,足以消除或降低对所有物种的关注。一般可采用急性毒性确定的最敏感物种的长期 NOEC 来实现。因此,如果已经基于鱼类急性 LC_{50} 进行了分类,通常不可能利用无脊椎动物毒性试验的长期 NOEC 来取消或降低这一分类。既然这样,NOEC 一般需要从同一种或相当的或更敏感种类的鱼的长期试验得到。相同地,如果分类是根据一个以上物种的急性毒性数据做出的,可能需要每个种类的 NOEC。在将一种物质划为慢性第 4 类时,应提供充分证据证明每个种类的 NOEC 或相当的 EC_x 都大于 1 mg/L或该物质的水溶解度。

5.2.4 藻类/浮萍的试验不能用于取消或降低分类是因为:

a) 藻类/浮萍试验不是长期危害的研究;

b) 急性毒性与慢性毒性的比值一般较窄;而且

c) 终点指标较接近其他生物的急性毒性终点指标。

5.3 暴露途径

在急性和慢性试验中,包括在淡水和海水介质中进行的,都采用以下 4 种暴露条件:静态、静态更新(半静态)、循环和流水式。选择使用哪种试验类型,通常取决于受试物质特性、试验时间、试验物种和管理要求。

5.4 藻类的试验基质

藻类试验应在营养丰富的基质中进行,常见组分乙二胺四乙酸(EDTA)或其他螯合剂的使用应慎重考虑。在试验有机化学品毒性时,在基质的复合微营养物中需要有微量的 EDTA 一类的螯合剂;如果没有的话,藻类生长有可能会显著减慢,从而影响试验的有效性。但是,螯合剂可能降低金属试验物质可检测到的毒性。因此,对于金属化合物来说,对采用高浓度螯合剂的试验和/或与铁相比螯合剂化学计量过多的试验中得到的数据,应进行严格的评估。游离螯合剂可显著掩盖重金属的毒性,特别是在使用像 EDTA 一类的强螯合剂的时候。然而,在基质中如果没有可利用的铁,藻类的生长会受到铁的限制,因此,对没有铁或较少铁和 EDTA 的试验数据,也应谨慎对待。

5.5 QSAR 的使用

出于分类目的,在没有试验数据的情况下,可利用 QSAR 预测非电解物质、非亲电物质和其他不起反应物质对鱼类、溞类和藻类的急性毒性。但对像有机磷酸酯类物质,其通过官能团与生物受体起反应或与细胞蛋白形成硫氢键这样的特殊机理起作用,应用仍然存在问题。通过基本麻醉机理起作用的化学物质,已经得到可靠的 QSAR。这些化学物质属于低反应性非电解质,如碳氢化合物、酒精、酮和某些脂肪族氯化烃,它们产生的生物效应与其分配系数有关。每种有机化学物质都可产生麻醉作用。然而,如果化学物质是一种电解质,或者含有可导致非麻醉机理的特定官能团,仅根据分配系数进行的任何毒性计算,都会严重低估毒性。如果毒性代谢物或降解产物出现效应需要的时间比急性毒性试验的时间长,那么母化合物急性水生生物毒性的 QSAR 数据不能用于预测这些效应。

6 证据权重

6.1 质量最好的数据应作为分类的基本基础。分类最好建立在一级数据源的基础上。明确和完整地说明试验条件十分重要。

6.2 如果某个分类群体已有多项研究,应确定哪些是最敏感的、质量最好的。应具体情况具体分析,确定是否用更敏感的非良好实验室研究的观察结果替代良好实验室研究结果。根据非标准或非良好实验室规范导则进行试验而得出的高毒性结果，可用于分类，而如果试验结果表明无毒性时，则需要进行更仔细的考虑。难于进行试验的物质，有可能得出比实际毒性更高或更低的结果。在这些情况下，分类也需要专家判断。

6.3 当同一个分类群有多个可接受的试验结果时，应在分类时采用最敏感的试验结果[最低的 L(E)C_{50} 或 NOEC]。然而，这应针对具体情况分别对待。在同一物种有较大数据集(4 或 4 个以上数值)的情况下，毒性数值的几何平均可作为该物种的代表性毒性数值。在估计平均值的时候，不能将同一分类群中不同物种，或不同生命阶段，或在不同的试验条件或试验期进行的试验结果综合在一起考虑。

ICS 13.300
A 80

中华人民共和国国家标准

GB/T 29882—2013

杂项危险物质和物品分类试验方法 正辛醇/水分配系数

Testing method for classification of hazardous materials—
Partition coefficient of 1-octanol/water

2013-11-12 发布 2014-05-01 实施

中华人民共和国国家质量监督检验检疫总局
中国国家标准化管理委员会 发布

前　言

本标准按照 GB/T 1.1—2009 给出的规则起草。

本标准与经济合作与发展组织(OECD)化学品测试导则 No.123(2006)《分配系数(正辛醇/水):缓慢搅拌法》(英文版)内容基本一致。

本标准与 OECD 化学品测试导则 No.123 相比,存在以下差异:

——按 GB/T 1.1—2009 对 OECD 化学品测试导则 No.123 进行了编辑性修改;

——增加了前言部分。

本标准由全国危险化学品管理标准化技术委员会(SAC/TC 251)提出并归口。

本标准起草单位:湖南出入境检验检疫局检验检疫技术中心、天津出入境检验检疫局、江南大学、环境保护部化学品登记中心。

本标准主要起草人:王利兵、刘纯新、王华、李学洋、王晓兵、赵黎华、韩伟、殷雅丹、蔡磊明、侯松嵋、刘新洋、高桂华。

杂项危险物质和物品分类试验方法 正辛醇/水分配系数

1 范围

本标准规定了危险货物运输中杂项危险物质和物品的正辛醇/水分配系数的试验原理、试验方法、试验步骤、试验结果、数据报告和结论。

本标准适用于用缓慢搅拌法测定纯的有机化合物的正辛醇/水分配系数的试验方法，适用于正辛醇/水分配系数对数值 lg P_{OW} 在 5～8.2 之间的化合物的 P_{OW} 值的测定。

2 术语和定义

下列术语和定义适用于本文件。

2.1

分配系数　partition coefficient

物质在互不溶解的两相介质中达到平衡时的浓度之比。

2.2

正辛醇/水分配系数　1-octanol/water partition coefficient

物质在正辛醇/水两相介质中达到平衡时的浓度之比，以 P_{OW} 表示。P_{OW} 无量纲，通常以 10 为底的对数表示(lg P_{OW})表示。

3 试验原理

在恒温状态下，受试物在正辛醇和水相组成的系统中相互作用达到平衡状态后，确定受试物质在两相中的浓度，计算受试物质的分配系数。试验中受试物质、正辛醇和水应在反应容器中通过恒温缓慢搅拌达到平衡状态(搅拌可加速不同相之间的交换速度)。

4 试验方法

4.1 受试物质

4.1.1 受试物质应为纯物质；所用化学试剂应为分析纯或更高纯度。

4.1.2 受试物质应为已知化学组分，推荐受试物质纯度最好达到 99%以上，或已知确定化学组成和放射化学纯度的放射性标记受试物质。如果使用半衰期较短的示踪剂，应进行衰减修正。如果是放射性同位素标记的受试物质，应采用特定的化学分析方法确定用于测试的放射剂量与受试物质总量有直接相关性。

4.1.3 在进行试验之前，可应用商业化软件或受试物质在两种溶剂中的溶解度比值来对分配系数进行预估算。

4.1.4 在进行试验之前，应获得受试物质的信息包括：

——化学式和结构式；

——受试物质在水和正辛醇中浓度的最佳测试方法；
——可解离物质的解离常数；
——水溶解度；
——水解性；
——生物降解性；
——蒸气压。

4.2 仪器设备

——用于搅拌水相的磁力搅拌器和特富龙封装的磁力搅拌子；
——适于测定预期浓度水平受试物质的分析仪器；
——底部有阀门、有搅拌功能的反应容器。为了确保分配系数的检测限，容器的容积应大于 1 L；
——可从附录 A 的表格中查阅关于检测限和试验最小体积的数据；
——反应容器应由惰性材料制成，这样容器表面的吸附可忽略不计。

4.3 试验溶剂预处理

4.3.1 正辛醇的纯度不低于 99%。

4.3.2 水：重蒸馏水、高纯水或色谱纯级水。

4.3.3 试验前，正辛醇与水应经预饱和处理，即在试验温度下，采用两个大储液瓶，分别装入正辛醇与足量的水，水与足量的正辛醇，恒温缓慢搅拌 48 h 后，静置足够长时间使两项完全分离，以分别得到水饱和的正辛醇、正辛醇饱和的水。

4.3.4 将适当浓度的受试物质溶解于用水饱和的正辛醇中。

4.4 样品的提取和分析

4.4.1 样品测试中应使用一个经过验证有效的分析方法。在进行定量分析中应确保水饱和正辛醇相与正辛醇饱和水相中受试物质浓度均高于方法检测限。在试验之前应建立从水相与正辛醇相萃取受试物质的分析回收率。分析结果应根据空白分析进行校正，并保证在样品分析之间没有遗留效应。

4.4.2 用有机溶剂萃取水相及其萃取浓缩物应优先进行分析。应降低空白中的浓度。应使用高纯度的溶剂，最好是残留分析级的溶剂。试验前应做好准备工作(如玻璃器皿采用溶剂清洗或高温烘烤)，有助于避免交叉污染。

4.4.3 可先使用估算程序或专家估算 lg P_{OW}。如果估算值高于 6，那么应对空白校正和分析物残留效应进行密切监测。同样，如果估算值高于 6，应使用内标进行回收率校正，这样才能获得高的浓缩倍数。允许使用商业化计算机软件程序对 lg P_{OW}进行估算。例如：C lg P、KOWWIN、Prolg$P$ 以及 ACD lg P 等。

4.4.4 推荐采用在 10 倍信噪比时，受试物质在水或正辛醇中的浓度作正辛醇/水分配系数测试中的定量检测限(最低检测限)。定量检测时应选择合适的萃取方法和浓缩方法，并考察定量检测的回收率。

4.4.5 在试验预期的浓度的基础上，建立定量分析方法，确定受试物质在水相或正辛醇中的浓度。

4.4.6 试验应避免因水溶样品使用量太小以至无法获得足够的分析信号，且应避免水溶样品量过大，导致少于测试分析所需要的样品量($n=5$)。

4.4.7 应通过比对受试物质的标准曲线对受试物质进行定量分析。

4.5 试验条件

4.5.1 试验温度 25 ℃±1 ℃。

4.5.2 试验应在避光的状态下进行，优先选择在暗室中进行，也可将反应容器放在铝罩中。

4.5.3 试验应在防尘的环境中进行。

4.5.4 试验中的正辛醇和水两相应一直恒温搅拌，直到达到平衡状态。

4.5.5 每个 P_{OW} 值均应在至少三次重复试验的基础上得出数据。

4.6 两种溶剂的体积的选择

4.6.1 正辛醇与水的体积比应包括以下因素：

——预估的分配系数；

——水相的浓缩倍数；

——正辛醇相的厚度应满足取样要求；

——受试物质在各相中的最低浓度应满足分析检测要求；

——各相取样的体积应满足分析检测要求。

4.6.2 一般来讲，测试分配系数 lg P_{OW} 高于 4.5 的受试物质时，以总体积为 1 L 为例，正辛醇体积应为 20 mL～50 mL，水体积应为 950 mL～980 mL。

5 试验步骤

5.1 在反应容器内先加入正辛醇饱和的水溶液，放置足够长时间至反应温度。

5.2 将溶解有受试物质的水饱和正辛醇溶液缓慢加入容器中，应避免两相间的扰动混合。宜用移液管沿容器壁缓缓加入，且移液管的尖部贴近水面，但不接触到水面。应避免向容器内直接倾倒正辛醇相或正辛醇液滴直接落入水中。

5.3 开启磁力搅拌，搅拌速度缓慢上升至合适的速度，并保持稳定。正辛醇相和水相间的蜗旋深度在 0.5 cm～2.5 cm。如果蜗旋深度超过 2.5 cm，应降低搅拌速度，避免水相中形成正辛醇微滴。

5.4 每次取样前，关闭磁力搅拌，待反应容器内的液体静止后，进行取样。水相应从容器底部的阀门取出，并弃去阀门中水相。正辛醇相用微量注射器从正辛醇层中抽取。取样后再次开启磁力搅拌，搅拌速度缓慢上升至合适的速度。如此至少连续取 4 个时间点的两相样品供分析。

5.5 相邻取样时间点应至少间隔 5 h。

5.6 将所有样品溶液按照适合的分析方法测定样品浓度。

5.7 每次取样测定都要计算两相浓度比的对数[$\lg(C_O/C_W)$]，将这个对数值对时间作图来确定是否达到平衡。如果连续四次测定的二相浓度比值恒定（回归曲线斜率为零，p-level 小于 0.05），表明已经达到平衡。如果没有，则继续试验。

5.8 按照以上方法重复进行三次试验。

6 试验结果

6.1 结果数据

6.1.1 至少连续 4 个时间点测定的 C_O/C_W 值证明达到平衡状态；试验可用计算方差的方法确定测试结果平均值的不确定度。

6.1.2 P_{OW} 值应由同等试验条件下三次重复试验的数据计算获得。

6.2 结果处理

6.2.1 应在达到平衡状态后，计算 lg P_{OW} 值，见式(1)：

$$\lg P_{OW} = \lg \frac{C_O}{C_W} \qquad \cdots\cdots(1)$$

式中：

C_O ——正辛醇中受试物质平衡浓度，以毫克每升(mg/L)为单位；

C_W ——水相中受试物质浓度，以毫克每升(mg/L)为单位。

6.2.2 计算 $\lg P_{OW,Av}$ 平均值见式(2)：

$$\lg P_{OW,Av} = (\sum W_i \times \lg P_{OW,i}) \times (\sum W_i)^{-1} \quad \cdots\cdots (2)$$

式中：

$\lg P_{OW,i}$ ——第 i 次试验测定的正辛醇/水分配系数的对数值；

$\lg P_{OW,Av}$ ——各次试验正辛醇/水分配系数对数值的加权平均值；

W_i ——第 i 次试验的正辛醇/水分配系数对数值的统计权重系数。

6.2.3 加权标准偏差 $\sigma\lg P_{OW,Av}$ 见式(3)：

$$\sigma\lg P_{OW,Av} = (\mathrm{var}\lg P_{OW,Av})^{0.5} \quad \cdots\cdots (3)$$

$$\mathrm{var}\lg P_{OW,Av} = [\sum W_i \times (\lg P_{OW,i} - \lg P_{OW,Av})^2][\sum W_i \times (n-1)]^{-1}$$

式中：

$\sigma\lg P_{OW,Av}$ ——加权标准偏差；

$\mathrm{var}\lg P_{OW,Av}$ ——加权偏差；

$\lg P_{OW,i}$ ——第 i 次试验测定的正辛醇/水分配系数的对数值；

$\lg P_{OW,Av}$ ——各次试验正辛醇/水分配系数对数值的加权平均值；

W_i ——第 i 次试验的正辛醇/水分配系数对数值的统计权重系数；

n ——试验重复的次数。

7 数据报告及结论

测试报告应包括以下信息：

7.1 受试物质信息

——商品名、化学名称、美国化学文摘登记号(CAS登记号)；

——结构式、纯度；

——相关的理化性质、$\lg P_{OW}$ 的预估值等。

7.2 试验条件

——试验日期；

——温度；

——试验开始时正辛醇与水溶液的体积；

——每次取样的正辛醇与水溶液的体积；

——反应容器中剩余的正辛醇与水溶液的体积；

——反应容器的描述和搅拌条件的描述；

——对受试物质的分析方法以及定量检测限；

——水相的 pH 值、使用的缓冲溶液；

——取样时间及次数；

——试验重复的次数。

7.3 试验结果

——受试物质定量分析方法的灵敏度和重复性；

——试验过程中温度变化范围；
——浓度比-时间回归曲线；
——lg $P_{\mathrm{OW,Av}}$的平均值和标准偏差；
——必要时提供加权标准偏差；
——代表性的分析原始数据；
——结果的讨论与解释。

附 录 A
（资料性附录）
为检测水相中不同 lg P_{OW} 值的受试物质所需水的最小体积估算表

A.1 假设如下：

——每次最大取样体积等于总体积的10%；5 次取样等于总体积的 50%；

——受试物质浓度等于 0.7 乘以两相中的溶解度，如果浓度偏低则需要较多体积；

——最低检出限测定需要的样品体积等于 100 mL；

——lg P_{OW} 对于 lg S_W 的关系以及 lg P_{OW} 对于 SR （S_{oct}/S_W）的关系可用受试物质之间的关系表示。

A.2 S_W 估算见表 A.1 。

表 A.1 S_W 估算表

lg P_{OW}	估算方程	lg S_W	S_W/(mg/L)
4	$-0.922\lg P_{OW}+4.184$	0.496	3.133
4.5	$-0.922\lg P_{OW}+4.184$	0.035	1.084
5	$-0.922\lg P_{OW}+4.184$	−0.426	3.750×10^{-1}
5.5	$-0.922\lg P_{OW}+4.184$	−0.887	1.297×10^{-1}
6	$-0.922\lg P_{OW}+4.184$	−1.348	4.487×10^{-2}
6.5	$-0.922\lg P_{OW}+4.184$	−1.809	1.552×10^{-2}
7	$-0.922\lg P_{OW}+4.184$	−2.270	5.370×10^{-3}
7.5	$-0.922\lg P_{OW}+4.184$	−2.731	1.858×10^{-3}
8	$-0.922\lg P_{OW}+4.184$	−3.192	6.427×10^{-4}

A.3 S_{oct}估算见表 A.2。

表 A.2 S_{oct}估算表

lg P_{OW}	估算方程	S_{oct}/(mg/L)
4	$\lg P_{OW}=0.88\lg SR+0.41$	3.763×10^{4}
4.5	$\lg P_{OW}=0.88\lg SR+0.42$	4.816×10^{4}
5	$\lg P_{OW}=0.88\lg SR+0.43$	6.165×10^{4}
5.5	$\lg P_{OW}=0.88\lg SR+0.44$	7.890×10^{4}
6	$\lg P_{OW}=0.88\lg SR+0.45$	1.010×10^{5}
6.5	$\lg P_{OW}=0.88\lg SR+0.46$	1.293×10^{5}
7	$\lg P_{OW}=0.88\lg SR+0.47$	1.654×10^{5}
7.5	$\lg P_{OW}=0.88\lg SR+0.48$	2.117×10^{5}
8	$\lg P_{OW}=0.88\lg SR+0.49$	2.710×10^{5}

A.4 受试物质质量分配示例见表 A.3。

表 A.3 受试物质质量分配示例表

受试物质总质量/mg	m_{oct}/m_{water}	m_{H_2O}/mg	c_{H_2O}/(mg/L)	m_{oct}/mg	c_{oct}/(mg/L)
1 319	526	2.501 7	2.633 3	1 317	26 333
1 686	1 664	1.012 7	1.066 0	1 685	33 709
2 158	5 263	0.409 9	0.431 5	2 157	43 149
2 762	16 644	0.165 9	0.174 7	2 762	55 230
3 535	52 632	0.067 2	0.070 7	3 535	70 691
4 524	166 436	0.027 2	0.028 6	4 524	90 480
5 790	526 316	0.011 0	0.011 6	5 790	115 807
7 411	1 664 357	0.004 5	0.004 7	7 411	148 223
9 486	5 263 158	0.001 8	0.001 9	9 486	189 713

A.5 不同 LOD 值需要的最小水相体积估算见表 A.4。

表 A.4 不同 LOD 值需要的最小水相体积估算表

lg P_{OW}	LOD/(mg/L)				
	0.001	0.01	0.10	1.00	10
4	0.04	0.38	3.80	38	380
4.5	0.09	0.94	9.38	94	938
5	0.23	2.32	23.18	232	2 318
5.5	0.57	5.73	57.26	573	5 726
6	1.41	14.15	141	1 415	14 146
6.5	3.50	34.95	350	3 495	34 950
7	8.64	86.35	864	8 635	86 351
7.5	21.33	213	2 133	21 335	213 346
8	52.71	527	5 271	52 711	527 111
LOD 值对应的水相体积/L		0.1			

A.6 作为水溶解度与 lg P_{OW} 的函数，不同 LOD 值需要的最小水相体积见表 A.5。

表 A.5 作为水溶解度与 lg P_{OW} 的函数，不同 LOD 值需要的最小水相体积表

lg P_{OW}	S_W/(mg/L)	LOD/(mg/L)				
		0.001	0.01	0.10	1.00	10
4	10	0.01	0.12	1.19	11.90	118.99
	5	0.02	0.24	2.38	23.80	237.97
	3	0.04	0.40	3.97	39.66	396.62
	1	0.12	1.19	11.90	118.99	1 189.86

表 A.5（续）

lg P_{OW}	S_W/(mg/L)	LOD/(mg/L)				
		0.001	0.01	0.10	1.00	10
4.5	5	0.02	0.20	2.03	20.34	203.37
	2	0.05	0.51	5.08	50.84	508.42
	1	0.10	1.02	10.17	101.68	1 016.83
	0.5	0.20	2.03	20.34	203.37	2 033.67
5	1	0.09	0.87	8.69	86.90	869.01
	0.5	0.17	1.74	17.38	173.80	1 738.02
	0.375	0.23	2.32	23.18	231.75	2 317.53
	0.2	0.43	4.35	43.45	434.51	4 345.05
5.5	0.4	0.19	1.86	18.57	185.68	1 856.79
	0.2	0.37	3.71	37.14	371.36	3 713.59
	0.1	0.74	7.43	74.27	742.72	7 427.17
	0.05	1.49	14.85	148.54	1 485.43	14 854.35
6	0.1	0.63	6.35	63.48	634.80	6 347.95
	0.05	1.27	12.70	126.96	1 269.59	12 695.91
	0.025	2.54	25.39	253.92	2 539.18	25 391.82
	0.012 5	5.08	50.78	507.84	5 078.36	50 783.64
6.5	0.025	2.17	21.70	217.02	2 170.25	21 702.46
	0.012 5	4.34	43.40	434.05	4 340.49	43 404.93
	0.006	9.04	90.43	904.27	9 042.69	90 426.93
	0.003	18.09	180.85	1 808.54	18 085.39	180 853.86
7	0.006	7.73	77.29	772.89	7 728.85	77 288.50
	0.003	15.46	154.58	1 545.77	15 457.70	154 577.01
	0.001 5	23.19	231.87	2 318.66	23 186.55	231 865.51
	0.001	46.37	463.73	4 637.31	46 373.10	463 731.03
7.5	0.002	19.82	198.18	1 981.77	19 817.73	198 177.33
	0.001	39.64	396.35	3 963.55	39 635.47	396 354.66
	0.000 5	79.27	792.71	7 927.09	79 270.93	792 709.32
	0.000 25	158.54	1 585.42	15 854.19	158 541.86	1 585 418.63
8	0.001	33.88	338.77	3 387.68	33 876.77	338 767.72
	0.000 5	67.75	677.54	6 775.35	67 753.54	677 535.44
	0.000 25	135.51	1 355.07	13 550.71	135 507.09	1 355 070.89
	0.000 125	271.01	2 710.14	27 101.42	271 014.18	2 710 141.77
LOD值对应的水相体积/L		0.1				

ICS 13.300
A 80

中华人民共和国国家标准

GB/T 29883—2013

危险品包装　刚性塑料中型散装容器实验室光源(荧光紫外灯)暴露法

Packaging for dangerous goods—Rigid plastics intermediate bulk containers—Methods of exposure to laboratory light sources(fluorescence UV lamp)

2013-11-12 发布　　2014-05-01 实施

中华人民共和国国家质量监督检验检疫总局
中国国家标准化管理委员会　发布

前　言

本标准按照 GB/T 1.1—2009 给出的规则起草。

请注意本文件的某些内容可能涉及专利。本文件的发布机构不承担识别这些专利的责任。

本标准由全国危险化学品管理标准化技术委员会(SAC/TC 251)提出并归口。

本标准起草单位:山东出入境检验检疫局。

本标准主要起草人:陶强、万敏、黄红花、车礼东、于晓、杨蕾、张忠、朱超。

危险品包装　刚性塑料中型散装容器实验室光源(荧光紫外灯)暴露法

1　范围

本标准规定了危险品包装刚性塑料中型散装容器在荧光紫外暴露室中进行紫外线冷凝暴露试验的原理、总则、设备、试样、暴露条件、试验程序及暴露后试样性能的测定。

本标准适用于以荧光紫外灯为模拟光源,对刚性塑料中型散装容器进行的暴露试验。

2　规范性引用文件

下列文件对于本文件的应用是必不可少的。凡是注日期的引用文件,仅注日期的版本适用于本文件。凡是不注日期的引用文件,其最新版本(包括所有的修改单)适用于本文件。

GB/T 1040.2　塑料　拉伸性能的测定　第2部分:模塑和挤塑塑料的试验条件

GB/T 2918　塑料试样状态调节和试验的标准环境

GB 19434.8　危险货物刚性塑料中型散装容器检验安全规范　性能检验

ISO 4892.1　塑料　暴露于实验室光源的方法　第1部分:总则(Plastics—Methods of exposure to laboratory light sources—Part 1: general guidance)

ISO 4892.3　塑料　暴露于实验室光源的方法　第3部分:荧光紫外灯(Plastics—Methods of exposure to laboratory light sources—Part 3:Fluorescent UV lamps)

3　术语和定义

下列术语和定义适用于本文件。

3.1

紫外线冷凝暴露试验　ultraviolet-condensation exposure test

以荧光紫外灯为光源,通过模拟自然阳光中的紫外辐照和冷凝,对产品或者材料进行加速耐候性的周期性暴露试验。

4　原理

刚性塑料中型散装容器在存放和运输过程中,经常长期暴露在露天环境下,受阳光、雨、露等气候条件的作用,因此需要刚性塑料中型散装容器具有一定的耐紫外光老化能力。从待测样品的受力部位裁取试样,按照GB/T 1040.2中规定的样品制备方法制备拉伸试验样品,采用荧光紫外灯为光源,通过模拟自然阳光照射和雨露,对材料进行加速耐候性试验。暴露结束后测试试样的拉伸性能,并在相同条件下测定同时裁取的未经暴露试验的试样的拉伸性能,将暴露前后的测试结果进行比较,以评定材料的耐候性。另经有关各方协定,可以选择整体暴露试验,即对整个刚性塑料中型散装容器进行紫外线冷凝暴露试验,暴露结束后测定试样整体的性能。

5 总则

5.1 刚性塑料中型散装容器使用的材料应有足够的强度和充分的抗老化性能。

5.2 刚性塑料中型散装容器的紫外线冷凝暴露试验可以选择局部暴露试验和整体暴露试验，由有关各方协定。局部暴露试验是从刚性塑料中型散装容器上取样并制样后进行暴露，整体暴露试验是对整个刚性塑料中型散装容器进行暴露。

5.3 样品在控制环境条件下暴露于不同的紫外辐照强度、温度和湿度条件下。暴露条件可以通过以下方式改变：

a） 荧光紫外灯的类型；

b） 荧光紫外灯的辐照度；

c） 紫外暴露期间的温度；

d） 如果采用需要控制湿度的试验条件，紫外辐照和无辐照暴露期间暴露室空气的相对湿度；

e） 冷凝湿汽的类型(见 5.4)；

f） 冷凝温度和周期；

g） 紫外辐照/冷凝循环周期。

5.4 加湿方式可通过水蒸气冷凝到暴露试样上或者是通过用软化水或去离子水喷洒试验样品而产生。

5.5 试验程序可以包括辐照度和试样表面辐照量的测定。

5.6 建议使用已知性能的类似材料和试验样品同时暴露，以提供一个对照的标准。

5.7 在不同的设备上或暴露于不同型号的紫外灯所作的试验结果不具备可比性。

6 设备

6.1 光源

荧光紫外灯分为Ⅰ和Ⅱ型两种类型。Ⅰ型荧光紫外灯发射 300 nm 以下的光能低于总输出光能 2%，通常称为 UVA 灯，分为 UVA340、UVA351。UVA340 灯在 343 nm 处有一个发射峰，用于模拟日光中的 300 nm～340 nm 的光谱分布，UVA340 的组合使用可以得到不同的辐射光谱，组合使用应由有关各方协定；UVA351 灯在 353 nm 处有一个发射峰，用于模拟经玻璃过滤后的日光。Ⅱ型荧光紫外灯发射 300 nm 以下的光能大于总输出光能的 10%，在 313 nm 处有一个发射峰，通常称为 UVB 灯，UVB 灯模拟的材料老化在户外不会发生，因此该灯一般不用于日光模拟。

6.2 暴露室

暴露室可有不同的形式，但应以惰性材料制造，并能够实现均匀辐射，应符合 ISO 4892.1 的规定，以及控制温度，需要时应能使试样暴露表面凝露或提供喷水，或者提供控制暴露室内湿度的其他方法。

6.3 辐射计

建议使用辐射计来控制辐照度。如果使用辐射计，应符合 ISO 4892.1 的规定。如果没有采用自动辐照度控制系统，为保持理想的辐照度，必要时遵循仪器制造商的说明书来进行。

6.4 黑色标准温度计

黑色标准温度计应符合 ISO 4892.1 规定的设备要求。

6.5 供湿装置

6.5.1 概述

样品可以通过冷凝或者喷水的方式暴露在湿汽环境中。

6.5.2 相对湿度控制设备

在暴露期间,相对湿度可以控制。对于需要控制相对湿度的试验,测湿传感器的位置应符合 ISO 4892.1 的规定,对于控制相对湿度的试验,设备应能够维持相对湿度在理想值的±10%RH 的范围内。

6.5.3 喷水或冷凝系统

6.5.3.1 在规定的条件下,暴露室应装备一种对样品的暴露面进行间断性地冷凝或者喷水的系统。冷凝或者喷水应均匀地分散在试验样品上。喷淋系统应由抗腐蚀且不污染水源的材料制成。

6.5.3.2 喷洒用水的导电率应低于 5 μS/cm,固含量低于 1 μg/g,并且在样品上不能留下明显的污点或沉淀物,硅含量应低于 0.2 μg/g。去离子和反渗透的组合使用能够得到理想纯度的水。

6.6 试样架

试样架应以不影响暴露试验结果的材料制成。背板的存在及其所使用的材料会影响试样的老化结果。因此,背板的采用应由有关各方协定。

6.7 评价性能变化的设备

根据所选择的检测项目,按照相关国家标准的规定选用仪器,测定试样暴露前后拉伸性能变化的设备要求参见 GB/T 1040.2,测定暴露后整体性能的设备要求参见 GB 19434.8。

7 试样

7.1 要求

试样要求通常根据暴露后的性能测试方法确定。测定拉伸性能的试样参见 GB/T 1040.2。对于整体暴露试验,试样要求参见 GB 19434.8。

7.2 存放

暴露试验中,对照试样应存放在正常的实验室条件下,或者根据 GB/T 2918 的规定存放在标准环境中,避光保存的方式应由有关各方协定。

8 暴露条件

按照 ISO 4892.3 的要求对待测试样进行暴露试验,试样经一段光暴露期后,继之为无辐照循环试验,待测样品的总暴露时间根据刚性塑料中型散装容器的户外使用情况和周转使用情况确定,具体的总暴露时间由有关各方协定。具体的暴露循环方式如表 1 所示,暴露循环方式的选择由有关各方协定。

表 1　暴露循环方式

类型	暴露周期	光源类型	辐照度	黑标温度	相对湿度
方法 A:人工加速老化					
1	辐照暴露 8 h ↓ 冷凝暴露 4 h	UVA340	$0.76\ \mathrm{W \cdot m^{-2} \cdot nm^{-1}}$(340 nm 处) 无辐照	60 ℃±3 ℃ 50 ℃±3 ℃	不控制
2	辐照暴露 8 h ↓ 喷水暴露 0.25 h ↓ 冷凝暴露 3.75 h	UVA340	$0.76\ \mathrm{W \cdot m^{-2} \cdot nm^{-1}}$(340 nm 处) 无辐照	50 ℃±3 ℃ 不控制 50 ℃±3 ℃	不控制 不控制 不控制
3	辐照暴露 5 h ↓ 喷水暴露 1 h	UVA340 组合灯	$45\ \mathrm{W \cdot m^{-2}}$(波长范围:290 nm～400 nm),连续辐照	50 ℃±3 ℃ 25 ℃±3 ℃	<15% 不控制
4	辐照暴露 5 h ↓ 喷水暴露 1 h	UVA340 组合灯	$45\ \mathrm{W \cdot m^{-2}}$(波长范围:290 nm～400 nm),连续辐照	70 ℃±3 ℃ 25 ℃±3 ℃	<15% 不控制
方法 B:经玻璃过滤后的日光辐照					
5	辐照暴露 24 h (无水分)	UVA351	$0.76\ \mathrm{W \cdot m^{-2}. nm^{-1}}$(340 nm 处)	50 ℃±3 ℃	不控制
方法 C:UVA313 灯辐照					
6	辐照暴露 8 h ↓ 冷凝暴露 4 h	UVA313	$0.48\ \mathrm{W \cdot m^{-2} \cdot nm^{-1}}$(310 nm 处) 无辐照	70 ℃±3 ℃ 50 ℃±3 ℃	不控制

注 1:根据相关方协定,可以进行高辐照度测试,如果进行高辐照度测试,灯的寿命会明显缩短。

注 2:在平衡条件下,黑色标准温度计指示温度与给定的黑标温度设定值之间出现±3 ℃的波动是允许的,这并不意味着设定温度可以在给定温度的±3 ℃范围内变化。

9　试验程序

9.1　安装试验样品

将试验样品放置在试样架上,使其不受到任何应力作用。试验前对每一个试样进行牢固的标记避免重复暴露,标识应位于非暴露区。为了确保均一的暴露条件,试样架的暴露区域应填满,必要时可以使用空白控制板填补所有空处。根据有关各方协定,如果选择整体暴露试验,应保证试样受到均匀的辐射。

9.2　暴露测试

9.2.1　在将试样放置在暴露室之前,应确保仪器能够在理想条件下运转。在整个暴露期间,在选定的试验条件下,暴露程序应是连续的。所选定的试验条件应得到相关方的认可并在仪器设备的量程范围内，在整个试验过程中应保持这些试验条件，并且维护设备和检查试样的间断时间应尽量缩短。

9.2.2 必要情况下暴露期间可以更换样品的位置以确保暴露辐射的均匀性，应符合 ISO 4892.1 的规定。

9.3 辐照量的测定

如果采用辐射计，可以测定试验样品暴露面的辐照度。如果使用辐照量，表示为暴露表面单位面积上所照射的 290 nm～400 nm 的波长带内的辐射能量（J/m^2），或者是在选定的波长处（例如 340 nm 处）单位面积上所照射的辐射能量[$J/(m^2 \cdot nm)$]。

9.4 暴露后试样性能的测定

9.4.1 拉伸性能的测定

暴露试验结束后，按照 GB/T 1040.2 的规定测定试样的拉伸性能，并与未经过暴露试验的试样的拉伸性能相比较。

9.4.2 整体性能试验

根据有关各方协定，暴露结束后，按照 GB 19434.8 的规定测定试样整体的性能。

10 试验报告

10.1 试验报告应包括以下内容：

a) 生产单位、委托单位；
b) 受试样品名称、规格、数量；
c) 试样制备方法；
d) 试验方法；
e) 暴露试验设备：紫外老化试验箱的型号、规格、紫外荧光灯的类型；
f) 暴露试验条件：荧光紫外灯的辐照波长、辐照强度、辐照时间、冷凝或喷水时间及相应的温湿度控制条件、试验用水的性质、试验周期；
g) 拉伸性能试验条件：试验环境、拉伸速度；
h) 试验结果：试验样品和对照样品的力学性能测定结果；
i) 试验人员、日期及其他。

10.2 试验报告格式示例参见附录 A。

附 录 A
（资料性附录）
试验报告格式示例

示例见表 A.1。

表 A.1 危险品包装 刚性塑料中型散装容器 实验室光源(紫外荧光灯)暴露法试验报告

编号：

生产单位		委托单位	
样品名称		样品规格	
样品数量		委托日期	
检验依据			
试样描述			
紫外辐照试样	试样数量_		
拉伸试样	试样数量_，制备方法：_		
试验仪器描述			
仪器规格型号			
荧光紫外灯型号			
试验条件描述			
紫外辐照试验	在_℃辐照暴露_h，光源为_，辐照度为_，然后在_℃无辐照冷凝暴露_h，开始时间_h，结束时间_h，试验总时间_h		
拉伸试验	拉伸速度：_mm/min。		
试验结果			
拉伸试验	试样编号	暴露前拉伸强度	暴露后拉伸强度
	1		
	2		
	3		
	4		
	5		
	算术平均值		
整体暴露试验结果			
备注			

ICS 65.040.20
X 91

中华人民共和国国家标准

GB/T 29884—2013

粮油机械　大米色选机

Grain and oil machinery—Rice color sorter

2013-11-12 发布　　2014-04-11 实施

中华人民共和国国家质量监督检验检疫总局
中国国家标准化管理委员会　发布

前　言

本标准按照 GB/T 1.1—2009 给出的规则起草。

请注意本文件的某些内容可能涉及专利，本文件的发布机构不承担识别这些专利的责任。

本标准由国家粮食局提出。

本标准由全国粮油标准化技术委员会(SAC/TC 270)归口。

本标准起草单位：国家粮食储备局武汉科学研究设计院、合肥美亚光电技术股份有限公司、国家农业标准化与监测中心(安徽)、安徽省产品质量监督检验研究院。

本标准主要起草人：田明、林茂先、谢健、程静、朱瑞兵、刘长虹、开军。

粮油机械　大米色选机

1　范围

本标准规定了大米色选机的相关术语和定义、工作原理、型号的编制方法及应告示的基本参数、技术要求、试验方法、检验规则及标志、包装、运输和贮存的要求。

本标准适用于利用光电原理从大米中除去异色粒的设备。

2　规范性引用文件

下列文件对于本文件的应用是必不可少的。凡是注日期的引用文件，仅注日期的版本适用于本文件。凡是不注日期的引用文件，其最新版本(包括所有的修改单)适用于本文件。

GB/T 191　包装储运图示标志

GB 1354—2009　大米

GB/T 3768　声学　声压法测定噪声源声功率级　反射面上方采用包络测量表面的简易法

GB 5226.1　机械电气安全　机械电气设备　第1部分：通用技术条件

GB 5491　粮食、油料检验　扦样、分样法

GB/T 8875　粮油术语　碾米工业

GB/T 9969　工业产品使用说明书　总则

GB/T 13306　标牌

GB 16798　食品机械安全卫生

GB/T 24854　粮油机械　产品包装通用技术条件

GB/T 25218　粮油机械　产品涂装通用技术条件

3　术语和定义

GB 1354—2009 和 GB/T 8875 界定的以及下列术语和定义适用于本文件。

3.1

大米色选机　rice color sorter

根据大米粒光学特征的差异，利用光电原理，由喂料机构、溜板(槽)、光电探测器、喷阀和电脑控制系统构成的从大米中选出异色粒的设备。

3.2

异色粒　discolored kernels

与正常米粒颜色明显不同，且腹部或背部异色面积不小于 1 mm^2 的颗粒。如黄粒米、垩白粒、病虫害粒及非大米颗粒等。

3.3

异色粒含量　content of discolored kernels

物料中异色粒质量占物料总质量的质量分数。

3.4

剔除率 rejected rate

剔除物中异色粒的质量占入机物料中异色粒总质量的质量分数。

3.5

带出比 carryover ratio

剔除物中正常米粒质量与异色粒质量的比值。

3.6

执行单元 executing unit

根据电磁工作原理,通过压缩空气完成剔除动作的吹气装置。

4 工作原理

被选物料从顶部的料斗进入色选机,通过振动喂料机构进入光学传感器观察料区。光学传感器检测到不同颜色籽粒光的强弱及颜色变化,经光电转换生成电信号,驱动喷阀动作,吹出异色粒。

5 型号的编制方法及应告示的基本参数

5.1 型号的编制方法见附录A。

5.2 在使用说明书等技术文件中,应明确告示的基本参数包括:型号规格、处理量、功率、耗气量。

6 技术要求

6.1 一般要求

6.1.1 按照经规定程序批准的图样和技术文件制造。

6.1.2 外购件应符合相关标准和产品使用说明书的规定,并附有制造商提供的产品合格证明或质量等级证明。

6.1.3 与大米接触的材料应符合GB 16798的规定。

6.1.4 焊接质量应符合图样要求,焊缝不得有裂纹、夹渣、气孔、焊瘤、虚焊、烧穿、漏焊等缺陷。

6.1.5 机械加工零件的加工表面不应有锈蚀、磕碰、划伤等缺陷,毛刺应清除干净。

6.1.6 表面涂漆的漆膜厚度应不小于80 μm,附着力应符合GB/T 25218的规定。

6.1.7 导线及其配线技术应符合GB 5226.1的规定。

6.1.8 使用说明书的编制应符合GB/T 9969的规定。

6.2 机械性能

6.2.1 产品装配后,在空载正常运转时应无异常声响;作业时噪声应不大于80 dB(A)。

6.2.2 各紧固件应牢固可靠,应有可靠的防松装置。

6.3 工艺性能

6.3.1 单个执行单元单位时间处理量应不低于30 kg/h。

6.3.2 色选工艺性能指标见表1。

表 1 色选工艺性能指标

项目		指标			
		粳米	籼米	粳糯米	籼糯米
成品异色粒含量/%	≤	1	1	1	1
剔除率/%	≥	90	90	80	80
一次带出比	≤	3∶1	3∶1	3∶1	3∶1
二次带出比	≤	1∶5	1∶5	1∶3	1∶3
注：二次带出比只适用于具有复选功能的大米色选机。					

6.4 安全要求

6.4.1 绝缘电阻

网电源中带电部件与外壳的绝缘电阻不小于 1 MΩ。

6.4.2 耐压

网电源中带电部件与外壳之间，能承受交流 1 000 V 的试验电压，应无闪络或击穿。

6.4.3 接地

色选机的金属构件上应有接地点，与接地点相连接的保护接地导线的截面积不小于 1.5 mm^2，保护接地的连续性应符合 GB 5226.1 的规定。

6.4.4 空气过滤装置

应符合 GB 16798 的规定。

7 试验方法

7.1 试验条件和要求

7.1.1 环境温度：环境温度不超过 40 ℃，且在 24 h 内其平均温度不超过 35 ℃，最低环境温度不低于 5 ℃。

7.1.2 交流电源：(220±22)V；(50±0.5)Hz。

7.1.3 环境：无强烈震动、无强磁场干扰、无强光直射、少粉尘。

7.1.4 试验场地和样机的安装应符合产品说明书的有关规定，并能满足试验要求。

7.1.5 试验用仪器、仪表和量具应按有关规定校验合格，确保精度要求，并在有效使用期内。

7.1.6 试验过程中的机器操作和检测均应由熟练操作人员进行操作。

7.1.7 工艺性能的测定需在流水生产线完成。

7.2 噪声检测

整机工作时采用 GB/T 3768 的规定进行检测。

7.3 工艺性能测定

7.3.1 试验原料

选择加工精度达到GB 1354—2009中3级或以上的粳米、籼米、粳糯米或籼糯米作为试验原料。试验前，从原料中随机取样不少于100 g，拣出其中的异色粒，用感量为0.01 g的天平称量，按式(1)计算得出试验原料的异色粒含量。重复上述试验，取两次结果的平均值作为本次试验原料的异色粒含量β并记录下来。

$$\beta=\frac{m_1}{m_2}\times 100\% \qquad \cdots\cdots(1)$$

式中：

β ——试验原料异色粒含量，%；

m_1——试验原料中异色粒质量，单位为克(g)；

m_2——试验原料质量，单位为克(g)。

7.3.2 单个执行单元单位时间处理量的测定与计算

色选机使用按照7.3.1测试过已知β值的同批原料，满负荷正常运行0.5 h后，在色选工艺性能指标满足表1要求的条件下，从成品出料口连续接取样品，测试时间不少于0.5 h，按式(2)计算单个执行单元单位时间处理量(因剔除物出料口物料相对成品出料口很少，本试验对于剔除物出料口的物料忽略不计)。

$$q=\frac{m_3}{T\times n} \qquad \cdots\cdots(2)$$

式中：

q ——单个执行单元单位时间处理量，单位为千克每小时(kg/h)；

m_3——成品出料口物料质量，单位为千克(kg)；

T ——测试时间，单位为小时(h)；

n ——执行单元个数。

7.3.3 成品异色粒含量、剔除率、一次带出比和二次带出比的测定与计算

7.3.3.1 成品异色粒含量、剔除率的测定与计算

色选机使用按照7.3.1测试过已知β值的同批原料，正常开机0.5 h后，在成品出料口与一次剔除物出料口同时接取样品，每隔2 min取一次，共取三次。每次成品出料口接料不少于300 g。将三次成品出料口接料分别作为合格样品，挑出合格样品中的异色粒，用感量为0.01 g的天平称量，按式(3)计算成品异色粒含量。取三次试验结果的平均值作为本次试验的结果。

将一次剔除物出料口接取的三份样品分别作为剔除物样品，称量，按式(4)计算剔除率。取三次试验结果的平均值作为本次试验的结果。

$$\eta_X=\frac{m_3}{m_4}\times 100\% \qquad \cdots\cdots(3)$$

$$\eta_T=\frac{(m_4+m_5)\times\beta-m_3}{(m_4+m_5)\times\beta}\times 100\% \qquad \cdots\cdots(4)$$

式中：

η_X ——成品异色粒含量，%；

m_3——合格样品中异色粒质量，单位为克(g)；

m_4——合格样品质量，单位为克(g)；

η_T ——剔除率,%;
m_5——剔除物质量,单位为克(g);
β ——试验原料异色粒含量,%。

7.3.3.2 一次带出比的测定与计算

把7.3.3.1中的三份剔除物样品合并混匀,采用GB 5491中分样器分样法,从样品中分取不少于20 g作为试验样品,挑出试验样品中的异色粒,用感量0.01 g的天平称量,按式(5)计算一次带出比。

$$X_1 = \frac{m_7}{m_8} \quad \cdots\cdots (5)$$

式中:
X_1——一次带出比;
m_7——一次剔除物中正常粒质量,单位为克(g);
m_8——一次剔除物中异色粒质量,单位为克(g)。

7.3.3.3 二次带出比的测定与计算

从二次剔除物出料口连续接取样品不少于50 g,采用GB 5491中分样器分样法,从样品中分取不少于20 g作为二次剔除物样品,挑出其中的正常粒,用感量为0.01 g的天平称量,按式(6)计算二次带出比。

$$X_2 = \frac{m_9}{m_{10}} \quad \cdots\cdots (6)$$

式中:
X_2 ——二次带出比;
m_9 ——二次剔除物中正常粒质量,单位为克(g);
m_{10}——二次剔除物中异色粒质量,单位为克(g)。

7.4 有关安全要求的测试

7.4.1 电气安全测试按GB 5226.1中的要求进行。
7.4.2 空气过滤装置:查验供应商提供的产品技术资料中过滤精度是否符合GB 16798的要求。

7.5 其他要求及参数的检测

对于一般要求和机械性能要求,有引用标准的按标准规定的方法进行检测,其他要求和参数采用常规方法和感官检测。

8 检验规则

8.1 检验分类

检验分为出厂检验和型式检验。

8.2 出厂检验

8.2.1 每台产品应进行出厂检验,检验合格方可出厂。
8.2.2 出厂检验项目按6.1、6.2和6.4执行。

8.3 型式检验

8.3.1 按第6章执行。有下列情况之一的应进行型式检验:

a) 新产品投产时;

b) 产品投产后,在材料、制造工艺方面有较大改动,可能影响产品性能时;

c) 产品停产一年以上,恢复生产时;

d) 连续生产三年时;

e) 出厂检验结果与上次型式检验有较大差异时;

f) 国家有关质量管理部门提出检验要求时。

8.3.2 采取随机抽样,抽样数为5%,但不少于2台。

8.4 判定规则

8.4.1 型式检验结果应符合第6章的规定。

8.4.2 对任一台产品或任一项目检验不符合规定的,允许修复一次后,加倍抽样复验,以复验结果为准。若仍不符合规定,则判定该批产品为不合格。

9 标志、包装、运输和贮存

9.1 标志

9.1.1 在每台色选机明显位置处固定永久性标牌,标牌内容应符合GB/T 13306的规定。

9.1.2 外包装的包装储运图示标志应符合GB/T 191的规定。

9.2 包装

9.2.1 应符合GB/T 24854的规定。

9.2.2 随机文件和工具包括:

——使用说明书;

——检验合格证;

——装箱单;

——工具和附件。

9.3 运输

9.3.1 运输方式可按供需双方商定或商业惯例办理。

9.3.2 裸装产品在运输途中应遮盖。

9.3.3 运输过程中的吊卸、装载应按照外包装的图示标志进行。

9.4 贮存

9.4.1 产品宜贮存在有干燥、通风和防潮等措施的仓库,不宜露天存放。

9.4.2 产品禁止与有腐蚀性或有毒性的物质混放。

附　录　A
（规范性附录）
型号编制方法

A.1　型号编制方法

大米色选机的型号编制按下述的原则和方法进行，由专业代号、品种代号、型式代号、主要规格和改进代号五个部分组成。

```
M  SX  □-□  □
|   |   |  |  |
|   |   |  |  └── 改进代号：A、B、C…。
|   |   |  └───── 主要规格：执行单元数。
|   |   └──────── 型式代号：检测方式，G：光电传感器。
|   |             H：黑白线阵 CCD；C：彩色线阵 CCD。
|   |             M：彩色面阵 CCD；F：复合传感器。
|   └──────────── 品种代号：表示色选机。
└──────────────── 专业代号：表示大米生产专业机械。
```

A.2　示例

MSXM-240 表示 240 个执行单元的彩色面阵 CCD 检测大米色选机。

MSXC-320A 表示 320 个执行单元的彩色线阵 CCD 大米色选机的首次改进型号。

ICS 65.020
B 32

中华人民共和国国家标准

GB/T 29885—2013

棉籽质量等级

Cotton seed quality grade

2013-11-12 发布　　2014-04-11 实施

中华人民共和国国家质量监督检验检疫总局
中国国家标准化管理委员会　发布

前　言

本标准按照GB/T 1.1—2009给出的规则起草。

本标准由中华全国供销合作总社提出。

本标准由全国棉花加工标准化技术委员会(SAC/TC 407)归口。

本标准起草单位:中棉工业有限责任公司、中国棉花协会棉花加工分会、中华全国供销合作总社郑州棉麻工程技术设计研究所、衡水中棉工业棉花产业化有限公司、北京中棉工程技术有限公司、新疆农业科学院经济作物研究所、新疆伊犁州伊欣棉业有限公司、晨光生物科技集团股份有限公司。

本标准主要起草人:张郁、胡春雷、尹青云、王瑞霞、洪帅、刘忠山、陈运霞、杨省孝。

引　言

不同质量的棉籽具有不同的价格，划分棉籽的质量等级，按质取价或不予使用，既体现交易公平又能避免经济损失。在棉籽商品贸易中，迫切需要建立统一的质量等级标准和质量检测体系，促进棉籽的市场流通、资源优化配置和产业化发展。

本标准的制定，兼顾了可操作性和超前性，尽可能适应国际贸易和经济交流。

——参考美国棉籽交易标准，提出了粗蛋白质含量指标；

——以粗脂肪（含油量）和粗蛋白质含量指标综合评价棉籽等级，规定了判定规则。

棉籽质量等级

1 范围

本标准规定了棉籽的术语和定义、质量分级要求、检验方法以及包装、储存和运输的要求。

本标准适用于经加工脱绒后，供生产食用、饲用棉籽油和棉籽蛋白的商品棉籽。

2 规范性引用文件

下列文件对于本文件的应用是必不可少的。凡是注日期的引用文件，仅注日期的版本适用于本文件。凡是不注日期的引用文件，其最新版本(包括所有的修改单)适用于本文件。

GB 5491 粮食、油料检验 扦样、分样法

GB/T 5492 粮油检验 粮食、油料的色泽、气味、口味鉴定

GB/T 5494 粮油检验 粮食、油料的杂质、不完善粒检验

GB/T 5512 粮油检验 粮食中粗脂肪含量测定

GB 13078 饲料卫生标准

GB/T 14489.1 油料 水分及挥发物含量测定

GB/T 14489.2 粮油检验 植物油料粗蛋白质的测定

GB 19641 植物油料卫生标准

3 术语和定义

下列术语和定义适用本文件。

3.1

杂质 foreign material

除棉籽以外的其他物质，包括筛下物、无机杂质和有机杂质。

[GB/T 11763—2008，定义 3.2]

3.2

筛下物 screen underflow

通过直径 3.0 mm 圆孔筛的物质。

[GB/T 11763—2008，定义 3.2.1]

3.3

无机杂质 inorganic impurities

砂石、煤渣、砖瓦块、泥土等矿物质及其他无机类物质。

[GB/T 11763—2008，定义 3.2.2]

3.4

有机杂质 organic impurities

无使用价值的棉籽、异种粮粒、油籽及其他有机类物质。

[GB/T 11763—2008，定义 3.2.3]

4 质量分级要求

4.1 基本要求

4.1.1 感官特征

正常。具有棉籽固有的色泽和气味。

4.1.2 杂质

杂质含量应不大于2.0%。

4.1.3 水分

水分含量应不大于12.0%。

4.2 等级质量指标

依据棉籽的粗脂肪和粗蛋白质含量将其分为五个等级,五级以下为级外,三级为标准级。

棉籽等级质量指标见表1。

表1 等级质量指标

等级	粗脂肪/%	粗蛋白质/%
一级	≥18	≥20
	≥17	≥23
二级	≥17	≥20
	≥16	≥23
三级	≥16	≥20
	≥15	≥23
四级	≥15	≥20
	≥14	≥23
五级	≥14	≥20
	≥13	≥23
级外	<13	—

4.3 卫生指标

供加工食用产品的棉籽应符合GB 19641的要求,供加工饲用产品的棉籽应符合GB 13078的要求。

5 检验方法

5.1 检验流程

检验流程见图1。

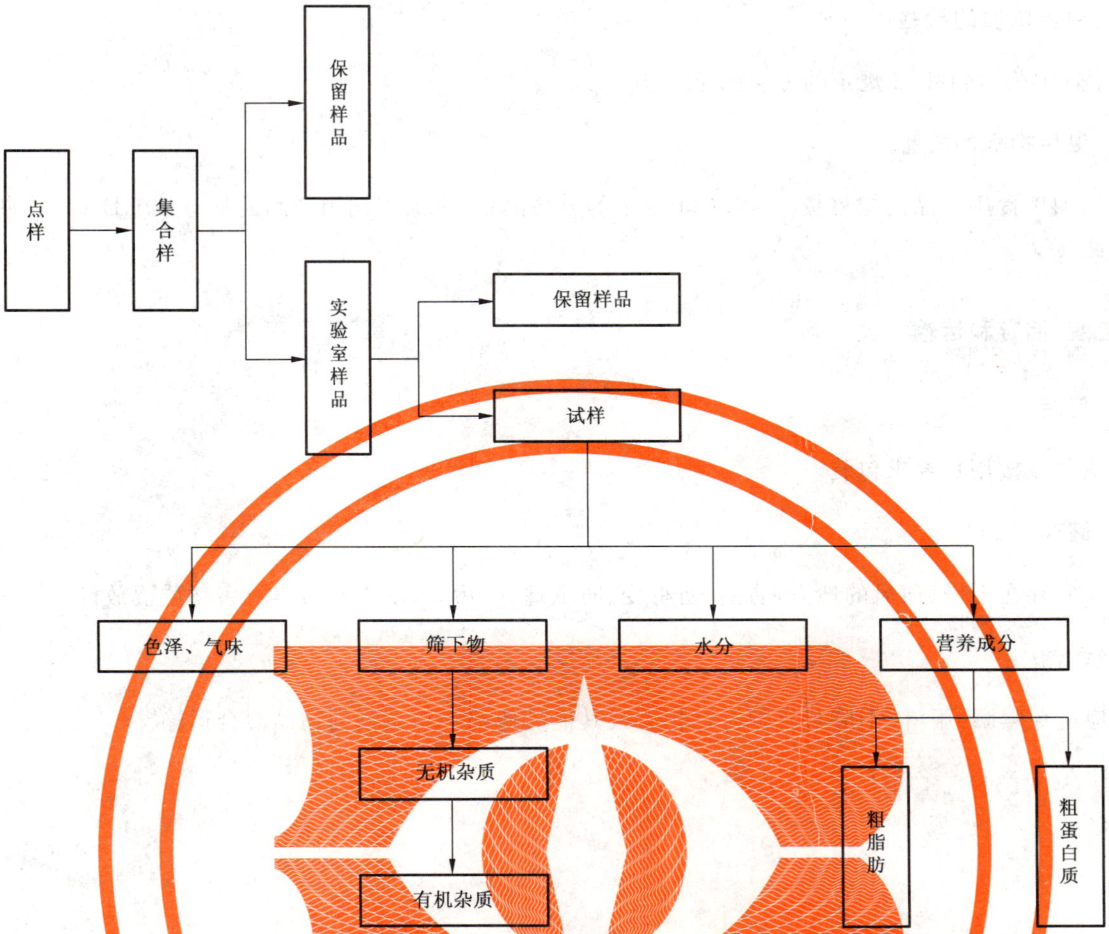

图 1 检验流程图

5.2 扦取、分样

按 GB 5491 规定的方法执行。

5.3 色泽、气味的检验

按 GB/T 5492 规定的方法测定。

5.4 杂质的检验

按 GB/T 5494 规定的方法测定。

5.5 水分的检验

按 GB/T 14489.1 规定的方法测定。

5.6 粗脂肪的检验

按 GB/T 5512 规定的方法测定。

5.7 粗蛋白质的检验

按 GB/T 14489.2 规定的方法测定。

5.8 卫生指标的检验

供加工食用产品的棉籽按 GB 19641 规定的方法测定，供加工饲用产品的棉籽按 GB 13078 规定的方法测定。

6 包装、储存和运输

6.1 包装

散装或按用户要求包装。

6.2 储存

应储存在干燥、通风的地方，防潮、防霉变、防虫蛀、防污染，不应与有毒有害物质混放。

6.3 运输

应避免曝晒、雨淋，不应与有毒有害物质或其他易造成产品污染的物品混合运输。

参 考 文 献

[1] GB/T 11763—2008 棉籽

ICS 59.060.10
B 32

中华人民共和国国家标准

GB/T 29886—2013

棉包回潮率试验方法　微波法

Test method for moisture regain in cotton bale by microwave moisture meter

2013-11-12 发布　　2014-01-11 实施

中华人民共和国国家质量监督检验检疫总局
中国国家标准化管理委员会　发布

前　言

本标准按照 GB/T 1.1—2009 给出的规则起草。

请注意本文件的某些内容可能涉及专利。本文件的发布机构不承担识别这些专利的责任。

本标准由中国纤维检验局提出并归口。

本标准起草单位：中国纤维检验局、中国棉花协会、中国棉纺织行业协会、上海出入境检验检疫局、陕西省纤维检验局、西安阿尔特水分检测技术有限公司、陕西华斯特仪器有限公司、安徽财经大学棉花工程研究所。

本标准主要起草人：徐水波、熊宗伟、杨照良、叶戬春、赵洁、仲学宪、韩刚、李世星、丁民建、雷军、刘大为、刘从九。

棉包回潮率试验方法　微波法

1　范围

本标准规定了采用微波测定棉包回潮率的方法。

本标准适用于回潮率在3%～13%的成包的细绒棉和长绒棉。

2　规范性引用文件

下列文件对于本文件的应用是必不可少的。凡是注日期的引用文件，仅注日期的版本适用于本文件。凡是不注日期的引用文件，其最新版本(包括所有的修改单)适用于本文件。

GB 1103.1　棉花　第1部分:锯齿加工细绒棉

GB 1103.2　棉花　第2部分:皮辊加工细绒棉

GB 6975　棉花包装

GB 19635　棉花　长绒棉

3　术语和定义

下列术语和定义适用于本文件。

3.1

含湿质量　moisture weight

原棉含有水分时的质量。

3.2

干燥质量　dry weight

原棉经一定方法除去水分后的质量。

3.3

回潮率　moisture regain

在规定条件下测得的原棉水分含量，以试样的含湿质量和干燥质量的差值与干燥质量的百分比表示。

4　原理

采用微波测量技术，将特定频率的微波信号经发射天线透过被测棉包，皮棉所含水分对微波信号幅度及相位产生影响，通过接收天线将收集到的含有不同衰减及相移信息的微波参数进行运算处理，并进行温度修正，得出棉包的回潮率值。

5　试验对象

5.1　符合GB 1103.1、GB 1103.2、GB 19635规定的细绒棉或长绒绵。

5.2　包型符合GB 6975规定的Ⅰ型、Ⅱ型棉包。

6 仪器和设备

6.1 回潮率微波测量仪

6.1.1 性能

6.1.1.1 回潮率测量范围:3.0%~13.0%。

6.1.1.2 回潮率测量允差:用标准微波衰减器校准时应满足表1要求。

表1 回潮率微波测量仪校准时测量允差

回潮率范围/%	测量允差/%
3.0~6.0	±0.2
6.1~11.0	±0.1
11.1~13.0	±0.2

6.1.1.3 回潮率温度修正范围:−30 ℃~+50 ℃。

6.1.1.4 接口:具有通过适配的接口向条码信息系统或计算机自动传输数据的功能。

6.1.2 规格

6.1.2.1 微波频率:10 GHz~10.5 GHz。

6.1.2.2 微波功率:10 dBm±1.5 dBm。

6.2 棉包温度模拟器

棉包温度测量允差:±1 ℃。

6.3 动态扫描机构

6.3.1 扫描覆盖率:≥90%。

6.3.2 整包扫描时间:<20 s。

7 试验环境

温度:−30 ℃~+50 ℃;

相对湿度:<90%。

8 试验程序

8.1 仪器调整

按照仪器使用说明书,检查仪器各项功能,使其处于正常状态。

8.2 测试

启动动态扫描机构,回潮率的测试随棉包的运动自动进行。当棉包进入检测区域前仪器首先进行自动校准,进入检测区域后扫描开关启动,扫描机构开始对棉包的回潮率进行检测,同时,棉包温度模拟器对棉包温度进行模拟检测，被测棉包全部从检测区域中通过后，测试结束。

9 试验结果

测试结束后，仪器自动完成测试数据的处理，得出棉包回潮率试验结果。回潮率试验结果保留1位小数。

10 试验报告

试验报告应写明试验棉包的回潮率，并注明棉包来源、编号、棉花类型、轧工方式、检验依据、仪器编号、试验日期、试验环境温湿度及采用的标准编号等。

ICS 59.060.10
B 32

中华人民共和国国家标准

GB/T 29887—2013

染 色 棉

Dyed cotton

2013-11-12 发布 2014-04-11 实施

中华人民共和国国家质量监督检验检疫总局
中国国家标准化管理委员会 发布

前　言

本标准按照 GB/T 1.1—2009 给出的规则起草。

请注意本文件的某些内容可能涉及专利。本文件的发布机构不承担识别这些专利的责任。

本标准由国家质量监督检验检疫总局提出。

本标准由中国纤维检验局归口。

本标准起草单位：浙江省纤维检验局、百隆东方股份有限公司、华孚色纺股份有限公司、宁波金海湾印染有限公司、宁波海德针织漂染有限公司、余姚久丰染色厂有限公司。

本标准主要起草人：竺林、万震、张建英、商海龙、卫国、杨雪涛、吴玲琍、施兴德、朱海波。

引　言

本标准是参照棉花国家标准和 GB 18401—2010《国家纺织产品基本安全技术规范》,并根据我国染色棉企业的实际生产情况和下游客户使用情况编制的。

染　色　棉

1　范围

本标准规定了染色棉的技术要求、试验方法以及包装和标志、运输、贮存要求。

本标准适用于加工、贸易、仓储和使用的染色棉。

2　规范性引用文件

下列文件对于本文件的应用是必不可少的。凡是注日期的引用文件，仅注日期的版本适用于本文件。凡是不注日期的引用文件，其最新版本(包括所有的修改单)适用于本文件。

GB 1103(所有部分)　棉花

GB/T 2912.1　纺织品　甲醛的测定　第1部分：游离和水解的甲醛(水萃取法)

GB/T 3920　纺织品　色牢度试验　耐摩擦色牢度

GB/T 3921　纺织品　色牢度试验　耐皂洗色牢度

GB/T 3922　纺织品耐汗渍色牢度试验方法

GB/T 4841.3　染料染色标准深度色卡 2/1、1/3、1/6、1/12、1/25

GB/T 5713　纺织品　色牢度试验　耐水色牢度

GB/T 6098.1　棉纤维长度试验方法　第1部分：罗拉式分析仪法

GB/T 6102.1　原棉回潮率试验方法　烘箱法

GB/T 6102.2　原棉回潮率试验方法　电阻法

GB/T 6103　原棉疵点试验方法　手工法

GB /T 6498　棉纤维马克隆值试验方法

GB/T 6499　原棉含杂率试验方法

GB/T 7573　纺织品　水萃取液 pH 值的测定

GB/T 8427　纺织品　色牢度试验　耐人造光色牢度：氙弧

GB/T 13783　棉纤维断裂比强度的测试　平束法

GB/T 17592　纺织品　禁用偶氮染料的测定

GB 18401　国家纺织产品基本安全技术规范

GB/T 18886　纺织品　色牢度试验　耐唾液色牢度

GB/T 20392　HVI 棉纤维物理性能试验方法

GB/T 23344　纺织品　4-氨基偶氮苯的测定

3　术语和定义

下列术语和定义适用于本文件。

3.1

染色棉　dyed cotton

以棉花(包括原棉、普梳棉网、精梳棉网等)为原料，经过染整加工的棉花产品。

3.2

局部性染色不匀　partial uneven color

棉包内局部小范围或零星出现的颜色差异，包括局部色花、色渍、色点、色斑、色块等。

3.3

散布性染色不匀　diffusive uneven color

整批产品内大范围均匀散布的颜色差异。

3.4

白粉　white powder

硬水中钙离子、镁离子与皂液或纯碱生成的不溶性碳酸钙沉淀，沉积于纤维表面呈现的白色粉尘。

4　技术要求

4.1　外观质量指标

外观质量要求见表1。

表1　外观质量要求

项目		要求	
		优等品	一等品
色差/级　≥	原样色差(对照标样)	4-5	4
	同批包间色差	4-5	4
	同包内部色差	4-5	
局部性染色不匀		不明显	不影响外观
散布性染色不匀		色差≥4级	色差≥3-4级
白粉、油污、锈斑、霉斑		无	不明显

4.2　内在质量指标

内在质量要求见表2。

表2　内在质量要求

项目		要求	
		优等品	一等品
长度/mm　≥		27	
断裂比强度[a]/(cN/tex)　≥		25(深23)	23(深21)
短纤维率/%　≤	原棉	15	18
	棉网	普梳15;精梳10	普梳18;精梳12
含杂率/%　≤	原棉	2.5	3.0
	棉网	普梳0.5;精梳0.2	
棉结/(粒/g)　≤	原棉	30	40
	棉网	普梳25;精梳15	普梳35;精梳25

表 2（续）

<table>
<tr><td colspan="3" rowspan="2">项　　目</td><td colspan="2">要　　求</td></tr>
<tr><td>优等品</td><td>一等品</td></tr>
<tr><td colspan="3">马克隆值</td><td>4.2～4.8</td><td>3.8～5.0</td></tr>
<tr><td colspan="3">回潮率/%</td><td>6.5～8.5</td><td>5.5～9.5</td></tr>
<tr><td colspan="3">甲醛含量/(mg/kg)　≤</td><td colspan="2">20</td></tr>
<tr><td colspan="3">pH 值</td><td>4.0～7.5</td><td>4.0～8.5</td></tr>
<tr><td colspan="3">可分解芳香胺染料/(mg/kg)</td><td colspan="2">禁用</td></tr>
<tr><td colspan="3">异味</td><td colspan="2">无</td></tr>
<tr><td rowspan="11">染色牢度[b]/级　≥</td><td>耐光</td><td>变色</td><td>4(浅 3-4)</td><td>3-4(浅 3)</td></tr>
<tr><td rowspan="2">耐唾液</td><td>变色</td><td>4</td><td>—</td></tr>
<tr><td>沾色</td><td>4</td><td>—</td></tr>
<tr><td rowspan="2">耐水</td><td>变色</td><td>3-4</td><td>3</td></tr>
<tr><td>沾色</td><td>3-4</td><td>3</td></tr>
<tr><td rowspan="2">耐皂洗</td><td>变色</td><td>3-4</td><td>3</td></tr>
<tr><td>沾色</td><td>3-4</td><td>3</td></tr>
<tr><td rowspan="2">耐汗渍
(酸、碱)</td><td>变色</td><td>3-4</td><td>3</td></tr>
<tr><td>沾色</td><td>3-4</td><td>3</td></tr>
<tr><td rowspan="2">耐摩擦</td><td>干摩</td><td>4-5</td><td>4</td></tr>
<tr><td>湿摩</td><td>3(深 2-3)</td><td>2-3(深 2)</td></tr>
<tr><td colspan="5">[a] 按 GB/T 4841.3 规定，颜色大于 1/12 染料染色标准深度为深色，颜色小于等于 1/12 染料染色标准深度为浅色。
[b] 耐摩擦色牢度考核时，硫化染料加工产品允许降半级。耐光色牢度考核时，增白产品允许降半级。耐唾液色牢度仅考核优等品。</td></tr>
</table>

4.3 分等规定

4.3.1 产品的品等分为优等品、一等品，低于一等品的为等外品。

4.3.2 产品的品等，以内在质量和外观质量综合评定，按其中的最低等级定等。内在质量按批评等，以最低一项作为该批的评等依据。外观质量按包评等，以最低一包作为该批的评等依据。

5 试验方法

5.1 抽样

5.1.1 抽样应具有代表性。

5.1.2 成包染色棉按批检验抽样。

5.1.3 抽样数量：3 包以内逐包检验，4 包～10 包抽样不少于 3 包，11 包～20 包抽样不少于 4 包，21 包～30 包抽样不少于 5 包，31 包～60 包抽样不少于 6 包。60 包以上每 10 包抽 1 包。

5.1.4 取样方法：每个取样棉包正面包身中部开包后，去掉棉包表层棉花，抽取样品重量不少于 50 g，形成外观检验批样,总样品量不少于 300 g;抽完批样样品后,再往棉包内层于距棉包外层 10 cm～15 cm 处,抽取回潮率检验样品约 100 g,装入取样筒内密封,形成回潮率检验批样。批样需注明色号、批号和班次。

5.1.5 内在质量指标的测试样品从外观检验批样中随机抽取。

5.2 检验

5.2.1 外观质量

5.2.1.1 外观质量检验采用目测法。目测颜色检验外观质量时,应采用标准光源灯箱。

5.2.1.2 待测染色棉,放置于标准温湿度[温度(20±2)℃,相对湿度(65±3)%]条件下不少于 4 h,使染色棉与周围环境的温度和湿度达到平衡状态后,再进行检验。

5.2.1.3 检验时,手持并握紧待测样和对照样,使待测样和对照样的密度相近,并排放置且常调换位置,观察方向大致垂直于棉样表面。检验时以评定变色用灰色样卡作为标准,当某一级观感色差最接近于待测样和对照样间的观感色差程度时,就作为待测样的色差级数。

5.2.2 内在质量

5.2.2.1 长度的测定按 GB/T 6098.1 或 GB/T 20392 执行。

5.2.2.2 短纤维率的测定按 GB/T 6098.1 执行。

5.2.2.3 断裂比强度的测定按 GB/T 13783 执行。

5.2.2.4 含杂率的测定按 GB/T 6499 执行。

5.2.2.5 棉结的测定按 GB/T 6103 执行。

5.2.2.6 马克隆值的测定按 GB /T 6498 或 GB/T 20392 执行。

5.2.2.7 回潮率的测定使用电测器法或烘箱法,以烘箱法为准,按 GB/T 6102.1 或 GB/T 6102.2 执行。

5.2.2.8 甲醛含量的测定按 GB/T 2912.1 执行。

5.2.2.9 pH 值的测定按 GB/T 7573 执行。

5.2.2.10 可分解芳香胺染料的测定按 GB/T 17592 和 GB/T 23344 执行。

5.2.2.11 异味的测定按 GB 18401 执行。

5.2.2.12 耐光色牢度的测定按 GB/T 8427 方法 3 执行。

5.2.2.13 耐唾液色牢度的测定按 GB/T 18886 执行。

5.2.2.14 耐水色牢度的测定按 GB/T 5713 执行。

5.2.2.15 耐皂洗色牢度的测定按 GB/T 3921 方法 B2 执行。

5.2.2.16 耐汗渍色牢度的测定按 GB/T 3922 执行。

5.2.2.17 耐摩擦色牢度的测定按 GB/T 3920 执行,色纤维纺制 20S 单纱后再进行测试。

5.2.3 重量检验

5.2.3.1 烘干后染色棉成品包,应放置不少于 24 h,再进行重量检验。

5.2.3.2 重量检验以批为单位,逐批称量,记录毛重。称量衡器精度不低于 1‰。称量时,应尽量接近衡器最大量程。

5.2.3.3 每批净重和公定重量的测定和计算方法按 GB 1103 执行。

6 包装和标志、运输、贮存

6.1 成包时应包装完整。每批包型相同,各包重量差异应小于等于平均包重的 10%。

6.2　包装材料采用不污染棉花、不产生异性纤维的本色纯棉布、塑料或其他材料进行包装。捆扎材料可采用镀锌钢丝、碳钢钢带、高强度钢带或塑料捆扎带。

6.3　对用棉布包装的棉包，在棉包两头用黑色刷明标志，内容包括：品等、加工单位、颜色、批号、包号、重量、生产日期及班次。对用塑料包装的棉包，在棉包两头采取不干胶粘贴或其他方式固定标签，标签载明内容与棉布包装相同。

6.4　每批产品应附有质量检验单，除6.3标志内容外，还应包括全部技术指标项目、试验结果及降等项目，码单应填写该批产品总净重及公定重量。

6.5　储存时应根据批次分类存放染色棉，注意通风、防潮，防止发生霉变和火灾，避免日光曝晒。

6.6　产品在运输过程中，应防止受水浸、雨淋和污染。

ICS 11.040.55
C 30

中华人民共和国国家标准

GB/T 29888—2013

分枝杆菌菌种鉴定基因芯片检测基本要求

General requirements of DNA array-based mycobacteria identification

2013-11-12 发布 2014-04-11 实施

中华人民共和国国家质量监督检验检疫总局
中国国家标准化管理委员会 发布

前　言

本标准按照 GB/T 1.1—2009 给出的规则起草。

本标准由博奥生物有限公司和中国疾病预防控制中心提出。

本标准由全国生物芯片标准化技术委员会(SAC/TC 421)归口。

本标准起草单位:博奥生物有限公司、中国疾病预防控制中心。

本标准主要起草人:郭永、祝令香、赵雁林、刘莹莹、王璨。

分枝杆菌菌种鉴定基因芯片检测基本要求

1 范围

本标准规定了分枝杆菌菌种鉴定基因芯片检测的基本要求。

本标准适用于临床常见致病性分枝杆菌或临床常分离到的非致病性分枝杆菌的菌种鉴定。

2 规范性引用文件

下列文件对于本文件的应用是必不可少的。凡是注日期的引用文件，仅注日期的版本适用于本文件。凡是不注日期的引用文件，其最新版本(包括所有的修改单)适用于本文件。

YY/T 1153 体外诊断用 DNA 微阵列芯片

YY/T 1154 激光共聚焦扫描仪

3 缩略语

下列缩略语适用于本文件。

DNA:脱氧核糖核酸;

PCR:聚合酶链反应。

4 原理

根据临床常见的分枝杆菌设计特异性的 PCR 扩增引物及种属特异性寡核苷酸探针。以临床样品中分离的分枝杆菌 DNA 为模板，运用 PCR 技术进行扩增反应。由于引物末端带有发光标记物，因此在扩增过程中待检测的 DNA 分子被扩增为带有发光标记物的 DNA 片段。

将带有发光标记物的 PCR 扩增产物与芯片上的探针在一定的条件下进行杂交反应，根据碱基互补配对原则，序列匹配的 PCR 扩增产物与探针形成稳定的二级结构。根据结合了 PCR 扩增产物的探针在芯片上的特定位置排布，就可以推断出相应被测细菌的相关信息，鉴定出被测细菌的种类。

5 材料与试剂

5.1 仪器与材料

5.1.1 微阵列芯片扫描仪:应符合 YY/T 1154 的要求并获得医疗器械注册证书。

5.1.2 微阵列芯片杂交盒。

5.1.3 核酸扩增仪。

5.1.4 芯片杂交仪(备选)。

5.1.5 芯片洗干仪(备选)。

5.1.6 微量加样器及加样器吸头。

5.1.7 恒温水浴锅。

5.1.8 微量离心机。

5.1.9　离心管(要求洁净无菌,PCR 适用)。
5.1.10　恒温摇床。
5.1.11　洗涤的芯片容器及玻片架。

5.2　试剂

5.2.1　分枝杆菌菌种鉴定试剂:一般包含芯片、盖片、PCR 扩增试剂、阳性对照品、阴性对照品、杂交缓冲液等组成部分,其中芯片应符合 YY/T 1153 的要求。
5.2.2　冰水混合物。
5.2.3　水。
5.2.4　临床样品液化试剂。
5.2.5　缓冲液。

6　样本采集与处理

6.1　培养物样本

6.1.1　固体培养基上的培养物样本

从合适的固体培养基上用环内径大于等于 1.5 mm 的接种环刮取一环培养物,即可进行后续的核酸提取。尽量避免挑取固体培养基。

6.1.2　液体培养基上的培养物样本

对于含有指示剂的液体培养基,取报告阳性结果的液体培养物即可进行后续的核酸提取;对于不含指示剂的液体培养基,取肉眼可识别混浊的液体培养物即可进行后续的核酸提取。

6.2　痰样本

取涂片结果阳性(结果大于等于一个加号)的痰样本加入临床样品液化试剂液化,然后离心弃上清,沉淀用缓冲液洗涤,即可进行后续的核酸提取。

6.3　其他类型样本

应根据样本类型,采用适宜的处理方式。

7　操作方法

7.1　实验室标准化设置与管理

实验室标准化设置与管理遵照执行国家有关规定。

7.2　核酸提取

在标本制备区进行。可使用各种经过验证不影响后续检测步骤的提取方法。提取后,将所得核酸转移至扩增反应混合物配制和扩增区。

7.3　检测

7.3.1　配制 PCR 反应体系

在试剂储存和准备区进行,根据被测样品数目准备 PCR 离心管,并预先标记样品编号。将 PCR 扩增试剂混匀后,用微量离心机离心至管底。

根据样品数目,用微量加样器及加样器吸头将 PCR 扩增试剂分装于 PCR 离心管中,盖好管盖,然后将其转移至扩增反应混合物配制和扩增区。

在扩增反应混合物配制和扩增区内加入模板核酸。模板核酸包括已提取的待测样品核酸、阳性对照品或者阴性对照品。每次扩增时均使用阳性对照品和阴性对照品。

7.3.2 **PCR 扩增**

在扩增反应混合物配制和扩增区进行,将 PCR 离心管置于核酸扩增仪中,设定热循环程序,进行 PCR 扩增。

7.3.3 **芯片杂交**

7.3.3.1 **芯片的准备**

芯片杂交过程在扩增产物分析区进行。在微阵列芯片杂交盒的底部加入水以保持杂交湿度,将芯片放入盒内,芯片正面向上,放上盖片。放置顺序如图 1 所示。

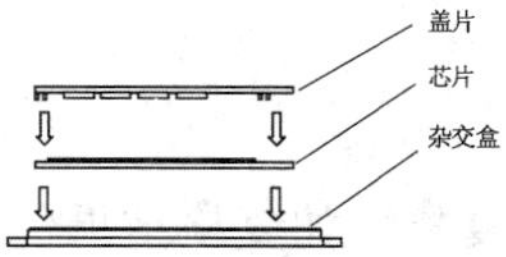

图 1 放置芯片及盖片

7.3.3.2 **杂交反应混合物的配制、变性及冰浴**

根据被测样品数目准备离心管并编号。将杂交缓冲液充分混匀后,用微量离心机瞬时离心,取适量与 PCR 产物混合。

将杂交反应混合物加热变性。

杂交反应混合物变性完毕取出后,立即浸入冰水混合物中冰浴。

7.3.3.3 **杂交反应**

将杂交反应混合物从冰浴中取出,用微量加样器吹吸混匀,在准备好的芯片的盖片加样孔加入杂交反应混合物,迅速盖上杂交盒并密封。每个微阵列限加一份相应的杂交反应混合物。记录芯片编号、微阵列位置及对应的样品编号。

立即将密封好的杂交盒水平放入预热至杂交温度的恒温水浴锅或芯片杂交仪中杂交。

7.3.3.4 **芯片洗涤液的准备**

根据芯片数量配制芯片洗涤液,混合均匀并平衡至洗涤温度。

7.3.3.5 **芯片的洗涤与干燥**

杂交反应结束后,将杂交盒水平取出拆开,将芯片取出,进行芯片洗涤。芯片可使用芯片洗干仪根据操作说明进行洗涤;或手工洗涤,方法如下:将取出的芯片立即放在盛有平衡至洗涤温度的芯片洗涤液的芯片洗涤容器内的玻片架上,洗涤液应浸没芯片,在恒温摇床上洗涤。洗涤后干燥芯片并扫描。

7.3.3.6 **芯片扫描和结果判读**

使用微阵列芯片扫描仪和相应软件进行信号的读取及结果判读。

8 芯片结果判定

8.1 实验结果成立条件

阳性对照品的检测结果为阳性结果。

阴性对照品的检测结果为阴性结果。

如果其中任何一个对照品结果错误，则同一次实验全部样品结果定为无效。

8.2 结果判定

8.2.1 阴性

检测结果为“未检测到分枝杆菌”。表示被检测样品中分枝杆菌检测阴性。

8.2.2 阳性

检测结果为检出某种分枝杆菌。表示样品中含该种的分枝杆菌。

8.2.3 异常结果处理

如果检测结果异常，建议对样品进行复检。如复检结果仍异常，则可推测该样品不在被检测的菌种范围内。

ICS 11.040.55
C 30

中华人民共和国国家标准

GB/T 29889—2013

人体疾病易感DNA多态性检测基因芯片

DNA microarray for disease susceptibility DNA polymorphisms

2013-11-12 发布　　2014-04-11 实施

中华人民共和国国家质量监督检验检疫总局
中国国家标准化管理委员会　发布

前　言

本标准按照 GB/T 1.1—2009 给出的规则起草。

本标准由全国生物芯片标准化技术委员(SAC/TC 421)提出并归口。

本标准起草单位:博奥生物有限公司、山西省肿瘤医院、宁夏医科大学附属总院。

本标准主要起草人:谢红鹰、王国青、孙义民、高华方、王国平、杨银学。

人体疾病易感 DNA 多态性检测基因芯片

1 范围

本标准规定了用于人体疾病易感 DNA 多态性检测基因芯片产品的相关术语和定义,以及人体疾病易感 DNA 多态性检测基因芯片产品的检测样品、检测位点、芯片要求、评估模型、评估报告、检测服务认可的要求。

本标准适用于人体疾病易感 DNA 多态性检测基因芯片产品。

2 规范性引用文件

下列文件对于本文件的应用是必不可少的。凡是注日期的引用文件,仅注日期的版本适用于本文件。凡是不注日期的引用文件,其最新版本(包括所有的修改单)适用于本文件。

GB/T 27990 生物芯片基本术语

ISO 15189 医学实验室 质量和能力的专用要求(Medical laboratories—Particular requirements for quality and competence)

ISO/IEC 17025 检测和校准实验室能力的通用要求(General requirement for the competence of test and calibration lab)

3 术语和定义

GB/T 27990 界定的以及下列术语和定义适用于本文件。

3.1

疾病易感 DNA 多态性 disease susceptibility DNA polymorphisms

在为开展科研项目而选取的有一定特征的人群中,与疾病的发生、发展有明确关联的 DNA 多态性。

4 缩略语

下列缩略语适用于本文件。

CAP:美国病理学家学会(College of American Pathologists)

CLIA:临床实验室改进法案(Clinical Laboratory Improvement Amendments)

5 检测样品

5.1 样品的种类

检测样品的种类可包括:血液、唾液、口腔黏膜、组织。

5.2 样品的采集

对每种待检样品的采集建立标准的采样流程,规定在指定的正规场所按照标准采样流程采集满足质量要求的样品。

5.3 采样用具

针对每种待检样品的特点，约定采样套盒内必需的物品。包括采样的器械、文档材料、必要的控温保质物品等。采样套盒上的标识应明确、清晰。包装的样品应确保在运输过程中不损坏、无渗露。

5.4 样品的储运

根据每种待检样品的特点，为保障样品特性稳定，在满足对样品运输法规要求的前提下，规定样品的储存和运输方式。

5.5 样品的预处理

如需要对待检样品做预处理，需规定样品预处理的流程和预处理后的质量要求。

5.6 样品的登记

对每种待检样品登记备案并保留递交检测的原始检样的部分留存样品，便于追溯。

6 检测位点

6.1 DNA 多态性位点的基因型应明确，上下游序列应清晰。

6.2 研究人群数量不少于 1 000 人份，与疾病有明确关联的 DNA 多态性位点相关的科研成果，该成果发表于专业学术刊物上。

6.3 应为在中国人群开展疾病关联研究所报道的位点。

7 芯片要求

7.1 根据检测位点的要求设计制作人体疾病易感 DNA 多态性专用的检测芯片。

7.2 芯片的 DNA 多态性位点检出率不低于 98%，准确率不低于 99%，重复率(两次检测结果的符合率)不低于 99%。

8 评估模型

8.1 建立疾病与每个疾病易感 DNA 多态性的关联数据库。

8.2 疾病易感 DNA 多态性与疾病相关性程度的评估模型应符合当前公认科学合理的算法。

9 评估报告

9.1 对每份待检样品建立疾病易感 DNA 多态性分型数据库。

9.2 应具有基于 DNA 多态性分型疾病易感风险评估的专用评估软件。

9.3 能够对疾病预防提出指导建议。

10 检测服务认可

10.1 实验室认可

疾病易感 DNA 多态性检测基因芯片产品服务实验室需通过 ISO/IEC 17025、ISO 15189、CAP、CLIA 或医疗检测机构资质认可。

10.2 实验人员资质

人体疾病易感 DNA 多态性检测基因芯片产品服务人员需要符合 ISO/IEC 17025、ISO 15189、CAP、CLIA 或医疗检测机构相关人员资质要求，人员需具有分子生物学专业背景或实验员资质认证等。

10.3 结果判读和咨询人员资质

具有医学专业、分子生物学专业或遗传学专业背景的健康管理师咨询团队，可以承担对检测服务报告的解读和咨询。

ICS 65.020.01
B 20

中华人民共和国国家标准

GB/T 29890—2013

粮油储藏技术规范

Technical criterion for grain and oil-seeds storage

2013-11-12 发布 2014-04-11 实施

中华人民共和国国家质量监督检验检疫总局
中国国家标准化管理委员会 发布

前　言

本标准按照 GB/T 1.1—2009 给出的规则起草。

本标准由国家粮食局提出。

本标准由全国粮油标准化技术委员会(SAC/TC 270)归口。

本标准负责起草单位:国家粮食局、国家粮食储备局成都粮食储藏科学研究所。

本标准参加起草单位:南京财经大学、河南工业大学、辽宁省粮食科学研究所、重庆粮食集团、中央储备粮广东新沙港直属库、西安西粮实业有限公司。

本标准主要起草人:陶诚、吴子丹、唐柏飞、何毅、郭道林、靳祖训、兰盛斌、卞科、杨浩然、林风刚、宋伟、严晓平、白旭光、刘玉兰、曹毅、杨龙德、杨健、丁建武、李林杰、周涛。

引　　言

本标准在粮食行业标准 LS/T 1211—2008《粮油储藏技术规范》的基础上，根据多年的实践，对粮食和油料储藏内容进行了充实和完善，删除了油脂储存的内容。

本标准根据粮油储藏生态系统理论，参照国际相关技术标准，规范了粮油储藏技术。

本标准的实施将为我国粮油储藏安全提供重要技术保障。

粮油储藏技术规范

1 范围

本标准规定了粮油储藏的术语和定义、粮食与油料储藏的总体要求、仓储设施与设备的基本要求、粮食与油料进出仓、粮食与油料储藏期间的粮情与品质质量检测、粮食与油料储藏技术、储粮有害生物控制技术。

本标准适用于粮食、油料的储藏。

2 规范性引用文件

下列文件对于本文件的应用是必不可少的。凡是注日期的引用文件,仅注日期的版本适用于本文件。凡是不注日期的引用文件,其最新版本(包括所有的修改单)适用于本文件。

GB 2715 粮食卫生标准

GB 5491 粮食、油料检验 扦样、分样法

GB/T 8946 塑料编织袋

GB 17440 粮食加工、储运系统粉尘防爆安全规程

GB/T 17913 粮油储藏 磷化氢环流熏蒸装备

GB/T 18835 谷物冷却机

GB 19641 植物油料卫生标准

GB/T 20569 稻谷储存品质判定规则

GB/T 20570 玉米储存品质判定规则

GB/T 20571 小麦储存品质判定规则

GB/T 21015 稻谷干燥技术规范

GB/T 21016 小麦干燥技术规范

GB/T 21017 玉米干燥技术规范

GB/T 22184 谷物和豆类 散存粮食温度测定指南

GB/T 22497 粮油储藏 熏蒸剂使用准则

GB/T 22498 粮油储藏 防护剂使用准则

GB/T 24534(所有部分) 谷物与豆类隐蔽性昆虫感染的测定

GB/T 24904 粮食包装 麻袋

GB/T 24905 粮食包装 小麦粉袋

GB/T 26880 粮油储藏 就仓干燥技术规范

GB 50057 建筑物防雷设计规范

GB 50077 钢筋混凝土筒仓设计规范

GB 50320 粮食平房仓设计规范

GB 50322 粮食钢板筒仓设计规范

LS/T 1201 磷化氢环流熏蒸技术规程

LS/T 1202 储粮机械通风技术规程

LS/T 1203 粮情测控系统

LS/T 1204　谷物冷却机低温储粮技术规程

LS/T 1205　粮食烘干机操作规程

LS 1206　粮食仓库安全操作规程

LS 1207　粮食仓库机电设备安装技术规程

LS 1212　储粮化学药剂管理和使用规范

LS/T 1213　二氧化碳气调储粮技术规程

LS 8001　粮食立筒库设计规范

LS 8004　粮食仓房维修改造技术规程

粮食仓库建设标准(修订本,国家粮食局,2001)

3　术语和定义

下列术语和定义适用于本文件。

3.1

粮食　grain

原粮和成品粮的统称。

3.2

原粮　unprocessed grain

未经加工的粮食的统称,如稻谷、小麦、玉米、各种杂粮、豆类等。

3.3

成品粮　product grain

原粮经加工而成的符合一定标准的产品统称,如面粉、大米等。

3.4

储粮有害生物　stored grain pest

危害储藏状态下粮食、油料的昆虫、螨类、微生物、鼠类和鸟类。

3.5

常规储藏　conventional technique of grain storage

在自然气候条件下,对储藏的粮食、油料采取清洁卫生、自然通风、扒沟翻倒粮面、定期监测粮情等一般技术处理和常规管理措施的储藏方法。

3.6

安全水分　safe moisture content

某种粮食或油料在常规储藏条件下,能够在当地安全度夏而不发热、不霉变的水分含量。

3.7

危险水分　dangerous moisture content

某种粮食或油料在常规储藏条件下,极易发热、霉变的最低水分含量。

3.8

半安全水分　semi-safe moisture content

介于安全水分与危险水分之间的水分含量。

3.9

高水分粮食、油料　high moisture grain or oil-seeds

水分含量超过安全水分最高值的粮食或油料。

3.10

高温粮　high tempreture of grain

由于烘干、热入仓等原因造成的粮温明显超过正常粮温或明显超过周围区域粮堆平均温度的粮食。

3.11

发热粮食、油料　heating grain and oil-seeds

害虫、微生物繁殖为害等原因引起的粮温异常升高的粮食、油料。

3.12

粮堆结露　dewfall of grain mass

粮食、油料储藏期间由温差引起的粮堆、围护结构内表面出现凝结水或引起局部粮食水分含量快速升高的现象。

3.13

粮情　condition of stored grain and oil-seeds

粮食、油料在储藏时的状态以及影响其变化的各种因素。主要包括粮温、水分含量、储粮有害生物的种类及数量、粮堆气体成分及浓度等。

3.14

粮仓　granary

用于储存粮食与油料且能满足安全储粮基本功能要求的建筑物。

3.15

房式仓　house type warehouse

外形如房屋的粮仓，包括平房仓、高大平房仓、楼房仓。

3.16

平房仓　horizontal warehouse

形状如平房的粮仓。

3.17

高大平房仓　large size horizontal warehouse

跨度 21 m 以上，且设计堆粮高度不小于 6 m 的平房仓。

3.18

楼房仓　multi-storied warehouse

多层的房式仓。

3.19

筒式仓　vertical silos

外形如筒状的粮仓，包括浅圆仓、立筒仓。

3.20

浅圆仓　squat silo

仓内直径一般在 20 m 以上，内径与仓壁高度之比小于 1.5 的筒式仓。

3.21

立筒仓　silo

除浅圆仓之外的筒式仓。

3.22

地下仓　underground bin

仓体的大部或全部建于地下的粮仓，有岩体地下粮仓（如平洞仓、立洞仓）、土体地下粮仓（如窑洞仓、喇叭仓）等。

3.23

简易房式仓　simple warehouse

外形如平房,但建造比较简陋,结构简单,不能完全满足长期安全储粮要求的粮仓。

3.24

土堤仓　bunker storage

四周用土筑堤,底部及四周用防水篷布等材料铺垫,入粮后覆盖篷布等防水材料的简易储粮设施。

3.25

低温储藏　low temperature storage

平均粮温常年保持在15 ℃及以下,局部最高粮温不超过20 ℃的储藏方式。

3.26

准低温储藏　quasi-low temperature storage

平均粮温常年保持在20 ℃及以下,局部最高粮温不超过25 ℃的储藏方式。

3.27

低氧　low oxygen

粮堆空气中氧气浓度高于2%而低于12%的状态。

3.28

缺氧　oxygen dificit

粮堆空气中氧气浓度低于2%(含)的状态。

3.29

双低储藏　double-low storage

实现低氧后再进行低剂量磷化氢熏蒸的储粮技术组合。

3.30

三低储藏　triple-low storage

达到双低储藏效果后,再降低粮温的储粮技术组合。

3.31

四合一储藏　four in one storage

在储粮仓房中采用计算机粮情检测、环流熏蒸、机械通风、谷物冷却等技术和装备的集成及优化组合。

3.32

常规熏蒸　conventional fumigation

在密闭粮仓或粮堆内,施用常规剂量的熏蒸剂,依靠药剂转化为气态自然扩散的熏蒸技术。

3.33

低剂量熏蒸　low dose fumigation

用药量低于常规熏蒸剂用量的熏蒸技术,一般用于低氧粮堆熏蒸或环流熏蒸技术。

3.34

就仓干燥 in-bin drying

采用通风方式干燥仓内的高水分粮食的技术。一般采用机械通风方式,干燥介质为自然空气或加热空气,干燥完成后粮食继续在该仓内储藏。

3.35

三温曲线图　three temperature curve diagram

反映粮食、油料储藏期间气温、仓温和粮温变化关系的曲线图。

4 粮油储藏总体要求

4.1 基本要求

4.1.1 具备必要的储藏设施,严格控制入仓粮食、油料的质量和水分含量,采用合理的技术措施,减少损失、损耗,防止污染,延缓品质下降。

4.1.2 目标是确保粮食、油料储藏安全。

4.2 选择储藏技术应考虑的因素

粮食、油料储藏过程中应根据以下情况采取适当的储藏技术,达到 4.1.1 的要求:

——所处储粮生态区域的特点;

——储藏粮食、油料的种类,本身的耐储性、耐热性;

——粮食、油料的水分含量,入仓质量情况,感染有害生物状况;

——预计储藏时间以及最终用途;

——仓储设施及设备性能、粮堆温度。

4.3 我国储粮生态区域区划特点和主要储粮措施

4.3.1 根据气候环境条件我国共划分为七个储粮生态区域。第一区:高寒干燥储粮区;第二区:低温干燥储粮区;第三区:低温高湿储粮区;第四区:中温干燥储粮区;第五区:中温高湿储粮区;第六区:中温低湿储粮区;第七区:高温高湿储粮区。参见附录 A。

4.3.2 在第一、二区,应重点防止粮食过度失水造成重量损失并影响储粮加工品质;在第三区应重点做好降水和微生物的控制;在第四、六区,应迅速将粮食与油料水分含量降到安全水分以内,防止虫害感染;在第五、七区,应重点防止储粮品质下降和有害生物的危害。

4.3.3 在分区选择主要储粮措施时还应考虑局部小气候的影响。

4.3.4 我国各储粮生态区域的主要储粮措施参见附录 A。

5 仓储设施与设备的基本要求

5.1 粮仓基本要求

5.1.1 应根据粮食储备、中转、收纳功能的需要,设计相应的仓储工艺,配置相应的设备。

5.1.2 粮仓应符合《粮食仓库建设标准》(修订本)的规定,能够承载粮堆的动、静载荷,能够满足储粮防潮、防水、气密、隔热、通风、防止储粮有害生物危害等要求,减少不利环境条件特别是高温、高湿对储粮的影响,保障粮油储藏安全。

5.1.3 粮仓建设地点应远离污染源、危险源,避开行洪和低洼水患地区;应便于进出仓作业。平房仓的结构应符合 GB 50320 的规定,钢筋混凝土筒仓的结构应符合 GB 50077 的规定,钢板筒仓的结构应符合 GB 50322 的规定。

5.1.4 地下仓应选择山体宽厚、地质坚固、地下水位低、便于排水的地方。仓体应能承受储粮、仓顶覆盖层以及车辆、设备产生的动、静载荷;应整体敷设防潮层;地下仓进出口要避开山体汇水线;应有防护门、防鼠门和隔热设施;应设置通风系统,与外界相通的孔道应有密闭措施。

5.1.5 仓内地面应完好、平整、坚固并设防潮层。

5.1.6 仓房内侧墙面应完好、平整并设防潮措施;墙体无裂缝;墙壁与仓顶、相邻墙壁、地面结合处应严密无缝;墙面应按设计最大的仓容量标明装粮线及高度标尺,并在装粮线处设置密封槽。

5.1.7 用于低温储藏的粮仓墙体应有良好的隔热性能，其传热系数要求如下：

——第五、七区，在 0.46 $W/m^2 \cdot K$～0.52 $W/m^2 \cdot K$；

——第四、六区，在 0.53 $W/m^2 \cdot K$～0.58 $W/m^2 \cdot K$；

——第一、二和三区，在 0.59 $W/m^2 \cdot K$～0.70 $W/m^2 \cdot K$。

5.1.8 仓盖应完好，并有隔热层和防水层；仓盖应有大于 3% 的坡度，宜采用自由排水方式；如采用集中排水方式，仓盖檐槽的下水管应设置在仓墙外面。仓盖传热系数要求如下：

——第五、七区不大于 0.35 $W/m^2 \cdot K$；

——第四、六区不大于 0.40 $W/m^2 \cdot K$；

——第一、二和三区不大于 0.5 $W/m^2 \cdot K$。

仓盖传热系数达不到以上要求时，仓内顶部应喷涂发泡聚氨酯等隔热材料或加设隔热吊顶，吊顶与仓盖的间距应在 0.3 m 以上。

5.1.9 仓盖、墙体外表面应为浅色或用高反射率的材料。

5.1.10 新建粮仓应满足气密性要求，即仓压由 500 Pa 降至 250 Pa 的压力半衰期：平房仓≥40 s，筒仓、浅圆仓≥60 s 。

5.1.11 门窗、通风口要严密并有隔热、密封措施。门窗、孔洞处应设防虫线和防鼠雀板、网。

5.1.12 粮仓内应安装防尘、防爆照明灯具。具体要求如下：

——平房仓照明灯具应符合 GB 50320 的规定。

——钢板筒仓照明灯具应符合 GB 50322 的规定。

——浅圆仓和其他筒仓照明灯具可参照 LS 8001 的规定。

——其他粮仓照明灯具可参照 GB 50320 的规定。

5.1.13 粮仓需进行维修改造时，应按 LS 8004 的规定执行。

5.2 简易储粮设施

5.2.1 简易房式仓、土堤仓、砖圆仓、露天囤（垛）等简易储粮设施应建在地势高、地下水位低、地面坚固干燥、通风良好、排水通畅的地方；不应建在输电线路下方；设施之间应留出消防通道。

5.2.2 露天囤（垛）、垛的基座离地面不低于 0.4 m，应有足够的强度，能承受储粮作业产生的动、静载荷，具备防潮、防鼠和通风性能。

5.2.3 露天囤（垛）、垛顶部宜架空、起脊或用粮包、粗稻壳包等做成坡度不小于 40°的屋脊形状。

5.2.4 堆垛应用牢固的防水隔热材料苫盖严密，苫盖后堆垛表面应平整、无凹陷，苫盖物应固定牢靠。

5.2.5 露天囤（垛）应能满足通风降温和熏蒸杀虫要求。

5.2.6 露天囤（垛）应具备防风和防雨雪能力。

5.3 其他设备与设施

5.3.1 应根据所处的储粮生态条件、仓型和采用的储藏技术的需要，选择配备干燥、清理、输送、计量、粮情检测、通风、制冷、气调、熏蒸、消防、扦样、质量检验等设备设施。粮食仓库机电设备的安装应符合 LS 1207 的规定，粮情检测系统应符合 LS/T 1203 的规定，机械通风系统应符合 LS/T 1202 的规定。

5.3.2 立筒仓和浅圆仓配备的除尘、防爆设备应符合 GB 17440 的规定。

5.3.3 储粮库区应按 GB 50057 的规定安装避雷装置。

5.3.4 高大平房仓、浅圆仓和立筒仓等大型粮仓应配备深层扦样设备。

5.3.5 第三至第七区，散装粮食、油料高度 6 m 及以上的仓房应配备符合 GB/T 17913 规定的环流熏蒸设备。

6 粮食、油料进出仓

6.1 安全要求

6.1.1 进出仓的安全操作与管理按 LS 1206 的规定执行。
6.1.2 每个粮油储存区宜保留占总仓容 10%以上的仓容作为备用仓容。
6.1.3 储藏散装粮食、油料的粮仓，廒间隔墙应为承重墙。

6.2 入仓前的准备

6.2.1 对空仓、设备、器材和用具进行检查和维修，确认粮仓、门窗完好，所有设备运转正常。发现粮仓破损，产生孔洞、缝隙，应及时维修、填补完好。
6.2.2 空仓、货场及作业区应清扫干净，并清除仓内的残留粮粒、灰尘和杂物。
6.2.3 空仓、包装器材、装粮用具和输送设备有活虫时，应采用国家允许使用的杀虫剂进行杀虫处理并做好隔离工作。
6.2.4 装粮用麻袋应符合 GB/T 24904 的规定，编织袋应符合 GB/T 8946 的规定；面粉袋应符合 GB/T 24905 的规定。

6.3 入仓粮食、油料的质量要求

6.3.1 长期储藏的粮食、油料的质量应符合国家质量标准规定，水分含量不宜超过当地安全水分。入仓粮食、油料的杂质含量不宜大于 1.0%，杂质含量较高时应进行清理。
6.3.2 储备粮食、油料的储存品质应符合 GB/T 20569、GB/T 20570、GB/T 20571 及相关规定的宜存标准。
6.3.3 食用粮和油料的卫生要求应符合 GB 2715 和 GB 19641 的规定。

6.4 粮食、油料入仓要求

6.4.1 应按种类、等级、生产年度分开储藏；安全水分、半安全水分、危险水分的粮食、油料应分开储藏。优质品种、普通品种宜分开储藏。
6.4.2 成品粮和糙米等中间产品应分开储藏，小麦粉、大米等成品粮应包装码垛储藏。储存成品粮应划设堆垛位置线。
6.4.3 非食用粮食、油料应单独存放，并有明显标识。
6.4.4 已感染害虫的粮食、油料应单独存放，并根据虫粮等级按 9.1.2 的规定处理；发现粮食、油料中有我国进境植物检疫性病虫或杂草种子，应立即封存并按国家有关规定处理。
6.4.5 粮食、油料进出仓应根据粮仓大小，粮食、油料种类等情况选择不同的输送设备，优化组合使用，减少破损、降低扬尘。入仓过程中应采取多点抛粮等措施，降低自动分级，避免杂质聚集。
6.4.6 平房仓入仓前的除尘作业应在仓外进行，防止仓内扬尘和粉尘爆炸。
6.4.7 应根据入仓粮食、油料的质量、仓库条件和预期储藏期限合理堆存，减少重复搬倒。
6.4.8 包装粮食、油料堆码时粮包要合理交错，骑缝堆码，整齐牢靠，避免歪斜，堆码高度应确保储存安全、设施及人员安全。粮垛应距墙、柱 0.6 m 以上；高水分粮食堆码高度不应超过 3 m，高水分油料堆码高度不应超过 1 m，并应尽快处理。包装成品粮堆存时应有铺垫，堆垛大小、高度应以确保粮食质量安全为原则。粉状成品粮应小垛堆存，便于降温散湿。
6.4.9 大宗原粮宜采用散装储藏，粮堆高度不应超过仓房设计装粮线。对长期储存的粮食，应平整粮面。
6.4.10 粮温相差 5 ℃以上的不同批次粮食或油料堆存在一起时，应采取通风措施均衡粮温。

6.5 粮食、油料出仓要求

6.5.1 平房仓出仓时，应注意廒间两侧的压力平衡；浅圆仓出仓时，应先从中间出粮口出粮，其他出粮口应注意均衡对称出粮。

6.5.2 立筒仓和浅圆仓出仓期间，禁止人员进入仓内。仓内粮食、油料结拱或堵塞无法自流出仓时，应立即停止出仓作业。必须由人员进仓破除结拱、消除堵塞时，应采取有效的安全措施，防止人员被埋、砸伤等事故发生；待人员及工具全部撤离后方可继续出仓作业。

6.5.3 采用低温储藏或准低温储藏的较大容量粮仓，在高温季节出仓时，应使用塑料薄膜或糠包等将未出仓的粮堆进行隔离、封闭，防止结露。

7 粮食、油料储藏期间的粮情与品质质量检测

7.1 粮情检测

7.1.1 温度检测

散装粮食、油料温度检测方法按 GB/T 22184 的规定执行。

7.1.1.1 检测内容

检测粮温、仓温和气温。根据检测结果绘制三温曲线图。

7.1.1.2 检测周期

7.1.1.2.1 粮温 15 ℃及以下时，安全水分粮食、油料或基本无虫粮 15 天内至少检测 1 次；半安全水分粮食、油料或一般虫粮 10 天内至少检测 1 次；危险水分粮食、油料 5 天内至少检测 1 次。

7.1.1.2.2 粮温高于 15 ℃时，安全水分粮食、油料或无虫、基本无虫粮 7 天内至少检测 1 次；半安全水分粮食、油料或一般虫粮 5 天内至少检测 1 次；危险水分粮食、油料每天至少检测 1 次。

7.1.1.2.3 新收获的粮食、油料入仓后 3 个月内要适当增加检测次数。

7.1.1.3 检测设备

采用粮情测控系统或其他测温仪器。高大平房仓、筒式仓、地下仓应采用粮情测控系统，粮情测控系统应符合 LS/T 1203 的要求。

7.1.1.4 温度检测点的设置

7.1.1.4.1 散装粮食、油料：采用粮情测控系统时，房式仓、筒式仓测温点的设置应按照 LS/T 1203 的规定执行，但上层、下层及四周检测点应分别设在距粮面、底部、仓壁 0.3 m 处。

7.1.1.4.2 房式仓人工检测粮温时，应分区设点，每区不超过 100 m^2，各区设中心与四角共 5 个点作为检测点，两区界线上的两个点为共有点。粮堆高度在 2 m 以下的，分上、下两层；粮堆高度 2 m～4 m 的，分上、中、下三层；粮堆高度 4 m～6 m 时，分四层；粮堆高度 6 m 以上的酌情增加层数。上层、下层检测点应分别设在距粮面、底部 0.3 m 处。中间层检测点垂直均等设置；四周检测点距墙壁 0.3 m。

7.1.1.4.3 包装粮食、油料和地下仓、简易储粮设施粮温检测点参照上述原则设置。

7.1.1.4.4 处于后熟期、水分和杂质分布不均匀、局部有害虫的粮食、油料，应增设机动检测点。

7.1.1.4.5 仓温检测点应设在粮堆表面中部距粮面 1 m 处的空间，检测点周围不应有照明灯具及其他热源。

7.1.1.4.6 气温检测点应设在仓外空旷地带距地面 1.5 m 处的百叶箱内。

7.1.2 相对湿度检测

7.1.2.1 采用湿度传感器检测粮堆内的相对湿度；采用湿度传感器、干湿球温度计或其他湿度计检测仓内外空气的相对湿度。检测周期参照7.1.1.2。

7.1.2.2 粮堆内的检测点应分区设置，每区100 m^2～400 m^2，各区设中心与四角共5个点，分两层，分别设在距粮面、底部0.3 m处，四周检测点设在距墙壁0.3 m处。

7.1.2.3 仓内空气相对湿度检测点应设在粮堆表面中部距粮面1 m处的空间，检测点周围不应有照明灯具及其他热源。

7.1.2.4 仓外空气相对湿度检测点应设在仓外空旷地带距地面1.5 m处的百叶箱内。

7.1.3 水分含量检测

7.1.3.1 检测周期

7.1.3.1.1 安全水分粮食、油料每季度至少检测1次。

7.1.3.1.2 半安全水分粮食、油料每月至少检测1次。

7.1.3.1.3 危险水分粮食、油料应根据粮温每3天～5天检测1次，发现粮温升高时应随时扦样检测。

7.1.3.2 水分含量检测点的设置

应在水分含量容易变化的地方设置检测点。具体要求如下：

——平房仓检测点分上、中、下三层在距粮面、仓底、仓壁0.3 m处均匀设点，并应按粮堆大小在粮堆中部增设3个～10个检测点。靠近门、窗和通风道的部位应增设检测点。

——立筒仓检测点分上、中、下三层，各仓按东、南、西、北、中五个方位在距粮面、仓底、筒壁0.3 m处均匀设点，并应按粮堆大小在粮堆中部增设3个～10个检测点。靠近检查孔、进粮口、出粮口和通风道的部位应增设检测点。

——浅圆仓检测点分上、中、下三层，各仓按东、南、西、北、中五个方位在距粮面、仓底、筒壁0.3 m处均匀设点，并应按粮堆大小在粮堆中部增设3个～10个检测点。靠近检查孔、自然通风孔、进粮口、门、出粮口和通风道的部位应增设检测点。

——其他仓型参照以上要求设置检测点。

——各检测点扦样量不少于100 g。

7.1.3.3 扦样方法

安全水分粮食、油料以层为单位，将每层各检测点的扦样量各取50 g混合均匀作为1个检测样；半安全水分和危险水分粮食、油料除以层为单位外，应在水分容易变化的地方设置的检测点按点分别扦样，各检测点扦样量不少于100 g。发现粮温异常点应及时对该点扦样。扦样采用GB 5491规定的方法。

7.1.3.4 检测方法

按照相关国家标准规定的方法检测，出具检测结果。

7.1.4 害虫密度检测

7.1.4.1 检测周期

7.1.4.1.1 粮温低于15 ℃时，每月检测1次。

7.1.4.1.2 粮温在15 ℃～25 ℃时，15天内至少检测1次。

7.1.4.1.3 粮温高于 25 ℃时,7 天内至少检测 1 次。

7.1.4.1.4 危险虫粮处理后的 3 个月内,每 7 天至少检测 1 次。

7.1.4.2 扦样方法

7.1.4.2.1 散装粮扦样方法

7.1.4.2.1.1 扦样点设置:长方形粮面的粮仓四角各设 1 点,墙的长边设 2 点,短边设 1 点;圆形粮面外周围均匀设点,浅圆仓设 6 点,筒式仓和地下仓等圆形粮面设 4 点;柱周围、仓门内、人员进出口、排风扇口、通风道口、温度异常变化点和曾发生过虫害的部位各设 1 点,每点距墙 0.1 m~0.5 m;按粮堆大小应在粮面中部区域设 3 点~10 点。粮堆内扦样层按粮堆高度设置 2 层~4 层,即粮堆高 3 m 以下设 2 个扦样层,分别设置在距底部 0.5 m 以下和距粮面 0.5 m 以上;粮堆高 3 m~6 m 的,在上下两层之间等距离增设 1 个~2 个扦样层。

7.1.4.2.1.2 扦样:用电动扦样器在每一扦样点处分层扦样,表层可人工扦样。每层每点扦样量不少于 1 kg。每层每点所扦样品作为一个检测点的样品。

7.1.4.2.2 包装粮扦样方法

7.1.4.2.2.1 扦样点设置:以货位为取样单位,根据包装粮总包数确定扦样比例,500 包以下的取10 个扦样包,500 包以上的按 2%确定扦样包,扦样包最多不超过 500 包。分区分层确定扦样包位置,外层适当多设扦样点。分区分层参照散装粮扦样点设置。

7.1.4.2.2.2 扦样:扦取包内样品,必要时可拆包或倒包扦样。花生、蚕豆等大粒粮食、油料应拆包扦样。每包扦样不少于 1 kg。每包样品作为一个检测点的样品。

7.1.4.3 检测方法

7.1.4.3.1 筛检法:用于虫粮等级判定。采用虫筛筛理采集的粮食、油料样品,筛出粮粒外部的害虫、拣出筛上的害虫合并计数,结果以每千克样品筛出活的害虫头数表示,即为害虫密度。

7.1.4.3.2 清点法:用于粮包外、器材和场所害虫密度的检测。直接清点粮包外部活的害虫的头数,以每包活虫头数表示,即为包外害虫密度。按 2%~5%比例抽样装具和其他器材,直接清点害虫头数,以每件活虫头数表示器材害虫密度;参照 7.1.4.2.1 在空仓、货场或铺垫苫盖物等处设置检测点,直接清点害虫头数,以每平方米活虫头数表示该点害虫密度。

7.1.4.3.3 诱捕检测法:用于储粮害虫的预测预报。检测方法参照附录 B 进行。

7.1.4.3.4 隐蔽性害虫感染的检测按 GB/T 24534 的规定执行。

7.1.4.3.5 包装粮食、油料应先检测包外害虫密度,再检测包内粮食、油料害虫密度。

7.1.4.4 器材和场所害虫检测方法

7.1.4.4.1 装具和其他器材按 2%~5%比例抽样检测,以件计算活的害虫头数表示害虫密度。

7.1.4.4.2 空仓、货场或铺垫苫盖物等参照 7.1.4.2.1 扦样点设置扦样检测,每点扦样面积为 1 m^2,以每平方米活的害虫头数表示害虫密度。

7.1.4.5 害虫密度确定和虫粮等级判定

以各扦样点害虫密度最大值代表全仓(囤、垛)的害虫密度,按表 1 确定虫粮等级。包装粮包外害虫密度(头/包)大于包内害虫密度(头/kg)时,将包外害虫密度(头/包)作为该点害虫密度(头/kg)。散装粮仓内空间害虫密度不作为确定全仓(囤、垛)害虫密度的依据。

表 1　虫粮等级划分及等级指标

粮食与油料种类	虫粮等级	害虫密度/(头/kg)	主要害虫密度/(头/kg)
原粮	基本无虫粮	≤5	≤2
	一般虫粮	6～30	3～10
	严重虫粮	>30	>10
成品粮	严重虫粮	>0(或粉类成品粮含螨类>30)	
粮食与油料	危险虫粮	感染了我国进境植物检疫性储粮害虫活体的粮食、油料	
注 1：害虫密度和主要害虫密度两项指标均符合同一虫粮等级的，判定为该等级虫粮；两项指标中有一项符合较为严重一级虫粮等级的，即判定为较严重一级虫粮。 注 2："主要害虫"指玉米象、米象、谷蠹、大谷盗、绿豆象、豌豆象、蚕豆象、咖啡豆象、麦蛾和印度谷蛾。 注 3：进境植物检疫性储粮害虫以最新公布的《中华人民共和国进境植物检疫性有害生物名录》为准。			

7.1.5　粮情检测结果登记

粮温、相对湿度、害虫密度以及粮食、油料水分含量等粮情检测结果应登记在粮情检测记录簿上，并对检测结果进行统计分析(每月至少进行一次分析)，掌握粮情变化规律，检测分析中发现异常情况应及时采取措施处理，确保储粮安全。

7.2　品质质量检测

7.2.1　储存品质检测

7.2.1.1　储藏过夏的粮食、油料应在进仓后出仓前和每年春、秋季各检测 1 次；不储藏过夏的应在进仓后出仓前各检测 1 次。

7.2.1.2　储存品质检测指标和方法：稻谷按 GB/T 20569 执行，玉米按 GB/T 20570 执行，小麦按 GB/T 20571 执行。大豆、油料的储存品质检测按国家有关标准和规定执行。其他粮食、油料按当地省级粮食行政管理部门确定的检测项目和储存品质判定标准执行。

7.2.2　质量检测

7.2.2.1　按相关国家标准规定的质量指标进行检测。质量检测应在进仓后出仓前和储藏期间定期进行，储藏期间检测周期按 7.1.3.1 规定执行。

7.2.2.2　质量检测的扦样方法按 GB 5491 执行。

7.2.3　卫生检测

按 GB 2715、GB 19641 及国家相关规定执行。

8　粮食、油料储藏技术

8.1　低温与准低温储藏技术

8.1.1　粮仓条件

用于低温或准低温储藏的粮仓，墙体的传热系数应符合 5.1.7 的规定，仓盖的传热系数应符合 5.1.8 的规定，门窗、与仓体直接相连的各孔洞的盖板或闸板应有隔热、密闭措施。

8.1.2 降温措施

8.1.2.1 采用自然通风、机械通风、谷物冷却机或其他机械制冷等措施降低粮温。谷物冷却机的性能、参数应符合 GB/T 18835 的规定,并按 LS/T 1204 的规定进行操作。

8.1.2.2 粮食进仓后,在秋冬季节气温较低时,采用自然通风、机械通风将粮温逐步降低至 15 ℃以下(视各地最低气温而定),并在气温转暖之前采取粮堆表面覆盖等隔热措施。在气温较高季节实施低温或准低温储藏时,应采用谷物冷却机等制冷设备将粮温降低到 15 ℃以下或 20 ℃以下。在高温季节,采用谷物冷却机或其他制冷设备进行低温控湿通风,降低粮温,以保持粮堆准低温、低湿储藏。

8.1.2.3 当粮堆出现水分转移、结露或粮堆水分损失较大时,应采用谷物冷却机进行控湿通风,以平衡粮温,防止水分转移、结露和保持粮食的水分。

8.1.2.4 种子粮采用低温储藏时,其水分含量应低于 17%。

8.2 储粮通风技术

8.2.1 通风的作用和分类

用于降低、均衡粮温,降低或调节粮食、油料水分,防止粮堆结露或水分转移,排除粮堆内异味或有毒有害气体。按其功能分为降温通风、降水通风和其他通风。采用的通风技术有自然通风和机械通风。

8.2.2 自然通风

8.2.2.1 自然通风主要用于降温通风。在仓外大气温度低于仓温和粮温、仓外大气湿度低于粮堆平衡相对湿度、风力 3 级～7 级时采用自然通风。

8.2.2.2 通风时,应在粮面扒沟,开启门窗或利用粮堆内设的通风道进行通风。通风时要注意防止因气温低于粮堆露点温度而引起的局部结露。

8.2.2.3 包装粮食、油料应堆码通风垛。

8.2.3 机械通风

8.2.3.1 机械通风可用于降温、降水和其他储粮需要。

8.2.3.2 储粮机械通风系统由粮仓、粮堆、风网、通风机以及操作控制设备等组成。系统的设计、配置应符合 LS/T 1202 的规定。

8.2.3.3 储粮机械通风的基本要求、操作和管理应按 LS/T 1202 的规定执行。

8.2.3.4 采用膜下通风时,应在薄膜下面设置回风管道。

8.3 气调储粮技术

8.3.1 二氧化碳、氮气气调储粮

8.3.1.1 在密闭粮堆中充入二氧化碳或氮气改变粮堆气体成分,用以防治虫螨、抑制霉菌和延缓粮食、油料品质下降。

8.3.1.2 气调粮仓的气密性和采用的设备设施应符合 LS/T 1213 的规定。粮仓气密性达不到要求的,应采用塑料薄膜进行单面、5 面或 6 面密封粮堆。入仓后应做好粮面、门窗、通风口等处的密封。用于密闭粮堆的塑料薄膜帐幕应满足抗拉强度大、无污染、无异味、气密性好等要求;所用粘合剂应有足够的粘接强度并无污染。

8.3.1.3 用于杀灭各种虫态的害虫和螨类时,密闭粮堆中二氧化碳气体浓度应达到 35%以上,并保持 15 天以上。氮气气体浓度一般应达到 98%以上,保持时间与粮温、虫种和虫态有关,一般应保持 30 天以上。

8.3.1.4 二氧化碳气调储藏的操作与管理按 LS/T 1213 的规定执行。

8.3.1.5 采用气调储粮技术储藏的粮食、油料的水分含量应符合当地安全水分规定。

8.3.1.6 种子粮不宜用气调技术储藏。

8.3.2 密闭储藏

8.3.2.1 密闭粮堆采用自然降氧或脱氧剂降氧，实施低氧或缺氧储藏，用以防治虫螨、抑制霉菌、延缓粮食、油料品质下降。

8.3.2.2 密闭储藏粮仓的气密性应符合 LS/T 1201 的相关规定。

8.3.2.3 在密闭粮堆后，利用新收获粮食、油料及其他生物体的呼吸作用消耗粮堆中的氧气，缓慢降低粮堆氧气浓度，达到自然降氧的目的，实现低氧或缺氧储藏。

8.3.2.4 应用塑料薄膜密封粮堆，并在密封粮堆表面的薄膜上预留若干窗口，从窗口放置脱氧剂后迅速密封预留窗口，粮堆即可迅速降氧。常用脱氧剂有铁粉、连二亚硫酸钠等，其使用剂量与脱氧剂种类、规格有关，如采用储粮用的铁粉脱氧剂使用剂量约为 0.2%，即 1 t 粮食约需 2 kg 铁粉脱氧剂。置入的脱氧剂应采用透气性材料包装，使用后回收，避免混入粮堆。

8.3.2.5 采用缺氧储藏杀虫时，粮堆内的氧气浓度应降至 2%以下，保持时间应在 30 天以上。

8.3.2.6 缺氧储藏抑制霉菌生长时，粮堆内氧气浓度应降至 0.2%以下。

8.3.2.7 密闭储藏粮食、油料的水分含量应符合当地安全水分规定。

8.3.2.8 人员进入密闭储藏粮仓前，应先检测粮仓内空气中的氧气含量，如仓内氧气含量低于 18%，进仓人员应配戴好空气呼吸器或长管呼吸器等防护用具后方可进入粮仓。

8.3.2.9 种子粮不宜密闭储藏。

8.3.3 小包装气调储粮

8.3.3.1 成品粮、油料、杂粮等采用小包装气调储藏，所用的密封材料应符合国家相关卫生标准的要求。

8.3.3.2 二氧化碳负压储藏：采用复合塑料薄膜包装，充入二氧化碳气体并密封，随二氧化碳被粮食、油料吸收形成负压。

8.3.3.3 脱氧剂缺氧储藏：采用复合塑料薄膜包装，加入 0.2%脱氧剂并密封，形成缺氧。

8.3.3.4 负压储藏：采用复合塑料薄膜包装，抽真空并密封，形成负压。

8.4 储藏技术优化组合

8.4.1 基本要求

根据不同储粮生态条件，在不同时期组合应用密闭、压盖隔热、通风降温、储粮化学药剂防治储粮害虫等技术，形成“双低储藏”、“三低储藏”和“四合一储藏”等储藏技术优化组合，以达到安全储粮目的。

8.4.2 双低储藏

新粮入仓后，用塑料薄膜密闭粮堆，利用粮食后熟期间强烈的呼吸作用，使粮堆中的氧气浓度降低到 12%以下，二氧化碳浓度上升到 4%以上，达到以上效果后，再按附录 C 规定进行低剂量磷化氢熏蒸杀虫。采用双低储藏的粮食，水分含量应不超过当地安全水分标准。

8.4.3 三低储藏

在实现双低储藏后，秋、冬季再通风降低粮温，并采取压盖粮面隔热等措施，使粮堆长期保持较低的温度。

8.4.4 四合一储藏

在高大平房仓、浅圆仓、立筒仓储粮中，采用机械通风、环流熏蒸、粮情测控、谷物冷却等储粮技术和装备的集成及其应用。包括：在运用计算机实时监控粮情的基础上，对入库新粮实施磷化氢低剂量环流熏蒸防治，秋冬季利用自然低温进行机械通风，排除结露风险，春季密闭隔热控温，夏季定期用谷物冷却机排除积热，实现常年低温储藏。

8.4.5 其他储藏技术组合

8.4.5.1 长期储藏的粮食、油料，宜采用通风降温、压盖隔热、密闭与气调等技术组合。

8.4.5.2 第三至第七区，可综合采用机械通风、环流熏蒸、粮情测控、谷物冷却、气调等技术组合。

8.5 各类粮食、油料的储藏技术要点

8.5.1 原粮储藏

8.5.1.1 不同粮种的储藏特性不同，各类原粮应分别采用密闭、双低、三低、准低温、低温、气调、四合一储藏等技术。

8.5.1.2 小麦储藏：小麦耐温性、耐储性较好，可采用热入仓密闭、双低、三低、准低温、四合一等储藏技术，在安全水分条件下可储藏 3 年～5 年。储藏技术要点是害虫防治，特别是麦蛾和玉米象的防治。采用热入仓密闭储藏小麦时，应选择夏季晴朗的天气，将小麦摊晒到 50 ℃左右，水分含量降到安全水分以下，并在下午 3 时前聚堆保持 2 h，趁热入仓，散堆压紧，整仓密闭，使粮温在 40 ℃以上保持 10 天，以达到杀虫效果。入仓时应避免因仓内温度过低引起粮堆局部结露。秋冬季来临前及时降温散湿，预防结露。

8.5.1.3 稻谷储藏：稻谷不耐高温，储存品质变化快。宜采用准低温、低温、气调、四合一等储藏技术，安全水分条件下可储藏 2 年～3 年。储藏技术要点：第二、三区要做好高水分稻谷降水工作。安全水分含量的稻谷通风降温时，宜采用轴流风机。高水分稻谷就仓干燥降水应采取防霉措施；第四至第七区要做好防止粮温升高及害虫防治工作，特别是谷蠹、米象和玉米象的防治。

8.5.1.4 玉米储藏：玉米胚大，吸湿性、生理活性强，不耐高温，耐储性差，易受虫霉危害，特别是烘干玉米由于降水不均匀以及烘干损伤更不耐储藏。宜采用双低、三低、准低温、四合一储藏技术。安全水分条件下，可储藏 1 年～3 年。储藏技术要点是防止粮温升高及虫霉防治，特别是玉米象的防治。进出仓时应在入粮口处设置缓冲装置等措施，避免高空抛粮产生破碎。

8.5.2 成品粮储藏

8.5.2.1 成品粮应以包装短期储藏，采用密闭、准低温、低温、气调储藏技术；储藏过程应防止污染，不得使用防护剂防治害虫和螨类。

8.5.2.2 小麦粉储藏：小麦粉吸湿性强，不耐高温，储存品质变化快，易生霉、生虫，耐储性差。宜采用准低温、低温等储藏技术。储藏技术要点是防止粮温升高、防潮及害虫防治，特别是粉螨和拟谷盗属害虫的防治。新出机的小麦粉温度较高，应经冷却之后再入仓储藏。避免与其他有异味的物质一起储藏。储藏过程中应根据气候条件适时揉包倒垛。小麦粉水分含量应控制在安全水分以内。

8.5.2.3 大米储藏：大米不耐高温，储存品质变化快，耐储性差，易感染虫害。宜采用密闭、通风、准低温、低温、气调等储藏技术。储藏技术要点是防止粮温升高、防潮及害虫防治，特别是米象和玉米象的防治。夏季应做好防潮、防霉工作，适时就仓倒垛。小包装大米可采用充二氧化碳密封储藏、抽真空密封储藏或脱氧剂密封储藏。

8.5.3 糙米储藏

8.5.3.1 糙米不耐高温，储存品质变化较稻谷为快，耐储性好于大米，易感染害虫。应储藏在储粮性能良好的粮仓内，采用通风、低温、准低温、密闭、二氧化碳气调等储藏技术。

8.5.3.2 通风过程中应避免糙米在干燥和吸湿过程中产生裂纹，特别是在吸湿过程中产生裂纹。

8.5.3.3 高温季节入仓的糙米，应采用自然通风、机械通风、机械制冷等技术逐步降低粮温。

8.5.3.4 糙米储藏过夏时，应在气温上升前采取隔热措施，糙米温度超过控制温度上限时，及时启动制冷设备降温。

8.5.3.5 粮温为 25 ℃时，储藏期宜小于 9 个月；粮温为 30 ℃时，储藏期宜小于 6 个月。

8.5.4 油料储藏

8.5.4.1 油料富含脂肪和植物蛋白。脂肪易氧化、易发热、易生霉，蛋白吸湿性强、易变性，耐储性差。宜采用准低温储藏。储藏过程应严格控制水分含量，采取防潮、隔热、密闭等措施。不宜长期储藏。

8.5.4.2 大豆储藏：大豆吸湿性强，不耐高温，储存品质变化快。宜采用密闭、准低温、低温储藏技术。安全水分条件下可储藏 1 年～2 年。储藏技术要点是防止粮堆表层水分和温度升高。

8.5.4.3 油菜籽储藏：宜采用低温储藏，干燥、避光，做好通风降温。采用散装储藏时，应根据水分含量确定堆料高度：水分含量不超过 8%时，堆高不超过 2 m；水分含量在 8%～10%之间时，堆高不超过 1.5 m；水分含量在 10%～12%之间时，堆高不超过 1 m；水分含量超过 12%的油菜籽，应先干燥降水后再入仓储藏。不宜长期储藏。

8.5.4.4 花生储藏：花生宜以花生果形式储藏。宜采用机械通风、低温或气调储藏。水分含量应符合当地安全水分标准。重点防治印度谷蛾的危害。

8.6 常见仓型安全储粮要点

8.6.1 平房仓储粮

8.6.1.1 严格控制入仓粮食、油料水分含量。

8.6.1.2 做好防潮、隔热处理，密闭门窗，做好防虫、防鼠工作。

8.6.1.3 按规定检测粮温，发现粮温异常，及时采取通风降温等措施，延缓粮温升高，防止结露，防止储粮发热霉变。

8.6.1.4 发生害虫危害时，采用磷化氢熏蒸等杀虫措施。

8.6.2 高大平房仓储粮

8.6.2.1 严格控制入仓粮食、油料水分、杂质含量。

8.6.2.2 入仓时注意减少自动分级。

8.6.2.3 应配置计算机粮情检测系统。按规定检测粮温，发现粮温异常，及时采取通风降温措施，也可使用谷物冷却机等措施防止粮温升高，防止结露，防止储粮发热霉变。

8.6.2.4 第三到第七区储粮发生害虫危害时，应采用环流熏蒸等杀虫措施。

8.6.3 浅圆仓储粮

8.6.3.1 粮食、油料入仓时应采用布料器、减压管等减少自动分级和破碎，采取措施防止测温电缆移位。

8.6.3.2 入仓粮食、油料的水分、杂质含量按 6.3.1 规定执行。

8.6.3.3 应配置计算机粮温检测系统、谷物冷却机、风机、深层扦样器和环流熏蒸系统。按规定检测粮温，发现粮温异常，及时采取通风降温等措施，防止粮温升高，防止结露，防止储粮发热霉变。

8.6.3.4 秋冬季节应适时通风降温，防止结露。

8.6.3.5 发生虫害时应采用环流熏蒸等杀虫措施。

8.6.4 地下仓

8.6.4.1 应做好防水、防潮和隔热，保持储粮处于低温状态。

8.6.4.2 应配备通风和熏蒸杀虫设施。

8.6.5 其他粮仓储粮

8.6.5.1 立筒仓(包括钢板筒仓和混凝土筒仓)参照浅圆仓安全储粮要点。

8.6.5.2 楼房仓参照高大平房仓安全储粮要点。

8.6.6 简易储粮设施储粮

8.6.6.1 应加强监测和安全管理，做好防火、防汛、防渗漏工作，防止有害生物危害。

8.6.6.2 应在囤垛底部用拌有防护剂的稻壳等材料铺垫 0.3 m 以上，铺垫物上应有隔离物。

8.6.6.3 采用围包散装储粮，围包高度不宜超过 4.5 m。采用包装堆垛高度不应超过 5 m。

8.6.6.4 粮食、油料水分含量应低于当地安全水分。

8.6.6.5 按 7.1 规定进行粮情检测，在季节交替和气温骤变时，应及时通风，降温、降湿，防止发生粮堆结露和水分转移。风、雨、雪天应随时检查，及时清除积雪和雨水。

8.7 特殊情况的处理

8.7.1 高温粮的处理

夏季入仓粮食、油料粮温较高时，应采用自然通风、机械通风、谷物冷却机通风或仓内翻倒、倒仓等措施降温。

8.7.2 发热粮食、油料的处理

8.7.2.1 因水分含量过高引起的粮堆发热，应先采取机械通风、仓内翻倒、机械倒仓、用谷物冷却机制冷或熏蒸杀虫灭菌等措施降低粮温，再采取就仓通风干燥或出仓晾晒、烘干等措施降低水分含量。

8.7.2.2 因后熟作用引起的粮堆发热，应采用机械通风降温。

8.7.2.3 因害虫和螨类活动引起的粮堆发热，应先熏蒸杀灭害虫和螨类，再进行通风降温。

8.7.2.4 因局部杂质过多引起的粮堆发热，应清除杂质。

8.7.2.5 油料发热要立即采取机械通风、用谷物冷却机等措施降低粮温，并采取摊晾等措施降低水分含量。

8.7.3 粮堆结露的处理

8.7.3.1 表层粮堆发生轻微结露时，应翻动粮面，开启门窗自然通风，散湿、散热；出现明显水滴的粮堆结露应采取机械通风消除结露，或将表层粮食、油料出仓进行干燥处理。

8.7.3.2 粮堆内部、仓壁内侧或底层结露时，应采取机械通风消除温差，降低局部粮食、油料水分含量或翻仓倒囤、出仓干燥。

8.7.3.3 土堤仓、露天垛储粮上层结露时，应适时揭开篷布，翻动粮面，进行自然散湿处理。

8.7.3.4 小麦在后熟期产生粮堆结露时，应进行机械通风消除温差、降低局部粮食水分含量。

8.7.3.5 低温粮仓、地下粮仓储粮出现结露时，如外界温度、湿度较高，严禁开仓通风。可采用除湿机、谷物冷却机或吸潮剂吸湿等方式处理。

8.8 高水分粮食、油料的降水处理

8.8.1 原粮、油料

8.8.1.1 晾晒降水：应根据日照，气温，风力，粮食、油料水分含量，粮粒大小和晒场地坪等条件，确定粮食、油料平摊厚度，晾晒时顺日照或风向扒沟，并适时翻动。晒后的粮食、油料入仓要经过冷却(不包括热入仓小麦)和清杂处理。初谷(新稻谷)的晾晒要避免在高温下强烈曝晒，防止出现曝腰龟裂。必要时可采用隔席晾晒方式处理。

8.8.1.2 机械降水：原粮水分含量超过当地安全水分3个百分点以上采用烘干机降水，应按LS/T 1205的规定执行；原粮水分含量超过当地安全水分但在3个百分点以内的，可按LS/T 1202规定采用机械通风降水。稻谷干燥降水按GB/T 21015的规定执行，小麦干燥降水按GB/T 21016的规定执行，玉米干燥降水按GB/T 21017的规定执行。

8.8.1.3 就仓干燥：选择气温在15 ℃～25 ℃、相对湿度70%以下进行。当相对湿度高于70%时，宜采用辅助加热措施使通入粮堆的空气升温5 ℃。就仓干燥的其他技术参数与操作按GB/T 26880的规定执行。

8.8.1.4 利用冬季自然低温储藏的高水分粮食、油料，在春季气温回升前，应及时进行降水处理。

8.8.2 成品粮

8.8.2.1 应采用仓内摊晾、拆包、站包、码通风垛等方法降水或机械通风降水。

8.8.2.2 采用机械通风降水应按LS/T 1202的规定执行。

8.9 储粮安全作业

储粮安全作业应按LS 1206的规定执行；立筒仓和浅圆仓应按照GB 17440的规定采取防爆措施。

9 有害生物控制

9.1 基本要求

9.1.1 有害生物控制应遵循“以防为主，综合防治”的方针，控制措施应符合安全、卫生、经济、有效的原则。

9.1.2 基本无虫粮和粮温不超过15 ℃的一般虫粮，应加强检测，做好防护工作，不需进行杀虫处理；粮温15 ℃以上的一般虫粮，应在15天内进行除治；严重虫粮应在7天之内进行除治；危险虫粮应立即隔离并在3天内进行彻底的杀虫处理。

9.2 害虫与螨类的控制

9.2.1 预防措施

9.2.1.1 按6.2的要求做好空仓与器材的清洁卫生和杀虫处理。

9.2.1.2 将粮温和相对湿度降低到害虫种群生长繁殖所需的最低水平。

9.2.1.3 采用密闭或气调储藏技术抑制害虫种群增长。

9.2.1.4　采用储粮防护剂防止害虫和螨类感染储粮。

9.2.1.5　在粮仓门窗处布设防虫线，安装防虫网。

9.2.2　控制技术

9.2.2.1　物理方法

9.2.2.1.1　高温杀虫

9.2.2.1.1.1　将小麦进行高温曝晒，使粮温达到 50 ℃以上，保持 2 h 后趁热入仓，压盖密闭杀虫。

9.2.2.1.1.2　将原粮用烘干机、微波设备等加热至 50 ℃～55 ℃进行杀虫，冷却后再入仓储藏。

9.2.2.1.1.3　适于采用高温杀虫的粮食有小麦、赤豆、绿豆、豌豆、蚕豆等耐热性强的原粮。

9.2.2.1.1.4　安全水分的豌豆、蚕豆等耐热性强的粮食和豆类，宜采用高温曝晒后囤套囤密闭储藏。2 层囤之间填充 0.3 m 以上的稻壳或麦糠。入囤时粮温应在 50 ℃左右，压盖密闭 25 天～30 天，密闭期间每 7 天至少检查一次囤内温、湿度及害虫死亡情况，发现温、湿度过高应及时撤去囤面压盖物。

9.2.2.1.1.5　常见储粮害虫和螨类种群增长的最适、最低温、湿度条件以及高、低温致死温度参见附录 C。

9.2.2.1.2　低温控制

9.2.2.1.2.1　将粮堆温度控制在 15 ℃以下，抑制害虫的发生与发展。

9.2.2.1.2.2　在冬季采用就仓翻倒、输送机倒仓、仓外摊冻或机械通风等措施将粮温降到害虫致死温度以下进行冷冻杀虫。冷冻杀虫时应采取隔离措施，防止粮堆内害虫潜出越冬。花生仁不能用冷冻方法杀虫。

9.2.2.1.2.3　粮堆温度、粮食水分与害虫致死时间的关系见表 2。

表 2　冷冻杀虫害虫致死时间

单位为天

粮食水分/%	温　度		
	0 ℃	−5 ℃	−10 ℃
11	32	20	10
14	60	33	15
18	110	75	32

9.2.2.1.3　过筛除虫

9.2.2.1.3.1　根据粮粒和虫体大小选择适当筛孔的清理筛，筛除粮食、油料中的害虫。

9.2.2.1.3.2　对不能飞行的害虫，宜用风车等除去多数害虫后再过筛。

9.2.2.1.3.3　筛除害虫时，应与储粮场所隔离，清理筛的筛下物出口应套布袋收集筛下物；有利用价值的筛下物应在熏蒸、烘炒或粉碎后再利用，无利用价值的筛下物应焚烧或深埋。

9.2.2.1.4　压盖防治

9.2.2.1.4.1　用于蛾类害虫的防治。

9.2.2.1.4.2　用于压盖粮面的材料应干燥无虫，如糠壳包、干沙包、草木灰包及异种粮包等。

9.2.2.1.4.3　宜在冬末春初粮温较低且第一代蛾类幼虫羽化前进行；压盖时应由远离仓门的地方开始

向仓门口逐步压盖。压盖后应平整严密,压盖物、粮面、墙壁之间应无空隙。

9.2.2.1.4.4 压盖防治的粮食与油料应基本无虫,水分含量符合当地安全水分规定。

9.2.2.1.5 气调控制

按8.3的规定执行。

9.2.2.1.6 惰性粉控制

9.2.2.1.6.1 采用的惰性粉防护剂应符合相关国家标准并经农药管理部门登记。

9.2.2.1.6.2 施用方法与一般防护剂相同。施用时操作人员应配戴防尘口罩和防护眼镜。

9.2.2.1.6.3 草木灰等不易清理的惰性粉仅适用于种子粮。

9.2.2.1.7 辐照杀虫

9.2.2.1.7.1 具备条件的中转库等可用电离辐射、电子加速器或其他高频电磁波杀虫。

9.2.2.1.7.2 杀虫处理前后的粮食、油料应充分隔离。

9.2.2.1.7.3 采用辐照杀虫时,对人员和环境的安全防护应符合国家相关规定的要求,辐射剂量和剂量率应符合国家有关食品辐射的规定。

9.2.2.2 生物防治

用于控制害虫和螨类的苏云金杆菌等病原体、昆虫信息素和生长调节剂等生物制剂,应符合相关国家标准并经农药管理部门登记。

9.2.2.3 植物源农药防治

用于控制害虫和螨类的植物源农药,应符合相关国家标准并经农药管理部门登记。使用方法与防护剂相同。

9.2.2.4 储粮化学药剂控制

9.2.2.4.1 储粮化学药剂的种类和使用原则

9.2.2.4.1.1 采用储粮化学药剂防治储粮害虫的种类有熏蒸剂、防护剂及空仓与器材杀虫剂。

9.2.2.4.1.2 采用的储粮化学药剂及使用剂量应按照附录D的规定执行。

9.2.2.4.1.3 储粮化学药剂防治储粮害虫的操作与管理应按照LS 1212的规定执行。

9.2.2.4.1.4 除熏蒸气体和防护剂外,其他储粮化学药剂严禁直接接触粮食和油料。

9.2.2.4.1.5 采用熏蒸剂熏蒸杀虫后,要做好隔离与防护,以免再次感染。

9.2.2.4.1.6 空仓与器材杀虫剂不能作防护剂使用。

9.2.2.4.1.7 使用的熏蒸剂或防护剂在粮食、油料中的残留量应符合GB 2715和GB 19641的规定。

9.2.2.4.2 空仓与器材杀虫剂

9.2.2.4.2.1 不应作防护剂使用,不应与粮食、油料直接接触。

9.2.2.4.2.2 空仓、设备、器材和装具带有储粮害虫活体时,宜用附录D所列的空仓与器材杀虫剂处理。

9.2.2.5 防护剂

9.2.2.5.1 防护剂仅用于原粮且经过国家农药管理部门农药登记。常用药剂见附录D。

9.2.2.5.2 在第三至第七区，储藏时间超过1年的粮食，宜对粮堆底层和上层0.3 m厚的粮食施用防护剂。

9.2.2.5.3 防护剂的载体应使用与储粮种类相同的粮食糠壳或无毒性的惰性粉。

9.2.2.5.4 采用喷雾机械施用防护剂，应在皮带输送机输送粮食、油料入仓时定点定量施药。

9.2.2.5.5 使用防护剂的操作人员应经过培训、取得粮油保管员职业资格证书，使用时应严格按照GB/T 22498的规定进行操作。

9.2.2.6 熏蒸剂

9.2.2.6.1 使用的熏蒸剂必需通过国家农药管理部门的农药登记。常用的储粮熏蒸剂见附录D。

9.2.2.6.2 实施磷化氢熏蒸杀虫的粮仓应符合LS/T 1201规定的气密性标准，达不到标准时应采用辅助措施密闭。

9.2.2.6.3 进行磷化氢熏蒸杀虫时，应根据害虫的耐药性和粮温，按附录E设定磷化氢最低有效浓度和密闭时间。

9.2.2.6.4 根据设定的磷化氢浓度，按附录D和附录F选定单位用药量。需要补充施药时，根据实际测定的最低浓度与设定浓度的差值，按附录E确定补充用药量。

9.2.2.6.5 磷化氢环流熏蒸设备应符合GB/T 17913的规定。

9.2.2.6.6 熏蒸投药和散气应在白天工作时间进行。熏蒸后开仓散气时，无论粮仓是内密封还是外密封，均应从仓外打开门窗或密闭膜。先开下风向门窗，后开上风向门窗。熏蒸后通风散气时，仓房或货位周围应设置警戒线并有专业人员值守和检测周围环境的磷化氢浓度，防止非相关人员靠近。

9.2.2.6.7 熏蒸、散气操作人员应经过培训、取得粮油保管员职业资格证书，熏蒸时应严格按照GB/T 22497、LS/T 1201和LS 1212的规定进行操作。

9.2.2.6.8 做好储粮害虫抗性跟踪检测与分析，为合理用药提供依据。

9.3 微生物的控制

9.3.1 预防措施

9.3.1.1 严格控制入仓粮食、油料水分含量。

9.3.1.2 适时进行通风，均衡粮温，预防和消除粮堆结露。

9.3.1.3 采用低温或准低温储粮。

9.3.1.4 采用气调储粮、低氧密闭储粮，包括充入高浓度二氧化碳、氮气或降低粮堆氧气浓度。

9.3.2 应急处理

9.3.2.1 当储粮出现发热生霉迹象时，应及时向粮堆或局部粮堆通入臭氧或采用磷化氢熏蒸处理，杀灭霉菌，抑制发热。具体要求如下：

——采用臭氧发生器，利用粮仓通风设施或多管、单管通风机向粮堆通入臭氧，保持粮堆中臭氧浓度在35 mL/m^{3}以上，直至粮温恢复正常；

——采用磷化氢熏蒸粮堆或局部粮堆，保持粮堆中磷化氢浓度在400 mL/m^{3}以上，直至粮温恢复正常。

9.3.2.2 高水分原粮不能及时干燥时，采用丙酸等有机酸防霉剂（食品级）进行应急处理，短期抑制霉菌的发生发展。具体要求如下：

——采用固态有机酸防霉剂时，载体一般是食品级的硅藻土；

——应急防霉处理的有效时间与水分含量及防霉剂用量有关，如采用0.2%固态丙酸防霉剂处理含水量18%的原粮，防霉有效时间约为10天；

——应急处理后的粮食、油料应尽快干燥降水。

9.4 鼠类与鸟类的控制

9.4.1 鼠类

9.4.1.1 应做好库区卫生，堵塞鼠类进入粮仓、粮堆的通道，粮仓门、窗外应设置挡鼠板，进出仓作业期间应及时放置。

9.4.1.2 采用诱捕、毒饵毒杀或熏蒸等方法杀鼠。毒杀灭鼠应使用经国家农药管理部门批准登记的灭鼠剂；毒杀时应由专人负责投药并设警戒标识和处理残余饵料；熏蒸杀鼠应由经过专门训练的人员进行；进入仓内的鼠类宜用捕杀，不宜采用毒饵毒杀。

9.4.2 鸟类

9.4.2.1 宜采用防鸟网等措施，防止鸟类进入粮仓。

9.4.2.2 不应采用捕捉、枪击或毒杀方法防治鸟害。

附 录 A
（资料性附录）
中国储粮生态区域划分、生态特点及主要储粮措施

中国储粮生态区域划分、生态特点及主要储粮措施见表 A.1。

表 A.1 中国储粮生态区域划分、生态特点及主要储粮措施

区域名称	生态特点	主要储粮措施
第一区：高寒干燥储粮区	15 ℃以上有效积温 0 ℃·天～178 ℃·天，15 ℃以上的时间 0 天～70 天；年降水量≤400 mm；年平均相对湿度 10%～90%；1 月气温－16 ℃～0 ℃，7 月气温 6 ℃～18 ℃；主要粮油作物为青稞、春小麦、冬小麦；代表性储粮害虫为褐皮蠹、花斑皮蠹、黄蛛甲、褐蛛甲；空气稀薄，太阳能、风能资源极为丰富，寒冷，干季干燥，是储粮最适宜区域	1. 风干、晾晒，自然通风； 2. 干季低温储藏； 3. 雨季前密封
第二区：低温干燥储粮区	15 ℃以上有效积温 626 ℃·天～2 280 ℃·天，15 ℃以上的时间 112 天～194 天；年降水量 400 mm 以下；年平均相对湿度 28%～90%；1 月气温－20 ℃～－8 ℃，7 月气温 18 ℃～24 ℃；主要粮油作物为春小麦、冬小麦、玉米；代表性储粮害虫为黑拟谷盗、褐毛皮蠹、花斑皮蠹、黄蛛甲、裸蛛甲、日本蛛甲、谷象（新疆）；全国最干旱地区，日照充足，寒冷，风力大，适宜低温储粮，玉米收获后常来不及降低水分	1. 风干、晾晒、自然通风； 2. 自然低温； 3. 次年春末、夏初风干晾晒和通风处理高水分粮； 4. 夏初前施拌保护剂密封； 5. 新疆个别地区夏季如只靠机械通风不能达到降温目的，可使用谷冷机降温
第三区：低温高湿储粮区	15 ℃以上有效积温 223 ℃·天～819 ℃·天，15 ℃以上的时间 55 天～122 天；年降水量 400 mm～1 000 mm；年平均相对湿度 22%～93%；1 月气温－30 ℃～－12 ℃，7 月气温 19 ℃～24.5 ℃；主要粮油作物为春小麦、玉米、大豆、稻谷；代表性储粮害虫为玉米象、锯谷盗、大谷盗、赤拟谷盗；“冷、湿”是其气候特点，玉米收获后常来不及降低水分	1. 机械通风、烘干； 2. 自然通风； 3. 春末、夏初自然风干、晾晒和通风、烘干； 4. 施用防护剂并密闭储藏
第四区：中温干燥储粮区	15 ℃以上有效积温 828 ℃·天～1 690 ℃·天，15 ℃以上的时间 143 天～192 天；年降水量 400 mm～800 mm；年平均相对湿度 13%～97%；1 月气温－10 ℃～0 ℃，7 月气温＞24 ℃；主要粮油作物为冬小麦、玉米、稻谷、大豆；代表性储粮害虫为玉米象、麦蛾、印度谷螟、锯谷盗、大谷盗、赤拟谷盗；冬季寒冷干燥为储粮有利条件，夏季高温多雨为不利条件	1. 小麦收后夏季高温晾晒； 2. 秋季晾晒、通风或烘干高水分玉米； 3. 自然低温； 4. 次年夏初前用晾晒、通风方法处理高水分玉米； 5. 施用防护剂并密闭储藏； 6. 密切注意过夏粮粮情
第五区：中温高湿储粮区	15 ℃以上有效积温 1 029 ℃·天～3 180 ℃·天，15 ℃以上的时间 121 天～253 天；年降水量 800 mm～1 600 mm；年平均相对湿度 34%～98%；1 月气温 0 ℃～10 ℃，7 月气温 28 ℃左右；主要粮油作物为单、双季稻，冬小麦；代表性储粮害虫为玉米象、谷蠹、麦蛾、锯谷盗、长角扁谷盗、大谷盗、赤拟谷盗；夏季高温、高湿；晚稻水分含量高	1. 收后机械通风、烘干； 2. 冬春通风降温； 3. 次年春季干燥高水分粮； 4. 春季气温回升前密封； 5. 施用防护剂，害虫多时熏蒸； 6. 密切注意过夏粮粮温、水分，及时采取措施

表 A.1（续）

区域名称	生态特点	主要储粮措施
第六区：中温低湿储粮区	15 ℃以上有效积温 724 ℃·天～1 307 ℃·天，15 ℃以上的时间 173 天～224 天；年降水量 1 000 mm 左右；年平均相对湿度 30%～98%；1 月气温 2 ℃～10 ℃，7 月气温 18 ℃～28 ℃左右；主要粮油作物为单季稻、冬小麦、玉米；代表性储粮害虫为玉米象、谷蠹、麦蛾、锯谷盗、长角扁谷盗、大谷盗、赤拟谷盗；冬暖夏热，降水较多，日照少、湿度高，储粮虫害问题较严重	1. 收后机械通风、烘干； 2. 害虫多时熏蒸； 3. 冬春通风降温； 4. 施用防护剂并密闭储藏； 5. 四川盆地应密切注意过夏粮温、水分含量，及时采取措施
第七区：高温高湿储粮区	15 ℃以上有效积温 1 566 ℃·天～3 476 ℃·天，15 ℃以上的时间 289 天～352 天；年降水量 1 400 mm～2 000 mm；年平均相对湿度 35%～98%；1 月气温 10 ℃～26 ℃，7 月气温 23 ℃～28 ℃左右；主要粮油作物为双季稻、单季稻、冬小麦、玉米；代表性储粮害虫为米象、玉米象、谷蠹、麦蛾、锯谷盗、长角扁谷盗、大谷盗、赤拟谷盗；本区大部分地区夏长 5 个月～9 个月，长夏无冬，年均温 20 ℃～26 ℃，只有干湿季之分；降水多，相对湿度 80%左右；本区台风季节 5 月～11 月，台风雨占年降雨 10%～40%，是我国最“湿、热”的地区，虫害问题严重，储粮难度最大	1. 收后及时通风或高温干燥（晚稻收后自然通风即可满足降水要求）； 2. 有虫及时熏蒸； 3. 干季及时通风，降温、降水，然后施用防护剂并密闭储藏； 4. 使用降温、吸湿设备； 5. 采用降温、吸湿和熏蒸设备

注 1：各储粮生态区域的主要分布范围详见图 A.1。

注 2：由于同一储粮生态区域内因海拔、地形等差异，不同地区的实际储粮生态环境可能存在差异。应以实际储粮生态环境为依据，确定储粮技术的最佳组合。比如，在云南省，按地域划分属于“西南中温低湿区”，但高海拔地区的储粮生态符合高寒干燥储粮区的条件；低海拔偏低地区的储粮生态则符合高温高湿储粮区的条件。

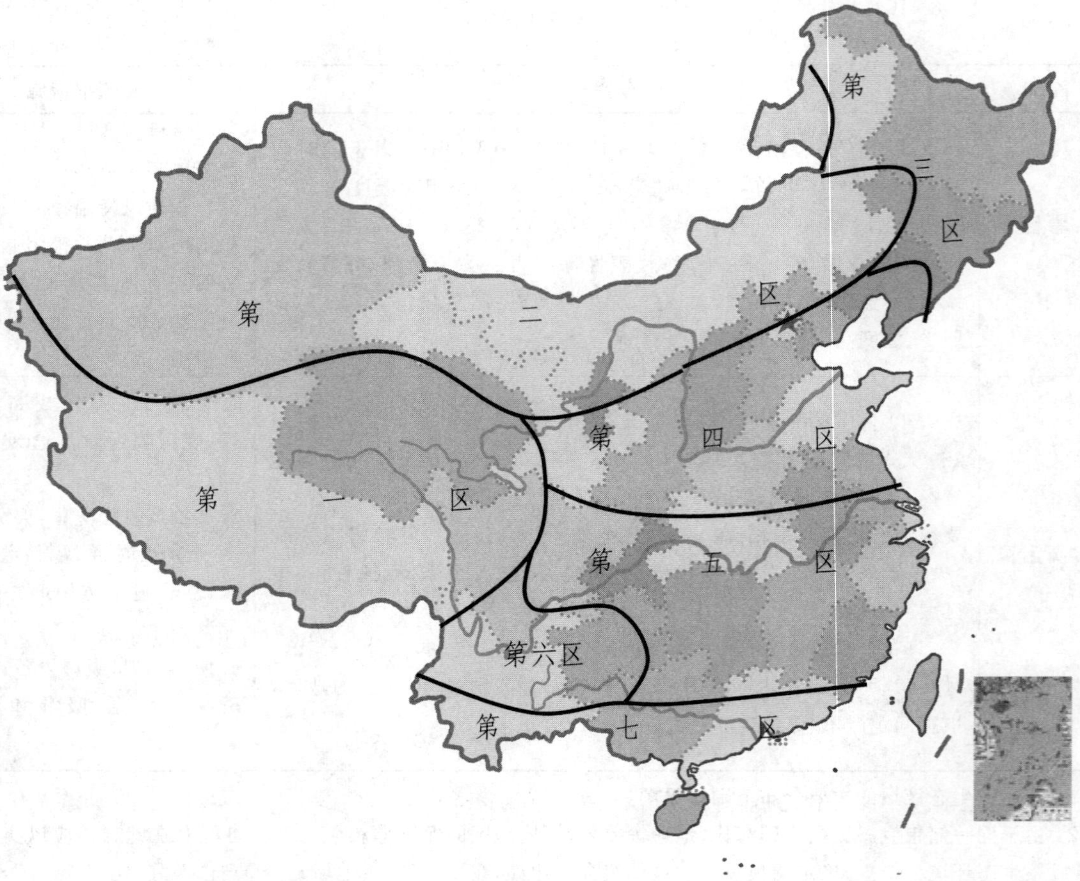

图 A.1　中国储粮生态区划图

附　录　B
（资料性附录）
诱捕检测储粮害虫的方法

B.1　原理

根据储粮害虫的生物学特性，利用害虫诱捕器或化学物质，将储粮害虫引诱到仪器或器具内，检查粮堆或空间内害虫有无和数量。

本方法适用于各种粮食和油料的散装、包装垛和空仓内活动虫态的储粮害虫检测。

B.2　诱捕器种类

B.2.1　探管诱捕器

又称陷阱诱捕器。长约 0.2 m～0.7 m，直径 30 mm 左右的金属管或塑料管，在管壁上部开有数百个直径 2.4 mm～2.8 mm 的小孔，管的下部有锥形漏斗或集虫瓶。

B.2.2　波纹纸板诱捕器

也称瓦楞纸板诱捕器。长 0.15 m～0.2 m，宽度 0.1 m 左右的带有波纹状孔道的长方形纸板，窄边为波纹纸板（瓦楞纸板）开口位置，其中一边用胶带密封，在另一边开口处放入少量全麦粉或粉碎小麦颗粒，用以诱捕害虫。

B.2.3　其他诱捕器

黑光灯和蛾类信息素诱捕器，主要诱捕储粮空间、空仓和成品粮仓内的蛾类害虫成虫。

B.3　诱捕器布点

参照 7.1.4.2.1.1 虫粮扦样点的位置。

B.4　检测期限

检测期限与 7.1.4.1 相同。

B.5　害虫计数

采用诱捕器检测害虫的计数单位为：诱捕的害虫数量（头）每台（个）诱捕器每天。

探管陷阱诱捕害虫密度和筛检害虫密度的参考关系见表 B.1。

表 B.1 探管诱捕器原粮粮堆诱捕害虫密度与筛检害虫密度的参考关系

筛检/(头/kg)	诱捕/(头/台·天)
≤5	≤10
≤30	≤20
>30	>20

附 录 C
（资料性附录）
主要储粮害虫与螨类种群增长的最低和最适条件

主要储粮害虫与螨类种群增长的最低和最适条件见表C.1。

表C.1 主要储粮害虫与螨类种群增长的最低和最适条件

虫螨种类	最低温度/℃	最低相对湿度/%	最适温度/℃	最适相对湿度/%	每月最大繁殖率(×)	A	B	C	D	E	F
大豆象	17	30	27～31	65	25					●	
粗足粉螨	2.5	65	21～27	80	2 500		●		●	●	●
绿豆象	19	30	28～32	60	30					●	
米蛾	18	30	28～32	30	10		●		●		
锈赤扁谷盗	23	10	32～35	65	60		●		●		
长角扁谷盗	22	60	28～33	70	10		●		●		
粉斑螟	17	25	28～32	60	50		●		●		
烟草粉螟	10	30	25	70	15		●		●		●
地中海粉螟	10	1	24～27	65	50		●		●		
烟草甲	22	30	32～35	55	20				●	●	
长头谷盗	26	30	33～37	—	10			●	●		
锯谷盗	21	10	31～34	65	50		●		●		
印度谷螟	18	40	28～32	—	30		●		●		
谷蠹	23	30	32～35	50	20	●			●		
谷象	15	50	26～30	70	15						
米象	17	60	27～31	70	25	●					
麦蛾	16	30	26～30	—	50	●					
赤拟谷盗	22	1	32～35	65	70			●	●		●
杂拟谷盗	21	1	30～33	50	60			●	●		●

注1：资料来源：ISO 6322-3《谷物和豆类贮存　第3部分：害虫侵害的控制》(Storage of cereal and pulses—Part 3:Control of attack by pests)。

注2：为害对象：A：完善谷物；B：谷物胚部；C：机械破损或其他虫蚀谷粒；D：谷物产品；E：整粒豆类；F：粉屑。

注3：粮温低于－4 ℃时害虫可在短期内死亡；粮温在4 ℃～8 ℃之间时，害虫处于冷麻痹状态；粮温在8 ℃～15 ℃之间时，害虫停止活动；粮温在40 ℃～45 ℃之间可抑制害虫发育繁殖；粮温在46 ℃～48 ℃之间时，绝大多数害虫呈热昏迷状态，生命活动衰弱；粮温在49 ℃～52 ℃之间，害虫可在短期内死亡。

附 录 D
（规范性附录）
常用储粮化学药剂、防护剂及使用方法

常用储粮化学药剂、防护剂及使用方法见表 D.1 和表 D.2。

表 D.1 常用储粮化学药剂及使用方法

药剂名称	中文通用名	有效成分含量/%	常规用药剂量/(g/m³)			施药后密闭时间/天	最少散气时间/天	使用范围
			空间	粮堆	空仓器材			
磷化铝（片、丸剂）	磷化铝	56	3～6	6～9	3～6	≥14	1～10	可熏蒸除粉类外的各种成品粮，但熏蒸种子粮时水分不得超过以下标准：粳稻 14%，大麦、玉米 13.5%，大豆 13%，籼稻、小麦、高粱、荞麦、绿豆 12.5%，棉籽 11%，花生仁 9%，油菜籽 8%，芝麻 7.5%。也可熏蒸器材、空仓、加工厂
磷化铝（粉剂）	磷化铝	85～90	2～4	4～6	3～5	≥14	1～10	
敌敌畏（乳油）	敌敌畏	80	0.1～0.2	—	0.2～0.3	2～5		仅用作空间和空仓器材杀虫
敌百虫（原油）	敌百虫	90	—	—	30（0.5%～1%）	1～3		仅用作空仓器材杀虫
辛硫磷（乳油）	辛硫磷	50	—	—	30（0.1%）	1～3		仅用作空仓器材杀虫
杀螟硫磷（乳油）	杀螟硫磷	50	—	—	30（0.1%）	1～3		仅用作空仓器材杀虫
马拉硫磷（乳油）	马拉硫磷	50	—	—	30（0.1%）	1～3		仅用作空仓器材杀虫

表 D.2 常用储粮防护剂及使用方法

药剂名称	中文通用名	有效成分	使用范围及用药量	安全间隔期
马拉硫磷	防虫磷	原药纯度≥97%	一般原粮用药量为 10 mg/kg～20 mg/kg，对鼠类有一定驱避作用	8 个月[15 mg/kg]
溴氰菊酯	凯安保	溴氰菊酯 2.5%＋胡椒基丁醚增效醚 25%＋乳化剂溶剂	一般原粮用药量为 0.4 mg/kg～0.75 mg/kg，对谷蠹有特效	3 个月[0.5 mg/kg]
杀螟硫磷	杀虫松	原药纯度≥93%	一般原粮用药量为 5 mg/kg～15 mg/kg，对防虫磷抗性害虫有效	8 个月[10 mg/kg] 15 个月[15 mg/kg]
甲基嘧啶磷	甲基嘧啶磷	甲基嘧啶磷	一般原粮用药量为 5 mg/kg～10 mg/kg，用于空仓器材杀虫一般为 0.5 g/m²	12 个月[8 mg/kg]
溴氰·杀螟松	溴氰·杀螟松	杀螟硫磷 1%＋溴氰菊酯 0.01%＋填充料	用药量与原粮之比为 1∶2 500	8 个月[15 mg/kg]
惰性粉杀虫剂	硅藻土等	主要原料应符合食品添加剂标准	一般原粮用药剂量为 100 mg/kg～500 mg/kg，用于空仓杀虫为 3 g/m²～5 g/m²（面积为空仓的内表面积），防虫线为 10 g/m²～50 g/m²，防虫线宽度 10 cm～20 cm	无

附 录 E
（规范性附录）
不同温度下不同虫种不同密闭时间的磷化氢熏蒸最低有效浓度设定

不同温度下不同虫种不同密闭时间的磷化氢熏蒸最低有效浓度设定见表E.1。

表E.1 不同温度下不同虫种不同密闭时间的磷化氢熏蒸最低有效浓度设定

代表性害虫的属或种	温度[a]/℃	最低有效浓度/(mL/m³)		
		密闭14天以上时	密闭21天以上时	密闭28天以上时
玉米象、长头谷盗、杂拟谷盗及其他敏感害虫	>25	200	150	100
	20～25	250	200	150
	15～20	—	250	200
扁谷盗(属)、蛾类、谷蠹、米象、书虱、螨类、赤拟谷盗、米扁虫及其他抗性虫种	>25	300	250	200
	20～25	350	300	250
	15～20	—	350	300

[a] 温度指害虫发生部位的最低粮温。

附　录　F
（规范性附录）
低剂量熏蒸和环流熏蒸推荐的磷化铝片剂（或丸剂）单位用药量

低剂量熏蒸和环流熏蒸推荐的磷化铝片剂（或丸剂）单位用药量见表 F.1。

表 F.1　低剂量熏蒸和环流熏蒸推荐的磷化铝片剂（或丸剂）单位用药量

设定浓度/(mL/m^3)	粮种	单位用药剂量/(g/m^3)
100～300	小麦	1.5～3
	玉米	2～3
	稻谷	2～3.5

ICS 65.060.99
B 93

中华人民共和国国家标准

GB/T 29891—2013

荔枝、龙眼干燥设备　技术条件

Litchi and longan drying equipments—Specifications

2013-11-12 发布　　2014-04-11 实施

中华人民共和国国家质量监督检验检疫总局
中国国家标准化管理委员会　发布

前　言

本标准按照 GB/T 1.1—2009 给出的规则起草。

本标准由农业部提出并归口。

本标准起草单位：广东省农业机械研究所。

本标准主要起草人：黄海森、刘清化、李宁、胡光华、陆萍。

荔枝、龙眼干燥设备　技术条件

1　范围

本标准规定了荔枝、龙眼干燥设备的术语和定义、型号、要求、检验规则以及包装、运输及贮存。

本标准适用于以空气为干燥介质、以间接加热方式对荔枝、龙眼进行干燥的批式干燥设备(以下简称设备)。

2　规范性引用文件

下列文件对于本文件的应用是必不可少的。凡是注日期的引用文件，仅注日期的版本适用于本文件。凡是不注日期的引用文件，其最新版本(包括所有的修改单)适用于本文件。

GB/T 191　包装储运图示标志

GB/T 2828.1　计数抽样检验程序　第1部分：按接收质量限(AQL)检索的逐批检验抽样计划

GB/T 6388　运输包装收发货标志

GB/T 9439　灰铸铁件

GB/T 9969　工业产品使用说明书　总则

GB 10395.1　农林机械　安全　第1部分：总则

GB 10396　农林拖拉机和机械、草坪和园艺动力机械　安全标志和危险图形　总则

GB/T 13306　标牌

GB/T 14048.1　低压开关设备和控制设备　总则

GB/T 14095　农产品干燥技术　术语

GB/T 14436　工业产品保证文件　总则

GB/T 29892　荔枝、龙眼干燥设备　试验方法

JB/T 6924　干燥设备产品型号编制方法

NY/T 515　荔枝

NY/T 516　龙眼

3　术语和定义

GB/T 14095、NY/T 515、NY/T 516界定的以及下列术语和定义适用于本文件。

3.1

成品裂壳率　fissuring quotiety of finished product

干燥后成品中裂壳的质量占成品总质量的百分比，以%表示。

4　型号

设备的型号编制按照JB/T 6924的规定进行，以处理量为主参数。

G □ □ □ □

- 设计序号：用英文字母 A、B、C 等表示。
- 主参数代号：处理量，$\times 10^3$ kg/批。
- 辅助特征代号：用辅助特征名称汉语拼音首字母表示。
- 主特征代号：用设备类型名称关键字汉语拼音首字母表示。
- 专业代号：干燥机械。

示例：

GHR5 表示每批处理量为 5 000 kg 的烘箱式热泵干燥设备。

5 要求

5.1 基本要求

5.1.1 设备应按经规定程序批准的图样和技术文件制造。

5.1.2 外购件、外协件、加工件应经检验合格后方可进行装配。

5.2 性能

设备在下列条件工作时，其主要性能指标应符合表 1 规定：

a) 试验物料应经分拣，去除枝叶、留果蒂，剔除有裂壳、腐烂、机械伤及病虫害等现象的缺陷果及杂物，并保证品种相同；

b) 工作电源：电压 220 V±10 V、380 V±20 V，频率 50 Hz±1 Hz。

表 1 主要性能指标

项目名称	荔枝	龙眼
处理量	不低于设备制造厂家技术文件规定	
成品含水率 g/(100 g)	≤25	≤25
单位耗能量/(kJ/kg)	≤8 500	≤9 000
干燥不均匀度/(g/100 g)	≤3	≤3
干燥速率/(%/h)	≥1.2	≥1.2
成品裂壳率/%	≤3	≤1
噪声/dB(A)	≤85	≤85
使用有效度/%	≥95	≥95
平均故障间隔时间/h	≥200	≥200

5.3 安全

设备应符合下列安全要求：

a) 设备中与物料接触的部位，应采用食品级的材料制造；

b) 对可能造成人员伤害的所有外露传动部位和运动部件，应有安全防护装置，安全防护装置应符合 GB 10395.1 的规定；

c) 在容易产生不安全因素的部位，应设置安全标志，安全标志应符合 GB 10396 的规定；
d) 操作开关处应有说明用途的文字或符号；
e) 电气保护、警告装置在设备发生故障时，应能及时发出警报信号，并能及时切断相关设备的电源；
f) 所用电线、电缆应安装于阻燃塑料管或金属线管内；
g) 电气设备应设有接地端子；
h) 电控设备应符合 GB/T 14048.1 有关安全的规定。

5.4 外观质量

5.4.1 铸件的表面质量及缺陷应符合 GB/T 9439 中的相关规定。
5.4.2 钣金件应光滑平整，不得存在变形、裂纹、起皱、飞边及明显锤击痕迹。
5.4.3 焊接件焊渣应清除干净，焊缝表面应平整，不得有漏焊、烧穿、未焊透等缺陷。
5.4.4 油漆涂层应均匀平整、颜色均匀，不得有露底、脱落、起泡等缺陷。

5.5 装配质量

5.5.1 所有转动、操作部位应灵活，不得有卡、碰、阻滞等现象。
5.5.2 设备中各联接部位联接应紧固，并有防松措施。

5.6 空运转试验

设备安装调试完毕后应进行 60 min 空运转试验，并符合下列要求：
a) 运转正常、平稳，无异常声响，操纵装置灵活；
b) 联接件、紧固件不得有松动现象；
c) 开关工作灵活，指示灯信号正常；
d) 各类工作仪表反应灵敏、显示准确。

5.7 标牌及技术文件

5.7.1 设备应在明显位置固定标牌，标牌应符合 GB/T 13306 的规定，标牌应标明如下内容：
a) 产品名称、商标及型号；
b) 产品执行标准；
c) 主要技术参数(至少包括处理量、装机容量、外形尺寸)；
d) 出厂编号；
e) 出厂日期；
f) 制造厂名称、地址及联系方式。
5.7.2 设备交付使用时应附有下列文件：
a) 装箱清单；
b) 产品合格证，产品合格证的内容应符合 GB/T 14436 的规定；
c) 使用说明书，使用说明书的内容应符合 GB/T 9969 的规定；
d) 产品三包凭证。

6 检验规则

6.1 检验分类

设备的检验分为出厂检验和型式检验。

6.2 出厂检验

6.2.1 设备应经制造厂质检部门检验合格,并有产品合格证方能出厂。

6.2.2 出厂检验在设备安装调试完成后进行。

6.2.3 出厂检验项目、技术要求见表2。

表2 出厂检验项目、技术要求

序号	检验项目	技术要求
1	安全要求	按5.3要求
2	标牌	按5.7.1要求
3	技术文件	按5.7.2要求
4	外观质量	按5.4要求
5	装配质量	按5.5要求
6	空运转试验	按5.6要求

6.3 型式检验

6.3.1 有下列情况之一,应进行型式检验:

a) 新产品试制定型、鉴定时;

b) 正式生产后,如结构、材料、工艺有较大改变,可能影响设备性能时;

c) 停产一年后恢复生产时;

d) 国家质量监督机构提出型式检验要求时。

6.3.2 型式检验项目见表3。

表3 不合格项目分类

<table>
<tr><th colspan="2">不合格分类</th><th rowspan="2">型式检验项目</th><th rowspan="2">技术要求</th></tr>
<tr><th>类</th><th>项</th></tr>
<tr><td rowspan="5">A</td><td>1</td><td>安全要求</td><td>按5.3要求</td></tr>
<tr><td>2</td><td>成品含水率</td><td rowspan="4">按表1要求</td></tr>
<tr><td>3</td><td>单位耗能量</td></tr>
<tr><td>4</td><td>噪声</td></tr>
<tr><td>5</td><td>使用有效度</td></tr>
<tr><td rowspan="5">B</td><td>1</td><td>处理量</td><td rowspan="5">按表1要求</td></tr>
<tr><td>2</td><td>干燥不均匀度</td></tr>
<tr><td>3</td><td>干燥速率</td></tr>
<tr><td>4</td><td>成品裂壳率</td></tr>
<tr><td>5</td><td>平均故障间隔时间</td></tr>
</table>

表 3（续）

不合格分类		型式检验项目	技术要求
类	项		
B	6	外观质量	按 5.4 要求
	7	装配质量	按 5.5 要求
	8	标牌	按 5.7.1 要求
	9	技术文件	按 5.7.2 要求

6.3.3 试验方法按 GB/T 29892 的要求进行。

6.3.4 抽样方法：

a) 型式检验的抽样按 GB/T 2828.1 中规定的正常检查一次抽样方案，采用特殊检查 S-1；

b) 在制造厂近六个月内生产安装的产品中随机抽取 2 台，抽样批量 9 台～15 台，在用户中抽取不在此限。

6.3.5 不合格项目分类：型式检验被测项目不符合本标准要求的均称为不合格项目，按其对产品性能的影响程度分为 A、B 两类，见表 3。

6.3.6 判定规则：采用逐台逐项考核判定，当各类不合格项目数均小于或等于接收数 Ac 时，则判定该批为接收批；各类不合格项目数有一类大于或等于拒收数 Re 时，则判定该批为拒收批。判定规则见表 4。

表 4 判定规则

不合格项目类别			A		B	
抽样方案	项目数		5		9	
	样本大小		2			
	检查水平		S-1			
	样本大小字码		A			
合格品	AQL 值		6.5		25	
	Ac	Re	0	1	1	2

7 包装、运输及贮存

7.1 设备运送到现场总装时，包装的形式和方法由供需双方商定。若采用包装箱包装，其包装贮存标志和运输包装收发货标志应分别符合 GB/T 191 和 GB/T 6388 的规定。

7.2 包装、运输前对有活动的零部件应予固定，对易损坏的零部件应进行防损坏包装。

7.3 随同设备供应的附件（备件及工具）应齐全。

7.4 全部文件应用塑料袋装好密封后，固定在箱内。

7.5 设备应存放在通风及无酸性、有害气体，并防潮、防雨的设施内，严禁随意堆压。

7.6 贮存超过一年的产品应经过复检合格后方能出厂。

ICS 65.060.99
B 93

中华人民共和国国家标准

GB/T 29892—2013

荔枝、龙眼干燥设备　试验方法

Litchi and longan drying equipments—Test methods

2013-11-12 发布　　2014-04-11 实施

中华人民共和国国家质量监督检验检疫总局
中国国家标准化管理委员会　发布

前 言

本标准按照 GB/T 1.1—2009 给出的规则起草。

本标准由农业部提出并归口。

本标准起草单位:广东省农业机械研究所。

本标准主要起草人:陆萍、刘清化、李宁、胡光华、黄海森。

荔枝、龙眼干燥设备　试验方法

1　范围

本标准规定了荔枝、龙眼干燥设备(以下简称设备)的性能试验方法和可靠性试验方法。

本标准适用于以空气为干燥介质、以间接加热方式对荔枝、龙眼进行干燥的批式设备。

2　规范性引用文件

下列文件对于本文件的应用是必不可少的。凡是注日期的引用文件,仅注日期的版本适用于本文件。凡是不注日期的引用文件,其最新版本(包括所有的修改单)适用于本文件。

GB 5009.3—2010　食品安全国家标准　食品中水分的测定

GB/T 5490　粮食检验　一般规则

GB 5491　粮食、油料检验　扦样、分样法

JB/T 5973　干燥机噪声声功率级的测定　简易法

3　性能试验

3.1　试验条件和要求

3.1.1　试验场地应能满足各项试验项目的要求。

3.1.2　试验用电源应符合下列要求:

a)　电压:220 V±10 V、380 V±20 V;

b)　频率:50 Hz±1 Hz。

3.1.3　试验用燃料应符合设备使用燃料标准要求,并提供准确的低位发热量(值)。

3.1.4　试验所用仪器仪表(参见附录 A)应经计量检定部门检定合格,并在检定有效期内。

3.1.5　根据试验用设备的处理量、试验次数准备足够的物料。

3.1.6　试验物料应经分拣,去除枝叶、留果蒂,剔除异味果和有裂壳、机械伤及病虫害等现象的缺陷果以及杂物。试验用物料品种应相同。

3.1.7　性能试验不得少于 3 批次。

3.2　试验准备

3.2.1　将温度测量仪安装在热风室靠近物料层的热风进口、出口处,用来测定进风口及出风口热风温度。

3.2.2　按使用说明书要求,设定热风温度上、下限值及超限报警值。

3.2.3　将温度计、湿度计和气压表安装在不受干燥设备影响的位置,用来测定环境温度、湿度及大气压力。

3.3　取样

3.3.1　干燥前物料取样:在干燥设备进料时随机取样,不少于 5 份,总质量不少于 5 kg。

3.3.2　干燥后成品取样:物料干燥后,在干燥设备的进风、出风和中间的三个位置,每个位置按次上、

中、次下的三个高度，按层随机取出样品，总质量不少于4 kg。

3.3.3 干燥不均匀度取样：物料干燥后，在干燥设备的进风、出风和中间的三个位置，每个位置按次上、中、次下的三个高度，随机取样，每份不少于100 g，共取9份样品，分别保存。

3.4 样品处理

3.4.1 干燥前样品处理：

a) 将3.3.1中的样品按GB/T 5490、GB 5491的规定制成试验样品及保存样品；

b) 按GB 5009.3—2010中减压干燥法测定物料干燥前水分，取三次测定结果的平均值。

3.4.2 干燥后样品处理：

a) 将3.3.2中的样品按GB/T 5490、GB 5491的规定制成试验样品A、试验样品B及保存样品；

b) 用试验样品A测定成品含水率，方法同3.4.1b)；

c) 用试验样品B测定成品裂壳率：取试验样品1 kg，逐个检查是否有裂壳现象，拣出裂壳样品并称量其质量。

3.4.3 干燥不均匀度样品处理：将3.3.3中的9份样品，按3.4.1b)的方法，分别测出每份样品的含水率，并计算出最大差值，最大差值即为干燥不均匀度。

3.5 测试程序

3.5.1 进料程序：

a) 计量进入设备的物料质量；

b) 按3.3.1中的规定取样。

3.5.2 作业程序：

a) 启动干燥作业，记录开始时间；

b) 开始计量燃料消耗量、耗电量；

c) 定时检测记录(每小时记录1次)热风进、出口温度以及环境温度、湿度及大气压力；

d) 按JB/T 5973中的规定测定设备噪声；

e) 记录终了时间，记录整理燃料消耗量、耗电量，并计算出小时燃料消耗量、小时耗电量。

3.5.3 排料程序：

a) 计量干燥成品质量；

b) 按3.3.2、3.3.3中的规定取样。

3.6 性能试验结果计算

3.6.1 干燥速率，按式(1)计算：

$$\mu=\frac{M_1-M_2}{T} \qquad \cdots\cdots(1)$$

式中：

μ ——干燥速率，%/h；

M_1 ——干燥前水分，单位为克每百克(g/100 g)；

M_2 ——干燥后水分，单位为克每百克(g/100 g)；

T ——干燥时间，单位为小时(h)。

3.6.2 处理量，按式(2)计算：

$$P_1=G \qquad \cdots\cdots(2)$$

式中：

P_1——处理量，单位为千克每批(kg/批)；

G ——进入干燥设备的物料质量,单位为千克(kg)。

3.6.3 单位失水量,按式(3)计算:

$$W_h = \frac{\mu P_1}{100 - M_2} \quad \cdots\cdots (3)$$

式中:

W_h——单位失水量,单位为千克每小时(kg/h)。

3.6.4 单位耗能量,按式(4)计算:

$$Q = \frac{FH + 3\ 600N}{W_h} \quad \cdots\cdots (4)$$

式中:

Q ——单位耗能量,单位为千焦每千克(kJ/kg);

F ——小时燃料消耗量,单位为千克每小时(kg/h);

H——燃料低位发热量(值),单位为千焦每千克(kJ/kg);

N——小时耗电量,单位为千瓦时(kW·h)。

3.6.5 成品裂壳率,按式(5)计算:

$$P_2 = \frac{L}{A} \times 100\% \quad \cdots\cdots (5)$$

式中:

P_2——成品裂壳率,%;

L ——样品中裂壳的质量,单位为千克(kg);

A ——样品总质量,单位为千克(kg)。

4 可靠性试验

4.1 试验采用定时截尾试验法,连续考核设备正常生产 300 h,记录设备在正常生产状态下故障发生的时间、故障部位及排除故障所需时间。轻微故障(无需停止设备运行就能处理的故障)不计。

4.2 平均故障间隔时间按式(6)计算:

$$MTBF = \frac{nT_0}{\sum_{i=1}^{n} r_i} \quad \cdots\cdots (6)$$

式中:

$MTBF$ ——平均故障间隔时间,单位为小时(h);

n ——试验用设备台数;

T_0 ——定时截尾试验时间,单位为小时(h);

r_i ——考核期间设备发生故障的次数。

4.3 使用有效度,按式(7)计算:

$$K = \frac{\sum_{i=1}^{n} T_{zi}}{\sum_{i=1}^{n} T_{zi} + \sum_{i=1}^{n} T_{gi}} \times 100\% \quad \cdots\cdots (7)$$

式中:

K ——使用有效度,%;

$\sum T_{zi}$ ——考核期间纯工作累计时间,单位为小时(h);

$\sum T_{gi}$ ——考核期间的故障及故障排除累计时间,单位为小时(h)。

5 试验报告

试验报告至少应包括以下内容：

a) 试验目的、时间、地点及相关说明；

b) 试验用干燥设备简介；

c) 试验条件及作业状态；

d) 试验结果及分析；

e) 试验结论；

f) 试验单位及参加人员。

附 录 A
（资料性附录）
测试用仪器仪表

测试用仪器、仪表（不包括引用标准中所使用的仪器、仪表）如表 A.1 所示。

表 A.1 测试用仪器仪表

序 号	名 称	准确度
1	温度测量仪	±1 ℃
2	温度计	±1 ℃
3	湿度计	±3%
4	气压表	±0.2%
5	台秤	±0.5%
6	功率表	1.0 级
7	计时器	0.1 s

ICS 79.040
B 68

中华人民共和国国家标准

GB/T 29893—2013

轻型木结构锯材用原木

Log for lumber in light wood frame construction

2013-11-12 发布　　2014-04-11 实施

中华人民共和国国家质量监督检验检疫总局
中国国家标准化管理委员会　发布

前　言

本标准按照 GB/T 1.1—2009 给出的规则起草。

本标准由全国木材标准化技术委员会(SAC/TC 41)提出并归口。

本标准起草单位:黑龙江省木材科学研究所、国家林业局林产品质量检验检测中心(哈尔滨)、黑龙江省林业科学院、黑龙江省林业高级技工学校。

本标准主要起草人:王宏棣、毕克新、侯振军、何金存、周志芳、王齐、时兰翠、黄海兵、崔晓磊、闫超、徐蕊。

轻型木结构锯材用原木

1 范围

本标准规定了轻型木结构锯材用原木的术语和定义、要求、抽样及检验方法、材积计算。

本标准适用于轻型木结构锯材用原木的生产及流通领域。

2 规范性引用文件

下列文件对于本文件的应用是必不可少的。凡是注日期的引用文件，仅注日期的版本适用于本文件。凡是不注日期的引用文件，其最新版本(包括所有的修改单)适用于本文件。

GB/T 144 原木检验

GB/T 155 原木缺陷

GB/T 4814 原木材积表

GB/T 15787 原木检验术语

GB/T 17659.1 原木锯材批量检查抽样、判定方法 第1部分:原木批量检查抽样、判定方法

GB 50005 木结构设计规范

3 术语和定义

GB/T 15787、GB/T 155 和 GB 50005 界定的以及下列术语和定义适用于本文件。

3.1

轻型木结构锯材用原木 log for lumber in light wood frame construction

用于加工轻型木结构规格锯材的原木。

4 要求

4.1 树种

云杉(*Picea* spp.)、冷杉(*Abies* spp.)、铁杉(*Tsuga* spp.)、落叶松(*Larix* spp.)、樟子松(*P. sylvestris* Var. *mongolica* Litv.)、油松(*Pinus tabulaeformis* Carr.)、马尾松(*P. massoniana* Lamb.)、湿地松(*Pinuselliottii Engelm.*)、南亚松(*Pinusmerkusii Junghet DeVr.*)、云南松(P. *yunnanensis* Franch.)、红松(*Pinus koraiensis* Sieb. et Zucc.)、杉木[*Cunninghamia* (Lamb.) Hook.]、柏木(*Cupressus funebris* Endl.)等其他适用针叶树种。

4.2 规格尺寸及公差

4.2.1 检尺长

4 m～6 m，按 0.2 m 进级，长级允许公差 $^{+6}_{-2}$ cm。

4.2.2 检尺径

自 18 cm 以上，按 2 cm 进级，足 1 cm 增进，不足 1 cm 舍去。

注：其他规格尺寸，由供需双方商定。

4.3 材质指标

材质指标应符合表 1 要求。

表 1 材质指标

缺陷名称		检量要求	允许限度
活节、死节		节子直径与检尺径之比	≤30%
		任意 1 m 材长范围内个数	≤10
漏节		全材长范围内	不允有
边材腐朽		厚度与检尺径之比	≤10%
心材腐朽		小头	不允有
		大头腐朽直径与检尺径之比	≤10%
虫眼		任意 1 m 材长范围内个数	≤10
		单个最大直径	≤5 mm
裂纹	环裂、弧裂	最大半径或拱高与检尺径之比	≤10%
	纵裂	长度与检尺长之比	≤20%
扭转纹		倾斜高度与检尺径之比	≤30%
弯曲		最大弯曲拱高与内曲水平长之比	≤2%
外夹皮		长度与检尺长之比	≤30%
偏枯		深度与检尺径之比	≤10%
外伤		深度与检尺径之比	≤10%
抽心		抽心直径与检尺径之比	≤20%
风折木		全材长范围内	不许有
应力木		全材长范围内	不许有

5 抽样及检验方法

5.1 抽样方法

按 GB/T 17659.1 的规定执行。

5.2 尺寸检量、材质评定

按 GB/T 144 的规定执行。

6 材积计算

按 GB/T 4814 的规定执行。

ICS 79.080
B 69

中华人民共和国国家标准

GB/T 29894—2013

木材鉴别方法通则

General method of wood identification

2013-11-12 发布 2014-04-11 实施

中华人民共和国国家质量监督检验检疫总局
中国国家标准化管理委员会 发布

前　言

本标准按照 GB/T 1.1—2009 给出的规则起草。

本标准由国家林业局提出。

本标准由全国木材标准化技术委员会(SAC/TC 41)归口。

本标准负责起草单位:广西大学。

本标准参加起草单位:中国林业科学研究院木材工业研究所、张家港出入境检验检疫局、广东产品质量监督检验院、上海汇豪木门制造有限公司、浙江省木业产品质量检测中心南浔质检所。

本标准主要起草人:徐峰、姜笑梅、陈旭东、海凌超、季军、崔启鹏、符韵林、周少英、牟继平、朱君、沈世发、陈桂丹、覃引鸾、廖晓梅、李敏华、张贝。

木材鉴别方法通则

1 范围

本标准规定了木材鉴别的术语和定义、取样方法、制片方法、构造照片拍摄、木材鉴别特征、木材密度测定、木材树种判定和鉴别报告。

本标准适用于木材及木制品用材的树种(木种)鉴别。

2 规范性引用文件

下列文件对于本文件的应用是必不可少的。凡是注日期的引用文件,仅注日期的版本适用于本文件。凡是不注日期的引用文件,其最新版本(包括所有的修改单)适用于本文件。

GB/T 1933　木材密度测定方法

LY/T 1788—2008　木材性质术语

3 术语和定义

LY/T 1788—2008 中界定的以及下列术语和定义适用于本文件。

3.1

横切面　cross section

与树干主轴或木材纹理相垂直的切面。又称端面或横断面。

[LY/T 1788—2008,定义 3.2.6]

3.2

径切面　radial section

顺着树干轴向,通过髓心与木射线平行或与年轮垂直的切面。

[LY/T 1788—2008,定义 3.2.7]

3.3

弦切面　tangential section

没有通过髓心的树干纵切面。

[LY/T 1788—2008,定义 3.2.8]

3.4

边材　sapwood

位于树干外侧靠近树皮部分的木材,一般含有生活细胞和储藏物质(如淀粉等)。边材树种是指心边材颜色无明显差别,木材通体颜色均一者。

[LY/T 1788—2008,定义 3.2.9]

3.5

心材　heartwood

在木材(生材)横切面上,靠髓心部分,一般材色较深,水分较少的木材,由边材演化而成。心材树种是心材和边材区别明显的树种。

[LY/T 1788—2008,定义 3.2.10]

3.6

生长轮 growth ring

树木形成层在每个生长周期所形成并在树干横切面上所看到围绕髓心的同心圆环。有些热带木材终年生长不停,因而没有明晰的年轮,但可能有生长轮。在温带地区,树木的生长轮就是年轮。

[LY/T 1788—2008,定义 3.2.11]

3.7

环孔材 ring-porous wood

在一个生长轮内,早材管孔明显大于前一生长轮和同一生长轮的晚材管孔,并形成一个明显的带或环,急变到同一生长轮晚材的木材,如水曲柳、刺槐、榆木等。

[LY/T 1788—2008,定义 3.2.24]

3.8

散孔材 diffuse-porous wood

在一个生长轮内早晚材管孔的大小没有显著区别,分布也均匀的木材,如椴木、杨木、桦木、赤杨等。

[LY/T 1788—2008,定义 3.2.25]

3.9

半环孔材 semi-porous wood

半散孔材 semi-diffuse porous wood

管孔的排列介于环孔材与散孔材之间,早材管孔明显大于前一生长轮晚材管孔,但在同一生长轮内,从中部到晚材管孔逐渐变小;或者木材有一个明显的生长轮,其早材管孔间距很近并不明显大于前一个生长轮和同一生长轮的晚材导管。如核桃、核桃楸等木材。

[LY/T 1788—2008,定义 3.2.26]

3.10

穿孔板 vessel perforation plates

纵向相邻两个导管分子之间底壁相通的孔隙称为穿孔板,有单穿孔板和复穿孔板。

3.11

管间纹孔式 intervessel piti

导管与导管之间的纹孔,常呈一定的排列形式,有梯列纹孔式、对列纹孔式和互列纹孔式。

3.12

轴向薄壁组织 longitudinal parenchyma

形成层纺锤形原始细胞分生形成的沿树干方向成串相连、一般具单纹孔的薄壁细胞群。分为离管类及傍管类薄壁组织两大类。

3.12.1

离管类薄壁组织 apotracheal parenchyma

在模式情况下,不依附于管孔或导管的轴向薄壁组织。分轮界、星散、星散聚合和带状薄壁组织等。

[LY/T 1788—2008,定义 3.2.40]

3.12.2

傍管类薄壁组织 paratracheal parenchyma

在模式情况下,依附管孔或导管的轴向薄壁组织。分为稀疏傍管类薄壁组织、环管薄壁组织、翼状薄壁组织、聚翼状薄壁组织、单侧傍管薄壁组织、傍管带状薄壁组织六类。

[LY/T 1788—2008,定义 3.2.41]

3.13

分隔木纤维 separate fibres

一种具有较薄横壁的木纤维。

3.14

木射线　wood ray

在木材横切面上从髓心向树皮呈辐射状排列的射线薄壁组织，来源于形成层中的射线原始细胞，是树木体内的一种贮藏组织。按排列形式分单列、双列、多列；按细胞组成分同形、异形；针叶树材有纺锤形。

[LY/T 1788—2008，定义 3.2.29]

3.15

交叉场纹孔　cross-field pit(ting)

交叉场是指在针叶材射线薄壁细胞和轴向管胞相交处的细胞壁区域。在交叉场的纹孔排列方式，早材部分常见。主要有窗格型、松木型、云杉型、柏木型、杉木型、南洋杉型。

[LY/T 1788—2008，定义 3.2.47]

3.16

树脂道　resin canal

针叶树材内分泌树脂的胞间道。

[LY/T 1788—2008，定义 3.2.18]

3.17

树胶道　gum duct

阔叶树材内分泌树胶的胞间道，且多为热带木材的正常特征。

[LY/T 1788—2008，定义 3.2.19]

3.18

侵填体　tylosis(复数 tyloses)

阔叶树材的心材和边材导管内的囊状或泡状的填充物，来源于邻近的木射线或轴向薄壁细胞，通过导管管壁的纹孔挤入胞腔，局部或全部将导管堵塞，常有光泽。

[LY/T 1788—2008，定义 3.2.33]

3.19

树胶　gums

不规则块状或隔膜状填充在导管腔中，而将导管封闭的胶状物。常呈红色或褐色的块状。

3.20

沉积物　deposits

呈不规则形充填在导管腔中，而将导管封闭的粉状填充物，多为白垩质。

3.21

结晶体　crystals

轴向薄壁组织细胞或射线细胞所含的草酸钙结晶、碳酸钙结晶，通常有菱形或长方体形。

3.22

螺纹加厚　helicall thickenings

在细胞次生壁内表面上，由微纤丝局部聚集而形成的屋脊状凸起，呈螺旋状环绕着细胞内壁的加厚组织。

3.23

材色　wood color

木材在自然光下呈现的颜色。

3.24

气干密度　air-dry density

木材在一定的大气状态下达到平衡含水率时的质量与体积的比值，一般指含水率在12%时的密度值。

[LY/T 1788—2008,定义 3.3.4]

4 取样方法

4.1 取样工具

锯(微型带锯、小圆锯、手锯)、刀(小刀、菜刀)、木工凿、生长锥(内径 5 mm 或以上)。锯子主要用于原木、锯材、胶合板、细木工板取样;生长锥和木工凿主要用于家具及工艺品取样。

4.2 取样方法

4.2.1 原木或锯材取样

在生长轮正常部位截取,应避开有斜纹、节子等缺陷之处。试样尺寸应不小于 20 mm(长)×20 mm(宽)×20 mm(高),横切面、径切面和弦切面要求相互垂直。

4.2.2 胶合板、细木工板、实木地板、实木复合地板取样

切取不小于 20 mm(长)×20 mm(宽)×自然厚度试样一块。

4.2.3 木质家具取样

在家具底部或内侧方条或板材部位取样,尽量避免影响使用功能。试样尺寸应满足徒手切片或切片机切片的要求。

4.2.4 木质工艺品取样

取样部位应为工艺品底部或背面。取样的方法与木质家具取样相同,试样尺寸应满足徒手切片或切片机切片的要求。

5 制片方法

5.1 切片设备、器具与药品

5.1.1 主要设备

主要设备包括:切片机(切片厚度小于 10 μm)、显微镜(5 倍~1 600 倍)、水浴锅、电磁炉或微波炉,烘箱。

5.1.2 主要器具

主要器具包括:广口瓶、烧杯、试管、培养皿、热水瓶、刀片、解剖针、镊子、毛笔、载玻片、盖玻片等。

5.1.3 主要药品

主要药品包括:番红、无水乙醇、二甲苯、甘油、双氧水、冰醋酸、光学树脂胶等。

5.2 试样软化方法

5.2.1 水煮法

材质轻软的木材直接水煮软化或者用热水瓶热水浸泡。试样经修正及编号后,置入烧杯加水煮沸

1 h～2 h,煮沸后投入冷水,复煮沸又投入冷水,或放入热水瓶浸泡 3 h～4 h,反复处理,直至木材沉入水底。

5.2.2 甘油-乙醇法

较重较硬的木材可用甘油-乙醇法软化。普通甘油与 70%乙醇混合液配比为 1∶1。先将试样水煮排除空气,后自沸水中直接移入甘油乙醇混合液的广口瓶内浸泡,放入烘箱软化,温度为 60 ℃～70 ℃。软化时间视木材的软硬而异,在软化期间,可取出试样,用单面刀片试削一下,感觉其软化程度,如软化不好放回烘箱,直到软化好为止。

5.2.3 冰醋酸-双氧水法

较重较硬的木材也可用冰醋酸-双氧水法软化。此法先排出试样内空气,然后以体积比 1∶1～1∶2,将混合液置于平底烧瓶,在水浴锅中加热使其沸腾,当木材表面颜色淡白或边缘开始离析,立即停止处理。试样经过去酸后,可储存于甘油酒精混合剂中,以备切片。

5.3 切片

试样切片可分别为徒手切片(简易切片)和切片机切片。

5.3.1 徒手切片

经软化后的试样,用锋利刀具在试样表面轻轻拖过,切成小而薄的切片,在低倍显微镜下检视是否满意,如果满意,加以染色,用甘油封片,可以保持两周以上;或经过染色、脱水、透明、封片,制成永久切片。

5.3.2 切片机切片

将试样放在切片机试样夹中,调整使试样切面成水平后固定,切片时先切横切面,切片厚度 15 μm～20 μm;后切径切面和弦切面,切片厚度均为 10 μm～20 μm。置于盛有蒸馏水的培养皿中。

5.4 染色

常用 1.0%番红水溶液(或 5%酒精溶液)染色,染色时间随树种或切片厚薄而定。

5.5 脱水

切片经染色后,还必须进行脱水处理,其程序如下:50%酒精 1 次或 2 次,每次 5 min～10 min;70%酒精 1 次或 2 次,每次 3 min～5 min;95%酒精 1 次或 2 次,每次 2 min～5 min;无水酒精 1 次或 2 次,每次 1 min～2 min;无水酒精和二甲苯各半 1 次,2 min～5 min。

5.6 透明

切片脱水之后即可进行透明处理,目前常用二甲苯进行透明。

5.7 封片

经过透明的切片,用镊子取出置于载玻片上,一般横切面放在上面,径切面在右下角,弦切面在左下角。在切片上滴一滴中性树胶后加上盖玻片。贴上标签,阴干或低温烘干即可观察。

6 木材构造照片拍摄

6.1 横切面宏观构造照片拍摄

将试样的横切面削平削光滑后进行拍照，放大倍数5倍～10倍。

6.2 横切面微观构造照片拍摄

将制好的横切面切片在生物显微镜下进行拍摄，放大倍数小于40倍。

6.3 弦切面微观构造照片拍摄

将制好的弦切面切片在生物显微镜下进行拍摄，放大倍数小于100倍。

6.4 径切面微观构造照片拍摄

将制好的径切面切片在生物显微镜下进行拍摄，放大倍数小于400倍。

7 木材鉴别特征

7.1 针叶树材

7.1.1 宏观特征

生长轮、早材、晚材、心材、边材、树脂道、材色、气味、纹理、结构。见附录A。

7.1.2 微观构造特征

轴向薄壁组织、木射线、交叉场纹孔、树脂道、螺纹加厚、齿状加厚。见附录A。

7.2 阔叶树材

7.2.1 宏观特征

生长轮、心材、边材、管孔、轴向薄壁组织、木射线、树胶道、侵填体、树胶、沉积物、材色、气味、纹理、结构、波痕。见附录B。

7.2.2 微观构造特征

管孔、穿孔板、管间纹孔式、轴向薄壁组织、分隔木纤维、木射线、树胶道、螺纹加厚、侵填体、油细胞、树胶、结晶体。见附录B。

7.3 木材密度测定

按GB/T 1933的规定进行测定。

8 木材树种判定

根据鉴别木材样品的宏观特征、微观构造特征及木材密度，参考发布实施的相关标准或正式出版的木材识别文献，与正确定名的木材标本进行比对，若特征相符，则可定其木材树种名称或木材名称。

9 鉴别报告

鉴别报告应包括下列内容：

——样品描述；

——木材主要特征；

——样品照片及木材构造照片；

——鉴别结果。

附 录 A
（规范性附录）
针叶树材鉴别记录表

鉴别编号：________________　　　　样品名称：________________

鉴别项目		鉴别结果	备注
样品状态	包装、尺寸		
轴向管胞	细胞形状、具缘纹孔、螺纹加厚		
轴向薄壁组织	类型、内含物		
木射线	宽度、高度、射线管胞、交叉场纹孔、内含物		
树脂道			
宏观特征	生长轮、心边材、材色、气味、纹理、结构、木材密度		
其他特征			
照片	样品实物、横切面、弦切面、径切面		
鉴别结果	中文名称： 拉丁名称： 科属名称：		

审核：　　　　　　　　主检：

附　录　B
（规范性附录）
阔叶树材鉴别记录表

鉴别编号：________________　　　　　　　　样品名称：________________

鉴别项目		鉴别结果	备注
导管与管孔	管孔类型、管孔排列、管孔组合、穿孔板、管间纹孔式、导管内含物		
轴向薄壁组织	傍管型、离管型、内含物、油细胞		
木纤维	木纤维类型、细胞形状、胞壁纹孔		
木射线	射线种类、射线排列、射线组成、射线高度、特殊细胞、射线内含物		
树胶道	轴向、径向		
其他特征	内含韧皮部、螺纹加厚		
宏观特征	生长轮、心边材、材色、气味、纹理、结构、木材密度		
照片	样品实物、横切面、弦切面、径切面		
鉴别结果	中文名称： 拉丁名称： 科属名称：		

审核：　　　　　　　　　　　　主检：

ICS 79.060
B 69

中华人民共和国国家标准

GB/T 29895—2013

横向振动法测试木质材料动态弯曲弹性模量方法

Standard test methods for nondestructive evaluation of wood-based flexural members using transverse vibration

2013-11-12 发布　　2014-04-11 实施

中华人民共和国国家质量监督检验检疫总局
中国国家标准化管理委员会　发布

前　言

本标准按照 GB/T 1.1—2009 给出的规则起草。

本标准由国家林业局提出。

本标准由全国木材标准化技术委员会结构用木材分技术委员会(SAC/TC 41/SC 4)归口。

本标准起草单位:华南农业大学、中国林业科学研究院木材工业研究所、苏州皇家整体住宅系统股份有限公司、国家家具产品质量监督检验中心(广东)。

本标准主要起草人:胡传双、周海宾、殷亚方、费本华、任海青、倪竣、云虹、王婷、赵荣军、黄泳、朱进、文伟、袁纳新、周建徽。

横向振动法测试木质材料动态弯曲弹性模量方法

1 范围

本标准规定了横向振动法测试木质材料动态弯曲弹性模量的方法。

本标准适用于具有实心矩形截面的木质材料。

2 规范性引用文件

下列文件对于本文件的应用是必不可少的。凡是注日期的引用文件，仅注日期的版本适用于本文件。凡是不注日期的引用文件，其最新版本(包括所有的修改单)适用于本文件。

GB/T 1931 木材含水率测定方法

GB/T 17657 人造板及饰面人造板理化性能试验方法

3 术语和定义

下列术语和定义适用于本文件。

3.1

横向振动 transverse vibration

由简支梁跨距中点处初始微小竖向位移或其他激振源引起，激振和拾振方向均与试件长度方向相垂直的振动。

3.2

基模振动 fundamental mode of vibration

由简支梁跨距中点处垂直于轴向的微小竖向位移产生的横向振动，如图1所示。

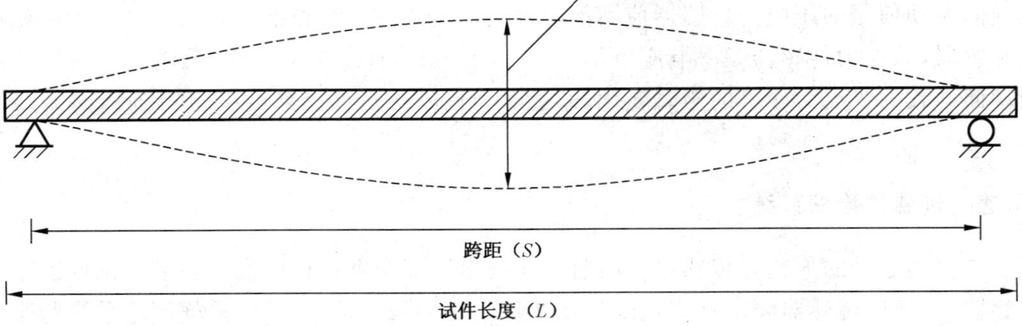

图 1 基模横向振动示意图

4 测试系统

4.1 概述

测试系统主要组成为支承装置、激振装置和拾振系统。

4.2 支承装置

4.2.1 支承

支承装置满足简支梁自由阻尼振动支撑条件，一端为刀口型支撑，一端为点状支撑，在被测试件的两端提供垂直方向的支承。应确保支承装置不会损坏与其接触处的试件表面，支承条件应限制试件的横向移动，但不会约束试件的纵向平动和转动。

4.2.2 支承几何条件

确保支承面与支承试件的接触面紧密平行接触。

4.2.3 侧向支承

不允许使用侧向支承，如果试件在没有侧向支承的条件下不能保持稳定，则不宜采用本方法进行测试。

4.2.4 支承跨距

试件两端的支点应沿试件长度方向的几何中心完全对称，试件两端伸出支点的悬臂长度应相等。在对测试数据进行计算分析时，支承跨距(S)和试件长度(L)之比应不小于 0.98。考虑到测试的可操作性，试件两端伸出支点的悬臂长度一般应不小于 25.0 mm。

4.3 激振装置

激振源应保证试件能够产生如图 1 所示的基模横向振动。采用手动方式在跨距中点处锤击激振时，锤头材质宜选用橡皮材料，要确保仅产生横向振动而不会产生侧向扭转振动，保持锤击力度适中，避免产生连击。当试件刚度较大而不宜采用手动方式锤击激振时，可采用在跨距中点处悬重方式产生初始竖向微小位移，突然去除悬重后要确保仅产生横向振动而不会产生侧向扭转振动。

4.4 拾振系统

4.4.1 力传感器拾振系统

测试横向振动信号的压电力传感器使用前根据出厂说明书进行校准。在被测试件的一端或两端安装压电力传感器，压电力传感器频率响应范围为 0.2 Hz～1 kHz，以 500 Hz 采样频率采集试件支承处因横向振动而导致的支反力信号的历时变化，通过对力信号进行傅里叶变换可得到横向振动的第一阶固有频率。

4.4.2 加速度传感器拾振系统

测试横向振动信号的加速度传感器使用前应根据出厂说明书进行校准。在被测试件跨距中点安装加速度传感器，加速度传感器频率响应范围为 0.2 Hz～1 kHz。以 500 Hz 采样频率采集跨距中点处的振动信号的历时变化，通过对振动信号进行傅里叶变换可得到横向振动的第一阶固有频率。

5 测试试件

5.1 试件应为矩形截面实心构件，截面尺寸范围为 8 mm～285 mm，试件的截面形状和尺寸在整个长度方向上应保持一致。如果存在钝棱等影响试件尺寸和形状一致性的缺陷，应在测试报告中予以说明。

5.2 跨高比应不小于 20。

5.3 试件含水率不应超过18%。锯材试件含水率依据GB/T 1931进行测试，同时应标明试件达到测试时的含水率状态所采用的干燥措施，如经过长期调湿、窑干、气干或未知干燥情况等信息。木质结构用复合材含水率依据GB/T 17657进行测试。

6 测试过程

6.1 校准

在测试开始前，所用测试系统应采用标准附件进行系统校准。一般标准附件可采用截面为矩形的标准铝合金棒，铝合金棒的名义弹性模量应已通过静态测试方法标定。

采用同一标准附件对测试系统进行校准时，应至少重复测试3次，平均误差应不大于1.0%。

6.2 激振

激振方法应遵照4.3中有关激振的规定。为了避免激振方法对测试结果的影响，每个试件应至少重复测试3次，以消除不正确激振导致的误差，结果取平均值。

6.3 弹性模量的计算

6.3.1 基本公式

基于横向振动共振频率的弹性模量计算方法如式(1)所示：

$$E_{tv}=\frac{(f_1)^2w(S)^3}{K_dIg} \qquad (1)$$

式中：

E_{tv}——横向振动测算的弹性模量，单位为兆帕(MPa)；

f_1——第一阶固有频率，单位为赫兹(Hz)；

w——试件重量，单位为牛顿(N)；

S——支承跨距，单位为毫米(mm)；

K_d——简支梁自由振动常数，$K_d=2.47$；

I——试件截面惯性矩，单位为四次方毫米(mm^4)，$I=bh^3/12$；

b——试件宽度，单位为毫米(mm)；

h——试件高度，单位为毫米(mm)；

g——重力加速度，$g=9\ 807\ mm/s^2$。

6.3.2 数据分析

6.3.2.1 测试结果应标明弹性模量E的计算是基于标准截面尺寸还是基于各测试试件实际截面尺寸。

6.3.2.2 测试结果应标明测试环境对测试结果的影响。室内测试环境保持温度(20±2)℃和湿度(65±5)%。现场测试环境避免日光照射，同一批(组)试件在测试过程中应尽可能保持温湿度和风速环境的一致，温度变化范围为±5 ℃，湿度变化范围为±10%，风速应小于5 m/s，同时避免外界振动以及电源噪声等的不利影响。

7 测试报告

7.1 测试报告应详细描述测试过程包括仪器校准的过程，确保测试过程的可重复性。对可能影响测试所得弹性模量的偏差因素进行充分描述，可有助于测试数据的可比性。

7.2　报告中应包括以下内容：

——设备的描述应包括设备制造商信息、型号和校准方法等；

——测试设置应详细描述试件支承条件和试件表面信息等；

——详细描述仪器校准和测试环境的温湿度环境，尽量保证在测试期间测试环境的一致性；

——详细描述校准所用标准试件和过程；

——测试数据的单位使用国际单位制，确保精度和偏差；

——如对测试数据进行调整，需详细描述数据的调整和修正。

ICS 79.020
B 60

中华人民共和国国家标准

GB/T 29896—2013

接触土壤防腐木材的防腐剂流失率测定方法

Method of determining the leachability of wood preservatives from treated wood in soil contact

2013-11-12 发布　　2014-04-11 实施

中华人民共和国国家质量监督检验检疫总局
中国国家标准化管理委员会　发布

前　言

本标准按照 GB/T 1.1—2009 给出的规则起草。

本标准由国家林业局提出。

本标准由全国木材标准化技术委员会(SAC/TC 41)归口。

本标准起草单位:北京林业大学。

本标准主要起草人:曹金珍、于丽丽、刘如。

接触土壤防腐木材的防腐剂流失率测定方法

1 范围

本标准规定了与湿润土壤接触的防腐处理木材中防腐剂流失率测定的原理、试验条件、试验方法、结果计算和测试报告要求等。

本标准适用于在实验室条件下评价接触土壤(C4A 等级)防腐处理木材中防腐剂的流失率。

2 规范性引用文件

下列文件对于本文件的应用是必不可少的。凡是注日期的引用文件,仅注日期的版本适用于本文件。凡是不注日期的引用文件,其最新版本(包括所有的修改单)适用于本文件。

GB/T 14019—2009 木材防腐术语

GB/T 23229 水载型木材防腐剂分析方法

LY/T 1636 防腐木材的使用分类和要求

NY/T 1121 土壤检测

3 术语和定义

GB/T 14019—2009 界定的术语和定义适用于本文件。

4 原理

将一定规格的试材进行防腐处理,载药量达到接触土壤 C4A 等级。将试材锯成 2 段,分别作为流失试样和对照试样。将流失试样垂直插入湿润土壤中保持 12 周后取出,测定其防腐剂有效成分的载药量,并与对照试样进行比较,以流失的防腐剂的百分含量表征木材防腐剂在与土壤接触时的流失率。

5 仪器与设备

5.1 浸注装置

采用真空/压力浸注罐,要求相对真空度达到−0.09 MPa 以下,压力达到 0.8 MPa 以上。

5.2 流失试验装置

采用塑料花盆或其他可满足要求的容器。直径为 17 cm±1 cm,深度至少达到 17 cm,底部留有直径为 1.6 cm 的孔,可用于排出多余的水分。孔上配有一个小塞子,可用于土壤基的湿度调节。

5.3 分析仪器或设备

水载型防腐剂应具备 GB/T 23229 中规定的仪器或设备。其他防腐剂应具备该防腐剂适用标准中规定的仪器或设备。

5.4 其他

天平(精确度0.01 g),恒温恒湿室(箱),塑料网(10目)。

6 试验步骤

6.1 试验材料的准备

6.1.1 木材

用于制备试样的木材应经过气干或窑干处理(含水率≤19%),树种可选择杉木(*Cunninghamia lanceolata* Hook.)、马尾松(*Pinus massoniana* Lamb.)或樟子松(*Pinus sylvestris* var. *mongolica* Litv.)的边材。无节子、变色及其他可见缺陷。每厘米至少包含2个年轮。

6.1.2 防腐处理试样

对于每个木材防腐剂的载药量水平,应从5块不同的板材上各取5块防腐处理试样,试样尺寸为250 mm(L)×14 mm(R)×14 mm(T)。

6.1.3 土壤基

每个试验中需要采用2～3种代表不同地域及类别的土壤。土壤应取自未开发的场所,即未用于农业、园艺或是工业生产等活动。把土壤表层覆盖的草皮等杂物去除后取离地表8 cm厚度以上的土壤作为试验用土壤,并根据NY/T 1121系列标准对土壤进行分析,提供如表1所示的土壤理化指标。

表1 土壤理化指标及项目

序号	理化指标	项　　目
1	土壤构成	砂子、粘土、淤泥
2	有机物含量/%	
3	酸度	pH_{H_2O}、pH_{KCl}
4	可交换离子	Ca、Mg、K、Na、可交换酸、可交换Al、盐基总量、盐基饱和量
5	金属/(mg/kg)	Fe、Mn、Cu、Zn、Pb、As
6	保水能力	土壤最大吸湿量

除了土壤外,还需准备细砂(40目～60目)。

6.1.4 木材防腐剂

配制一定浓度的木材防腐剂溶液,确保经过该防腐剂处理后的试样中防腐剂有效成分的载药量达到LY/T 1636中规定的C4A等级。对于水载型防腐剂和油载型防腐剂,分别采用铬化砷酸铜(CCA)和五氯酚(Penta)作为对照用防腐剂。

6.2 试样的防腐处理

6.2.1 试样的平衡处理

把试样放在恒温恒湿室(箱)中进行平衡处理,温度23 ℃±1 ℃,相对湿度50%±2%,达到平衡含水率。

6.2.2 试样的浸注处理

对应每个防腐剂的载药量，选择 25 块试样，称重(精确至 0.01 g)，记为 m_1(g)。将试样在浸注装置中进行真空/压力浸注处理，即先把试样放置在浸注装置中，抽真空，使相对真空度达到－0.09 MPa 以下，保持 15 min；注入防腐液；加压，使压力达到 0.8 MPa 以上，保压 30 min。相对真空度和压力的具体数值根据不同树种进行调整。取出试样，吸干表面残留的液体，称重(精确至 0.01 g)，记为 m_2(g)。

6.2.3 载药量的计算

每个试样中防腐剂的载药量(kg/m^3)按式(1)计算：

$$R=\frac{m\cdot c\times 10}{V} \quad\cdots\cdots(1)$$

式中：

R ——载药量，单位为千克每立方米(kg/m^3)；

m ——试样所吸收的处理液的质量，$m=m_2-m_1$，单位为克(g)；

c ——防腐剂的浓度值，即 100 g 处理液中所含防腐剂的克数；

V ——试样的体积，单位为立方厘米(cm^3)。

6.3 防腐试样的固着处理

将防腐试样在室温 0 ℃～28 ℃件下气干至平衡含水率。对于 CCA 和氨/胺溶季铵铜(ACQ)等需要在高相对湿度环境中固着的水载型木材防腐剂，在气干前应在密封塑料袋中室温放置 7 d 以上。

6.4 防腐试样的流失试验

6.4.1 流失试样的制备

把经过 6.3 处理后的防腐试样锯成长度为 150 mm(流失试样)和 100 mm(对照试样)的两段，对照试样用于分析流失前防腐剂的载药量。将流失试样称重(精确至 0.01 g)，记为 W_1(g)。

6.4.2 流失试验土壤基的制备

将塞子塞进流失试验用容器底部的孔里，在容器底层铺一层厚度为 1 cm 的细砂，用塑料网(10 目)盖住，然后放入土壤直至离容器顶部边缘 1 cm 处。加入足够的蒸馏水使土壤完全浸透，保持 24 h 后拔掉塞子，使多余的水从容器底部排出，保持 16 h。

6.4.3 流失试验

把流失试样锯切面朝下垂直插入流失土壤基中，试样的上端面与土壤平齐。每个容器中放置 5 块来自不同板材的流失试样，各块试样之间应保持同等间距。把容器用不密封的盖子盖上，称重，记为初始质量。将容器放在室内或温控箱中，使温度保持在 22 ℃～28 ℃之间。每隔 2 d 将容器称重 1 次，根据质量的下降加入足够的蒸馏水以保持土壤基的含水量。经过 12 周的流失试验后取出试样，用湿纸巾擦去试样表面的土壤，称重(精确至 0.01 g)，记为 W_2(g)。

7 防腐剂有效成分平均载药量分析

7.1 分析试样的制备

经过流失试验的试样进行气干处理后，从试样的两端各锯掉 40 mm，剩余 70 mm 长试样用作分析试样。另外,在长度为 100 mm 的对照试样上从锯切面一端取 70 mm 用于对照分析,如图 1 所示。

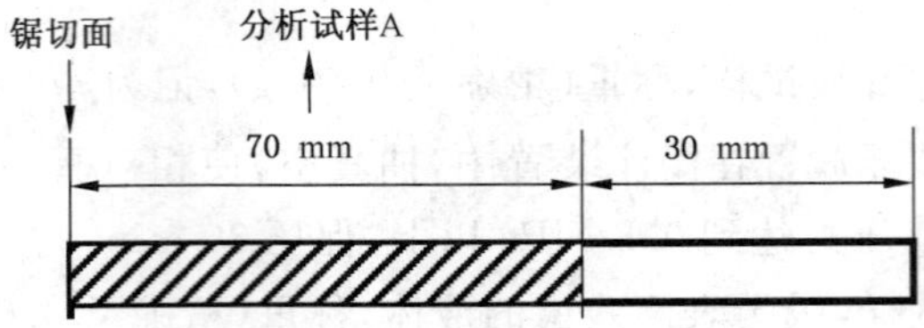

a) 对照试样 (100 mm)

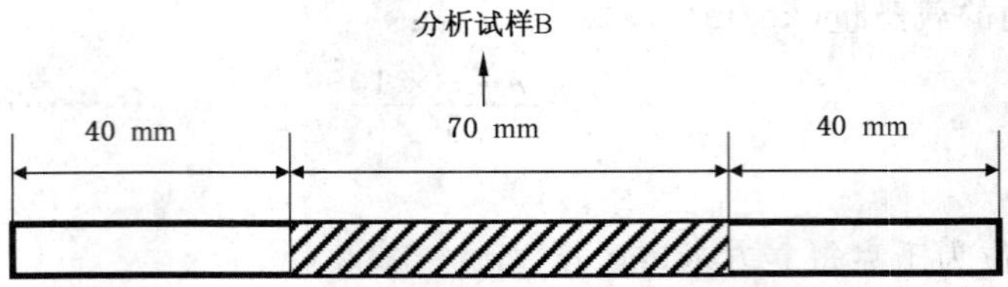

b) 流失试样(150 mm)

图 1 分析试样的制备

7.2 防腐剂有效成分平均载药量分析

将分析试样 A 和 B 用植物粉碎机粉碎,过 20 目筛子,使样品充分混合,并使用该防腐剂适用标准中规定的方法进行分析。A 和 B 各取 3 个木粉试样进行分析,取其平均值记为平均载药量 A_r 和 B_r。

8 结果计算

8.1 流失试样的水分增加率

流失试样的水分变化以水分增加率(%)表示,按式(2)计算:

$$水分增加率=\frac{W_2-W_1}{W_1}\times 100\% \quad \cdots\cdots(2)$$

式中:

W_1——流失试验前流失试样的质量,单位为克(g);

W_2——流失试验后流失试样的质量,单位为克(g)。

8.2 防腐剂有效成分的流失率

每块试样中防腐剂有效成分的流失率(%)按式(3)计算:

$$防腐剂有效成分的流失率(\%)=\frac{A_r-B_r}{A_r}\times 100\% \quad \cdots\cdots(3)$$

式中:

A_r——对照试样中防腐剂有效成分的平均载药量,单位为千克每立方米(kg/m^3);

B_r——分析试样中防腐剂有效成分的平均载药量,单位为千克每立方米(kg/m^3)。

根据每块试样中防腐剂有效成分的分析确定 25 块试样中该防腐剂有效成分的流失率的平均值。

9 测试报告

测试报告中应包括以下信息：

——使用的木材树种；

——使用的木材防腐剂；

——试验土壤的理化指标；

——对照试样中木材防腐剂及各有效成分的载药量；

——流失试样的水分增加率；

——试验防腐剂及对照用防腐剂处理试样中防腐剂有效成分的平均流失率。

ICS 91.080.20
P 23

中华人民共和国国家标准

GB/T 29897—2013

轻型木结构用规格材目测分级规则

Visual grading rules for dimension lumber in light wood frame construction

2013-11-12 发布　　2014-04-11 实施

中华人民共和国国家质量监督检验检疫总局
中国国家标准化管理委员会 发布

前　言

本标准按照 GB/T 1.1—2009 给出的规则起草。

本标准由国家林业局提出。

本标准由全国木材标准化技术委员会结构用木材分技术委员会(SAC/TC 41/SC 4)归口。

本标准起草单位:中国林业科学研究院木材工业研究所、苏州皇家整体住宅系统股份有限公司。

本标准主要起草人:吕建雄、江京辉、任海青、周海宾、倪竣、王朝晖、殷亚方、徐伟涛、王永兵。

轻型木结构用规格材目测分级规则

1 范围

本标准规定了轻型木结构用规格材的术语和定义、缺陷测量方法以及等级要求。

本标准适用于轻型木结构用规格材。

2 规范性引用文件

下列文件对于本文件的应用是必不可少的。凡是注日期的引用文件，仅注日期的版本适用于本文件。凡是不注日期的引用文件，其最新版本(包括所有的修改单)适用于本文件。

GB/T 155 原木缺陷

GB/T 4823 锯材缺陷

GB/T 11917 制材工艺术语

GB/T 15035 木材干燥术语

GB 50005 木结构设计规范

3 术语和定义

GB/T 155、GB/T 4823、GB 50005、GB/T 11917 和 GB/T 15035 界定的以及下列术语和定义适用于本文件。

3.1

节子 knot

枝条被锯切后留在规格材的部分。按照节子在规格材分为边节、中线节、其他节和节孔。其中边节包括圆边节、条状节和三面节;中线节包括:中节、簇生节和组合节。

3.1.1

圆边节 edge knot

节子完全或部分位于规格材的窄边。

3.1.2

条状节 spike knot

节子位于部分窄面并沿着相邻的宽面伸展，常见于锯材的径切面上。

3.1.3

三面节 three face knot

节子位于一个侧边的边角及其相对的宽面上。

3.1.4

中节 center knot

节子的节心与规格材宽面中心线重合的节子。

3.1.5

簇生节 knot cluster

有两个或多个节子组成，并由周围的木材扭曲纹理围在一起的节群。

3.1.6

组合节　combination knot

如果一个节子在规格材宽度方向与另一个节子的任何部分交迭，则认为这两个节子为组合节。

3.1.7

节孔　knot hole

节子全部或部分脱落形成的孔洞。

3.2

基本钝棱　basic wane

每个等级的规格材都允许有一条贯通全长的钝棱，但其宽度不应大于所在等级要求的最大宽度，称为基本钝棱。

3.3

孔　hole

由各种原因引起的盲孔或穿孔。主要包括虫眼、节孔以及机械产生的孔。

3.4

小虫孔　pin hole

出现在规格材上通常孔径呈 1 mm～2 mm 的黑色小孔。

3.5

大虫眼　grub hole

孔径比针孔虫眼大，且对强度影响更严重的虫孔。直径为 1.6 mm～10.0 mm。

3.6

裂纹　shake;check

木材纤维沿纹理方向发生分离所形成的裂隙。分为贯通裂和非贯通裂。

3.7

锯口　sawcut

位于中间部分位置的垂直于规格材长度的截口。

3.8

机械加工偏移　machine offset

发生在规格材侧面靠近端头部分的明显不平整现象，但未造成规格材宽度减少或变形。

4　缺陷测量方法

4.1　测量工具

卷尺，测量尺寸应准确至 1 mm。

4.2　缺陷测量方法

4.2.1　测量节子尺寸

在本标准中，节子尺寸是节子在规格材横截面上的投影面积除以规格材厚度，字母缩写为 D，不同类型节子尺寸计算方法如表 1 所示。

表 1　不同类型节子尺寸计算方法

<table>
<tr><td rowspan="2">边节</td><td>边节类型</td><td>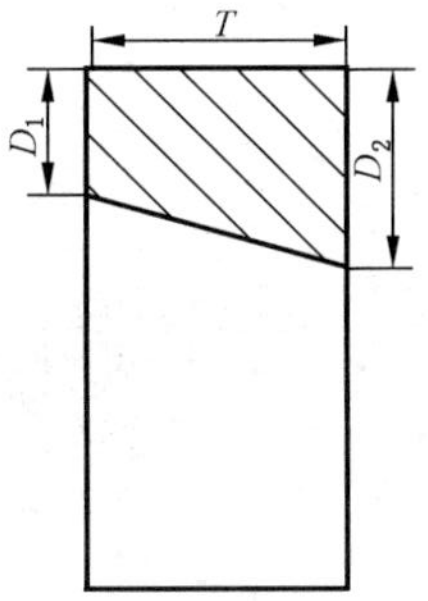</td><td>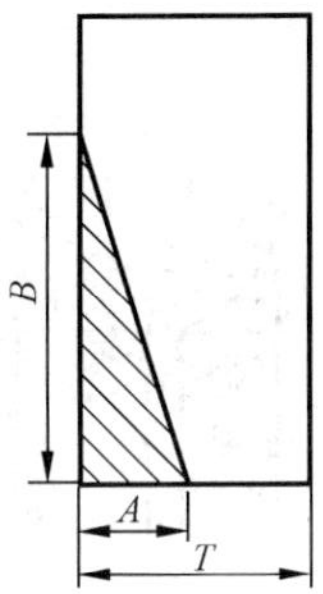</td><td>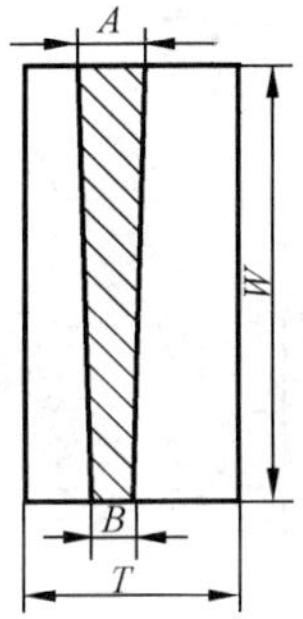</td><td>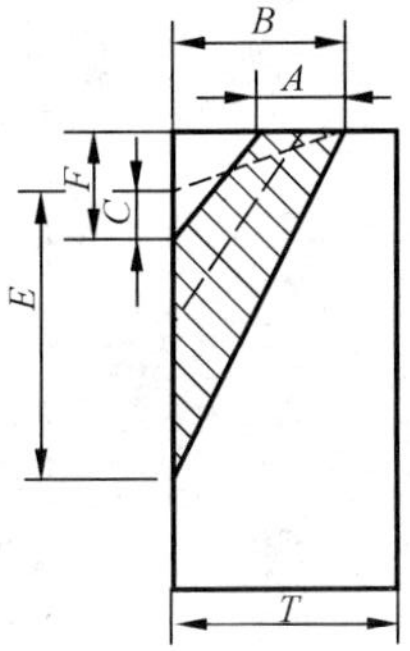</td><td>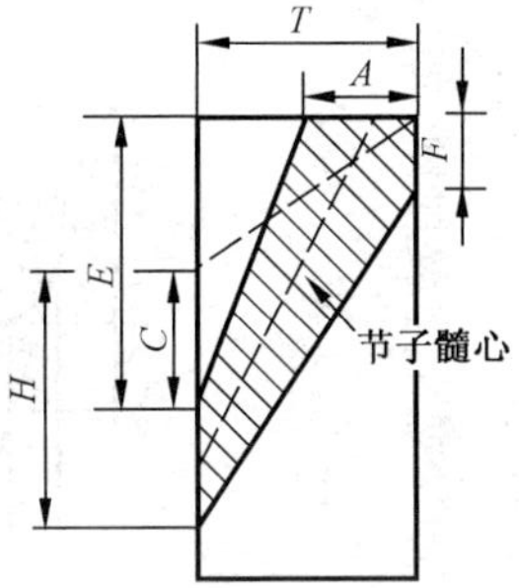</td><td rowspan="2">当节子髓心在窄面，或 $A>T/2$，该节子按边节评估；否则，按其他节子评估</td></tr>
<tr><td>计算方法</td><td>$\frac{D_1+D_2}{2}=D$</td><td>$\frac{A\times B}{2T}=D$</td><td>$\frac{(A+B)\times W}{2T}=D$</td><td>$\frac{A}{B}\approx\frac{C}{F},\frac{B\times E}{2T}=D$</td><td>$\frac{A}{T}\approx\frac{C}{E},\frac{F+H}{2}=D$</td></tr>
<tr><td rowspan="2">中线节</td><td>中线节类型</td><td colspan="3">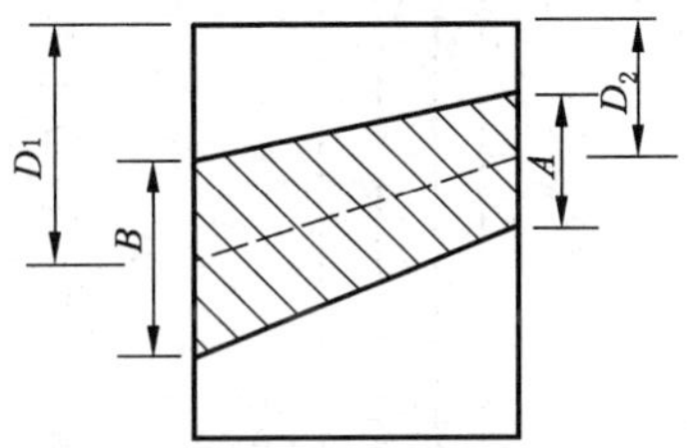</td><td colspan="3">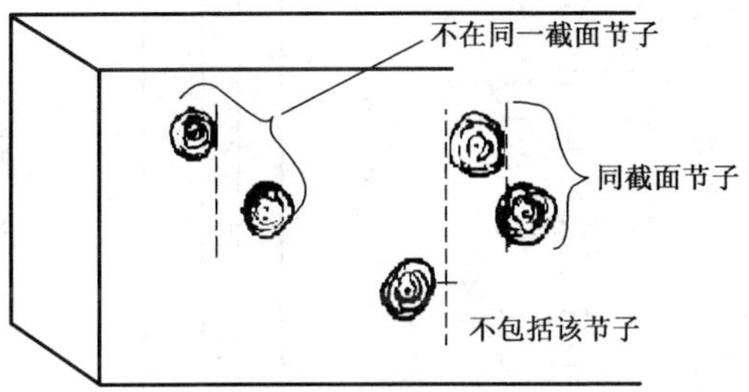</td></tr>
<tr><td>计算方法</td><td colspan="3">$\frac{(A+B)}{2}=D$ 节子髓心到窄面距离平均值为宽度的一半</td><td colspan="3">对于同截面节子，将每个节子尺寸相加后按照中线节评估</td></tr>
<tr><td colspan="2">测量其他节</td><td colspan="2">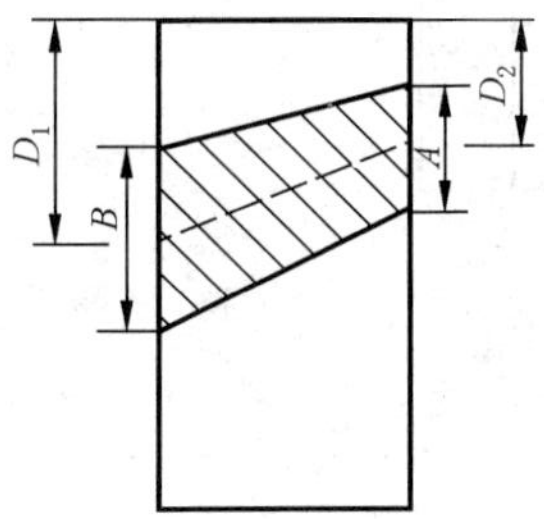</td><td colspan="4">$\frac{D_1+D_2}{2}=P,\frac{A+B}{2}=D$，其中节子髓心到窄面距离为 P，利用附录 A 确定目测等级</td></tr>
</table>

4.2.2 钝棱

每个等级的规格材都允许有一条贯通全长的钝棱，但其宽度不应大于所在等级要求的最大宽度，称为基本钝棱。位于宽面和窄面的钝棱应当分别进行评估。此外，对于贯通全长的基本钝棱，允许额外增加钝棱宽度不超过全长的1/4，但增加部分应有基本钝棱其他减少的等效面积来抵消。钝棱在规格材中间时，允许略为增加钝棱凹陷，如果钝棱凹陷不超过规格材所允许的漏刨尺寸，则允许钝棱凹陷长度为0.3 m；在窄面的钝棱凹陷长度可以按节孔计算，不应大于该等级所允许孔尺寸的两倍，不应在规格材两端。每块规格材允许的钝棱凹陷仅1处。以Ⅲc等级为例补充说明钝棱分级规则，如图1～图5所示。

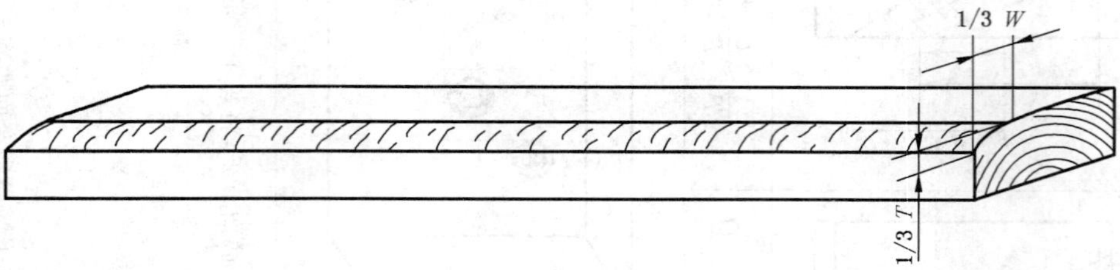

图1 Ⅲc等级允许基本钝棱

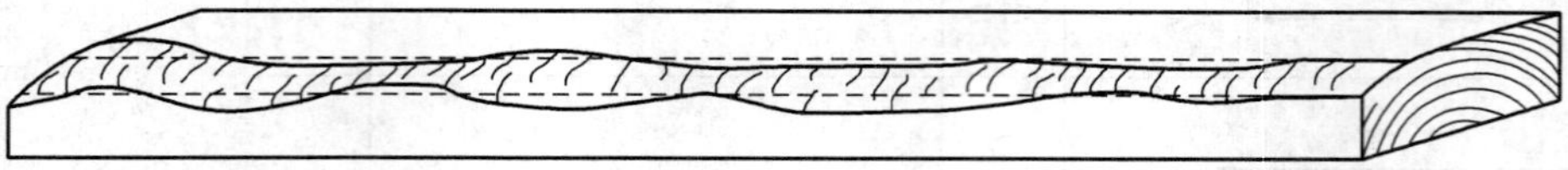

图2 Ⅲc等级允许等效基本钝棱

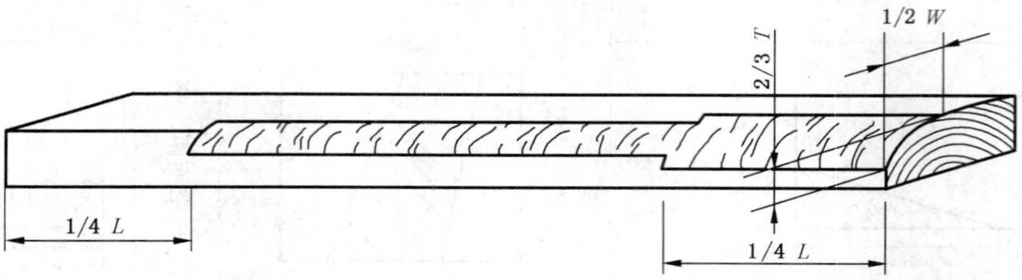

图3 Ⅲc等级允许最大允许钝棱

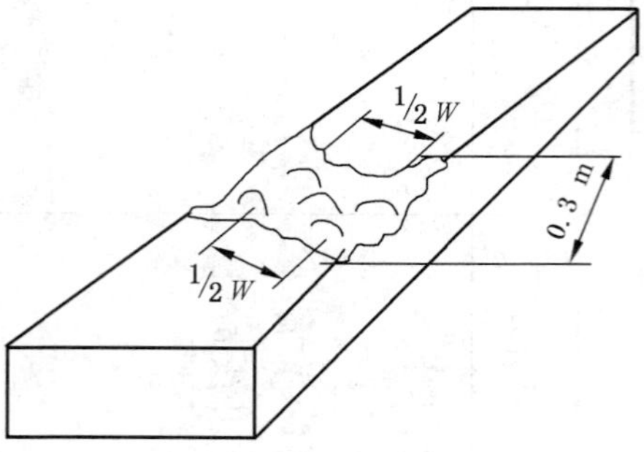

图4 宽面钝棱在中间超最大允许钝棱

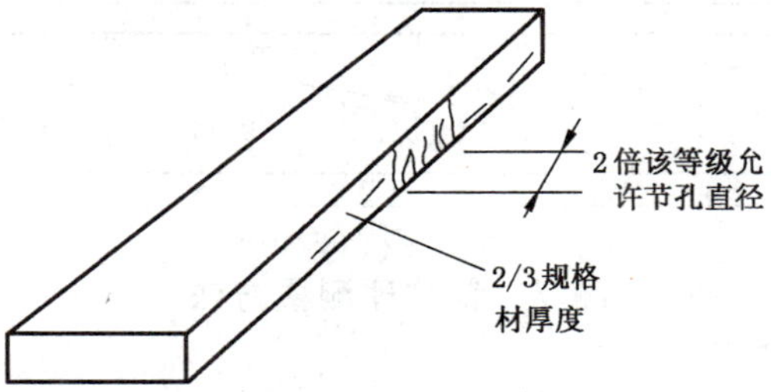

图 5 窄面钝棱在中间超最大允许钝棱

4.2.3 裂纹

裂纹的两个最重要因素是裂纹长度和裂纹是否贯通。如果裂纹出现在某一个宽面,而且穿透规格材后出现在另一相对面上,则称为"贯通裂",否则为"非贯通裂"。不同等级对贯通裂和非贯通裂长度要求不同。不同裂纹形式如图 6 所示。

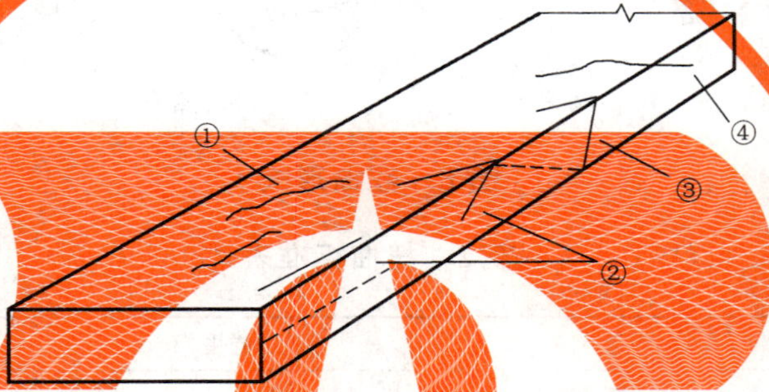

说明:

①——表裂,平行裂纹测量长度;

②——贯通裂和两面裂,裂纹长度为两个面的平均值,对于Ⅲc 等级两面裂纹,在窄面不能超过 3/4;

③——三面裂,按照节孔计算等级;

④——沿展两面裂纹,裂纹长度为两面之和。

图 6 不同裂纹形式

4.2.4 劈裂

劈裂是位于规格材端头。劈裂长度在相对的两面分别测量,其平均值用于规格材分等。

4.2.5 腐朽

在本标准中腐朽程度很重要,分为坚实和松软;分级计算腐朽表面积以及观察腐朽的深度。

4.2.6 斜纹理

斜纹理是指木纤维偏离平行于规格材侧边的直线,通常用一个比率来表示,如图 7 所示。通常要求有足够的长度来测量斜纹理,测量时可不考虑节子周围和其他位置的局部偏离。斜纹理用一个比值,即斜纹理的增加(X):跨度(Y)来表示。

4.2.7 翘曲

翘曲包括横弯、顺弯、翘弯和扭曲或者多种弯曲组合,如图 8 所示。翘曲的测量应参照 GB/T 4823 的要求。翘曲可分为轻度、轻和中度三个等级,对于不同宽度和长度的规格材,具体可根据表 2 和表 3 的规定和表 4 所列出的不同等级要求来确定。

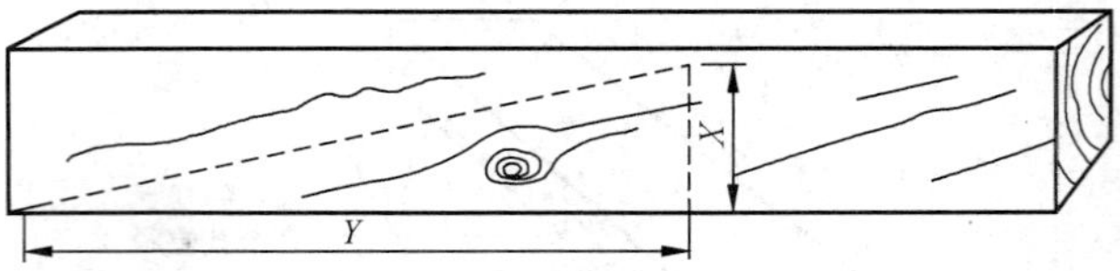

图7 斜纹理测量方法

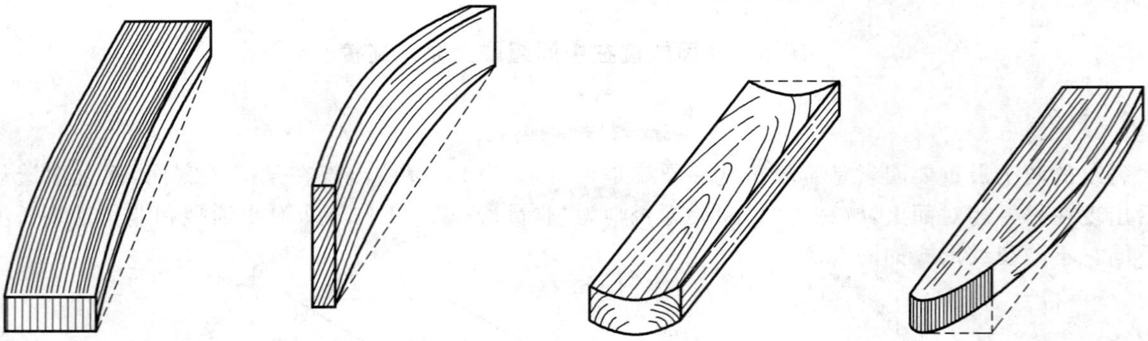

a） 横弯　　b） 顺弯　　c） 翘弯　　d） 扭曲

图8 翘曲形式

表2 扭曲标准表

长度 m	种类	宽度/mm					
		40	65～90	115～140	185	235	285
1.2	轻度	1.6	3.2	5	6	8	10
	轻	3	6	10	13	16	19
	中度	5	10	13	19	22	29
1.8	轻度	2.4	5	8	10	11	14
	轻	5	10	13	19	22	29
	中度	7	13	19	29	35	41
2.4	轻度	3.2	6	10	13	16	19
	轻	6	5	19	25	32	38
	中度	10	19	29	38	48	57
3.0	轻度	4	8	11	16	19	24
	轻	8	16	22	32	38	48
	中度	13	22	35	48	60	70
3.7	轻度	5	10	14	19	24	29
	轻	10	19	29	38	48	57
	中度	14	29	41	57	70	86
4.3	轻度	6	11	16	22	27	33
	轻	11	22	32	44	54	67
	中度	16	32	48	67	83	98
4.9	轻度	6	13	19	25	32	38
	轻	13	25	38	51	64	76
	中度	19	38	57	76	95	114

表 2（续）

长度 m	种类	宽度/mm					
		40	65～90	115～140	185	235	285
5.5	轻度	8	14	21	29	37	43
	轻	14	29	41	57	70	86
	中度	22	41	64	86	108	127
6.1 以及更长	轻度	8	16	24	32	40	48
	轻	16	32	48	64	79	95
	中度	25	48	70	95	117	143

表 3　横弯标准表

长度 m	种类	宽度/mm						
		40	65	90	115～140	185	235	285
1.2～1.8	轻度	3.2	3.2	3.2	3.2	1.6	1.6	1.6
	轻	6	6	6	5	3.2	1.6	1.6
	中度	10	10	10	6	5	3.2	3.2
2.4	轻度	6	6	5	3.2	3.2	1.6	1.6
	轻	10	10	10	8	6	5	3.2
	中度	13	13	13	10	10	6	5
3.0	轻度	10	8	6	5	5	3.2	3.2
	轻	19	16	13	11	10	6	5
	中度	35	25	19	16	13	11	10
3.7	轻度	13	10	10	8	6	5	5
	轻	25	19	17	16	13	11	10
	中度	38	29	25	25	21	19	14
4.3	轻度	16	13	11	10	8	6	5
	轻	32	25	22	19	16	13	10
	中度	51	38	32	29	25	22	19
4.9	轻度	19	16	13	11	10	8	6
	轻	41	32	25	22	19	16	13
	中度	64	48	38	35	29	25	22
5.5	轻度	25	19	16	13	11	10	8
	轻	51	35	29	25	22	19	16
	中度	76	52	41	38	32	29	25
6.1	轻度	29	22	19	16	13	11	10
	轻	57	38	35	32	25	22	19
	中度	86	57	52	48	38	32	29
6.7	轻度	32	25	22	19	16	13	11
	轻	64	44	41	38	32	25	22
	中度	95	67	62	57	48	38	32

表 3（续）

长度 m	种类	宽度/mm						
		40	65	90	115～140	185	235	285
7.3	轻度	38	29	25	22	19	16	13
	轻	76	51	30	44	38	32	25
	中度	114	76	48	67	57	48	41
注：对于 40 mm～65 mm 厚度的规格材，顺弯的要求是横弯标准的两倍。								

4.2.8 漏刨

轻度漏刨是指漏刨面与刨光面之间的厚度差不超过 1.6 mm、长度不超过 1.2 m 的一系列漏刨。重度漏刨是指完全或部分刨光面、或完全粗糙面形成的漏刨，深度超过 1.6 mm。

4.2.9 加工伤孔

加工伤孔是指在机械加工过程中出现在规格材上的孔洞和破坏。加工伤孔的尺寸要求同节子，3.7 m和更短尺寸的规格材上加工伤孔数量不超过 1 个，超过 3.7 m 的规格材则不超过 2 个。各等级所允许加工伤孔的尺寸如表 3 所示。

4.2.10 锯口

Ⅰc 和Ⅱc 规格材不允许有锯口。对于允许的等级，锯口的等效尺寸不能超过边节允许尺寸的1/2，其计算方法与节子计算方法相同。三种不同类型的锯口如图 9 所示。

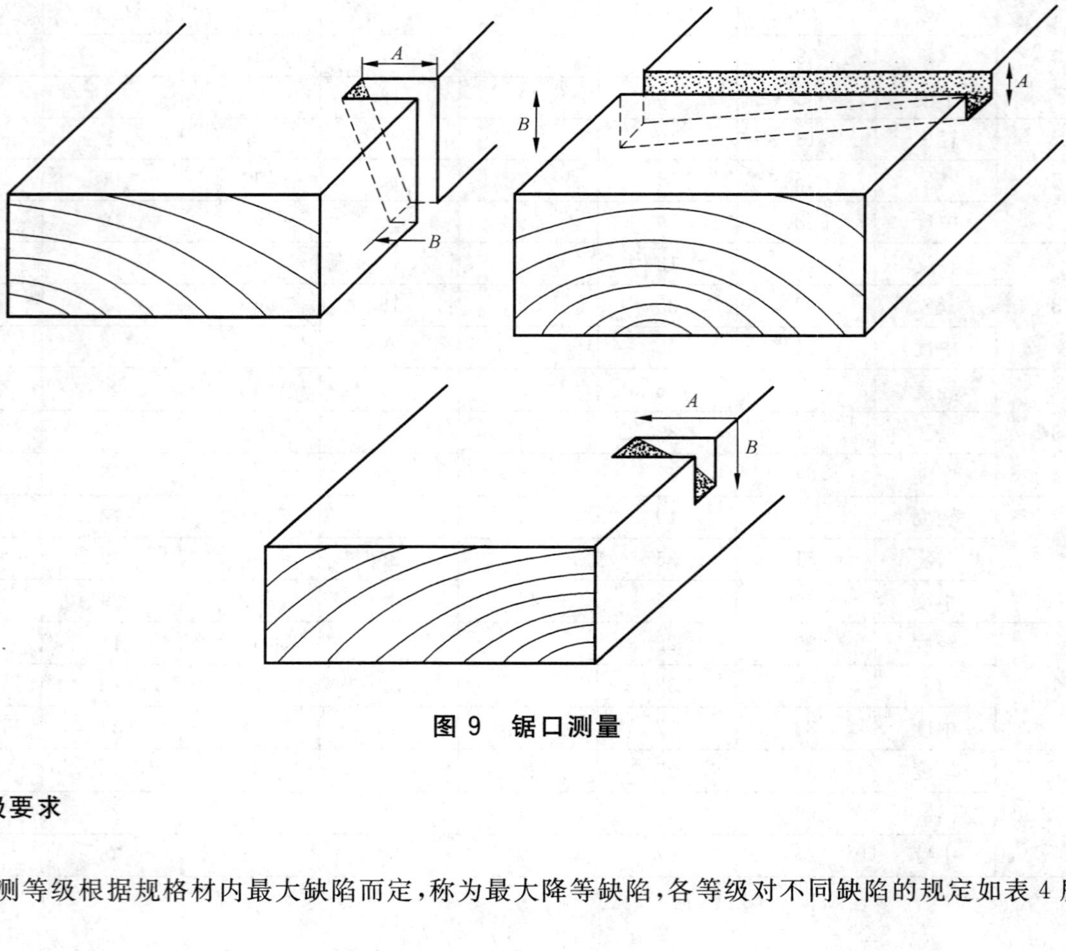

图 9 锯口测量

5 等级要求

目测等级根据规格材内最大缺陷而定，称为最大降等缺陷，各等级对不同缺陷的规定如表 4 所示。

表 4　轻型木结构规格材目测等级表

缺陷名称		规格材目测等级													
		Ⅰc		Ⅱc		Ⅲc		Ⅳc		Ⅴc		Ⅵc		Ⅶc	
生长轮宽度		平均生长轮宽度不大于 6 mm(人工林杉木)						不限制							
轮裂和干裂		不贯通,长度不超过 600 mm;贯通不允许				贯通,长度不超过 600 mm;不贯通,长度不超过 900 mm 或者 $L/4$		贯通——$L/3$; 不贯通——全长; 三面轮裂——$L/6$		贯通——$L/3$; 不贯通——全长; 三面轮裂——$L/6$		不贯通,长度不超过 600 mm;贯通不允许		贯通,长度不超过 600 mm;不贯通,长度不超过 900 mm 或者 $L/4$	
漏刨		轻度,不超过 1.2 m 长				重度,不超过 0.6 m 长		重度,全长		允许重度漏刨在宽面,窄面不允许		轻度,不超过 1.2 m 长		轻度,全长;重度,不超过 0.6 m	
劈裂		不超过规格材名义宽度				不超过 1.5 倍的规格材名义宽度		不超过 $L/6$		不超过 2.0 倍的规格材名义宽度		不超过规格材名义宽度		不超过 1.5 倍的规格材名义宽度	
斜纹理(不大于)		1∶12		1∶10		1∶8		1∶4		1∶4		1∶6		1∶4	
变色		心材变色不超过 10%,边材变色允许		不限制											
钝棱		不超过 $T/4$ 和 $W/4$,全长或等效材面,如果每边钝棱不超过 $T/2$ 或 $W/3$,$L/4$				不超过 $T/3$ 和 $W/3$,全长或等效,如果每边钝棱不超过 $2T/3$ 或 $W/2$,$L/4$		不超过 $T/2$ 和 $W/2$,全长或等效,如果每边钝棱不超过 $7T/8$ 或 $3W/4$,$L/4$		不超过 $T/3$ 和 $W/3$,全长或等效,如果每边钝棱不超过 $2T/3$ 或 $W/2$,$L/4$		不超 $T/4$ 和 $W/4$,全长或等效材面,如每边钝棱不超 $T/2$ 或 $W/3$,$L/4$		不超过 $T/3$ 和 $W/3$,全长或等效,如果每边钝棱不超过 $2T/3$ 或 $W/2$,$L/4$	
虫孔(每 0.6 m 的个数)	宽度 mm	针孔虫眼	大虫眼	针孔虫眼	大虫眼	针孔虫眼	大虫眼	针孔虫眼	大虫眼	针孔虫眼	大虫眼	针孔虫眼	大虫眼	针孔虫眼	大虫眼
	40											2.5	10	4.5	18
	65	6	2	12	3	21	6	60	15	不限制		3	12	6	24
	90	9	3	16	4	30	8	84	21			4	14	7.5	30
	140	12	3	20	5	36	9	96	24						
	185	15	4	24	6	48	12	120	30						
腐朽—材心		不限制				当 $T>40$mm 时,不限制许,否则 $T/3$ 或 $W/3$		1/3 横截面		1/3 横截面		不限制		$T/3$ 或 $W/3$	
腐朽—白腐						1/3 体积								1/3 体积	

表 4（续）

缺陷名称		规格材目测等级																		
		Ⅰc			Ⅱc			Ⅲc			Ⅳc			Ⅴc			Ⅵc		Ⅶc	
腐朽—蜂窝腐		不限制						W/6,坚实			100%坚实			100%坚实			不限制		W/6	
腐朽—局部片状腐								W/6			1/3 横截面			1/3 横截面					L/6	
腐朽—不健全材								最大为 W/12,60mm 长,或等效的多个小腐朽			1/3 横截面,或者等效的贯通腐朽,不超过 L/6;不影响侧向着钉			1/3 横截面					最大尺寸 W/12,60 mm 长,或等效的多个小腐朽	
扭曲、弯曲和顺弯		1/2 中度			1/2 中度			轻度			中度			1/2 中度			1/2 中度		轻度	
节子	宽度 mm	边节	中线节	非健全/非固定/孔	边节	中线节	非健全/非固定孔	边节	中线节	非健全/非固定/孔	边节	中线节	非健全/非固定/孔	边节	中线节	非健全/非固定/孔	紧密或固定节	非健全/非固定/孔	紧密或固定节	非健全/非固定/孔
	40	10	10	10	13	13	13	16	16	16	19	19	19	19	19	19				
	65	13	13	13	19	19	19	22	22	22	32	32	32	32	32	32	19	16	25	19
	90	19	22	19	25	38	25	32	51	32	44	64	44	44	64	38	32	19	38	25
	115	25	38	22	32	48	29	41	60	35	57	76	48	57	76	44	38	25	51	32
	140	29	48	25	38	57	32	48	73	38	70	95	51	70	95	51				
	185	38	57	32	51	70	38	64	89	51	89	114	64	89	114	64				
	235	48	67	32	64	93	38	83	108	64	114	140	76	114	140	76				
	285	57	76	32	76	95	38	95	121	76	140	165	89	140	165	89				
	—	1 个孔或等效每 1.2 m			1 个孔或等效每 0.9 m			1 个孔或等效每 0.6 m			1 个孔或等效每 0.3 m			1 个孔或等效每 0.3 m			1 个孔或等效每 0.9 m		1 个孔或等效每0.6 m	
加工伤孔长度	—	节孔直径			1.5 倍节孔直径			规格材宽度			1.5 倍规格材宽度			1.5 倍节孔直径			规格材宽度		1.5 倍规格材宽度	

注 1： 被分等规格材的含水率应在 9%～19%，针眼虫孔直径小于 1.6 mm，大虫眼直径范围为 1.6 mm～10.0 mm。

注 2： *W*——规格材宽度；*T*——规格材厚度；*L*——规格材长度。

附　录　A
（资料性附录）
其他节子测量卡

单位为毫米

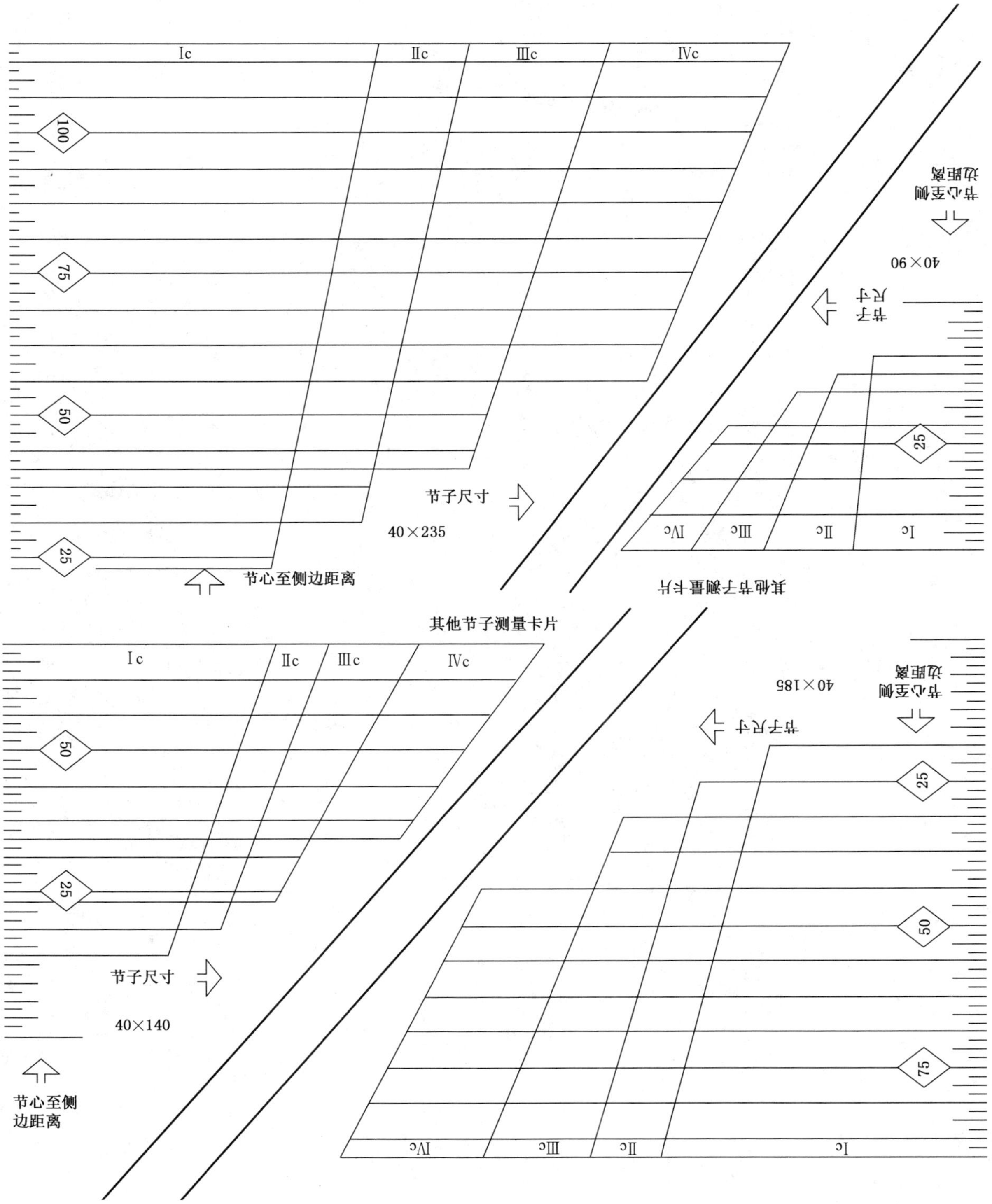

图 A.1　其他节子测量卡

ICS 67.260
X 91

中华人民共和国国家标准

GB/T 29898—2013

粮油机械 胶辊砻谷机

Grain and oil machinery—Rubber roll husker

2013-11-12 发布

2014-04-11 实施

中华人民共和国国家质量监督检验检疫总局
中国国家标准化管理委员会 发布

前言

本标准按照 GB/T 1.1—2009 给出的规则起草。

本标准由国家粮食局提出。

本标准由全国粮油标准化技术委员会(SAC/TC 270)归口。

本标准起草单位:国家粮食储备局武汉科学研究设计院、浙江展诚机械有限公司。

本标准主要起草人:龙继英、刘化。

粮油机械　胶辊砻谷机

1　范围

本标准规定了胶辊砻谷机的相关术语和定义、工作原理、分类、型号、基本参数、技术要求、试验方法、检验规则、标志、包装、运输和储存要求。

本标准适用于稻谷脱壳和谷壳分离的胶辊砻谷机。

2　规范性引用文件

下列文件对于本文件的应用是必不可少的。凡是注日期的引用文件，仅注日期的版本适用于本文件。凡是不注日期的引用文件，其最新版本(包括所有的修改单)适用于本文件。

GB/T 191　包装储运图示标志

GB/T 699　优质碳素结构钢

GB 1350—2009　稻谷

GB/T 3768　声学　声压法测定噪声源声功率级　反射面上方采用包络测量表面的简易法

GB 5226.1　机械安全　机械电气设备　第1部分:通用技术条件

GB 5491　粮食、油料检验　扦样、分样法

GB/T 13306　标牌

GB/T 25218　粮油机械　产品涂装通用技术条件

GB/T 24854　粮油机械　产品包装通用技术条件

GB/T 24857　粮油机械　板件、板型钢构件通用技术条件

GB/T 24856　粮油机械　铸件通用技术条件

GB/T 24855　粮油机械　装配通用技术条件

GBZ 158　工作场所职业病危害警示标识

3　术语和定义

下列术语和定义适用于本文件。

3.1

胶辊砻谷机　rubber roll husker; rubber roll sheller

以一对胶辊为主要工作构件的稻谷壳与糙米的分离设备。

3.2

胶辊　rubber roll

在一金属辊筒芯上覆盖一定厚度橡胶的辊筒，是胶辊砻谷机的主要工作构件。

3.3

轧距调节机构　roll gap-adjusting mechanism

能调节两胶辊之间距离的机构。

3.4

胶辊线速差　rubber roll differential

胶辊砻谷机快、慢辊线速之差，以米每秒表示(m/s)。

3.5

脱壳率　husking yield

稻谷经胶辊砻谷机一次脱壳后，已脱壳稻谷（糙米）占入砻稻谷的质量分数。

3.6

糙碎率　percentage of raw broken

砻下谷糙混合物中所含糙米碎米的质量占糙米（包括整粒糙米和碎米）的质量分数。

3.7

谷糙混合物　mixture of paddy and husked rice

糙米和未脱壳稻谷的混合物。

3.8

胶耗　consumption of rubber，rubber consumption

胶辊砻谷机每加工 100 kg 净谷所耗胶辊橡胶质量。

4　工作原理

利用一对相向不等速旋转的胶辊，通过紧辊装置使两辊之间产生压力，从而使通过辊间的稻谷受到挤压和搓撕达到脱壳目的。脱壳后的物料经过谷壳分离室时，受到风力作用，谷糙混合物与稻壳分离。

5　分类

按紧辊方式分压砣式、液压式和气压式胶辊砻谷机三类。

6　型号及基本参数

6.1　型号编制方法

按附录 A 执行。

6.2　基本参数项目

基本参数项目包括：型号、胶辊规格、产量（净糙量）、快慢辊转速、线速差、功率、风量、外形尺寸。在使用说明书等技术文件中应明确标明。

7　技术要求

7.1　一般要求

7.1.1　应按照规定程序批准的图样及技术文件制造。

7.1.2　原材料、外购件、外协件等应附有合格证，经验收合格后才能使用。

7.1.3　板件、板型钢构件按 GB/T 24857 执行。

7.1.4　铸件应按 GB/T 24856 执行。

7.1.5　装配应按 GB/T 24855 执行。

7.1.6　涂装按 GB/T 25218 执行。

7.2　机械性能

7.2.1　快、慢辊轴应采用机械性能不低于 GB/T 699 规定的 45 号钢制造，并经调质处理。

7.2.2 胶辊每加工 100 kg 稻谷，胶耗不大于 3.5 g。

7.2.3 运转应正常平稳，无异常振动、声响。正常运行时，空载噪声不大于 85 dB(A)。

7.2.4 正常运行时，轴承温升不应超过 35 ℃，最高温度不应超过 75 ℃。

7.3 工艺性能

当所加工的稻谷质量符合 GB 1350—2009 规定的 3 等稻谷时，其工艺性能指标应达到表 1 的要求。

表 1 胶辊砻谷机工艺性能指标

项目			指标
脱壳率/%	粳稻	≥	85
	籼稻	≥	78
糙碎率/%	粳稻	≤	2
	籼稻	≤	5
谷糙混合物中含稻壳率/%		≤	0.8
稻壳中含饱满粮粒量/(粒/100 kg)		≤	30

注：对没有稻壳分离装置的机型，无“谷糙混合物中含稻壳率”与“稻壳中含饱满粮粒量”两项指标。性能测定时可在籼稻和粳稻中测其一种。

7.4 安全要求

7.4.1 安全警示标志应符合 GBZ 158 的规定。

7.4.2 外露传动带应加防护罩，并涂有醒目颜色的油漆。

7.4.3 在使用说明书中应有安全防护的具体说明。

7.4.4 电气安全应符合 GB 5226.1 的规定。

8 试验方法

8.1 条件和要求

8.1.1 试验场地和机器的安装应能满足性能试验各项测定的需要，试验设备应配有相应的起动和过载保护装置，并能满足试验要求。

8.1.2 试验用动力为电动机，其功率应符合配套要求。

8.1.3 试验用仪器、仪表和量具应按有关规定检定合格，并在有效使用期内。

8.1.4 试验电压为 380 V，偏差应不大于±10%。

8.1.5 在同一次试验过程中的机器操作和检验均由固定的操作人员进行操作。

8.1.6 空运转试验应在标定转速下进行，运转时间不少于 30 min。

8.1.7 试验用稻谷的质量应符合 GB 1350—2009 中规定的 3 等要求。

8.1.8 样品处理按 GB 5491 执行。

8.2 胶耗与工艺性能指标的测定与计算

工艺性能指标和胶耗的测定与计算按附录 B 执行。

8.3 噪声测定

按 GB/T 3768 规定的测定方法进行。

8.4 轴承温升

采用测温计在试验开始和结束后测定各轴承外壳的表面温度,计算温升。

8.5 其他要求和相关参数测定

7.1、7.2 和 7.4 中引用标准的按相关标准的方法检测,其他要求和相关参数的测定采用常规方法和感官进行检验。

9 检验规则

9.1 检验分类

分为出厂检验和型式检验两类。

9.2 出厂检验

9.2.1 出厂检验项目按 7.1、7.2、7.4 执行。

9.2.2 每台胶辊砻谷机应进行出厂检验,检验合格方可出厂。

9.3 型式检验

9.3.1 检验项目按第 7 章的规定执行。

有下列情况之一的应进行型式检验:

a) 新胶辊砻谷机投产时;

b) 胶辊砻谷机投产后,当材料、工艺有较大改动,可能影响胶辊砻谷机性能时;

c) 胶辊砻谷机停产一年以上,恢复生产时;

d) 连续生产三年时;

e) 出厂检验结果与上次型式检验有较大差异时;

f) 国家有关质量管理部门提出检验要求时。

9.3.2 型式检验采取随机抽样,抽样数为 5 %,但不少于 2 台。

9.4 判定规则

9.4.1 型式检验结果应符合第 7 章的规定。

9.4.2 对任一台产品或任一项目检验不合格,可加倍抽样复验,以复验结果为准。若仍不符合规定,则判定为不合格。

10 标志、包装、运输和储存

10.1 标志

10.1.1 在明显位置固定胶辊砻谷机标牌,标牌内容按 GB/T 13306 执行。

10.1.2 外包装的包装储运图示标志按 GB/T 191 执行。

10.2 包装

10.2.1 按GB/T 24854执行。

10.2.2 随机文件和备件应包括：

a) 使用说明书；

b) 检验合格证；

c) 装箱单；

d) 备件和附件(根据需要可省略)。

10.3 运输

10.3.1 裸装胶辊砻谷机在运输途中应遮盖。

10.3.2 运输过程中的吊卸、装载应注意外包装的图示标志。

10.4 储存

10.4.1 室内存放时，应通风良好，防潮。

10.4.2 露天存放时，应防潮、防雨、防晒、防风。

附 录 A
（规范性附录）
型号编制方法

A.1 型号编制方法

胶辊砻谷机型号由专业代号、品种代号、型式代号和主要规格四部分组成。

M LG □ □

——主要规格：胶辊长，单位为厘米（cm）。

型式代号：J：胶辊砻谷机；

T：压砣紧辊胶辊砻谷机；

Y：液压紧辊胶辊砻谷机；

Q：气压紧辊胶辊砻谷机。

——品种代号：胶辊砻谷机。

——专业代号：碾米机械设备。

A.2 示例

MLGJ36：表示胶辊长度为 36 cm 的胶辊砻谷机。

附 录 B
（规范性附录）
胶辊砻谷机工艺性能指标和胶耗的测定与计算

B.1 脱壳率、含壳率和糙碎率的计算

B.1.1 取样与检验

样机工作稳定后，在谷糙混合物出口取样三次。第一次取样时间在试验开始后 30 min 左右，以后每隔 15 min 取样一次，样品质量均不少于 1 kg，所取样品应充分混合均匀，按 GB 5491 规定的取样方法分出约 100 g，用手拣出稻谷、糙米和稻壳，分别称量，计算脱壳率和含壳率。再从糙米中分开糙碎称量，计算糙碎率。

B.1.2 脱壳率

按式(B.1)计算：

$$\delta_t = \frac{Q_c}{Q_c + Q_g \mathrm{k}} \qquad \cdots\cdots(B.1)$$

式中：

δ_t ——脱壳率，%；

Q_c ——糙米质量，单位为千克(kg)；

Q_g ——未脱壳稻谷质量，单位为千克(kg)；

k ——出糙率，%。

注：出糙率为净稻谷脱壳后的糙米(其中不完善粒折半计算)占试样的百分率。其测定和计算方法参见 GB/T 5495 的规定。

B.1.3 谷糙混合物中含壳率

按式(B.2)计算：

$$\delta_k = \frac{Q_k}{Q_c + Q_g + Q_k} \qquad \cdots\cdots(B.2)$$

式中：

δ_k ——谷糙混合物中含稻壳率，%；

Q_g——谷糙混合物中稻谷质量，单位为千克 (kg)；

Q_k——谷糙混合物中稻壳质量，单位为千克 (kg)。

B.1.4 糙碎率

按式(B.3)计算：

$$\delta_s = \frac{Q_s}{Q_c} \qquad \cdots\cdots(B.3)$$

式中：

δ_s ——糙碎率，%；

Q_s——碎米质量，单位为千克 (kg)。

B.2 产量

按式(B.4)计算：

$$Q = q_m \cdot \eta_T (1 - \omega_{c1}) \qquad \text{(B.4)}$$

式中：

Q ——产量，单位为千克每小时（kg/h）；

q_m ——砻谷机进口流量，单位为千克每小时（kg/h）；

η_T ——脱壳率，%；

ω_{c1} ——进机物料中糙米含量，%。

B.3 稻壳中含饱满粮粒

将所取稻壳样称量，全部作为试样，用风车过风，风车力均匀缓和，重复过风数次后，以手拣出饱满的稻谷和糙米粒，数其粒数，计算每 100 kg 含粮粒数。

B.4 胶耗

按式(B.5)计算：

$$J_h = \frac{(m_1 - m_2) \times 100}{m_G} \qquad \text{(B.5)}$$

式中：

J_h ——胶耗，每百千克稻谷消耗的橡胶克数，单位为克每百千克(g/100 kg)；

m_1 ——开机前胶辊质量，单位为克（g）；

m_2 ——停机后胶辊质量，单位为克（g）；

m_G ——实际加工稻谷质量，单位为千克（kg）。

参 考 文 献

[1] GB/T 5495—2008 粮油检验 稻谷出糙率检验

ICS 79.060.01
B 70

中华人民共和国国家标准

GB/T 29899—2013

人造板及其制品中挥发性有机化合物释放量试验方法 小型释放舱法

Determination of the emission of volatile organic compounds from wood-based panels and furnishing—Small chamber method

2013-11-12 发布

2014-04-11 实施

中华人民共和国国家质量监督检验检疫总局
中国国家标准化管理委员会 发布

前　言

本标准按照 GB/T 1.1—2009 给出的规则起草。

请注意本文件的某些内容可能涉及专利。本文件的发布机构不承担识别这些专利的责任。

本标准由国家林业局提出。

本标准由全国人造板标准化技术委员会(SAC/TC 198)归口。

本标准起草单位:中华人民共和国江苏出入境检验检疫局、中国林科院木材工业研究所、东北林业大学、东莞市升微机电设备科技有限公司、四川升达林业产业股份有限公司、徐州市产品质量监督检验所。

本标准主要起草人:卢志刚、朱海欧、龙玲、沈隽、夏可瑜、刘志明、余钢、吴路明。

人造板及其制品中挥发性有机化合物释放量试验方法 小型释放舱法

1 范围

本标准规定了人造板及其制品中挥发性有机化合物(VOCs)、甲醛和其他羰基化合物释放量的小型释放舱试验方法。

本标准适用于人造板及其制品中挥发性有机化合物(VOCs)、甲醛和其他羰基化合物释放量的测定。

2 规范性引用文件

下列文件对于本文件的应用是必不可少的。凡是注日期的引用文件,仅注日期的版本适用于本文件。凡是不注日期的引用文件,其最新版本(包括所有的修改单)适用于本文件。

GB/T 6682—2008 分析实验室用水规格和试验方法

GB/T 17657—2013 人造板及饰面人造板理化性能试验方法

GB/T 18259—2009 人造板及其表面装饰术语

ISO 16000-3 室内空气 第3部分:甲醛和其他羰基化合物的测定 主动采样法(Indoor air—Part 3:Determination of formaldehyde and other carbonyl compounds—active sampling method)

ISO 16000-6 室内空气 第6部分:Tenax TA吸附剂主动采样、热解吸和MS/FID气相色谱法测定室内和释放舱空气中挥发性有机化合物(Indoor air—Part 6:Determination of volatile organic compounds in indoor and test chamber air by active sampling on Tenax TA sorbent, thermal desorption and gas chromatography using MS/FID)

ISO 16017-1 室内环境和工作环境空气 吸附管/热解吸/毛细管气相色谱法采集和分析挥发性有机化合物 第1部分:泵采样(Indoor ambient and workplace air—Sampling and analysis of volatile organic compounds by sorbent tube/thermal desorption/capillary gas chromatography—Part 1: Pumped sampling)

3 术语和定义

GB/T 18259—2009界定的以及下列术语和定义适用于本文件。

3.1

空气交换率 air change rate

单位时间内进入释放舱的空气体积与释放舱有效容积的比值(次/h)。

3.2

换气量 ventilation rate

单位时间内进入释放舱的空气体积。

3.3

单位面积换气量 area specific ventilation rate

单位面积试件的换气量。

3.4

名义空气交换时间　nominal time constant

空气交换率的倒数。

3.5

局部位置点空气交换时间　local age of air

从释放舱进气口到舱内的某一位置点，空气移动所需的时间。

3.6

平均空气交换时间　the mean age

释放舱内所有位置点的局部空气交换时间的平均值。

3.7

空气交换系数　coefficient of air change performance

名义空气交换时间与平均空气交换时间的比值。

3.8

表面风速　air velocity

释放舱中试件表面的空气流动速度。

3.9

试验时间　test time

从试验开始到开始采样之间的时间。

3.10

挥发性有机化合物　volatile organic compounds；VOCs

测试试件释放的，并由释放舱出口空气中检测到的所有有机化合物。

注：产品中选择和分析的 VOCs 称为"目标挥发性有机化合物"（记为目标 VOCs），如甲苯、二甲苯（邻、间、对）、对-二氯苯、乙苯、苯乙烯和正十四烷等单体。

3.11

总挥发性有机化合物　total volatile organic compounds；TVOC

非极性色谱柱分离、气相色谱检测的保留时间在正己烷至正十六烷（包括正己烷和正十六烷）之间的有机化合物总和。根据峰面积定量，除目标挥发性有机化合物外其他化合物质量以甲苯的响应因子计算。

注 1：TVOC 的计算与出口空气中 VOCs 浓度求和过程相似。

注 2：在使用 GC/MS 时，以总离子流（TIC）分析 TVOC。

3.12

羰基化合物　carbonyl compounds

醛酮类化合物

由测试试件释放，并由释放舱出口空气中检测到的所有醛、酮类化合物。

注：至少包括甲醛，乙醛，丙烯醛，丙酮，苯甲醛，丁醛，戊醛，2，5-二甲基苯甲醛，丁烯醛，异戊醛，丙醛，己醛，邻-甲苯甲醛，对-甲苯甲醛，间-甲苯甲醛等。

3.13

小型释放舱　small chamber

用于测试人造板及制品释放的 VOCs、甲醛和其他羰基化合物，操作参数可调的设备，容积为 50 L～1 000 L（包括 50 L 和 1 000 L）。

3.14

小型释放舱出口浓度　small chamber outlet concentration

释放浓度

试件放入释放舱后，某特定试验时间由释放舱出口处测得的目标 VOCs、甲醛和其他羰基化合物的释放浓度，即采样期间由小型释放舱出口空气中所获得由试件释放的目标 VOCs、甲醛或其他羰基化合物的质量与采样体积的比值。

3.15

背景浓度　background concentration

使用洁净空气为载气，空载时释放舱目标化合物的出口浓度。

3.16

采运空白浓度　travel blank concentration

随采样吸附管进行储存、转移等操作且不进行空气采样的吸附管中目标 VOCs、甲醛和其他羰基化合物的分析质量与对应采样体积的比值。主要鉴别采样吸附管自身污染，及外部环境对采样吸附管的去塞、具塞、密闭转移期间的污染情况。

3.17

产品负载率　product loading factor

测试用试件的暴露表面积与释放舱容积的比值。

3.18

回收率　recovery

一定时间内流出释放舱的空气中目标 VOCs、甲醛和其他羰基化合物的量，与进入释放舱的空气中的目标 VOCs、甲醛和其他羰基化合物的质量的比值，以百分数表示。

注：回收率提供了整个方法精确度的信息。

3.19

释放速率　emission factor;EF

试验开始后，单位样品、单位时间内测试试件释放的目标 VOCs、甲醛和其他羰基化合物的质量。

3.20

样品　sample

部分或整体的人造板及制品。

3.21

测试试件　test specimen

特别制备的部分样品，在小型释放舱中进行释放测试，模拟待测产品或材料的释放行为，简称试件。

3.22

示踪气体　tracer gas

测量换气量的气体。

4　原理

将试件置于一定条件(温度、湿度和空气流速)的释放舱中，试件释放的 VOCs、甲醛和其他羰基化合物与进入释放舱的空气混合后并从舱出口排出，以吸附剂或水在释放舱出口处分别捕集一定体积量的气体中的目标化合物，选用分析仪器测定所捕集的目标 VOCs、甲醛和其他羰基化合物的释放浓度，根据释放浓度、产品负载率、气体交换率计算 VOCs、甲醛和其他羰基化合物的释放速率。

5　仪器设备

5.1　小型释放舱系统

小型释放舱系统应符合附录 A 的规定。

小型释放舱系统实例参见附录 B。

5.2 恒流气体采样器

具有两路抽气系统，分别配置流量控制器，流量范围分别为 0 mL/min～500 mL/min 和 0 mL/min～3 000 mL/min，流量稳定可调。

5.3 分析仪器

5.3.1 配有火焰离子化检测器的气相色谱仪(GC/FID)及质量选择检测器的气相色谱-质谱联用仪(GC/MSD)等。

5.3.2 配有如二极管阵列检测器或紫外检测器等的高效液相色谱仪(HPLC)。

5.3.3 能与 5.3.1 的仪器联用的热脱附装置。

5.3.4 分光光度计。

6 试件准备

6.1 基本要求

样品包装拆除后为试验开始时间，应尽快制备测试试件送入释放舱进行试验。

6.2 试件制备

6.2.1 总则

试件的尺寸根据释放舱的有效容积和产品负载率确定，负载率取决于试验目的。试件制备时避免焦边与污染。

6.2.2 板材类产品试件的制备

沿产品的长度方向，在中心部分选取测试试件，垂直于样品表面进行锯割。

6.2.3 拼接类产品试件的制备

拼接类产品按图 1 选取、制备测试试件。

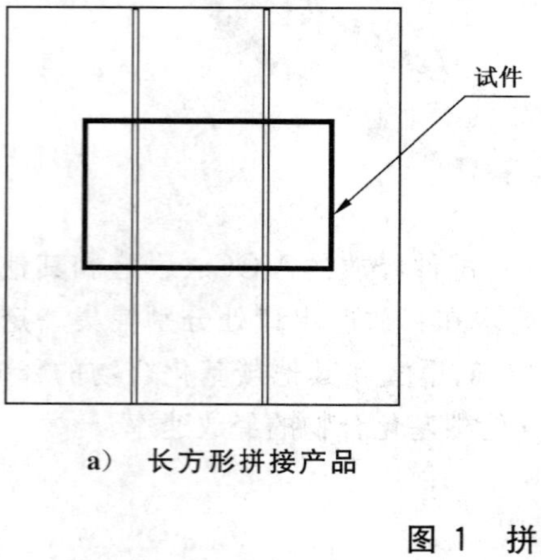

a) 长方形拼接产品

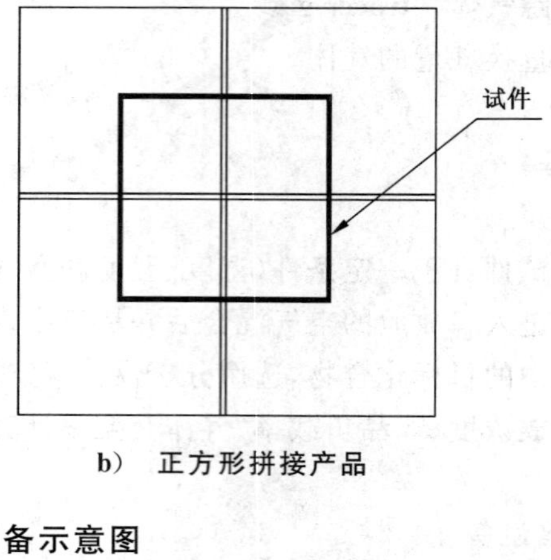

b) 正方形拼接产品

图 1 拼接类产品试件制备示意图

6.3 试件的封边、封底

6.3.1 当对一件或多件完整的产品进行试验时，无须封边、封底。

6.3.2 地板或类似地板类产品的封边仅适合于锯割产生的断面。

6.3.3 除所需测试的面外，试件的其他面均采用铝箔类密封材料封边。

7 试验步骤

7.1 释放舱准备

7.1.1 释放舱的清洗

用蒸馏水清洗小型释放舱内壁，关闭舱门后将释放舱升至高温使舱壁表面的化学物质充分解析并排出后，再将小型释放舱冷却到预定的温度。清洗后的释放舱应达到7.2的要求。

7.1.2 测试条件

根据产品或限量标准的要求，选择释放舱温度、湿度、气体交换率参数，并使释放舱处于(10±5)Pa的微正压状态，释放舱的典型工作条件及控制精度见表1。

表1 释放舱的工作条件

序号	释放舱参数/单位	参数范围	控制精度
1	温度/℃	23～28	设定值±0.5
2	相对湿度/%	50	设定值±3
3	空气交换率/(次·h^{-1})	0.5～1.5	设定值±5%

注1：因释放舱内环境与实验室环境的差异，打开释放舱门装载测试试件时，会引发舱温度、湿度的变化。

注2：温度和相对湿度对释放率有较大影响，其波动只与时间有关。

7.2 背景浓度测试

待释放舱达到预定试验条件，按7.6采集一定量的释放舱出口空气，并按7.7进行分析。释放舱TVOC、单体的背景浓度应分别满足≤20 μg/m³、≤2 μg/m³的要求。

空白采集管浓度应足够低，不含有目标物。

7.3 试件放置

试件制备好后尽快置于释放舱中，测试试件应放置于舱内的合适位置，以保证空气气流均匀分布于测试试件的释放表面。关闭舱门，确认释放舱的气密性和气体流量。

7.4 采样时间

原则上，在试验开始后的第1天(24 h)，第3天(72 h)，第7天(168 h)，第(14±1)天(336±24 h)和第(28±2)天(672±48 h)进行空气采样，其他指定时间也可进行空气采样。

注1：试验过程的选择基于测试目的。

注2：如进行释放衰减研究，试验开始28 d以后仍可继续采样。

注3：如果测试浓度低于定量限，可以结束试验。

7.5 试件的储存

当试验周期较长时，两次采样间隔期间，可将试件从释放舱中取出，自由放置于与试验条件相同的环境中,并避免受其他测试试件的污染。采样时,应至少提前 3 d(72 h)将试件重新置于释放舱中。

7.6 空气采样

7.6.1 总则

释放舱内温度和相对湿度稳定 8 h 后方可进行采样。

7.6.2 VOCs 的采样

将恒流采样器与 Tenax TA 吸附管连接,吸附管采样端与释放舱采样口连接,使用恒流采样器采集释放舱出口空气中的 VOCs。采样流量、采样时间根据舱内 VOCs 浓度确定。

注 1:Tenax TA 吸附管的采样描述参见 ISO 16017-1 和 ISO 16000-6。

注 2:对于内装 200 mg 的 Tenax TA 吸附管,通常其采样流量为 50 mL/min~200 mL/min,最大采样量不超过 10 L。

7.6.3 甲醛的采样

释放舱出口空气中甲醛的采样按 GB/T 17657—2013 中 4.60"甲醛释放量测定——1 m^3 气候箱法"规定执行。

7.6.4 羰基化合物的采样

将恒流采样器与 2,4-二硝基苯肼(DNPH)吸附管链接,吸附管进样端与释放舱采样口连接采集释放舱出口空气中的羰基化合物。采样流量、采样时间根据舱内羰基化合物浓度确定。

注 1:DNPH 吸附管的采样描述参见 ISO 16000-3 和 ISO 16017-1。

注 2:对于甲醛衍生能力为 75 μg DNPH 的吸附管,通常其采样流量为 200 mL/min~300 mL/min,采样量为 5 L 左右。

7.6.5 其他要求

采样时应避免吸附剂的穿透现象。如无法预测吸附剂是否被穿透或释放舱的出口浓度,采样时应将两个采样管串联,按式(1)确认吸附剂是否穿透,当式(1)计算结果≥95%,可视为无穿透现象发生。

$$\frac{C_1}{C_1+C_2}\times 100 \geqslant 95\% \quad \cdots\cdots(1)$$

式中:

C_1——前端吸附管中目标化合物的分析浓度,单位为微克每立方米(μg/m^3);

C_2——后端吸附管中目标化合物的分析浓度,单位为微克每立方米(μg/m^3)。

7.7 采集样的分析

7.7.1 VOCs 的分析

按 ISO 16017-1 和 ISO 16000-6 的规定进行。附录 C 为该两项标准的应用范例。

7.7.2 甲醛的分析

按 GB/T 17657—2013 中 4.60 进行。

7.7.3 羰基化合物的分析

按 ISO 16000-3 的规定进行。附录 D 为该标准的应用范例。

注:甲醛除外。

8 结果计算与表示

8.1 总则

释放量可以用释放浓度或释放速率表示。

8.2 释放浓度计算与表示

试验时间为 t 时，挥发性有机化合物如目标 VOCs、TVOC、甲醛和其他羰基化合物 x 的释放浓度($C_{x,t}$)计算与表示的方式见附录 C 中 C.5.3、GB/T 17657—2013 中 4.60 和附录 D 中 D.5.3。

8.3 释放速率计算与表示

根据产品特性，可选用体积释放速率、面积释放速率、长度释放速率或单元释放速率表征试验结果。

试验时间为 t 时，挥发性有机化合物面积释放速率、长度释放速率、体积释放速率或单元释放速率与释放浓度($C_{x,t}$)、空气交换率(n)、产品面积负载率(L)关系如式(2)～式(5)所示：

$$EF_{x,a,t}=\frac{C_{x,t}\times Q}{A}=\frac{C_{x,t}\times nV}{A}=C_{x,t}\times q=C_{x,t}\times\frac{n}{L} \quad\cdots\cdots(2)$$

$$EF_{x,l,t}=\frac{C_{x,t}\times Q}{l} \quad\cdots\cdots(3)$$

$$EF_{x,\nu,t}=\frac{C_{x,t}\times Q}{\nu} \quad\cdots\cdots(4)$$

$$EF_{x,u,t}=\frac{C_{x,t}\times Q}{u} \quad\cdots\cdots(5)$$

式中：

$EF_{x,a,t}$——试验时间为 t 时，挥发性有机化合物如目标 VOCs、TVOC、甲醛和其他羰基化合物 x 的面积释放速率，单位为微克每平方米小时[$\mu g/(m^2 \cdot h)$]；

$C_{x,t}$ ——试验时间为 t 时，挥发性有机化合物如目标 VOCs、TVOC、甲醛和其他羰基化合物 x 的释放浓度，单位为微克每立方米($\mu g/m^3$)；

A ——测试试件可释放有机物的表面积，单位为平方米(m^2)；

Q ——小型释放舱的换气量，单位为立方米每小时(m^3/h)；

n ——小型释放舱的空气交换率，单位为次每小时(次/h)；

V ——小型释放舱的空气体积，单位为立方米(m^3)；

q ——小型释放舱的中测试试件的单位面积换气量，单位为立方米每平方米小时[$m^3/(m^2 \cdot h)$]；

L ——小型释放舱的中测试试件的面积装载率(产品面积负载率)，单位为立方米每平方米(m^3/m^2)；

$EF_{x,l,t}$——试验时间为 t 时，挥发性有机化合物如目标 VOCs、TVOC、甲醛和其他羰基化合物 x 的长度释放速率，单位为微克每米小时[$\mu g/(m \cdot h)$]；

l ——小型释放舱中测试试件的长度，单位为米(m)；

$EF_{x,\nu,t}$——试验时间为 t 时，挥发性有机化合物如目标 VOCs、TVOC、甲醛和其他羰基化合物 x 的体积释放速率，单位为微克每立方米小时[$\mu g/(m^3 \cdot h)$]；

ν ——小型释放舱中测试试件的体积，单位为立方米(m^3)；

$EF_{x,u,t}$——试验时间为 t 时，挥发性有机化合物如目标 VOCs、TVOC、甲醛和其他羰基化合物 x 的单元释放速率，单位为微克每单位单元小时[μg/(单位单元 · h)]；

u ——小型释放舱中测试试件的数目，单位为单位单元。

注：释放速率也可通过时间-浓度曲线或浓度-时间数据的衰减模型计算获得。

9 测试报告

测试报告应包括下列信息：

a) 测试实验室：

——实验室名称和地址；

——负责人姓名。

b) 样品描述：

——产品类型(和商标名)；

——试样抽样方法(例如:随机选择)；

——产品历史(生产日期、批次、到达实验室日期、拆封时间和测试试件准备)。

c) 结果：

——试验开始后指定时间的目标 VOCs、甲醛和其他羰基化合物，和/或 TVOC 的释放浓度或释放速率。

d) 测试条件：

——释放舱测试条件(温度、相对空气湿度、空气交换率等)；

——测试试件面积和负载率；

——封边、封底情况；

——释放 VOCs、甲醛和其他羰基化合物的采样情况(吸附剂、采样体积、试件放入释放舱后的采样过程和次数)；

e) 设备：

——设备和程序的信息(释放舱、密封材料或密封装置、背景浓度、分析仪器等)。

附　录　A
（规范性附录）
小型释放舱系统

A.1　小型释放舱系统组成

A.1.1　概述

小型释放舱系统由以下部分组成：

——小型释放舱体；

——测试试件密封材料或密封装置；

——清洁空气供给装置；

——温度和湿度控制装置；

——空气流量计及流量控制装置；

——炉箱；

——空气采样装置。

图 A.1 为小型释放舱装置示意图，其性能和要求应符合 A.1.2～A.3.5 要求。

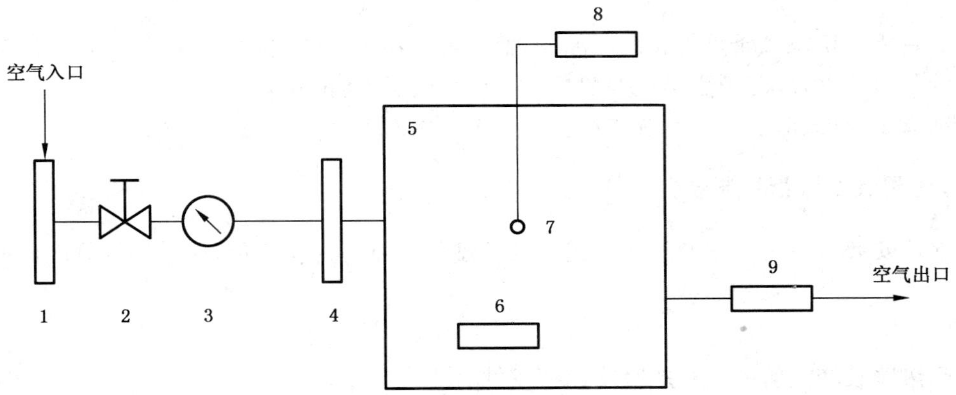

说明：

1——空气过滤器；

2——气体流量控制器；

3——气体流量计；

4——空气调湿装置；

5——小型释放舱；

6——舱内空气循环装置；

7——温度、湿度传感器；

8——温度、湿度监控装置；

9——空气采样装置。

图 A.1　小型释放舱系统的示意图

A.1.2　小型释放舱

A.1.2.1　规格与材料

释放舱容积为 50 L～1 000 L（包括 50 L 和 1 000 L）。内壁材料为不锈钢或玻璃。释放舱应易于拆分、清洗和热处理。

混合装置如风扇和密封材料可采用其他低释放和低吸附材料，采用其他材料时应证明不会增加释放舱的背景浓度。

A.1.2.2 气密性

为防止舱内、外空气的自由交换，避免实验室环境空气对试验结果产生影响，小型释放舱应具有良好的气密性，通常在微正压条件下工作。

A.1.2.3 流量控制与舱内气流混合

采用如电子质量流量控制装置以保证换气量连续控制在某一恒定值。释放舱设计时应采用空气循环装置确保舱内空气充分混合，技术要求见 A.3.4。

A.1.3 测试试件的密封

试件的封边或封底，应采用铝箔类密封材料或密封装置。

A.1.4 清洁空气供给装置

采用清洁空气发生系统或清洁空气钢瓶供气避免释放舱系统背景浓度的增加。

A.1.5 温度和湿度控制装置

将释放舱置于一定温度条件下特定区域中，监控舱内温度。通过调整清洁空气供给装置的湿度，控制释放舱内的相对湿度，应避免水蒸气在舱内、舱壁上冷凝及水的喷射。

应采用独立的温度、湿度控制系统连续监控温度和相对湿度。

A.1.6 气体流量计及流量控制装置

在适当部位安装质量流量计及控制装置有效控制释放舱内的换气量，换气量以舱出口处流量为准。

A.1.7 炉箱

炉箱用于热解吸释放舱内壁可能吸附的挥发性有机化合物。

A.1.8 空气采样装置

通常在释放舱交换空气出口处采集分析空气，当在舱其他位置设置采样口采样时，应保证所采集的空气与出口处空气相同。

采样时，换气量保持稳定不变，采样流量应小于进气流量。

当在交换空气排放管道上设置支管采样时，采样管与舱之间的连接距离尽可能短，连接管温度应与释放舱的温度保持一致，交换空气排放管道、连接管应采用低吸附材料，如聚四氟乙烯等。

注 1： 释放舱排放气体应与实验室环境相隔离。

注 2： 可采用多通道采样管进行平行采样。

A.2 释放舱技术要求

——有效容积：公称值±5%；

——温度：23 ℃～28 ℃，偏差±1 ℃；

——相对湿度：50%，偏差±5%；

——舱内压力：微正压(10±5)Pa；
——空气交换率：0.5 次/h～1.5 次/h，偏差±5%；
——背景浓度：释放舱与交换气体产生的总背景浓度为单体≤2 μg/m^3、TVOC≤20 μg/m^3；
——回收率：甲苯和正十二烷的平均回收率不小于 80%；
——泄漏率：1 000 Pa 条件下其泄露率小于释放舱容积的 0.5%/min 或不大于交换气体量的 5%；
——表面风速：试件表面风速为 0.1 m/s～0.3 m/s；
——空气交换系数：不小于 90%。

A.3 测试条件的验证

A.3.1 测试条件控制

应连续显示和记录温度、相对湿度和空气交换量，其控制精密度如下：
——温度：±0.5 ℃；
——空气相对湿度：±3%；
——空气交换量：±3%。

A.3.2 小型释放舱的气密性

至少每年检查一次小型释放舱的气密性，可采用压力降法、出口与入口处流量对比或示踪气体法。

A.3.3 空气交换量

采用示踪气体每年至少一次定期检查空气交换量。

注：当使用气体流量计在舱出口处测量空气交换量时，仪器的压阻会降低释放舱出口流量。

A.3.4 小型释放舱中空气交换系数

测定空气交换系数时，可使用测试试件或与测试试件相同尺寸的惰性材料，如玻璃板、不锈钢板等。

方法 1，浓度递增法：将适量的恒定浓度、流量的示踪气体均匀混入释放舱进口空气气流中，测量释放舱出口空气中示踪气体浓度随时间的变化关系。由释放舱出口浓度和时间曲线计算空气交换系数。

方法 2，浓度递减法：将示踪气体源置于舱中，以清洁空气为载气，用舱内风扇将示踪气体分散均匀，测量释放舱出口空气中示踪气体浓度随时间的变化关系，由释放舱出口浓度和时间曲线计算出空气交换系数。

由名义空气交换时间(τ_n)和平均空气交换时间($<\bar{\tau}>$)可计算释放舱的空气交换系数(η)。η、τ_n、浓度递增法和浓度递减法中$<\bar{\tau}>$分别见式(A.1)～式(A.4)。

空气交换系数 η 按式(A.1)计算：

$$\eta = \tau_n / <\bar{\tau}> \qquad \cdots\cdots (A.1)$$

式中：

η ——空气交换系数，%；

τ_n ——名义交换时间，单位为小时(h)；

$<\bar{\tau}>$——平均空气交换时间，单位为小时(h)。

名义空气交换时间 τ_n 按式(A.2)计算：

$$\tau_n = V/Q \qquad \cdots\cdots (A.2)$$

式中：

τ_n——名义交换时间，单位为小时(h)；

V——小型释放舱的空气体积，单位为立方米(m^3)；

Q——小型释放舱的换气量，单位为立方米每小时(m^3/h)。

浓度递增法中平均空气交换时间$<\tau>$按式(A.3)计算：

$$<\tau>=\frac{Q}{V}\int_0^{\infty}t(1-\frac{C_e(t)}{C_s})dt \quad \cdots\cdots(A.3)$$

式中：

$<\tau>$——平均空气交换时间，单位为小时(h)；

Q——小型释放舱的换气量，单位为立方米每小时(m^3/h)；

V——小型释放舱的空气体积，单位为立方米(m^3)；

t——试验时间，单位为小时(h)；

$C_e(t)$——一定时间(t)时小型释放舱出口空气中示踪气体浓度，单位为微克每立方米($\mu g/m^3$)；

C_s——试验开始后示踪气体达到充分平衡时的平衡浓度，单位为微克每立方米($\mu g/m^3$)。

浓度递减法中平均空气交换时间$<\tau>$按式(A.4)计算：

$$<\tau>=\frac{Q}{V}\int_0^{\infty}t\frac{C_e(t)}{C(0)}dt \quad \cdots\cdots(A.4)$$

式中：

$<\tau>$——平均空气交换时间，单位为小时(h)；

Q——小型释放舱的换气量，单位为立方米每小时(m^3/h)；

V——小型释放舱的空气体积，单位为立方米(m^3)；

t——试验时间，单位为小时(h)；

$C_e(t)$——一定时间(t)时小型释放舱出口空气中示踪气体浓度，单位为微克每立方米($\mu g/m^3$)；

$C(0)$——示踪气体初始浓度，单位为微克每立方米($\mu g/m^3$)。

A.3.5 回收率

将释放恒定且已知浓度甲苯和正十二烷气体的标准释放源置于释放舱中，实验开始后 72 h 由释放舱出口浓度可确定甲苯和正十二烷的回收率。也可使用目标 VOCs、甲醛和其他羰基化合物标准释放源测定回收率。

回收率测定时，释放源产生的目标物浓度应与测试试件的目标物释放浓度相似。

回收率测定时，可将两个或多个舱串联测试，通过出口浓度和入口气体浓度比较计算出平均回收率。

附 录 B
（资料性附录）
小型释放舱系统实例

B.1 小型释放舱

本附录中小型释放舱为一带有空气洁净空气供给和温度湿度控制装置的集合式释放舱。

B.2 装置

小型释放舱系统的组成见图 B.1。

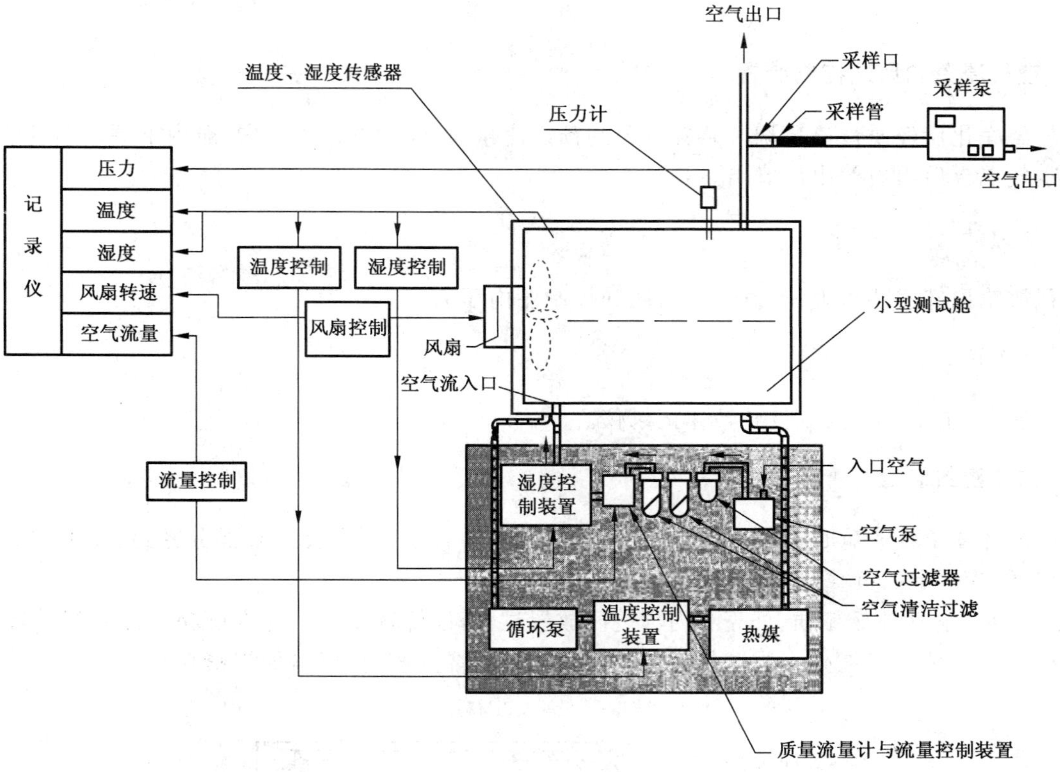

图 B.1 小型释放舱系统结构图

在采用小型释放舱测量 VOCs、甲醛和其他羰基化合物时，主要使用下列装置：

——小型释放舱体；

——洁净空气供给装置：包括空气泵，空气过滤器和洁净空气过滤器；

——温度控制装置：包括温度控制仪、自动温度调节仪、循环泵和热源；

——湿度控制装置：包括自动湿度控制仪和加湿装置；

——气体流动控制装置：包括流量控制器、质量流量调节仪和质量流量计；

——流速控制仪：风扇控制器和风扇；

——压力计：包括压力计和压力调节器；

——记录装置:包括温度、湿度、压力、空气流量和风扇转速记录仪;
——试件密封材料或密封装置。

B.2.1 小型释放舱体

舱体为圆筒状或立方体状,使用无污染、低吸附性能材料,如不锈钢。

舱前设有一个门,以供样品进出,舱内中部设样品托架放置样品。舱交换空气出口处设分流支路供采样用。密封圈为低释放与低吸附的橡胶材料。舱组件尽可能采用不锈钢制造,易于拆卸、检修、清洗。交换空气由风扇附近进入舱内,风扇和导流叶片使舱内保持一定的空气流速。

B.2.2 清洁空气供给装置

采用清洁空气发生系统供气,以避免释放舱系统背景浓度的增加。

B.2.3 温度控制和湿度系统

以配有热源的循环系统控制释放舱温度。空气经脱湿净化后,再加湿以压缩系统控制进气的相对湿度。

B.2.4 空气流量和风速控制装置

空气经净化后经质量流量调节装置调节到预定流量,再经加湿进入舱内,舱内末端风扇将洁净空气与舱内空气混合后再由舱出口流出。

B.2.5 压力计

在释放舱顶部安装压力计,以便于监测和控制舱内压力。

B.2.6 记录仪

包括温度、湿度、压力、流量和转速记录仪。

B.2.7 试件密封装置

测试试件置于释放舱时,可选用密封装置将测试试件背部、侧边及锯割部分密封,既可固定测试试件表面积,保持恒定的负载率,又可避免表面释放。

密封装置主体为不锈钢质,外壳和内框之间放置试件,以螺杆将外壳与内框联合在一起,如图 B.2~图 B.5 所示。必要时可在外壳与试件之间插入聚四氟乙烯片密封,以增加气密性。

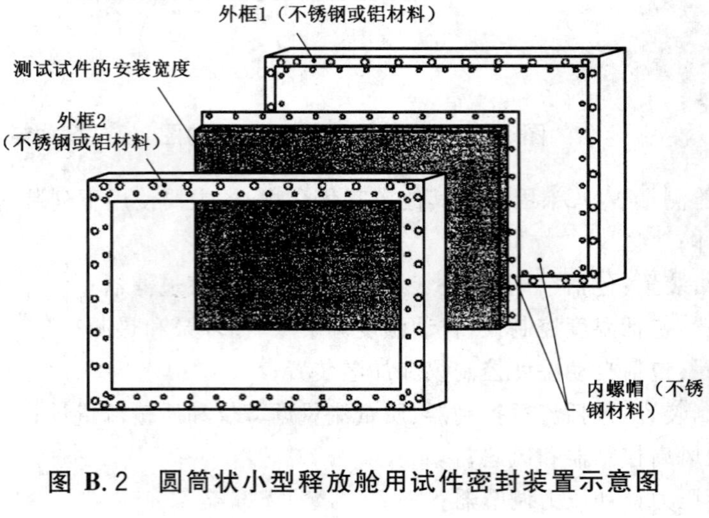

图 B.2 圆筒状小型释放舱用试件密封装置示意图

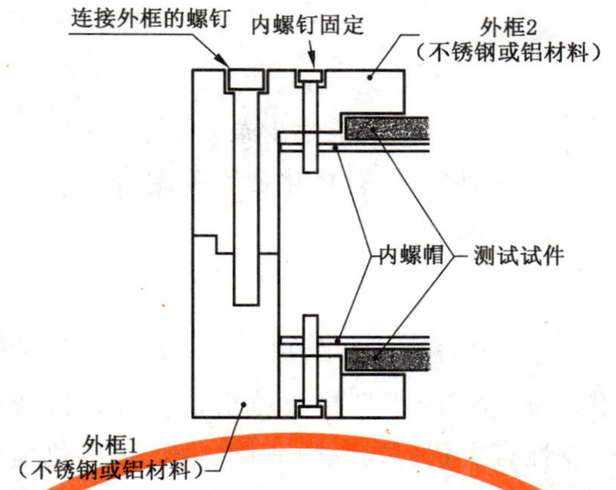

图 B.3 圆筒状小型释放舱用试件密封装置截面图

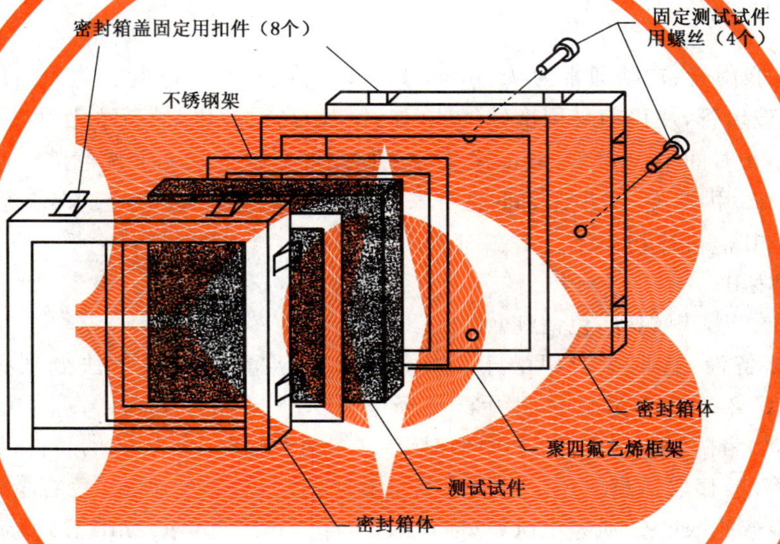

图 B.4 立方体状小型释放舱密封装置示意图

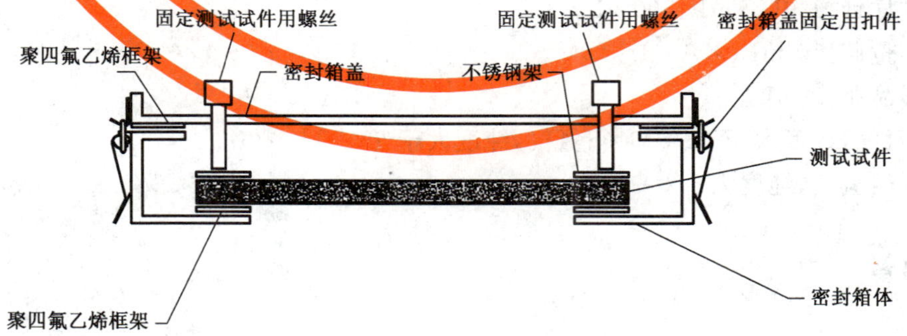

图 B.5 立方体状小型释放舱密封装置截面图

附　录　C
（规范性附录）
挥发性有机化合物测定

C.1　方法原理

Tenax TA 吸附管主动采集一定体积的小型释放舱出口空气，出口空气中挥发性有机化合物组分被捕集在吸附剂中，被捕集的挥发性有机化合物经热脱附解析，再以色谱柱分离，氢火焰离子化检测器(FID)或质量检测器(MSD)测定。

C.2　材料和试剂

C.2.1　Tenax TA 吸附管：规格通常为 ϕ6 mm×89 mm，内装 200 mg 粒径为 60 目～80 目 Tenax TA 吸附剂的不锈钢或玻璃管，使用前采用惰性气体(如：氮气)高温净化，最高净化温度不得高于 320 ℃，以防止吸附剂分解，净化时间不少于 30 min，净化后或使用前应检查其无干扰色谱峰存在。

C.2.2　标准样品：苯、甲苯、邻-二甲苯、间-二甲苯、对-二甲苯、对-二氯苯、乙苯、苯乙烯、正十四烷、正己烷和正十六烷，以及其他目标物单体。

注：也可使用气体标样。

C.2.3　试剂：甲醇或二氯甲烷等，色谱纯。

C.2.4　标准溶液储备液：移取少量甲醇于 100 mL 棕色容量瓶中，减量法分别称取 0.2 g(精确至 0.2 mg)标准样品(C.2.2)于容量瓶中，用甲醇稀释至刻度。

注：该标准溶液储备液在 0 ℃～4 ℃的冰箱中密闭保存，有效期为 4 周。

C.2.5　标准工作溶液：移取适量上述标准溶液储备液(C.2.4)于 100 mL 棕色容量瓶中，以甲醇稀释至刻度，使标准工作溶液的浓度分别为 1 000 μg/mL、500 μg/mL、200 μg/mL、50 μg/mL 和 10 μg/mL。分装于 2 mL 具塞样品瓶待用。

注：该标准工作溶液在 0 ℃～4 ℃的冰箱中密闭保存，有效期为 2 周。

C.2.6　微量进样针：1 μL、5 μL、500 μL。

C.2.7　棕色容量瓶：10 mL、100 mL。

C.2.8　具塞样品瓶：2 mL。

C.2.9　载气：氦气，纯度大于 99.999%；氮气，纯度大于 99.99%。

C.2.10　燃烧气：氢气，纯度大于 99.99%。

C.3　仪器和设备

C.3.1　气相色谱质谱联用仪：配有离子化火焰检测器(FID)和质量选择检测器(MSD)。

C.3.2　热脱附装置：能对采样管进行热脱附，脱附后的气体可进入毛细管色谱柱。其脱附温度、时间、气体流速可调。

注：当使用质量选择检测器(MSD)时，应使用具有出口分流的热脱附装置。

C.3.3　热老化装置：能在惰性气体条件下(如：氮气)对吸附管进行热净化。净化温度、时间、气体流量可调，通常温度可控制范围为(室温+10 ℃)～350 ℃，控温精度±1 ℃。

C.3.4　电子气体流量计：最大流量 500 mL/min，精度±5%。

C.3.5 恒流大气采样器:流量范围为 0 mL/min～500 mL/min,精度±5%。

C.3.6 分析天平:精度为 0.000 2 g。

C.4 试验步骤

C.4.1 VOCs 的采样

将恒流采样器与 Tenax TA 吸附管连接,吸附管进样端与释放舱采样口连接,采集释放舱出口空气中的 VOCs。同时将一支与采样管同运输、储存条件的吸附管在采样现场打开管套后,略待片刻,再戴上管套,用于测定采运空白浓度。

对于内装 200 mg 吸附剂 Tenax TA 的吸附管,通常最大采样量为 10 L,采样流量为 50 mL/min～200 mL/min。首次采样时应串联一支吸附管以确认是否被穿透。

C.4.2 标准样品吸附管的制备

室温状态下,调节热老化装置氮气流量为 50 mL/min～100 mL/min,将净化好的吸附管采样端用连接软管与热老化装置出气端相连,用 1 μL 微量进样针分别吸取 1 μL 的标准工作溶液(C.2.5),由连接管微孔处缓慢注入吸附管吸附剂表面,载气吹扫 5 min～6 min 后,立即戴上管套,置于铝制金属盒中保存。

注:采用内标法时,可在注入标准工作溶液后,再注入 1 μL～2 μL 内标溶液。

C.4.3 分析测试条件

由于测试结果取决于所使用的仪器,因此不可能给出分析条件的普遍参数。采用下列操作条件已被证明对测试是合适的。

a) 热脱附装置分析条件:
   1) 吸附管热脱附温度:250 ℃～280 ℃;
   2) 吸附管热脱附时间:5 min～15 min;
   3) 脱附气体流量:30 mL/min～50 mL/min;
   4) 冷阱捕集温度:−30 ℃～−10 ℃;
   5) 冷阱加热速率:40 ℃/s;
   6) 冷阱热脱附温度:280 ℃～300 ℃;
   7) 冷阱热脱附时间:5 min～10 min;
   8) 传输线温度:220 ℃～250 ℃;
   9) 分流比:根据浓度确定分流比。
b) GC-FID 分析条件:
   1) 毛细管色谱柱:极性指数小于 10,柱长 50 m～60 m,内径 0.25 mm,膜厚 0.25 μm,或其相当者;
   2) 升温程序:40 ℃(1 min)$\xrightarrow{5\ ℃/min}$100 ℃$\xrightarrow{10\ ℃/min}$250 ℃(10 min);
   3) 检测器温度:250 ℃;
   4) 载气:高纯氮气。
c) GC-MSD 分析条件:
   1) 毛细管色谱柱:极性指数小于 10,柱长 50 m～60 m,内径 0.25 mm,膜厚 0.25 μm;
   2) 升温程序:40 ℃(1 min)$\xrightarrow{5\ ℃/min}$100 ℃$\xrightarrow{10\ ℃/min}$250 ℃(10 min);
   3) 色谱质谱接口温度:260 ℃;

4) 质量扫描范围和方式：扫描范围为 25 u～350 u，扫描方式为全扫描；

5) 载气：高纯氦；

6) 电离能量：70 eV；

7) 离子源(EI)温度：250 ℃。

C.4.4 分析测试

按上述条件设置热脱附装置和色谱工作参数，确认系统无干扰后，依次放入标准样品吸附管、采运空白浓度吸附管和样品吸附管进行测试。应对色谱峰逐一识别，根据保留时间定性，峰面积定量。如保留时间定性有疑问时，应根据质谱图定性。

注：应优先选用 GC-MSD。

C.5 结果的计算

C.5.1 线性校准方程

根据标准样品吸附管中各有机物单体的质量及相应色谱峰面积，通过最小二乘法拟合得到线性校准方程式(C.1)，其线性相关系数 γ^2 应大于 0.995。

$$A_{ci} = K_{ci} \times m_{ci} + b_{ci} \qquad \text{(C.1)}$$

式中：

A_{ci}——标准样品吸附管中单体 i 的色谱峰面积；

K_{ci}——单体 i 的线性校准方程的斜率；

m_{ci}——标准样品吸附管中单体 i 的质量，单位为微克(μg)；

b_{ci}——单体 i 的线性校准方程在 Y 轴上的截距。

注：截距 b_{ci} 应尽可能小。

C.5.2 吸附管解析量的计算

C.5.2.1 目标单体解析量的计算

吸附管中苯、甲苯、二甲苯等目标单体的解析量按式(C.2)计算：

$$M_{ci,t} = (A'_{ci,t} - b_{ci}) / K_{ci} \qquad \text{(C.2)}$$

式中：

$M_{ci,t}$——试验时间为 t 时，吸附管中苯、甲苯、二甲苯等目标单体 i 的解析量，单位为微克(μg)；

$A'_{ci,t}$——试验时间为 t 时，吸附管中苯、甲苯、二甲苯等目标单体 i 的色谱峰面积；

b_{ci}——苯、甲苯、二甲苯等目标单体 i 线性校准方程在 Y 轴上的截距；

K_{ci}——苯、甲苯、二甲苯等目标单体 i 线性校准方程的斜率。

C.5.2.2 总挥发性有机化合物解析量的计算

除苯、甲苯、二甲苯等目标单体外，其他挥发性有机化合物单体的解析量按甲苯的线性校准方程(C.2)计算，总挥发性有机化合物按式(C.3)计算：

$$M_{cT,t} = \sum M_{ck,t} + \sum M_{ci,t} \qquad \text{(C.3)}$$

式中：

$M_{cT,t}$——试验时间为 t 时，总挥发性有机化合物的解析量，单位为微克(μg)；

$M_{ck,t}$——试验时间为 t 时，除目标单体外其他单体的解析量，单位为微克(μg)；

$M_{ci,t}$——试验时间为 t 时，苯、甲苯、二甲苯等目标单体的解析量，单位为微克(μg)。

C.5.3 释放浓度的计算

C.5.3.1 目标单体释放浓度的计算

苯、甲苯、二甲苯等目标单体的释放浓度按式(C.4)计算：

$$C_{i,t}=\frac{M_{ci,t}-M_{ib,t}}{V_t} \qquad \cdots\cdots(C.4)$$

式中：

$C_{i,t}$ ——试验时间为 t 时，苯、甲苯、二甲苯等目标单体 i 的释放浓度，单位为微克每立方米($\mu g/m^3$)；

$M_{ci,t}$——试验时间为 t 时，样品管中苯、甲苯、二甲苯等目标单体 i 的解析量，单位为微克(μg)；

$M_{ib,t}$——试验时间为 t 时，采运空白浓度吸附管中苯、甲苯、二甲苯等目标单体 i 的解析量，单位为微克(μg)；

V_t ——试验时间为 t 时的采样体积，单位为立方米(m^3)。

C.5.3.2 总挥发性有机物的释放浓度

总挥发性有机物的释放浓度按式(C.5)计算：

$$C_{T,t}=\frac{\sum M_{ck,t}-\sum M_{kb,t}}{V_t}+\frac{\sum M_{ci,t}-\sum M_{ib,t}}{V_t}=\sum C_{k,t}+\sum C_{i,t} \qquad \cdots\cdots(C.5)$$

式中：

$C_{T,t}$ ——试验时间为 t 时，总挥发性有机物的释放浓度，单位为微克每立方米($\mu g/m^3$)；

$M_{ck,t}$ ——试验时间为 t 时，样品管中除目标单体外，其他单体的解析量，单位为微克(μg)；

$M_{kb,t}$ ——试验时间为 t 时，采运空白浓度吸附管中除目标单体外，其他单体的解析量，单位为微克(μg)；

$M_{ci,t}$ ——试验时间为 t 时，样品管中苯、甲苯、二甲苯等目标单体 i 的解析量，单位为微克(μg)；

$M_{ib,t}$ ——试验时间为 t 时，采运空白浓度吸附管中苯、甲苯、二甲苯等目标单体 i 的解析量，单位为微克(μg)；

V_t ——试验时间为 t 时的采样体积，单位为立方米(m^3)；

$C_{k,t}$ ——试验时间为 t 时，除目标单体外其他挥发性有机物单体的释放浓度，单位为微克每立方米($\mu g/m^3$)；

$C_{i,t}$ ——试验时间为 t 时，苯、甲苯、二甲苯等目标单体 i 的释放浓度，单位为微克每立方米($\mu g/m^3$)。

附 录 D
（规范性附录）
醛酮类组分测定

D.1 方法原理

2,4-二硝基苯肼(DNPH)的硅胶吸附管主动采集一定体积的释放舱出口空气,出口空气中醛酮类化合物组分与吸附管中的 DNPH 反应,生成稳定的衍生化合物,用乙腈洗脱后,反相液相色谱柱分离,配有紫外检测器或二级阵列管检测器高效液相色谱仪测定,外标法定量。反应式见图 D.1。

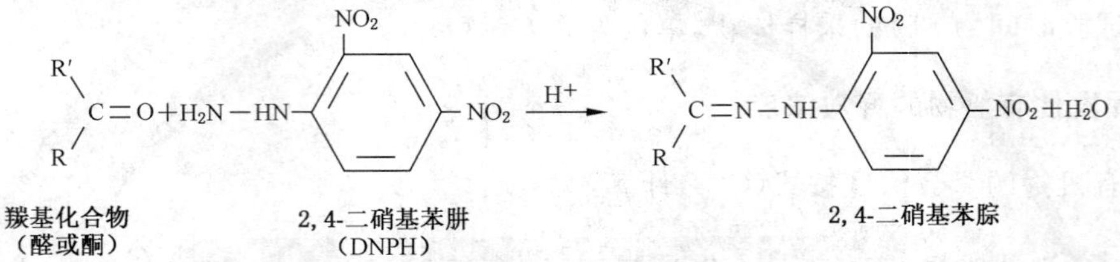

说明：

R ——烷基或芳香基团(酮),或氢原子(醛);

R′ ——烷基或芳香基团(酮)。

图 D.1 醛酮类化合物反应式

D.2 试剂和材料

除非另有说明,所用试剂均为色谱纯,所用水至少达到 GB/T 6682 规定的二级水。

D.2.1 2,4-二硝基苯肼(DNPH)吸附管

管内至少填充有 350 mg 涂覆 2,4-二硝基苯肼(DNPH)的硅胶,2,4-二硝基苯肼的含量不低于硅胶质量的 0.29%,其对甲醛的衍生化能力不低于 75 μg。

D.2.2 乙腈(C_2H_3N)

HPLC 级。

D.2.3 醛酮-2,4-二硝基苯腙标准试剂

醛酮单体的相应浓度约大于 15 μg/mL,典型醛酮类单体及衍生物信息见表 D.1。

表 D.1 典型醛酮类单体及衍生物

序号	醛、酮类单体				DNPH 衍生物		
	中文名称	英文名称	CAS 编号	相对分子质量	名　称	CAS 编号	相对分子质量
1	乙醛	Acetaldehyde	75-07-0	44	乙醛-2,4-DNPH	1019-57-4	224
2	丙烯醛	Acrolein	107-02-8	56	丙烯醛-2,4-DNPH	888-54-0	236

表 D.1（续）

序号	醛、酮类单体				DNPH 衍生物		
	中文名称	英文名称	CAS 编号	相对分子质量	名　　称	CAS 编号	相对分子质量
3	丙酮	Acetone	67-64-1	58	丙酮-2,4-DNPH	1567-89-1	238
4	丙醛	Propionaldehyde	123-38-6	58	丙醛-2,4-DNPH	725-00-8	238
5	丁烯醛	Crotonaldehyde	4170-30-3	70	丁烯醛-2,4-DNPH	1527-96-4	250
6	丁醛	Butyraldehyde	123-72-8	72	丁醛-2,4-DNPH	1527-98-6	252
7	苯甲醛	Benzaldehyde	100-52-7	106	苯甲醛-2,4-DNPH	1157-84-2	286
8	异戊醛	Isovaleraldehyde	590-86-3	86	异戊醛-2,4-DNPH	2256-01-1	266
9	戊醛	Valeraldehyde	110-62-3	86	戊醛-2,4-DNPH	2057-84-3	266
10	邻-甲苯甲醛	*o*-Tolualdehyde	529-20-4	120	邻-甲苯甲醛-2,4-DNPH	1773-44-0	300
11	间-甲苯甲醛	*m*-Tolualdehyde	620-23-5	120	间-甲苯甲醛-2,4-DNPH	2880-05-9	300
12	对-甲苯甲醛	*p*-Tolualdehyde	104-87-0	120	对-甲苯甲醛-2,4-DNPH	2571-00-8	300
13	己醛	Hexaldehyde	66-25-1	100	己醛-2,4-DNPH	1527-97-5	280
14	2,5-二甲基苯甲醛	2,5-Dimethyl benzaldehyde	5779-94-2	134	2,5-二甲基苯甲醛-2,4-DNPH	152477-96-8	314

D.2.4　醛酮-2,4-二硝基苯腙标准工作溶液

分别移取适量醛酮-2,4-二硝基苯腙标准试剂(D.2.3)于 5 mL 棕色容量瓶中，以乙腈(D.2.2)稀释至刻度，之后逐级稀释至适当的浓度，如 3 μg/mL、0.6 μg/mL、0.1 μg/mL、0.02 μg/mL 和 0.005 μg/mL，分装于 2 mL 样品瓶中，具塞待用。

D.3　仪器和设备

D.3.1　高效液相色谱仪：配有紫外检测器或二级管阵列检测器。

D.3.2　微量进样器：10 μL、50 μL。

D.3.3　移液管：5 mL、10 mL。

D.3.4　注射器：5 mL。

D.3.5　具塞样品瓶：2 mL、4 mL。

D.3.6　棕色容量瓶：5 mL。

D.4　分析步骤

D.4.1　醛酮类化合物的采样

将恒流采样器与 2,4-DNPH 吸附管连接，吸附管另一端与释放舱采样口连接，采集释放舱出口空气中的醛酮类化合物。

通常采样流量为 200 mL/min～300 mL/min，最大采样量为 5 L。首次采样时应串联一支 2,4-DNPH 吸附管，以确认样品吸附管是否被穿透。

D.4.2 醛酮-DNPH衍生物的洗脱

用5 mL注射器吸取4 mL～5 mL的乙腈，注入采样后2,4-DNPH吸附管中，将醛酮-DNPH衍生物与未反应的DNPH洗脱至5 mL的棕色容量瓶中，用乙腈稀释至刻度，混匀，分装于2 mL样品瓶中，具塞待测。洗脱时，乙腈流向应与采样时的气流方向相同，以防采样管中颗粒物随洗脱液流出。

注：通常一支干燥的吸附管其乙腈的保留体积不超过1 mL。

D.4.3 分析测试条件

由于测试结果取决于所使用的仪器，因此不可能给出分析条件的普遍参数。采用下列操作条件已被证明对测试是合适的：

a) 色谱柱：ZORBAX ODS-C_{18}，4.6 mm×250 mm、粒度5 μm，或相当者；
b) 流速：1.0 mL/min；
c) 柱温：35 ℃；
d) 检测波长：360 nm；
e) 进样量：25 μL；
f) 流动相：乙腈(A)和水(B)；
g) 洗脱：恒流洗脱或程序洗脱(表D.2)。

表 D.2 HPLC梯度洗脱程序

时间/min	流动相A/%	流动相B/%
0	60	40
20	75	25
30	60	40

D.4.4 分析测试

按上述条件设置高效液相色谱工作参数，确认系统无干扰后，依次放入标准工作溶液、醛酮-DNPH衍生物的洗脱液(D.4.2)进行测试。根据保留时间定性，峰面积或峰高定量。14种典型醛酮类-DNPH衍生物色谱流出图见图D.2。

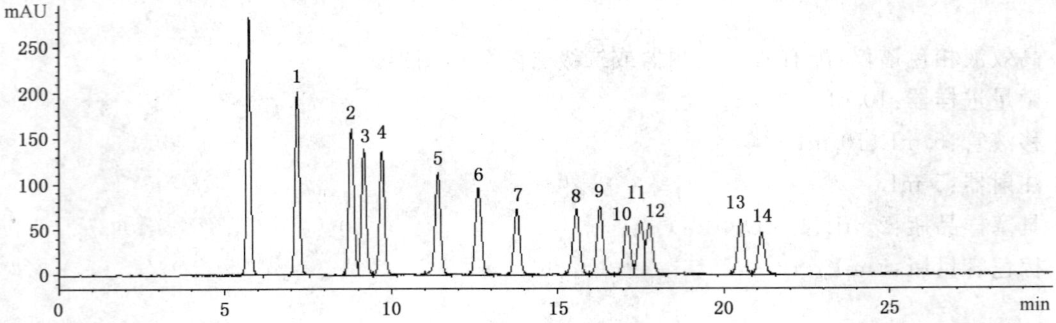

说明：

1——乙醛-2,4-DNPH；
2——丙烯醛-2,4-DNPH；
3——丙酮-2,4-DNPH；
4——丙醛-2,4-DNPH；
5——丁烯醛-2,4-DNPH；
6——丁醛-2,4-DNPH；
7——苯甲醛-2,4-DNPH；
8——异戊醛-2,4-DNPH；
9——戊醛-2,4-DNPH；
10——邻-甲苯甲醛-2,4-DNPH；
11——间-甲苯甲醛-2,4-DNPH；
12——对-甲苯甲醛-2,4-DNPH；
13——己醛-2,4-DNPH；
14——2,5-二甲基苯甲醛-2,4-DNPH。

图 D.2 典型醛酮-DNPH衍生物色谱流出图

D.5 结果的计算

D.5.1 线性校准方程

根据标准工作溶液(D.2.4)中醛酮类化合物中单体 j 的量及相应 DNPH 衍生物色谱峰面积,通过最小二乘法拟合得到线性校准方程式(D.1),其线性相关系数 γ^2 应大于 0.999。

$$A_{hj} = K_{hj} \times m_{hj} + b_{hj} \qquad \cdots\cdots (D.1)$$

式中:

A_{hj}——标准工作溶液中醛酮类化合物中单体 j 的 DNPH 衍生物峰面积;

K_{hj}——醛酮类化合物中单体 j 线性校准方程的斜率;

m_{hj}——标准工作溶液中醛酮单体 j 的相当量,单位为微克(μg);

b_{hj}——醛酮类化合物中单体 j 线性校准方程在 Y 轴上的截距。

注:截距尽可能小。

D.5.2 醛酮类化合物量的计算

D.5.2.1 醛酮类化合物单体量的计算

试验时间为 t 时,样品吸附管中醛酮-DNPH 衍生物被洗脱后,其乙醛、丙酮等目标单体的相当量按式(D.2)计算:

$$M_{hj,t} = (A'_{hj,t} - b_{hj})/K_{hj} \qquad \cdots\cdots (D.2)$$

式中:

$M_{hj,t}$ ——试验时间为 t 时,样品吸附管中乙醛、丙酮等目标单体 j 的相当量,单位为微克(μg);

$A'_{hj,t}$ ——试验时间为 t 时,乙醛、丙酮等目标单体 j 的 DNPH 衍生物色谱峰面积;

b_{hj} ——单体 j 线性校准方程在 Y 轴上的截距;

K_{hj} ——单体 j 线性校准方程的斜率。

D.5.2.2 总醛酮化合物量的计算

试验时间为 t 时,样品吸附管中醛酮-DNPH 衍生物被洗脱后,其总醛酮化合物相当量按式(D.3)计算:

$$M_{h,t} = \sum M_{hj,t} \qquad \cdots\cdots (D.3)$$

式中:

$M_{h,t}$ ——试验时间为 t 时,样品吸附小柱中总醛酮化合物的相当量,单位为微克(μg);

$M_{hj,t}$ ——试验时间为 t 时,样品吸附小柱中乙醛、丙酮等目标单体 j 的相当量,单位为微克(μg)。

D.5.3 总醛酮化合物释放浓度的计算

D.5.3.1 醛酮类化合物单体释放浓度的计算

乙醛、丙酮等目标单体释放浓度按式(D.4)计算:

$$C_{hj,t} = \frac{M_{hj,t}}{V_{h,t}} \qquad \cdots\cdots (D.4)$$

式中:

$C_{hj,t}$ ——试验时间为 t 时,乙醛、丙酮等目标单体 j 释放浓度,单位为微克每立方米(μg/m^3);

$M_{hj,t}$ ——试验时间为 t 时,目标单体 j 的相当量,单位为微克(μg);

$V_{h,t}$ ——试验时间为 t 时的采样体积,单位为立方米(m^3)。

D.5.3.2　总醛酮化合物释放浓度的计算

总醛酮化合物释放浓度按式(D.5)计算：

$$C_{h,t}=\frac{M_{h,t}}{V_{h,t}} \qquad \cdots\cdots(D.5)$$

式中：

$C_{h,t}$ ——试验时间为 t 时，总醛酮化合物的释放浓度，单位为微克每立方米(μg/m³)；

$M_{h,t}$ ——试验时间为 t 时，总醛酮化合物的相当量，单位为微克(μg)；

$V_{h,t}$ ——试验时间为 t 时的采样体积，单位为立方米(m³)。

参 考 文 献

[1] ISO 16000-9:2006(E) Determination of the emission of volatile organic compounds from building products and furnishing—Emission test chamber method.

[2] ASTM D 5197—2003(E) Standard Test Method for Determination of Formaldehyde and Other Carbonyl Compounds in Air(Active Sampler Methodology).

[3] ASTM D 6330—1998(Reapproved 2003)(E) Standard Practice for Determination of Volatile Organic Compounds(Excluding Formaldehyde)Emissions from Wood-Based Panels Using Small Environmental Chambers Under Defined Test Conditions.

[4] ANSI/BIFMA M7.1:2005(E) Standard Test Method For Determining VOC Emissions From Office Furniture Systems,Components And Seating.

[5] ISO/TC 219:2007(E) Resilient,textile and laminate floor coverings—Evaluation and requirements of volatile organic compounds(VOC) emission.

[6] JIS A 1901:2009 建築材料の揮発性有機化合物(VOC),ホルムアルデヒド及び他のカルボニル化合物放散測定方法－小形チャンバー法.

ICS 71.100.50
B 71

中华人民共和国国家标准

GB/T 29900—2013

木材防腐剂性能评估的野外近地面试验方法

Field test method for evaluation of wood preservatives by ground proximity decay

2013-11-12 发布 2014-04-11 实施

中华人民共和国国家质量监督检验检疫总局
中国国家标准化管理委员会 发布

前　言

本标准按照 GB/T 1.1—2009 给出的规则起草。

本标准由国家林业局提出。

本标准由全国木材标准化技术委员会(SAC/TC 41)归口。

本标准起草单位:广东省林业科学研究院、茂名市林业科学研究所、中国林科院木材工业研究所、四川省恒希木业有限责任公司。

本标准主要起草人:谢桂军、张燕君、庞维锋、马星霞、陈利芳、何雪香、苏海涛、马红霞、文庆辉。

木材防腐剂性能评估的野外近地面试验方法

1 范围

本标准规定了各种木材防腐剂野外近地面试验评价方法。测试条件为 GB/T 27651—2011 规定的 C3.2 类防腐木材。

本标准适用于各种木材防腐剂。

2 规范性引用文件

下列文件对于本文件的应用是必不可少的。凡是注日期的引用文件,仅注日期的版本适用于本文件。凡是不注日期的引用文件,其最新版本(包括所有的修改单)适用于本文件。

GB/T 13942.2—2009 木材耐久性能 第2部分:天然耐久性野外试验方法

GB/T 18261 防霉剂防治木材霉菌及蓝变菌的试验方法

GB/T 27651—2011 防腐木材的使用分类和要求

LY/T 1283 木材防腐剂对腐朽菌毒性实验室试验方法

3 仪器设备

3.1 天平

精度为 0.1 g。

3.2 游标卡尺

精度为 0.02 mm。

3.3 恒温恒湿箱

可提供温度为(26±2)℃,相对湿度为(80±2)%的恒定环境。

4 材料

4.1 试材

4.1.1 树种的选择

木材试材取自马尾松(*Pinus massoniana* Lamb.)或湿地松(*P. elliottii* Engelmann)边材部分。

4.1.2 试材要求

试材应健康无缺陷,不存在节疤、应力木、幼龄材、过多斜纹理或其他明显缺陷,无明显霉变、变色、腐朽或虫蛀且未经过任何化学药剂处理。

4.1.3 试样制备及尺寸要求

制取试样的样木不少于3株。试样尺寸为50 mm×20 mm×125 mm，长度为顺纹方向。试样间密度偏差不超过15%。

4.2 防腐药剂

待测木材防腐剂和对照用铜铬砷(CCA)木材防腐剂。

5 野外近地面试验装置

野外近地面试验装置分层结构示意图如图1所示，从上到下依次分为遮荫网、支架和遮荫网支撑框架、砌块三大部分。

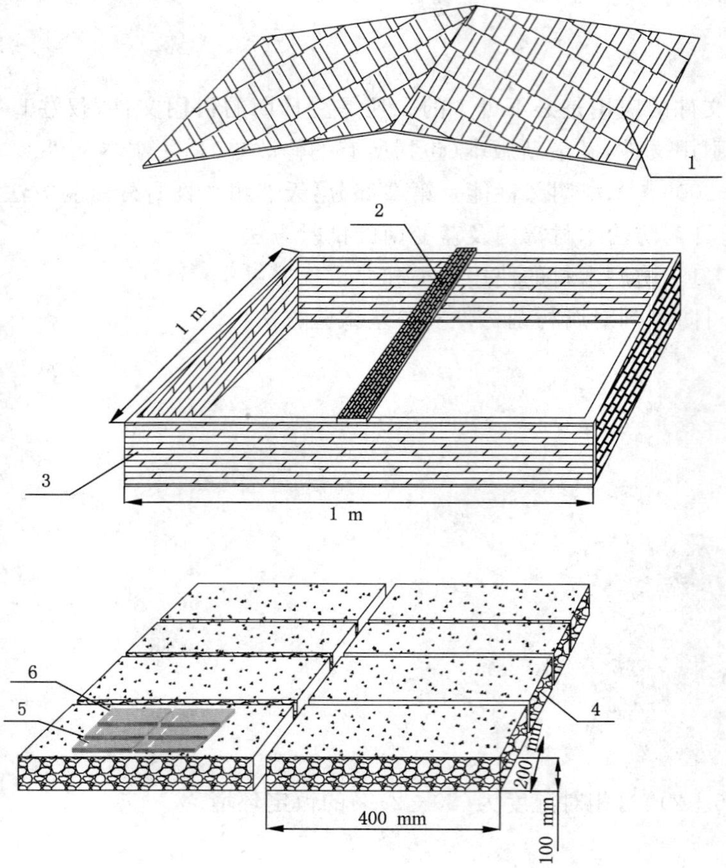

说明：

1——遮荫网：透光率15%～30%，尺寸约为1 200 mm×1 200 mm；

2——支架：用于支撑遮荫网，尺寸为38 mm×20 mm×1 000 mm；

3——遮荫网支撑框架：由4块长1 000 mm，高度不低于138 mm的板材组成；

4——砌块：采用焦渣混凝土砌块或类似材料，8块，每块尺寸为400 mm(长)×200 mm(宽)×100 mm(厚)；

5——标签：标签不应与木材试样或木材试样中的防腐剂发生反应，可采用惰性材料，如聚四氟乙烯塑料；

6——试样：尺寸为50 mm×20 mm×125 mm。

注1：支撑框架和支架均采用防腐处理木材，且可用于接触土壤的环境。

注2：整个装置的各个连接构件应具有耐腐蚀性。

图1 野外近地面试验装置的分层结构示意图

6 试样制备

6.1 试样准备

锯制试样前先调整试材含水率低于20%,然后锯制50 mm×20 mm×200 mm(长度方向为顺纹方向)规格试样,每一条件至少需10块重复试样。将锯制好的试样保存在温度为(26±2)℃,相对湿度为(80±5)%的恒温恒湿箱中,备用。

防腐处理前,将试件从恒温恒湿箱中取出,逐一编号,测量尺寸并称重。

6.2 防腐处理

6.2.1 防腐处理工艺

根据防腐剂的最终使用要求选用不同的防腐处理工艺,可用满细胞处理工艺,也可用涂刷或浸泡处理工艺。满细胞处理工艺应保证木材试样完全被防腐剂渗透。

6.2.2 试样目标载药量的设定

防腐剂工作液浓度根据试样的目标载药量配制。对照防腐剂和待测防腐剂至少选择5个目标载药量,其中2个载药量低于极限载药量。每一块试样载药量偏差不应超过目标载药量的10%。

6.2.3 载药量计算

试样处理完毕后,擦掉表面多余的药剂,立即称重。按LY/T 1283计算满细胞工艺处理木材试样中防腐剂保持量R_1,见式(1)和式(2);按GB/T 18261计算涂刷或浸泡工艺处理木材试样的吸药量R_2,见式(3):

$$R_1=\frac{M\times c\times 10}{V} \quad \cdots\cdots(1)$$

$$M=T_2-T_1 \quad \cdots\cdots(2)$$

$$R_2=\frac{M\times c\times 10^6}{2(H\times W+W\times L+H\times L)} \quad \cdots\cdots(3)$$

式中:

R_1——防腐剂保持量,单位为千克每立方米(kg/m³);

M——防腐处理后试样质量增加量,单位为克(g);

c——防腐剂工作液质量分数,%;

V——试样体积,单位为立方米(m³);

T_1——试样处理前质量,单位为克(g);

T_2——试样处理后质量,单位为克(g);

R_2——吸药量,单位为克每平方米(g/m²);

L——试样长度,单位为毫米(mm);

W——试样宽度,单位为毫米(mm);

H——试样厚度,单位为毫米(mm)。

6.3 分析试样采集方法

将处理后的试样锯制成50 mm×20 mm×125 mm(长度为顺纹方向)的尺寸,用于野外暴露试验;剩余部分用于检测试样中防腐剂有效成分。

6.4 试样的后期处理

试样采取的后期处理工艺根据防腐剂使用说明或最终用途要求进行。如无特殊后处理工艺要求，则将试样按常规方法堆垛气干至当地平衡含水率。

试样处理完毕后，在试样表面固定标签。

7 试样的暴露试验

7.1 试验点数量

通常情况，单个试验点的试验数据有效，但如有条件可选择多个试验点进行测试。

7.2 试验点的选择

每一个试验点的多个试验装置所处环境应保持一致，或完全暴露或完全被树木遮盖，或湿润或干燥。试验点土壤应选择黏性土壤。

7.3 试验点样品排放

试样随机排放在图1所示的野外暴露试验装置内的砌块上，试样标签统一朝上，试样之间的空隙不小于3 mm。

8 试样评价

8.1 试样检测

8.1.1 检测周期

试样每年进行一次检测，视试样受害情况也可缩短检测周期。

8.1.2 试样检测

检测时用钝刀将每根试样表面粘附的藓类清除掉，不能破坏完好木材部分。试样检测应在同一条件下进行，通过肉眼观察试件腐朽和白蚁蛀蚀程度，各个面都应观察统计，以整个试样的完好程度作为每个试样的检测结果。检测过程中附记试样的虫害，变色程度，霉、藓等的生长情况及表面物理特征状况。

若发现试样丢失或不明原因的损坏，应在原试样中扣除，不再统计在内。每次检测最好是同一人员，以减少检测时的误差。砌块也应定期清理，如有必要每次检测重新更换一次砌块。每块试样检测完后都应放回原处。

8.1.3 检测时间

试样暴露时间长短根据暴露位置和气候条件确定，至少在野外暴露5年。具体暴露时间参考未处理对照样的腐朽情况，至少应为未处理对照样平均腐朽程度达到等级4所需时间的2倍。

8.2 分级评价标准

8.2.1 试样耐腐朽分级值

试样耐腐朽分级值按GB/T 13942.2—2009中5.3.1的分级方法执行。

8.2.2 试样抗白蚁蛀蚀分级值

试样抗白蚁蛀蚀分级值按 GB/T 13942.2—2009 中 5.3.2 的分级方法执行。

8.3 完好指数计算

试样经逐根检测后，根据式(4)计算出每一试验条件的完好指数，该指数表示每次检测后各试验条件试样的完好程度。

$$I=\frac{\sum fy}{\sum f} \qquad \cdots\cdots(4)$$

式中：

I——完好指数，即检测时试样平均完好指数；

f——每一级别试样数；

y——分级值。

9 试验报告

试验报告应包括下列内容：

a) 依据标准；

b) 试验单位、试验人；

c) 木材树种；

d) 木材密度；

e) 试样数量；

f) 防腐剂名称、剂型、有效成分及含量；

g) 防腐处理方法和工艺，包含工作液浓度；

h) 个体和平均防腐剂保持量或吸药量；

i) 后处理工艺；

j) 暴露点位置、当地气象条件和土壤类型；

k) 试验日期；

l) 每次检查日期；

m) 每次检查的分级记录；

n) 影响结果的特殊因素。

ICS 91.120.30
B 71

中华人民共和国国家标准

GB/T 29901—2013

木材防水剂的防水效率测试方法

Test method for water-repellency efficiency of water repellent

2013-11-12 发布　　2014-04-11 实施

中华人民共和国国家质量监督检验检疫总局
中国国家标准化管理委员会　发布

前　言

本标准按照 GB/T 1.1—2009 给出的规则起草。

本标准由国家林业局提出。

本标准由全国木材标准化技术委员会(SAC/TC 41)归口。

本标准起草单位:广东省林业科学研究院、广东省林产品质量监督检验站、国家林业局林产品质量检验检测中心(广州)、上海大不同木业科技有限公司。

本标准主要起草人:陈利芳、张燕君、谢桂军、苏海涛、马红霞、何雪香、李兴伟、居解语、李惠明。

木材防水剂的防水效率测试方法

1 范围

本标准规定了用于真空加压处理木材的防水剂的防水效率测试方法。

本标准适用于木材防水剂或木材防水剂与防腐剂的混合液。

2 术语和定义

下列术语和定义适用于本文件。

2.1

防水效率　water-repellency efficiency

木材防水处理前后弦向线湿涨率变化的比率。

3 材料

木材试样：从表面光滑、纹理通直的松属（如：马尾松）板材中，随机抽取 3 块板材，从每块板材上锯取 2 个边材试样，其中一块作防水处理，另一块作为对照试样。试样不应存在节疤、裂纹、腐朽等缺陷。试样尺寸为 6.0 mm（轴向）×25 mm（径向）×50 mm（弦向）。

所取试样在处理前的弦向湿胀值应≥1.52 mm 。

4 设备

4.1 恒温恒湿箱（室）

可提供温度为（20±2）℃，相对湿度为（65±5）%的恒定环境。

4.2 分析天平

精度为 0.01 g。

4.3 测试量具

精度为 0.02 mm。

4.4 真空加压处理设备

压力：≥0.8 MPa，真空度：≤－0.08 MPa。

5 测试步骤

5.1 处理

5.1.1 试样平衡含水率调节

将第 3 章制得的木材试样置于温度（20±2）℃，相对湿度（65±5）%的恒温恒湿箱（室）中进行调湿处理至恒重，称重、记录。

5.1.2 真空加压处理

将调湿处理后的木材试样置于真空加压处理设备中，按如下程序进行处理：抽真空至－0.08 MPa，保持 20 min 后注入防水剂药液或防水剂与防腐剂的混合液；然后加压至 0.8 MPa，保持 20 min，卸压；再抽真空至－0.08 MPa，保持 10 min 后恢复常压。试样取出后应立即擦拭木材表面残留的药液，并分别称重、记录和计算每块试样的吸药量。

5.1.3 干燥固着处理

将经 5.1.2 真空加压处理后的木材试样在室温环境中放置 2 周。

5.2 吸水性试验

5.2.1 吸水前弦向尺寸的测定

在对处理试样进行防水效率测试之前，所有的处理试样和未处理的对照试样均置于温度(20±2)℃，相对湿度(65±5)％的恒温恒湿箱(室)中调湿至恒重，然后测定所有试样的弦向尺寸，并记录。

5.2.2 吸水后弦向尺寸的测定

将 5.2.1 调湿至恒重的试样浸入(20.0±2.0)℃的蒸馏水中浸泡 30 min，然后取出，擦拭试样表面的水渍后，立即测量试样的弦向尺寸，并记录。

6 计算

6.1 弦向线湿胀率

根据式(1)计算弦向线湿胀率：

$$\alpha_s = \frac{l_2 - l_1}{l_1} \times 100\% \qquad \cdots\cdots(1)$$

式中：

α_s ——试样的弦向线湿胀率，％；

l_1 ——试样浸水之前的弦向尺寸，单位为毫米(mm)；

l_2 ——试样浸水以后的弦向尺寸，单位为毫米(mm)。

6.2 防水剂处理试样的防水效率

根据式(2)计算防水效率：

$$E = \frac{\alpha_{s1} - \alpha_{s2}}{\alpha_{s1}} \times 100\% \qquad \cdots\cdots(2)$$

式中：

E ——防水剂处理试样的防水效率，％；

α_{s1} ——未处理材的弦向线湿胀率，％；

α_{s2} ——处理材的弦向线湿胀率，％。

防水效率的值以测得所有处理试样的平均值表示。

7 试验记录

木材防水效率测试的试验结果按附录 A 的表格进行编写。

附 录 A
(资料性附录)
木材防水效率测试记录表

表 A.1 木材防水效率测试记录表

树种：　　　产地：　　　实验室温度：　　℃　　　实验室相对湿度：　　%

试件编号	防水剂		试样防水处理		试样弦向尺寸 mm		湿涨率 %	防水效率 %	备注
	名称	浓度 %	处理前质量 g	处理后质量 g	吸水前	吸水后			

年　　月　　日　　　　　试验：　　　　　计算：　　　　　审核：

ICS 71.100.50
B 71

中华人民共和国国家标准

GB/T 29902—2013

木材防腐剂性能评估的土床试验方法

Standard method of evaluating wood preservatives in a soil bed

2013-11-12 发布　　　　2014-04-11 实施

中华人民共和国国家质量监督检验检疫总局
中国国家标准化管理委员会　发布

前　言

本标准按照 GB/T 1.1—2009 给出的规则起草。

本标准由国家林业局提出。

本标准由全国木材标准化技术委员会(SAC/TC 41)归口。

本标准起草单位:广东省林业科学研究院、中国林业科学研究院木材工业研究所、广东省质量监督林产品检验站、国家林业局林产品质量检验检测中心(广州)。

本标准主要起草人:苏海涛、何雪香、马星霞、张燕君、谢桂军、陈利芳、蒋明亮、马红霞、李兴伟、居解语。

木材防腐剂性能评估的土床试验方法

1 范围

本标准规定了快速评价木材防腐剂的抗微生物降解性能的室内土床试验方法。

本标准适用于各种木材防腐剂。

2 规范性引用文件

下列文件对于本文件的应用是必不可少的。凡是注日期的引用文件，仅注日期的版本适用于本文件。凡是不注日期的引用文件，其最新版本(包括所有的修改单)适用于本文件。

GB/T 13942.2 木材耐久性能 第2部分:天然耐久性野外试验方法

GB/T 14019 木材防腐术语

GB/T 23229 水载型木材防腐剂分析方法

NY/T 52 土壤水分测定法

3 术语和定义

GB/T 14019 界定的以及下列术语和定义适用于本文件。

3.1

土壤湿度 soil humidity

一定深度土层的土壤水分含量。

3.2

土床 soil bed

用于埋设木材试样的试验场，由塑料、水泥、不锈钢或类似惰性材料构成的方形小池分格组成。

3.3

土床室 soil bed chamber

放置土床的房间或可封闭空间。

4 土床试验场

4.1 土床

每个土床分格应铺入一定深度的砂土，一般由150 mm厚度的底部砂砾层和450 mm深的顶部土壤层组成。

4.2 土床室

土床室内外应建有排水沟。土床室内环境温度应保持在25 ℃～30 ℃，相对湿度为75%以上。相对湿度应该维持在能够防止土壤表面干燥的程度。

4.3 土壤的要求

土床用的土壤应采自林下表层土，具有一定的腐殖质，保持新鲜，并经过4目的筛网筛选，在筛选过的土壤里允许存在树根和石块。不应将土壤压实。土壤 pH 值应为 5～8，土壤含水率应在 20%～40%。

4.4 土壤湿度

4.4.1 土壤湿度要求

测试防腐剂的抗软腐菌的性能，土壤湿度应保持在 100%～120%；测试防腐剂的抗白腐或褐腐菌的性能，则土壤湿度应保持在 30%～80%。

4.4.2 土壤湿度测定方法

定期监测土壤的湿度状况。测量土壤湿度方法有两种：一种为直接法，也称烘干法，按照 NY/T 52 中的测定方法进行；另一种为非直接法，即用土壤电位计法进行。

4.4.3 土壤湿度维持

保持土壤湿度可用喷淋或地下浇灌式，或地下自动滴灌系统及空中雾化系统结合的方式。不应使用硬水。

4.4.4 土床试样湿度的保持

应使土床里的试样保持一定的含水率。建立在特定控制条件下土床里试样含水率与土壤含水率之间的变化关系。具体方法是：土床试验前，从对照试样和处理试样各抽出 20 条，记录相应的绝干重（根据 NY/T 52，恒温 105 ℃下干燥至恒重），然后用细纱布或尼龙网将这些试样的接壤部分包裹并插入土床土壤里，试样的 1/2 埋入土壤。定期抽查 3～5 条试样，以及试样接触的土壤样品 5 g～10 g，记录试样的湿度和测量土壤的含水量。抽查 5～10 次，即可建立试样含水率与土壤含水率之间的变化关系，并据此定期监控土床试验时土壤的湿度。

4.5 土床维护

在每次土床试验结束后，应把埋桩深度以上的表层土壤移除，并用新鲜的土壤取代。

5 试样的制备

5.1 木材的选择

5.1.1 树种的选择

优先选择的阔叶材树种为毛白杨，优先选择的针叶材树种为马尾松。如试验需要，其他树种也可以使用。所试验的材种应有正确的中文名和拉丁文名、产地和简要的立地条件说明。

5.1.2 试材的要求

试验用材应全部为边材，或全部为心材，应选用健康材。同一树种的试材的年轮宽窄适中，偏差不应超过 20%，密度偏差不应超过 15%。

5.1.3 试样的选择

同一批试验用的试样，应从不少于 3 块不同的板材里取样。板材应尽量方正和纹理一致，以减少早晚材对腐朽评估的影响。

5.2 试样的制作

试样的尺寸为 5 mm×20 mm×200 mm（长度为轴向）。试样的制作方法见图 1。首先，从大尺寸板材截取尺寸为 5 mm×20 mm×450 mm（长度为轴向）的小板条后，先作防腐处理，然后锯成尺寸 5 mm×20 mm×200 mm（长度为轴向）的两块试样，和一块尺寸约为 5 mm×20 mm×50mm（长度为轴向）的小木块作为化学分析用。

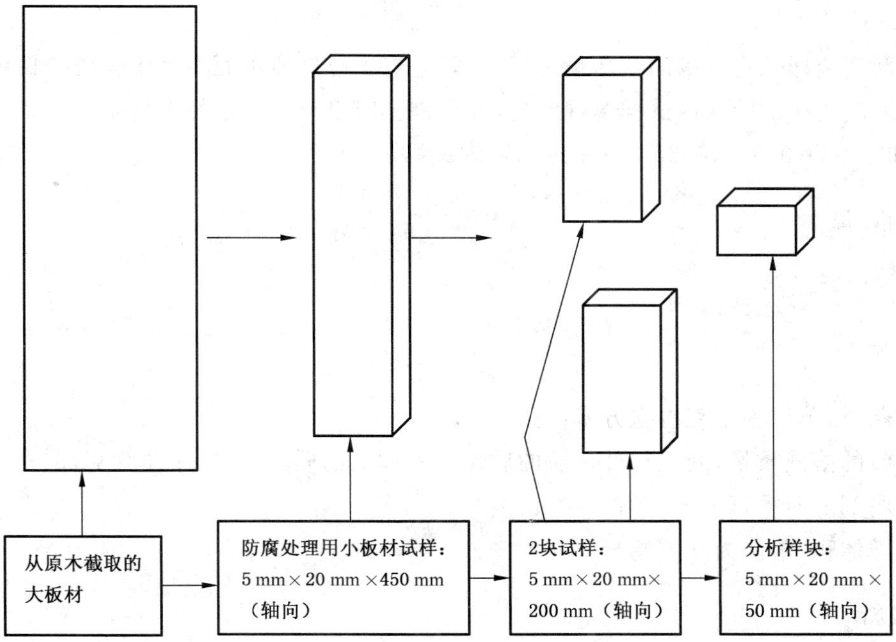

图 1 试样的制作示意图

5.3 试样分组

根据个体质量，试样应分成不同的组别，同一密度组，个体之间质量相差应在 5 g 之内，如质量在 70.0 g～74.9 g 的试样应归为同一密度组。高密度组和低密度组的试样可用作未处理对照组，应将中等密度组的试样用作处理试样。同一载药量处理的试样应来自相同的密度组。

6 防腐处理

6.1 处理方法

处理前应对每块试样分别进行称重和记录。

试样采用满细胞法处理，具体按以下步骤进行：首先把按图 1 制作的小板材试样放入真空加压防腐处理罐里，然后抽真空至－0.08 MPa，并保持该真空度 20 min 后注入防腐剂；然后加压至 0.8 MPa 后，保持该压力 40 min，卸压；再抽真空至－0.08 MPa，保持 10 min 后恢复常压。

试样从处理罐取出后应立即擦拭其表面残留的药液，并分别称重和记录，计算每块试样的载药量。

6.2 标准对照防腐剂

每进行一批土床试验，应埋设对照防腐剂 CCA 处理的试样。

6.3 空白对照样

每批土床试验，每种试材至少取 10 个未处理的试样作为对照组。

6.4 载药量

每种防腐剂应选择一定范围的载药量进行处理，应包含触地使用而不至于腐朽的临界载药量，最低载药量应低至足以使在试验期内试样出现腐朽，并允许土床里存在一定的木材腐朽菌。应使用 3～5 个几何级梯度(如 1.0×，0.5×，0.25×，…)载药量的试样。

6.5 载药量的计算

载药量按式(1)计算：

$$W = 1\,000\,GC/V \qquad \cdots\cdots(1)$$

式中：

W ——载药量，单位为千克每立方米(kg/m^3)；

G ——吸收的溶液质量，处理材处理后的质量与处理前的质量之差，单位为克(g)；

C ——防腐剂的质量百分比，%；

V ——试样体积，单位为立方厘米(cm^3)。

6.6 载药量分析

6.6.1 样品制备

分析采用 5.2 规定的样块。分析前，首先分别将样块磨碎并通过 30 目的筛子过筛；或 6.4 提到的每个梯度载药量处理的分析用样块也可一起磨碎作为混合样，以待进行载药量测定。将待测试样磨碎，取通过 30 目木粉用于样品分析。

6.6.2 载药量确定

试样载药量确定方法，可由下面两种方法任选一种：

——按式(1)计算方法来确定每个试样的载药量。

——按 GB/T 23229 规定的方法进行分析，但如果所测试的防腐剂是新产品，则根据文献或厂家提供的分析方法来测定。

7 试样的后处理

7.1 固着、气干、调湿

同一梯度载药量处理的试样在处理后应包在一个塑料袋里储存 7 d，以便于防腐剂的固着。7 d 后对固着的试样进行气干处理。如送样者指定或对比试验需要的话，可以使用窑干或蒸汽调湿处理等其他的后处理方法。以上任何一种后处理的全过程应详细记录并写在测试报告中。

7.2 流失处理

试样在插入土床中之前，应进行流失处理。对水载型防腐剂处理的试样，先在自来水中浸泡直至饱和，再在流动的自来水里冲刷 7 d，除去流失出来的药剂成分；对油载型防腐剂处理的试样，直接用自来水冲刷 14 d。

8 试样在土床中的埋设

8.1 试样数量

每个处理组至少需要埋设 10 个试样。

8.2 试样埋设方法

8.2.1 试样间距

土床里试样间距至少为 75 mm。

8.2.2 试样深度

试样插入土壤的深度应为其长度的 1/2，插入土壤后应压实其周围的土壤。如需进行抗弯测试，插入土壤的深度则应为其长度的 75%～80%。试样一端口应朝上，并露出土壤表面。

8.3 试样在土床中的分布

被测药剂处理试样、标准对照药剂处理试样和未处理对照试样应做好标记，随机安插在土床中。

9 试样的检查

9.1 检查周期

土床中的试样应进行定期检查，通常以 3 个月为一个间隔期。土床中试样的观测期限至少为 3 年时间，或至试样 90% 以上腐朽为止。

9.2 检查

依次将试样垂直向上缓缓从土壤中拔出，尽可能不扰动土壤层。如埋入过于结实不易拔起，可用工具帮助，但不能转动试样或扩大试样插孔。试样检查后，应安插回原来位置中，保持原来高度，拍紧试样周围的土壤。

将每块试样从土壤中拔出后，用软毛刷轻轻地擦去粘在试样上的泥土，用肉眼观察试样因腐朽而造成的软化和变色现象。不能用硬物除泥土，以免损伤试样表面。

9.3 等级划分

靠肉眼观察，腐朽程度按试样截面已腐朽部分的平均面积为准进行分级，试样拔起时若折断，以 0 级计算。木材腐朽等级划分方法按 GB/T 13942.2 中的分级标准进行，见表 1。

表 1　木材耐腐朽分级值

耐腐朽分级值	试样腐朽程度
10	材质完好，肉眼观察无腐朽症状
9.5	表面因微生物入侵变软或表面部分变色
9	截面有 3%轻微腐朽
8	截面有 3%～10%腐朽
7	截面有 10%～30%腐朽
6	截面有 30%～50%腐朽
4	截面有 50%～75%腐朽
0	腐朽到损毁程度，能轻易折断

10　试验结果评价

记录每一根编号试样所用的防腐剂类型、初始载药量、检查日期和每次检查得到的相应的耐腐朽分级值。将同一组载药量的所有试样的分级值相加，除以试样总数，得出每组载药量处理的试样的平均耐腐朽分级值。

11　试验报告

试验结果报告应包括如下几个方面：

——土壤特性，包括土壤水分含量、土壤的 pH 值、碳氮比、磷元素和钾元素含量等；

——试材的种类、每一个梯度载药量组的试样数量；

——防腐剂种类、所用防腐剂的名称及化学性质描述；

——处理方法、每组处理的平均载药量和载药量的梯度范围；

——每一个梯度载药量组在每次检查和测试结束后得出的耐腐朽分级值和平均值；

——标准差；

——试样含水率。

ICS 79.060.01
B 70

中华人民共和国国家标准

GB/T 29903—2013

人造板工业清洁生产技术要求

Technical requirements of cleaner production for wood-based panel industry

2013-11-12 发布 2014-04-11 实施

中华人民共和国国家质量监督检验检疫总局
中国国家标准化管理委员会 发布

前　言

本标准按照 GB/T 1.1—2009 给出的规则起草。

本标准由国家林业局提出。

本标准由全国人造板标准化技术委员会(SAC/TC 198)归口。

本标准起草单位:中国林业科学研究院木材工业研究所、南京林业大学、东营正和木业有限公司、诸暨市光裕竹业有限公司、德华兔宝宝装饰新材股份有限公司、北华大学、河北农业大学。

本标准主要起草人:陈志林、周捍东、李双昌、傅峰、李杰、朱其孟、徐长妍、杨勇、高金贵、孙照斌。

人造板工业清洁生产技术要求

1 范围

本标准规定了人造板工业清洁生产的术语和定义、要求、数据采集和计算方法。

本标准适用于胶合板、刨花板和纤维板，也可供其他类人造板参考。

2 规范性引用文件

下列文件对于本文件的应用是必不可少的。凡是注日期的引用文件，仅注日期的版本适用于本文件。凡是不注日期的引用文件，其最新版本(包括所有的修改单)适用于本文件。

GBZ 1 工业企业设计卫生标准

GBZ/T 192.1 工作场所空气中粉尘测定 第1部分：总粉尘浓度

GB 8978—1996 污水综合排放标准

GB 12348 工业企业厂界环境噪声排放标准

GB 13271 锅炉大气污染物排放标准

GB/T 16157 固定污染源排气中颗粒物测定与气态污染物采样方法

GB 16297 大气污染物综合排放标准

GB/T 18204.26 公共场所空气中甲醛测定方法

GB 18580 室内装饰装修材料 人造板及其制品中甲醛释放限量

GB 18918 城镇污水处理厂污染物排放标准

3 术语和定义

下列术语和定义适用于本文件。

3.1

人造板工业 wood-based panel industry

以木材(包括原木、小径材、枝丫材、木材加工剩余物或木质废旧制品)或非木材植物纤维材料为主要原材料，经一定加工方式制备的各种材料单元，施加(或不施加)胶黏剂和其他添加剂制造胶合而成的板材或成型制品的行业。

3.2

木材利用率 wood utilization rate

人造板企业加工过程中成品数量占所消耗木材总量的比率。

3.3

木材综合利用 wood comprehensive utilization

在人造板生产过程中，对木材的各个部分按照各自的最佳用途，分别加工，实现多次增值以达到木材在量与质总体上的高效益利用。

3.4

综合能耗 comprehensive energy consumption

在计划统计期内，对实际消耗的各种能源，经综合计算后所得的能源消耗量。

[GB/T 2589—2008,定义 3.5]

3.5

南方　south

在冬季不装设建筑采暖设施的地区。

3.6

北方　north

在冬季装设建筑采暖设施的地区。

3.7

废旧木质材料　waste wood material

废弃或(和)陈旧的木材或人造板。

注:包括废旧木材和废旧人造板。

3.8

回收利用　recycling

对回收的废弃木材进行分类、分离和加工,进行多次加工利用。

注:如将砂光木粉用于生产或作为燃料利用等。

3.9

污水　polluted water

在生产与生活活动中排放的水的总称。

[GB/T 8978—1996,定义 3.1]

3.10

污染气体　polluted gas

人造板生产过程中排放的受到污染的气体。

3.11

粉尘　dust

人造板生产过程中产生的细小颗粒及悬浮物。

3.12

工艺废渣　process residue

在生产过程中和原料贮存过程中产生的废料(如:废木片、树皮、锯屑、砂光粉等)。

[HJ/T 315—2006,定义 3.6]

4 要求

4.1 生产工艺与装备要求

4.1.1 总体要求

符合国家产业政策的要求,采用国内外先进的人造板生产工艺与装备,选择适宜的生产规模。

4.1.2 原料要求

采用适宜人造板生产的各种原料,要求原料多样化,扩大原料来源,加大废弃木质材料的回收利用。

4.1.3 生产工艺要求

先进合理。

4.1.4 生产装备要求

精良高效。

4.1.5 单板、刨花、纤维制备、干燥、组坯要求

采用先进的设备和合理的工艺，减少各工序中木材的浪费和废弃物的产生。

4.1.6 制胶、调胶和施胶工艺要求

采用先进制胶、调胶和施胶工艺，有效降低污水排放和甲醛释放。

4.1.7 热压要求

采用先进的设备和合理的工艺，减少砂光量。

4.1.8 裁边、砂光工序要求

选用高精度裁边机和宽带砂光机。

4.1.9 粉尘处理要求

粉尘和锯屑应采用密闭式输送和储存，回收的粉尘和锯屑可在生产中循环利用，也可用于锅炉燃烧以提供热能。

4.2 木材和能源利用指标

4.2.1 胶合板

4.2.1.1 胶合板生产中由单板制造胶合板的利用率不应低于85%；由原木制造胶合板的木材利用率不应低于45%。

4.2.1.2 生产1 m^3 胶合板耗能：南方不高于180 kgce，北方不高于220 kgce。

4.2.2 刨花板

4.2.2.1 刨花板生产中木材利用率不低于85%，木材综合利用率不低于99%。

4.2.2.2 生产1 m^3 刨花板综合能耗：南方不高于270 kgce，北方不高于350 kgce。

4.2.3 纤维板

4.2.3.1 纤维板生产中木材利用率不低于75%，木材综合利用率不低于95%。

4.2.3.2 生产1 m^3 纤维板综合耗能：南方不高于310 kgce，北方不高于390 kgce。

4.3 产品特征指标

4.3.1 胶合板

4.3.1.1 胶合板产品一次合格率不低于95%，返修合格率不低于98%。

4.3.1.2 胶合板甲醛释放量符合GB 18580要求。

4.3.2 刨花板

4.3.2.1 刨花板产品合格率不低于95%。

4.3.2.2 刨花板甲醛释放量符合GB 18580要求。

4.3.3 纤维板

4.3.3.1 纤维板产品合格率不低于95%。

4.3.3.2 纤维板甲醛释放量符合GB 18580要求。

4.4 污染物产生与排放指标

4.4.1 人造板企业生活污水排放按GB 18918或严于该标准的工厂建设所在地的地方标准规定执行。

4.4.2 人造板企业生产污水排放按GB 8978或严于该标准的工厂建设所在地的地方标准规定执行。

4.4.3 人造板企业大气污染物排放按GB 16297或严于该标准的工厂建设所在地的地方标准规定执行。

4.4.4 人造板企业锅炉烟尘排放浓度按GB 13271或严于该标准的工厂建设所在地的地方标准规定执行。

4.4.5 人造板企业厂界环境噪声限值按GB 12348规定执行。

4.4.6 人造板企业挥发性有机化合物(VOCs)排放浓度应符合表1规定。

表1 人造板企业VOCs排放浓度限值

污染物项目	最高允许排放浓度/(mg/m^3)
苯	1
甲醛	5
甲苯与二甲苯合计	20
非甲烷总烃	50

4.5 资源综合利用指标

4.5.1 人造板企业污水全部回收利用。

4.5.2 人造板企业工艺废渣全部回收利用。

4.6 生产环境与安全卫生指标

4.6.1 作业环境空气中甲醛浓度不高于0.5 mg/m^3。

4.6.2 作业环境空气中木粉尘浓度不高于3 mg/m^3。

4.6.3 作业环境噪声限值按GBZ 1规定执行。

4.6.4 人造板企业排放污水化学需氧量(COD)不高于150 mg/L。

4.6.5 厂区内应有明显标记,区分人流和物流通道,以保障作业人员安全,生产区域和生活区域应分开并设置隔离带。

4.6.6 厂区应有足够的消防设施和供水系统,生产区和产成品区为同一厂房时应设有水幕或防火门隔离。

4.6.7 粉尘输送管道应设置火花探测装置和自动灭火系统。

5 数据采集和计算方法

5.1 数据采集

5.1.1 车间粉尘浓度测定的采样和监测按照GBZ/T 192.1执行。

5.1.2 车间甲醛浓度测定的采样和监测按照 GB/T 18204.26 执行。

5.1.3 人造板企业排放的粉尘和污染气体指标的采样和监测按照 GB/T 16157 执行。

5.1.4 人造板企业排放的生活污水指标的采样和检测按照 GB 18918 执行。

5.1.5 人造板企业排放的生产污水指标的采样和检测按照 GB 8978 执行。

5.1.6 本标准中定量指标以 m^3 计量。

5.2 计算方法

5.2.1 木材利用率

木材利用率，是将人造板生产企业在统计期内生产合格人造板中的木材含量除以所消耗的木材量。按式(1)计算：

$$M_a = \frac{F_1}{F} \times 100\% \quad \cdots\cdots(1)$$

式中：

M_a ——木材利用率；

F_1 ——在统计期内生产的合格人造板中的木材含量，单位为立方米(m^3)；

F ——在统计期内生产人造板所消耗的木材量，单位为立方米(m^3)。

5.2.2 木材综合利用率

木材综合利用率，是将人造板生产企业在统计期内所消耗的木材量减去生产过程中浪费的木材量除以所消耗的木材量。按式(2)计算：

$$M_b = \frac{F - F_2}{F} \times 100\% \quad \cdots\cdots(2)$$

式中：

M_b ——木材综合利用率；

F ——在统计期内生产人造板所消耗的木材量，单位为立方米(m^3)；

F_2 ——在统计期内生产过程中浪费木材量，单位为立方米(m^3)。

5.2.3 产品质量合格率

产品质量合格率，是将人造板生产企业在统计期内生产合格人造板产量除以在统计期内生产人造板总产量。按式(3)计算：

$$N = \frac{C_{a_1}}{C_a} \times 100\% \quad \cdots\cdots(3)$$

式中：

N ——人造板企业产品质量合格率；

C_{a_1} ——在统计期内人造板企业生产合格人造板产量，单位为立方米(m^3)；

C_a ——在统计期内人造板企业生产人造板总产量，单位为立方米(m^3)。

5.2.4 综合能耗

综合能耗，是将人造板生产企业在统计期内能耗总量除以合格产品总产量。按式(4)计算：

$$Z_a = \frac{W}{C_{a_1}} \quad \cdots\cdots(4)$$

式中：

Z_a ——人造板单位产量综合能耗，单位为千克标准煤(kgce)；

W ——统计期内能耗总量,单位为千克标准煤(kgce);

C_{a_1} ——统计期内合格产品总产量,单位为立方米(m^3)。

5.2.5 统计期内能耗总量

统计期内能耗总量,为统计期内各项能耗总量的加和。按式(5)计算:

$$W = Z_z + Z_b + Z_y + Z_s + \sum Z \quad \cdots\cdots (5)$$

式中:

W ——统计期内能耗总量,单位为千克标准煤(kgce);

Z_z ——统计期内蒸汽总耗量,单位为千克标准煤(kgce);

Z_b ——统计期内电量总耗量,单位为千克标准煤(kgce);

Z_y ——统计期内耗油(重油、汽油、柴油)总量,单位为千克标准煤(kgce);

Z_s ——统计期内耗水总量,单位为千克标准煤(kgce);

$\sum Z$——统计期内其他能耗总量,单位为千克标准煤(kgce)。

ICS 79.060.01
B 70

中华人民共和国国家标准

GB/T 29904—2013

人造板工业清洁生产评价指标体系

Assessment indicator frame of cleaner production for wood-based panel industry

2013-11-12 发布　　　　2014-04-11 实施

中华人民共和国国家质量监督检验检疫总局
中国国家标准化管理委员会　发布

前　言

本标准按照 GB/T 1.1—2009 给出的规则起草。

本标准由国家林业局提出。

本标准由全国人造板标准化技术委员会(SAC/TC 198)归口。

本标准起草单位:南京林业大学、中国林业科学研究院木材工业研究所、德华兔宝宝装饰新材股份有限公司、佛山沃德森板业有限公司、大亚人造板有限公司、江苏东盾木业集团有限公司、镇江中福马机械有限公司、捷成白鹤木工机械有限公司、江苏贝尔木业有限公司。

本标准主要起草人:周捍东、徐长妍、丁涛、陈志林、詹先旭、吉发、胡政、李友余、沈毅、俞敏、张小玲。

人造板工业清洁生产评价指标体系

1 范围

本标准规定了人造板工业清洁生产的术语和定义、评价体系、评价方法、考核评分计算方法、评价指标标准值的确定、考核的数据来源、企业清洁生产水平的评定。

本标准适用于人造板生产企业的清洁生产技术文件的制定和企业清洁生产的实施及审核，可供人造板制品企业参考。

2 规范性引用文件

下列文件对于本文件的应用是必不可少的。凡是注日期的引用文件，仅注日期的版本适用于本文件。凡是不注日期的引用文件，其最新版本(包括所有的修改单)适用于本文件。

GB/T 20106—2006 工业清洁生产评价指标体系编制通则

3 术语和定义

下列术语和定义适用于本文件。

3.1

人造板工业 wood-based panel industry

以木材(包括原木、小径材、枝丫材、木材加工剩余物或木质废旧制品)或非木材植物纤维材料为主要原材料，经一定加工方式制备的各种材料单元，施加(或不施加)胶黏剂和其他添加剂制造胶合而成的板材或成型制品的行业。

3.2

清洁生产评价指标 assessment indicator of cleaner production

用于衡量清洁生产绩效的指标。

[GB/T 20106—2006，定义 3.2]

3.3

清洁生产评价指标体系 assessment indicator frame of cleaner production

由相互联系、相对独立、互相补充的系列清洁生产评价指标所组成的，用于评价清洁生产绩效的指标集合。

[GB/T 20106—2006，定义 3.3]

3.4

一级评价指标 first grade assessment indicator

评价指标体系中具有普遍性、概括性的指标。

[GB/T 20106—2006，定义 3.4]

3.5

二级评价指标 second grade assessment indicator

一级评价指标之下，可代表行业清洁生产特点的、具体的、可操作的、可验证的指标。

[GB/T 20106—2006，定义 3.5]

3.6

资源能源利用指标　resources and energy utilization indicators

在正常的生产状态下，生产单位产品所需的原辅材料、能耗和新水量，以及原辅材料、能源和水利用的效率、重复利用率等反映资源能源利用效率的指标。

3.7

产品特征指标　product character indicators

产品的合格率和反映产品在包装、运输、使用、废弃过程中对人体健康和环境等不利影响的指标。

3.8

污染的产生与排放指标　pollutants generation and blow-off indicators

在产品制造过程中所产生各类污染物产生的量(末端处理前)与排放的量(末端处理后)。污染包括污水、污染气体、噪声、固体废弃物等，产生与排放的量包括污染物的数量、种类、浓度。

3.9

废弃物回收利用指标　waste recycling indicators

反映生产过程中所产生的污水、污染气体、固体废弃物和余热回收利用情况的指标。回收利用包括用于自身产品生产或作为其他产品生产的原辅材料等途径。

3.10

环境管理与生产安全卫生指标　environmental management requirements and safety and sanitation indicators

衡量企业在生产中，围绕环境管理、安全生产、劳动保护等，贯彻实施各级相关法规标准、制定的相关管理制度和所采取的措施等情况的指标。

3.11

生产技术特征指标　production technical character indicators

衡量企业当前生产工艺、技术与装备水平的指标。

3.12

评价指标基准值　baseline of assessment indicator

衡量各定量评价指标是否符合清洁生产基本要求的评价基准。

[GB/T 20106—2006，定义 3.6]

3.13

权重值　weight of assessment indicator

衡量各评价指标在清洁生产评价体系中的重要程度，由各项指标对清洁生产水平的影响程度及其实施的难易程度来确定。

[改写自 GB/T 20106—2006，定义 3.7]

4　评价体系

4.1　评价体系结构

按照 GB/T 20106 的原则和要求，根据清洁生产最终实现的目标和具体实施内容，人造板工业清洁生产评价体系由评价领域和评价的项目内容构成，评价领域作为一级评价指标，评价项目作为二级评价指标。

一级评价指标包括资源能源消耗、产品特征、污染产生与排放、废弃物回收利用、环境管理与生产安全卫生和生产技术特征等六项指标。

二级评价指标是根据产品生产特点由相应的具体评价项目所构成。

评价指标分为定量评价和定性评价指标。凡是能量化的指标应定量，对一些管理、工艺方面的评价项目不能定量时，可采用定性评价指标进行评价。

4.2　评价指标体系

人造板工业清洁生产评价指标体系见图 1。

定量评价指标体系和定性评价指标体系分别见图 2 和图 3。

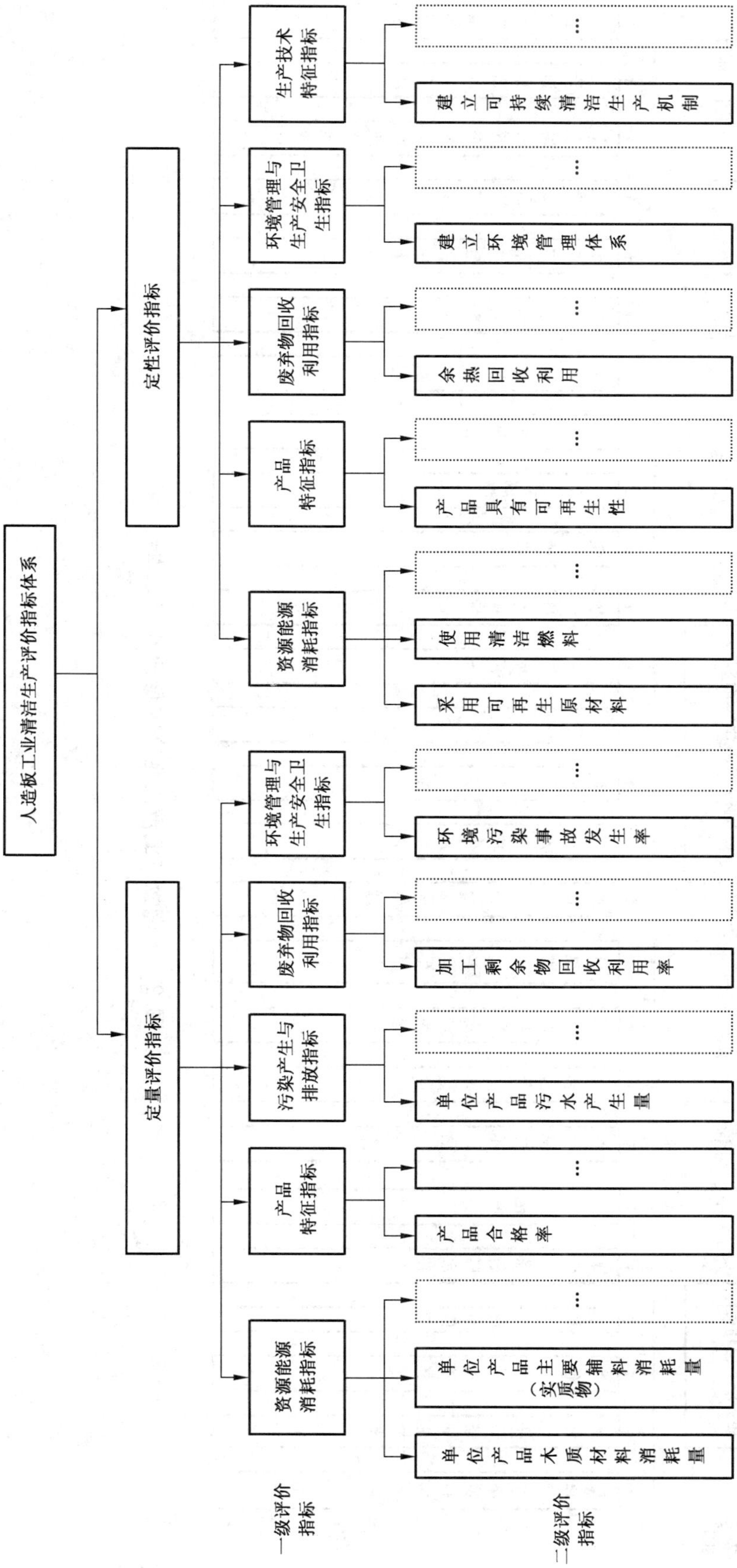

图1　人造板工业清洁生产评价指标体系

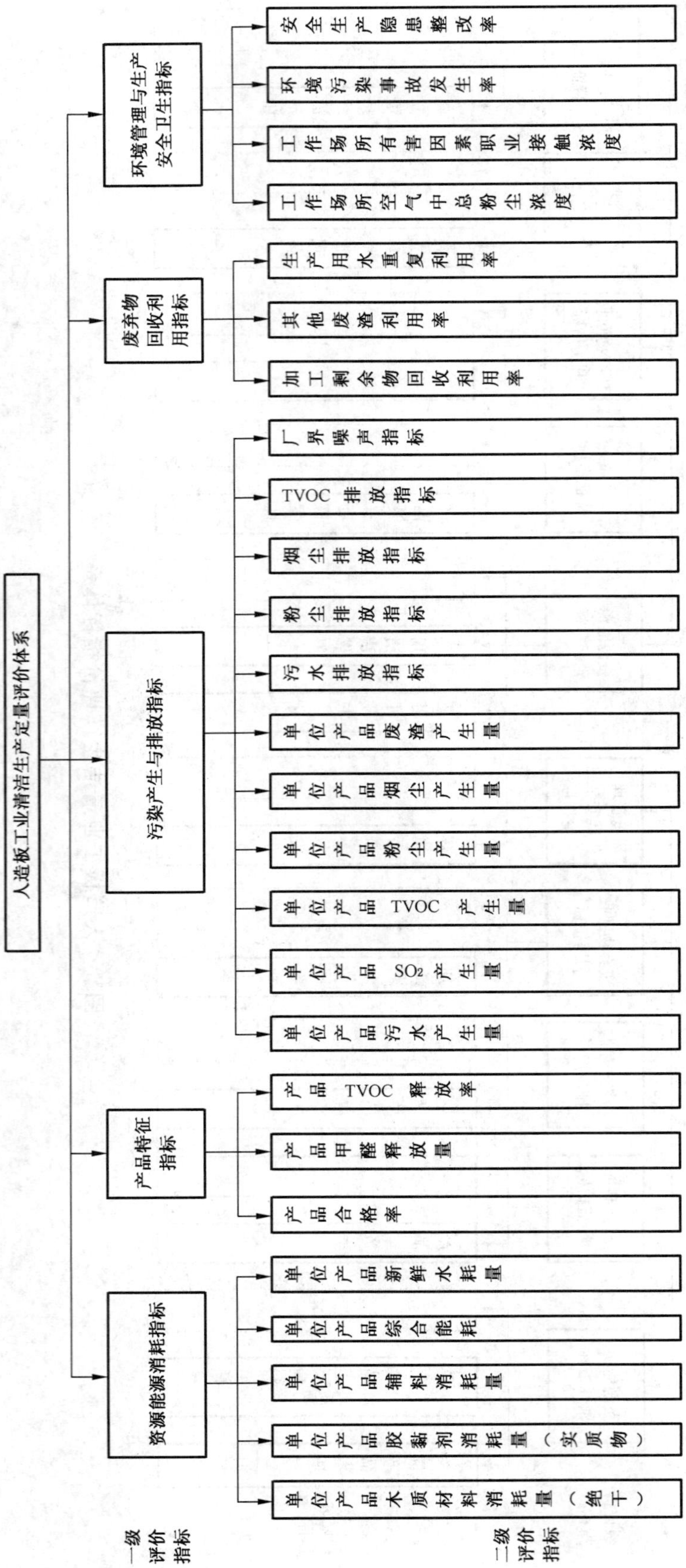

图2 人造板工业清洁生产定量评价指标体系

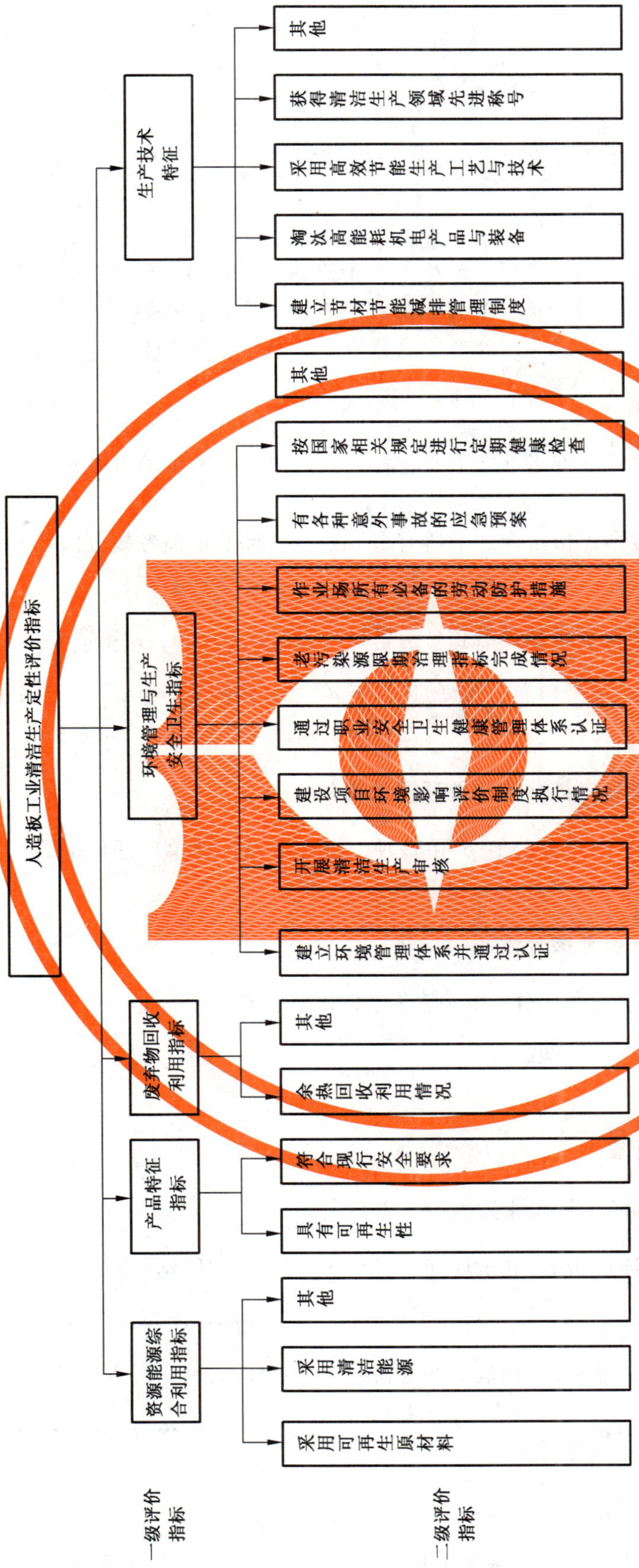

图3 人造板工业清洁生产定性评价指标体系

5 评价方法

5.1 企业清洁生产水平

以清洁生产综合评价指数 P 反映人造板企业(生产线)清洁生产总体水平。

5.2 清洁生产综合评价指数

P 值是针对人造板企业(或生产线),按照清洁生产评价指标体系,分别进行定量和定性评价指标考核,由所得的定量和定性评价的考核总分值计算得出的相应企业综合评价指数。

P 值由定量评价考核总分值 P_a 和定性评价考核总分值 P_b 确定,其值的计算见 6.3.1。

5.3 定量和定性评价考核总分值

定量评价考核总分值 P_a 是定量评价指标之下所有各一级评价指标的单项考核总分值之和,其值的计算见 6.1.4。

定性评价考核总分值 P_b 是定性评价指标之下所有二级评价指标的单项考核分值之和,其值的确定见 6.2.2。

5.4 定量评价各一级评价指标的单项考核总分值

定量评价各一级评价指标的单项考核总分值 P_i 是其下各二级评价指标的单项考核分值之和,其值的计算见 6.1.3。

5.5 定量评价二级评价指标的单项考核分值和单项评价指数

各定量评价二级评价指标的单项考核分值 p_{ij} 由该项二级评价指标的单项评价指数 S_{ij} 确定。p_{ij} 的计算见 6.1.2,S_{ij} 的计算见 6.1.1。

5.6 定性评价二级评价指标的单项考核分值

各定性评价二级评价指标的单项考核分值 q_i,应符合 6.2.1 规定。

6 考核评分计算方法

6.1 定量评价指标的考核评分计算

6.1.1 定量评价二级评价指标的单项评价指数 S_{ij}

对于数值大为优的清洁生产评价指标,其单项评价指数 S_{ij} 按式(1)计算:

$$S_{ij}=\frac{S_{xij}}{S_{aij}} \qquad \cdots\cdots(1)$$

对于数值小为优的清洁生产评价指标,其单项评价指数 S_{ij} 按式(2)计算:

$$S_{ij}=\frac{S_{aij}}{S_{xij}} \qquad \cdots\cdots(2)$$

式中:

S_{ij} ——第 i 项一级评价指标下第 j 项二级评价指标的单项评价指数;

S_{xij}——第 i 项一级评价指标下第 j 项二级评价指标的实际值;

S_{aij}——第 i 项一级评价指标下第 j 项二级评价指标的评价基准值。

6.1.2 定量评价二级评价指标的单项考核分值 p_{ij}

定量评价二级评价指标的单项考核分值 p_{ij} 按式(3)计算：

$$p_{ij}=S_{ij}\cdot K_{ij} \qquad (3)$$

式中：

p_{ij} ——第 i 项一级评价指标下第 j 项二级评价指标的单项考核分值；

S_{ij} ——第 i 项一级评价指标下第 j 项二级评价指标的单项评价指数；

K_{ij} ——第 i 项一级评价指标下第 j 项二级评价指标的相应权重值。

6.1.3 定量评价一级评价指标的单项考核总分值

定量评价一级评价指标的单项考核总分值 P_i 按式(4)计算：

$$P_i=\sum_{j=1}^{m}p_{ij}=\sum_{j=1}^{m}S_{ij}\cdot K_{ij} \qquad (4)$$

式中：

P_i ——第 i 项一级评价指标的单项考核总分值；

m ——第 i 项一级评价指标下参与定量考核的二级评价指标总数；

p_{ij} ——第 i 项一级评价指标下第 j 项二级评价指标的单项考核分值；

S_{ij} ——第 i 项一级评价指标下第 j 项二级评价指标的单项评价指数；

K_{ij} ——第 i 项一级评价指标下第 j 项二级评价指标的权重值。

6.1.4 定量评价考核总分值

定量评价考核总分值 P_a 按式(5)计算：

$$P_a=\sum_{i=1}^{n}P_i \qquad (5)$$

式中：

P_a——定量评价考核总分值；

n ——参与定量评价考核的一级评价指标总数；

P_i——第 i 项一级评价指标的单项考核总分值。

6.1.5 定量评价二级评价指标缺项考核的分值计算

在第 i 项一级评价指标下，若实际参与定量评价考核的二级评价指标项目数少于该一级评价指标所含全部二级评价指标项目数，计算时应将该一级评价指标其下所有的各二级评价指标的权重值予以相应修正，修正后各二级评价指标相应的权重值 K_{ij}' 按式(6)计算：

$$K_{ij}'=K_{ij}\cdot A_i \qquad (6)$$

式中：

K_{ij}'——第 i 项一级评价指标下二级评价指标缺项时，其下各二级评价指标修正后的权重值；

K_{ij} ——第 i 项一级评价指标下各二级评价指标的权重值；

A_i ——第 i 项一级评价指标下二级评价指标缺项考核时，其下各二级评价指标相应权重值的修正系数。

A_i 按式(7)计算：

$$A_i=\frac{K_1}{K_2} \qquad (7)$$

式中：

A_i ——第 i 项一级评价指标下二级评价指标缺项考核时，其下各二级评价指标相应权重值的修正系数；

K_1——第 i 项一级评价指标的权重值；

K_2——第 i 项一级评价指标下二级评价指标缺项考核时，实际参与考核的各二级评价指标权重值之和。

6.1.6 定量评价二级评价指标为"多数值项"及"0 值项"的分值计算

6.1.6.1 若某项二级评价指标为"多数值项"，其考核的分值按式(8)计算：

$$p_{ij} = \frac{K_{ij}}{N} \cdot \sum_{j=1}^{N} S_{ij} \qquad \cdots\cdots (8)$$

式中：

p_{ij} ——第 i 项一级评价指标的第 j 项二级评价指标为"多数值项"的单项考核分值；

K_{ij} ——第 i 项一级评价指标的第 j 项二级评价指标为"多数值项"的权重值；

N ——第 i 项一级评价指标的第 j 项二级评价指标为"多数值项"的项目数；

S_{ij} ——第 i 项一级评价指标的第 j 项二级评价指标为"多数值项"的单项评价指数。

6.1.6.2 若某项二级评价指标为"0 值项"，其考核的分值按以下方法确定：

——如实际值为 0，该项二级评价指标的考核分值等于其权重值，即 $p_{ij}=K_{ij}$；

——如实际值不为 0，则该项二级评价指标的考核分值等于 0，即 $p_{ij}=0$。

6.2 定性评价指标的考核评分计算

6.2.1 二级评价指标单项考核分值

定性评价二级评价指标的单项考核分值 q_i 应根据实际情况，对照附录 B 中考核分值的得分标准确定。

6.2.2 定性评价考核总分值

定性评价指标的考核总分值 P_b 按式(9)计算：

$$P_b = \sum_{i=1}^{n} q_i \qquad \cdots\cdots (9)$$

式中：

P_b——定性评价二级评价指标考核总分值；

n ——参与定性评价一级评价指标下所有二级评价指标的指标总数；

q_i ——参与定性评价一级评价指标下所有二级评价指标的单项考核分值，其值按附录 B 中的得分标准确定。

6.3 综合评价指数的考核评分计算

6.3.1 综合评价指数

综合评价指数是衡量考核在考核期内的清洁生产的总体水平的一项综合指标。在进行定量和定性评价考核评分的基础上，将这两类指标的考核总分值分别按一定的权重值予以综合，得到相应的清洁生产综合评价指数 P，按式(10)计算：

$$P = \alpha \cdot P_a + \beta \cdot P_b \qquad \cdots\cdots (10)$$

式中：

P ——企业清洁生产的综合评价指数；

α ——综合评价时定量类指标采用的权重值,取值 0.6;
P_a ——定量评价一级评价指标的考核总分值;
β ——综合评价时定性类指标采用的权重值,取值 0.4;
P_b ——定性评价二级评价指标的考核总分值。

6.3.2 相对综合评价指数

相对综合评价指数 P' 是企业考核年度的综合评价指数与企业所选定的对比年度的综合评价指数的比值,是衡量企业清洁生产的阶段改进程度,按式(11)计算:

$$P' = \frac{P_{\text{Ⅱ}}}{P_{\text{Ⅰ}}} \qquad \cdots\cdots(11)$$

式中:
P' ——相对综合评价指数;
$P_{\text{Ⅰ}}$ ——企业所选定的对比年度的综合评价指数;
$P_{\text{Ⅱ}}$ ——企业考核年度的综合评价指数。

7 评价指标标准值的确定

7.1 定量评价

7.1.1 权重值

定量评价二级评价指标的权重值应符合附录 A 的规定。

7.1.2 基准值

对于凡在国家或行业有关政策、标准、技术规章、行业清洁生产标准等文件中已有明确要求的指标,其评价基准值须采用国家或行业要求的数值。

根据国家现行的相关技术标准与法规和人造板产品的种类,对于因不同区域类别或时段(如:昼间或夜间厂界噪声)污染排放要求和不同用途(如:室内用或室外用)的产品质量指标等,某一项定量评价二级评价指标允许有多个评价基准值(即多数值项)。

对于国家或行业有关政策、标准、技术规章等文件中尚无明确数值要求的指标,其评价基准值的确定原则应符合 GB/T 20106—2006 中 4.3 的规定,即应选择代表国内人造板行业先进水平的值。

评价基准值的确定应建立在实际数据和科学分析的基础上,通过资料收集、现场调查与实测、文献检索、专家咨询等方法,获取国内企业的实际数据。为保证调查数据的代表性,对各种人造板产品、不同规模(规模以上)典型企业的调查统计数量应至少满足下列条件之一:

——产品产量占全国总产量的 50%以上;
——企业数量占全国总数量的 20%以上。

定量评价二级指标的单位与评价基准值一致。

7.1.3 考核值

定量评价二级评价指标有多个评价基准值(即多数值项)时,多数项值的确定按照 6.1.6 多数值项考核计算办法进行。

若企业生产的产品不具备附录 A 中定量评价二级评价指标的考核内容,则按照 6.1.5 缺项考核计算办法进行。

7.2 定性评价

定性评价二级评价指标分值应符合附录B的规定。

8 考核的数据来源

企业清洁生产评价应在报告期内的实际统计数据为依据。一般报告期为一个生产年度,并与生产年度同步。

9 企业清洁生产水平的评定

根据当前行业整体的技术、装备水平和管理水平,人造板企业的清洁生产水平等级划分为四级,即清洁生产国际先进水平、国内先进水平、国内一般水平和较差水平。

清洁生产水平的等级对应的综合评价指数应符合表1的规定。

表1 人造板工业清洁生产等级与企业综合评价指数值

清洁生产等级	清洁生产综合评价指数值 P
国际先进水平	$\geqslant 90$
国内先进水平	$80 \leqslant P < 90$
国内一般水平	$70 \leqslant P < 80$
较差水平	< 70

附　录　A
（规范性附录）
人造板工业清洁生产定量评价指标项目及权重值

表 A.1　人造板工业清洁生产定量评价指标项目及权重值

一级评价指标	一级评价指标权重	二级评价指标	二级评价指标权重值 K_{ij}
一、资源与能源消耗指标	20	单位产品木质材料消耗量(绝干)	5
		单位产品胶黏剂消耗量(实质物)	4
		单位产品辅料消耗量	3
		单位产品综合能耗	5
		单位产品新鲜水消耗量	3
二、产品特征指标	15	产品合格率	5
		产品甲醛释放量	5
		产品 TVOC 释放率	5
三、污染产生指标	37	单位产品污水产生量	3
		单位产品 COD 产生量	3
		单位产品 SO_2 产生量	3
		单位产品 TVOC 产生量	3
		单位产品粉尘产生量	4
		单位产品烟尘产生量	3
		单位产品废渣产生量	2
		污水排放指标	3
		粉尘排放指标	4
		烟尘排放指标	3
		TVOC 排放指标	3
		厂界噪声数值(昼间/夜间)	3
四、废弃物利用指标	12	加工剩余物回收利用率	4
		其他废渣利用率	4
		生产用水重复利用率	4
五、环境管理与生产安全卫生指标	16	工作场所空气中总粉尘浓度	4
		工作场所有害因素职业接触浓度	4
		环境污染事故发生率	4
		安全生产隐患整改率	4

注：单位产品，可以采用 m^3(或万 m^3)或 m^2(或万 m^2)表示。

附 录 B
（规范性附录）
人造板工业清洁生产定性评价指标项目分值与评分标准

表 B.1 人造板工业清洁生产定性评价指标项目分值与评分标准

一级评价指标	一级评价指标分值	二级评价指标	二级评价指标分值	二级评价指标分值得分标准
一、资源能源消耗指标	10	采用加工剩余物或循环使用废旧木材	5	全部使用废旧木材或加工剩余物的得5分；全部使用竹材、植物秸秆的得5分；使用部分的得3分；未使用的得0分
		采用清洁能源	5	采用加工剩余物作为燃料全部替代或部分替代煤炭分别得5分、3分
二、产品特征指标	10	产品具有可再生性	5	目前技术水平下，废旧制品可回收再利用的得5分，不具备有效利用途径的得0分
		产品符合现行安全要求	5	有任一项不符合的得0分
三、废弃物利用指标	5	余热回收利用	5	对于主要用热设备，采取了余热回收利用措施得5分；部分回收的得2分；未采取措施的得0分
四、环境管理与生产安全卫生	55	建立环境管理体系并通过认证	5	只建立环境管理体系但尚未通过认证的得5分，未建立环境管理体系的得0分
		开展清洁生产审核	5	未进行清洁生产审核的得0分
		建设项目环境影响评价制度执行情况	5	有任一违反建设项目环境影响评价制度的项目的得0分
		通过职业安全卫生健康管理体系认证	5	建立并通过职业安全卫生健康管理体系的得5分；只建立但尚未通过认证的得2分，未建立环境管理体系的得0分
		按国家相关规定进行定期健康检查	5	未进行定期健康检查的得0分
		老污染源限期治理指标完成情况	5	老污染源限期治理指标未能按照要求完成的得0分
		作业场所有必备的劳动防护措施	5	未采取任何防护措施的得0分
		有各种意外事故的应急预案	5	无应急预案的得0分
		污染排放达标情况	5	凡水污染和气态污染以及厂界噪声中任何一项不能达标的得0分
		作业场所环境达标情况	5	若车间仅有单项粉尘（烟尘）排放按单项达标情况评价。达到的5分，不达标得0分。 若车间有多项粉尘（烟尘）排放，在所有单项均分别达标时得5分，若有任一单项指标未达标的得0分
		污染排放总量控制情况	5	对水污染和气态污染均有超总量控制要求的得0分；凡仅有水污染或气态污染中任一单项指标超过总量控制要求的得4分

表 B.1（续）

一级评价指标	一级评价指标分值	二级评价指标	二级评价指标分值	二级评价指标分值得分标准
五、生产技术特征	20	建立节材节能减排管理制度	5	凡企业已制定颁布专项节能、节材、节水管理制度，并已实施一年以上，有良好执行效果的得 5 分； 已制定颁布专项节能、节材、节水管理制度，实施一年以内，无明显良好执行效果的可得 3 分； 缺少节能节材节水中任 N 项管理制度的，其得分值为相应分值乘以$(1-N/5)$
		淘汰高耗能机电产品与装备	5	凡企业未在生产中使用国家已经明令淘汰的机电产品的得 5 分；凡企业在生产中仍使用国家已经明令淘汰的机电产品、生产工艺的得 0 分
		采用高效节能生产工艺与装备	5	针对生产线主要高耗设备和环节已通过技术改造而采取高效节能生产技术的得 5 分，而只对部分高耗设备和环节进行改造的得 3 分，未采取任何技术改造的 0 分
		生产中禁用淘汰材料执行情况	5	产品生产中未使用国家明令限期淘汰的材料并未使用我国参加的国家议定书规定淘汰的材料的，得 5 分，否则得 0 分

ICS 79-010
B 71

中华人民共和国国家标准

GB/T 29905—2013

木材防腐剂流失率试验方法

Laboratory method of determining the leachability of wood preservatives

2013-11-12 发布　　2014-04-11 实施

中华人民共和国国家质量监督检验检疫总局
中国国家标准化管理委员会　发布

前　言

本标准按照 GB/T 1.1—2009 给出的规则起草。

本标准由国家林业局提出。

本标准由全国木材标准化技术委员会(SAC/TC 41)归口。

本标准起草单位:中国林业科学研究院木材工业研究所。

本标准主要起草人:蒋明亮、李志强。

木材防腐剂流失率试验方法

1 范围

本标准规定了木材防腐剂流失率实验室试验方法。

本标准适用于各种木材防腐剂流失率的分析。

2 规范性引用文件

下列文件对于本文件的应用是必不可少的。凡是注日期的引用文件,仅注日期的版本适用于本文件。凡是不注日期的引用文件,其最新版本(包括所有的修改单)适用于本文件。

GB/T 14019 木材防腐术语

GB/T 23229 水载型木材防腐剂分析方法

3 术语和定义

GB/T 14019 界定的术语和定义适用于本文件。

4 试样的准备、防腐处理及流失方法

4.1 试样的准备

4.1.1 试样树种的选择

选择马尾松(*Pinus massoniana*)或湿地松(*P. elliottii*)树种,根据需要也可选择特定的树种,应注明试样树种的产地和简要的立地条件。

4.1.2 试样制备

试样应为未经化学药剂处理过的健康、无缺陷的边材。试样尺寸为:20 mm×20 mm×20 mm,试样的年轮宽窄适中,端面约 4 个~6 个年轮,试样间密度偏差不超过 15%。

4.2 防腐处理

4.2.1 防腐处理方法

每种待测防腐剂选择使用 2 个~4 个浓度,浓度应根据试验目标载药量而定,得到 2 个~4 个载药量。试样在防腐处理前应逐一编号、干燥、称重。试样在真空(−0.08 MPa~−0.085 MPa)条件下进行防腐处理,处理时间为 20 min,达到试样吸收药液基本饱和,取出试样,用滤纸轻擦表面至无药液时称重,用于计算载药量。试样气干至含水率 19%以下并在 20 ℃~28 ℃环境下保存。

4.2.2 木材试样中防腐剂待测成分总质量的计算

木材试样中防腐剂待测成分的总质量(m) 按式(1)计算:

$$m = c \times m_G \times 1\ 000 \qquad (1)$$

式中：

m ——木材试样中防腐剂待测成分的总质量，单位为毫克(mg)；

c ——防腐液中待测成分的质量分数，%；

m_G——防腐处理时试样吸收药液的质量，单位为克(g)。

4.2.3 防腐剂待测成分载药量的计算

防腐剂待测成分的载药量(Ret)按式(2)计算：

$$\mathrm{Ret}=m/V \qquad \cdots\cdots(2)$$

式中：

Ret——防腐剂待测成分载药量，单位为千克每立方米(kg/m³)；

m ——木材试样中防腐剂待测成分的总质量，单位为毫克(mg)；

V ——防腐处理的试样体积，单位为立方厘米(cm³)。

4.3 流失方法

将载药量相近的6块试样作为一组，置于500 mL烧杯中，加入180 mL去离子水，试样应浸没在去离子水液面以下，用搅拌子搅拌，每隔6 h、24 h、48 h更换去离子水一次，后每隔48 h更换去离子水一次，共计14 d。每次更换的滤出液收集，合并后用于含量分析。

4.4 防腐剂待测成分流失率的计算

4.4.1 滤出液中防腐剂待测成分的质量(m_A)可根据滤出液的体积及滤出液中成分的浓度计算得出，滤出液中成分的浓度可根据GB/T 23229或其他标准分析计算得出。

4.4.2 防腐剂待测成分流失率(L)按式(3)计算：

$$L=\frac{m_A}{m}\times 100\% \qquad \cdots\cdots(3)$$

式中：

L ——防腐剂待测成分流失率，%；

m_A——滤出液中防腐剂待测成分的质量，单位为毫克(mg)；

m ——木材试样中防腐剂待测成分的总质量，单位为毫克(mg)。

4.5 结果的验证

分析结果可通过经流失后木材试样中防腐剂待测成分的保留率(R)进行验证，R按式(4)计算：

$$R=\frac{m_B}{m}\times 100\% \qquad \cdots\cdots(4)$$

式中：

R ——流失后木材试样中防腐剂待测成分的保留率，%；

m_B——流失后木材试样中防腐剂待测成分的总质量，单位为毫克(mg)；

m ——木材试样中防腐剂待测成分的总质量，单位为毫克(mg)。

式(4)中m_B可根据GB/T 23229或其他相关标准分析计算得出。

5 报告

以图或表的形式报告防腐剂待测成分流失率，报告时应注明试样树种、防腐处理对应的待测成分的浓度及载药量、试样后期干燥方法。

ICS 91.100.60
Q 25

中华人民共和国国家标准

GB/T 29906—2013

模塑聚苯板薄抹灰外墙外保温系统材料

External thermal insulation composite systems based on expanded polystyrene

2013-11-27 发布　　2014-08-01 实施

中华人民共和国国家质量监督检验检疫总局
中国国家标准化管理委员会　发布

前　言

本标准按照 GB/T 1.1—2009 给出的规则起草。

本标准在 JG 149—2003《膨胀聚苯板薄抹灰外墙外保温系统》的基础上起草。本标准与 JG 149—2003 相比主要技术变化如下：

——增加了耐候性和耐冻融试验后，对模塑聚苯板薄抹灰外墙外保温系统进行拉伸粘结强度检测的要求（见 5.1，JG 149—2003 的 5.1）；

——增加了模塑聚苯板燃烧性能等级的要求，并按不同的导热系数将模塑聚苯板分为两个等级（见 5.3）；

——增加或修改了系统组成材料的部分技术性能指标，如：锚栓的性能要求（见 4.7）、抹面胶浆抗冲击性能的测试要求（见 5.4）等；

——修改了部分试验方法（见第 6 章，JG 149—2003 的第 6 章）；

——修改了部分术语，对文字进一步规范，使文字更加严谨、简明扼要、符合规范用语，并与相关标准协调（见第 3 章）；

——删除了分类和标记（见 JG 149—2003 的第 4 章）；

——删除了模塑聚苯板薄抹灰外墙外保温系统抗风压值的检测要求（见 5.1，JG 149—2003 的 5.1）。

本标准使用重新起草法参考 EOTA ETAG 004《有抹面层的复合外墙外保温系统欧洲技术认证标准》、EN 13163《建筑用保温产品—工厂生产的模塑聚苯乙烯（EPS）产品标准》、ICC ES AC 219《外墙外保温及饰面系统的验收标准》、ASTM C 578-05《保温用硬聚苯乙烯泡沫塑料》、ASTM 2430—2005《外保温及饰面系统用聚苯乙烯泡沫（FPS）》、EN 13494《建筑用保温产品—胶粘剂和抹面胶浆与保温材料之间的拉伸粘结强度的测定》、EN 13496：2002《建筑用保温产品—玻璃纤维网布机械性能的测定》、EN 13497《建筑用保温产品—外墙外保温复合系统的抗冲击性的测定》、ASTM 96—1995《材料水蒸汽渗透性能标准试验方法》、ASTM E 2134《外保温及饰面系统拉伸粘结强度测试方法》、ASTM D 2794—93《有机涂层抗快速变形试验方法（冲击）》和 EIMA 101.86《外保温与装饰系统抗快速变形冲击标准试验方法》，与上述标准的一致性程度为非等效。

本标准由中华人民共和国住房和城乡建设部提出。

本标准由住房和城乡建设部建筑制品与构配件标准化技术委员会归口。

本标准起草单位：中国建筑标准设计研究院、专威特（中国）系统有限公司、中国建筑科学研究院、中国建筑材料检验认证中心、北京中建建筑科学研究院有限公司、北京住总集团有限责任公司、住房与城乡建设部科技与产业化发展中心、上海申得欧有限公司、山东秦恒科技有限公司、南京玻璃纤维研究设计院、慧鱼（太仓）建筑锚栓有限公司、北京振利高新技术有限公司、阿克苏诺贝尔特种化学（上海）有限公司、上海福卡建材有限公司、襄樊汇尔杰玻璃纤维有限责任公司、特艺建材科技工业（苏州）有限公司、北京敬业达新型建筑材料有限公司、北京科博斯装饰工程有限公司、上海永成建筑创艺有限公司、式玛卡龙长春藤（上海）化工有限公司、欧文斯科宁（中国）投资有限公司、双良集团江苏利士德化工有限公司、北京华金浩环保科技有限公司、巴斯夫（中国）有限公司、廊坊立邦涂料有限公司、上海曹杨建筑粘合剂厂、乐意涂料（上海）有限公司、北京莱恩斯高新科技有限公司、华登斯（北京）保温涂料有限公司、中国航天建筑设计研究院（集团）、上海墙特节能材料有限公司、珠海市斗门区旭日陶瓷有限公司、晋江腾达陶瓷有限公司、天津禹神节能保温材料有限公司、南京友邦节能材料有限公司。

本标准主要起草人：李晓明、顾泰昌、冯金秋、王新民、费慧慧、钱选青、杨西伟、庄伟、穆昊明、张碧茹、李冰、罗哲尔、王玉梅、季广其、赵麟、黄振利、史淑兰、吕大鹏、王伟宏、杨兴明、林益民、章银祥、姜爱国、高宏、管沄涛、王聪慧、缪晓杰、雷勇、刘帅、李汉明、邓威、任飞、孙垂海、于莉芸、王玉芝、吴广贤、林楷森、黄英明、黄守宝、沈国兴、王巧春。

模塑聚苯板薄抹灰外墙外保温系统材料

1 范围

本标准规定了模塑聚苯板薄抹灰外墙外保温系统材料的术语和定义、一般规定、要求、试验方法、检验规则、产品合格证和使用说明书、包装、运输和贮存。

本标准适用于民用建筑采用的模塑聚苯板薄抹灰外墙外保温系统材料。

2 规范性引用文件

下列文件对于本文件的应用是必不可少的。凡是注日期的引用文件，仅注日期的版本适用于本文件。凡是不注日期的引用文件，其最新版本(包括所有的修改单)适用于本文件。

GB/T 308 滚动轴承 钢球

GB/T 3810.2—2006 陶瓷砖试验方法 第2部分:尺寸和表面质量的检验

GB/T 3810.3—2006 陶瓷砖试验方法 第3部分:吸水率、显气孔率、表观相对密度和容重的测定

GB/T 3810.12—2006 陶瓷砖试验方法 第12部分:抗冻性的测定

GB/T 6342 泡沫塑料与橡胶 线性尺寸的测定

GB/T 7689.5—2001 增强材料 机织物试验方法 第5部分:玻璃纤维拉伸断裂强力和断裂伸长的测定

GB/T 8170—2008 数值修约规则与极限数值的表示和判定

GB 8624—2012 建筑材料及制品燃烧性能分级

GB/T 9914.3—2001 增强制品试验方法 第3部分:单位面积质量的测定(idt ISO 3374:2000)

GB/T 10801.1 绝热用模塑聚苯乙烯泡沫塑料

GB/T 17146—1997 建筑材料水蒸气透过性能试验方法

GB/T 17671 水泥胶砂强度检验方法(ISO法)

GB/T 20102—2006 玻璃纤维网布耐碱性试验方法 氢氧化钠溶液浸泡法

GB 50178—1993 建筑气候区划标准

JC/T 547—2005 陶瓷墙地砖胶粘剂

JC/T 1004—2006 陶瓷墙地砖填缝剂

JGJ 110 建筑工程饰面砖粘结强度检验标准

JGJ 126 外墙饰面砖工程施工及验收规程

JGJ 144 外墙外保温工程技术规程

JG/T 366 外墙保温用锚栓

3 术语和定义

下列术语和定义适用于本文件。

3.1

模塑聚苯板薄抹灰外墙外保温系统 external thermal insulation composite systems based on expanded polystyrene

置于建筑物外墙外侧，与基层墙体采用粘结方式固定的保温系统。系统由模塑聚苯板、胶粘剂、厚

度为 3 mm～6 mm 的抹面胶浆、玻璃纤维网布及饰面材料等组成，系统还包括必要时采用的锚栓、护角、托架等配件以及防火构造措施。

3.2

基层墙体　substrates

建筑物中起承重或围护作用的外墙墙体，可以是混凝土墙体或各种砌体墙体。

3.3

模塑聚苯板　expanded polystyrene panel

绝热用阻燃型模塑聚苯乙烯泡沫塑料制作的保温板材。

3.4

胶粘剂　adhesive

由水泥基胶凝材料、高分子聚合物材料以及填料和添加剂等组成，专用于将模塑聚苯板（以下简称模塑板）粘贴在基层墙体上的粘结材料。

3.5

抹面层　rendering

采用抹面胶浆复合玻纤网薄抹在模塑板外表面，保护模塑板并起防裂、防火、防水和抗冲击等作用的薄抹灰构造层。

3.5.1

抹面胶浆　base coat

由水泥基胶凝材料、高分子聚合物材料以及填料和添加剂等组成，具有一定变形能力和良好粘结性能的抹面材料。

3.5.2

玻纤网　glassfiber-mesh

表面经高分子材料涂覆处理的、具有耐碱功能的玻璃纤维网布，作为增强材料内置于抹面胶浆中，用以提高抹面层的抗裂性。

3.6

饰面层　finish coat

模塑聚苯板薄抹灰外墙外保温系统（以下简称模塑板外保温系统）的外装饰构造层，对模塑板外保温系统起装饰和保护作用。当采用涂装材料做饰面层时，涂装材料包括建筑涂料、饰面砂浆、柔性面砖等。

3.7

防护层　rendering system

由抹面层和饰面层共同组成的对模塑板起保护作用的面层，用以保证模塑板外保温系统的机械强度和耐久性。

3.8

锚栓　anchor

由膨胀件和膨胀套管组成，或仅由膨胀套管构成，依靠膨胀产生的摩擦力或机械锁定作用连接保温系统与基层墙体的机械固定件。

3.9

配件　fitting

与模塑板外保温系统配套使用的附件，如密封膏、密封条、包角条、包边条、盖口条、护角、托架等。

4　一般规定

4.1　模塑板外保温系统的基本构造应符合表 1 的要求。

表 1 模塑板外保温系统基本构造

基层墙体 ①	系统基本构造				构造示意图
	粘结层 ②	保温层 ③	防护层		
			抹面层 ④	饰面层 ⑤	
混凝土墙体 各种砌体墙体	胶粘剂 (锚栓[a])	模塑板	抹面胶浆 复合 玻纤网	涂装材料	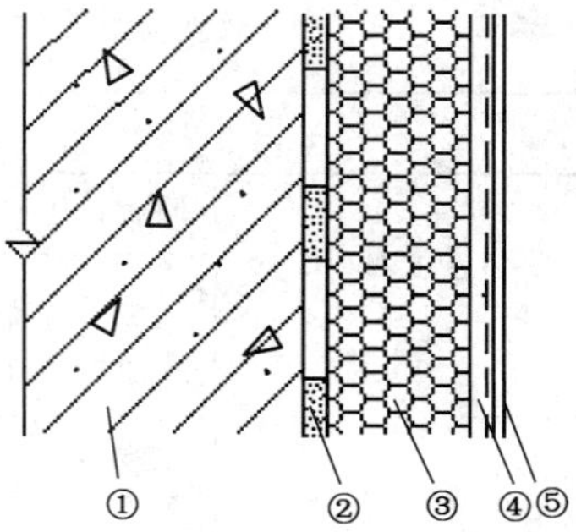
[a] 当工程设计有要求时,可使用锚栓作为模塑板的辅助固定件。					

4.2 模塑板外保温系统的各种组成材料应配套供应。所采用的所有配件,应与模塑板外保温系统性能相容,并应符合国家现行相关标准的规定。

4.3 当工程需要采取阻止火焰传播的防火构造措施时,其措施应符合国家相关规定。

4.4 饰面层宜选用涂装饰面。当采用面砖饰面时,相关材料要求参见资料性附录 A,其他要求应符合 JGJ 126、JGJ 144 的相关规定。

4.5 模塑板出厂前宜在自然条件下陈化 42 d,或在温度(60±5)℃环境中陈化 5 d。

4.6 涂装材料应与模塑板外保温系统相容,并应符合国家现行相关标准的要求;应使用水性涂装材料,不应使用溶剂型涂装材料。

4.7 应根据基层墙体的类别选用不同类型的锚栓,锚栓应符合 JG/T 366 的要求。

5 要求

5.1 模塑板外保温系统

模塑板外保温系统性能应符合表 2 要求。

表 2 模塑板外保温系统性能指标

项 目		性能指标
耐候性	外观	无可见裂缝,无粉化、空鼓、剥落现象
	拉伸粘结强度/MPa	≥0.10
吸水量/(g/m^2)		≤500
抗冲击性	二层及以上	3 J 级
	首层	10 J 级
水蒸气透过湿流密度/[$g/(m^2 \cdot h)$]		≥0.85
耐冻融	外观	无可见裂缝,无粉化、空鼓、剥落现象
	拉伸粘结强度/MPa	≥0.10

5.2 胶粘剂

胶粘剂的产品形式主要有两种：一种是在工厂生产的液状胶粘剂，在施工现场按使用说明加入一定比例的水泥或由厂商提供的干粉料，搅拌均匀即可使用。另一种是在工厂里预混合好的干粉状胶粘剂，在施工现场只需按使用说明与一定比例的拌和用水混合，搅拌均匀即可使用。

胶粘剂的性能应符合表3的要求。

表3 胶粘剂性能指标

<table>
<tr><th colspan="3">项 目</th><th>性能指标</th></tr>
<tr><td rowspan="3">拉伸粘结强度/MPa
（与水泥砂浆）</td><td colspan="2">原强度</td><td>≥0.6</td></tr>
<tr><td rowspan="2">耐水
强度</td><td>浸水48 h，干燥2 h</td><td>≥0.3</td></tr>
<tr><td>浸水48 h，干燥7 d</td><td>≥0.6</td></tr>
<tr><td rowspan="3">拉伸粘结强度/MPa
（与模塑板）</td><td colspan="2">原强度</td><td>≥0.10，破坏发生在模塑板中</td></tr>
<tr><td rowspan="2">耐水
强度</td><td>浸水48 h，干燥2 h</td><td>≥0.06</td></tr>
<tr><td>浸水48 h，干燥7 d</td><td>≥0.10</td></tr>
<tr><td colspan="3">可操作时间/h</td><td>1.5～4.0</td></tr>
</table>

5.3 模塑板

模塑板的性能、允许偏差应分别符合表4、表5的要求。

表4 模塑板性能指标

<table>
<tr><th rowspan="2">项 目</th><th colspan="2">性能指标</th></tr>
<tr><th>039级</th><th>033级</th></tr>
<tr><td>导热系数/[W/(m·K)]</td><td>≤0.039</td><td>≤0.033</td></tr>
<tr><td>表观密度/(kg/m³)</td><td colspan="2">18～22</td></tr>
<tr><td>垂直于板面方向的抗拉强度/MPa</td><td colspan="2">≥0.10</td></tr>
<tr><td>尺寸稳定性/%</td><td colspan="2">≤0.3</td></tr>
<tr><td>弯曲变形/mm</td><td colspan="2">≥20</td></tr>
<tr><td>水蒸气渗透系数/[ng/(Pa·m·s)]</td><td colspan="2">≤4.5</td></tr>
<tr><td>吸水率(体积分数)/%</td><td colspan="2">≤3</td></tr>
<tr><td>燃烧性能等级</td><td>不低于 B_2 级</td><td>B_1 级</td></tr>
</table>

表5 模塑板允许偏差

单位为毫米

项 目	允许偏差
厚度	$^{+1.5}_{\ 0.0}$
长度	±2
宽度	±1

表 5（续）

单位为毫米

项　　目	允许偏差
对角线差	3
板边平直度	2
板面平整度	1
注：本表的允许偏差值以 1 200 长×600 宽的模塑板为基准。	

5.4 抹面胶浆

抹面胶浆的性能应符合表 6 的要求，水泥基抹面胶浆的产品形式同胶粘剂，非水泥基抹面胶浆的产品形式主要为膏状。

表 6 抹面胶浆性能指标

项　　目			性能指标
拉伸粘结强度/MPa（与模塑板）	原强度		≥0.10，破坏发生在模塑板中
	耐水强度	浸水 48 h，干燥 2 h	≥0.06
		浸水 48 h，干燥 7 d	≥0.10
	耐冻融强度		≥0.10
柔韧性	压折比（水泥基）		≤3.0
	开裂应变（非水泥基）/%		≥1.5
抗冲击性			3J 级
吸水量/(g/m^2)			≤500
不透水性			试样抹面层内侧无水渗透
可操作时间（水泥基）/h			1.5～4.0

5.5 玻纤网

玻纤网的主要性能应符合表 7 的要求。

表 7 玻纤网主要性能指标

项　　目	性能指标
单位面积质量/(g/m^2)	≥130
耐碱断裂强力（经向、纬向）/(N/50 mm)	≥750
耐碱断裂强力保留率（经向、纬向）/%	≥50
断裂伸长率（经向、纬向）/%	≤5.0

6 试验方法

6.1 养护条件及试验环境

标准养护条件为空气温度(23±2)℃,相对湿度(50±5)%。试验环境为空气温度(23±5)℃,相对湿度(50±10)%。

6.2 数值修约

在判定测定值或其计算值是否符合标准要求时,应将测试所得的测定值或其计算值与标准规定的极限数值作比较,比较的方法采用GB/T 8170—2008中4.3规定的修约值比较法。

6.3 模塑板外保温系统

6.3.1 试样制备

按受检方提供的模塑板外保温系统构造和施工方法制作系统试样。

耐候性试样在试验墙上制作。

其他试样在模塑板上制作,试样由模塑板和防护层构成。如果不止使用一种饰面材料(如果仅颗粒大小不同,可视为同种类材料),应按不同种类的饰面材料分别制样。

6.3.2 耐候性

6.3.2.1 试验仪器与设备

试验仪器与设备应符合下列要求:

——耐候性试验箱:控制范围符合试验要求,每件试样的测温点不应少于4个,每个测温点的温度与平均温度偏差不应大于5 ℃,试验箱壁厚0.10 m～0.15 m,试验箱能够自动控制和记录模塑板外保温系统表面温度;

——试验墙:混凝土或砌体墙,试验墙应足够牢固,并可安装到耐候性试验箱上。试验墙上角处应预留一个宽0.4 m、高0.6 m的洞口,洞口距离边缘应为0.4 m。试验墙尺寸应满足:

- 面积不应小于6.0 m^2;
- 宽度不应小于2.5 m;
- 高度不应小于2.0 m。

6.3.2.2 试样

试样如图1所示,并应符合下列要求:

a) 试样由试验墙和受测保温系统组成,试样数量1个。

b) 模塑板厚度不宜小于50 mm(或按设计要求),洞口四角模塑板的安装应符合相关规定。

c) 在试验墙的两侧面和洞口四边也应安装相同的外保温系统,模塑板的厚度宜为20 mm。

d) 整个试样应使用同种抹面胶浆和玻纤网,并应连续,不得设置分割缝。

e) 饰面层应符合下列规定:

——试样底部0.4 m高度以下不做饰面层,在此高度范围内应包含一条模塑板水平拼缝;

——涂装饰面系统最多可做三种类型饰面层,并按竖直方向分布。

f) 制样完成后,应在空气温度10 ℃～30 ℃、相对湿度不低于50%条件下养护28 d以上。

单位为米

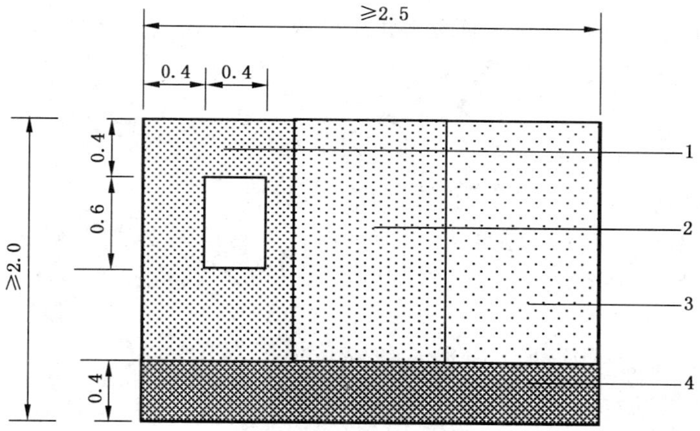

说明：

1——饰面一；

2——饰面二；

3——饰面三；

4——抹面层。

图 1　耐候性试样

6.3.2.3　试验过程

试验按下列程序进行：

a) 按下列规定组装试样：
   1) 试样应与耐候性试验箱开口紧密接触，试样外沿应与耐候性试验箱外沿齐平；
   2) 在试样表面按面积均布粘贴表面温度传感器。

b) 进行热雨循环 80 次，每 20 个热雨循环后，对抹面层和饰面层的外观进行检查并做记录。热雨循环条件如下：
   1) 加热 3 h，在 1 h 内将试样表面温度升至 70 ℃，并恒温在(70±5)℃，试验箱内空气相对湿度保持在 10%～20%范围内；
   2) 喷淋水 1 h，水温(15±5)℃，喷水量 1.0 L/(m^2 · min)～1.5 L/(m^2 · min)；
   3) 静置 2 h。

c) 试样完成热雨循环后，在空气温度 10 ℃～30 ℃、相对湿度不低于 50%条件下放置 2 d，然后进行热冷循环。

d) 进行热冷循环 5 次，在热冷循环结束后，对抹面层和饰面层的外观进行检查并做记录。热冷循环条件如下：
   1) 加热 8 h，在 1 h 内将试样表面温度升至 50 ℃，并恒温在(50±5)℃，试验箱内空气相对湿度保持在 10%～20%范围内；
   2) 制冷 16 h，在 2 h 内将试样表面温度降至－20 ℃，并恒温在(－20±5)℃。

e) 试样完成热冷循环后，在空气温度 10 ℃～30 ℃、相对湿度不低于 50%条件下放置 7 d，然后进行外观检查与拉伸粘结强度测定。

f) 外观检查：目测检查试样有无可见裂缝、粉化、空鼓、剥落等现象。有裂缝、粉化、空鼓、剥落等情况时，记录其数量、尺寸和位置。

g) 按下列规定进行拉伸粘结强度测定：

1) 按不同饰面分别进行测定,每组测点6个,尺寸为100 mm×100 mm,测点应在试样表面均布,断缝切割至模塑板表层;

2) 按JGJ 110进行测定,如饰面层与抹面层脱开,且拉伸粘结强度小于0.10 MPa,应继续测定抹面层与模塑板的拉伸粘结强度,并应在记录中注明。

6.3.2.4 试验结果

外观试验结果为有无可见裂缝、粉化、空鼓、剥落等现象。

每种饰面及无饰面部位拉伸粘结强度应分别计算,拉伸粘结强度试验结果为各自6个试验数据中4个中间值的算术平均值,精确到0.01 MPa。

6.3.3 吸水量

6.3.3.1 试样

试样尺寸200 mm×200 mm,数量3个。

试样在标准养护条件下养护7 d后,将试样四周(包括保温材料)做密封防水处理,然后按下列规定进行处理:

a) 将试样按下列步骤进行三次循环:

1) 在试验环境条件下的水槽中浸泡24 h,试样防护层朝下浸在水中,浸入深度为3 mm～10 mm;

2) 在(50±5)℃的条件下干燥24 h。

b) 完成循环后,试样应在试验环境下再放置,时间不应少于24 h。

6.3.3.2 试验过程

将试样防护层朝下,平稳地浸入室温水中,浸入水中的深度为3 mm～10 mm,浸泡3 min后取出用湿毛巾迅速擦去试样表面明水,用天平称取试样浸水前的质量m_0,然后再浸水24 h后测定浸水后试样质量m_1。

6.3.3.3 试验结果

吸水量应按式(1)计算,试验结果为3个试验数据的算术平均值,精确至1 g/m²。

$$M=\frac{(m_1-m_0)}{A} \qquad \cdots\cdots(1)$$

式中:

M ——吸水量,单位为克每平方米(g/m²);

m_1——浸水后试样质量,单位为克(g);

m_0——浸水前试样质量,单位为克(g);

A ——试样表面浸水部分的面积,单位为平方米(m²)。

6.3.4 抗冲击性

6.3.4.1 试验仪器

——钢球:符合GB/T 308的规格要求,分别为:

- 公称直径50.8 mm的高碳铬轴承钢钢球;
- 公称直径63.5 mm的高碳铬轴承钢钢球。

——抗冲击仪:由落球装置和带有刻度尺的支架组成,分度值0.01 m。

6.3.4.2 试样

试样尺寸宜大于 600 mm×400 mm，每一抗冲击级别试样数量为 1 个。

试样在标准养护条件下养护 14 d，然后在室温水中浸泡 7 d，饰面层向下，浸入水中的深度为 3 mm～10 mm。试样从水中取出后，在试验环境下状态调节 7 d。

6.3.4.3 试验过程

将试样饰面层向上，水平放置在抗冲击仪的基底上，试样紧贴基底。

分别用公称直径为 50.8 mm（其计算质量为 535 g）的钢球在球的最低点距被冲击表面的垂直高度为 0.57 m 上自由落体冲击试样（3J 级）和公称直径为 63.5 mm（其计算质量为 1 045 g）的钢球在球的最低点距被冲击表面的垂直高度为 0.98 m 上自由落体冲击试样（10 J 级）。

每一级别冲击 10 处，冲击点间距及冲击点与边缘的距离应不小于 100 mm，试样表面冲击点及周围出现裂缝视为冲击点破坏。

6.3.4.4 试验结果

3J 级试验 10 个冲击点中破坏点小于 4 个时，判定为 3J 级。10J 级试验 10 个冲击点中破坏点小于 4 个时，判定为 10J 级。

6.3.5 水蒸气透过湿流密度

6.3.5.1 试样

试样为外保温系统的防护层。按 6.3.1 规定制样并在标准养护条件下养护 28 d 后去除模塑板。试样直径宜小于试验盘上部口径 2 mm～5 mm，试样数量 3 个。

6.3.5.2 试验过程及试验结果

试验按 GB/T 17146—1997 中干燥剂法的规定进行，试验结果为 3 个试验数据的算术平均值，精确至 0.01 g/(m^2·h)。

6.3.6 耐冻融

6.3.6.1 试样

试样尺寸 600 mm×400 mm 或 500 mm×500 mm，数量 3 个。

制样后在标准养护条件下养护 28 d，然后将试样四周（包括保温材料）做密封防水处理。

6.3.6.2 试验过程

试验按下列程序进行：

a) 进行 30 次冻融循环，每次浸泡结束后，取出试样，用湿毛巾擦去表面明水，按 6.3.2.3 d）规定检查外观。当试验过程需中断时，试样应在（−20±2）℃条件下存放。冻融循环条件如下：
   1) 在室温水中浸泡 8 h，试样防护层朝下，浸入水中的深度为 3 mm～10 mm；
   2) 在（−20±2）℃的条件下冷冻 16 h。
b) 冻融循环结束后，在标准养护条件下状态调节 7 d。
c) 外观检查：按 6.3.2.3 f）规定检查外观。
d) 按下列规定进行拉伸粘结强度测试：
   1) 在每个试样上距边缘不小于 100 mm 处各切割 2 个试件，试件尺寸为 50 mm×50 mm 或直径 50 mm，数量共 6 块。以合适的胶粘剂将试样粘贴在两个刚性平板或金属板上；

2） 将试样安装到适宜的拉力机上，进行拉伸粘结强度测定，拉伸速度为(5±1)mm/min。记录每个试样破坏时的拉力值和破坏状态。破坏面在刚性平板或金属板胶结面时，测试数据无效。如饰面层与抹面层脱开，且拉伸粘结强度小于 0.10 MPa，应继续测定抹面层与模塑板的拉伸粘结强度，并应在记录中注明。

6.3.6.3 试验结果

外观试验结果为有无可见裂缝、粉化、空鼓、剥落等现象。

拉伸粘结强度试验结果为 6 个试验数据中 4 个中间值的算术平均值，精确到 0.01 MPa。

6.3.7 试验报告

6.3.7.1 耐候性

试验报告中应包括下列内容：

a） 系统组成材料说明，应说明名称、规格型号、主要性能参数等；

b） 耐候性试样制作过程简要说明，应说明胶浆类材料拌合配比、各层制样间隔时间、抹面层厚度以及养护时间及养护条件等；

c） 试样尺寸及饰面层分布情况说明，试样图像；

d） 试验结果，包括判断结果以及对破坏模式的描述和相关异常观察结果的照片。

6.3.7.2 其他性能

试验报告中应说明抹面层厚度、抹面胶浆产品形式、饰面材料类型以及必要的相关参数等内容。

6.4 胶粘剂

6.4.1 拉伸粘结强度

6.4.1.1 试样

试样尺寸 50 mm×50 mm 或直径 50 mm，与水泥砂浆粘结和与模塑板粘结试样数量各 6 个。

按生产商使用说明配制胶粘剂，将胶粘剂涂抹于模塑板(厚度不宜小于 40 mm)或水泥砂浆板(厚度不宜小于 20 mm)基材上，涂抹厚度为 3 mm～5 mm，可操作时间结束时用模塑板覆盖。

试样在标准养护条件下养护 28 d。

6.4.1.2 试验过程

以合适的胶粘剂将试样粘贴在两个刚性平板或金属板上，胶粘剂应与产品相容，固化后将试样按下述条件进行处理：

——原强度：无附加条件。

——耐水强度：浸水 48 h，到期试样从水中取出并擦拭表面水分，在标准养护条件下干燥 2 h。

——耐水强度：浸水 48 h，到期试样从水中取出并擦拭表面水分，在标准养护条件下干燥 7 d。

将试样安装到适宜的拉力机上，进行拉伸粘结强度测定，拉伸速度为(5±1)mm/min。记录每个试样破坏时的拉力值，基材为模塑板时还应记录破坏状态。破坏面在刚性平板或金属板胶结面时，测试数据无效。

6.4.1.3 试验结果

拉伸粘结强度试验结果为 6 个试验数据中 4 个中间值的算术平均值，精确至 0.01 MPa。

模塑板内部或表层破坏面积在50%以上时，破坏状态为破坏发生在模塑板中，否则破坏状态为界面破坏。

6.4.2 可操作时间

6.4.2.1 试验过程

胶粘剂配制后，按生产商提供的可操作时间放置，生产商未提供可操作时间时，按1.5 h放置，然后按6.4.1规定测定拉伸粘结强度原强度。

6.4.2.2 试验结果

拉伸粘结强度原强度符合表3要求时，放置时间即为可操作时间。

6.5 模塑板

6.5.1 垂直于板面方向的抗拉强度

6.5.1.1 试样

试样尺寸100 mm×100 mm，数量5个。

试样在模塑板上切割制成，其基面应与受力方向垂直，切割时应离模塑板边缘15 mm以上。试样在试验环境下放置24 h以上。

6.5.1.2 试验过程

以合适的胶粘剂将试样两面粘贴在刚性平板或金属板上，胶粘剂应与产品相容。将试样装入拉力机上，以(5±1)mm/min的恒定速度加荷，直至试样破坏。破坏面在刚性平板或金属板胶结面时，测试数据无效。

6.5.1.3 试验结果

垂直于板面方向的抗拉强度按式(2)计算，试验结果为5个试验数据的算术平均值，精确至0.01 MPa。

$$\sigma=\frac{F}{A} \qquad \cdots\cdots(2)$$

式中：

σ——垂直于板面方向的抗拉强度，单位为兆帕(MPa)；

F——试样破坏拉力，单位为牛顿(N)；

A——试样的横截面积，单位为平方毫米(mm^2)。

6.5.2 燃烧性能等级

燃烧性能等级按GB 8624—2012规定的方法进行试验。

6.5.3 其他性能

其他性能按GB/T 10801.1规定的方法进行试验。

6.5.4 尺寸允许偏差

尺寸测量按GB/T 6342的规定进行。厚度、长度、宽度尺寸允许偏差为测量值与规定值之差；对角线尺寸允许偏差为两对角线差值；板面平整度、板边平直度使用长度为1 m的靠尺进行测量，板材尺寸小于 1 m 的按实际尺寸测量，以板面或板边凹处最大数值为板面平整度、板边平直度。

6.6 抹面胶浆

6.6.1 拉伸粘结强度

试样由模塑板和抹面胶浆组成，抹面胶浆厚度为 3 mm，试样养护期间不需覆盖模塑板。原强度、耐水强度按 6.4.1 规定进行测定，耐冻融强度按 6.3.6 规定进行测定。

6.6.2 压折比

按生产商使用说明配制抹面胶浆，按 GB/T 17671 规定制样，试样在标准养护条件下养护 28 d 后，按 GB/T 17671 规定测定抗压强度、抗折强度，并按式(3)计算压折比，精确至 0.1。

$$T = \frac{R_c}{R_f} \qquad \cdots\cdots\cdots\cdots\cdots\cdots\cdots\cdots\cdots\cdots (3)$$

式中：

T ——压折比；

R_c ——抗压强度，单位为兆帕(MPa)；

R_f ——抗折强度，单位为兆帕(MPa)。

6.6.3 开裂应变

开裂应变试验方法应符合附录 B 的规定。

6.6.4 抗冲击性

试样由模塑板和抹面层组成，抹面层厚度 3 mm，按 6.3.4 规定测定 3J 级抗冲击性。

6.6.5 吸水量

试样由模塑板和抹面层组成，按 6.3.3 的规定进行测定，并应注明抹面层厚度。

6.6.6 不透水性

6.6.6.1 试样

试样尺寸 200 mm×200 mm，数量 3 个。

试样由模塑板和抹面层组成，模塑板厚度不小于 60 mm，试样在标准养护条件下养护 28 d 后，去除试样中心部位的模塑板，去除部分的尺寸为 100 mm×100 mm。

6.6.6.2 试验过程

将试样周边密封，使抹面层朝下浸入水槽中，浸入水中的深度为 50 mm(相当于压强 500 Pa)。浸水时间达到 2 h 时观察是否有水透过抹面层，为便于观察，可在水中添加颜色指示剂。

6.6.6.3 试验结果

3 个试样均不透水时，试验结果为合格，并应注明抹面层厚度。

6.6.7 可操作时间

试样由系统用模塑板和抹面胶浆组成，抹面胶浆厚度为 3 mm。按 6.4.2.1 的规定进行测定，拉伸粘结强度原强度符合表 6 要求时，放置时间即为可操作时间。

6.7 玻纤网

6.7.1 单位面积质量

按 GB/T 9914.3—2001 规定的方法进行测定。

6.7.2 耐碱断裂强力及耐碱断裂强力保留率

按 GB/T 20102—2006 规定的方法进行测定。当需要进行快速测定时，可按附录 C 的规定。GB/T 20102—2006 规定的方法为仲裁试验方法。

6.7.3 断裂伸长率

按 GB/T 7689.5—2001 规定的方法进行测定。

7 检验规则

7.1 检验项目

产品检验分出厂检验和型式检验。

7.2 出厂检验

7.2.1 出厂检验项目

出厂检验项目见下列规定。正常生产时，出厂检验应每批进行一次。

a) 胶粘剂：拉伸粘结强度原强度、可操作时间；
b) 模塑板：允许偏差、表观密度、垂直于板面方向的抗拉强度；
c) 抹面胶浆：拉伸粘结强度原强度、可操作时间；
d) 玻纤网：单位面积质量、耐碱断裂强力。

7.2.2 判定规则

经检验，全部检验项目符合本标准要求，则判定该产品的检验项目合格。若有检验项目不符合要求时，则判定该检验项目不合格。

7.3 型式检验

7.3.1 型式检验项目

模塑板外保温系统及其组成材料的型式检验项目为第 5 章规定的全部项目。

有下列情况之一时，应进行型式检验：

a) 正常生产时，模塑板外保温系统应每两年进行一次型式检验，模塑板外保温系统组成材料应每年进行一次型式检验；
b) 新产品定型鉴定时；
c) 当产品主要原材料及用量或生产工艺有重大变更时；
d) 停产一年以上恢复生产时。

7.3.2 判定规则

经检验，若全部检验项目符合要求，则判定该产品合格。若有两项及两项以上检验项目或耐候性不符合要求时，则判定该产品不合格。若一项检验项目（不含耐候性）不符合要求时，应对同一批产品进行加倍取样复检，如符合，则判定该产品合格，如不符合，则判定该产品不合格。

7.4 组批与抽样

7.4.1 检验批

系统组成材料检验批如下：

a) 模塑板：同一材料、同一工艺、同一规格每 500 m^3 为一批，不足 500 m^3 时也为一批；

b) 胶粘剂：同一材料、同一工艺、同一规格每 100 t 为一批，不足 100 t 时也为一批；

c) 抹面胶浆：同一材料、同一工艺、同一规格每 100 t 为一批，不足 100 t 时也为一批；

d) 玻纤网：同一材料、同一工艺、同一规格每 20 000 m^2 为一批，不足 20 000 m^2 时也为一批。

7.4.2 抽样

在检验批中随机抽取，抽样数量应满足检验项目所需样品数量。

8 产品合格证和使用说明书

8.1 产品合格证

系统及组成材料应有产品合格证，产品合格证应于产品交付时提供。产品合格证应包括下列内容：

a) 产品名称、标准编号、商标；

b) 生产企业名称、地址；

c) 产品规格、类型；

d) 模塑板的导热系数级别及燃烧性能等级；

e) 生产日期、质量保证期；

f) 检验部门印章、检验人员代号。

8.2 使用说明书

使用说明书是交付产品的组成部分，生产厂家可根据产品特点编制施工技术规程，若施工技术规程能满足用户对使用说明书的需要时，可用其代替使用说明书。

使用说明书应包括下列主要内容：

a) 产品用途及使用范围；

b) 产品特点及选用方法；

c) 产品结构及组成材料；

d) 使用环境条件；

e) 使用方法；

f) 材料贮存方式；

g) 成品保护措施；

h) 验收标准；

i) 安全及其他注意事项；

j) 出版日期。

9 包装、运输和贮存

9.1 包装

系统组成材料应按相关产品标准的规定包装，材料包装应防水和防潮等。

9.2 运输

系统组成材料运输应符合相关产品标准的规定。模塑板应侧立搬运，在运输过程中应侧立贴实，并用包装带或麻绳与运输设备固定好，严禁烟火，不应重压猛摔或与锋利物品碰撞，以避免破坏和变形。材料运输中应避免材料的挤压、碰撞、雨淋、日晒和防冻等。

9.3 贮存

系统组成材料贮存应符合相关产品标准的规定，并应避免材料被雨淋、日晒和注意防冻等。模塑板应远离火源，防止与腐蚀性介质接触，不应露天长期暴晒。所有材料应按型号、规格分类贮存，贮存期限不应超过材料保质期。

附　录　A
（资料性附录）
面砖饰面模塑聚苯板薄抹灰外墙外保温系统材料

A.1　面砖饰面模塑聚苯板薄抹灰外墙外保温系统基本构造

饰面层为面砖的模塑板外保温系统，面砖可为陶瓷砖和陶瓷马赛克等，并宜优先选用背面有燕尾槽的面砖，燕尾槽深度不宜小于 0.5 mm。面砖饰面模塑聚苯板薄抹灰外墙外保温系统（以下简称面砖饰面系统）基本构造应符合表 A.1 的要求。

表 A.1　面砖饰面系统基本构造

基层墙体 ①	系统基本构造				构造示意图
	粘结层 ②	保温层 ③	防护层		
			抹面层 ④	饰面层 ⑤	
混凝土墙体 各种砌体墙体	胶粘剂 锚栓[a]	模塑板	抹面胶浆 复合 玻纤网	面砖胶粘剂 面砖 面砖填缝剂	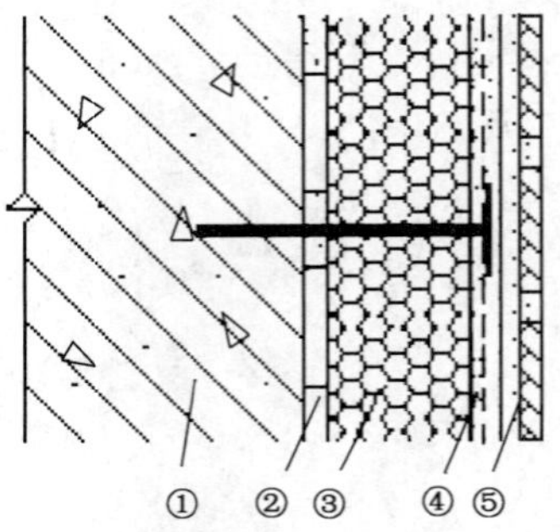
[a] 锚栓圆盘应位于玻纤网外侧。					

A.2　面砖饰面系统性能要求

面砖饰面系统性能应符合表 A.2 的要求。

表 A.2　面砖饰面系统性能指标

项　　目		性能指标
耐候性	外观	无可见裂缝，无粉化、空鼓、剥落现象
	抹面层与模塑板拉伸粘结强度/MPa	≥0.10
	面砖与抹面层拉伸粘结强度/MPa	≥0.4
吸水量/(g/m²)		≤500
水蒸气透过湿流密度/[g/(m²·h)]		≥0.85
耐冻融	外观	无可见裂缝，无粉化、空鼓、剥落现象
	面砖与抹面层拉伸粘结强度/MPa	≥0.4

A.3 系统组成材料性能要求

A.3.1 胶粘剂

胶粘剂性能应符合 5.2 的要求。

A.3.2 模塑板

模塑板性能应符合 5.3 的要求。

A.3.3 抹面胶浆

抹面胶浆性能应符合表 A.3 的要求。

表 A.3 面砖饰面系统用抹面胶浆性能指标

项目			性能指标
拉伸粘结强度/MPa（与模塑板）	原强度		≥0.10，破坏发生在模塑板中
	耐水强度	浸水 48 h，干燥 2 h	≥0.06
		浸水 48 h，干燥 7 d	≥0.10
	耐冻融强度		≥0.10
拉伸粘结强度/MPa（与水泥砂浆）	原强度		≥0.5
	耐水强度	浸水 48 h，干燥 2 h	≥0.3
		浸水 48 h，干燥 7 d	≥0.5
	耐冻融强度		≥0.5
压折比			≤3.0
吸水量/(g/m^2)			≤500
不透水性			试样抹面层内侧无水渗透
可操作时间/h			1.5～4.0

A.3.4 玻纤网

玻纤网性能应符合表 A.4 的要求。

表 A.4 面砖饰面系统用玻纤网性能指标

项目	性能指标
单位面积质量/(g/m^2)	≥160
耐碱断裂强力(经、纬向)/(N/50 mm)	≥1 000
耐碱断裂强力保留率(经、纬向)/%	≥50
断裂伸长率(经、纬向)/%	≤5.0

A.3.5 面砖

面砖的性能应符合表 A.5 及相关标准的要求。

表 A.5 面砖性能要求

<table>
<tr><th colspan="2">项　目</th><th>性能指标</th></tr>
<tr><td colspan="2">质量/(kg/m²)</td><td>≤20</td></tr>
<tr><td colspan="2">单块面积/cm²</td><td>≤150</td></tr>
<tr><td colspan="2">长度或宽度/mm</td><td>≤400</td></tr>
<tr><td colspan="2">厚度/mm</td><td>≤7</td></tr>
<tr><td rowspan="2">吸水率/%</td><td>Ⅰ、Ⅵ、Ⅶ气候区</td><td>0.2～3</td></tr>
<tr><td>Ⅱ、Ⅲ、Ⅳ、Ⅴ气候区</td><td>0.2～6</td></tr>
<tr><td rowspan="2">抗冻性</td><td>Ⅰ、Ⅵ、Ⅶ气候区</td><td>不少于 50 次冻融循环</td></tr>
<tr><td>Ⅱ气候区</td><td>不少于 40 次冻融循环</td></tr>
<tr><td colspan="3">注：气候区按 GB 50178—1993 的要求进行划分。</td></tr>
</table>

A.3.6 面砖胶粘剂

面砖胶粘剂的性能应符合表 A.6 的要求。

表 A.6 面砖胶粘剂性能要求

<table>
<tr><th>项　目</th><th>性能指标</th></tr>
<tr><td>拉伸粘结原强度/MPa</td><td rowspan="4">≥0.5</td></tr>
<tr><td>浸水后的拉伸粘结强度/MPa</td></tr>
<tr><td>热老化后的拉伸粘结强度/MPa</td></tr>
<tr><td>冻融循环后的拉伸粘结强度/MPa</td></tr>
<tr><td>晾置时间，20 min 拉伸粘结强度/MPa</td><td>≥0.5</td></tr>
<tr><td>横向变形/mm</td><td>≥1.5</td></tr>
</table>

A.3.7 面砖填缝剂

面砖填缝剂的性能应符合表 A.7 的要求。

表 A.7 面砖填缝剂性能要求

<table>
<tr><th colspan="2">项　目</th><th>性能指标</th></tr>
<tr><td colspan="2">拉伸粘结原强度/MPa</td><td>≥0.2</td></tr>
<tr><td colspan="2">收缩值/(mm/m)</td><td>≤2</td></tr>
<tr><td rowspan="2">抗折强度/MPa</td><td>标准试验条件</td><td>≥3.5</td></tr>
<tr><td>冻融循环后</td><td>≥3.5</td></tr>
<tr><td rowspan="2">吸水量/g</td><td>30 min</td><td>≤2.0</td></tr>
<tr><td>240 min</td><td>≤5.0</td></tr>
<tr><td colspan="2">横向变形/mm</td><td>≥1.5</td></tr>
</table>

A.4 试验方法

A.4.1 养护条件及试验环境

应符合 6.1 的规定。

A.4.2 试样制备

应符合 6.3.1 的规定。

A.4.3 耐候性

见 6.3.2,并作下列变动:

a) 试样制备时,试样的饰面层应满贴面砖,并且不得留伸缩缝。

b) 热雨循环试验中,面砖饰面系统在 2 h 内将试样表面温度升至 70 ℃,并恒温在(70±5)℃。

c) 在完成热雨循环 80 次和热冷循环 5 次后,应在空气温度 10 ℃~30 ℃、相对湿度不低于 50% 条件下放置 2 d,然后按下述条件进行 25 次冻融循环。

   1) 喷淋水 1 h,水温为(15±5)℃,水量为 1.0 L/(m^2 · min)~1.5 L/(m^2 · min);

   2) 恒温 1 h,保持试样表面温度(20±5)℃,试验箱内空气相对湿度不应低于 80%;

   3) 冷冻 5 h,在 1 h 内试样表面温度降至-20 ℃,并恒温在(-20±5)℃;

   4) 恒温 1 h,在 0.5 h 内试样表面温度升至 20 ℃,并保持试样表面温度(20±5)℃,试验箱内空气相对湿度不应低于 80%。

d) 冻融循环结束后,试样应在空气温度 10 ℃~30 ℃、相对湿度不低于 50%条件下放置 7 d。

e) 在完成外观检查后,按 JGJ 110 规定的方法测定抹面层与模塑板拉伸粘结强度和面砖与抹面层拉伸粘结强度,每组测点 6 个,尺寸为 95 mm×45 mm,测点应在试样表面均布,试验结果为各自 6 个试验数据中 4 个中间值的算术平均值。抹面层与模塑板拉伸粘结强度精确到 0.01 MPa;面砖与抹面层拉伸粘结强度精确到 0.1 MPa。

f) 测定抹面层与模塑板拉伸粘结强度时,断缝切割至模塑板表层。

g) 测定面砖与抹面层拉伸粘结强度时,断缝切割至抹面层表面。当拉伸粘结强度不符合规定时,应重新取样,将试样连同保温层一起取下,除去保温层,以合适的胶粘剂在试样两面粘贴刚性平板或金属板,将试样安装到适宜的拉力机上,进行拉伸粘结强度测定,拉伸速度为(5±1)mm/min。

A.4.4 吸水量

应按 6.3.3 的规定。

A.4.5 水蒸气透过湿流密度

应按 6.3.5 的规定,试样取砖缝交叉点为试样中心。

A.4.6 耐冻融

应符合 6.3.6 规定,按 A.4.3 e)、f)、g)规定测定拉伸粘结强度。

A.4.7 胶粘剂

胶粘剂的性能试验方法应按 6.4 的规定。

A.4.8 模塑板

模塑板的性能试验方法应按6.5的规定。

A.4.9 抹面胶浆

抹面胶浆与水泥砂浆拉伸粘结强度试验方法应按6.4的规定,其他性能试验方法应按6.6的规定。

A.4.10 玻纤网

玻纤网的性能试验方法应按6.7的规定。

A.4.11 面砖饰面

A.4.11.1 面砖

质量、面积、长度、宽度和厚度应按GB/T 3810.2—2006进行测定。吸水率应按GB/T 3810.3—2006进行测定。抗冻性应按GB/T 3810.12—2006进行测定,低温环境温度采用(−20±2)℃。

A.4.11.2 面砖胶粘剂

横向变形应按JC/T 1004—2006进行测定,其他应按JC/T 547—2005进行测定。

A.4.11.3 面砖填缝剂

拉伸粘结强度应按JC/T 547—2005规定的方法进行测定,试件成型采用背粘法,将填缝剂满涂于面砖背面,然后粘贴到混凝土基材并适当按压,粘结层厚度3 mm。

其他性能应按JC/T 1004—2006的规定进行测定。

附　录　B
（规范性附录）
抹面胶浆开裂应变试验方法

B.1　试验仪器

主要试验仪器如下：

——应变仪：长度为 150 mm，精密度等级 0.1 级；

——小型拉力试验机。

B.2　试样

纬向、经向试样数量各 6 条。

抹面胶浆按照产品说明配制搅拌均匀后使用，将抹面胶浆满抹在 600 mm×100 mm 模塑板上，贴上标准玻纤网，玻纤网两端应伸出抹面胶浆 100 mm，再按受检方规定的厚度刮抹面胶浆。玻纤网伸出部分反包在抹面胶浆表面，试验时把两条试条对称地互相粘贴在一起，玻纤网反包的一面向外，用环氧树脂粘贴在拉力机的金属夹板之间。

将试样放置在室温条件下养护 28 d，将模塑板剥掉。

B.3　试验过程

试验按下列规定进行：

a)　将两个对称粘贴的试条安装在试验机的夹具上，应变仪应安装在试样中部，两端距金属夹板尖端不应少于 75 mm，见图 B.1；

单位为毫米

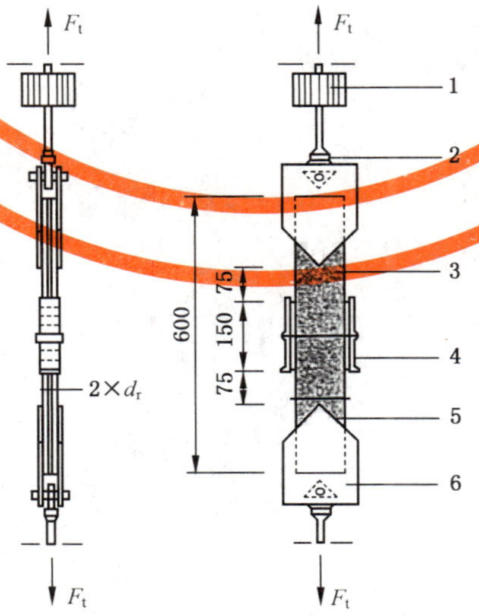

说明：

1——10 kN 测力元件；

2——用于传递拉力的万向节；

3——对称安装的试样；

4——电子应变计；

5——粘结抹面层与钢板的环氧树脂；

6——用于传递拉力的钢板。

图 B.1　抹面胶浆抹面层拉伸试验装置

b） 加荷速度应为 0.5 mm/min，加荷至 50%预期裂纹拉力，之后卸载。如此反复进行 10 次。加荷和卸载持续时间应为 1 min～2 min；

c） 如果在 10 次加荷过程中试样没有破坏，则第 11 次加荷直至试条出现裂缝并最终断裂。在应变值分别达到 0.3%、0.5%、0.8%、1.5%和 2.0%时停顿，观察试样表面是否开裂，并记录裂缝状态。

B.4 试验结果

观察试样表面裂缝的数量，并测量和记录裂纹的数量和宽度，记录试样出现第一条裂缝时的应变值(开裂应变)。试验结束后，测量和记录试样的宽度和厚度。

附 录 C
（规范性附录）
玻纤网耐碱性快速试验方法

C.1 设备和材料

设备和材料应符合下列要求：

——拉伸试验机：符合 GB/T 7689.5 的规定；

——恒温烘箱：温度能控制在(60±2)℃；

——恒温水浴：温度能控制在(60±2)℃，内壁及加热管均应由不与碱性溶液发生反应的材料制成（例如不锈钢材料），尺寸大小应使玻纤网试样能够平直地放入，保证所有的试样都浸没于碱溶液中，并有密封的盖子；

——化学试剂：氢氧化钠，氢氧化钙，氢氧化钾，盐酸。

C.2 试样

试样制备应符合下列步骤：

a) 从卷装上裁取 20 个宽度为(50±3)mm，长度为(600±13)mm 的试样条。其中 10 个试样条的长边平行于玻纤网的经向（称为经向试样），10 个试样条的长边平行于玻纤网的纬向（称为纬向试样）。每种试样条中纱线的根数应相等；

b) 经向试样应在玻纤网整个宽度裁取，确保代表了所有的经纱，纬向试样应从尽可能宽的长度范围内裁取；

c) 给每个试样条编号，在试样条的两端分别作上标记。应确保标记清晰，不被碱溶液破坏。将试样沿横向从中间一分为二，一半用于测定干态拉伸断裂强力，另一半用于测定耐碱断裂强力，保证干态试样与碱溶液处理试样的一一对应关系。

C.3 试样处理

C.3.1 干态试样的处理

将用于测定干态拉伸断裂强力的试样置于(60±2)℃的烘箱内干燥 55 min～65 min，取出后应在温度(23±2)℃、相对湿度(50±5)%的环境中放置 24 h 以上。

C.3.2 碱溶液浸泡试样的处理

碱溶液浸泡试样的处理应符合下列过程：

a) 碱溶液配制：每升蒸馏水中含有 $Ca(OH)_2$ 0.5 g，NaOH 1 g，KOH 4 g，1 L 碱溶液浸泡 30 g～35 g 的玻纤网试样，根据试样的质量，配制适量的碱溶液；

b) 将配制好的碱溶液置于恒温水浴中，碱溶液的温度控制在(60±2)℃；

c) 将试样平整地放入碱溶液中，加盖密封，确保试验过程中碱溶液浓度不发生变化；

d) 试样在(60±2)℃的碱溶液中浸泡 24 h±10 min。取出试样，用流动水反复清洗后，放置于 0.5% 的盐酸溶液中 1 h，再用流动的清水反复清洗。置于(60±2)℃的烘箱内干燥 60 min±

5 min,取出后应在温度(23±2)℃、相对湿度(50±5)%的环境中放置24 h以上。

C.4 试验过程

按GB/T 7689.5—2001第9章的规定分别测定经向和纬向试样的干态和耐碱拉伸断裂强力,每种试样得到的有效试验数据不应少于5个。

C.5 试验结果

分别计算经向、纬向试样耐碱和干态断裂强力,断裂强力为5个试验数据的算术平均值,精确至1 N/50 mm。

经向、纬向拉伸断裂强力保留率分别按式(C.1)计算,精确至1%。

$$R=\frac{F_1}{F_0} \qquad \cdots\cdots\cdots\cdots(\text{C.1})$$

式中:

R ——耐碱断裂强力保留率,%;

F_1 ——试样耐碱断裂强力,单位为牛顿(N);

F_0 ——试样干态断裂强力,单位为牛顿(N)。

ICS 91.060.10
P 32

中华人民共和国国家标准

GB/T 29907—2013

建筑幕墙动态风压作用下水密性能检测方法

Test method for watertightness of curtain walls under dynamic wind pressure

2013-11-27 发布　　2014-08-01 实施

中华人民共和国国家质量监督检验检疫总局
中国国家标准化管理委员会　发布

前 言

本标准按照GB/T 1.1—2009给出的规则起草。

本标准参考了AAMA501.1—2005《建筑窗、幕墙和门动压作用下水密性能标准检测方法》、ENV 13050—2000《幕墙—水密性—在动态空气压力和喷水情况下的试验室试验》。

本标准由中华人民共和国住房和城乡建设部提出。

本标准由全国建筑幕墙门窗标准化技术委员会(SAC/TC 448)归口。

本标准起草单位：中国建筑科学研究院、广东省建筑科学研究院、上海市建筑科学研究院(集团)有限公司、江苏省建筑科学研究院有限公司、深圳市新山幕墙技术咨询有限公司、中国建筑材料检验认证中心、深圳市建筑科学研究院、北京工业大学、国家建筑材料工业建筑五金水暖产品质量监督检验测试中心、河南省建筑科学研究院有限公司、上海市建筑门窗检测站、广州市建筑科学研究院有限公司、杭州之江有机硅化工有限公司、沈阳远大铝业工程有限公司、广东坚朗五金制品有限公司、郑州中原应用技术研究开发有限公司、中山盛兴股份有限公司、广州铝质装饰工程有限公司、北京江河幕墙股份有限公司、北京嘉寓门窗幕墙股份有限公司、福建省南平铝业有限公司、深圳市富诚幕墙装饰工程有限公司、深圳市方大装饰工程有限公司、深圳市泰然铝合金工程有限公司、深圳市华辉装饰工程有限公司、浙江新世纪工程检测有限公司、宁波和邦检测研究有限公司、海南省建筑工程总公司、沈阳正典铝建筑系统有限公司。

本标准主要起草人：王洪涛、郝志华、张士翔、徐勤、张云龙、杜继予、刘海波、罗刚、孙诗兵、邓贵智、杨彦芳、施伯年、邢宇帆、刘明、王双军、白宝鲲、崔洪、姜清海、陈伟明、郭新雅、张国峰、范玉玲、谢光宇、周辉、曾晓武、粟曙、王海军、顾剑英、秦剑、郭泽文、杨向东。

建筑幕墙动态风压作用下水密性能检测方法

1 范围

本标准规定了建筑幕墙在动态风压作用下水密性能的术语和定义、检测原理、检测装置、试件及安装、检测、检测结果判定和检测报告。

本标准适用于建筑幕墙在动态风压作用下的水密性能实验室检测。检测对象只限于幕墙试件本身，不涉及幕墙与其他结构之间的连接部位。建筑外门窗在动态风压作用下的水密性能实验室检测可参照本标准。

2 规范性引用文件

下列文件对于本文件的应用是必不可少的。凡是注日期的引用文件，仅注日期的版本适用于本文件。凡是不注日期的引用文件，其最新版本(包括所有的修改单)适用于本文件。

GB/T 15227 建筑幕墙气密、水密、抗风压性能检测方法

GB 50009 建筑结构荷载规范

3 术语和定义

GB/T 15227 界定的以及下列术语和定义适用于本文件。

3.1

校准风速 calibration wind speed

校准点的平均风速。

3.2

动态风压 dynamic wind pressure

在扰动气流作用下，幕墙试件内外两侧形成的风压差。

3.3

动态风压作用下水密性能 watertightness performance under dynamic wind pressure

动压水密性能

在动态风压作用下，幕墙阻止雨水进入室内的能力。

3.4

螺旋桨法 test method using aircraft propeller

使用飞机螺旋桨作为动压供风系统检测幕墙动压水密性能的方法。

3.5

轴流风机法 test method using axial fan

使用轴流风机作为动压供风系统检测幕墙动压水密性能的方法。

4 检测原理

在试件外表面按照规定的水量均匀持续淋水，使试件表面形成连续的水膜后，在试件外表面施加动

态风压，必要时在试件内侧用静压箱辅以稳定或波动压差，模拟试件受到风雨共同作用的状态，观察试件的渗漏情况，以确定试件的动压水密性能。动态风压的实现可以采用螺旋桨法或轴流风机法，宜采用螺旋桨法；对开缝式幕墙、开启部位或螺旋桨无法到达的部位可采用轴流风机法。

5 检测装置

5.1 组成

检测装置由动压供风系统、压力箱、淋水装置、静压供风系统、测量系统组成。压力箱、淋水装置、静压供风系统、测量系统应符合 GB/T 15227 的规定。螺旋桨法检测装置见图 1；轴流风机法检测装置见图 2。

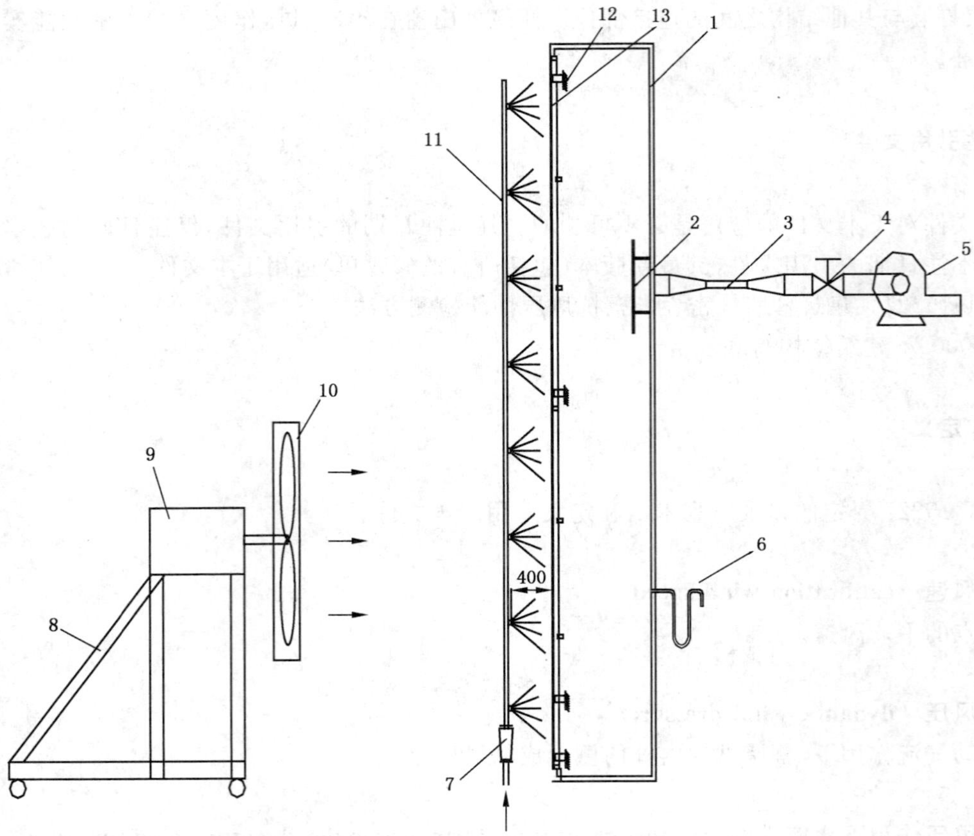

说明：

1——压力箱；
2——进气口挡板；
3——空气流量计；
4——压力控制装置；
5——供风设备；
6——差压计；
7——水流量计；
8——支架；
9——发动机或电机；
10——螺旋桨；
11——淋水装置；
12——安装横架；
13——试件。

图 1 螺旋桨法检测装置

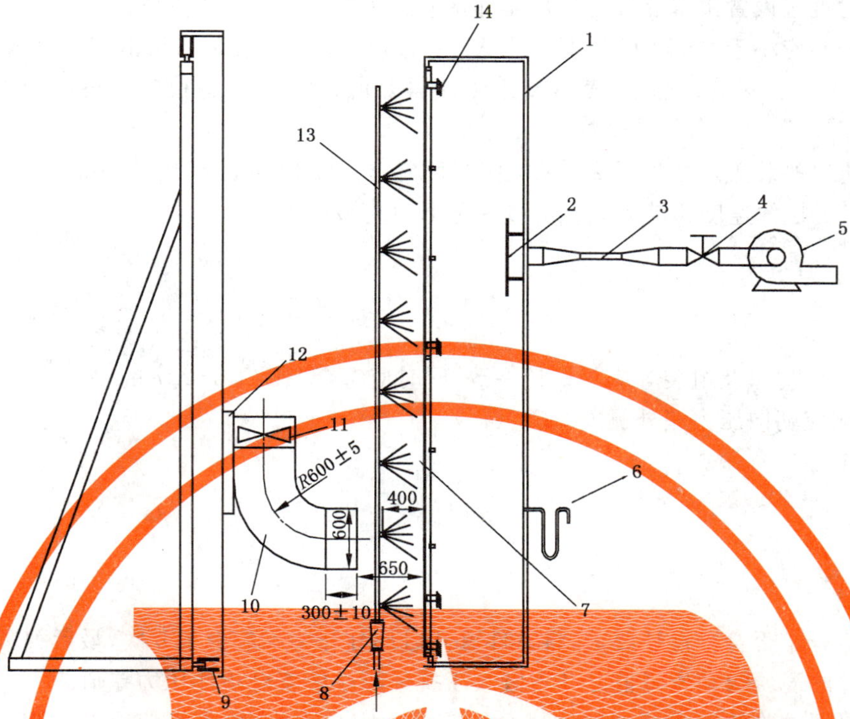

说明：

1——压力箱；
2——进气口挡板；
3——空气流量计；
4——压力控制装置；
5——供风设备；
6——差压计；
7——试件；
8——水流量计；
9——移动支架；
10——风管；
11——轴流风机；
12——移动机构；
13——淋水装置；
14——安装横架。

图 2　轴流风机法检测装置

5.2　要求

5.2.1　压力箱的开口尺寸应能满足试件安装的要求；箱体应具有好的密封性能，箱体内侧应方便观察试件水密检测时的渗漏情况；箱体应能承受检测过程中可能出现的最大压力差。

5.2.2　支承试件的安装横架应有足够的刚度和强度，并固定在有足够刚度和强度的支承结构上。

5.2.3　静压供风系统应能施加正负双向的压力，并能达到检测所需要的最大压力差；压力控制装置应能提供 3 s～5 s 周期的波动风压，波动风压的波峰值和波谷值应满足检测要求。

5.2.4　用于测量压力箱内外静压差的差压计的两个探测点应在试件两侧布置，两个探测点均应远离动态风压作用区域，螺旋桨风机或轴流风机启停对差压计的影响不应超过当前附加静压的 5%；位于静压箱内的探测点还应远离进气口以避免直吹。差压计精度应达到示值的 2%，响应速度应满足波动风压测量的要求。差压计的输出信号宜采用可显示压力变化的设备记录。

5.2.5　淋水装置应能以不小于 4 L/(m^2 · min)的淋水量均匀地喷淋到试件的室外表面上。喷嘴应布置均匀，喷嘴中心在水平及垂直方向的间距不应大于 700 mm，喷嘴离试件外表面的距离为 400 mm，喷射角度为 90°～120°。喷水量应能调节，并能在试件外表面上形成连续和稳定的水膜。

5.2.6 水流量计允许偏差为量程的±10%。

5.2.7 检测装置附近宜设置集水装置。采用循环水时宜采取措施保证水的清洁。

5.2.8 螺旋桨直径不应小于2 000 mm,且不宜大于4 100 mm。螺旋桨风机沿转动轴线方向最大校准风速不应小于试验要求,风速应能连续调节并能在需要的风速点保持稳定。设备应按附录A进行校准。

5.2.9 移动式轴流风机装置尺寸见图2。风机应当固定在一个框架装置上,该装置应能使风机在竖直和水平两个方向以可控的速度移动。设备应按附录B进行校准。

6 试件及安装

6.1 试件规格、型号、材料及组装等应与设计一致,同时应符合GB/T 15227的要求。

6.2 试件的室外侧应朝向压力箱外侧安装。

7 检测

7.1 检测前准备

7.1.1 检测前应检查是否符合设计要求,将试件可开启部分开关不应少于5次,最后关紧。

7.1.2 作用于试件的静压与动压峰值之和不宜大于抗风压性能安全检测压力差值。

7.1.3 应有措施保证试验的安全。动压供风系统应保证牢靠固定,周围不应有杂物,进风处不应有可能被吸入的杂物;检测过程中所有人员均不应靠近动压供风系统,必要时需佩戴耳罩等防护用具。

7.2 螺旋桨法

7.2.1 检测时螺旋桨风机轴线宜正对测试区域中心,每个测试区域的尺寸不宜大于螺旋桨直径的两倍,当大于两倍时需要分成不同区域分别检测。开启与固定部分应分别设置检测区域。检测开启部分时螺旋桨风机轴线应对准开启部位中心。

7.2.2 用静压供风风机施加三个静态正压差脉冲。压差值为500 Pa,加压速度约为100 Pa/s,压差持续作用时间为3 s,泄压时间不少于1 s。待压差回零后,将试件所有可开启部分开关不应少于5次,然后关紧。

7.2.3 当有含开启部分的检测区域时,先检测含开启部分的检测区域。每个检测区域的检测程序如下:

a) 将螺旋桨风机定位在测试区域,风机与试件外表面距离与校准风速时距测量面距离一致;
b) 对整个幕墙试件均匀地淋水,淋水量为4 L/(m^2·min),持续时间10 min;
c) 开启静态压力供压风机,调整正压至水密设计值的0.4倍减700 Pa;当水密设计值的0.4倍小于700 Pa时,无需附加静压;
d) 开启螺旋桨风机。调节到700 Pa对应的校准风速;当水密设计值小于700 Pa时,调节到水密设计值对应的校准风速。持续时间15 min或试件发生严重渗漏为止。在安装试件的压力箱室内侧连续观察并记录试件内表面各部位有无渗漏及渗漏情况。

7.3 轴流风机法

7.3.1 检测时从风管中出来的气流应与试件的外表面垂直,风管的末端与试件的距离为650 mm±50 mm。

7.3.2 从左边开始每对相邻竖框作为一个测试区域。当这对相邻竖框的距离在0.6 m~1.8 m时,轴流风机出风管轴线对准相邻竖框的中间线移动进行检测;当这对相邻竖框的距离小于0.6 m时,轴流风机出风管轴线分别对准每个竖框的左侧 0.6 m 位置线移动进行检测；当这对相邻竖框的距离大于1.8 m时，轴流风机出风管轴线分别对准每个竖框的左侧(或右侧)0.6 m 位置线移动进行检测。

7.3.3 用静压供风风机施加三个静态正压力脉冲。压力差值为 500 Pa，加压速度约为 100 Pa/s，压力持续作用时间为 3 s，泄压时间不应少于 1 s。待压力回零后，将试件所有可开启部分开关不应少于5次，最后关紧。

7.3.4 对幕墙试件测试区域的竖框及开启缝部位按下列步骤进行检测：

a) 对整个幕墙试件均匀地淋水，淋水量为 3 L/(m^2 · min)；持续时间 10 min；
b) 用静态供压风机施加连续、周期性的正波动试验压力，波峰为固定及可开启部位水密设计指标值 ΔP，波谷为 $\Delta P/2$。波动周期为 3 s～5 s；
c) 将轴流风机出风管的圆心轴线高度位置定位于试样底部以上 0.3 m(即出风管底侧与试件底部一致)；
d) 启动风机，调节出口风速达到校准风速；
e) 以 2.5 m/min±0.5 m/min 的速度向上移动轴流风机，直到风管的圆心轴线达到距离试样顶部 0.3 m 的位置，然后将轴流风机快速复位到靠近试件底部开始的位置上。再次重复向上移动轴流风机然后返回到起始位置；
f) 横向移动轴流风机，使得出风管圆心位于另一对竖框的中间轴线，按 e)移动两次轴流风机。重复这个过程，直到覆盖整个试件的所有竖框；
g) 在整个试验过程中，不间断地检查试件内表面的渗漏。记录试件内表面各部位有无渗漏及渗漏情况，同时记录从开始喷水到轴流风机移动完成整个试验的总时间。

8 检测结果判定

试件渗漏情况应按照GB/T 15227的方法确定。当发生严重渗漏时判定为不符合设计要求，否则判定为符合设计要求。

9 检测报告

检测报告格式参见附录 C，检测报告至少应包括下列内容：

a) 试件的名称、系列、型号、主要尺寸及图样(包括试件立面、剖面和主要节点，型材和密封条的截面、排水构造及排水孔的位置、试件的支承体系、主要受力构件的尺寸以及可开启部分的开启方式和五金件的种类、数量及位置)；
b) 面板的品种、厚度、最大尺寸和安装方法；
c) 密封材料的材质和牌号；
d) 附件的名称、材质和配置；
e) 试件可开启部分与试件总面积的比例；
f) 点支式玻璃幕墙的拉索预拉力设计值；
g) 水密检测的加压方法，出现渗漏时的状态及部位；
h) 检测结论；
i) 检测用的主要仪器设备；
j) 检测室的温度和气压；
k) 对试件所做的任何修改；
l) 检测单位、检测日期和检测人员。

附 录 A
（规范性附录）
螺旋桨风机风速的校准

A.1 适用范围

本校验方法适用于建筑幕墙动压水密性能检测所用螺旋桨加压装置风速的校准。

A.2 目的

测定沿螺旋桨转动轴线方向上不同区域的风速及其均匀性，确定校准风速和控制量（一般为转速或频率）之间的对应关系。

A.3 测点位置

将测量风速截面用水平和垂直两个直径分割为四个象限，在每个象限内设一个 610 mm×610 mm 的矩形测量区域。见图 A.1。

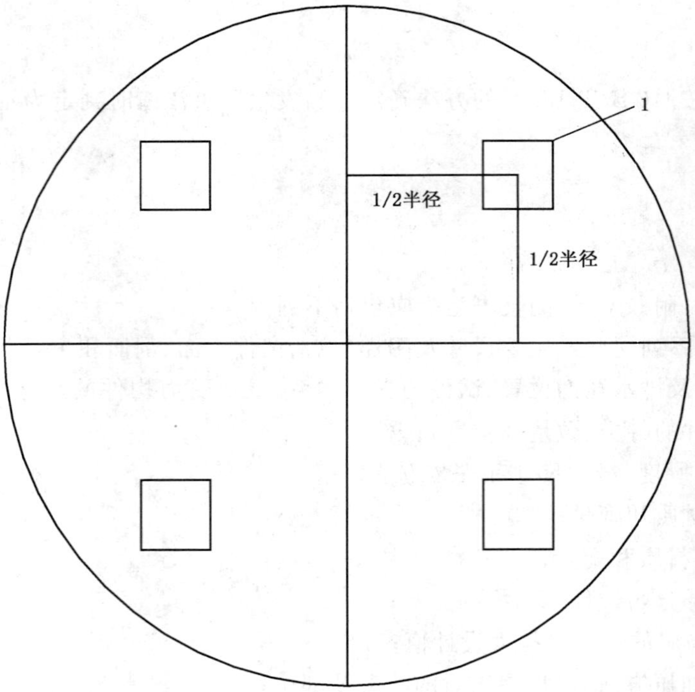

说明：
1——矩形测量区域。

图 A.1 风速计测点布置图

A.4 环境和仪器

A.4.1 环境温度应在 15 ℃±5 ℃范围内,检测前仪器应通电预热。

A.4.2 校准用风速计精度应高于 5%,宜为水平无指向风速计,应在正常检定周期内。

A.5 校准方法

A.5.1 开启螺旋桨转动装置,缓慢加速至一个测量区域风速峰值达到校准风速,记录此位置至少 60 s 的平均风速,采用变频电机驱动时记录此时的控制频率,采用其他方式驱动时记录相应的控制参数。记录测量位置距风机的距离。

A.5.2 测量其他三个区域的相同时长内的平均风速。

A.5.3 四个区域平均风速的平均值与校准风速允许偏差为±1.1 m/s。

A.5.4 按上述步骤依次校准表 A.1 规定的各个动态风压对应校准风速,记录相应的控制参数。如试验需要表 A.1 以外的其他动态风压,依据 GB 50009 中公式 $P=V^2/1\ 600$ 进行计算。

表 A.1 动态风压与校准风速换算表

动态风压 P Pa	校准风速 V m/s
100	12.6
150	15.5
250	20.0
350	23.7
500	28.3
700	33.5

A.5.5 校准时应采取适当的安全措施。

A.6 校准周期

校准周期不宜超过一年。

附　录　B
（规范性附录）
轴流风机装置风速的校准

B.1　适用范围

本校验方法适用于建筑幕墙动压水密性能检测所用轴流风机装置风速的校准。

B.2　目的

测定沿出风管轴线方向上不同位置的风速及均匀性。

B.3　要求

在距出风口平面 20 mm 的平面内、以出风管中心轴线与此平面相交点为圆心、以 300 mm 为半径的圆面上，沿出风管中心轴线方向的风速应满足以下要求：

a）　出风管中心轴线处的最小风速不小于 30 m/s；

b）　75％以上的测量区域的最小风速不小于 20 m/s；

c）　在所有测量区域任何一点上的最小风速不小于 8 m/s。

B.4　测点位置

共布置 25 个测点，位置见图 B.1。

B.5　环境和仪器

B.5.1　环境温度应在 15 ℃±5 ℃范围内，检测前仪器应通电预热。

B.5.2　校准用风速计宜为无指向风速计，精度为 5％，应在正常检定周期内。

B.6　校准方法

B.6.1　开启轴流风机，缓慢加速至中点风速达到 30 m/s，记录 60 s 的平均风速。采用变频电机驱动时记录此时的频率，采用其他方式驱动时记录相应的控制参数。

B.6.2　按上述方法测量其他 24 个测点的风速。

B.6.3　当不满足 B.3 的要求时应调整设备后重新测量。

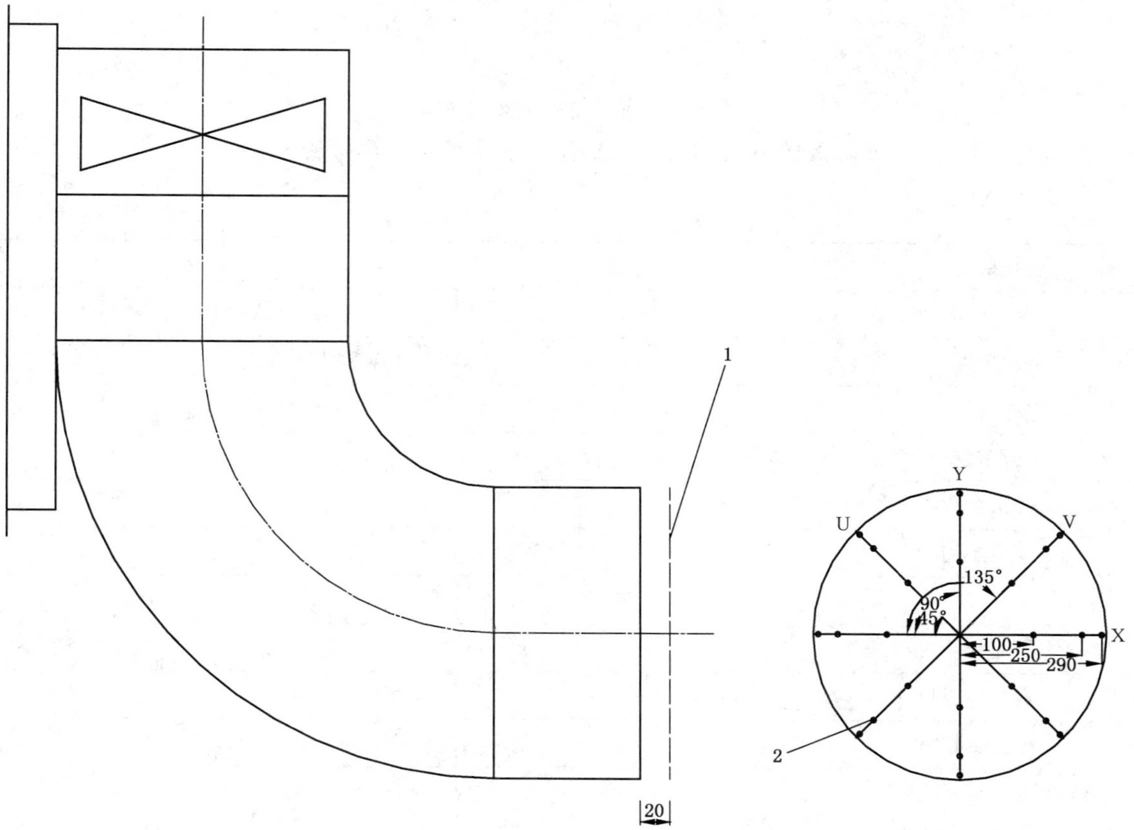

说明：
1——测量圆面；
2——测点。

图 B.1 轴流风机校准测点布置图

B.7 校准周期

校准周期不宜超过一年。

附 录 C
（资料性附录）
建筑幕墙动态风压作用下水密性能检测报告

报告编号： 共 页 第 页

委托单位				
地址			电话	
抽样地点			送样/抽样日期	
工程名称				
生产单位				
样品	名称		状态	
	系列		型号	
	尺寸		附图纸页数	
	面板品种		面板厚度	
	最大面板尺寸		面板安装方法	
	密封材料材质		密封材料牌号	
	可开启部分与总面积的比例		拉索预拉力设计值	
	附件的名称、材质和配置			
检测	项目		数量	
	地点		日期	
	温度		大气压	
	依据		加压方法	
	设备			
检测结论	渗漏的状态及部位： 该试件动态风压作用下水密性能满足(不满足)设计(或工程使用)要求 **注**：(对试件所做的修改见图纸) 检测单位(盖章)：			

批准： 审核： 主检： 报告日期：

ICS 91.060.10
P 32

中华人民共和国国家标准

GB/T 29908—2013

玻璃幕墙和门窗抗爆炸冲击波性能分级及检测方法

Classification and test method of air-blast resistance performance for curtain walls, windows and doors

(ISO 16933:2007, Glass in building—Explosion-resistant security glazing—Test and classification for arena air-blast loading, NEQ)

2013-11-27 发布　　2014-08-01 实施

中华人民共和国国家质量监督检验检疫总局
中国国家标准化管理委员会　发布

前　　言

本标准按照GB/T 1.1—2009给出的规则起草。

本标准使用重新起草法参考ISO 16933:2007《建筑玻璃防爆炸冲击波性能分级及检测方法　场地试验法》编制，与ISO 16933:2007的一致性程度为非等效。

本标准由中华人民共和国住房和城乡建设部提出。

本标准由全国建筑幕墙门窗标准化技术委员会(SAC/TC 448)归口。

本标准起草单位：中国建筑科学研究院、广东省建筑科学研究院、中国建筑标准设计研究院、深圳市新山幕墙技术咨询有限公司、北京江河幕墙股份有限公司、北京工业大学、国家建筑材料工业建筑五金水暖产品质量监督检验测试中心、广东坚朗五金制品股份有限公司、上海市建筑科学研究院(集团)有限公司、中山盛兴股份有限公司、沈阳远大铝业工程有限公司、北京嘉寓门窗幕墙股份有限公司、国家安全玻璃及石英玻璃质量监督检验中心、广州铝质装饰工程有限公司、北京银晶玻璃有限公司。

本标准主要起草人：王洪涛、刘会涛、王新祥、顾泰昌、杜继予、魏东海、孙诗兵、邓贵智、白宝鲲、徐勤、姜清海、王双军、张国峰、韩松、谭国湘、郭京田。

引　言

0.1　对于有防爆炸要求的建筑,重视和提高幕墙和门窗的防爆炸冲击波性能显得尤为重要。欧盟、美国及国际标准化组织先后发布了防爆炸相关标准,目前主要有:

——EN 13123-1:2001《门窗和百叶窗　防爆炸　分级要求　第1部分:激波管》

——EN 13124-1:2001《门窗和百叶窗　防爆破　检测方法　第1部分:激波管》

——EN 13123-2:2004《门窗和百叶窗　防爆炸　分级要求　第2部分:距离检测》

——EN 13124-2:2004《门窗和百叶窗　防爆炸　检测方法　第2部分:距离检测》

——ASTM F 1642-04(2010)《玻璃和玻璃系统承受冲击波作用的检测方法》

——ISO 16933:2007《建筑玻璃　防爆炸安全玻璃　场地爆炸冲击波荷载检测和分级》

——ISO 16934:2007《建筑玻璃　防爆炸安全玻璃　激波管荷载检测和分级》

0.2　我国于2006年启动了建筑幕墙和门窗的防爆炸空气冲击波的检测研究,先后对激波管法和距离检测法进行了模拟试验,并采用距离检测法对玻璃幕墙实际工程进行了足尺寸检测。结果表明距离检测法较为直观,检测方法较容易实现。本标准采用距离检测法。

0.3　玻璃幕墙和门窗防爆炸冲击波性能检测适用于下列情况:

——工程所在地发生过爆炸袭击或存在爆炸袭击的可能;

——建筑物本身的重要性和建筑功能要求;

——建筑物的设计、使用相关各方有检测要求;

——工程所在地易于遭受爆炸袭击;

——工程附近存在易遭受爆炸袭击的目标。

玻璃幕墙和门窗抗爆炸冲击波性能分级及检测方法

1 范围

本标准规定了建筑幕墙和门窗防爆炸冲击波性能的术语和定义、分级、试件、试验场地和仪器设备、检测步骤、数据处理、结果判定和检测报告。

本标准适用于以玻璃为面板材料的幕墙和门窗的防爆炸冲击波性能分级及检测。其他建筑构件的防爆炸冲击波性能检测可参照使用。

2 规范性引用文件

下列文件对于本文件的应用是必不可少的。凡是注日期的引用文件,仅注日期的版本适用于本文件。凡是不注日期的引用文件,其最新版本(包括所有的修改单)适用于本文件。

GB 6722 爆破安全规程

GJB 338A 梯恩梯规范

3 术语和定义

下列术语和定义适用于本文件。

3.1

防爆炸冲击波性能 air-blast resistance performance

玻璃幕墙和门窗在正常使用状态下(开启扇关闭)遭受爆炸空气冲击波作用时,保护室内人或物的能力。

3.2

自由场冲击波压力 free-field air-blast pressure

冲击波传播过程中不受其他边界影响的某点冲击波压力值。

3.3

空气冲击波压力历程 air-blast pressure history

物体表面上某一点所承受的空气冲击波自由场压力或反射压力变化过程。

3.4

汽车炸弹级 vehicle bombs classification

由 100 kg TNT 当量的炸药发生爆炸时产生的冲击波等级。

注:100 kg TNT 当量是指炸药的爆炸造成的威力,相当于 100 kg TNT 爆炸所造成的威力相同。汽车炸弹级常用于对尺寸较大的玻璃幕墙进行试验。

3.5

手持炸药包级 hand-carried satchel bombs classification

人工可携带量级的炸药发生爆炸时产生的冲击波等级。

注:手持炸弹级常用于对尺寸较小的玻璃门窗进行试验。

3.6

爆炸垫 blast mat

防爆炸冲击波性能检测时放置在炸药下方的钢板。

3.7

空气冲击波正压峰值 peak-positive air-blast pressure

空气冲击波正压阶段的最大压力值。

3.8

危险等级 hazard rating

玻璃幕墙和门窗在承受规定的空气冲击波作用后对室内人或物可能造成伤害或危害程度。

3.9

见证板 witness panel

安装在试件后面,用于记录试验时试件上脱落材料飞溅情况的聚苯板或聚胺酯板。

3.10

穿孔 perforations

试件材料飞溅在见证板上产生的孔洞。

3.11

凹痕 indents

试件材料飞溅在见证板表面产生的可见变形。

3.12

有效穿孔 rateable perforation

长度、宽度或深度大于 3 mm 的孔洞。

3.13

有效凹痕 rateable indents

长度、宽度或深度大于 3 mm 的凹痕。

3.14

裂口 breach

试验后,试件本身或试件与支承框架连接处产生的足以使 10 mm 直径的刚性棒轻松通过的孔洞或开口。

3.15

总体尺寸 united dimension

颗粒的宽度、长度和厚度尺寸之和。

3.16

碎片 fragment

总体尺寸不小于 25 mm 的颗粒。

3.17

爆炸距离 standoff distance

爆炸源中心离开试件外表面中心的距离。

4 分级

4.1 分级指标

分级指标包括空气冲击波等级和危险等级。

4.2 空气冲击波等级

空气冲击波等级以空气冲击波正压峰值 p_{max} 和正压冲量 I_{POS} 表示,包括汽车炸弹级和手持炸药包级。汽车炸弹级以 EXV 表示，分为七个等级，相关参数见表 1；手持炸药包级以 SB 表示，分为七个等级，相关参数见表 2。

表 1　空气冲击波等级——汽车炸弹级

等级代号	空气冲击波正压峰值 p_{max} kPa	正压冲量 I_{POS} kPa·ms
EXV1	30	180
EXV2	50	250
EXV3	80	380
EXV4	140	600
EXV5	250	850
EXV6	450	1 200
EXV7	800	1 600

表 2　空气冲击波等级——手持炸药包级

等级代号	空气冲击波正压峰值 kPa	正压冲量 kPa·ms
SB1	70	150
SB2	110	200
SB3	250	300
SB4	800	500
SB5	700	700
SB6	1 600	1 000
SB7	2 800	1 500

4.3　危险等级

危险等级分为 6 级，根据试验后玻璃的破坏情况、幕墙或门窗构件破坏情况评定。危险等级划分见表 3。

表 3　危险等级

危险等级代号	危险程度	说　明	
		玻璃破坏情况	构件破坏情况
A	无损坏	玻璃未发生破碎	构件无明显破坏，开启扇、五金件可正常启闭
B	无危险	玻璃发生破碎，室内表面玻璃仍完整保留在试样框架上，试样内表面没有裂口和材料碎片[a]脱落。室外侧玻璃可能破碎后凸出或掉落	构件保持完整，开启扇、五金件未发生脱落，可启闭

表 3（续）

危险等级代号	危险程度	说明	
		玻璃破坏情况	构件破坏情况
C	最小危险	见证板上的有效穿孔或有效凹痕数量不应大于 3 个；距离玻璃内表面1 m～3 m 之间地面上的碎片总体尺寸的和不应大于 250 mm 玻璃发生破碎，室外侧玻璃可能破碎后掉落或凸出。室内表面玻璃应完整保留在试样框架上，玻璃裂缝长度与玻璃从框架上脱出的边缘长度之和小于可见玻璃周长的 50% 如果由于设计意图，玻璃从框架上脱出的边缘长度超出玻璃可见周长的 50%，但玻璃仍被特制夹具固定住，如果碎片满足本危险等级要求，也可以被评定为 C 级，但应在检测报告中说明玻璃破坏情况和夹具固定情况	构件保持完整，开启扇未脱落，开启扇经简单维修后能进行启闭。密封胶条和五金件可有脱落现象，但不对系统的完整性造成影响
D	低危险	玻璃发生破碎，试验箱体内脱落的玻璃主要位于距离玻璃内表面 1 m内的地面上，距离玻璃内表面1 m～3 m 之间地面上的碎片总体尺寸之和不超过 250 mm。见证板上不应有三个以上有效穿孔或有效凹痕	构件基本完整，开启扇未脱落。部分五金件可发生脱落，掉落位置位于后侧玻璃初始位置 1 m 范围之内
E	中等危险	玻璃发生破碎，玻璃碎片或者整块玻璃飞落在距离试件内表面 1 m～3 m 的地面上以及见证板 0.5 m 以下的区域 同时，见证板 0.5 m 以上区域的有效穿孔数量不应大于 10 个，且有效穿孔深度不应大于 12 mm	开启扇连接部件脱落，五金件飞落在距离试件内表面 1 m～3 m 的地面上和竖直见证板不超过 0.5 m 的区域，试件发生系统性破坏
F	高危险	玻璃发生破碎，见证板 0.5 m 以上区域的有效穿孔数量大于 10 个；或者见证板 0.5 m 以上区域有一个以上深度大于 12 mm 的有效穿孔	开启扇整体发生脱落，但试件骨架不应脱落
[a] 玻璃碎沫、薄片和所有其他较小的颗粒不属于碎片。常见玻璃碎片参见附录 A。			

4.4 分级方法

4.4.1 按试件承受空气冲击波作用后评定的危险等级进行分级，由空气冲击波等级代号和危险等级代号组成。

4.4.2 防汽车炸弹级爆炸冲击波性能分级见表 4。

表 4 防汽车炸弹级性能分级

汽车炸弹级等级代号	危险等级代号					
	A	B	C	D	E	F
EXV1	EXV1(A)	EXV1(B)	EXV1(C)	EXV1(D)	EXV1(E)	EXV1(F)
EXV2	EXV2(A)	EXV2(B)	EXV2(C)	EXV2(D)	EXV2(E)	EXV2(F)
EXV3	EXV3(A)	EXV3(B)	EXV3(C)	EXV3(D)	EXV3(E)	EXV3(F)
EXV4	EXV4(A)	EXV4(B)	EXV4(C)	EXV4(D)	EXV4(E)	EXV4(F)
EXV5	EXV5(A)	EXV5(B)	EXV5(C)	EXV5(D)	EXV5(E)	EXV5(F)
EXV6	EXV6(A)	EXV6(B)	EXV6(C)	EXV6(D)	EXV6(E)	EXV6(F)
EXV7	EXV7(A)	EXV7(B)	EXV7(C)	EXV7(D)	EXV7(E)	EXV7(F)

4.4.3 防手持炸药包级爆炸冲击波性能分级见表 5。

表 5 防手持炸药包级爆炸冲击波性能分级

手持炸药包级等级代号	危险等级代号					
	A	B	C	D	E	F
SB1	SB1(A)	SB1(B)	SB1(C)	SB1(D)	SB1(E)	SB1(F)
SB2	SB2(A)	SB2(B)	SB2(C)	SB2(D)	SB2(E)	SB2(F)
SB3	SB3(A)	SB3(B)	SB3(C)	SB3(D)	SB3(E)	SB3(F)
SB4	SB4(A)	SB4(B)	SB4(C)	SB4(D)	SB4(E)	SB4(F)
SB5	SB5(A)	SB5(B)	SB5(C)	SB5(D)	SB5(E)	SB5(F)
SB6	SB6(A)	SB6(B)	SB6(C)	SB6(D)	SB6(E)	SB6(F)
SB7	SB7(A)	SB7(B)	SB7(C)	SB7(D)	SB7(E)	SB7(F)

5 试件

5.1 门窗

采用一樘试件进行检测。

试件应为按所提供图样生产的合格产品或研制的试件，不应附有任何多余的零配件或采用特殊的组装工艺或改善措施。

试件应按设计要求组合、装配完好，并保持清洁、干燥，试件安装宜采用钢附框。

5.2 幕墙

5.2.1 采用一樘试件进行检测。

5.2.2 试件规格、型号和材料等应与生产厂家所提供图样一致。

5.2.3 试件宽度至少应包括一个承受设计荷载的垂直承力构件。试件高度不宜小于一个层高，并在垂直方向上要有两处或两处以上和支承结构相连接。

5.2.4 试件应包括典型的垂直接缝、水平接缝和可开启部分，并使试件上可开启部分占试件总面积的比例与实际工程接近。

5.2.5 试件的组装和安装时的受力状况应和实际使用情况相符。试件的安装应符合设计要求，不应加设任何特殊附件或采用特殊的组装工艺或改善措施，试件应清洁、干燥。

5.2.6 单元式幕墙试件应至少有一个与实际工程相符的典型十字接缝，并应有一个完整单元的四边形成与实际工程相同的接缝。

5.2.7 全玻璃幕墙试件应有一个完整跨距高度，宽度应至少有两个完整的玻璃宽度或三个玻璃肋宽度。

5.2.8 点支承幕墙试件应满足以下要求：

a) 至少应有四个与实际工程相符的玻璃板块或一个完整的十字接缝，支承结构至少应有一个典型承力单元。

b) 张拉索杆体系支承结构应按照实际支承跨度进行测试，预张拉力应与设计相符，张拉索杆体系宜检测拉索的预张力。

c) 当支承跨度大于 8 m 时，可用玻璃及其支承装置的性能测试和支承结构的结构静力检测模拟幕墙系统的检测。玻璃及其支承装置的性能测试至少应检测四块与实际工程相符的玻璃板块及一个典型十字接缝。

d) 采用玻璃肋支承的点支承幕墙同时应满足全玻璃幕墙的规定。

6 试验场地和仪器设备

6.1 试验场地

检测场地应平整、开阔,并应满足安全引爆检测用炸药量的要求。

6.2 炸药

选用的TNT(三硝基甲苯)炸药应符合GJB 338A的要求,采用密度为1.56 g/cm^{3}的TNT集中药包,形状宜为球形或半球形。

6.3 爆炸垫

可采用厚度不小于10 mm,长度和宽度不小于1 000 mm,材质为Q235的钢板作为爆炸垫。

6.4 检测箱体

6.4.1 检测箱体、试件、传感器及见证板安装位置示意见图1。

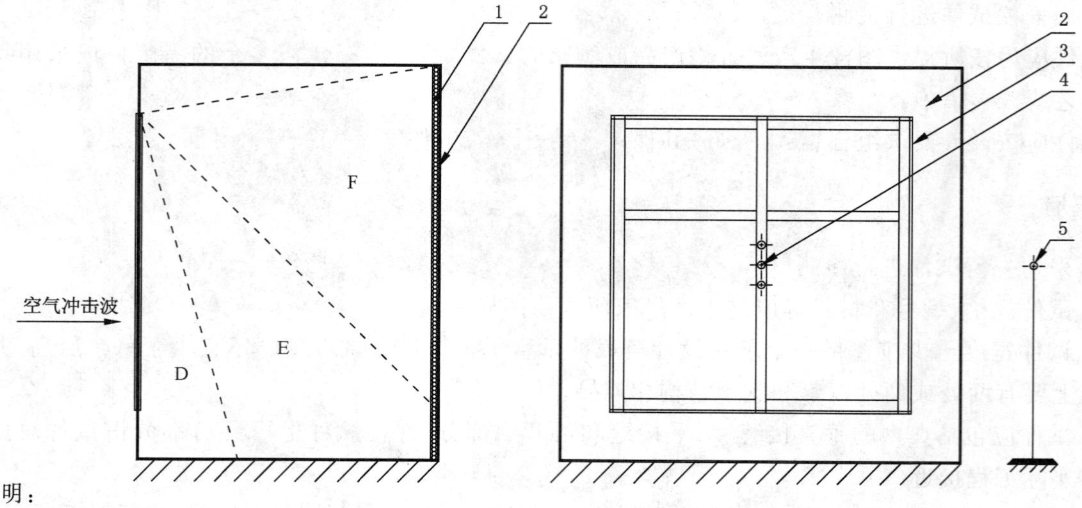

说明:

1——见证板;

2——检测箱体;

3——试件;

4——冲击波压力传感器(三个);

5——自由场压力传感器。

D——低危险时碎片掉落区域;

E——中等危险时碎片掉落区域;

F——高危险时碎片掉落区域。

图1 爆炸检测箱体示意图

6.4.2 检测箱体应有一定的强度和刚度,检测箱体应牢固地固定在地面上,在承受空气冲击波的作用后没有明显移动和翻转。

6.4.3 检测箱体的洞口尺寸应满足试件的安装要求。试件安装后与检测箱体一起形成一个密封的空间。

6.4.4 试件安装洞口下沿距离地面应为500 mm~1 000 mm,洞口侧边沿和上边沿距离箱体边部不宜小于 500 mm。

6.5 测量及记录器具

6.5.1 尺寸测量器具

采用钢卷尺、钢直尺、深度尺等仪器测量试件、碎片、孔洞及凹痕等的尺寸。

6.5.2 压力传感器

6.5.2.1 压力传感器的量程及灵敏度应满足检测要求，并可线性测量空气冲击波压力历程。压力传感器的响应频率不应小于 40 kHz，上升时间不应大于 10 μs，测量精确度不应大于测量值的 5%。

注 1：空气冲击波压力历程分为正压阶段和负压阶段：

正压阶段：此阶段冲击波压力瞬时上升到最大值，随后压力迅速衰减到环境压力；

负压阶段：紧随正压阶段之后。在此阶段，压力下降并低于环境压力，经过一段时间后再上升到环境压力。

注 2：空气冲击波压力特点参见附录 B。

6.5.2.2 试件上安装的压力传感器不应少于三个，宜对称安装在试件中心位置，压力传感器应安装在试件外表面平面内。

注：压力传感器无法在试件上安装时，也可以安装在一个和试件尺寸相同、相对炸药位置也相同的传感器板上。

6.5.2.3 自由场压力传感器不应少于 1 个，安装位置与箱体之间距离不小于 5 m 且大于箱体宽度，传感器高度和试件中心高度相同，与炸药水平距离和试件中心到炸药的水平距离相同。

注：自由场压力传感器测量的冲击波压力也称为入射压力，压力传感器面向爆炸源的方向测量。

6.5.3 数据采集系统

数据采集系统应有足够的数据采集通道，采样频率应大于 1 000 kHz。

6.5.4 影像记录设备

应采取照相及摄像仪器对检测前后及检测过程进行记录。当采用高速摄像仪对检测过程进行记录时，图像采集速度不宜低于 1 000 帧/s。

6.5.5 温度测量仪器

温度测量仪应能检测环境温度和试件玻璃的表面温度，测量精度不低于 1 ℃。

6.6 见证板

采用单层或双层聚苯板或聚胺酯板，密度为(30±5)kg/m³，截面总厚度不应小于 35 mm。当安装高速摄像仪时，可在见证板的顶部或底部预留一个尺寸不大于 150 mm×150 mm 的洞口。

见证板应竖直安装在检测箱体内表面上(见图 1)，距离试件内表面中心距离为(3±0.15)m。见证板宽度不应小于试验的宽度，高度为检测箱体的高度。

7 检测步骤

7.1 检测条件

检测环境温度为 5 ℃～35 ℃，环境温度的测量应在检测前 30 min 内进行。

7.2 检测前准备

7.2.1 炸药当量及爆炸距离

根据设定的防爆炸冲击波性能分级,参照附录C选取TNT炸药的质量及爆炸距离。

7.2.2 箱体检查

检查箱体是否牢固地固定在地面上,见证板在箱体内的安装应牢固。

7.2.3 试件检查及安装

检查试件的型号、规格尺寸及组成材料是否符合设计要求。试件安装应符合设计要求,并以实际安装方式固定在试验框架上,试件尽可能垂直于爆炸源到试件中心的连线。检测前宜对试件进行影像记录,包括照片和录像。

7.2.4 高速摄像仪器安装

检测有要求时,可安装高速摄像仪记录试验过程。高速摄像仪应安装在见证板的预留洞口后面,并采取有效的保护措施。

7.2.5 压力传感器及数据采集系统安装

压力传感器应安装牢固,数据传输线及数据采集系统应采取有效的保护措施。检测前应对压力传感器及数据采集系统进行调试。

7.2.6 炸药安装

按7.2.1的要求将爆炸垫和炸药放置在规定位置,将炸药放置在爆炸垫上方,炸药中心离开地面的距离应符合以下规定:

——100 kg的TNT炸药中心距离地面高度为1 200 mm;

——3 kg的TNT炸药中心距离地面高度为500 mm;

——12 kg和20 kg的TNT炸药中心距离地面高度为800 mm。

7.2.7 安全要求

防爆炸冲击波检测全过程应符合GB 6722的要求。

7.3 试验

启动所有记录仪器和设备,确定所有仪器和设备工作正常后,引爆炸药。

7.4 试验后检查和记录

只有解除警戒后,检测人员才能进入检测场地,检查并记录试件以下项目:

a) 检查试件外观,并进行影像记录;

b) 测量并记录玻璃所有裂口和脱落的玻璃碎片位置及尺寸;

c) 记录五金件及密封条的破坏和脱落状况;

d) 对试件受力杆件的变形情况、开启扇状况及其他破坏情况进行检查和记录;

e) 检查见证板上形成的穿孔和凹痕并记录有效穿孔和有效凹痕及其在见证板上的位置;

f) 对仪器设备试验后的状态进行检查和记录。

8 数据处理

8.1 冲击波数据读取

对每个压力传感器记录的 p-t 曲线进行滤波处理，按照附录 D 的规定读取并记录每个压力传感器的正压峰值 p'_{maxi} 和正压冲量 I'_i 。

8.2 数据处理

8.2.1 按式(1)计算平均正压峰值 $\overline{p'_{max}}$ ：

$$\overline{p'_{max}} = \frac{1}{n}\sum_{i=1}^{n} p'_{maxi} \qquad (1)$$

式中：

$\overline{p'_{max}}$ ——平均正压峰值；

n ——传感器数量；

p'_{maxi} ——第 i 个传感器测量到的正压峰值；

8.2.2 按式(2)计算平均正压冲量 $\overline{I'}$ ：

$$\overline{I'} = \frac{1}{n}\sum_{i=1}^{n} I'_i \qquad (2)$$

式中：

$\overline{I'}$ ——平均正压冲量；

n ——传感器数量；

I'_i ——第 i 个传感器测量到的正压冲量。

8.2.3 按式(3)计算平均正压峰值偏差量：

$$\Delta\overline{p'_{max}} = \frac{\overline{p'_{max}} - p_{max}}{p_{max}} \times 100\% \qquad (3)$$

式中：

$\Delta\overline{p'_{max}}$ ——平均正压峰值偏差量，%；

p_{max} ——设计正压峰值。

8.2.4 按式(4)计算平均正压冲量与设计正压冲量偏差的百分比：

$$\Delta\overline{I'} = \frac{\overline{I'} - I}{I} \times 100\% \qquad (4)$$

式中：

$\Delta\overline{I'}$ ——平均正压冲量偏差，%；

I ——设计正压冲量。

8.2.5 按式(5)计算平均正压峰值偏差和平均正压冲量偏差的总平均值 Ave ；

$$\mathrm{Ave} = (\Delta\overline{p'_{max}} + \Delta\overline{I'})/2 \qquad (5)$$

9 结果判定

9.1 试验有效性判定

9.1.1 对于汽车炸弹级爆炸空气冲击波，当冲击波测量值符合下面的要求时，认为试验有效：

——$\Delta\overline{p'_{max}}$ 和 $\Delta\overline{I'}$ 均不应小于－15%；

——Ave 不应为负值。

9.1.2　对于手持炸药包级爆炸空气冲击波，当冲击波测量值符合下面的要求时，认为试验有效：

——$\Delta \overline{p'_{max}}$ 和 $\Delta \overline{I'}$ 均不应小于－10％；

——Ave 不应为负值。

9.2　危险等级的判定

试验完成后，将试件检测和检查结果对照表 1 和图 1，对试样进行危险等级判定。以玻璃破坏情况和系统性破坏情况较严重的等级为试验危险等级。

9.3　分级判定

根据检测结果，按照表 4 和表 5 的分级标准，对试件的防爆炸冲击波性能进行分级。

10　检测报告

检测报告应包括以下信息：

a)　检测机构的信息：试验室名称和地址；

b)　试件信息：

——试件制造商名称或商标；

——试件名称和类型；

——试件描述，包括相关尺寸、结构和材料；

——试件接收时情况描述；

c)　检测情况：

——试件数量；

——炸药的类型和质量；

——炸药包形状；

——爆炸距离；

——试件相对于炸药中心和试件中心连线的方向；

——全部的空中爆炸冲击波传感器的数量和位置；

——压力传感器安装的位置和数量；

——检测前测量的空气温度；

——检测前测量的玻璃外表面的温度；

d)　检测结果：

——每个压力传感器测量的冲击波正压峰值及其平均值；

——每个试件中心的冲击波正压峰值和正压冲量；

——和试件距离炸药相同距离的自由场冲击波正压阶段压力、冲量和持续时间；

——每个压力传感器记录的空气压力记录；

——检测结束后试件全部部件的情况和位置，包括检测过程中发生的任何开口的长度和位置。

——收集到的碎片数据和用于确定碎片尺寸的计算；

——冲击波导致的见证板破坏，包括所有有效穿孔和有效凹痕的位置；

——从这些数据得出的危险等级；

——试件经过表 4 或表 5 中规定的冲击波检测后，试件分级代号；

e)　检测报告应包含图片记录；

f)　必要时，检测报告可包括录像记录。

附　录　A
（资料性附录）
常见玻璃碎片

常见玻璃碎片尺寸、体积和质量参见表 A.1。

表 A.1　碎片的尺寸、体积和质量关系

碎片尺寸 mm			体积 mm^3	质量 g
10	12	3	360	0.90
10	11	4	440	1.10
10	9	6	540	1.35
9	8	8	576	1.44
9	6	10	540	1.35
6	16	3	288	0.72
6	15	4	360	0.90
6	13	6	468	1.17
6	11	8	528	1.32

注 1：碎片的三个尺寸之和等于 25 mm。

注 2：玻璃密度取 2 500 kg/m^3。

附　录　B
（资料性附录）
空气冲击波压力特点

通过引爆高能炸药可以产生爆炸空气冲击波。当能量在空气中突然被释放时，强烈压缩周围的空气，并以超声速传播，这时即可产生冲击波。在这个过程中，空气分子并不是像正常得到能量那样反应，而是受到激振形成冲击波。空气中任何一点的冲击波可以描述为压力瞬间上升，并紧跟着一段时间的衰减，这个阶段称为正压阶段。

爆炸的空气冲击波传播到试件表面时，将产生反射，反射处的冲击波强度增加。试件最初承受的空气冲击波反射正压峰值用 p_{max} 表示，指高于环境压力的超压值。随着自由场中膨胀空气能量的逐渐消散，动量也随之下降，气体开始转为收缩，受空气冲击波的影响产生一个稀疏波，并以负压阶段形式表现出来。在负压阶段，试样玻璃面板受到负压作用产生塑性回弹，可能导致窗玻璃凸起破碎并向爆炸源方向脱落。

空气冲击波的理想压力-时间变化曲线见图 B.1。

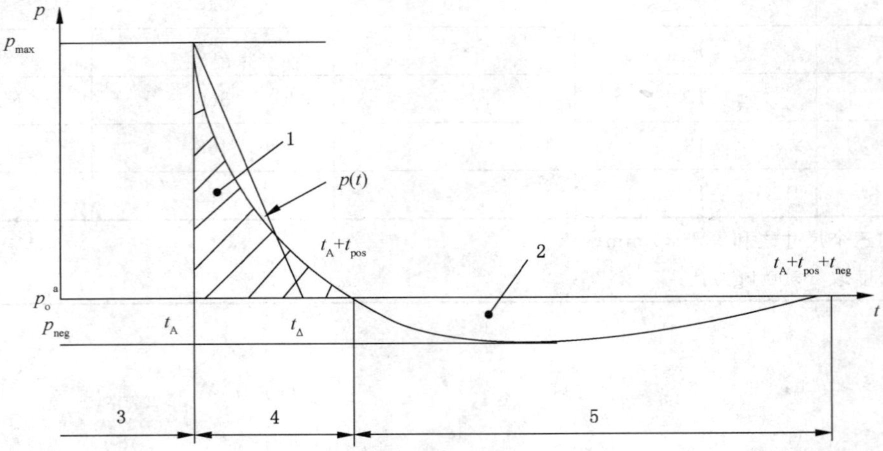

说明：

t——爆炸后的时间；

P——压力；

1——正压冲量，I_{pos}；

$$I_{pos}=\int_{t_A}^{t_A+t_{POS}}[p(t)-p_0]\mathrm{d}t$$

2——负压冲量，I_{neg}；

$$I_{neg}=\int_{t_A+t_{POS}}^{t_A+t_{POS}+t_{neg}}[p(t)-p_0]\mathrm{d}t$$

3 ——空气冲击波正压峰值到达时间，t_A；

4 ——正压阶段持续时间，t_{pos}；

5 ——负压阶段持续时间，t_{neg}；

a ——试验环境；

p_0——大气压力。

图 B.1　空气冲击波的理想压力-时间变化曲线示意图

附　录　C
（资料性附录）
常用炸药量及爆炸距离

C.1　获得汽车炸弹级空气冲击波采用的常用炸药量和爆炸距离

表2中的冲击波数值是采用100 kg的TNT当量炸药对表面尺寸为3.15 m×3.15 m的试验架进行爆炸冲击波试验而得到的，试验时爆炸距离见表C.1，炸药下方以及炸药和试件之间为坚实地面，炸药中心距离地面高度为1.2 m。由于爆炸冲击波作用在物体上时在物体边部有减弱现象，小尺寸的试验架承受的正压冲量可能比大尺寸试验表面上小30%以上。检测方应通过选择适当的试验架尺寸、炸药当量和爆炸距离，并考虑海拔、地面硬度等其他与试验场地相关的条件来获得冲击波分级值。

表C.1列出了对小尺寸试验架试验得到相应的分级指标值而需要的正常爆炸距离，同时对于大尺寸试验架，列出得到相同分级指标时而需要的炸药量和爆炸距离。

表C.1　小试验架和大试验架得到汽车炸弹级爆炸参数需要的常用炸药量和爆炸距离

分级代号	分级指标		100 kg TNT当量对小试验架试验的爆炸距离 m	大试验架的试验参数计算值	
	正压峰值 kPa	正压冲量 kPa·ms		TNT炸药当量 kg	爆炸距离 m
EXV1	30	180	45	30	32
EXV2	50	250	33	30	23
EXV3	80	380	25	40	19
EXV4	140	600	19	64	17
EXV5	250	850	15	80	14.4
EXV6	450	1 200	12	100	12.4
EXV7	800	1 600	10	125	11
注：表中100 kg当量的TNT爆炸距离爆炸条件为：100 kg当量的TNT炸药距坚实地面高度为1.2 m，在尺寸为3.15 m×3.15 m的试验架中心测量冲击波反射值，得到相应等级的冲击波分级指标值。					

C.2　获得手持炸药包级空气冲击波采用的常规炸药量和爆炸距离

表3中列出的爆炸空气冲击波分级指标是将球形炸药放置在表C.2中列出的爆炸距离处试验而测量得到的。3 kg的炸药中心距离坚实地面高度为0.5 m，12 kg和20 kg的炸药中心距离坚实地面高度为0.8 m。

由于爆炸距离很近，爆炸距离的测量点要求很严格。采用尺寸为2.4 m×2.4 m的混凝土传感器板代表试验架，距离地面高度为1.6 m×1.3 m平面区域代表试件，在1.6 m×1.3 m的平面区域表面分布几个压力传感器，表3中的冲击波指标即为几个压力传感器测量值的平均值。用几次测量结果的平均值可作用分级表中试件中心的较为理想的和可接受的分级指标。试样底边中心区域所经受的峰值压力比压力平均值要高出10%～20%。

由于试件不同位置存在测量偏差,对手持炸药包级冲击波的测量值最大偏差允许值为－10%。此测量值是对分布在试件表面或传感器板的相同位置的至少三个压力传感器的测量值计算而得出。

表 C.2 典型试验架和大试验架得到手持炸药包级爆炸参数需要的常用炸药量和爆炸距离

分级代号	分级指标		小试验架常用爆炸量和爆炸距离		大试验架的试验参数计算值	
	正压峰值 kPa	正压冲量 kPa·ms	TNT 当量 kg	爆炸距离 m	TNT 当量 kg	爆炸距离 m
SB1	70	150	3	9	3.25	9.00
SB2	110	200	3	7	3.50	7.26
SB3	250	300	3	5	3.50	5.07
SB4	800	500	3	3	3.70	3.40
SB5	700	700	12	5,5	12.00	5.26
SB6	1 600	1 000	12	4	12.60	4.06
SB7	2 800	1 500	20	4	21.00	4.00

注:表中小试验架常用爆炸量和爆炸距离基于以下条件:炸药按 C.1 规定的高度放置在坚实地面上,爆炸距离列于表中,在尺寸为 2.4 m×2.4 m 的竖直试验框架表面测量冲击波反射值,得到相应等级的冲击波分级指标值。

附　录　D
（规范性附录）
爆炸空气冲击波参数及获取

D.1　爆炸空气冲击波参数之间的数学关系

炸药在空气中爆炸后形成的空气冲击波可用 $p(t)$、I 和 t 三个参数表示。在正压阶段，三个参数之间关系符合理想的压力-时间指数曲线，并可以用修正过的德兰德方程来表示，见式(D.1)和式(D.2)。

$$p(t)=p_{\max}\left(1-\frac{t}{t_{\mathrm{p}}}\right)e^{-A\frac{t}{t_{\mathrm{p}}}} \qquad \cdots\cdots(\text{D.1})$$

式中：

$p(t)$ ——正压阶段 t 时刻的冲击波压力；

$p_{\max}$ ——从测试数据得出的平均反射压力-时间曲线的冲击波超压峰值；

t_{p} ——正压阶段持续时间；

A ——衰减系数。

对修正过的德兰德方程积分计算可得出曲线下面的面积，表示正压冲量，见式(D.2)。

$$I=p_{\max}t_{\mathrm{p}}\left(\frac{1}{A}-\frac{1-e^{-A}}{A_2}\right) \qquad \cdots\cdots(\text{D.2})$$

式中：

I ——正压冲量；

A_2 ——德兰德方程中的 A^2。

D.2　参数获取步骤

应按以下步骤获取试验参数：

a)　在对 p-t 曲线进行平滑处理前，对曲线正压阶段进行数值积分得到 I_{t} 值。为使正压阶段曲线达到最适合状态，对测量并记录的压力-时间曲线 $p(t)$进行拟合，使拟合曲线穿过各个测量点，来获得 $p_{\max}$和正压阶段持续时间 t_{tr}。曲线拟合可以通过计算法或计算目视组合法实现。

b)　通过记录平均压力曲线在到达时间的压力值，可以确定最终测量的峰值压力 $p_{\max}$。这可能与用冲击波压力传感器测量到的瞬间峰值压力不同。对于在很短的持续时间内形成的很尖锐的峰值的情况，这样的峰值数值应舍去。

c)　如果记录的 p-t 曲线通过 p_0 的时刻不能确定，必要时可用平滑处理后的曲线到达 p_0 的时刻推算正压阶段持续时间，用于对平滑处理前的曲线的正压冲量进行计算。如果采用自动积分计算，该时刻与 I_{POS}-t 曲线的最大值时刻相同。

d)　自由场 p-t 曲线和试件中心部位的冲击波反射压力-时间(p'-t)曲线可以和一个具有相同正压峰值、持续时间和正压冲量的理想状态曲线(弗里德曲线)进行比较。这些从高能爆炸冲击波得到的 p-t 曲线的衰减系数 A 一般介于 0～4 之间。空旷位置、小目标或目标边部附近的 p-t 曲线的正压冲量有所减小，并且并不完全符合弗里德曲线。

D.3 爆炸空气冲击波的等级

测试机构应选择炸药及爆炸距离来产生现场所需要等级的高能爆炸。爆炸参数可随炸药包尺寸、爆炸距离以及其他试验条件改变而改变。测试机构可进行适当爆炸当量和数量的预备试验。

ICS 91.140.01
P 45

中华人民共和国国家标准

GB/T 29909—2013

暖通空调系统清洁设备术语

Terminology of cleaning equipment for HVAC systems

2013-11-27 发布 2014-08-01 实施

中华人民共和国国家质量监督检验检疫总局
中国国家标准化管理委员会 发布

前　言

本标准按照 GB/T 1.1—2009 给出的规则起草。

本标准由中华人民共和国住房和城乡建设部提出。

本标准由全国暖通空调及净化设备标准化技术委员会(SAC/TC 143)归口。

本标准起草单位:仲恺农业工程学院、中国建筑科学研究院、广东浩特普尔空调有限公司、广东省标准化研究院、国家空调设备质量监督检验中心、国家室内环境质量监督检验中心、中国疾病预防控制中心、中国石油和化工勘察设计协会化工暖通设计技术委员会、哈尔滨工业大学、华南理工大学、同济大学、广东工业大学、广州大学、暨南大学、中国中建设计集团有限公司、广东志高空调有限公司、广东爱科安装工程有限公司、蓝星环境工程有限公司、广州恒星冷冻机械制造有限公司、广州联合冷热设备有限公司、佛山市艾科电子工程有限公司。

本标准主要起草人:丁力行、黄维、吕智、黄怀、曹阳、宋广生、戴自祝、刘毅军、刘京、巫江虹、高军、陈颖、丁云飞、傅江南、满孝新、李志良、校荣保、李德福、刘展东、万月华、潘庆、郭卉。

暖通空调系统清洁设备术语

1 范围

本标准规定了暖通空调系统清洁设备的基础术语、空气系统清洁设备术语、水系统清洁设备术语、消毒与灭菌设备术语和相关术语。

本标准适用于暖通空调系统清洁设备的科研、设计、生产、检测、管理与维护。

2 基础术语

2.1

暖通空调系统 heating ventilation and air conditioning system

采用供暖、通风和空气调节技术控制室内空气环境状态的所有设备、管道及附件的总和。

2.2

清洁设备 cleaning equipment

采用安全、有效、合理的方法清除暖通空调系统内沉积污垢的装置或工具。

2.3

污垢 soil

附着于暖通空调系统中各类表面的沉积物，如积尘、水垢、油垢及微生物等。

2.4

二次污染 secondary pollution

在清洁过程中或清洗后，暖通空调系统中的污垢在物理、化学或生物因素的作用下发生再次浮游与活化等变化而形成的污染。

2.5

物理清洗法 physical cleaning

用喷水、喷沙、破碎、摩擦等物理方式清除污垢的方法。

2.6

化学清洗法 chemical cleaning

通过化学药剂的作用，使被清洗表面的污垢溶解、疏松、脱落或剥离的方法。

2.7

人工清洗法 manual cleaning

人力手工使用铿刀、刮刀、砂纸、金属丝等工具清除污垢的方法。

2.8

就地清洗 cleaning in place;CIP

在设备不拆卸或不搬运的情况下，含有清洗剂的流体在原有设备系统实现直接清洗的方法。

2.9

反冲洗 back wash

将用于洗涤的流体按与被清洗系统常规运行的相反方向进行的清洁操作过程。

2.10

预防性清洁 preventative cleaning

防止形成污垢及防止外部环境的污染物传入的处理过程。

2.11

清洁工作压力　working pressure

特指各类利用压力喷射流体或固态填充体达到清洗目的的清洁设备所需的额定工作压力差。

2.12

可视清洗　visual cleaning

清洗过程中通过设置影像设备及观察口实现全程可监控操作。

3　空气系统清洁设备

3.1　通用术语

3.1.1

通风管道　ventilating duct

输送空气的各种风管和风道的统称。

3.1.2

风口　air opening

用于通风空调系统送风、排风和回(进)风的孔口的统称。

3.1.3

风阀　air damper

调节或阻断气流的装置。

3.1.4

通风设备　ventilating equipment

用机械的方法输送空气的设备。

3.1.5

空气过滤器　air filter

采用过滤及吸附等方式去除空气中颗粒物的装置。

3.1.6

层流罩　laminar flow hood

将空气通过高效过滤器后形成单向流送入工作区形成局部洁净环境的空气净化单元。

3.1.7

干式清洗　dry cleaning

采用清洗机构使积尘从空气系统表面脱落后，用吸尘装置将积尘收集的清洗方法。

3.1.8

湿式清洗　wet cleaning

采用水及液态清洗剂清洗空气系统的方法。

3.1.9

电动式清洗　motor-driven cleaning

采用电动机驱动旋转毛刷等清洗头进行机械扰动的清洗方法。

3.1.10

气动式清洗　pneumatic cleaning

采用高压空气进行机械扰动后，利用真空吸尘装置收集松脱污垢的清洗方法。

3.1.11

负压式清洗　vacuum cleaning

在清洗作业区或被清洗局部形成负压及定向气流，将在此区域搅动松脱的污染物进行现场清理收集的清洗方法。

3.1.12

空气吹扫　air purge

采用手持式喷射筒或软管及遥控喷嘴附件等装置，形成加压空气喷射的清洗方法。

3.1.13

机械扰动　mechanical disturbance

使用气动式系统、电缆驱动刷系统和电动水洗系统等机械装置扰动除去附着在被清洗表面的污垢的作业方式。

3.1.14

吹洗体积　purged volume

被吹除或置换的气体所占据的被清洗空气系统的内部容积。

3.1.15

烟火探测设备　smoke and fire detection equipment

位于被清洗设备中或直接连在空气系统上，感应燃烧或热介质所产生固体微粒的火灾探测器。

3.1.16

隔离区　containment area

在检查和清洗过程中所设置的作业空间。

3.1.17

敏感区　sensitive area

人员聚集场所、新风口或自然通风口等重点清洁区域。

3.2　工具和部件

3.2.1

管道气堵　duct air blocker

内胆为气囊、表面包覆保护层的充气装置，用于清洗作业时封堵管道两端以形成密闭空间。

3.2.2

集尘袋　dust bag

设置在真空吸尘设备内的污垢收集袋。

3.2.3

清洗口　cleaning entrance

空气系统上可开关的清洁与检查作业口。

3.2.4

管道开口器　duct hole opener

用于通风管道上开设清洗口的器械。

3.2.5

清洗头　cleaning disturbance head

清洁装置上用于实现机械扰动等功能的前端构件。

3.2.6

电动刷　electric brush

置于风管外部的电动机通过钢丝软轴驱动风管内刷头转动的装置。

3.2.7

旋转毛刷　rotary brush

管道清洁机器人或手动管道清洁机等设备的毛状末端，清洗时在通风管道内壁旋转扫动，材料通常为硬质尼龙线。

3.2.8

竖直管道刷　vertical duct brush

能在竖直通风管道中运动的旋转清洁毛刷。

3.2.9

振打管　rapping tube

合成树脂等材料制成的细管，由压缩空气或电动机驱动以实现机械扰动。

3.2.10

清扫风幡　fabric sweeper

利用吸入气流鼓动的风幡状清扫工具。

3.2.11

气流式清洗鞭头　pneumatic whip head

用气流驱动的积尘清扫鞭状装置。

3.2.12

集尘箱　dust collector

主要由过滤器、动力和控制设备部分组成，在空气系统清洁时用于颗粒物收集的装置。

3.2.13

隔离器　isolator

为防止灰尘扩散及交叉污染而将工作场所密闭的包覆物，通常与空气过滤装置配合使用。

3.3　清洁装置

3.3.1

风管清洗机器人　duct cleaning robot

配置有清洗消毒系统的移动机器人，主要由行进系统、清洗机构、控制系统、监视系统及消毒装置组成。

3.3.2

风管采样机器人　duct sampling robot

配置有定量采样系统的移动机器人，主要由行进系统、采样机构、控制系统、监视系统及消毒装置组成。

3.3.3

手持式风管清洗装置　hand-held duct cleaning device

人工手持的电动或气动方式驱动毛刷的通风管道清洗装置。

3.3.4

非水平风管清洗装置　non horizontal duct cleaning device

能在竖直或其他非水平风管中控制移动的手持式风管清洗装置。

3.3.5

机械扰动装置　mechanical agitation device

实现机械扰动的专门装置。

3.3.6

收集装置　trapping device

用以收集空气系统内被清除污垢的装置。

3.3.7

真空吸尘设备　vacuum dust-collect equipment

带有清扫头及吸尘嘴的、固定或便携式的负压式积尘清扫与捕集一体化装置。

3.3.8

空气洗涤器 air washer

便携式湿式风管清洗装置。

3.3.9

高速清洁球式清洗装置 cleaning device with high-speed ball

使用高速气流作用驱动的球状充填物，清扫通风管道角落以及因障碍而不易清扫的风管局部的装置。

3.3.10

风刀系统 air knife system

由一组压缩空气喷嘴组成并由高压空气驱动，在管道内形成高速喷射的气流薄层贴壁旋转切刷污垢的装置。

3.3.11

多功能振动鞭清洗系统 multi-functional rapping whip system

采用振动鞭、喷嘴、气管、导流杆、钩形棒等多种工具组合的圆形风管清洗装置。

3.3.12

气动旋转毛刷系统 pneumatic rotary brush system

气动改变旋转速度和方向，并配置不同毛刷的清洗装置。

3.3.13

电动清洗毛刷机 electric brush cleaner

配制电动高速旋转的特制高性能弹性毛刷的清洗装置。

3.3.14

文丘里洗涤器 Venturi scrubber

主要由文丘里管和旋风分离器组成的湿式除尘器。

3.3.15

空气压缩机 air compressor

作为各类气源的主体设备，提供超过大气压力的压缩空气的装置。

3.3.16

鼓风球 blowing ball

带有小孔用于改变空气流出速度及方向的球状体。

3.3.17

鼓风枪 air blow gun

空气压缩机用以控制空气流速的末端装置。

3.3.18

部件清洗装置 component cleaning device

对空气系统部件直接进行清洗或拆卸后进行清洗的专用工具与器械。

3.3.19

软轴式清洗装置 flexible shaft cleaning equipment

通过软轴驱动旋转刷旋转实现清洁的装置，分为电动软轴清洗机和气动软轴清洗机。

3.3.20

风管扫壁清洗装置 duct wall cleaning device

外侧面根植有刷毛，内侧面连有风帆，由牵绳和纲绳连接的框架所构成的闭气式清洗装置。

3.3.21

空调器过滤网自动清洁装置　air filter self-cleaning device

设置于空调设备本体吸风口的，由空气过滤网、清洁刷、电动机和传动机构等部件构成的过滤网一体化自动清洁装置。

3.3.22

末端软风管清洗装置　flexible duct cleaner for terminal

应用于风道系统末端软风管的专门清洁装置。

3.3.23

大功率吸尘集尘器　high power vacuum cleaner and dust collector

由多级过滤器、污物容器、动力风机、吸尘软管、控制系统组成，使清洗作业段内形成定向的气流和负压，并将松脱的污物收集的主要设备。

3.3.24

手动管道清洁机　manual duct-cleaning device

手动的小型管道清洁设备。

3.3.25

干冰清洗机　dry ice cleaning machine

以干冰为介质的清洁设备，用于有效清洁管道中的灰尘和油脂。

3.3.26

清洁干燥机　cleaning dryer

使用清洁剂或其他湿法清洗作业后，用于使作业表面迅速干燥的设备。

3.4　检测

3.4.1

污染区域　polluted area

在一个工作区域里，被选定用以评价清洗过程中污染物的变化及迁移的局部区域。

3.4.2

目视法　visual check

直接或间接通过目视判断清洁程度的检查方法。

3.4.3

影像法　photographing method

通过照相或摄影进行清洁前后比较的检测方法。

3.4.4

风速法　air speed method

通过测定风速进行清洁前后比较的检测方法。

3.4.5

浓度法　concentration method

通过测定粉尘浓度进行清洁前后比较的检测方法。

3.4.6

表面比较测试　surface comparison test

用以判断非多孔和多孔被清洗表面洁净程度及清洗效果的方法，即通过表面比较判断表面的视觉特征是否显著改变。

3.4.7

粉尘采样器　dust sampler

由采样头、流量计、抽气泵等组成的，供测定通风管道中气体含尘浓度用的便携式采样仪器。

3.4.8

粉尘测试仪　dust tester

用于测试通风管道中粉尘含量的仪器。

3.4.9

微生物采样器　microbial sampler

用于采集作业环境中的微生物的仪器。

3.4.10

管道镜　endoscope

在清洗或检测时，用于插入管道内部的摄像设备的镜头。

3.4.11

电子检测眼　electronic camera lens

在清洗或检测时，安装于机器人上的摄像或拍照镜头。

3.4.12

风管检测机器人　duct detection robot

配置有视频检查设备的移动机器人，主要由运动系统、监视录像系统、操作控制系统及照明机构组成。

3.4.13

视觉检测机器人　visual detection robot

携带摄像头并可以在集中空调通风管道内自由行进的机器人设备。

3.4.14

吸尘测试箱　vacuum test equipment

采用单位面积上剩余颗粒被真空吸收后称重计量的方法，用以评价被清洗的非多孔表面剩余颗粒级别的专用设备。

4　水系统清洁设备

4.1　通用术语

4.1.1

水系统　water system

供暖和空调系统中输送、处理各类水介质的设备、管道及附件的总和。

4.1.2

石灰软化法　softening with lime

在补水的预处理过程中，向水中加入消石灰以去除补充水中以碳酸氢钙形式存在的钙离子的预清洗方法。

4.1.3

加酸法　acid method

通过加酸装置向冷却水中加入浓硫酸或盐酸，使水的 pH 值适度降低，从而使被清洗设备中的沉积物溶解、疏松、脱落或剥离的预清洗方法。

4.1.4

阻垢剂法　fouling inhibitor method

向循环水中加入阻垢剂，使被清洗设备中的沉积物溶解、疏松、脱落或剥离的预清洗方法。

4.1.5

浓缩倍数　cycles of concentration

循环水的含盐量与补水的含盐量的比值。

4.2　工具和材料

4.2.1

清洗剂　detergent

用于水系统清洗的介质。

4.2.2

清洗孔　cleaning opening

设置于水系统上清洗时可开启的密封孔口。

4.2.3

投药装置　chemical injection device

将药剂配制成一定浓度的溶液，利用计量泵按比例注入至循环水中的装置。

4.2.4

滤罐　canister

采用多通道阀控制过滤和反洗功能的装置。

4.2.5

阻垢剂　fouling inhibitor

为抑制水系统结垢而向循环水中添加的药剂。

4.2.6

缓蚀剂　corrosion retardant

为抑制水系统金属腐蚀而向循环水中添加的药剂。

4.2.7

活性炭　activated carbon

黑色粉末状或颗粒状的无定形炭，用于去除常规化学方法难以处理的物质。

4.3　清洁装置

4.3.1

自动反冲过滤器　automatic self-cleaning filter

在专用容器内设置过滤介质，并实现自动反冲洗的过滤器。

4.3.2

冷热水清洗机　water cleaning unit

以冷热水为介质，以电动机及其他原动力驱动的清洗装置。

4.3.3

毛发聚集器　hairinter ceptor

过滤循环水系统中的毛发类杂质的装置。

4.3.4

电子除垢器　electronic scale-borer

通过感应线圈产生的交变磁场对水进行不间断的处理，使其得以相对软化并易于清洗的装置。

4.3.5

静电防垢器　electrostatic anti-scaling device

用施加高压直流电在正负极间形成静电场，防止水垢的生成或使硬垢变软、疏松和脱落，达到防垢除垢清洗目的的装置。

4.3.6

在线物理清洗设备　on-line physical cleaning equipment

以机械相对运动的物理方法对正常运行的水系统进行清洗的设备，如通球式清洗设备。

4.4 检测

4.4.1

监测试片　monitoring test coupon

置于监测换热设备、测试管或塔池中用于监测腐蚀的标准金属试片。

4.4.2

泥浆浓度　mud concentration

污泥所含固体物质的质量分数。

4.4.3

含水率　water content

污泥所含水分的质量分数。

4.4.4

稳定指数　stability index

2倍水的饱和pH值与水的实际pH值的差值，用以相对定量预测水的腐蚀或结垢倾向。

4.4.5

药剂允许停留时间　permitted retention time of chemicals

药剂在循环水系统中的有效时间。

4.4.6

粘附速率　adhesion rate

换热设备单位传热面上每月的污垢增长量。

4.4.7

监视管　observing pipe

用以监视清洗工程进展情况和用以测定除垢率的管段。

5 消毒与灭菌设备

5.1 通用术语

5.1.1

消毒　disinfection

在系统清洁全过程中，杀灭或清除传播媒介上的病原微生物，使其达到无害化的处理过程。

5.1.2

灭菌　sterilization

在系统清洁全过程中，杀灭或除去环境中致病和非致病微生物的过程，环境微生物包括细菌芽孢、真菌孢子。

5.1.3

物理消毒法　physical disinfecting

利用物理因子作用于病源微生物进行杀灭或清除的方法，一般包括机械消毒、热力消毒和辐射消毒。

5.1.4

化学消毒法　chemical disinfecting

利用化学消毒剂杀灭病源微生物的方法，化学消毒剂一般包括凝固蛋白消毒剂、溶解蛋白消毒剂、氧化蛋白类消毒剂、阳离子表面活性剂和烷基化消毒剂等。

5.1.5

生物消毒法　biological disinfecting

利用相关生物消毒剂来杀灭或清除病源微生物的方法。

5.1.6

动态消毒　disinfection in operation

在人员活动与系统运行情况下进行的消毒。

5.1.7

静态消毒　disinfection in at-rest

在仅有操作人员存在并配备防护措施的情况下进行的消毒。

5.1.8

气体灭菌法　gas sterilization

以化学消毒剂形成的气溶胶微粒杀灭空气中微生物的方法。

5.1.9

预防性消毒　preventative disinfection

未发现传染源的情况下，对有可能被病原微生物污染的被清洗系统进行的消毒。

5.1.10

疫源地消毒　disinfection of epidemic focus

有传染源的情况下对被清洗系统所进行的消毒，包括随时消毒和终末消毒。

5.1.11

抗菌表面处理　antimicrobial coating

化学或物理的媒介被用于抑制微生物生长或与一种物质合并抑制微生物生长。

5.1.12

机械消毒　mechanical disinfecting

通过冲洗、擦抹、刷除等方式实现系统清洁中的消毒目的。

5.1.13

熏蒸法消毒　fumigation disinfection

在系统清洗过程中，用化学消毒剂熏蒸，达到杀灭细菌效果的作用。

5.1.14

臭氧消毒　ozone disinfecting

利用臭氧极强的氧化作用，达到灭菌消毒的目的。

5.1.15

喷雾法消毒　spray disinfection

利用机械或化学气雾剂将具有净化空气或消毒的药剂形成气溶胶喷洒在空气中，依靠悬浮在空气中的气溶胶对空气进行净化或消毒。

5.1.16

紫外线消毒　ultraviolet disinfection

利用紫外线的特定波长有效杀灭空气微生物的消毒方法。

5.1.17

电离辐射灭菌　ionizing radiation sterilization

利用射线穿透物品，杀死其中的微生物的灭菌方法。

5.1.18

复合净化消毒　hybrid disinfection

采取两种或两种以上组合或复合的空气净化消毒装置。

5.1.19

光催化灭菌　photocatalytic sterilization

利用光催化原理触发细菌分解达到清洗消毒目的的方法。

5.1.20

冷却塔清洗消毒　cooling tower cleaning disinfection

当冷却水中检出致病微生物时，采用高温或化学方法对冷却水和塔壁进行消毒处理，并将冷却水排空后对冷却塔内壁进行彻底清洗的处理过程。

5.2　工具和材料

5.2.1

消毒剂　disinfectant

用于消毒的物质。

5.2.2

灭菌剂　sterilization agent

用于灭菌的物质。

5.2.3

抗菌剂　antibacterial agent

杀灭、抑制微生物活动，或者抑制微生物生长的媒介。

5.2.4

微生物杀灭剂　germicidal agent

杀灭微生物的化学、物理或生物媒介。

5.3　消毒灭菌装置

5.3.1

紫外线消毒机　ultraviolet disinfecting device

由高强度紫外线灯和过滤系统组成循环风紫外线空气消毒器。

5.3.2

过氧化氢消毒机　hydrogen peroxide disinfection machine

由过氧化氢气溶胶微粒杀灭空气中病原微生物，达到终末消毒或预防性消毒的设备。

5.3.3

喷雾消毒器　spraying-sterilizer

采用喷洒雾状消毒剂的方式进行消毒处理的设备。

5.3.4

高效除菌消毒过滤器　high efficient sterilization disinfection filter

采用高效过滤器滤除空气中的气溶胶达到消毒的目的的装置。

5.3.5

静电吸附净化消毒器　electrostatic adsorption disinfection device

静电场装置与吸附、过滤材料的复合而成的系统净化消毒装置。

5.3.6

臭氧发生器　ozone generator

能够产生臭氧并将其释放到空气调节系统中进行灭菌消毒的设备。

5.3.7

光催化灭菌装置　photocatalysis sterilization device

由紫外线灯和镍基二氧化钛泡沫金属网组成的除菌装置。

5.3.8

光催化静电吸附消毒装置　photocatalysis and electrostatic adsorption disinfection device

静电场装置与后置吸附层具有除尘与除菌作用，紫外线光催化模块具有进一步杀灭、分解细菌等微生物以及分解细菌等微生物产生的代谢物、碎片等有机污染物的作用。

5.3.9

风管消毒机器人　duct disinfecting robot

带有消毒功能的移动机器人。

5.4　检测

5.4.1

气溶胶　aerosol

悬浮于气体介质中的粒径范围一般为 0.001 μm～1 000 μm 的固体、液体微小粒子形成的胶溶状态分散体系。

5.4.2

菌落　colony forming unit；CFU

单个或多个微生物细胞在固体培养基上生长后，形成的肉眼可见的群体。

5.4.3

沉降菌　sedemental viable particles

受控环境内沉降在物体表面的菌落。

5.4.4

浮游菌　airbone viable particles

受控环境内悬浮在空气中的菌落。

5.4.5

杀灭比率　killing rate

消毒处理杀灭微生物的百分比率。

5.4.6

清洁验证　cleaning validation

有文件和记录证明所批准的清洁规程并能使系统符合要求的试验及相关活动。

5.4.7

微生物污染水平　level of microbe contamination

存在于系统中的微生物的类型及数量。

5.4.8

现场验收试验　site acceptance test;SAT

在客户项目现场进行的设备/系统综合性能测试,籍以证明设备/系统达到了预计性能及使用要求。

5.4.9

综合性能评定　comprehensive performance assessment;CPA

对已验收的系统各项技术指标进行的全面检测和评定。

6　相关术语

6.1　管理与评价

6.1.1

指定表面　specified surface

在清洗前指定的被清洗表面中的一部分可见表面,用于评价清洁效果,其上附着的污垢应能代表被清洗表面的结垢特点。

6.1.2

清洗服务评价　cleaning service evaluation

对专业清洗机构的相关证件、专业技术人员和管理人员的素质、人员培训、清洗消毒服务质量手册、程序文件、作业指导、清洗消毒设备及相应的技术评估证书等进行综合测评的过程。

6.1.3

清洗质量评价　cleaning quality evaluation

按照视觉清洁或卫生学评价机构对清洗效果进行评价的过程。

6.1.4

清洗管理评价　cleaning management evaluation

对专业清洗机构的技术资质、质量管理体系、技术合格证书及清洗消毒服务管理评价的过程。

6.1.5

清洗服务水平综合评价　cleaning total evaluation

对专业清洗机构及专业清洗人员素质、技术资质、清洗服务水平等进行综合评价的过程。

6.1.6

清洗周期　cleaning period

一次清洗过程的开始到下一次清洗开始的时间。

6.2　安全、防护与节能

6.2.1

工作服　working clothes

在系统清洁时作业人员穿着的有防护功能的服装。

6.2.2

防尘口罩　dust mask

在清洁时施工人员戴的防止吸入污染物的口罩。

6.2.3

毒物　industrial toxicant

在化学清洗过程中产生的被人体吸收后,通过血液循环分布到全身各组织,使人体的正常生理机能遭到破坏的物质。

6.2.4

刺激性毒物　irritant toxicant

化学清洗过程中产生的所有刺激性气体或蒸汽，作用到人体组织上，能引起组织发炎或致人不适感或刺激感的物质。

6.2.5

窒息性毒物　asphyxiant toxicant

在化学清洗过程中产生的对神经系统有不良作用的物质。

6.2.6

腐蚀性物质　corrosive substance

在化学清洗过程中，凡能使人体、金属或其他物质发生腐蚀的物质。

6.2.7

清洗节能　cleaning energy efficiency

通过清洗排除空调通风系统中的污垢及垃圾，保证电动机运行正常并减小空气系统阻力，达到节能效果的过程。

6.2.8

制冷机组能效提高率　increasing rate for energy efficiency of water-chilling units

空调水系统清洗前后冷水机组能效提高的百分比率。

索　引

汉语拼音索引

英文对应词索引

A

B

C

M

N

O

P

R

S

T

U

V

W